[丛书阅读指南]

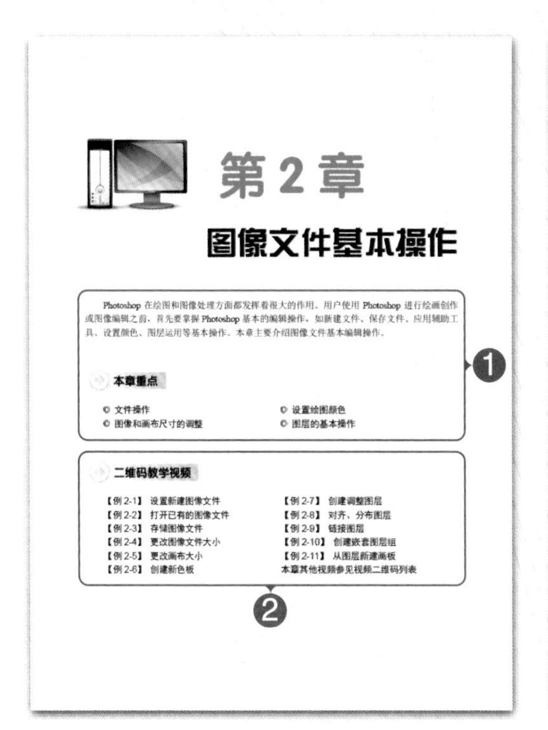

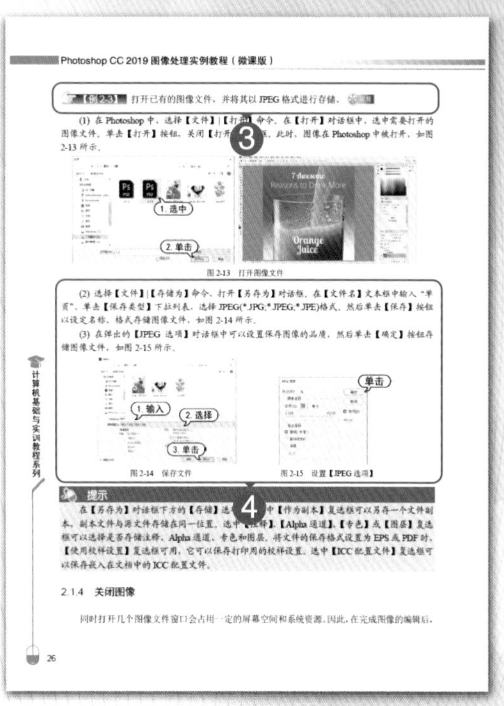

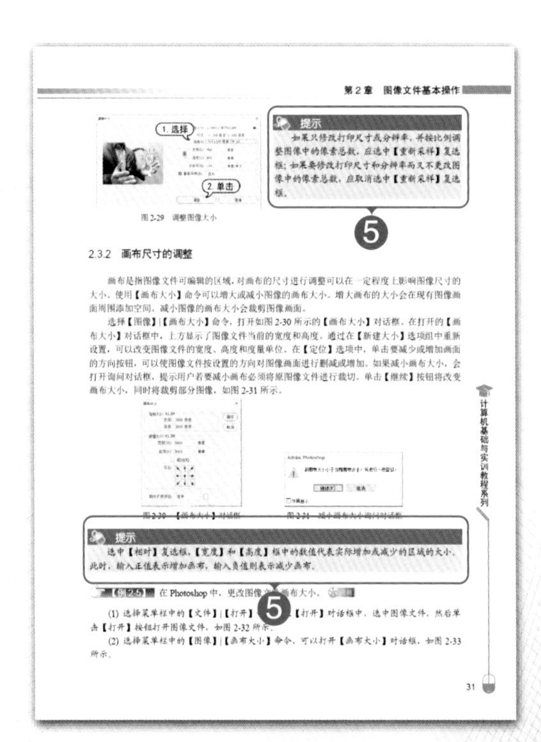

① 导读与重点：

以言简意赅的语言表述本章介绍的主要内容和教学重点。

② 教学视频：

列出本章有同步教学视频的操作案例，让读者随时扫码学习。

③ 实例概述：

简要描述实例内容，同时让读者明确该实例是否附带教学视频。

④ 操作步骤：

图文并茂，详略得当，让读者对实例操作过程轻松上手。

⑤ 技巧提示：

讲述软件操作在实际应用中的技巧，让读者少走弯路、事半功倍。

[配套资源使用说明]

观看二维码教学视频的操作方法

本套丛书提供书中实例操作的二维码教学视频，读者可以使用手机微信中的“扫一扫”功能，扫描本书前言中的“扫一扫，看视频”二维码图标，即可打开本书对应的同步教学视频界面。

推送配套资源到邮箱的操作方法

本套丛书提供扫码推送配套资源到邮箱的功能，读者可以使用手机微信中的“扫一扫”功能，扫描本书前言中的“扫码推送配套资源到邮箱”二维码图标，即可快速下载图书配套的相关资源文件。

[本书案例演示]

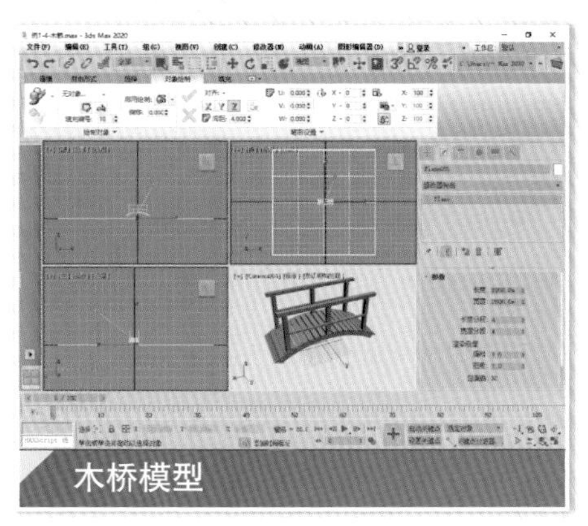

木桥模型

汽车模型

沙发模型

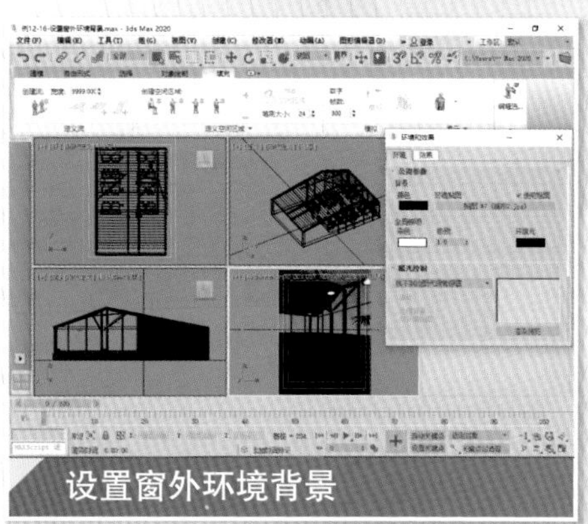

设置窗外环境背景

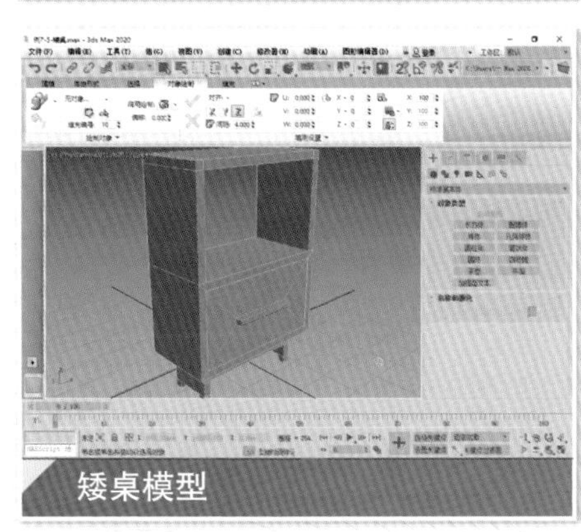

矮桌模型

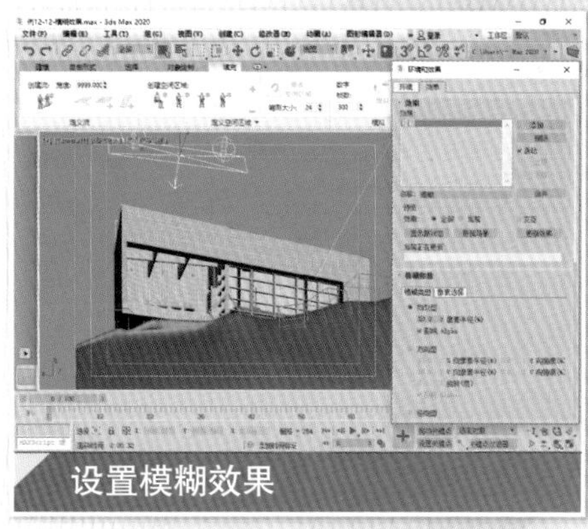

设置模糊效果

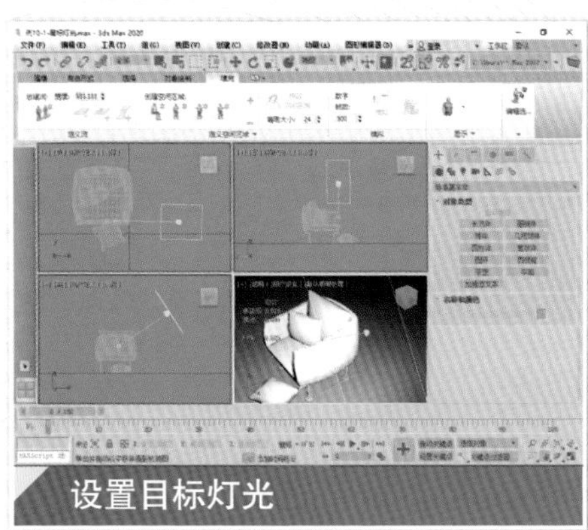

设置目标灯光

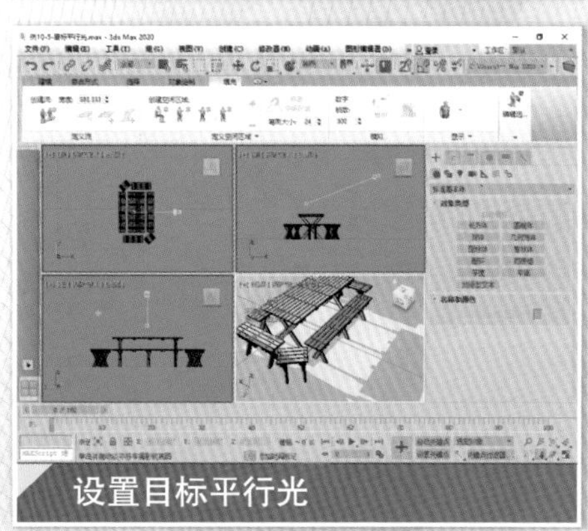

设置目标平行光

[本书案例演示]

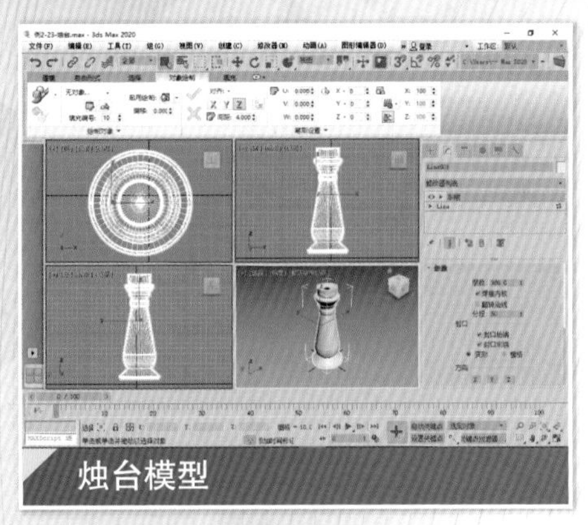

烛台模型

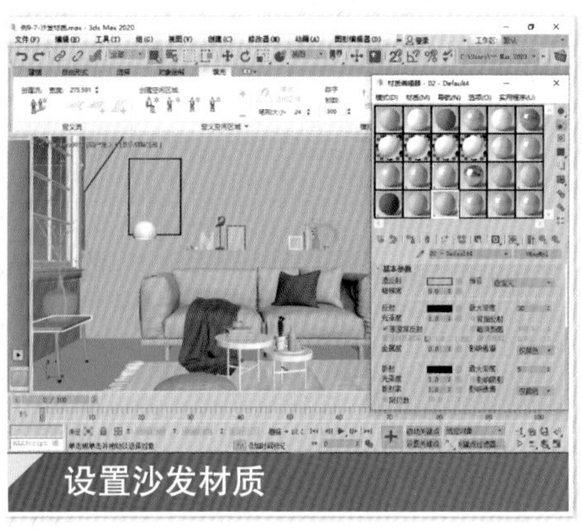

设置沙发材质

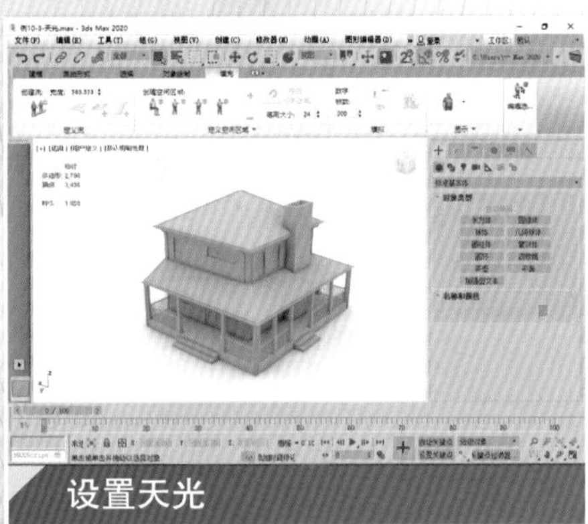

设置天光

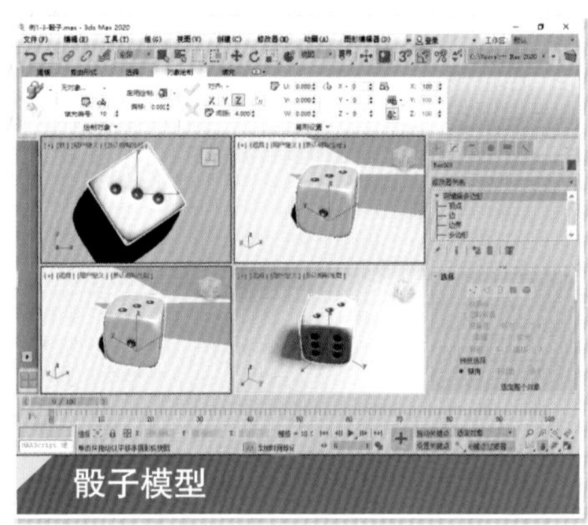

骰子模型

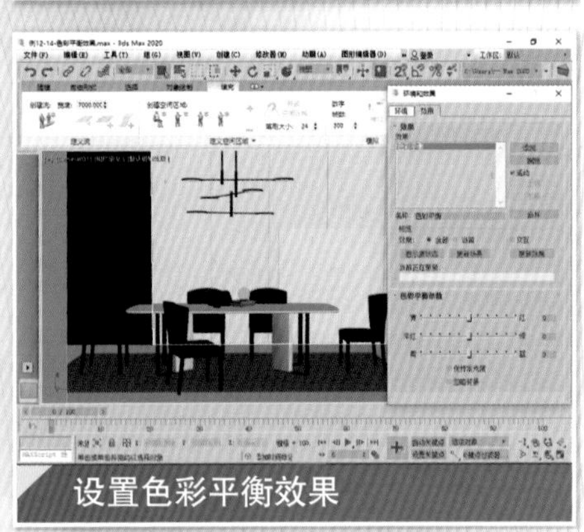

设置色彩平衡效果

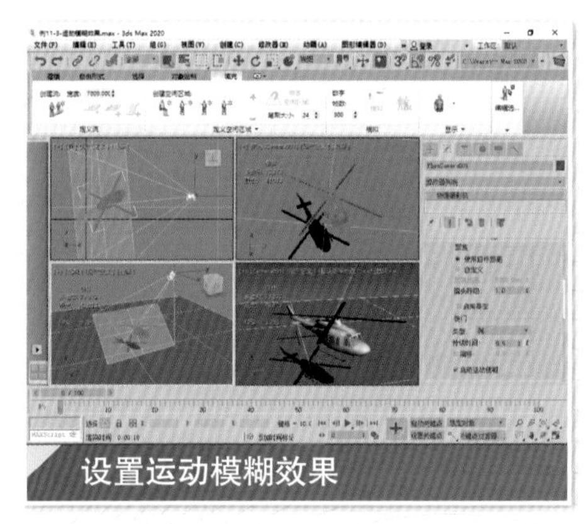

设置运动模糊效果

渲染办公室场景

渲染观光车模型

计算机基础与实训教材系列

3ds Max 2020三维动画创作实例教程（微课版）

王敏 编著

清华大学出版社
北 京

内 容 简 介

本书由浅入深、循序渐进地介绍3ds Max 2020三维动画制作软件的操作方法和使用技巧。全书共分12章，主要内容包括初识3ds Max 2020、3ds Max基础操作、几何体建模、修改器建模、二维图形建模、复合对象建模、多边形建模、材质与贴图、渲染参数设置、灯光与摄影机、环境与特效、三维动画制作等。

本书内容丰富、结构清晰、语言简练、图文并茂，具有很强的实用性和可操作性，是一本适合于高等院校动画相关专业的优秀教材，也是广大初、中级计算机用户难得的自学参考书。

本书对应的电子课件、实例源文件和习题答案可以到 http://www.tupwk.com.cn/edu 网站下载，也可通过扫描前言中的二维码下载。扫描封底的教学视频二维码可以观看学习视频。

图书在版编目(CIP)数据

3ds Max 2020三维动画创作实例教程：微课版 / 王敏编著. —北京：清华大学出版社，2022.1

计算机基础与实训教材系列

ISBN 978-7-302-59581-6

I. ①3… II. ①王… III. ①三维动画软件－高等学校－教材 IV. ①TP391.414

中国版本图书馆CIP数据核字(2021)第238562号

责任编辑： 胡辰浩

封面设计： 高娟妮

版式设计： 妙思品位

责任校对： 成凤进

责任印制： 刘海龙

出版发行： 清华大学出版社

网　　址：http://www.tup.com.cn，http://www.wqbook.com

地　　址：北京清华大学学研大厦A座　　邮　　编：100084

社 总 机：010-62770175　　邮　　购：010-62786544

投稿与读者服务：010-62776969，c-service@tup.tsinghua.edu.cn

质 量 反 馈：010-62772015，zhiliang@tup.tsinghua.edu.cn

印 装 者： 北京嘉实印刷有限公司

经　　销： 全国新华书店

开　　本： 190mm×260mm　　**印　　张：** 22.5　　**插　　页：** 2　　**字　　数：** 605千字

版　　次： 2022年1月第1版　　**印　　次：** 2022年1月第1次印刷

定　　价： 79.00元

产品编号：093085-01

《3ds Max 2020 三维动画创作实例教程(微课版)》是“计算机基础与实训教材系列”图书中的一种，该书从教学实际需求出发，合理安排知识结构，由浅入深、循序渐进地讲解 3ds Max 2020 的基本知识和使用方法。全书共分 12 章，主要内容如下。

第 1 和第 2 章介绍有关 3ds Max 的基础知识，并详细讲解 3ds Max 的基本操作技巧，包括 3ds Max 文件的打开、保存、归档、重置、自动备份以及模型对象的导入导出等内容。

第 3~7 章介绍几何体建模、修改器建模、二维图形建模、复合对象建模和多边形建模等不同的建模方法。

第 8 和第 9 章介绍材质与贴图的设置、应用以及渲染参数的设置方法。

第 10 章介绍 3ds Max 中各类灯光与摄影机的常用设置及应用。

第 11 章介绍为场景添加雾、火、体积光等环境特效的方法。

第 12 章通过实例操作，介绍在 3ds Max 中制作三维动画的基础知识，具体包括设置动画方式、设置关键点过滤器、设置关键点切线等内容。

本书图文并茂、条理清晰、通俗易懂、内容丰富，在讲解每个知识点时都配有相应的实例，方便读者上机实践。同时，为了方便老师教学，我们免费提供本书对应的电子课件、实例源文件和习题答案供下载。本书提供书中实例操作的二维码教学视频，读者使用手机微信和 QQ 中的“扫一扫”功能，扫描下方的二维码，即可观看本书对应的同步教学视频。

本书配套素材和教学课件的下载地址如下。

http://www.tupwk.com.cn/edu

本书同步教学视频的二维码如下。

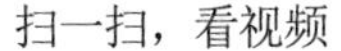
扫一扫，看视频

扫码推送配套资源到邮箱

由于作者水平有限，本书难免有不足之处，欢迎广大读者批评指正。我们的邮箱是 992116@qq.com，电话是 010-62796045。

编　者

2021 年 8 月

推荐课时安排

章　名	重点掌握内容	教学课时
第 1 章　初识 3ds Max 2020	认识 3ds Max 2020 的工作界面，熟悉命令面板、工作视图和主工具栏	3 学时
第 2 章　3ds Max 基础操作	3ds Max 文件的基本操作，选择场景对象，导入与导出场景对象，对象的变换与复制	4 学时
第 3 章　几何体建模	创建基本几何体，创建扩展基本体，创建门、窗、楼梯等对象，创建植物、栏杆、墙等对象	3 学时
第 4 章　修改器建模	修改器的基础知识，使用“车削”“挤出”“弯曲”等修改器，制作简单的家具模型	4 学时
第 5 章　二维图形建模	创建二维图形，编辑样条曲线，设置二维图形的公共参数等	3 学时
第 6 章　复合对象建模	通过“散布”对象制作模型，通过布尔运算制作模型，通过【图形合并】工具制作模型，创建放样对象	3 学时
第 7 章　多边形建模	多边形建模的工作方式，编辑多边形对象的子对象，塌陷多边形对象，使用石墨建模工具	2 学时
第 8 章　材质与贴图	精简材质编辑器，材质管理器，贴图类型，贴图通道	3 学时
第 9 章　渲染参数设置	默认扫描线渲染器，V-Ray 渲染器，Quicksilver 硬件渲染器	3 学时
第 10 章　灯光与摄影机	灯光的类型与功能，使用摄影机，光度学灯光与标准灯光，摄影机安全框	2 学时
第 11 章　环境与特效	背景贴图，大气效果，全局照明，曝光控制	3 学时
第 12 章　三维动画制作	动画帧和时间的概念，制作预览动画，设置关键帧动画，控制三维动画	3 学时

注：1. 教学课时安排仅供参考，授课教师可根据情况进行调整。

2. 建议每章安排与教学课时相同时间的上机练习。

目录

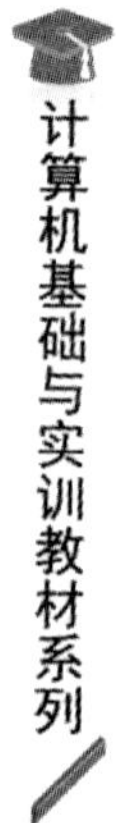
计算机基础与实训教材系列

第1章

初识3ds Max 2020

3ds Max 是 Autodesk 公司开发的一款全功能的三维计算机图形软件。借助该软件，用户可以创造宏伟的游戏世界，布置精彩绝伦的场景以及实现设计的可视化，并打造身临其境的虚拟现实(VR)体验。本章作为全书的开端，将介绍有关 3ds Max 的基础知识，帮助用户初次打开软件时，快速掌握其工作界面中各个区域的功能。

本章重点

- 认识 3ds Max 2020 的工作界面
- 熟悉工作视图
- 熟悉命令面板
- 熟悉主工具栏

二维码教学视频

【例 1-1】 更改 3ds Max 工作界面的颜色
【例 1-2】 创建自定义工具栏
【例 1-3】 绘制随机位置的模型
【例 1-4】 制作大型木桥模型
【例 1-5】 制作镜头旋转动画

1.1 认识 3ds Max 2020

Autodesk 公司出品的 3ds Max 是世界顶级的三维软件之一，该软件具有十分强大的功能，这使其一直受到 CG 艺术家的喜爱。3ds Max 在模型塑造、动画及特效等方面都能制作出高品质的对象，如图 1-1 所示，这也使其在插画、影视动画、游戏、产品造型和效果图等领域占据主导地位，成为全球十分受欢迎的三维制作软件之一。

椅子模型设计

室内空间设计

卡通动画设计

建筑外观设计

图 1-1　3ds Max 作品

3ds Max 的应用领域非常广泛，因为在实际使用过程中常常需要与其他二维、三维及后期软件结合使用，所以适当地了解这些软件十分有必要。常见的二维软件包括 Photoshop、Illustrator、CorelDRAW、CAD 等，常见的三维软件包括 Maya、ZBrush 等，常见的后期软件有 After Effects、Combustion 等，如表 1-1 所示。

表 1-1　与 3ds Max 2020 相关的软件

软　件	说　明
Photoshop	Adobe 公司旗下十分出名的图像处理软件之一，集图像扫描、编辑修改、广告设计、图像输入与输出等功能于一体，同时也是与 3ds Max 结合使用最多的软件

(续表)

软　件	说　明
Illustrator	一款专业的矢量绘图工具，是出版、多媒体和在线图像的工业标准级矢量插画软件，使用该软件绘制的路径可以导入 3ds Max 中使用，非常方便
CorelDRAW	一款优秀的图形设计软件，拥有非凡的设计功能，已被广泛应用于商标设计、标志制作、插图描画等领域，用户可以使用该软件绘制平面设计图，然后在 3ds Max 中参照其创建模型
CAD	计算机辅助设计(computer aided design，CAD)是指利用计算机及其图形设备帮助人员进行设计工作。在设计过程中，通常要用计算机对不同方案进行大量的计算、分析和比较，以决定最佳方案；各种信息，不论是数字的、文字的还是图形的，都能存放在计算机内存或外存中，并能快速地检索；设计人员通常由草图开始设计，将草图变为工作图的繁重工作可以交给计算机完成；由计算机自动产生的设计结果，可以快速生成图形，设计人员只需要及时对设计做出判断和修改即可。在室内设计领域，应用最广泛的就是 CAD 和 3ds Max，一般流程是：首先使用 CAD 绘制平面图，然后导入 3ds Max 以进行精确模型的创作
Maya	一款世界顶级的三维动画软件，应用对象是专业的影视广告、角色动画、电影特技等。Maya 功能完善、工作灵活、易学易用、制作效率极高、渲染真实感极强，是电影级别的高端制作软件。Maya 和 3ds Max 都是非常强大的三维软件，如果用户需要一个模型，但这个模型是 Maya 格式的，那就可以在经过格式转换之后将其导入 3ds Max 中使用
ZBrush	一款数字雕刻和绘画软件，它为数字艺术家提供了世界上最先进的工具，可以雕刻拥有多达 10 亿多边形的模型。用户可以使用 3ds Max 制作低模，然后进入 ZBrush 雕刻精模，并生成法线等贴图，最后重新导入 3ds Max 中渲染使用即可
After Effects	一款图形、视频处理软件，是后期软件，适用于从事设计和视频特技的组织机构，包括电视台、动画制作公司、个人后期制作工作室以及媒体工作室等。在新兴的用户群中，如网页设计师和图形设计师，也有越来越多的人使用 After Effects，该软件在影视、包装等领域与 3ds Max 的结合非常广泛
Combustion	一款三维视频特效软件，Combustion 提供了从事视觉特效设计所需的一整套尖端工具，包括矢量绘画、粒子、视频效果处理、轨迹动画、3D 效果合成共 5 大工具模块。除此之外，Combustion 还提供了大量功能强大且独特的工具，涉及动态图片、三维合成、颜色矫正、图像稳定、矢量绘制、旋转文字、动画输出等方面

1.2　3ds Max 2020 的工作界面

3ds Max 是适用于 PC 平台的三维建模、动画、渲染软件。在计算机中安装并执行 3ds Max 2020-Simplified Chinese 命令后，系统将启动中文版 3ds Max 2020 并打开软件的工作界面，如图 1-2 所示。

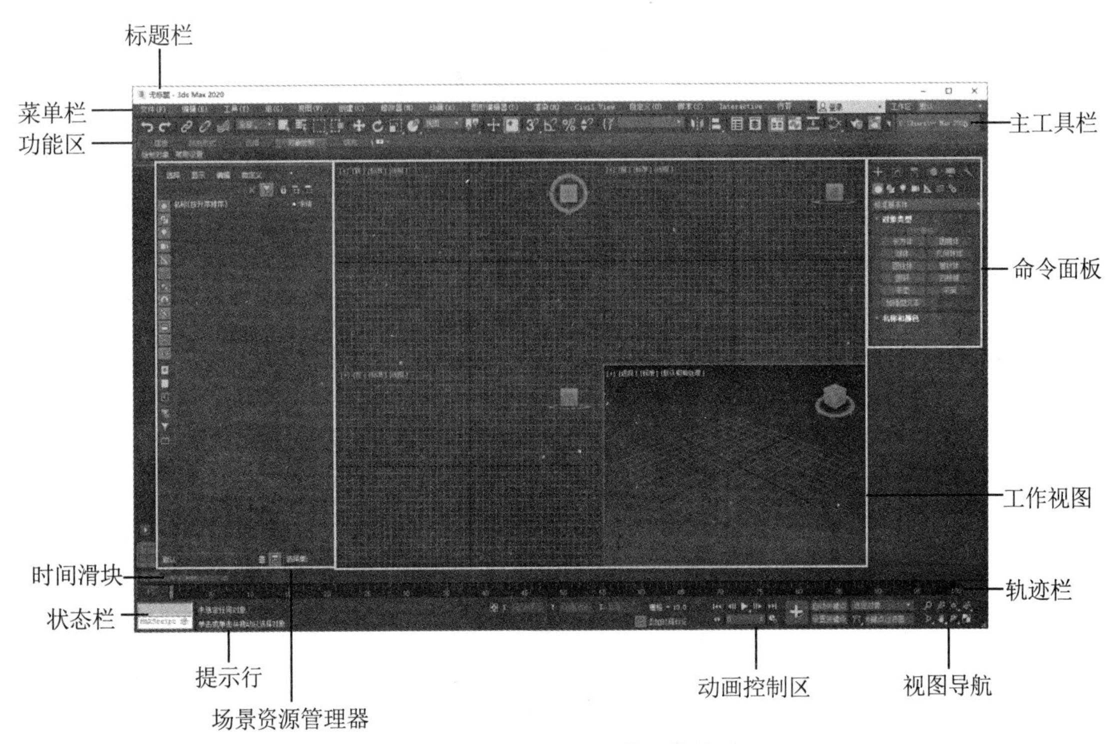

图 1-2　3ds Max 2020 的工作界面

如图 1-2 所示，3ds Max 2020 的工作界面由标题栏、菜单栏、功能区、主工具栏、命令面板、工作视图、时间滑块、轨迹栏、提示栏、状态栏、动画控制区和视图导航等多个区域组成(其中每个区域又包含多种按钮和命令)。对于初学者来说，掌握这些区域的使用方法是熟悉 3ds Max 软件的第一步。

1.3　菜单栏

菜单栏位于标题栏的下方，其中包括 3ds Max 软件所提供的大部分命令，包括【文件】【编辑】【工具】【组】【视图】【创建】【修改器】【动画】【图形编辑器】【渲染】、Givil View、【自定义】和【内容】等菜单。

1) 【文件】菜单。【文件】菜单主要包括针对 3ds Max 文件的控制命令，例如【新建】【打开】【重置】【导入】和【导出】等命令，如图 1-3(a)所示。

2) 【编辑】菜单。【编辑】菜单主要包括针对场景的基本操作而设计的命令，例如【撤销】【取回】【删除】等常用命令，如图 1-3(b)所示。

3) 【工具】菜单。【工具】菜单主要包括管理场景的一些命令以及对物体的基本操作，例如【管理场景状态】【镜像】【阵列】等命令，如图 1-3(c)所示。

4) 【组】菜单。使用【组】菜单中的命令可以将场景中的物体设置为组合，并对组合进行编辑，如图 1-4 所示。

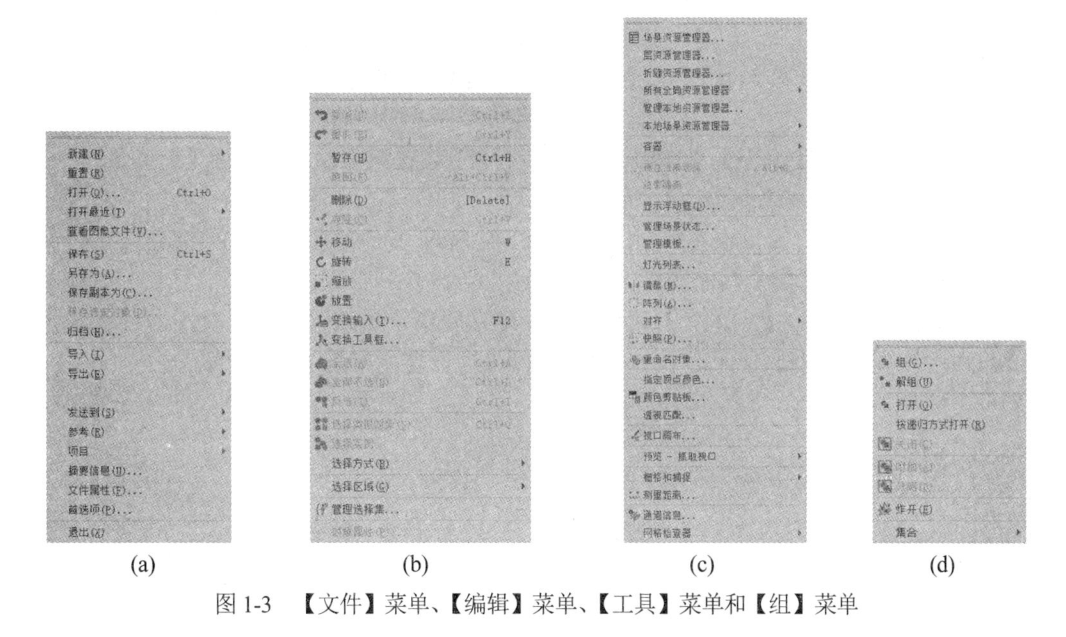

(a)　　(b)　　(c)　　(d)

图 1-3　【文件】菜单、【编辑】菜单、【工具】菜单和【组】菜单

5) 【视图】菜单。【视图】菜单中的命令主要用于控制视图的显示以及设置视图的相关参数，例如【视口背景】【视口配置】等命令，如图 1-4(a)所示。

6) 【创建】菜单。【创建】菜单中的命令主要用于在视图中创建各种类型的对象，例如【水滴网格】【暴风雪】【线】【矩形】【圆】等命令，如图 1-4(b)所示。

7) 【修改器】菜单。【修改器】菜单包含了 3ds Max 中所有修改器列表中的命令，如图 1-4(c)所示。

8) 【动画】菜单。【动画】菜单中的命令主要用于设置动画，包括【骨骼工具】【动画层】【变换控制器】【位置控制器】等命令，如图 1-4(d)所示。

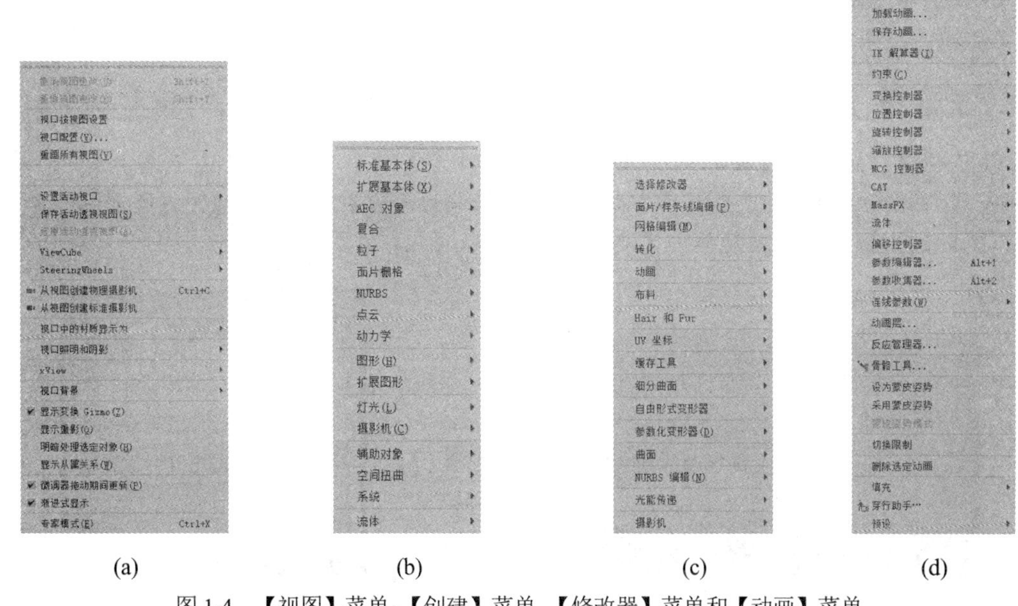

(a)　　(b)　　(c)　　(d)

图 1-4　【视图】菜单、【创建】菜单、【修改器】菜单和【动画】菜单

9) 【图形编辑器】菜单。【图形编辑器】菜单中的命令用于在场景之间以图形化方式表达关系，包括【轨迹视图-曲线编辑器】【轨迹视图-摄影表】【新建图解视图】和【粒子视图】等命令，如图 1-5(a)所示。

10) 【渲染】菜单。【渲染】菜单中的命令主要用于设置渲染参数，包括【渲染】【环境】和【效果】等命令，如图 1-5(b)所示。

11) Givil View 菜单。Autodesk Civil View for 3ds Max 是一款供土木工程师和交通运输基础设施规划人员使用的可视化工具，如图 1-5(c)所示。

12) 【自定义】菜单。【自定义】菜单中的命令主要用于更改界面系统设置，可通过它们定制 3ds Max 用户界面，同时还可以对 3ds Max 系统进行设置，如图 1-5(d)所示。

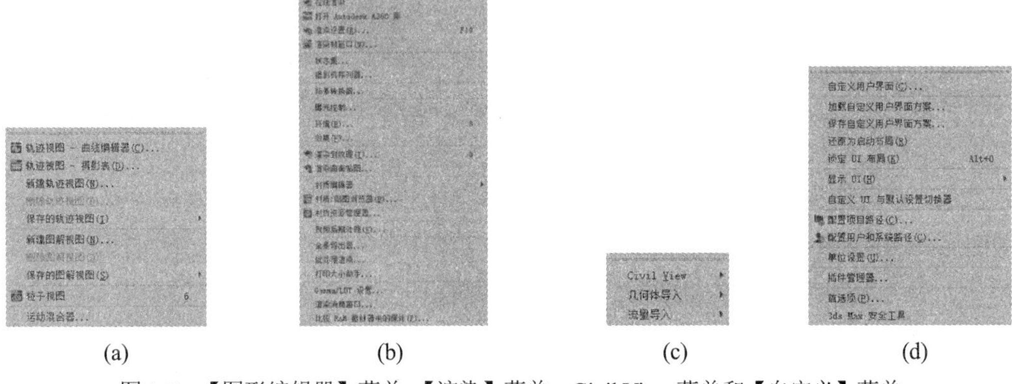

(a) (b) (c) (d)

图 1-5 【图形编辑器】菜单、【渲染】菜单、Givil View 菜单和【自定义】菜单

13) Interactive 菜单。在 Interactive 菜单中选择【获得 3ds Max Interactive】命令，可以在浏览器中打开最新版的 Autodesk 3ds Max Interactive 页面。

14) 【内容】菜单。在【内容】菜单中选择【启动 3ds Max 资源库】命令，可以在浏览器中打开 3ds Max 资源库页面。

下面通过一个实例介绍在 3ds Max 中执行菜单命令以更改工作界面颜色方案的方法。

【例 1-1】 通过【自定义】菜单中的命令，更改 3ds Max 工作界面的颜色。 视频

(1) 选择【自定义】|【自定义 UI 与默认设置切换器】命令，如图 1-6 左图所示。

(2) 在打开的【为工具选项和用户界面布局选择初始设置】对话框的【用户界面方案】列表框中选择 ame-light 选项，然后单击【设置】按钮，如图 1-6 右图所示。

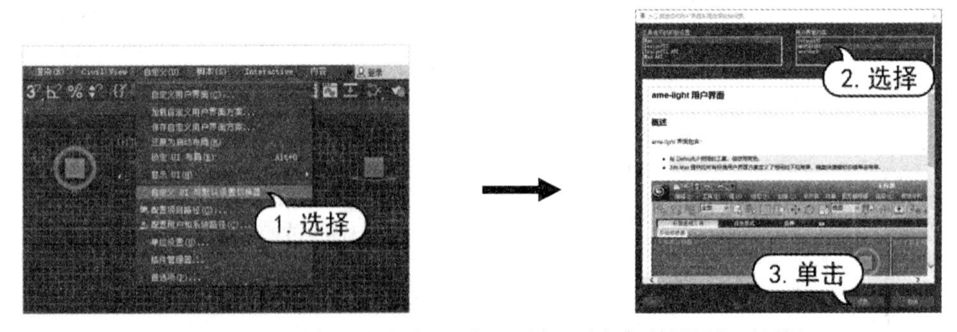

图 1-6 打开【为工具选项和用户界面布局选择初始设置】对话框

(3) 在打开的提示框中单击【确定】按钮后，3ds Max 的工作界面将变为浅灰色，效果如图 1-7 所示。

1.4　主工具栏

3ds Max 的主工具栏位于菜单栏的下方，由一系列命令按钮组成，如图 1-7 所示。

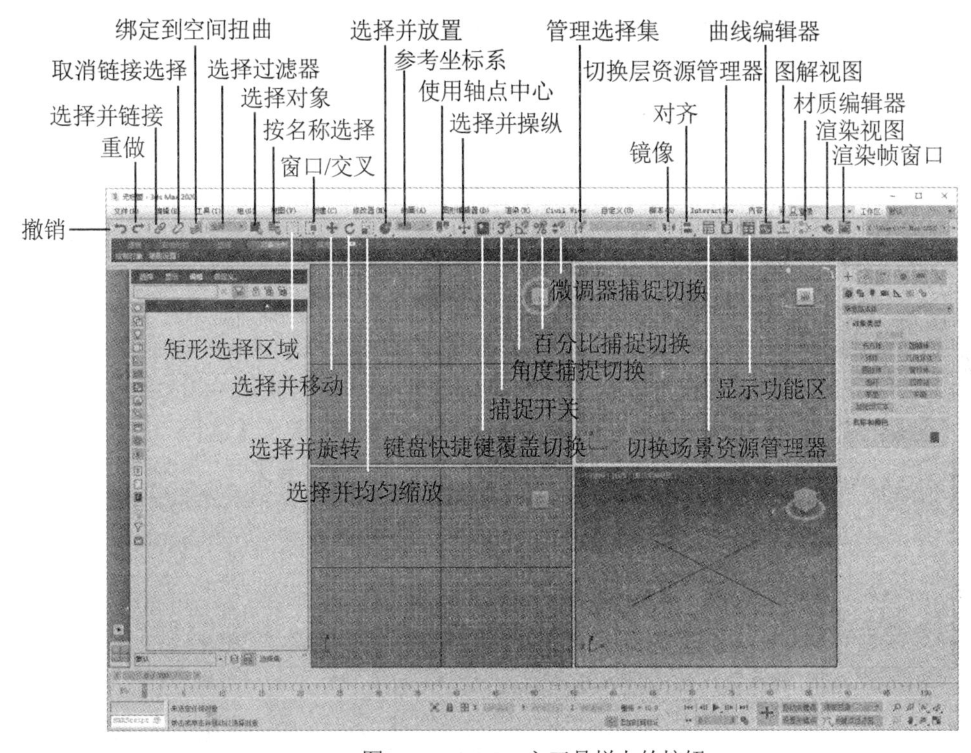

图 1-7　3ds Max 主工具栏上的按钮

仔细观察图 1-7 所示主工具栏上的按钮，可以发现有些按钮的右下角有一个三角形图标，这表示当前按钮包含多个相同类型的命令。长按此类按钮，将会显示相应的命令列表。

下面简单介绍主工具栏上常用的一些按钮。

- 【撤销】按钮：单击【撤销】按钮可以取消上一次操作。
- 【重做】按钮：单击【重做】按钮可以取消上一次的撤销操作。
- 【选择并链接】按钮：用于将两个或多个对象链接成父子层次关系。
- 【取消链接选择】按钮：用于解除两个对象之间的父子层次关系。
- 【绑定到空间扭曲】按钮：将当前选中的对象附加到空间扭曲。
- 【选择过滤器】下拉按钮：单击该下拉按钮，可以通过弹出的下拉列表限制选择工具所能选择的对象类型，如图 1-8 所示。
- 【选择对象】按钮：用于选择场景中的对象。
- 【按名称选择】按钮：单击该按钮可以打开图 1-9 所示的【从场景选择】对话框，从而通过对象名称来选择物体。

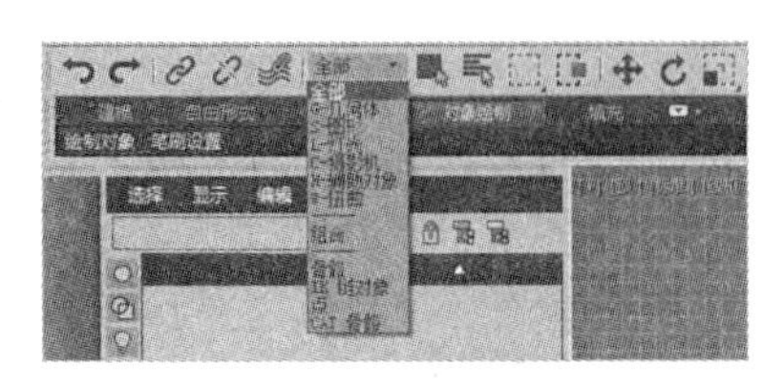
图 1-8 【选择过滤器】下拉列表

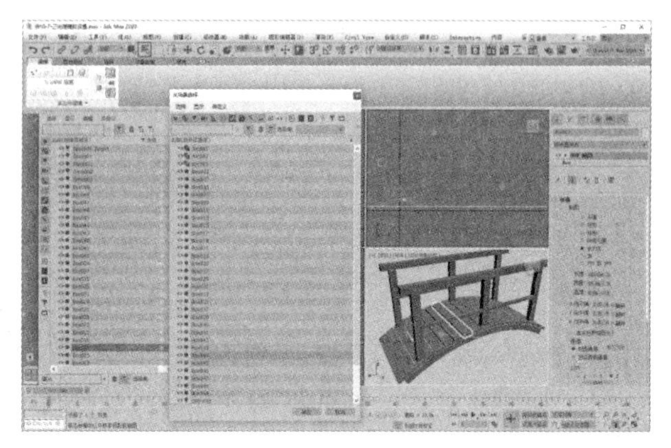
图 1-9 【从场景选择】对话框

- 【矩形选择区域】按钮：单击该按钮可以在矩形区域内选择对象。长按该按钮，在弹出的下拉列表中还可以选择按不同形状的选择区域选择对象，如图 1-10 所示。
- 【窗口/交叉】按钮：单击该按钮可以在“窗口”和“交叉”模式之间切换。
- 【选择并移动】按钮：单击该按钮可以选择并移动选中的对象。
- 【选择并旋转】按钮：单击该按钮可以选择并旋转选中的对象。
- 【选择并均匀缩放】按钮：单击该按钮可以选择并均匀缩放选中的对象。长按该按钮，在弹出的下拉列表中还可以选择【选择并非均匀缩放】按钮或【选择并挤压】按钮，前者可以选择并以非均匀的方式缩放选中的对象，后者可以选择并以挤压的方式缩放选中的对象。
- 【选择并放置】按钮：单击该按钮可以将对象准确地定位到另一个对象的表面上。长按该按钮，在弹出的下拉列表中还可以选择【选择并旋转】按钮，用于旋转选中的对象。
- 【参考坐标系】下拉按钮：单击该下拉按钮，在弹出的下拉列表中可以指定变换所用的坐标系，如图 1-11 所示。

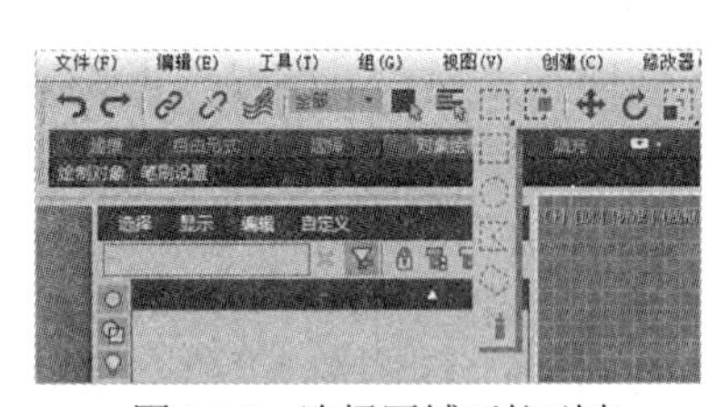
图 1-10 选择区域下拉列表

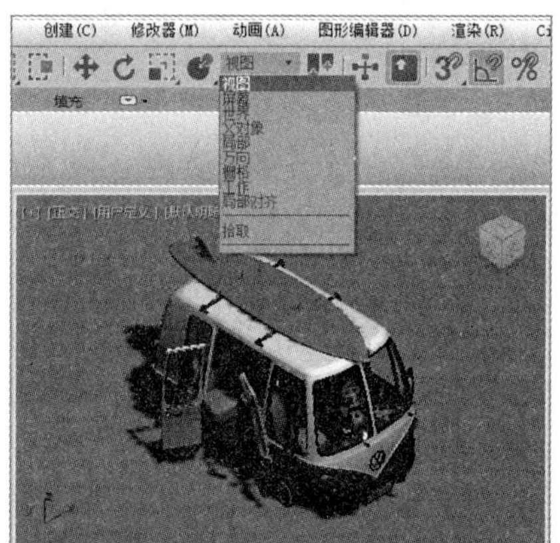
图 1-11 参考坐标系下拉列表

- 【使用轴点中心】按钮：单击该按钮可以围绕对象各自的轴点旋转或缩放一个或多个对象。长按该按钮，在弹出的下拉列表中还可以选择【使用选择中心】按钮或【使用变换坐标中心】按钮，前者可以围绕选中对象共同的几何中心旋转或缩放对象，后者可以围绕当前坐标系中心旋转或缩放对象。

- 【选择并操纵】按钮：用户可以通过在视图中拖动图 1-12 所示的操纵器来编辑对象的控制参数。
- 【键盘快捷键覆盖切换】按钮：单击该按钮可以在“主用户界面”快捷键和组快捷键之间进行切换。
- 【捕捉开关】按钮：单击该按钮可以设置捕捉处于活动状态的 3D 空间的控制范围。
- 【角度捕捉开关】按钮：单击该按钮可以设置对象旋转时的预设角度。
- 【百分比捕捉切换开关】按钮：单击该按钮可以按指定的百分比调整对象的缩放程度。
- 【微调器捕捉切换】按钮：用于切换设置 3ds Max 中的微调器在每次单击时增加或减少的值。
- 【管理选择集】按钮：单击该按钮可以打开图 1-13 所示的【命名选择集】对话框。

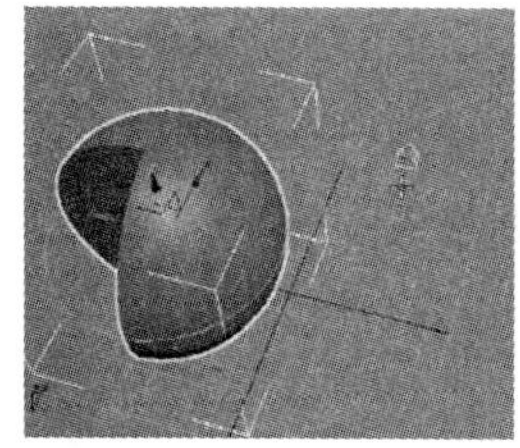
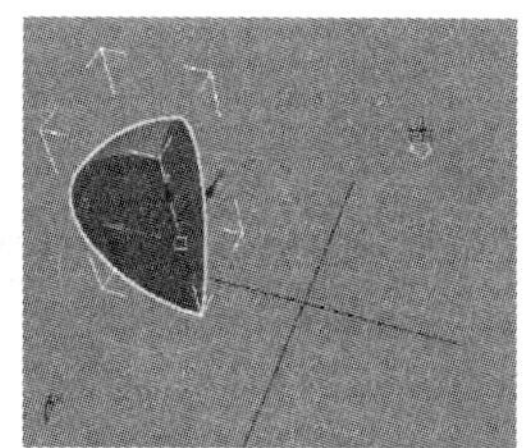

图 1-12　选择拖动操控器调整球体的切片状态

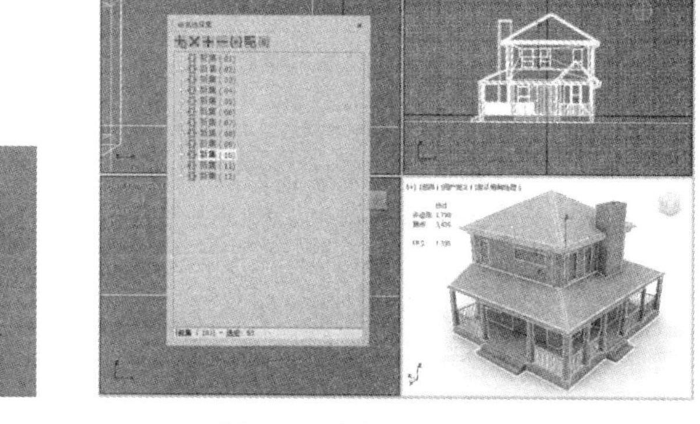

图 1-13　【命名选择集】对话框

- 【镜像】按钮：单击该按钮可以打开【镜像】对话框，从而详细设置镜像场景中的物体。
- 【对齐】按钮：单击该按钮可以将选中的对象与目标对象对齐。长按该按钮，在弹出的下拉列表中还可以选择【快速对齐】按钮、【法线对齐】按钮、【放置高光】按钮、【对齐摄影机】按钮或【对齐到视图】按钮，以执行多种对齐操作。
- 【切换场景资源管理器】按钮：单击该按钮可以打开图 1-14 所示的【场景资源管理器-场景资源管理器】窗口。
- 【切换层资源管理器】按钮：单击该按钮可以打开图 1-15 所示的【场景资源管理器-层资源管理器】窗口。

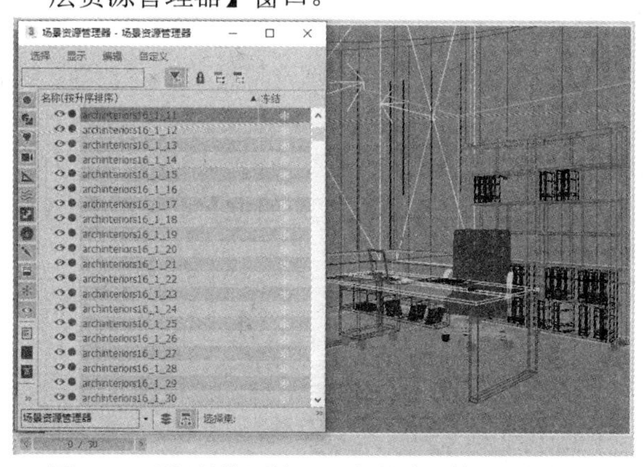
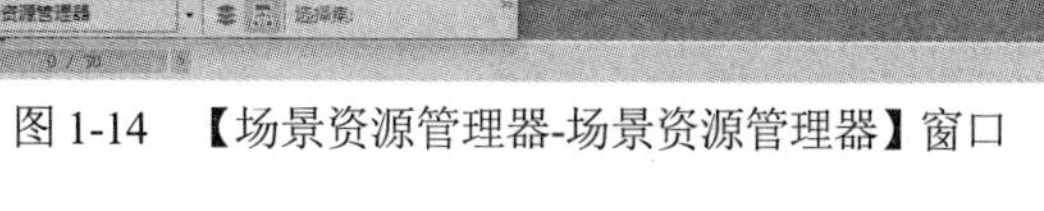

图 1-14　【场景资源管理器-场景资源管理器】窗口

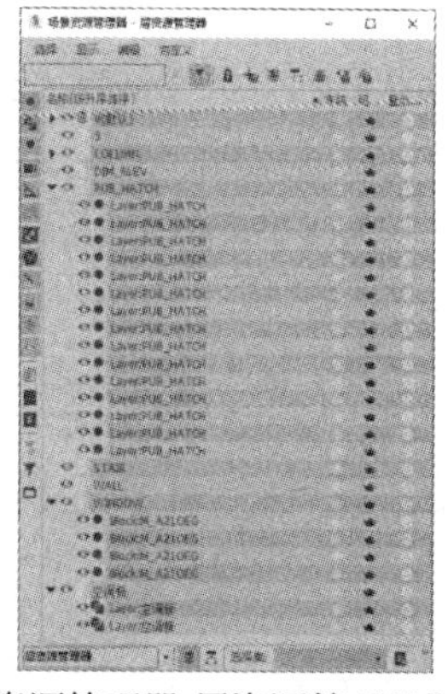

图 1-15　【场景资源管理器-层资源管理器】窗口

- 【显示功能区】按钮：单击该按钮可以显示或隐藏 3ds Max 功能区。
- 【曲线编辑器】按钮：单击该按钮可以打开图 1-16 所示的【轨迹视图-曲线编辑器】窗口。
- 【图解视图】按钮：单击该按钮可以打开图 1-17 所示的【图解视图】窗口。

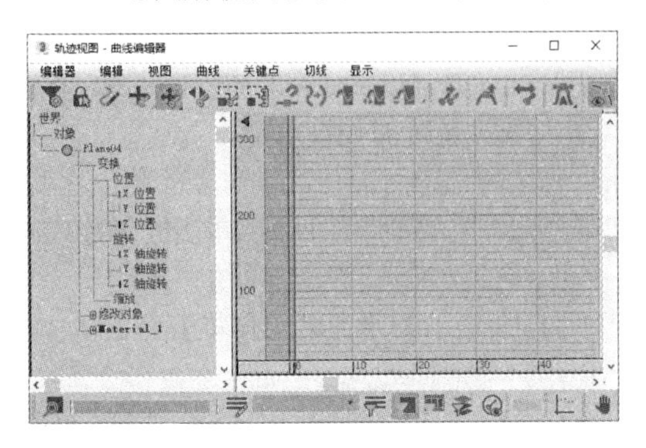

图 1-16 【轨迹视图-曲线编辑器】窗口

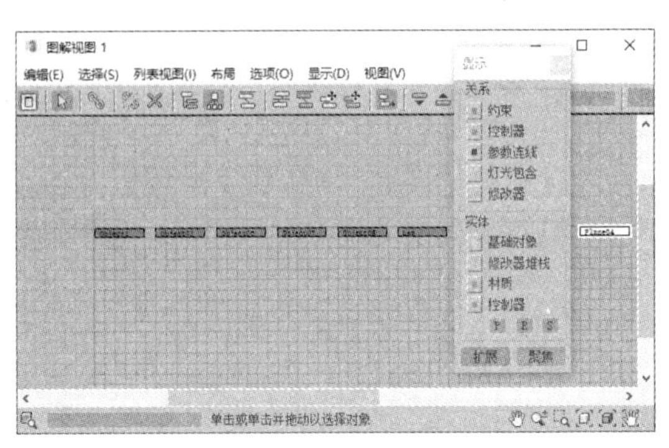

图 1-17 【图解视图】窗口

- 【材质编辑器】按钮：单击该按钮可以打开【材质编辑器】窗口。
- 【渲染设置】按钮：单击该按钮可以打开【渲染设置】窗口。
- 【渲染帧窗口】按钮：单击该按钮可以打开【渲染帧】窗口。

此外，在菜单栏的空白处右击，从弹出的快捷菜单中用户可以选择显示 3ds Max 软件在默认状态下未显示的其他工具栏，如图 1-18 所示。

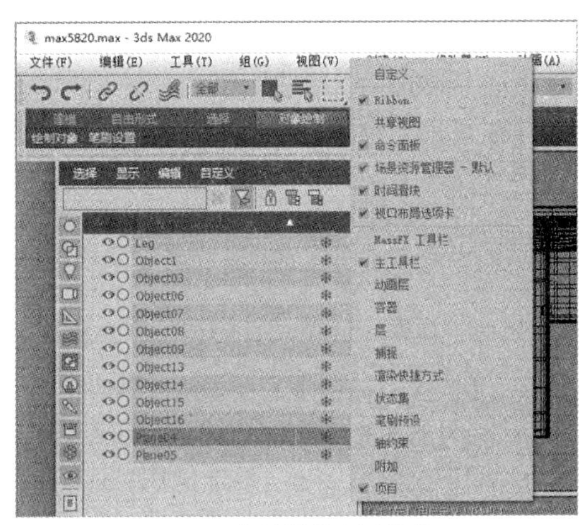

1-18 菜单栏的右键菜单

1.4.1 【笔刷预设】工具栏

当用户对“可编辑器多边形”进行“绘制变形”时，可以显示图 1-19 所示的【笔刷预设】工具栏来设置笔刷的效果。

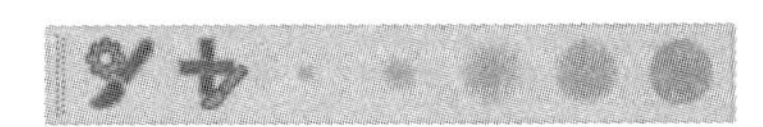

图 1-19 【笔刷预设】工具栏

- 【笔刷设置管理器】按钮：单击该按钮可以打开【笔刷预设管理器】对话框，在该对话框中用户可以添加、复制、重命名、删除、保存或加载笔刷预设。
- 【添加新建预设】按钮：单击该按钮可以将当前笔刷设置为新的预设并添加到工具栏上(在第一次添加时，系统会提示输入笔刷的名称)。在【笔刷预设】工具栏中，【添加新建预设】按钮的右侧是默认的 5 种大小不同的笔刷。

1.4.2 【轴约束】工具栏

当用户使用移动工具时，可以通过图 1-20 所示的【轴约束】工具栏上的按钮来设置需要进行操作的坐标轴。

图 1-20　【轴约束】工具栏

- 【变换 Gizmo *X* 轴约束】按钮：限制操作到 *X* 轴。
- 【变换 Gizmo *Y* 轴约束】按钮：限制操作到 *Y* 轴。
- 【变换 Gizmo *Z* 轴约束】按钮：限制操作到 *Z* 轴。
- 【变换 Gizmo XY 平面约束】按钮：激活该按钮可以限制操作到 XY 平面。长按该按钮，在弹出的下拉列表中选择 YZ 或 ZX 按钮可以限制操作到 YZ 和 ZX 平面。
- 【在捕捉中启用轴约束切换】按钮：当启用此按钮并通过移动 Gizmo 或【轴约束】工具栏使用轴约束移动对象时，系统会将选定的对象约束为仅沿指定的轴或平面移动。禁用此按钮后，系统将忽略约束，并且可以将捕捉的对象平移任意距离。

1.4.3　【层】工具栏

在【层】工具栏中，用户可以对当前场景中的对象进行设置层的操作，设置完成后，可以通过选择层的名称快速在场景中选择物体，如图 1-21 所示。

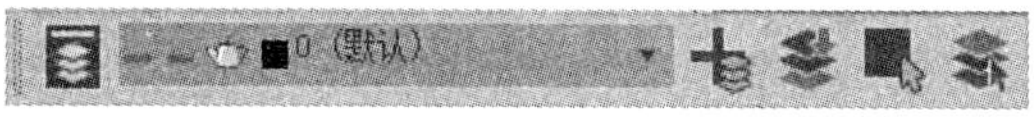

图 1-21　【层】工具栏

- 【切换层资源管理器】按钮：单击该按钮可以打开【场景资源管理器-层资源管理器】窗口。
- 【层列表】下拉按钮：单击该下拉按钮后，弹出的下拉列表中将显示层的名称和属性，选中其中的某个层，即可将该层设置为当前层。
- 【创建新层】按钮：单击该按钮将创建一个新层，该层包含当前选定的对象。
- 【将当前选择添加到当前层】按钮：单击该按钮可以将当前对象选择并移动至当前层。
- 【选择当前层中的对象】按钮：单击该按钮可以选中当前层中包含的所有对象。
- 【设置当前层为选择的层】按钮：单击该按钮可以将当前层更改为包含当前选中对象的层。

1.4.4　【状态集】工具栏

【状态集】工具栏能够让用户实现对“状态集”功能的快速访问，如图 1-22 所示。

图 1-22　【状态集】工具栏

- 【状态集】按钮：单击该按钮可以打开【状态集】面板。
- 【切换状态集的活动状态】按钮：激活该按钮可以更改状态集和所有嵌套中的状态的属性。
- 【切换状态集的可渲染状态】按钮：激活该按钮可以切换状态的渲染输出。
- 【切换状态集的记录】按钮：激活该按钮可以显示状态集的记录。

- 【显示或隐藏状态集列表】下拉按钮：单击该下拉按钮，弹出的下拉列表中将显示与【状态集】面板相同的层次列表，通过该列表既可以激活状态，也可以访问其他状态集的控件。
- 【将当前选择导出到合成器链接】按钮：单击该按钮可以指定使用 SOF 格式的链接文件的路径和文件名。

1.4.5 【附加】工具栏

【附加】工具栏中包含多个用于处理 3ds Max 场景的工具，如图 1-23 所示。

- 【自动栅格】按钮：单击该按钮可以开启自动栅格，自动栅格可以帮助用户在一个对象上创建另一个对象。
- 【测量距离】按钮：单击该按钮可以测量场景中两个对象之间的距离。
- 【阵列】按钮：单击该按钮将显示图 1-24 所示的【阵列】对话框，在该对话框中，用户可以基于当前选中的对象创建对象阵列。长按【阵列】按钮，在弹出的下拉列表中可以选择【快照】按钮、【间隔工具】按钮或【克隆并对齐的工具】按钮。使用【快照】按钮可以随时间克隆设置过动画的对象，使用【间隔工具】按钮可以基于当前选择沿样条线或一对点定义的路径分布对象，使用【克隆并对齐的工具】按钮可以基于当前选择将源对象分布到目标对象的第二选择上。

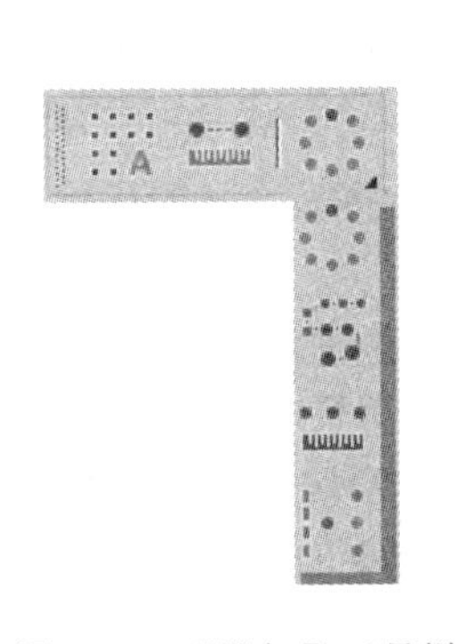

图 1-23 【附加】工具栏

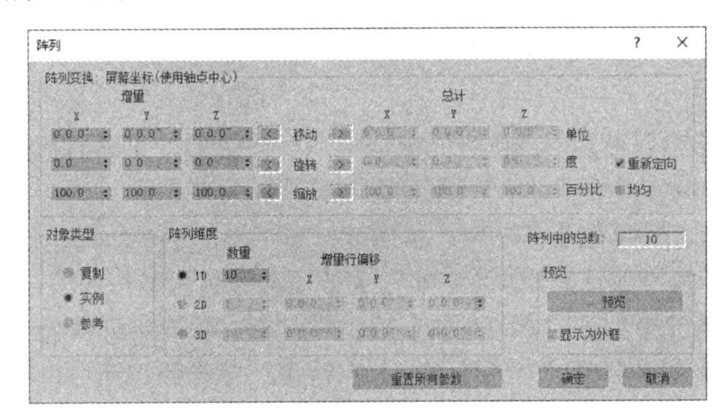

图 1-24 【阵列】对话框

1.4.6 【渲染快捷方式】工具栏

在【渲染快捷方式】工具栏中，用户可以渲染预设窗口的设置，如图 1-25 所示。

图 1-25 【渲染快捷方式】工具栏

- 【渲染预设窗口 A】按钮、【渲染预设窗口 B】按钮和【渲染预设窗口 C】按钮：单击它们可以激活预设窗口 A、B、C(需要提前将预设指定给具体的按钮)。
- 【渲染预设】下拉按钮：单击该下拉按钮，在弹出的下拉列表中，用户可以从预设的渲染参数集中选择、加载或保存渲染参数的设置。

1.4.7 【捕捉】工具栏

【捕捉】工具栏主要用于在 3ds Max 中设置精准捕捉的方式，如图 1-26 所示。

图 1-26　【捕捉】工具栏

- 【捕捉到栅格点切换】按钮：激活该按钮将捕捉到栅格交点。默认状态下，该捕捉类型处于启用状态。
- 【捕捉到轴切换】按钮：激活该按钮将允许捕捉到对象的轴。
- 【捕捉到顶点切换】按钮：激活该按钮将允许捕捉到对象的顶点。
- 【捕捉到端点切换】按钮：激活该按钮将允许捕捉到网格边的端点或样条线的顶点。
- 【捕捉到中点切换】按钮：激活该按钮将允许捕捉到网格边的中点或样条线分段的中点。
- 【捕捉到边/线段切换】按钮：激活该按钮将允许捕捉到沿着边(可见或不可见)或样条线分段的任何位置。
- 【捕捉到面切换】按钮：激活该按钮将允许在面的曲面上捕捉任何位置。
- 【捕捉到冻结对象切换】按钮：激活该按钮将允许捕捉到冻结的对象。
- 【在捕捉中启用轴约束切换】按钮：当激活该按钮并通过【轴约束】工具栏使用轴约束移动对象时，系统会将选定的对象约束为仅沿指定的轴或平面移动。

1.4.8 【动画层】工具栏

【动画层】工具栏用于进行与动画层相关的设置，如图 1-27 所示。

图 1-27　【动画层】工具栏

- 【启用动画层】按钮：单击该按钮可以打开图 1-28 所示的【启用动画层】对话框，从中可以设置启用动画层。
- 【选择活动层对象】按钮：用于选择场景中属于活动层的所有对象。
- 【动画层列表】下拉按钮：单击该下拉按钮，弹出的下拉列表中将显示所有的动画层。
- 【动画层属性】按钮：单击该按钮可以打开图 1-29 所示的【层属性】对话框，从中可以为动画层设置相关属性。

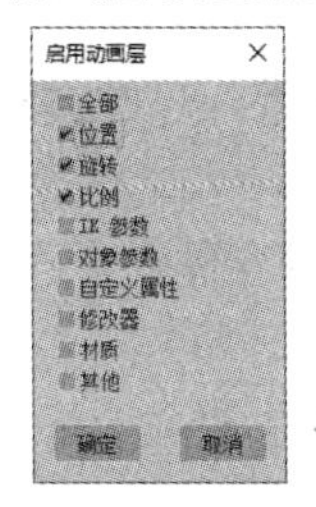

图 1-28　【启用动画层】对话框

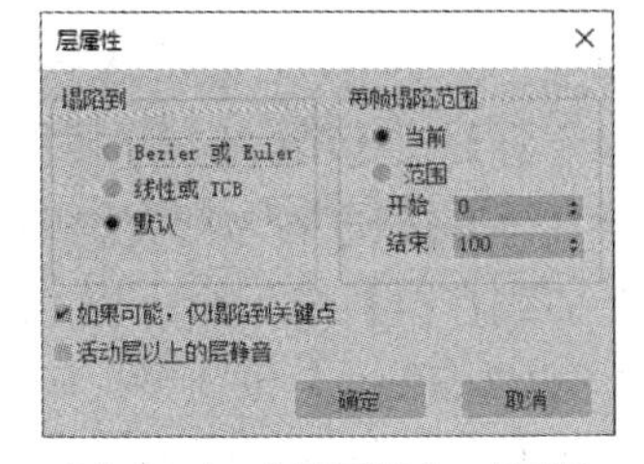

图 1-29　【层属性】对话框

- 【添加动画层】按钮：单击该按钮可以打开图 1-30 所示的【创建新动画层】对话框，从中可以指定与新层相关的设置(执行此操作后，系统将为具有层控制器的各个轨迹添加新层)。

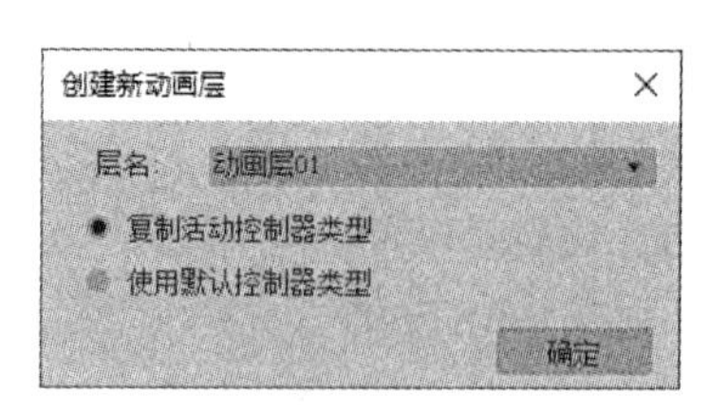

图 1-30　【创建新动画层】对话框

- 【删除动画层】按钮：单击该按钮将删除活动层以及活动层包含的数据。
- 【复制动画层】按钮：用于复制活动层包含的数据，并激活【粘贴活动动画层】和【粘贴新建层】按钮。
- 【粘贴活动动画层】按钮：使用复制的数据覆盖活动层的控制器类型和动画关键点。
- 【粘贴新建层】按钮：使用复制的控制器类型和动画关键点创建新层。
- 【塌陷动画层】按钮：只要活动层尚未禁用，就可以将其塌陷至下一层。如果活动层已禁用，那么塌陷的层将在整个列表中循环，直至找到可用层为止。
- 【禁用动画层】按钮：从所选对象移除层控制器，基础层的动画关键点将被还原为原始控制器。

1.4.9 【容器】工具栏

【容器】工具栏用于提供处理容器的相关命令，如图 1-31 所示。

图 1-31　【容器】工具栏

- 【继承容器】按钮：将磁盘上存储的源容器加载到场景中。
- 【利用所选内容创建容器】按钮：创建容器并将选定对象放入其中。
- 【将选定项添加到容器中】按钮：单击该按钮可以打开拾取列表，用户可以从中选择想要添加到容器中的对象。
- 【从容器中移除选定项】按钮：将选定的对象从其所属容器中移除。
- 【加载容器】按钮：将容器加载到场景中并显示其内容。
- 【卸载容器】按钮：保存容器并将其内容从场景中移除。
- 【打开容器】按钮：使容器内容可编辑。
- 【关闭容器】按钮：将容器保存到磁盘并防止对其内容进行进一步的编辑或添加。
- 【保存容器】按钮：保存对打开的容器所做的任何编辑。
- 【更新容器】按钮：从所选容器的 MAXC 源文件中重新加载容器内容。
- 【重新加载容器】按钮：将本地容器重置到最新保存的版本。
- 【使所有容器唯一】按钮：单击后，用户可以选中【源定义】框中显示的容器，并将其与内部嵌套的任何容器转换为唯一容器。
- 【合并容器源】按钮：将最新保存的源容器版本加载到场景中，但不会打开任何可能嵌套在内部的容器。
- 【编辑容器】按钮：单击后即可编辑来自其他用户的容器。

- 【覆盖对象属性】按钮：忽略容器中各对象的显示设置，并改用容器辅助对象的显示设置。
- 【覆盖所有锁定】按钮：仅对本地容器的“轨迹视图”和“层次”列表中的所有轨迹暂时禁用锁定。

除了 3ds Max 提供的内置工具栏以外，用户还可以在软件中创建自定义工具栏。下面将通过案例操作，介绍创建自定义工具栏的方法。通过自定义工具栏，用户可以快速找到自己需要的任意命令。

【例 1-2】 在 3ds Max 2020 中创建自定义工具栏。 视频

(1) 在菜单栏中选择【自定义】|【自定义用户界面】命令，在打开的【自定义用户界面】对话框中选择【工具栏】选项卡，然后单击【新建】按钮。

(2) 打开【新建工具栏】对话框，在【名称】文本框中输入“快速访问工具栏”，单击【确定】按钮，如图 1-32 所示。

(3) 单击【自定义用户界面】对话框右上方的下拉按钮，从弹出的下拉列表中选择【快速访问工具栏】选项，取消【隐藏】复选框的选中状态。

(4) 将【操作】列表框中的命令拖至创建的自定义工具栏上，在其中添加命令按钮，然后单击【保存】按钮，如图 1-33 所示。

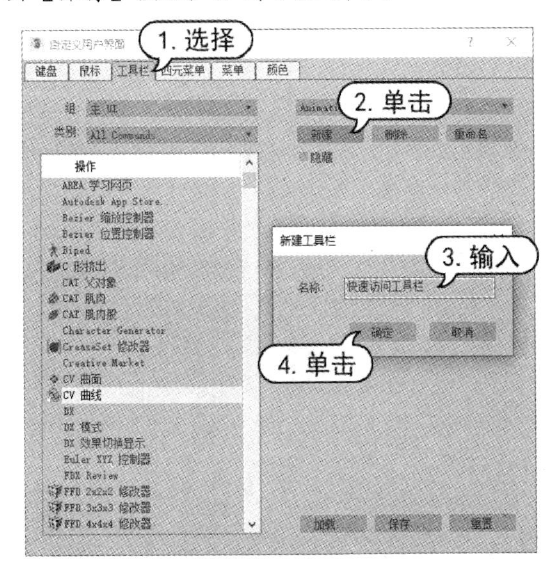

图 1-32　新建工具栏

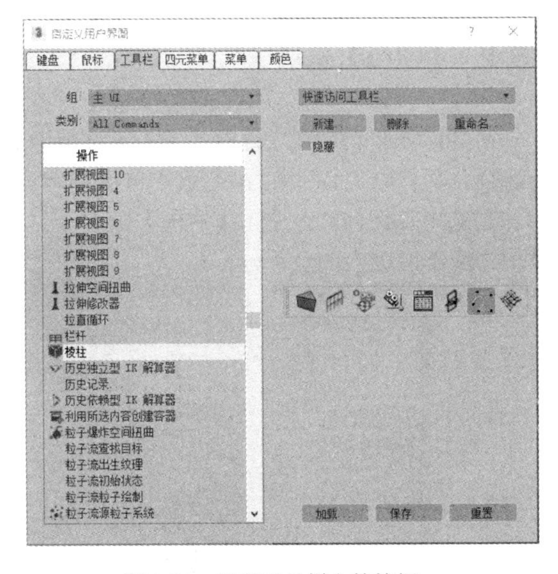

图 1-33　设置工具栏上的按钮

(5) 打开【保存 UI 文件为】对话框，保存 UI 文件后，右击菜单栏，从弹出的快捷菜单中选择【快速访问工具栏】选项，即可在 3ds Max 中显示刚才创建的自定义工具栏。

1.5　功能区

3ds Max 功能区位于主工具栏的下方，如图 1-34 所示，包含【建模】【自由形式】【选择】【对象绘制】和【填充】5 个选项卡。单击功能区右侧的【显示完整的功能区】按钮，可以向下展开功能区，显示各个选项卡(再次单击【显示完整的功能区】按钮可以隐藏功能区)。

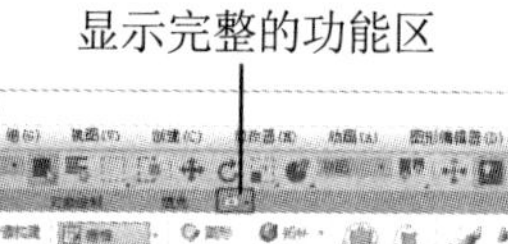

图 1-34　3ds Max 功能区

1.5.1　【建模】选项卡

在 3ds Max 功能区中选择【建模】选项卡后，便可以看到与多边形建模相关的命令按钮，当未选择几何体时，该区域呈灰色(不可选状态)显示。

当选中几何体时，单击【建模】选项卡中相应的按钮，在进入多边形的子层级后，该区域将显示相应子层级内的全部建模命令。例如，图 1-35 显示了多边形“顶点”层级内的命令按钮。

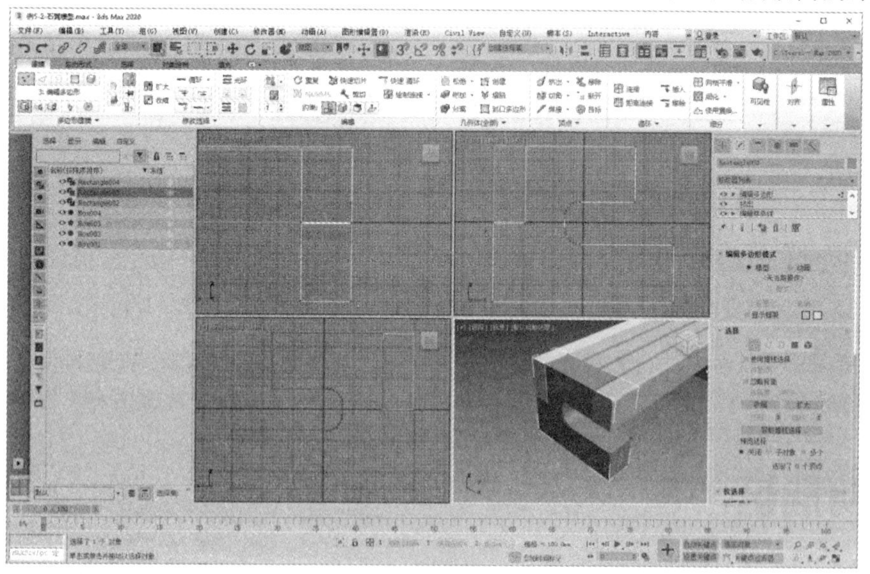

图 1-35　多边形“顶点”层级内的命令按钮

1.5.2　【自由形式】选项卡

在 3ds Max 功能区中选择【自由形式】选项卡后，其中包括的命令按钮如图 1-36 所示(需要选中几何体才能激活相应的命令)。

利用【自由形式】选项卡中的命令，用户可通过绘制的方式修改几何体的形态。

图 1-36　【自由形式】选项卡

1.5.3　【选择】选项卡

在 3ds Max 功能区中选择【选择】选项卡后，其中包括的命令按钮如图 1-37 所示(需要选择多边形物体并进入其子层级后才能激活命令按钮)。

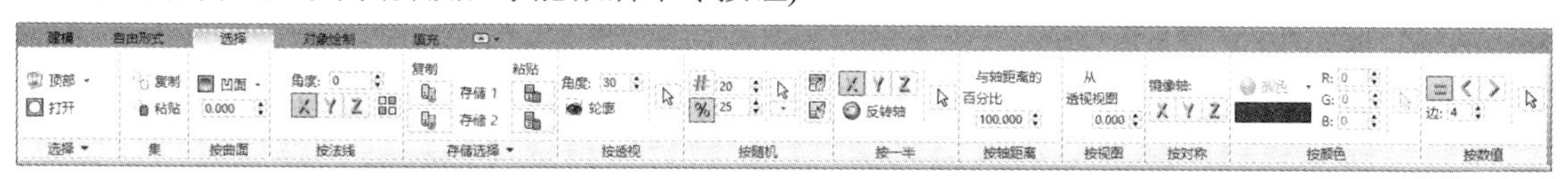

图 1-37　【选择】选项卡

1.5.4　【对象绘制】选项卡

在 3ds Max 功能区中选择【对象绘制】选项卡后，其中包括的命令按钮如图 1-38 所示。该选项卡中的命令按钮允许用户为鼠标设置一个模型，并支持以绘制的方式在场景中或物体对象的表面进行复制绘制。

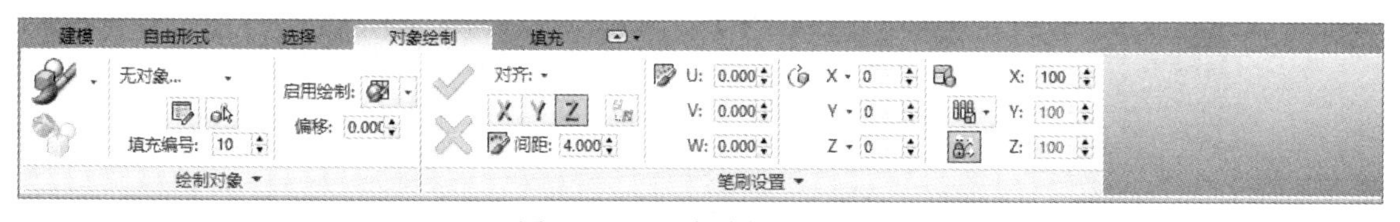

图 1-38　【对象绘制】选项卡

【例 1-3】 利用【对象绘制】选项卡中的命令按钮绘制骰子模型。 视频

(1) 打开素材文件后，选中场景中如图 1-39 所示的骰子模型。

(2) 选择【对象绘制】选项卡，在【笔刷设置】命令组中设置 Z 值为 180，使复制的骰子模型在水平方向上产生随机旋转效果。

(3) 在【笔刷设置】命令组中设置【缩放】的类型为【随机】，并取消【轴锁定】按钮的选中状态，然后设置 X 参数为 80<100、Y 参数为 80<100、Z 参数为 80<100。

(4) 在【绘制对象】命令组中选中【绘制选定对象】按钮，在工作视图中单击鼠标即可绘制随机位置的骰子模型，如图 1-40 所示。

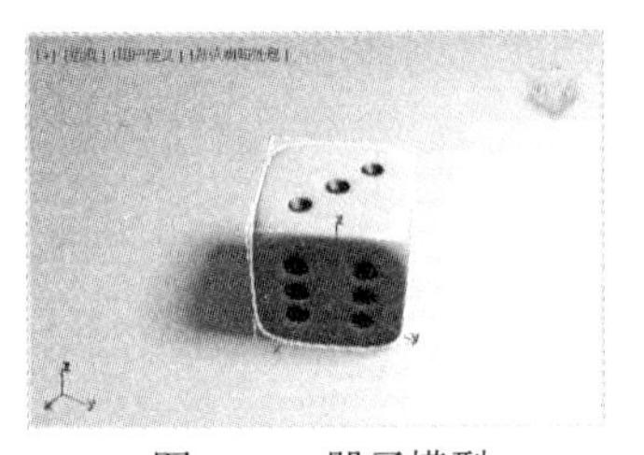

图 1-39　骰子模型

图 1-40　绘制随机位置的模型

1.5.5　【填充】选项卡

在 3ds Max 功能区中选择【填充】选项卡后，其中包括的命令按钮如图 1-41 所示。

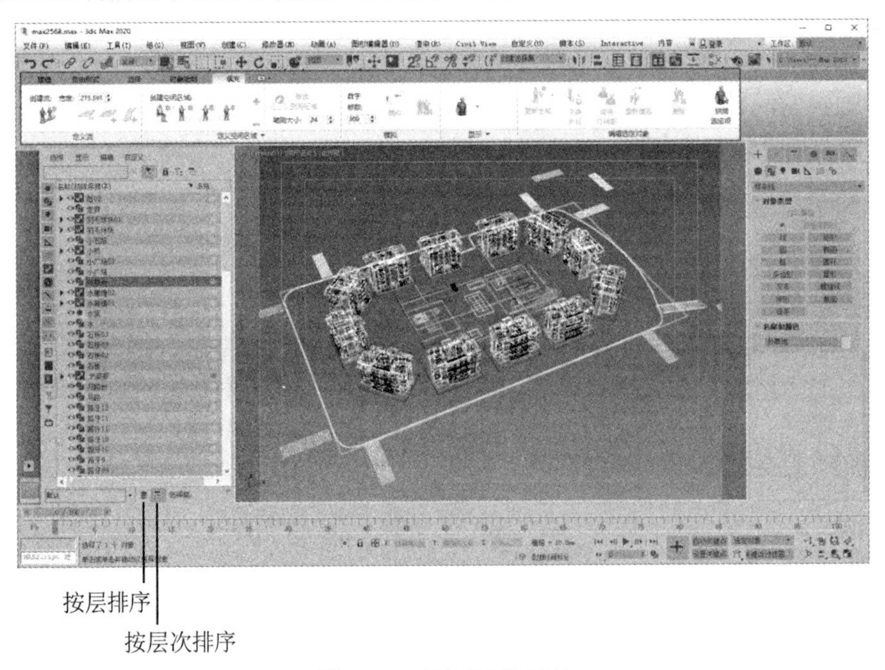

图 1-41　【填充】选项卡

通过执行【填充】选项卡中的命令，用户可以快速制作出人群的走动和闲聊场景。在建筑物室外动画中，人物角色不仅可以生成活泼的气氛，而且可以作为所要表现建筑的尺寸的重要参考依据。

1.6　场景资源管理器

通过停靠在 3ds Max 工作界面左侧的【场景资源管理器】面板，用户可以方便地查看、排序、

过滤和选择场景中的对象。通过单击【场景资源管理器】面板底部的【按层排序】和【按层次排序】按钮(如图 1-41 所示)，用户可以设置场景资源管理器在不同的排序模式之间进行切换。

1.7　工作视图

在 3ds Max 2020 的工作界面中，工作视图占据了软件大部分的界面空间。在默认状态下，工作视图是以单一视图显示的，包括顶视图、左视图、前视图和透视图共 4 个视图，如图 1-42 所示。在这些视图中，用户可以对场景中的对象进行观察和编辑。

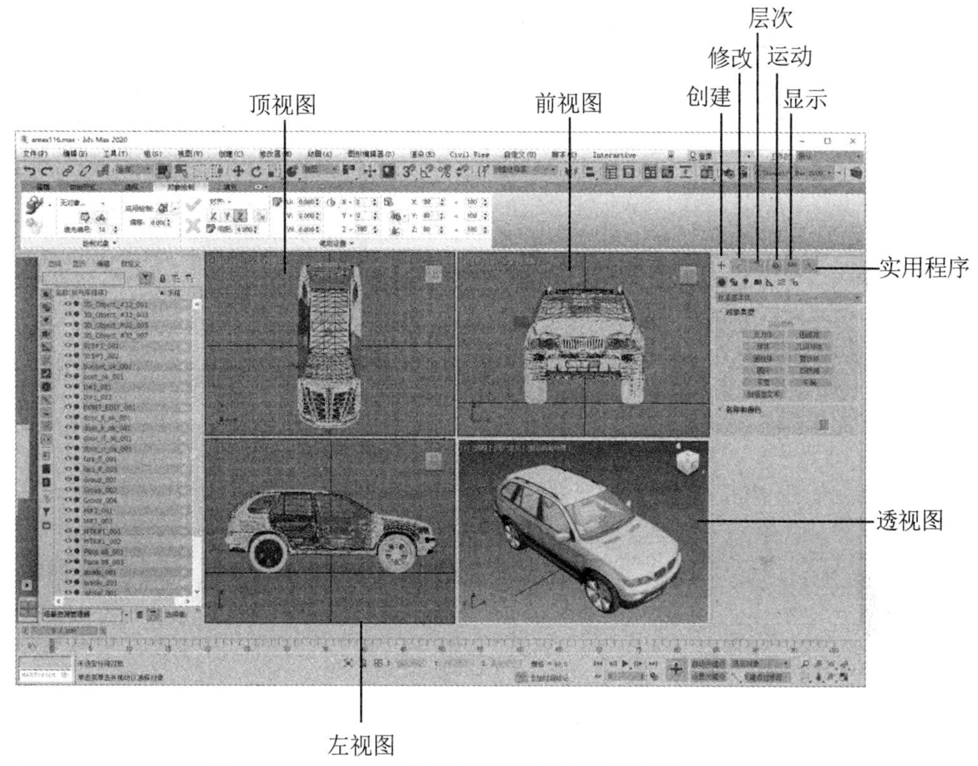

图 1-42　3ds Max 工作界面中默认状态下的视图

在工作视图中，每个视图的左上角都会以提示文本显示视图的名称以及模型的显示状态，右上角则有一个导航器(ViewCube)。

单击视图左上角的提示文本，在弹出的快捷菜单中，用户可以选择更改视图的显示状态。例如：

- 图 1-43 所示为切换工作视图显示的样式菜单，包括【线框覆盖】【默认明暗处理】【粘土】【样式化】等命令。
- 图 1-44 所示为切换工作视图的视图区域显示模式菜单，通过该菜单用户可以切换操作视图，包括前、后、左、右、顶、底等。
- 图 1-45 所示为工作视图的视口和视口元素设置菜单，选择 SteeringWheels |【切换 SteeringWheels】命令，即可在视图中显示 SteeringWheels 导航控件。通过 SteeringWheels

导航控件，用户可以访问不同的 2D 和 3D 导航工具。SteeringWheels 导航控件可以分成多个称为“楔形体”的部分，其轮状控制区域中的每个楔形体都代表了一种导航工具，如图 1-46 所示。

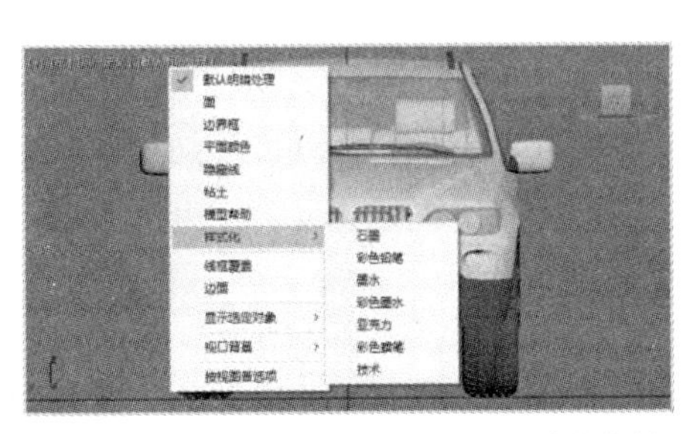

图 1-43　切换工作视图显示的样式菜单

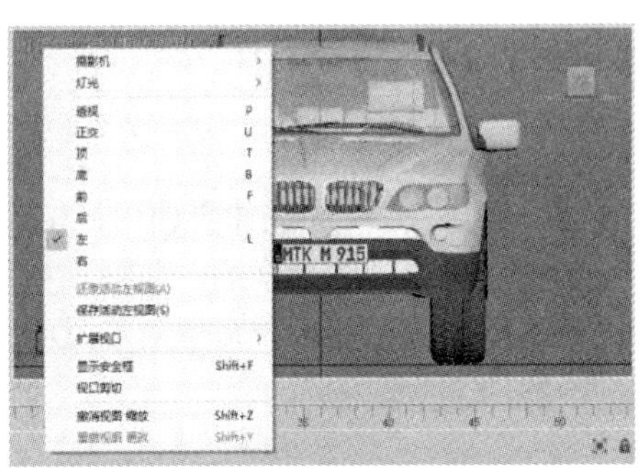

图 1-44　视图区域显示模式菜单

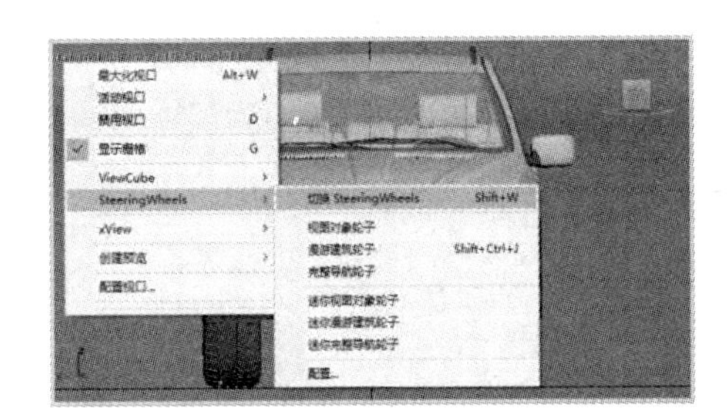

图 1-45　视口和视口元素设置菜单

图 1-46　SteeringWheels 导航控件

3ds Max 中常用的几种视图都有对应的快捷键，例如，切换顶视图的快捷键是 T，切换前视图的快捷键是 F，切换左视图的快捷键是 L，切换透视图的快捷键是 P。此外，当选择一个视图时，用户可以通过按下快捷键 Win+Shift 切换至下一视图。

1.8　命令面板

命令面板位于 3ds Max 工作界面的右侧，由【创建】面板、【修改】面板、【层次】面板、【运动】面板、【显示】面板和【实用程序】面板组成，如图 1-42 所示。

1.8.1　【创建】面板

在命令面板中选择【创建】面板后，用户便可以利用该面板中提供的选项卡，创建几何体、图形、灯光、摄影机、辅助对象、空间扭曲和系统等多种对象，如图 1-47 所示。

- 【几何体】选项卡：在该选项卡中，用户不仅可以创建长方体、圆锥体、球体、圆柱体等基本几何体，而且可以创建一些现成的建筑模型，如门、窗、楼梯、栏杆等。
- 【图形】选项卡：主要用于创建样条线和 NURBS 曲线。
- 【灯光】选项卡：主要用于创建场景中的灯光。
- 【摄影机】选项卡：主要用于创建场景中的摄影机。

- 【辅助对象】选项卡：主要用于创建有助于场景制作的辅助对象。
- 【空间扭曲】选项卡：使用该选项卡中的命令按钮，可以在围绕其他对象的空间中产生各种不同的扭曲方式。
- 【系统】选项卡：用于将对象、控制器和层次对象组合在一起，从而提供与某种行为相关联的几何体，并包含模拟场景中的阳光及日照系统。

1.8.2　【修改】面板

【修改】面板主要用于调整场景对象的参数，用户也可以使用该面板中的修改器来调整对象的几何形态，如图 1-48 所示。

1.8.3　【层次】面板

在【层次】面板中，用户可以调整对象之间的层次链接关系。

- 【轴】选项卡：该选项卡中的参数主要用于调整对象和修改器的中心位置，以及定义对象之间的父子关系和反向运动学(IK)的关节位置，如图 1-49 左图所示。
- IK 选项卡：该选项卡中的参数主要用于设置动画的相关属性，如图 1-49 右图所示。
- 【链接信息】选项卡：该选项卡中的参数主要用于限制对象在特定轴上的变换关系。

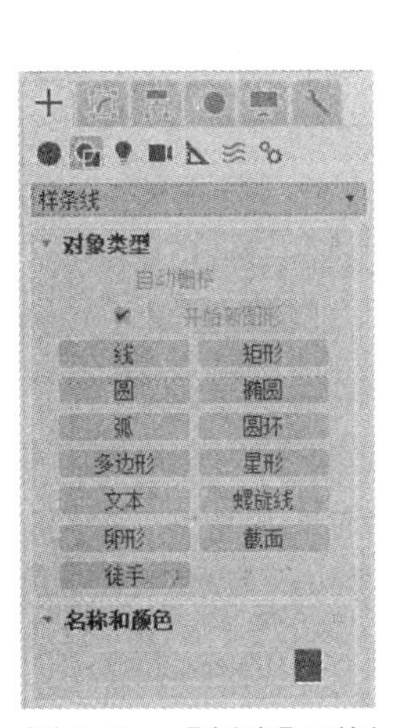

图 1-47　【创建】面板

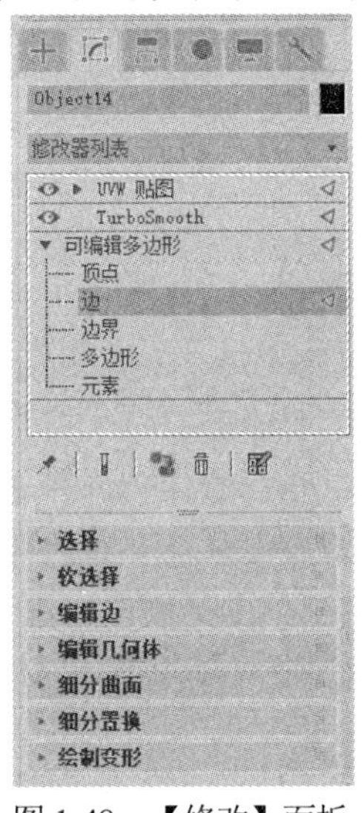

图 1-48　【修改】面板

图 1-49　【层次】面板

1.8.4　【运动】面板

【运动】面板中的参数主要用于调整选定对象的运动属性，如图 1-50 所示。用户可以使用【运动】面板中的工具来调整关键点时间及其缓入和缓出。此外，【运动】面板还提供了【轨迹视图】的替代选项来指定动画控制器。如果指定的动画控制器具有参数，那么【运动】面板中还将显示其他卷展栏；如果把路径约束指定给对象的位置轨迹，那么【路径参数】卷展栏将出现在【运动】面板中。

1.8.5 【显示】面板

在【显示】面板中，用户可以控制场景中对象的显示、隐藏、冻结等属性，如图 1-51 所示。

1.8.6 【实用程序】面板

【实用程序】面板虽然包含很多工具程序，但是其中仅显示了部分命令按钮。要使用其他更多的命令按钮，用户可以通过单击【更多】按钮来进行添加，如图 1-52 所示。

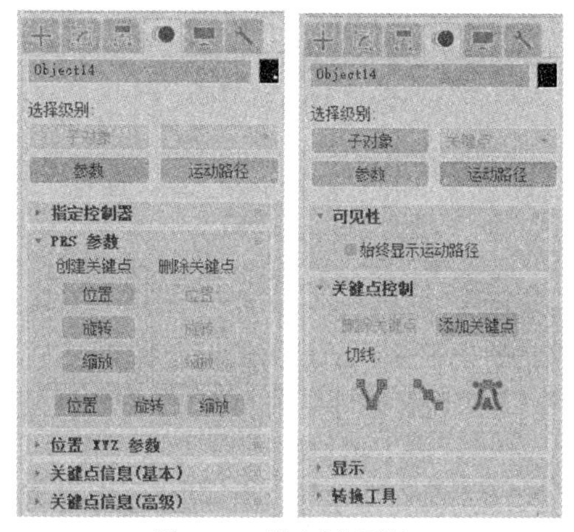

图 1-50 【运动】面板

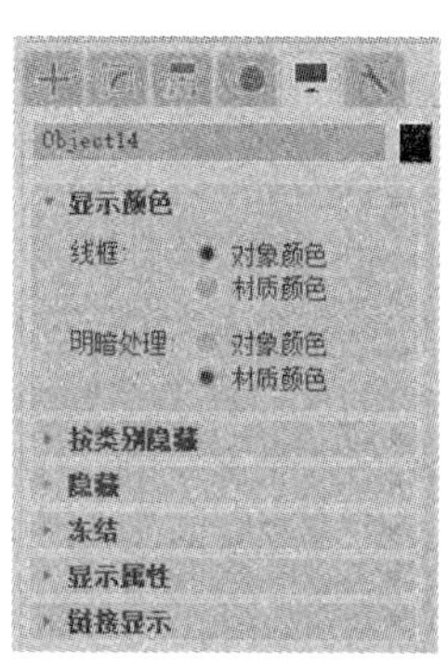

图 1-51 【显示】面板

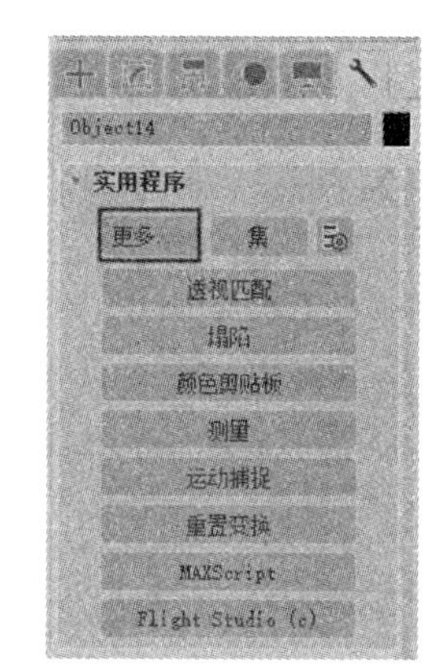

图 1-52 【实用程序】面板

1.9 轨迹栏

轨迹栏位于 3ds Max 工作界面的底部区域，其上方为时间滑块。时间滑块用于显示不同时间段内场景中对象的动画状态，如图 1-53 所示。在默认状态下，场景中的时间帧数为 100 帧，时间帧数可根据将来的动画制作需要随意更改。当用户单击并按住轨迹栏中的时间滑块时，便可以在轨迹栏中以拖动方式查看动画的设置。另外，用户还可以很方便地对轨迹栏内的动画关键帧执行复制、移动及删除等操作。

1.10 状态栏

3ds Max 工作界面中的状态栏位于轨迹栏的下方，如图 1-53 所示，状态栏的旁边是提示行。状态栏不仅可以提供选定对象的数目、类型、变换值和栅格数目等信息，而且可以基于当前光标位置和当前程序活动来提供动态的反馈信息。

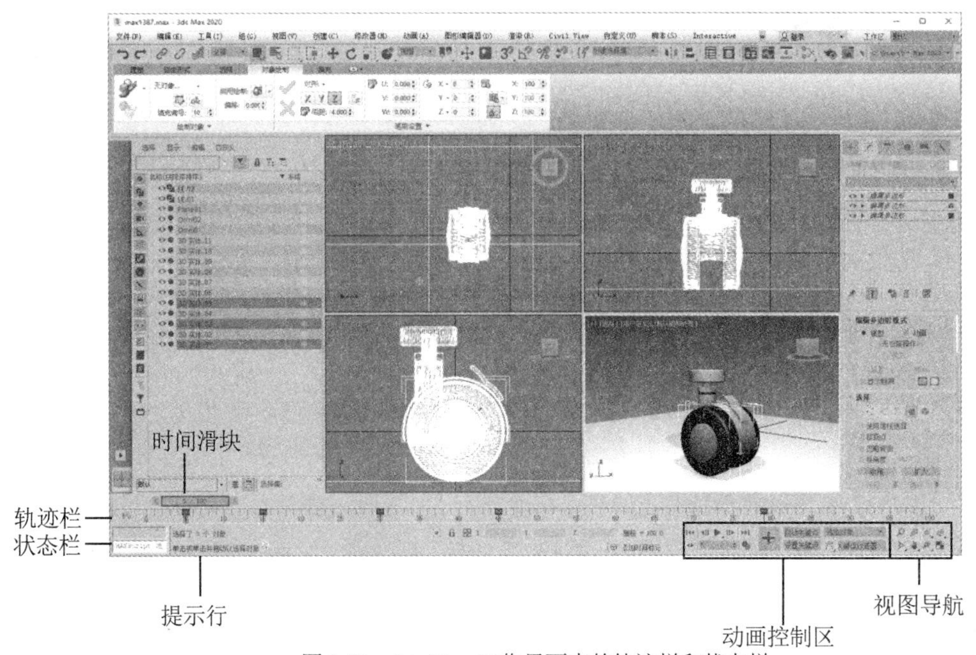

图 1-53　3ds Max 工作界面中的轨迹栏和状态栏

1.11　动画控制区

3ds Max 的动画控制区位于状态栏的右侧(如图 1-53 所示)，主要用于控制动画的播放效果，包括关键点控制和时间控制等。

- 【设置关键帧】按钮、【切换至设置关键点模式】按钮和【切换自动关键点模式】按钮：这几个按钮用于设置动画模式，包括自动关键点动画模式与设置关键点动画模式两种模式。
- 【新建关键点的默认入/出切线】下拉按钮：用于设置新建的动画关键点的默认内/外切线类型。
- 【打开过滤器对话框】按钮：单击该按钮可以打开【设置关键点过滤器】对话框，在该对话框中，用户可以指定所选物体的哪些属性可以设置关键帧。
- 【转至开头】按钮：单击该按钮将转至动画的初始位置。
- 【上一帧】按钮：单击该按钮将转至动画的上一帧。
- 【播放动画】按钮：用于播放动画，单击后，按钮状态将变成【停止播放动画】按钮。
- 【下一帧】按钮：单击该按钮将转至动画的下一帧。
- 【转至结尾】按钮：单击该按钮将转至动画的结尾。
- 【时间配置】按钮：单击该按钮将打开【时间配置】对话框，在该对话框中，用户可以设置当前场景内动画帧的相关参数。

1.12 视图导航

视图导航区域位于动画控制区的右侧(如图 1-53 所示)，主要用于控制视图的显示和导航。使用视图导航中的按钮，用户可以平移、缩放或旋转活动视图。

- 【缩放】按钮：用于控制视图的缩放，激活该按钮后，用户将可以在透视图或正交视图中，通过按住鼠标左键并拖动的方式来调整对象的显示比例。
- 【缩放区域】按钮：用于缩放用户使用鼠标绘制的矩形区域，如图 1-54 所示。
- 【缩放所有视图】按钮：激活该按钮后，用户可以通过按住鼠标左键并拖动的方式，同时调整所有视图中对象的显示比例，如图 1-55 所示。

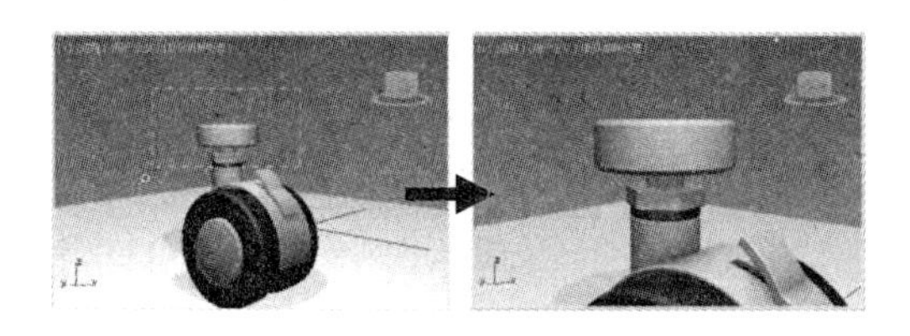

图 1-54　放大矩形区域

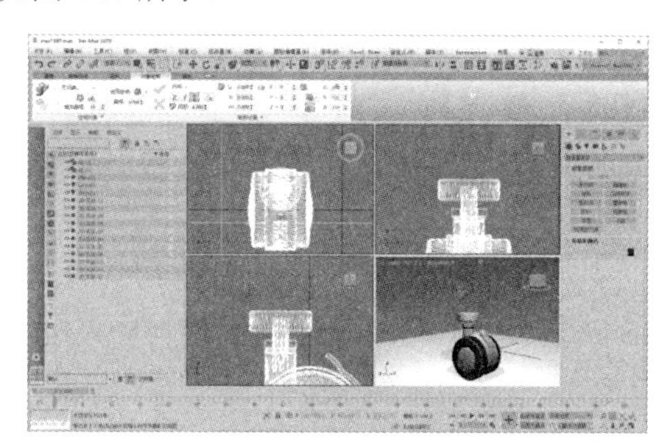

图 1-55　同时调整所有视图中对象的显示比例

- 【最大化显示选定对象】按钮：用于最大化显示选定的对象，如图 1-56 所示。
- 【所有视图最大化显示选定对象】按钮：用于在所有视图中最大化显示选定的对象，如图 1-57 所示。

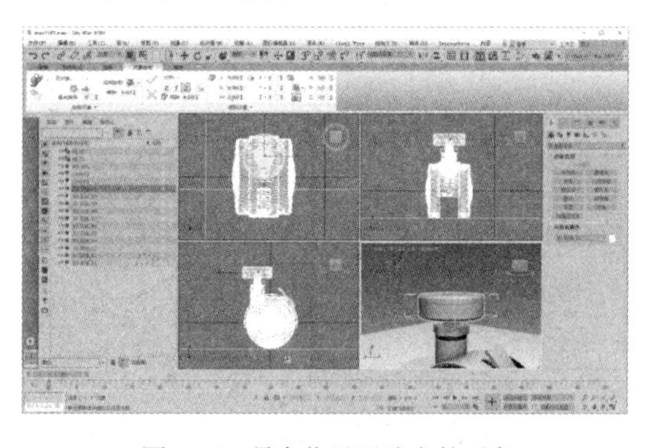

图 1-56　最大化显示选定的对象

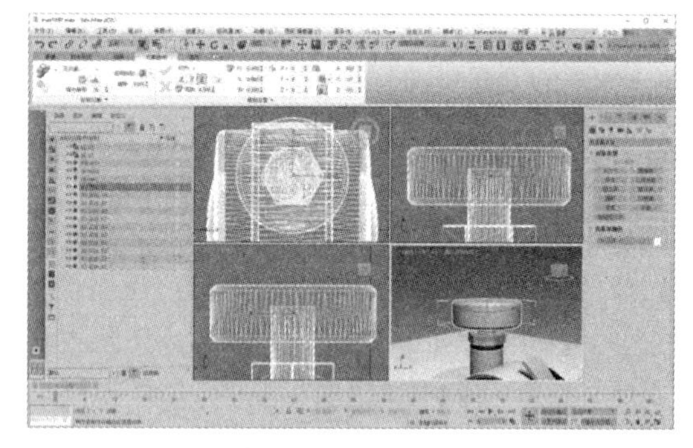

图 1-57　在所有视图中最大化显示选定的对象

- 【平移视图】按钮：激活该按钮后，用户可以在视图中通过按住鼠标左键并拖动的方式平移视图，如图 1-58 所示。
- 【环绕子对象】按钮：激活该按钮后，用户可以执行环绕视图的操作，如图 1-59 所示。
- 【最大化视口切换】按钮：单击该按钮后，便可以最大化显示当前选中的视口(再次单击该按钮，视口将恢复)。

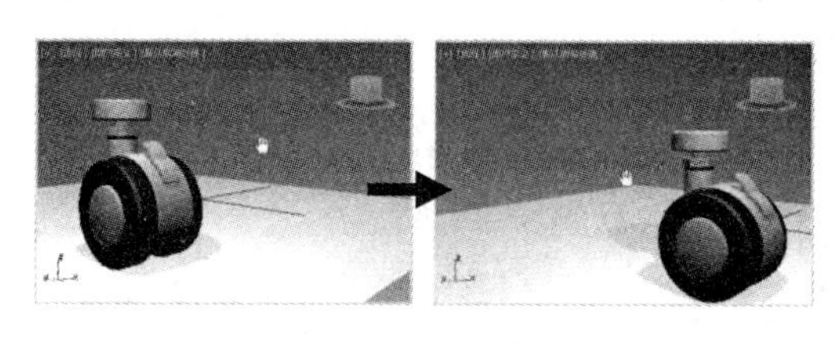

图 1-58　平移视图

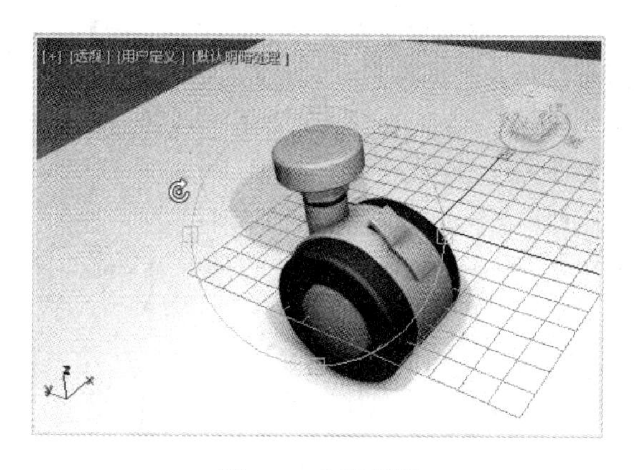

图 1-59　环绕视图

1.13　实例演练

本章重点介绍了 3ds Max 2020 的工作界面。在了解了工作界面中各个区域的功能后，用户可以参考下面的实例，尝试制作简单的模型和动画，从而初步掌握 3ds Max 的基本操作。

【例 1-4】 使用 3ds Max 制作木桥模型。视频

(1) 启动 3ds Max 后，在菜单栏中选择【自定义】|【单位设置】命令，打开【单位设置】对话框，设置【公制】单位为【米】。然后单击【系统单位设置】按钮，打开【系统单位设置】对话框，设置【单位】为【米】，然后连续单击【确定】按钮，如图 1-60 所示。

(2) 在【创建】面板中选择【图形】选项卡，单击【弧】按钮，在前视图中绘制一条弧，然后在命令面板的【参数】卷展栏中设置【半径】为 272 m、【从】为 58、【到】为 122.2，如图 1-61 所示。

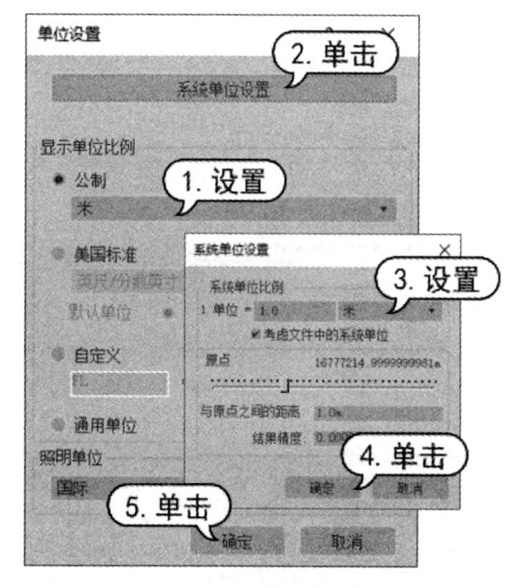

图 1-60　设置绘图单位

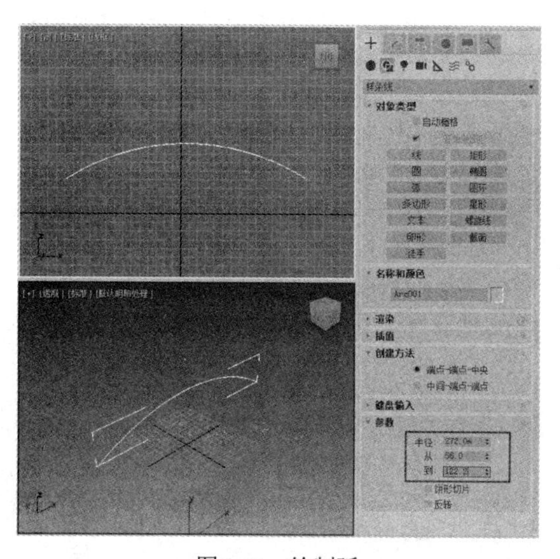

图 1-61　绘制弧

(3) 在【创建】面板中选择【几何体】选项卡●，然后单击【长方体】按钮，在顶视图中通过按住鼠标左键并拖动，绘制一个长方体。

(4) 在命令面板的【修改】卷展栏中设置长方体的【长度】为 125 m、【宽度】为 15 m、【高度】为 6 m，如图 1-62 所示。

(5) 在场景中选中刚才绘制的长方体，在命令面板中选择【运动】面板●，单击【参数】按钮，在【指定控制器】卷展栏中选中【位置：位置 XYZ】选项，然后单击【指定控制器】按钮✓，在打开的对话框中选择【路径约束】选项，单击【确定】按钮，如图 1-63 所示。

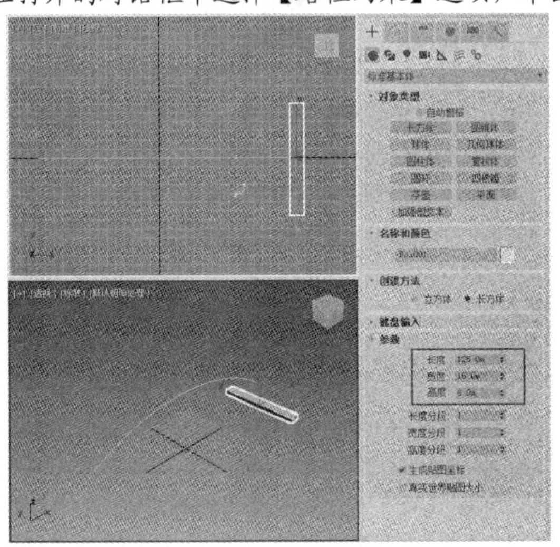

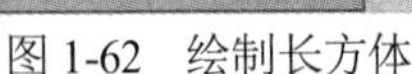

图 1-62　绘制长方体

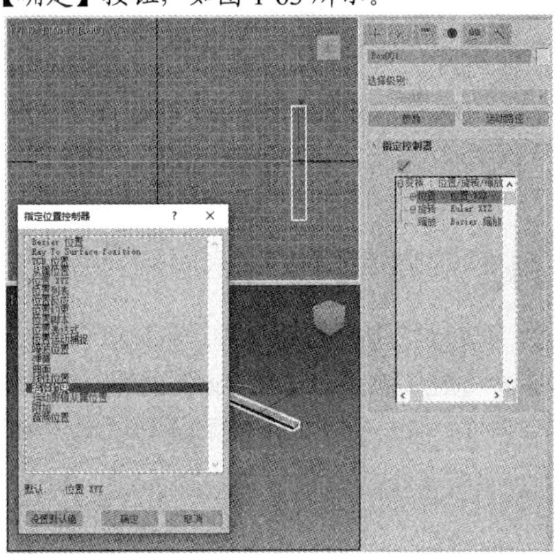

图 1-63　设置路径约束

(6) 在命令面板的【路径参数】卷展栏中单击【添加路径】按钮，在场景中拾取之前绘制的弧，然后在【路径选项】选项组中选中【跟随】复选框，如图 1-64 所示。

(7) 再次单击【路径参数】卷展栏中的【添加路径】按钮，取消该按钮的激活状态。

(8) 选择【工具】|【快照】命令，打开【快照】对话框，选中【范围】单选按钮，设置【副本】为 19，然后选中【克隆方法】选项组中的【实例】单选按钮，单击【确定】按钮，如图 1-65 所示。

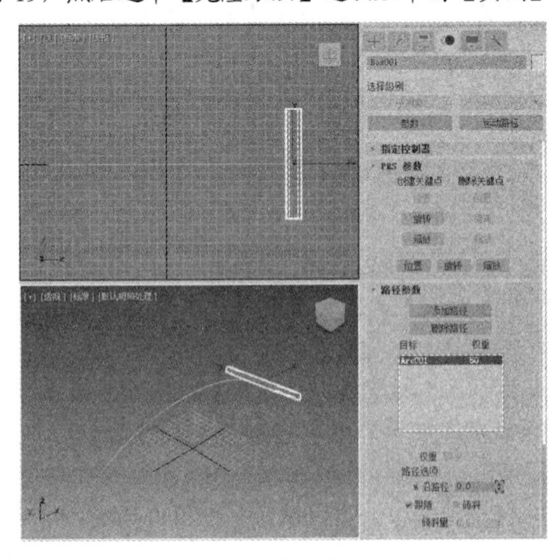

图 1-64　拾取路径

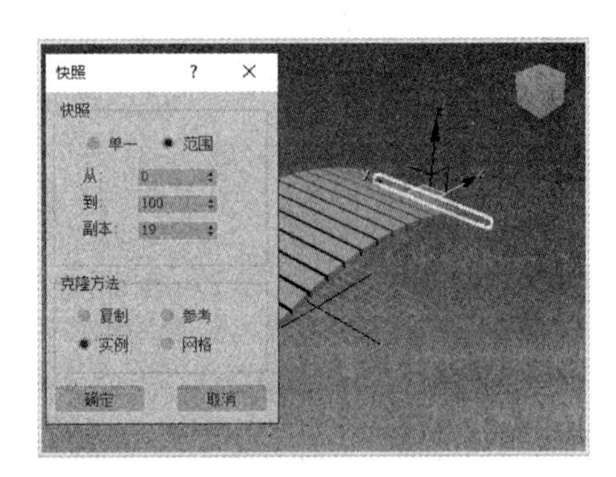

图 1-65　【快照】对话框

(9) 在场景中选中之前绘制的长方体，然后在命令面板中选择【修改】面板，单击【修改器列表】下拉按钮，在弹出的下拉列表中选择【UVW 贴图】选项，添加“UVW 贴图”修改器。

(10) 在【参数】卷展栏中选中【长方体】单选按钮，在【对齐】选项组中选中 Z 单选按钮，然后单击【适配】按钮，如图 1-66 所示。

(11) 选中场景中的弧对象，按下 Ctrl+V 快捷键，在弹出的【克隆选项】对话框中选中【复制】单选按钮，单击【确定】按钮，如图 1-67 所示。

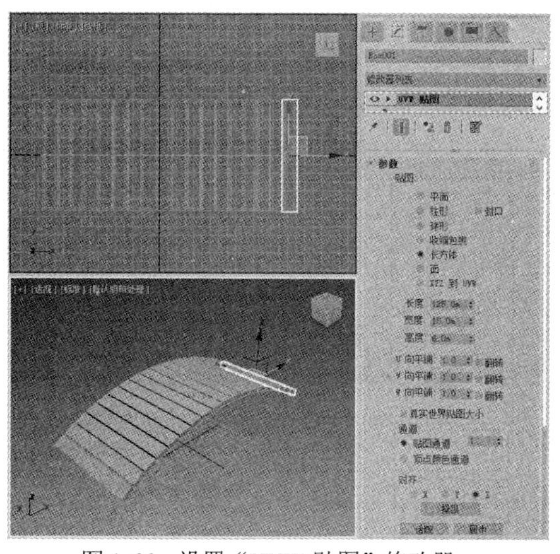

图 1-66　设置“UVW 贴图”修改器

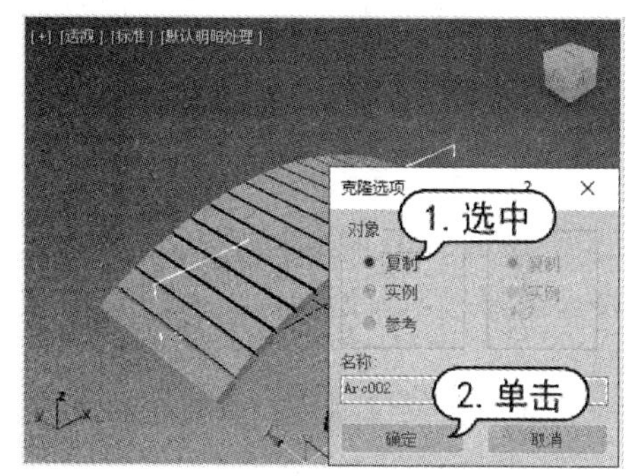

图 1-67　【克隆选项】对话框

(12) 选中上一步复制的弧对象，在命令面板中选择【修改】面板，然后单击【修改器列表】下拉按钮，在弹出的下拉列表中选择【编辑样条线】选项。

(13) 在命令面板的【选择】卷展栏中单击【样条线】按钮，将当前选择集定义为“样条线”，然后在【几何体】卷展栏中将【轮廓】设置为 12，并按下 Enter 键确认，如图 1-68 所示。

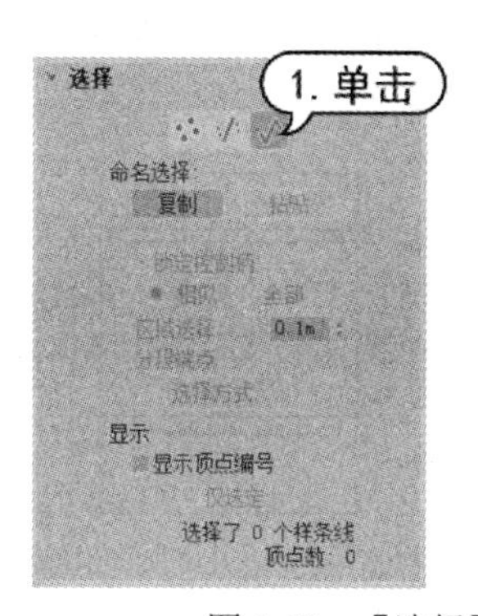

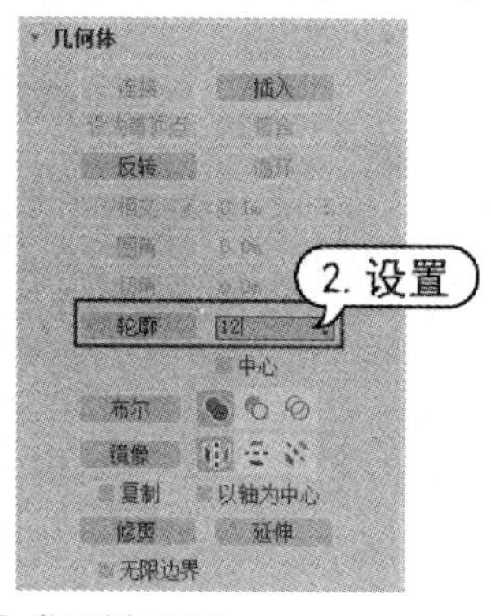

图 1-68　【选择】卷展栏(左图)和【几何体】卷展栏(右图)

(14) 退出“样条线”选择集，单击【修改】面板中的【修改器列表】下拉按钮，在弹出的下拉列表中选择【挤出】选项，添加“挤出”修改器，然后在【参数】卷展栏中将【数量】设置为 12 m，按下 Enter 键确认，如图 1-69 所示。

(15) 按下 W 键执行【选择并移动】命令，在顶视图中调整挤出对象的位置，如图 1-70 所示。

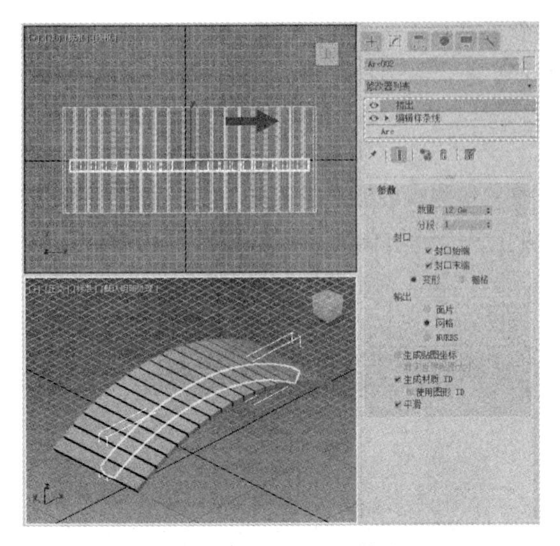
图 1-69　设置“挤出”修改器

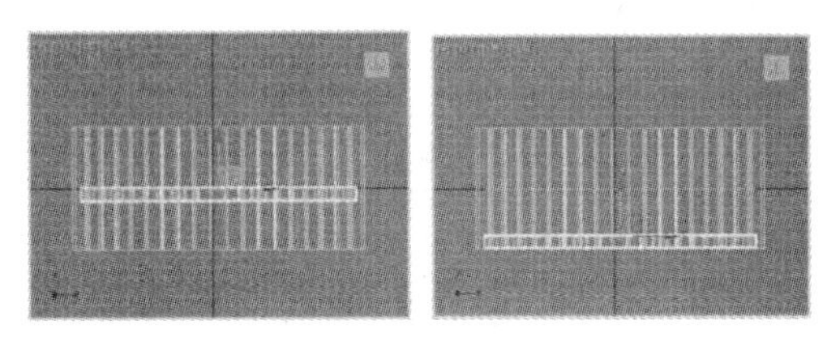
图 1-70　调整挤出对象的位置

(16) 按住 Shift 键拖动对象，打开【克隆选项】对话框，选中【实例】单选按钮后，单击【确定】按钮，将对象复制一份，如图 1-71 所示。

(17) 选择【创建】面板，在【几何体】选项卡●中单击【长方体】按钮，在前视图中绘制另一个长方体，并在【参数】卷展栏中设置【长度】为 110 m、【宽度】为 12 m、【高度】为 8 m，如图 1-72 所示。

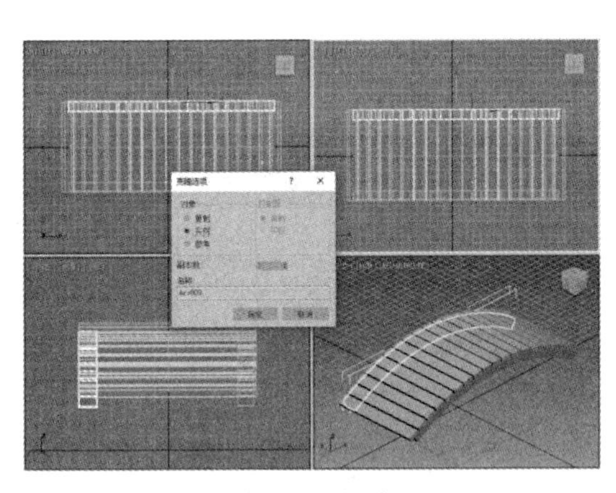
图 1-71　复制对象

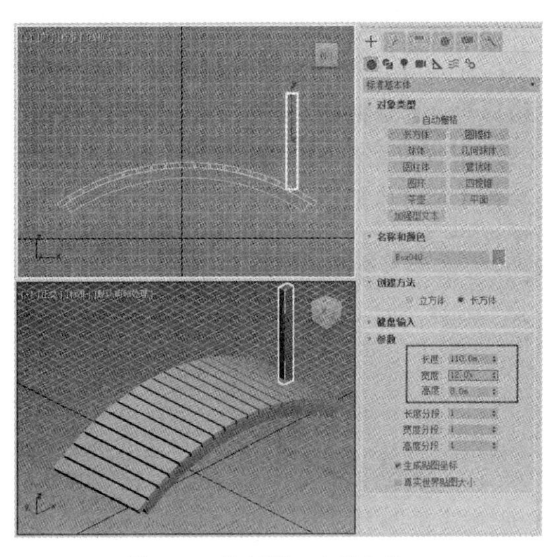
图 1-72　绘制另一个长方体

(18) 按下 W 键执行【选择并移动】命令，在视图中调整上一步绘制的长方体的位置，如图 1-73 所示。

(19) 选择【修改】面板，单击【修改器列表】下拉按钮，从弹出的下拉列表中选择【UVW 贴图】选项，添加“UVW 贴图”修改器，在【参数】卷展栏中选中【长方体】单选按钮，如图 1-74 所示。

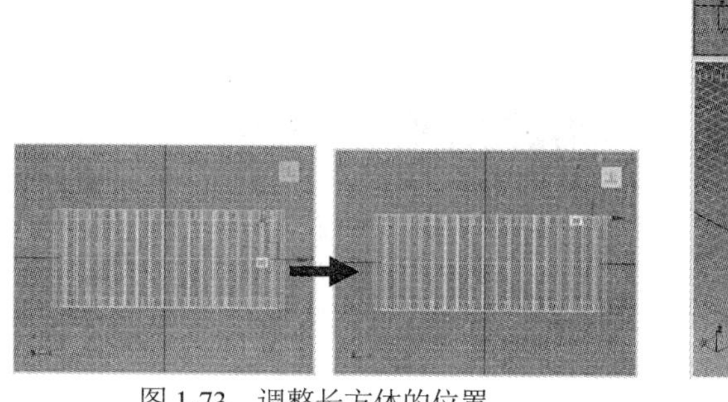

图 1-73　调整长方体的位置

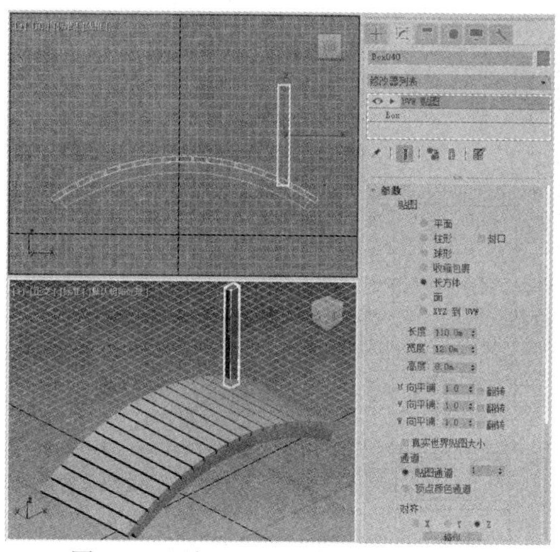

图 1-74　添加“UVW 贴图”修改器

(20) 按下 W 键执行【选择并移动】命令，在按住 Shift 键的同时拖动场景中的长方体对象，打开【克隆选项】对话框，选中【复制】单选按钮，在【副本数】微调框中输入 2，然后单击【确定】按钮，如图 1-75 所示。

(21) 选中图 1-76 所示的长方体，在【参数】卷展栏中设置【长度】为 90 m。

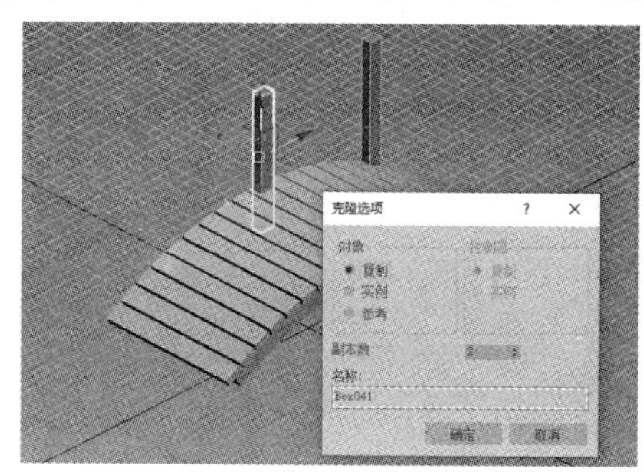

图 1-75　复制长方体

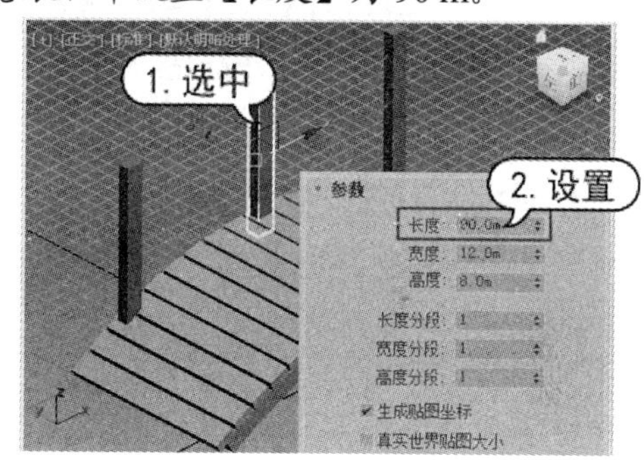

图 1-76　设置长方体的长度

(22) 在【修改】面板的修改器列表中选择【UVW 贴图】修改器，然后在【参数】卷展栏中单击【适配】按钮。

(23) 选择【创建】面板，在【几何体】选项卡中单击【长方体】按钮，在前视图中创建一个长方体，在【参数】卷展栏中设置【长度】为 10 m、【宽度】为 270 m、【高度】为 10 m，如图 1-77 所示。

(24) 使用同样的方法，绘制另一个长方体，在【参数】卷展栏中设置【长度】为 5 m、【宽度】为 270 m、【高度】为 5 m，如图 1-78 所示。

(25) 在场景中按住 Ctrl 键，选中上面绘制的几个长方体，单击主工具栏中的【镜像】按钮，打开【镜像：世界 坐标】对话框，将【镜像轴】设置为 *Y* 轴，将【克隆当前选择】设置为【复制】，将【偏移】设置为-112 m，然后单击【确定】按钮，如图 1-79 所示。

(26) 按下 Ctrl+A 快捷键选中场景中的所有对象，按下 M 键打开【材质编辑器】对话框，从中选择一个材质球，在【Blinn 基本参数】卷展栏中将【高光级别】设置为 22，将【光泽度】设置为 38，如图 1-80 所示。

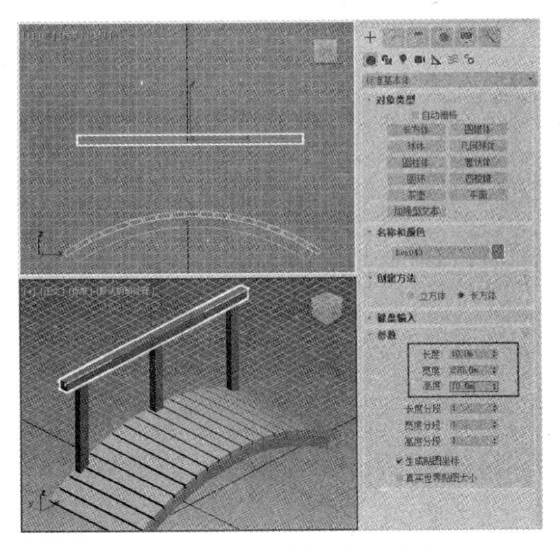

图 1-77　在前视图中绘制一个长方体

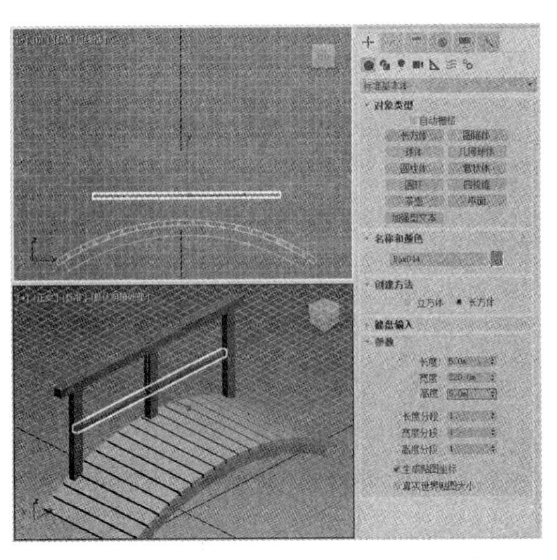

图 1-78　在前视图中绘制另一个长方体

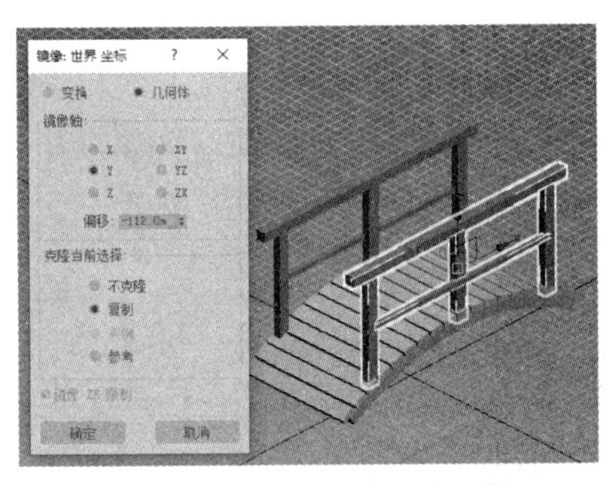

图 1-79　【镜像：世界 坐标】对话框

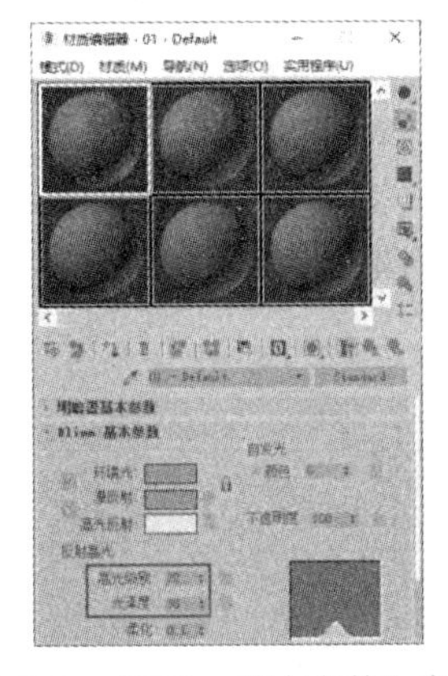

图 1-80　【Blinn 基本参数】卷展栏

(27) 展开【贴图】卷展栏，单击【漫反射颜色】选项右侧的【无贴图】按钮，如图 1-81 所示。

(28) 打开【材质/贴图浏览器】对话框，选择【位图】选项，单击【确定】按钮，如图 1-82 所示。

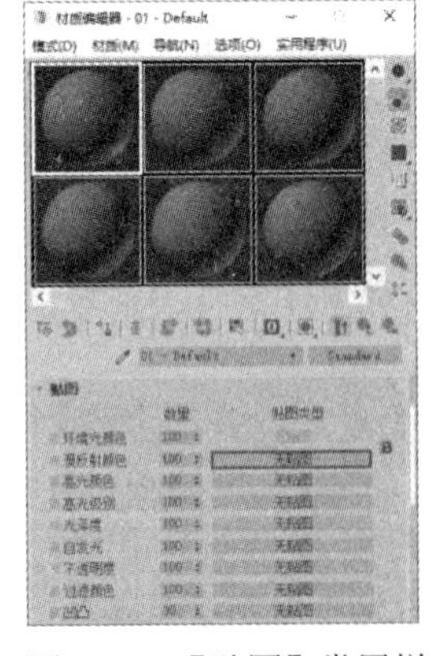

图 1-81　【贴图】卷展栏

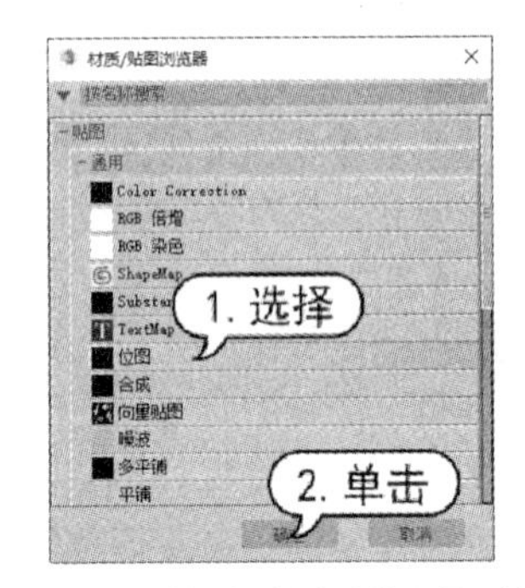

图 1-82　【材质/贴图浏览器】对话框

(29) 打开【选择位图图像文件】对话框，选择一个图像文件，单击【打开】按钮，添加位图贴图。

(30) 返回到【材质编辑器】对话框，将材质球拖至场景中选中的对象上，打开【指定材质】对话框，选中【指定给选择集】单选按钮，然后单击【确定】按钮，如图 1-83 所示。

(31) 选择【创建】面板，在【几何体】选项卡中单击【平面】按钮，在顶视图中绘制一个长度和宽度均为 2000 m 的平面。

(32) 在菜单栏中选择【创建】|【摄影机】|【目标摄影机】命令，在顶视图中创建一台摄影机，如图 1-84 所示。

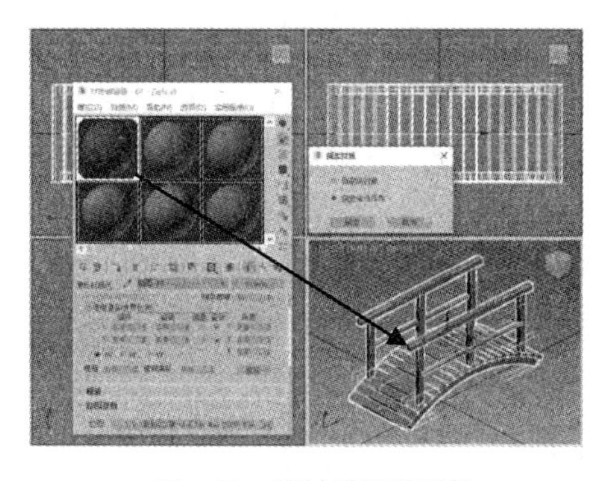

图 1-83　将材质赋予对象

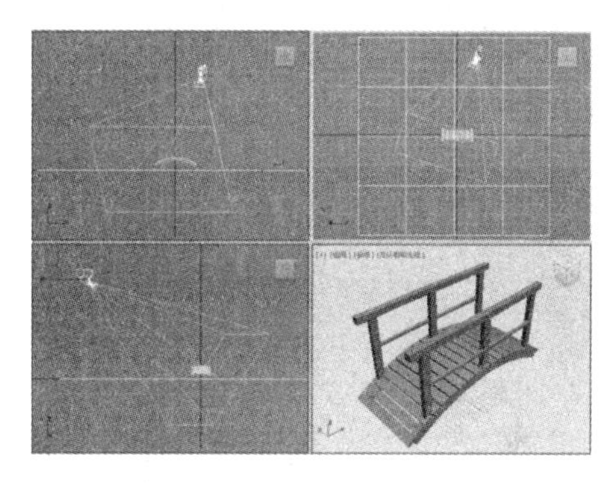

图 1-84　创建摄影机

(33) 激活透视图，然后按下 C 键将其转换为摄影机视图，按下 W 键执行【选择并移动】命令，在视图中调整摄影机的位置，如图 1-85 所示。

(34) 按下 F9 功能键渲染场景，效果如图 1-86 所示。

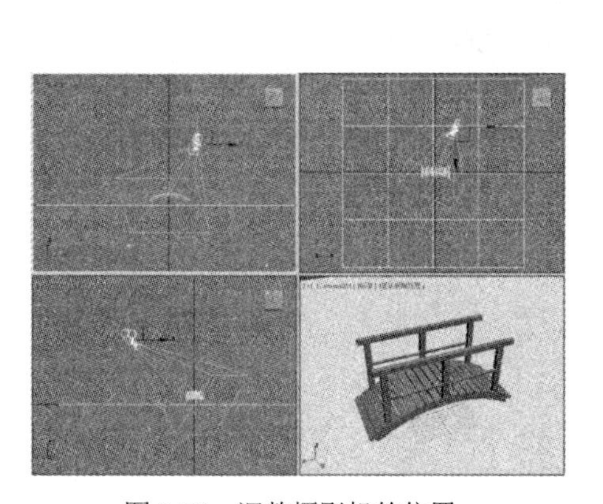

图 1-85　调整摄影机的位置

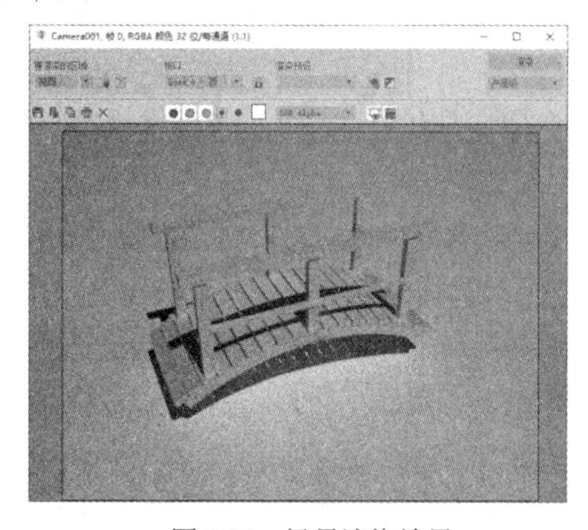

图 1-86　场景渲染效果

【例 1-5】 在 3ds Max 2020 中使用摄影机制作一个镜头旋转动画。 视频

(1) 打开素材文件后，选中场景中的目标摄影机，激活透视图，按下 C 键将其转换为摄影机视图，如图 1-87 所示。

(2) 将时间滑块调至第 11 帧，单击动画控制区中的【自动关键点】按钮，然后在视图中调整摄影机的位置，如图 1-88 所示。

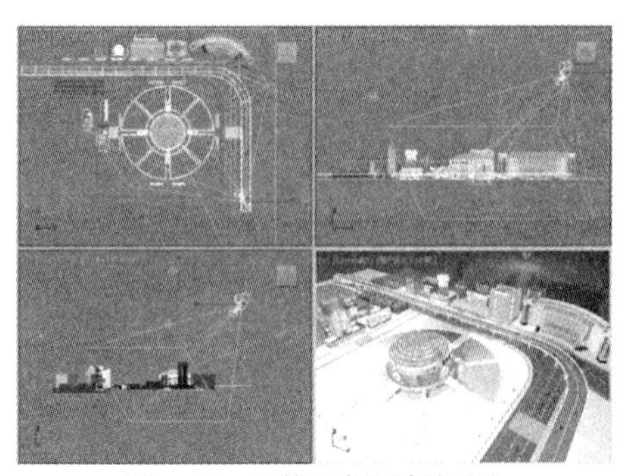
图 1-87　切换至摄影机视图

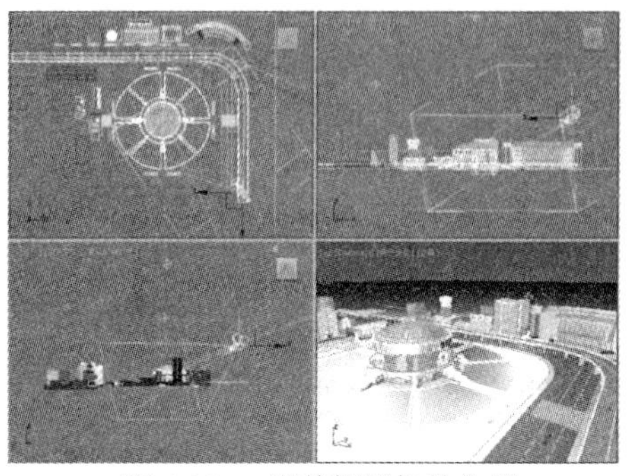
图 1-88　调整摄影机的位置

(3) 将时间滑块调至第 22 帧，然后调整视图中摄影机的位置，如图 1-89 所示。

(4) 将时间滑块调至第 33 帧，然后调整视图中摄影机的位置，如图 1-90 所示。

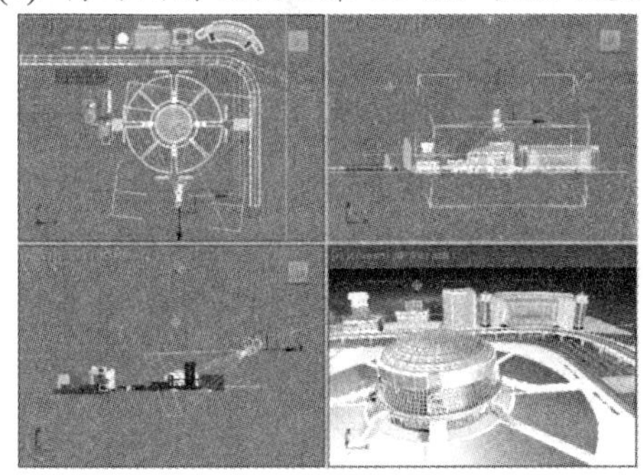
图 1-89　调整第 22 帧处摄影机的位置

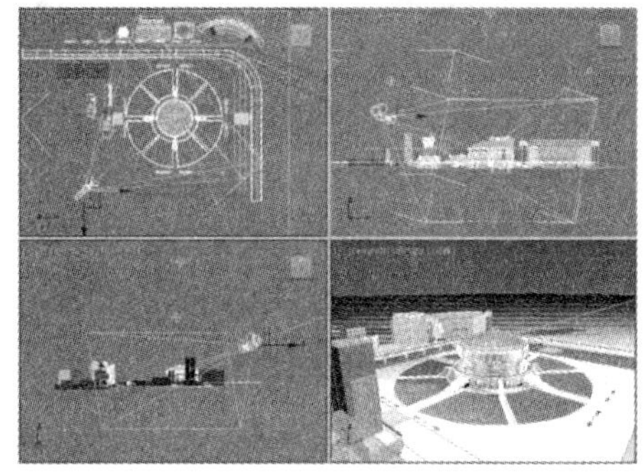
图 1-90　调整第 33 帧处摄影机的位置

(5) 将时间滑块调至第 44 帧，然后调整视图中摄影机的位置。

(6) 将时间滑块调至第 60 帧，然后调整视图中摄影机的位置。

(7) 按下 F10 功能键打开【渲染设置】对话框，在【公用】选项卡的【时间输出】选项组中选中【范围】单选按钮，设置渲染范围为第 1~60 帧。

(8) 最后，按下 F9 功能键渲染场景，渲染完成后，镜头中的视野将围绕场景中的建筑物发生旋转。

1.14　习题

1. 简述 3ds Max 2020 的工作界面由哪几部分组成。
2. 简述 3ds Max 的工作视图都有哪几个，以及应该如何切换工作视图。
3. 简述 3ds Max 轨迹栏和状态栏中各部分的功能。
4. 尝试使用 3ds Max 制作一个简单的三维板凳模型。
5. 尝试使用 3ds Max 制作一个简单的球体运动动画。

第 2 章

3ds Max基础操作

文件和对象操作是 3ds Max 中最基本的操作，初学者要想学习创作专业的三维模型作品，那么首先就必须熟练掌握这些基本操作。本章将通过案例，结合第 1 章介绍的界面知识，详细讲解这些 3ds Max 基础操作。

本章重点

- 3ds Max 文件的基本操作
- 导入与导出场景对象
- 选择场景对象
- 对象的变换与复制操作

二维码教学视频

【例 2-1】 保存选定对象
【例 2-2】 保存渲染图像
【例 2-3】 归档场景文件
【例 2-4】 导入外部文件
【例 2-5】 导出场景对象
【例 2-6】 合并场景文件
【例 2-7】 加载图像背景
本章其他视频参见视频二维码列表

2.1 文件的基础操作

“文件”在计算机中可以解释为按一定方式存储和读写的数据格式。用户使用 3ds Max 设计或修改的场景内容都必须以文件的形式存储起来，而且用户在创作三维作品之前，必须先打开已有文件或空白文件才能进行操作。

2.1.1 打开文件

用户可以通过以下几种方法打开 3ds Max 场景文件。

- 直接找到文件并双击。
- 在 3ds Max 的工作界面中选择【文件】|【打开】命令，打开【打开文件】对话框，选中文件，然后单击【打开】按钮，如图 2-1 所示。
- 在 3ds Max 的工作界面中按下 Ctrl+O 快捷键，打开【打开文件】对话框，选中文件，然后单击【打开】按钮。
- 选中文件后，直接将其拖至 3ds Max 工作视图中。

2.1.2 保存文件

在 3ds Max 中创建模型后，可以采用以下两种方法来保存文件。

- 在 3ds Max 工作界面的菜单栏中选择【文件】|【保存】命令(或【另存为】命令)，打开【文件另存为】对话框，设置文件的保存路径和名称，然后单击【保存】按钮，如图 2-2 所示。

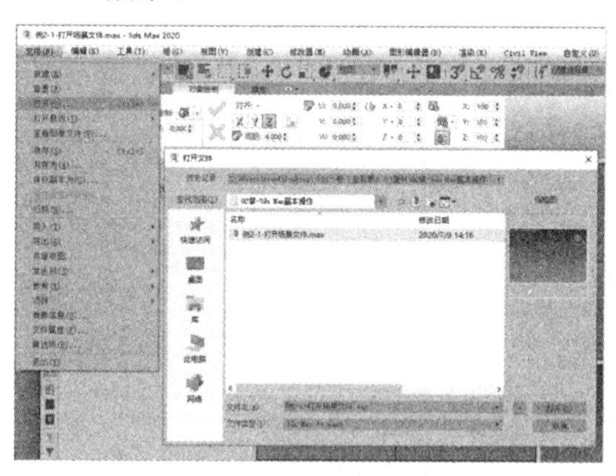

图 2-1　打开 3ds Max 场景文件

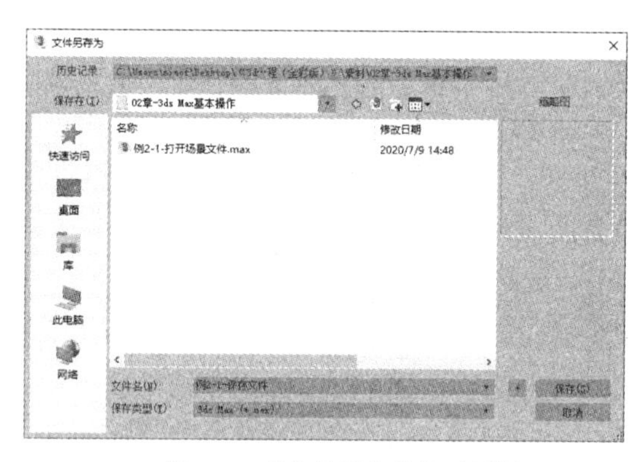

图 2-2　【文件另存为】对话框

- 按下 Ctrl+S 快捷键打开【文件另存为】对话框，设置文件的保存路径和名称，然后单击【保存】按钮。

2.1.3 保存增量文件

3ds Max 提供了一种叫作“保存增量文件”的存储模式，使得用户可以通过在当前文件的名称后添加数字后缀的方法来不断对工作中的文件进行存储。

执行“保存增量文件”操作的方法主要有以下两种。

- 在菜单栏中选择【文件】|【保存副本为】命令，打开【将文件另存为副本】对话框，设置文件的保存路径，然后单击【保存】按钮。
- 在菜单栏中选择【文件】|【另存为】命令(或按下 Ctrl+S 快捷键)，打开【文件另存为】对话框，单击【文件名】文本框右侧的+按钮。

2.1.4　保存选定对象

3ds Max 的“保存选定对象”功能允许用户将复杂场景中的一个或多个模型单独保存起来。

【例 2-1】 单独保存场景中汽车模型的轮胎。 视频

(1) 启动 3ds Max 2020 后，按下 Ctrl+O 快捷键，打开汽车模型文件，然后在工作视图中选中需要单独保存的汽车轮胎对象。

(2) 在菜单栏中选择【文件】|【保存选定对象】命令，如图 2-3 所示。

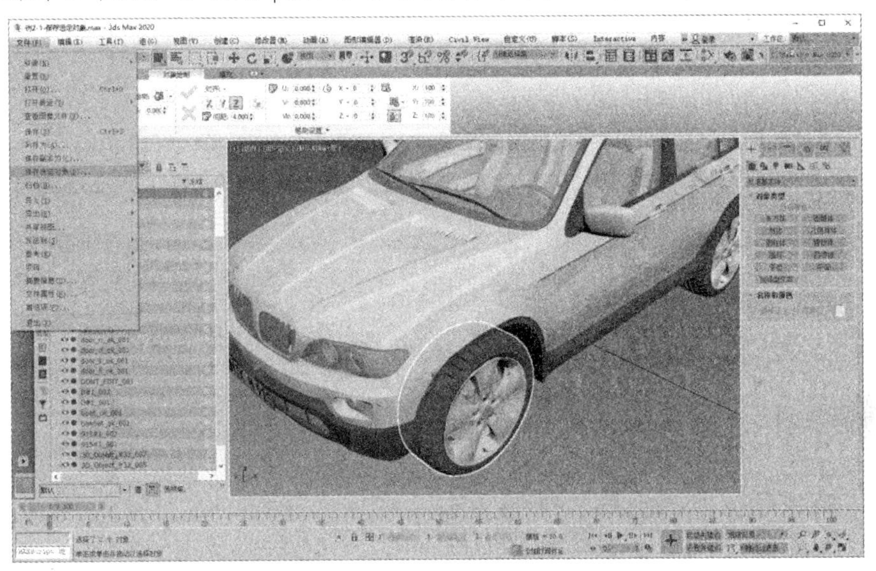

图 2-3　选择【文件】|【保存选定对象】命令

(3) 打开【文件另存为】对话框，设置文件的保存路径和名称后，单击【保存】按钮即可。

2.1.5　保存渲染图像

在 3ds Max 中制作完场景后，需要对场景进行渲染，渲染完成后，用户可以参考以下方法保存渲染后的场景图像。

【例 2-2】 保存渲染后的场景图像。 视频

(1) 单击 3ds Max 主工具栏中的【渲染产品】按钮(或按下 F9 功能键)渲染场景，在打开的对话框中单击【保存图像】按钮，如图 2-4 所示。

(2) 打开【保存图像】对话框，在【文件名】文本框中输入图像的名称，单击【保存类型】下

拉按钮，从弹出的下拉列表中选择想要保存的文件格式，然后单击【保存】按钮，如图 2-5 所示。

图 2-4　单击【保存图像】按钮

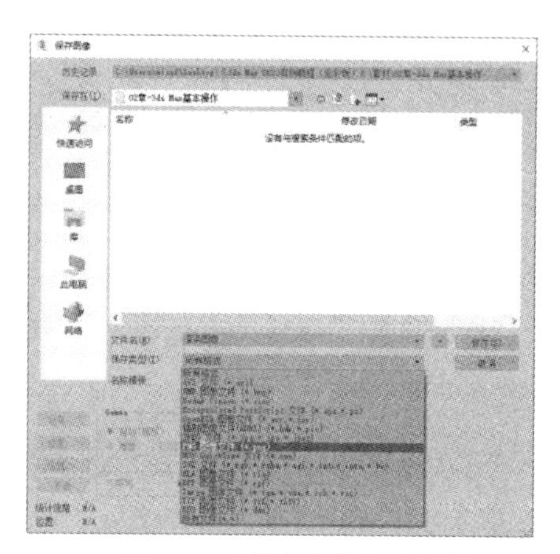

图 2-5　【保存图像】对话框

2.1.6　归档文件

使用 3ds Max 的【归档】命令可以对当前文件、文件中使用的贴图文件及其路径名称进行整理并保存为 ZIP 压缩文件。

【例 2-3】 归档场景文件。视频

(1) 打开素材文件后，在菜单栏中选择【文件】|【归档】命令。

(2) 打开【文件归档】对话框，设置好文件的保存路径后，单击【保存】按钮即可。

2.1.7　重置文件

在 3ds Max 菜单栏中选择【文件】|【重置】命令，在弹出的提示框中单击【是】按钮，即可快速将场景还原到默认状态(包括用户自定义的界面设置、窗口大小、颜色等)。

2.1.8　自动备份

3ds Max 在默认状态下提供了“自动备份”功能，其备份文件的时间间隔为 5 分钟，存储的文件为 3 份。当 3ds Max 软件因意外原因而退出时，用户可以通过自动备份的文件执行恢复操作。

3ds Max 自动备份的文件通常位于“软件安装路径”\3ds Max 2020\autoback 文件夹内。

2.2　对象的基础操作

在 3ds Max 中，对模型对象进行的基本操作是三维效果表现的基础。

2.2.1　认识对象

在学习模型对象的基本操作之前，用户首先需要了解的是对象的概念和基本属性。3ds Max 软件具有面向对象的特性，其所有工具、命令都作用于对象。

1. 对象的概念

在 3ds Max 中，用户通过【创建】面板中的命令按钮在视图中创建的物体称为对象，对象可以是三维模型、二维图形或灯光等。每个对象都有其自身特点和相关的参数，用户通过调整参数可以创建同一对象的不同形态和效果。

2. 对象的基本属性

用户在 3ds Max 中创建的每个对象除了具有自己特定的属性以外，还具有与视图显示、渲染环境、材质贴图等相关的属性。在场景中选中某个对象后，在菜单栏中选择【编辑】|【对象属性】命令，可以打开【对象属性】对话框，该对话框包括【常规】【高级照明】和【用户定义】3 个选项卡，如图 2-6 所示。

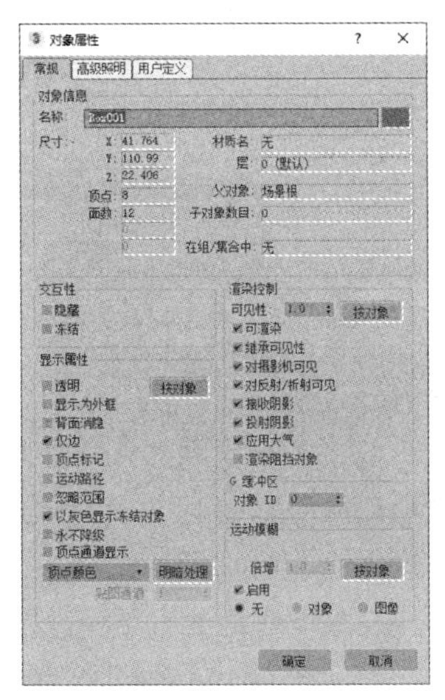

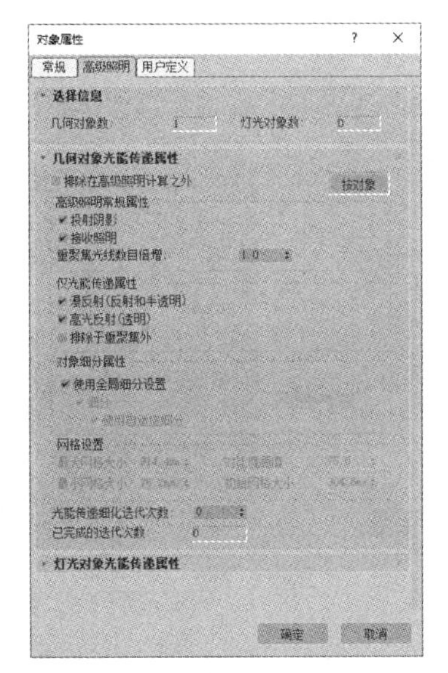

图 2-6　【对象属性】对话框

1) 【常规】选项卡。图 2-6 左图所示的【常规】选项卡包括【对象信息】【交互性】【显示属性】【渲染控制】和【G 缓冲区】等几个选项组。

- 【对象信息】选项组：用于显示对象的名称、颜色、位置、面数、材质名称等信息。
- 【交互性】选项组：其中的【隐藏】复选框用于隐藏当前选定的对象，【冻结】复选框用于冻结当前选定的对象。
- 【显示属性】选项组：用于设置对象的显示属性。例如，选中【透明】复选框，可以使当前选定的对象透明显示(但不会对其最终渲染效果产生影响)；选中【显示为外框】复选框，可以使当前选定的对象显示为长方体，从而降低场景显示的复杂程度并加快视图刷新的速度；选中【顶点标记】复选框，可以在对象的表面显示节点的标记；选中【运动路径】复选框，可以显示对象的运动轨迹。

- 【渲染控制】选项组：用于设置对象是否参与渲染、接收或投射阴影以及是否使用大气效果等。
- 【G 缓冲区】选项组：用于指定当前选定对象的 G 缓冲通道的 ID，具有 G 缓冲通道的对象可以被指定渲染合成效果。

2) 【高级照明】选项卡。【高级照明】选项卡中的选项用于设置对象的高级照明属性。

3) 【用户定义】选项卡。在【用户定义】选项卡中，用户可以输入自定义的对象属性或对属性进行注释。

2.2.2 导入外部对象

在 3ds Max 效果图的制作过程中，经常需要将外部文件(如.3ds 和.obj 文件)导入场景中进行操作。

【例 2-4】 练习在场景中导入外部文件。 视频

(1) 选择菜单栏中的【文件】|【导入】|【导入】命令。

(2) 打开【选择要导入的文件】对话框，选中一个外部文件后，单击【打开】按钮，如图 2-7 左图所示。

(3) 在打开的提示框中单击【确定】按钮，即可在场景中导入图 2-7 右图所示的外部文件。

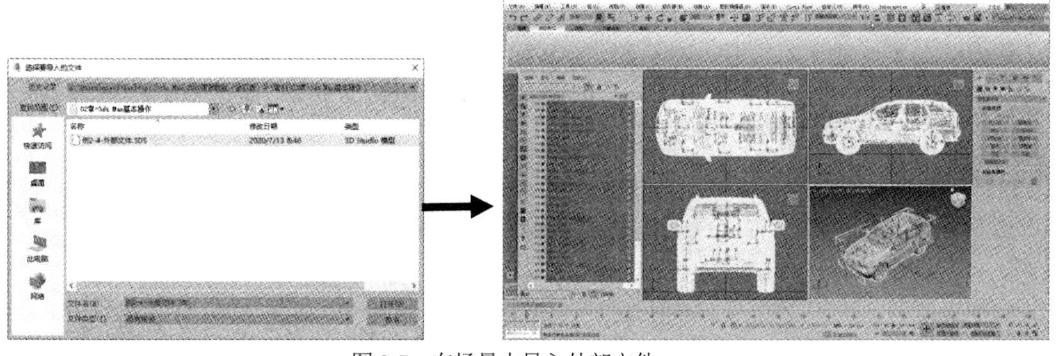

图 2-7 在场景中导入外部文件

2.2.3 导出场景对象

在 3ds Max 中导入或创建完一个场景后，既可以将这个场景中的所有对象导出为其他格式的文件，也可以仅将选定的对象导出为其他格式的文件。

【例 2-5】 将 3ds Max 场景中选定的对象导出为其他格式的文件(如.obj 文件)。 视频

(1) 选中场景中的对象后，选择【文件】|【导出】|【导出选定对象】命令。

(2) 打开【选择要导出的文件】对话框，设置对象的导出路径、文件名和格式(如.obj)，然后单击【保存】按钮即可。

2.2.4 合并场景文件

合并场景文件就是将外部文件合并到当前场景中，在合并的过程中，用户可以根据需要选择

想要合并的几何体、图形、灯光和摄影机等。

【例 2-6】 在 3ds Max 中合并场景文件。 视频

(1) 在场景中导入图 2-8 所示的外部文件，然后选择【文件】|【导入】|【合并】命令。

(2) 打开【合并文件】对话框，选中另一个外部文件，单击【打开】按钮，在弹出的提示框中单击【确定】按钮。合并后的场景效果如图 2-9 所示。

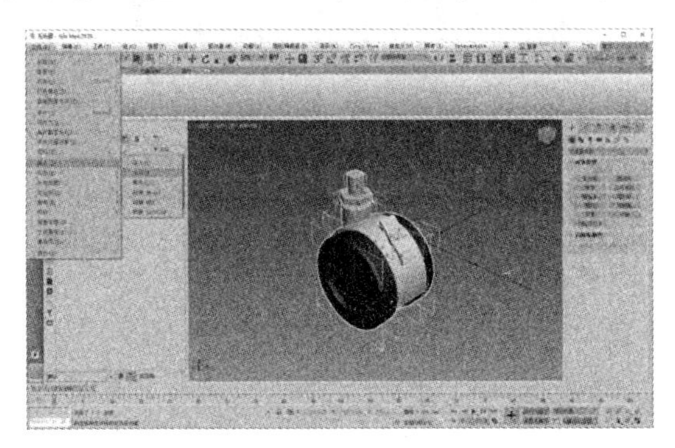

图 2-8　导入外部文件

图 2-9　合并后的场景效果

2.2.5　加载图像背景

在使用 3ds Max 建模时，经常需要使用贴图文件来辅助用户进行操作。例如，为模型加载图像背景。

【例 2-7】 练习在场景中加载图像背景。 视频

(1) 在菜单栏中选择【视图】|【视口背景】|【配置视口背景】命令，如图 2-10 所示。

(2) 打开【视口配置】对话框，选中【使用文件】单选按钮，然后单击【文件】按钮，如图 2-11 所示。

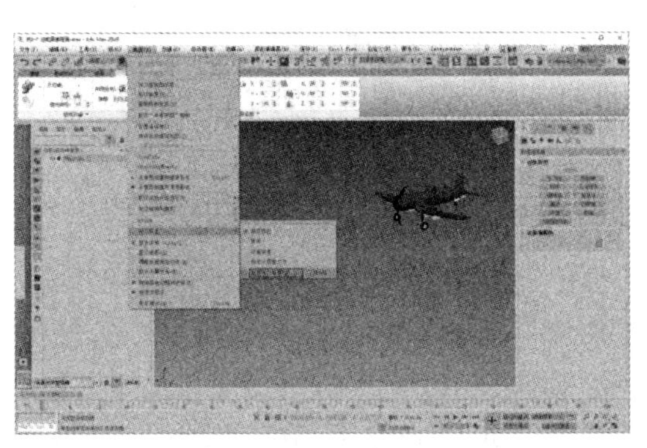

图 2-10　选择【视图】|【视口背景】|【配置视口背景】命令

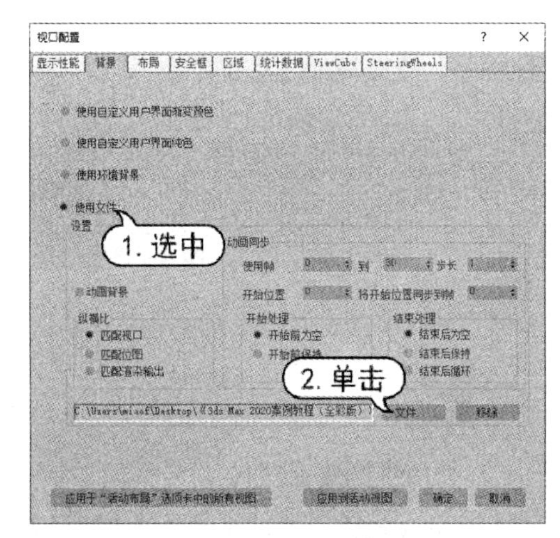

图 2-11　【视口配置】对话框

(3) 在打开的对话框中选择图像文件并单击【打开】按钮，返回到【视口配置】对话框，单

击【确定】按钮，即可为场景设置图 2-12 所示的图像背景。

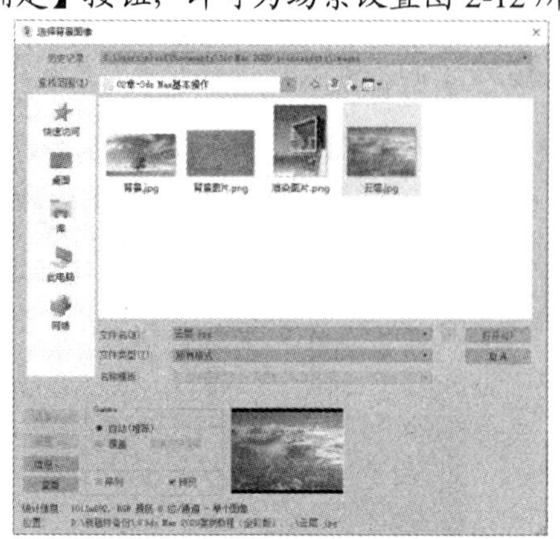

图 2-12　为场景设置背景图像

2.2.6　选择对象

在很多情况下，用户在执行某个命令或者操作场景中的对象之前，需要首先选中这些对象。因此，掌握“选择”操作是建模和设置动画的基础。

1. 使用【选择对象】工具

在 3ds Max 的主工具栏中，【选择对象】工具是该软件提供的重要工具之一。通过【选择对象】工具，用户可以在复杂的场景中选择单个或多个对象。当用户想要在场景中选择一个对象而又不想移动它时，使用【选择对象】工具是最佳选择。

【例 2-8】 在 3ds Max 中使用【选择对象】工具选择场景中的对象。 视频

(1) 打开素材文件后，单击 3ds Max 主工具栏中的【选择对象】按钮，如图 2-13 所示。

(2) 此时，用户可以在场景中通过单击鼠标选中任意对象。

(3) 将鼠标指针移至模型对象上，模型对象的边缘将以黄色高亮显示，如图 2-14 所示，同时 3ds Max 软件会提示对象的名称。

图 2-13　单击主工具栏中的【选择对象】按钮

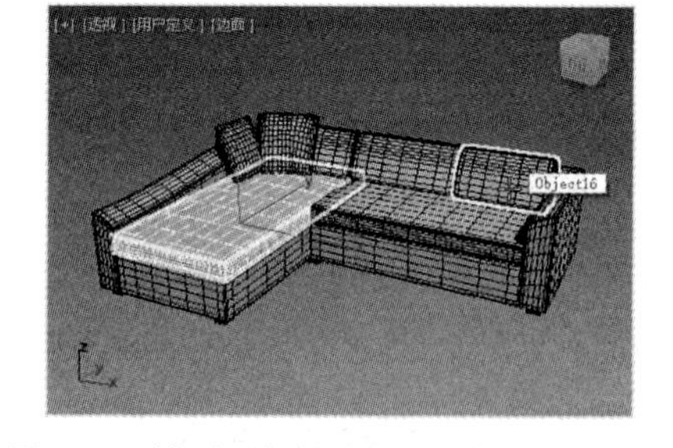

图 2-14　模型对象的边缘将以黄色高亮显示

2. 使用区域选择方式

3ds Max 提供了多种通过区域选择对象的方式，以帮助用户方便、快速地选择某个区域内的所有对象。

【例 2-9】在 3ds Max 中使用【区域选择】工具选择场景中某个区域内的所有对象。视频

(1) 打开素材文件后，用户可以在场景中通过按住鼠标左键并拖动的方式来选择一个区域内的所有对象(如图 2-15 所示)。一般情况下，主工具栏中默认已激活【矩形选择区域】按钮。

(2) 在主工具栏中长按【矩形选择区域】按钮，从弹出的下拉列表中，用户可以选择多种区域选择方式，如图 2-16 所示。

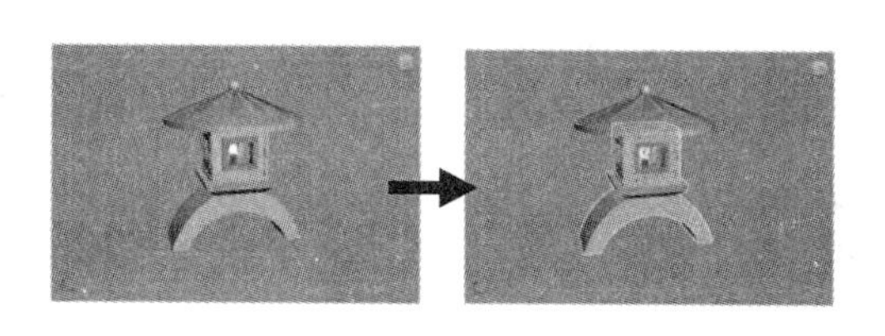

图 2-15　按住鼠标左键并拖动即可选中指定区域内的所有对象

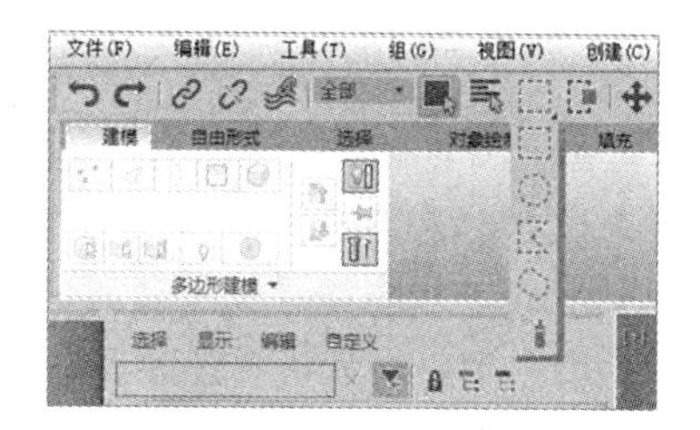

图 2-16　3ds Max 提供的区域选择方式

图 2-16 中各个按钮的功能说明如下

- 【矩形选择区域】按钮：用于选择矩形区域。
- 【圆形选择区域】按钮：用于选择圆形区域。
- 【围栏选择区域】按钮：选择该按钮后，通过交替执行鼠标移动和单击操作，可以画出不规则的选择区域。
- 【套索选择区域】按钮：用于创建不规则区域。
- 【绘制选择区域】按钮：选择该按钮后，在对象或子对象上拖动鼠标，即可将其纳入选择范围。

(3) 选择【绘制选择区域】按钮，在绘图区按住鼠标左键并拖动，鼠标经过的对象将被选中。

3. 使用“窗口”与“交叉”模式

在选择多个对象时，3ds Max 提供了“窗口”与“交叉”两种模式供用户选择。默认状态下为“交叉”模式，当用户使用【选择对象】工具绘制选框以选择对象时，选框内的所有对象以及与绘制的选框边界相交的任何对象都将被选中。

【例 2-10】在 3ds Max 中使用【窗口/交叉】工具选择场景中的对象。视频

(1) 打开素材文件后，默认状态下 3ds Max 主工具栏中的【窗口/交叉】按钮处于激活状态(“交叉”模式)。此时，当用户在视图中通过单击并拖动鼠标的方式选择对象时，只需要框选住对象的一部分，即可将对象选中，如图 2-17 所示。

(2) 在主工具栏中单击【窗口/交叉】按钮，将状态切换为“窗口”模式，如图 2-18 所示。

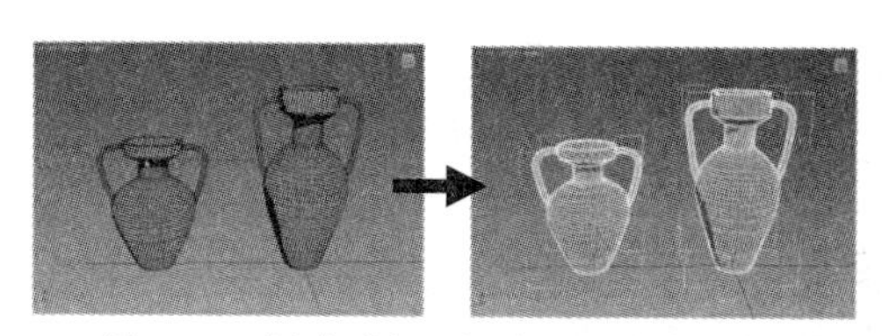

图 2-17　框选对象一部分即可选中对象

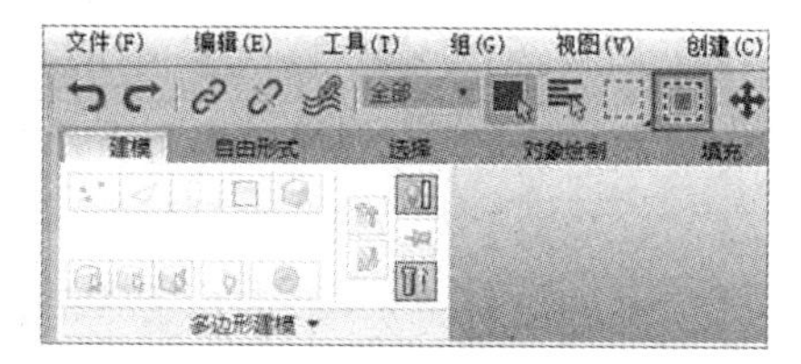

图 2-18　激活“窗口”模式

(3) 再次在视图中通过单击并拖动鼠标的方式选择对象，此时只有完全在选择区域内的对象才被选中。

4. 按名称选择对象

在 3ds Max 中，可通过执行【按名称选择】命令打开【从场景选择】对话框，这样用户无须单击视图便可以按名称选择对象。

【例 2-11】 在 3ds Max 中按名称选择对象。 视频

(1) 单击主工具栏中的【按名称选择】按钮，在打开的【从场景选择】对话框中，可通过单击名称来选择对象。

在默认状态下，当场景中有隐藏的对象时，【从场景选择】对话框中将不会出现此类对象的名称，但是用户可以在场景资源管理器中查看隐藏的对象。在 3ds Max 中，按名称选择对象的更方便方式是直接在场景资源管理器中选择对象的名称。

(2) 在【从场景选择】对话框的文本框中输入所要查找的对象的名称，然后单击【确定】按钮，如图 2-19 所示。

(3) 此时，用户便可在场景中将所有名称与输入字符相同的对象选中，如图 2-20 所示。

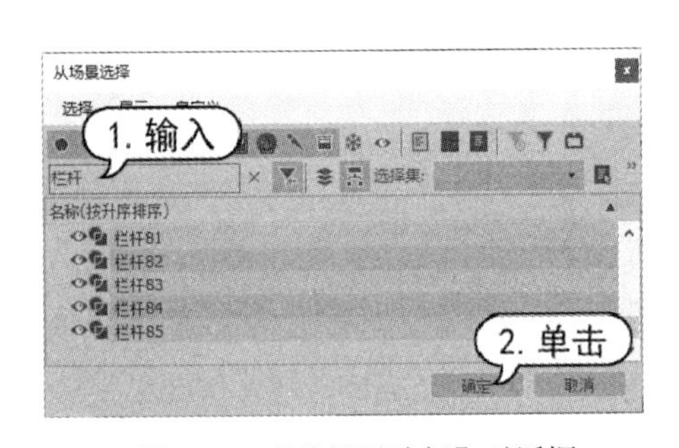

图 2-19 【从场景选择】对话框

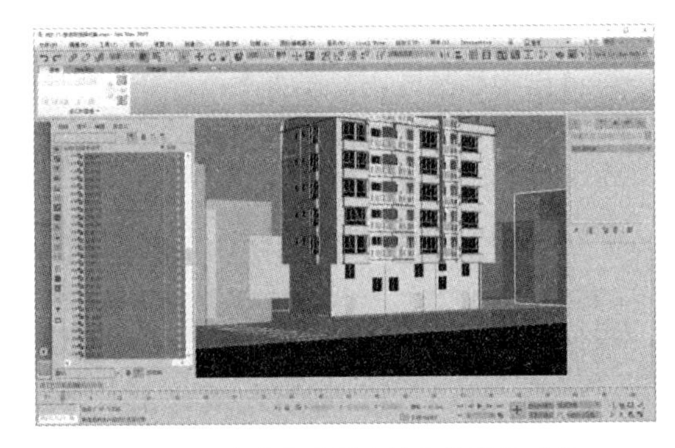

图 2-20 选中名称符合输入条件的对象

在【从场景选择】对话框的显示对象类型栏中，用户还可以通过单击相应的图标隐藏指定的对象类型，其中各图标的功能说明如下。

- 【显示几何体】图标：显示场景中几何体对象的名称。
- 【显示图形】图标：显示场景中图形对象的名称。
- 【显示灯光】图标：显示场景中灯光对象的名称。
- 【显示摄影机】图标：显示场景中摄影机对象的名称。
- 【显示辅助对象】图标：显示场景中辅助对象的名称。
- 【显示空间扭曲】图标：显示场景中空间扭曲对象的名称。
- 【显示组】图标：显示场景中组对象的名称。
- 【显示对象外部参考】图标：显示场景中对象的外部参考的名称。
- 【显示骨骼】图标：显示场景中骨骼对象的名称。
- 【显示容器】图标：显示场景中容器的名称。
- 【显示冻结对象】图标：显示场景中被冻结对象的名称。
- 【显示隐藏对象】图标：显示场景中被隐藏对象的名称。

- 【显示所有】图标：显示场景中所有对象的名称。
- 【不显示】图标：不显示场景中对象的名称。
- 【反转显示】图标：显示当前场景中未显示对象的名称。

5. 使用选择集

3ds Max 允许为当前选中的多个对象设置集合，这样随后就可以通过选择集来重新选择这些对象了。

【例 2-12】 在 3ds Max 中为多个对象设置集合。视频

(1) 单击主工具栏中的【编辑命名选择集】按钮，打开【命名选择集】对话框，如图 2-21 所示。

(2) 选择场景中的物体，单击【命名选择集】对话框中的【创建新集】按钮，输入名称即可完成集合的创建，如图 2-22 所示。

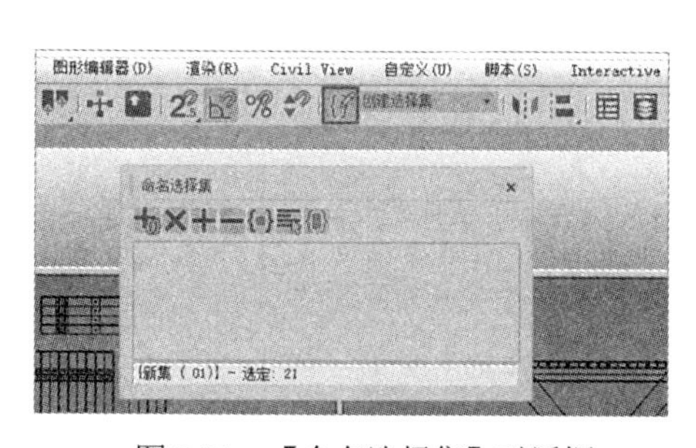

图 2-21 【命名选择集】对话框

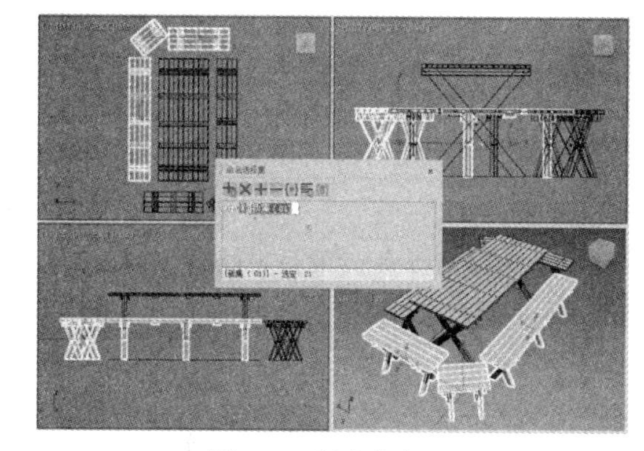

图 2-22 创建集合

(3) 在场景中选定其他物体，单击【命名选择集】对话框中的【添加选定对象】按钮，如图 2-23 所示，可以为当前集合添加新的物体。

(4) 展开创建的集合，在物体列表中选定一个物体，单击【减去选定对象】按钮，可以将集合中选定的物体排除，如图 2-24 所示。

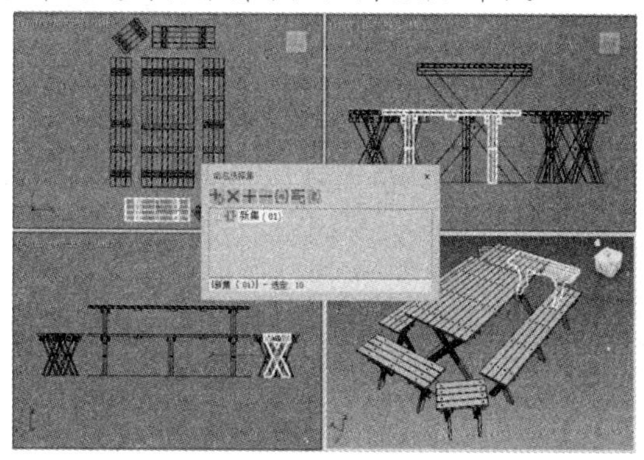

图 2-23 添加选定的物体

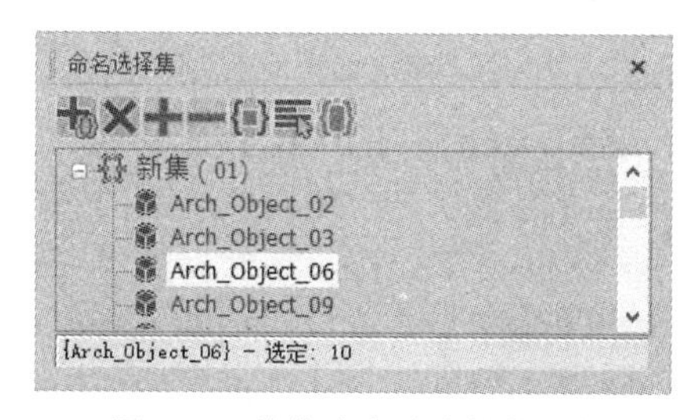

图 2-24 将集合中选定的物体排除

(5) 在【命名选择集】对话框中选中集合的名称后，单击【选择集内的对象】按钮，可以选中集合中包含的所有物体。

【命名选择集】对话框中各个按钮的功能说明如下。

- 【创建新集】按钮：创建新的集合。
- 【删除】按钮：删除选中的集合。
- 【添加选定对象】按钮：选中对象后，单击该按钮可以在集合中添加选定的对象。
- 【减去选定对象】按钮：选中对象后，单击该按钮可以从集合中排除选定的对象。
- 【选择集内的对象】按钮：选择集合中的所有对象。
- 【按名称选择对象】按钮：单击该按钮将打开【从场景选择】对话框，可根据名称来选择对象。
- 【高亮显示选定对象】按钮：单击该按钮将高亮显示选择的对象。

6. 组合对象

在制作项目时，如果场景中的对象数量过多，那么选择起来将会非常困难。此时，用户可以通过在菜单栏中选择【组】|【组】命令，将一系列类型相似的模型或有关联的模型组合在一起。对象成组后，便可以视为单个对象，用户在视图中单击组中的任意一个对象即可选择整个组，从而极大方便了后续操作。

【例 2-13】 使用 3ds Max 菜单栏中的【组】命令组合对象。 视频

(1) 打开素材文件后，按住 Shift 键以选中场景中的多个对象，如图 2-25 所示。

(2) 在菜单栏中选择【组】|【组】命令，打开【组】对话框，输入组的名称后单击【确定】按钮，即可将选中的对象组合在一起，如图 2-26 所示。

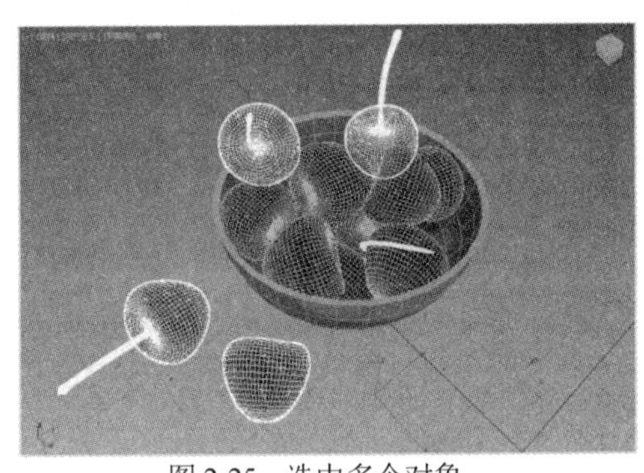

图 2-25　选中多个对象

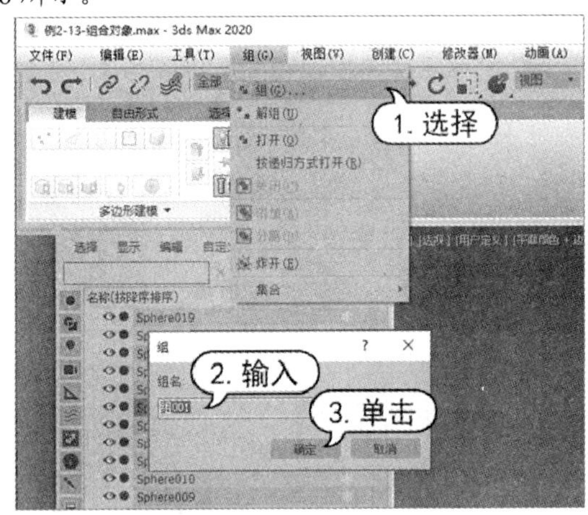

图 2-26　组合对象

在图 2-26 所示的【组】菜单中，主要命令的功能说明如下。

- 【组】命令：将对象或组的选择集组合为组。
- 【打开】命令：暂时对组进行解锁，并访问组内的对象。
- 【解组】命令：将当前分组分离为其组建对象(或组)。
- 【分离】命令：从对象的组中分离出选定的对象。
- 【附加】命令：使选定对象成为现有组的一部分。

7. 选择类似对象

在 3ds Max 中右击某个对象，从弹出的快捷菜单中选择【选择类似对象】命令，即可快速选

择场景中通过复制或使用同一命令创建的多个物体。

【例 2-14】 在 3ds Max 中练习使用【选择类似对象】命令。视频

(1) 在 3ds Max 中打开一个模型文件，然后选中场景中的任意一个对象。

(2) 右击鼠标，从弹出的快捷菜单中选择【选择类似对象】命令，如图 2-27 左图所示。

(3) 此时，场景中所有使用同一命令创建的对象都将被快速一并选中，同时状态栏中将提示用户当前选中对象的数量，如图 2-27 右图所示。

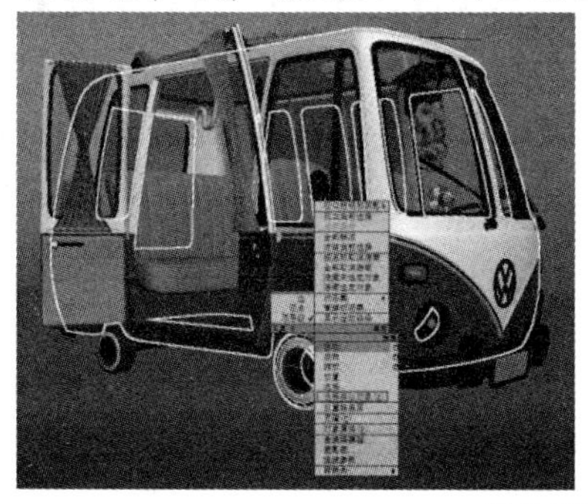

图 2-27　选中场景中类似的对象

2.2.7　变换操作

3ds Max 提供了多个用于对场景中的对象进行变换操作的按钮，下面详细进行介绍。

1. 变换操作的切换

3ds Max 提供了变换操作的多种切换方式，具体如下。

- 通过单击主工具栏中对应的按钮(例如【选择并移动】按钮、【选择并旋转】按钮等)直接切换变换操作。
- 右击场景中的对象，在弹出的快捷菜单中选择【移动】【旋转】【缩放】或【放置】变换命令，即可切换变换操作。
- 使用 3ds Max 提供的快捷键来切换变换操作，例如【选择并移动】工具的快捷键为 W、【选择并旋转】工具的快捷键为 E、【选择并缩放】工具的快捷键为 R、【选择并放置】工具的快捷键为 Y。

2. 更改变换命令的控制柄

在 3ds Max 中，当进行不同的变换操作时，变换命令的控制柄也会有明显的区别，图 2-28 分别展示了当执行【移动】【旋转】【缩放】和【放置】变换命令时控制柄的显示状态。

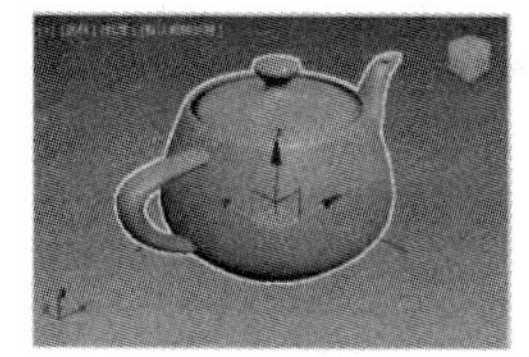

【移动】变换命令

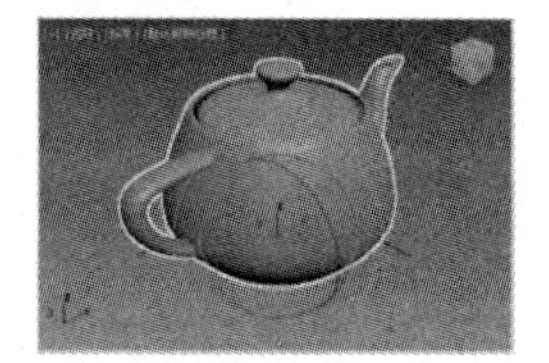

【旋转】变换命令

【缩放】变换命令

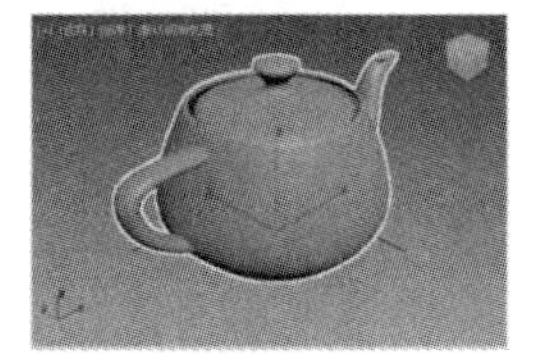

【放置】变换命令

图 2-28　不同变换命令的控制柄

当用户对场景中的对象进行变换操作时，既可以使用快捷键“+”来放大变换命令的控制柄显示状态，也可以使用快捷键“－”来缩小变换命令的控制柄显示状态，如图 2-29 所示。

【例 2-15】 在 3ds Max 中练习使用变换操作制作一组“铁丝网”模型。 视频

(1) 打开素材文件后，按下 Ctrl+A 快捷键选中场景中的“铁丝网”模型，右击鼠标，从弹出的快捷菜单中选择【缩放】命令，如图 2-30 所示。

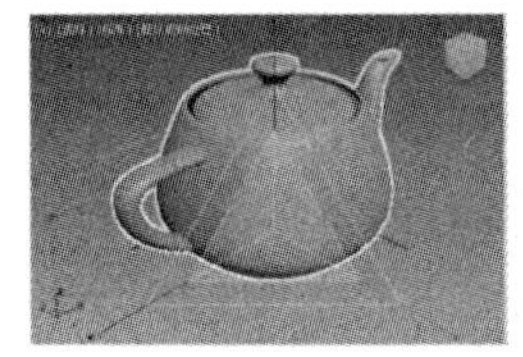
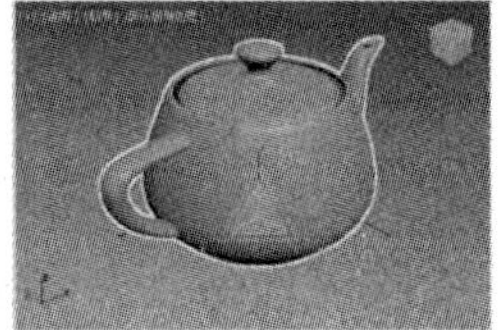

图 2-29 放大与缩小控制柄

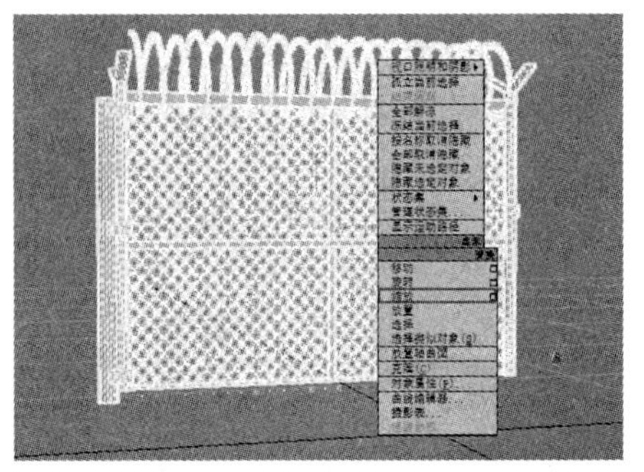

图 2-30 选择【缩放】命令

(2) 按住鼠标左键并在场景中拖动鼠标，将“铁丝网”模型缩小，如图 2-31 所示。

(3) 再次右击选中的模型对象，从弹出的快捷菜单中选择【移动】命令，然后按住鼠标左键拖动，移动模型在场景中的位置。

(4) 在按住 Shift 键的同时，移动“铁丝网”模型，释放鼠标后，将弹出【克隆选项】对话框，在【副本数】文本框中输入 2，然后单击【确定】按钮，如图 2-32 所示。

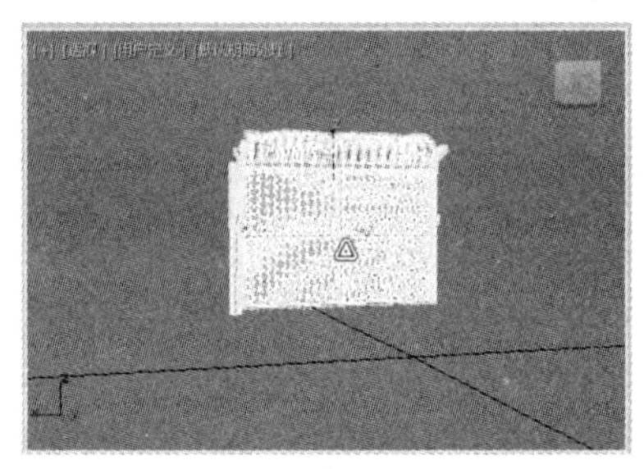

图 2-31 缩小铁丝网

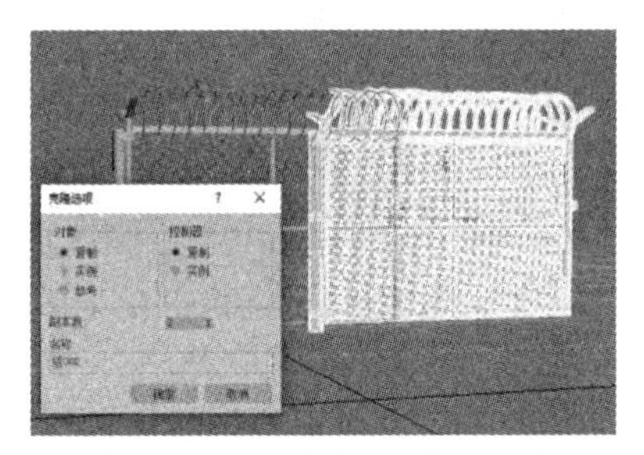

图 2-32 【克隆选项】对话框

(5) 此时，3ds Max 将在场景中复制出图 2-33 所示的两个新的“铁丝网”模型。

(6) 最后，再次执行【移动】命令，在各个视口中调整场景中模型的位置，如图 2-34 所示。

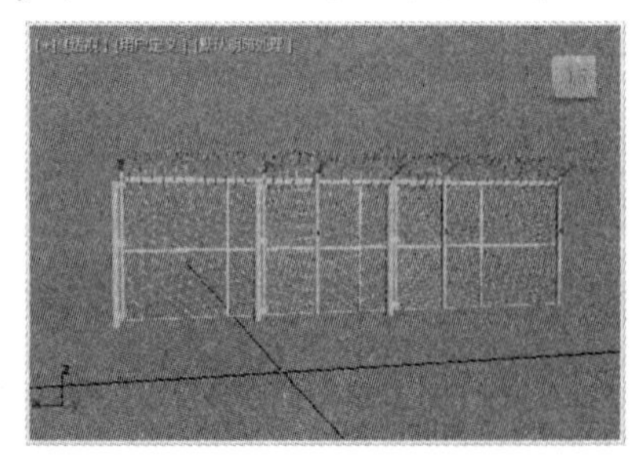

图 2-33 复制模型

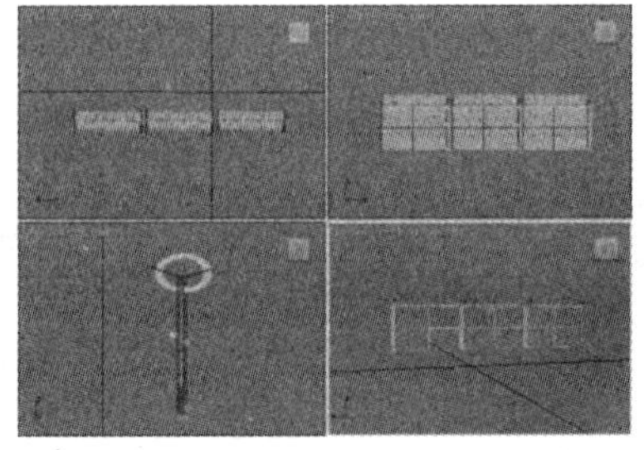

图 2-34 调整场景中模型的位置

3. 精确控制变换操作

在 3ds Max 中，虽然可以通过变换控制柄方便地对场景中的物体进行变换操作，但这种方式在精确度上不是很准确。要解决这个问题，用户可以使用 3ds Max 提供的变换操作精确控制方式(例如数值输入、对象捕捉等)来精确地完成模型的制作。

在 3ds Max 中，用户可以参考下面的例子，通过输入数值的方式对场景中的物体进行位置变换操作。

【例 2-16】 在 3ds Max 中通过输入数值调整场景中物体的位置。 视频

(1) 在【创建】面板中单击【长方体】按钮，在场景中创建一个长方体模型，然后按下 W 键执行【选择并移动】命令。

(2) 此时，用户在状态栏中可以观察到长方体模型位于场景中的坐标位置。通过更改状态栏中的坐标值，即可精确移动当前选中对象的位置，如图 2-35 所示。

此外，使用 3ds Max 主工具栏中的【捕捉】按钮，如图 2-36 所示，用户可以精确地创建、移动、旋转和缩放对象。

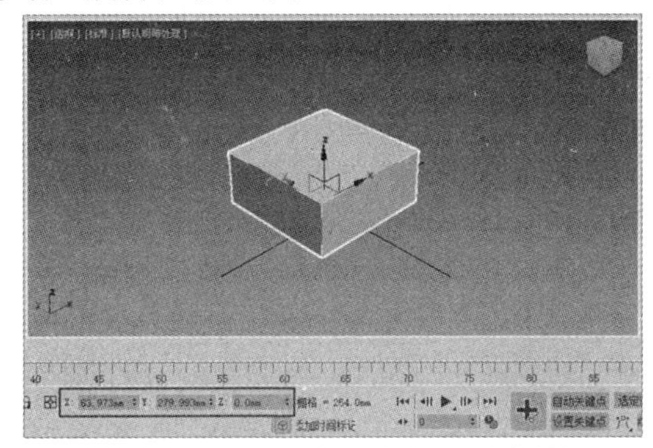

图 2-35　通过更改坐标值精确移动物体的位置

图 2-36　【捕捉】按钮

2.2.8　复制对象

在 3ds Max 中进行三维对象的制作时，用户经常需要使用一些相同的模型来搭建场景。此时就需要用到 3ds Max 的“复制”功能。在 3ds Max 中，复制对象的命令有很多种，下面逐一介绍。

1. 克隆

【克隆】命令的使用频率极高。3ds Max 提供了多种克隆方式供用户选择。

1) 使用菜单栏命令克隆对象。选中场景中的对象后，在菜单栏中选择【编辑】|【克隆】命令，在打开的【克隆选项】对话框中，用户可以执行复制操作，如图 2-37 所示。

2) 使用右键菜单命令克隆对象。3ds Max 的右键菜单中提供了【克隆】命令。在选中场景中的对象后，右击鼠标，在弹出的快捷菜单中选择【克隆】命令，可以打开【克隆选项】对话框，对选定对象执行复制操作即可，如图 2-38 所示。

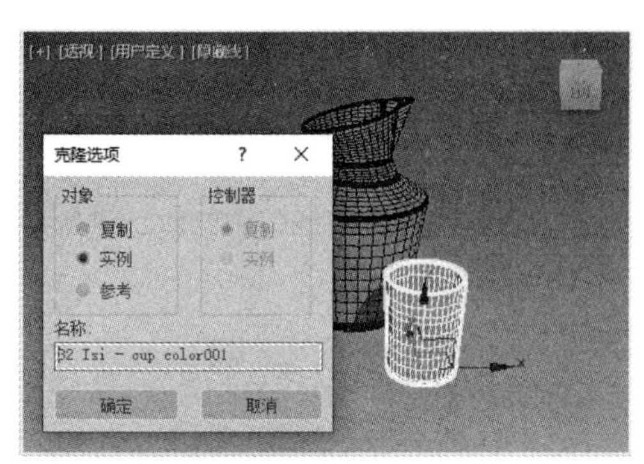

图 2-37　执行复制操作

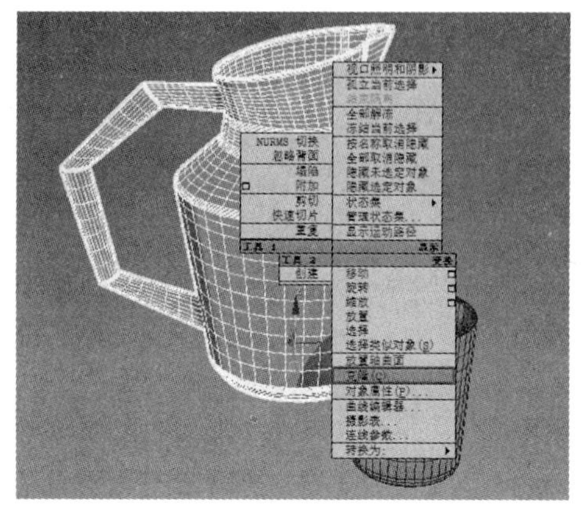

图 2-38　从右键菜单中选择【克隆】命令

3) 使用快捷键克隆对象。3ds Max 为用户提供了两种快捷方式来克隆对象。

- 使用 Ctrl+V 快捷键可以原地克隆对象。
- 按住 Shift 键不放，配合拖动、旋转或缩放等操作，可以打开图 2-39 所示的【克隆选项】对话框，设置克隆对象即可。

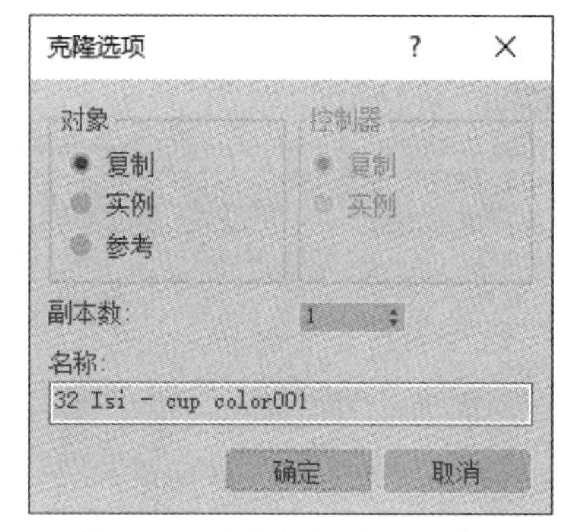

图 2-39　【克隆选项】对话框

图 2-39 所示的【克隆选项】对话框与通过其他“克隆”操作打开的【克隆选项】对话框在功能上存在少许区别。

- 【复制】单选按钮：如果选中该单选按钮，系统将创建一个与原始对象完全无关的克隆对象，修改克隆对象时不会影响原始对象。
- 【实例】单选按钮：如果选中该单选按钮，系统将创建与原始对象完全可以交互影响的克隆对象，修改克隆对象或原始对象时将会影响到另一个对象。
- 【参考】单选按钮：如果选中该单选按钮，系统将创建与对象有关的克隆对象。克隆对象是基于原始对象的，就像实例一样(但是克隆对象与原始对象可以拥有自身特有的修改器)。
- 【副本数】文本框：用于设置对象的克隆数量。

【例 2-17】 在 3ds Max 中执行克隆操作。视频

(1) 打开素材文件后，在场景中选中水杯模型，单击主工具栏上的【选择并移动】按钮。

(2) 按住 Shift 键并拖动场景中的水杯模型，打开【克隆选项】对话框，选中【实例】单选按钮，在【副本数】文本框中设置需要克隆的对象的副本数后，单击【确定】按钮，如图 2-40 左图所示。

(3) 此时，系统将在场景中复制出另外两个水杯模型，如图 2-40 右图所示。

(4) 如果用户要原地复制水杯模型，那么可以在场景中选中模型，然后按下 Ctrl+V 快捷键，同样也会打开【克隆选项】对话框(但其中没有【副本数】文本框，因此使用这种方法只能复制一个对象)。单击【确定】按钮完成复制后，用户需要手动将重合的对象分离开。

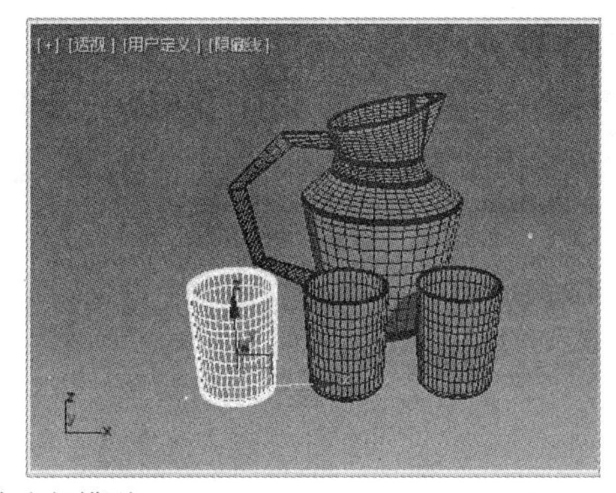

图 2-40　复制出两个水杯模型

2. 快照

3ds Max 的【快照】命令能够随着时间克隆动画对象。利用该命令，用户可以在动画的任意一帧创建单个克隆，或沿动画路径为多个克隆设置间隔。这里的间隔既可以是均匀的时间间隔，也可以是均匀的距离间隔。

【例 2-18】 在 3ds Max 中使用【快照】命令克隆对象。 视频

(1) 打开素材文件，拖动 3ds Max 工作界面底部的时间滑块，观察当前场景中设置的动画效果，如图 2-41 所示。

(2) 选中场景中的模型，在菜单栏中选择【工具】|【快照】命令，打开【快照】对话框，选中【范围】单选按钮，设置快照的【副本】数为 3，然后单击【确定】按钮，如图 2-42 所示。

图 2-41　查看动画效果

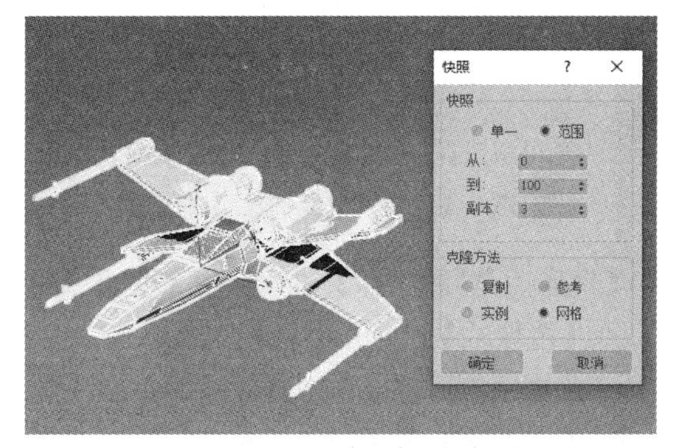

图 2-42　【快照】对话框

(3) 此时，用户可以在视图中观察快照完成后的效果。

【快照】对话框中各选项的功能说明如下。

- 【单一】单选按钮：在当前帧克隆对象的几何体。
- 【范围】单选按钮：指定帧的范围并沿轨迹克隆对象的几何体。用户可以使用【从】和【到】文本框指定帧的范围，并使用【副本】文本框指定克隆数。
- 【克隆方法】选项组：其中包括【复制】单选按钮(克隆选定对象的副本)、【实例】单选按钮(克隆选定对象的实例，不适用于粒子系统)、【参考】单选按钮(克隆选定对象的参考对象，不适用于粒子系统)和【网格】单选按钮(在粒子系统之外创建网格几何体，适用于所有类型的粒子)共 4 个单选按钮。

3. 镜像

在 3ds Max 中，使用【镜像】命令可以将对象根据任意轴生成对称的副本。另外，使用【镜像】命令提供的【不克隆】选项，可以实现镜像操作但不复制对象，效果相当于将对象翻转或移到新的方向。

【例 2-19】 在 3ds Max 中使用【镜像】命令。视频

(1) 打开素材文件后，选中场景中的模型对象，在菜单栏中选择【工具】|【镜像】命令，打开【镜像：世界 坐标】对话框，选中【复制】和 Y 单选按钮，在【偏移】微调框中输入 200，然后单击【确定】按钮，如图 2-43 所示。

(2) 此时，系统将在场景中创建图 2-44 左图所示的镜像对象。

(3) 如果在【镜像：世界 坐标】对话框中选中 ZX 和【复制】单选按钮，并在【偏移】微调框中输入偏移值(如 90)，那么在单击【确定】按钮后，系统将在场景中创建具有翻转效果的径向对象，如图 2-44 右图所示。

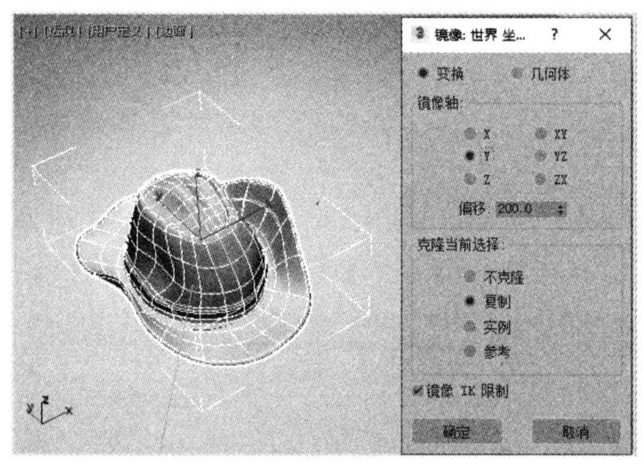

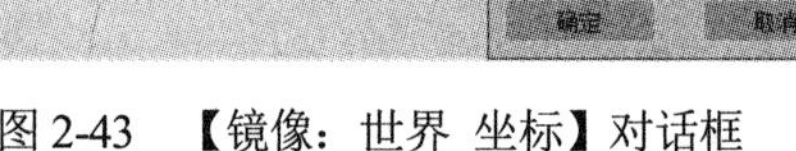

图 2-43 【镜像：世界 坐标】对话框

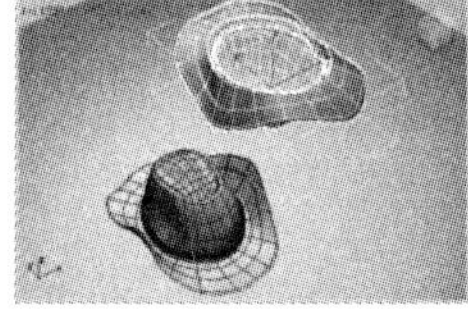

图 2-44 镜像效果

【镜像：世界 坐标】对话框中主要选项的功能说明如下。

- 【镜像轴】选项组：包括 X、Y、Z、XY、YZ、ZX 共 6 个单选按钮，选中其中任意一个单选按钮，可以指定镜像的方向。
- 【不克隆】单选按钮：在不制作副本的情况下，镜像选定的对象。
- 【复制】单选按钮：将选定对象的副本镜像到指定位置。
- 【实例】单选按钮：将选定对象的实例镜像到指定位置。
- 【参考】单选按钮：将选定对象的参考对象镜像到指定位置。
- 【偏移】微调框：指定镜像对象轴点与原始对象轴点之间的距离。

4. 阵列

【阵列】命令可以帮助用户在视图中创建出重复的对象。在菜单栏中选择【工具】|【阵列】命令，打开的【阵列】对话框如图 2-45 所示。

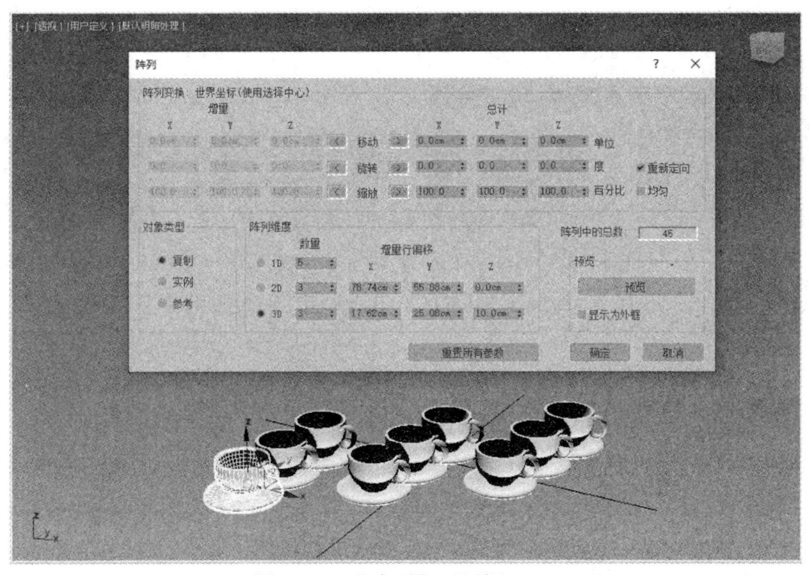

图 2-45 【阵列】对话框

【阵列】对话框中主要选项的功能说明如下。

- 【增量】区域的 X、Y、Z 微调框：用户在其中设置的参数可以应用于阵列中的各个对象。
- 【总计】区域的 X、Y、Z 微调框：用户在其中设置的参数可以应用于阵列中的总距、度数或百分比缩放。
- 【复制】单选按钮：将选定对象的副本阵列到指定位置。
- 【实例】单选按钮：将选定对象的实例阵列到指定位置。
- 【参考】单选按钮：将选定对象的参考对象阵列到指定位置。
- 1D 区域：根据【阵列变换】选项组中的设置，创建一维阵列。
- 2D 区域：根据【阵列变换】选项组中的设置，创建二维阵列。
- 3D 区域：根据【阵列变换】选项组中的设置，创建三维阵列。
- 【阵列中的总数】文本框：其中显示了将要创建的阵列对象的实体总数(包含当前选定对象)。
- 【预览】按钮：单击该按钮后，视图中将显示当前阵列设置的预览效果。
- 【显示为外框】复选框：选中该复选框后，系统将为阵列对象显示边界框。
- 【重置所有参数】按钮：单击该按钮可以将所有参数重置为默认设置。

5. 间隔工具

使用间隔工具可以沿着路径复制对象，路径可以用样条线或两个点来定义。

【例 2-20】 使用间隔工具复制模型。 视频

(1) 打开本例的素材文件后，场景中将包括茶壶、茶杯和一条绘制好的圆形样条线。

(2) 在菜单栏中选择【工具】|【对齐】|【间隔工具】命令，打开【间隔工具】对话框，选中场景中的茶杯模型，单击【拾取路径】按钮，如图 2-46 所示。

(3) 在场景中拾取圆形的样条线，在【间隔工具】对话框的【计数】微调框中输入 7，然后选中【中心】单选按钮和【跟随】复选框，并单击【应用】和【关闭】按钮。

(4) 此时即可在场景中看到茶杯模型多了 7 个，复制的模型方向将沿着路径发生改变，效果如图 2-47 所示。

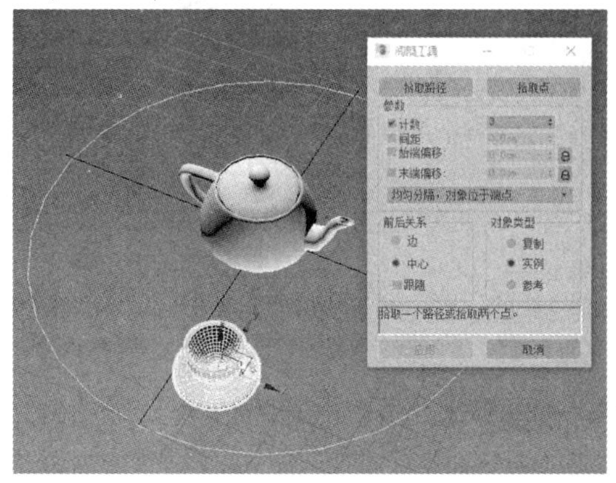

图 2-46 【间隔工具】对话框

图 2-47 复制的模型将沿路径分布

【间隔工具】对话框中主要选项的功能说明如下。

- 【拾取路径】按钮：单击该按钮后，即可拾取场景中的样条线作为路径使用。3ds Max 会将拾取的样条线用作分布对象所要沿循的路径。
- 【计数】复选框和微调框：指定所要分布的对象的数量。
- 【间距】复选框和微调框：指定对象之间的距离。
- 【始端偏移】复选框和微调框：指定距路径始端偏移的单位数量。
- 【末端偏移】复选框和微调框：指定距路径末端偏移的单位数量。
- 【边】单选按钮：选中该单选按钮后，可以指定通过各个对象边界框的相对边来确定间隔。
- 【中心】单选按钮：选中该单选按钮后，可以指定通过各个对象边界框的中心来确定间隔。
- 【跟随】复选框：选中该复选框后，可以将分布对象的轴点与样条线的切线对齐。
- 【复制】单选按钮：将选定对象的副本分布到指定位置。
- 【实例】单选按钮：将选定对象的实例分布到指定位置。
- 【参考】单选按钮：将选定对象的参考对象分布到指定位置。

2.3 实例演练

本章重点介绍了 3ds Max 文件和对象的操作方法，包括文件的打开、保存、归档、重置、自动备份，对象的选择、变换、复制、导出、合并以及加载图像背景、导入外部文件等。在下面的实例演练部分，我们将通过几个实例帮助用户进一步巩固所学的知识。

【例 2-21】 在 3ds Max 中显示和隐藏模型。 视频

(1) 打开图 2-48 左图所示的素材文件，如果需要隐藏场景中的抱枕模型，那么可以在选中抱枕模型后右击，从弹出的快捷菜单中选择【隐藏选定对象】命令。

(2) 此时，场景中的抱枕模型就被完全隐藏了，效果如图 2-48 右图所示。

(3) 如果需要显示隐藏的抱枕模型，那么可以在场景中右击，从弹出的快捷菜单中选择【全部取消隐藏】命令。此时，所有被隐藏的模型将被显示。

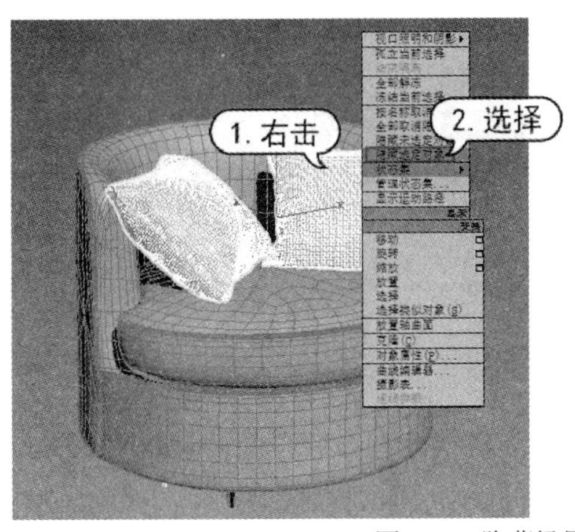

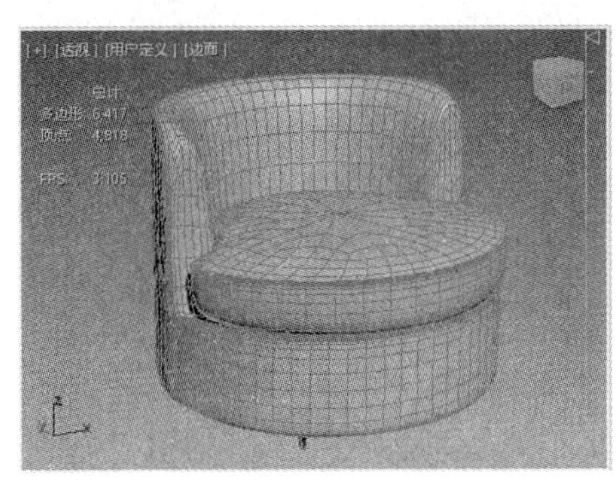

图 2-48　隐藏场景中的抱枕模型

【例 2-22】 在 3ds Max 中将模型显示为外框。 视频

(1) 选中场景中的石凳模型，右击鼠标，从弹出的快捷菜单中选择【对象属性】命令。

(2) 打开【对象属性】对话框，选择【常规】选项卡，在【显示属性】选项组中选中【显示为外框】复选框，然后单击【确定】按钮，如图 2-49 所示。

(3) 此时，场景中的石凳模型将以图 2-50 所示的线框方式显示。当某个场景中同时拥有多个物体时，用户可以使用本例介绍的方法，将其中一部分物体以线框方式显示，从而更好地观察场景中的其他物体。

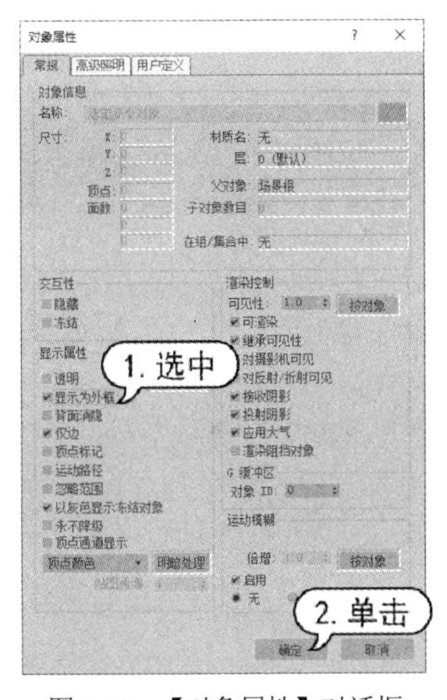

图 2-49　【对象属性】对话框

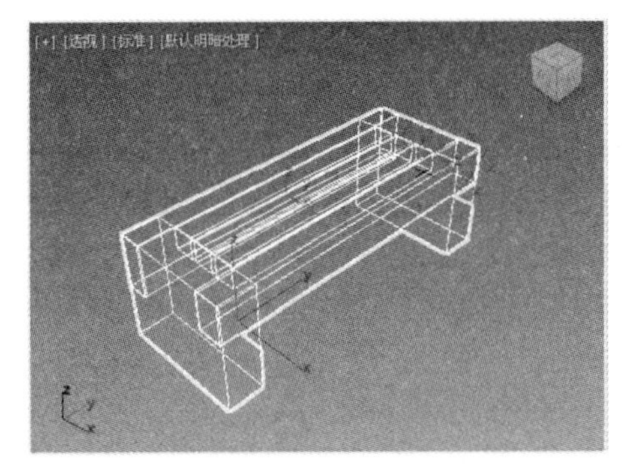

图 2-50　将模型对象以线框方式显示

【例 2-23】 在 3ds Max 中将模型透明显示。 视频

(1) 选中场景中的模型对象，如图 2-51 所示，按下 Alt+X 快捷键。

(2) 此时，模型将显示为图 2-52 所示的透明效果。

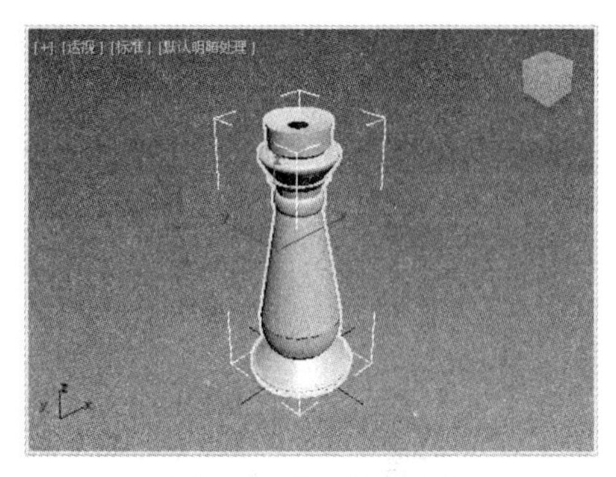

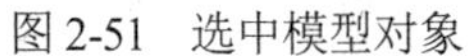

图 2-51　选中模型对象

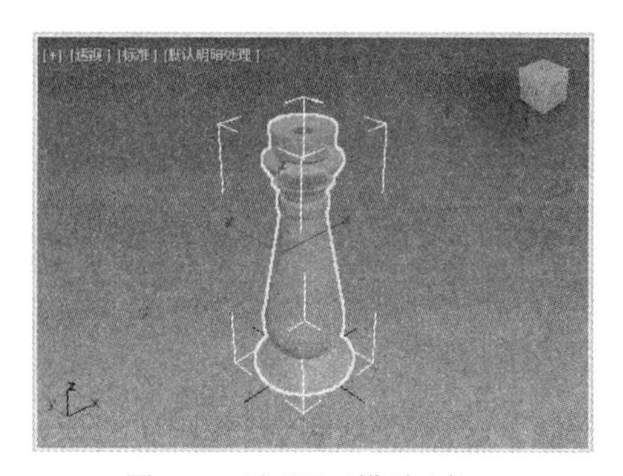

图 2-52　透明显示模型对象

(3) 若再次按下 Alt+X 快捷键，则可以恢复模型对象原来的显示状态。

2.4　习题

1. 简述如何将 3ds Max 中的模型对象保存为.jpeg 文件。
2. 简述如何在 3ds Max 场景中导入.3ds 和.obj 文件。
3. 简述如何使用区域选择工具选取场景中指定区域内的所有对象。
4. 在 3ds Max 中如何为多个对象设置集合？
5. 在 3ds Max 中，执行对象复制操作的命令都有哪几个？如何使用【快照】命令克隆对象？

第3章

几何体建模

建模是使用 3ds Max 创作作品的开始，而内置几何体的创建和应用是一切建模的基础。用户可以在创建的内置模型的基础上进行修改，从而得到想要的模型。

3ds Max 2020 提供了许多内置建模功能供用户在建模初期使用，这些功能的命令按钮被集中设置在【创建】面板中。本章将通过实例操作，详细介绍这些功能的使用方法，帮助用户灵活运用它们制作出专业的模型。

本章重点

- 创建基本几何体
- 创建门、窗、楼梯等对象
- 创建扩展基本体
- 创建植物、栏杆、墙等对象

二维码教学视频

【例 3-1】 制作置物柜模型
【例 3-2】 创建圆锥体
【例 3-3】 制作珠串模型
【例 3-4】 制作矮桌模型
【例 3-5】 制作戒指模型
【例 3-6】 制作浮雕文本
【例 3-7】 制作足球模型
本章其他视频参见视频二维码列表

3.1 几何体建模简介

建模是效果图绘制过程中的第一步，也是开展后续绘图工作的基础。3ds Max 建模通俗来讲就是通过软件，在虚拟的三维空间中构建出具有三维数据的模型。常用的建模方法有几何体建模、复合对象建模、样条线建模、修改器建模、网格建模、NURBS 建模、多边形建模等。

1. 什么是几何体建模

几何体建模是 3ds Max 中最简单的建模方法。通过创建几何体类型的元素，并进行各元素之间参数与位置的调整，便可以建立新的模型。

2. 几何体建模的适用场景

几何体建模主要用于效果图制作，例如图 3-1 所示的各种规则家具。

图 3-1　家具模型

3. 如何进行几何体建模

在 3ds Max 中建模时，命令面板非常重要，它会被反复使用。命令面板位于 3ds Max 2020 工作界面的右侧，用于执行创建、修改对象等操作。

在命令面板中单击【创建】按钮+，可以显示【创建】面板，该面板用于创建各类基本几何体，如图 3-2 所示。

在命令面板中单击【修改】按钮，可以显示【修改】面板，该面板用于修改几何体模型的参数，如图 3-3 所示。

进入【创建】面板，单击【标准基本体】下拉按钮，用户在弹出的下拉列表中可以看到 3ds Max 提供的 18 种几何体，如图 3-4 所示。

图 3-2　【创建】面板

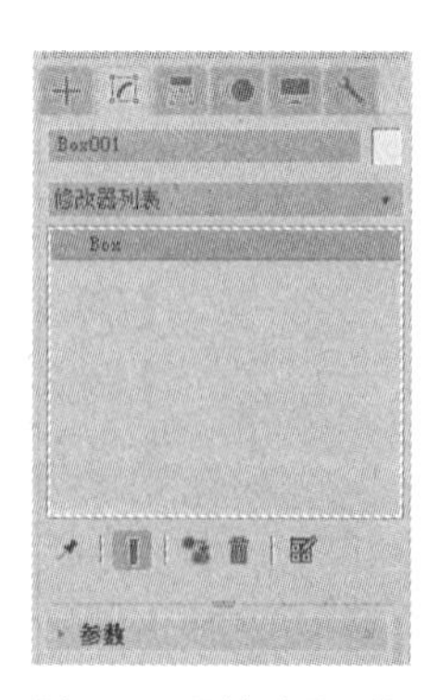

图 3-3　【修改】面板

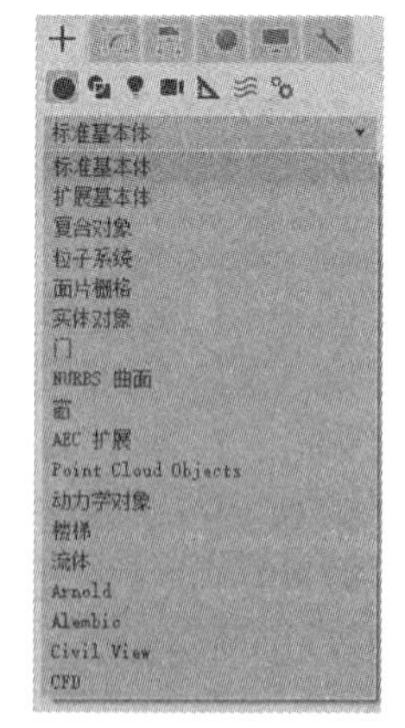

图 3-4　选择几何体类型

其中比较重要的有以下几种。

- "标准基本体"共有长方体、圆锥体、球体、几何球体、圆柱体、管状体、圆环、四棱锥、茶壶、平面、加强型文本等 11 种工具，这基本上包括了所有最常用的几何体类型。
- "扩展基本体"共有异面体、环形结、切角长方体、切角圆柱体、油罐、胶囊、纺锤等 13 种工具，它们是对标准基本体的扩展补充。
- "门""窗""楼梯"中包括多种内置的门、窗和楼梯工具。
- "AEC 扩展"包括植物、栏杆和墙 3 种工具。

下面通过实例分别介绍这些工具的使用方法。

3.2　标准基本体

在【创建】面板中，系统会默认显示"标准基本体"分类中的 11 种工具。用户只需要单击其中的某个工具(例如【长方体】工具)按钮，然后在视图中拖动鼠标即可创建几何体(也可以通过键盘输入基本参数来创建几何体)。这些几何体都是相对独立且不可拆分的。

3.2.1　长方体

长方体是建模中最常用的标准基本体。使用【创建】面板中的【长方体】工具可以制作长度、宽度、高度不同的长方体模型，然后可以在【修改】面板中设置长方体模型的参数，包括长度、宽度、高度以及与它们对应的分段参数。

【例 3-1】 利用【长方体】工具制作置物柜模型。 视频

(1) 在菜单栏中选择【自定义】|【单位设置】命令，打开【单位设置】对话框，选中【公制】单选按钮并单击下方的下拉按钮，在弹出的下拉列表中选择【毫米】选项，然后单击【确定】按钮，如图 3-5 所示。

(2) 在【创建】面板的【几何体】选项卡中单击【长方体】工具按钮，然后在前视图中按住鼠标左键并拖动，创建一个长方体。

(3) 在命令面板中单击【修改】按钮，显示【修改】面板，展开【参数】卷展栏，设置长方体的长度为 1600 mm、宽度为 1400 mm、高度为 20 mm，如图 3-6 所示。

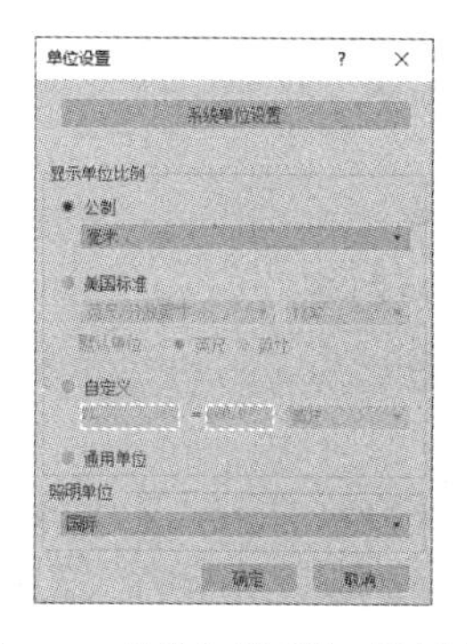

图 3-5　【单位设置】对话框

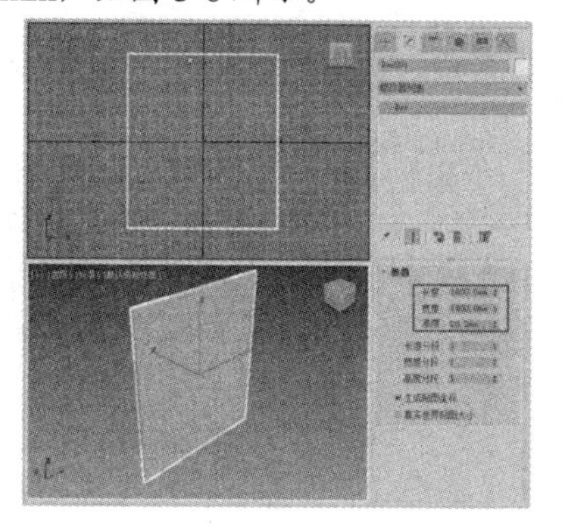

图 3-6　在【修改】面板中设置长方体的长、宽、高

图 3-6 所示【修改】面板中各选项的功能说明如下。

- 【长度】【宽度】和【高度】微调框：用于设置长方体的长度、宽度和高度。
- 【长度分段】【宽度分段】和【高度分段】微调框：用于设置沿着对象每个轴的分段数。
- 【生成贴图坐标】复选框：用于生成将贴图材质应用于长方体的坐标。
- 【真实世界贴图大小】复选框：用于控制应用于对象的纹理贴图材质所使用的缩放方法。

(4) 继续使用【创建】面板中的【长方体】工具在左视图中创建另一个长方体，并在【修改】面板的【参数】卷展栏中设置该长方体的长度为 1600 mm、宽度为 600 mm、高度为 20 mm，然后利用【选择并移动】命令调整长方体的位置，如图 3-7 所示。

(5) 继续利用【选择并移动】命令，在按住 Shift 键的同时拖动长方体，打开【克隆选项】对话框，选中【实例】单选按钮，单击【确定】按钮，从而复制长方体，如图 3-8 所示。

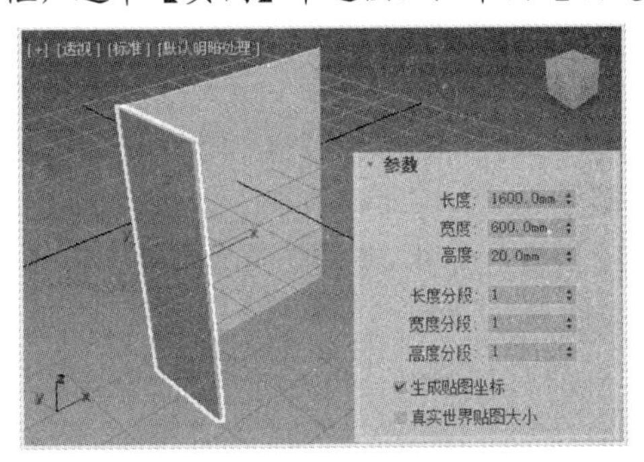

图 3-7　创建另一个长方体

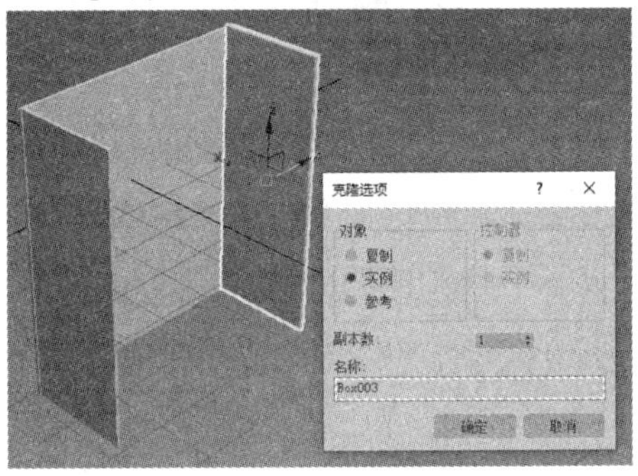

图 3-8　复制长方体

(6) 在顶视图中创建一个长度为 600 mm、宽度为 1400 mm、高度为 20 mm 的长方体，如图 3-9 所示。

(7) 在按住 Shift 键的同时，利用【选择并移动】命令拖动步骤(6)中创建的长方体，将其复制一份，然后调整副本模型的位置，效果如图 3-10 所示。

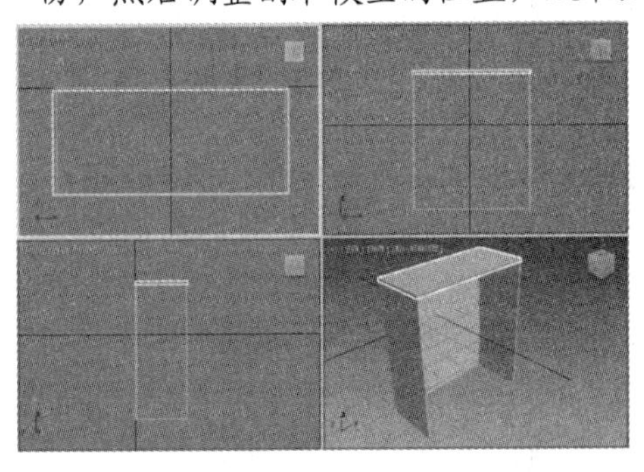

图 3-9　在顶视图中创建长方体

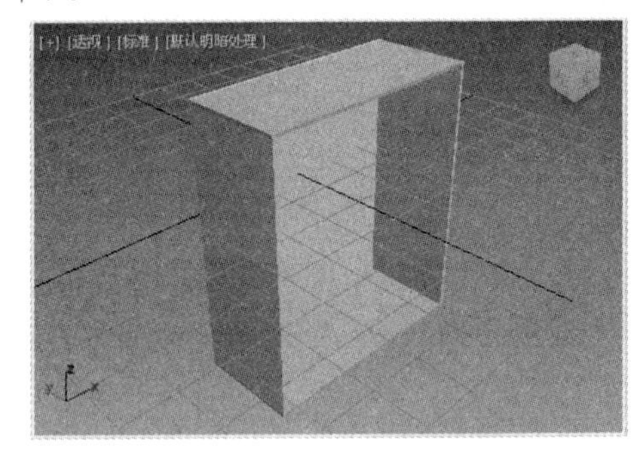

图 3-10　复制并调整模型

(8) 使用前面介绍的方法，在前视图中创建 4 个长度为 770 mm、宽度为 680 mm、高度为 20 mm 的长方体，然后利用【选择并移动】命令将它们调整至图 3-11 所示的位置。

(9) 在前视图中创建一个长度为 50 mm、宽度为 110 mm、高度为 20 mm 的长方体，它在透视图中的效果如图 3-12 所示。

(10) 在【创建】面板中使用圆柱体工具，在前视图中创建 4 个半径为 25 mm、高度为 100 mm、高度分段为 1 的圆柱体，然后利用【选择并移动】命令将其调整至图 3-13 所示的位置。

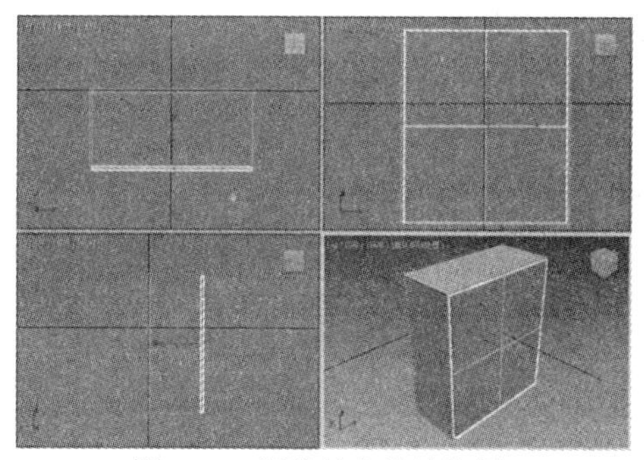

图 3-11　调整长方体的位置

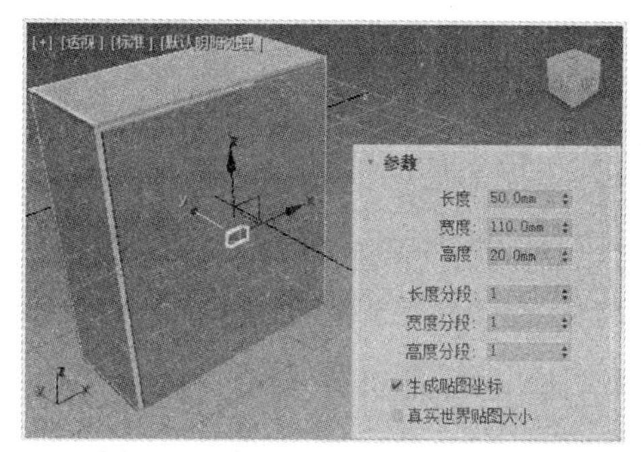

图 3-12　在前视图中创建长方体

(11) 按下 Ctrl+A 快捷键以选中场景中的所有对象，在【创建】面板中单击【名称和颜色】卷展栏中的色块按钮，打开【对象颜色】对话框，选择【白色】色块，单击【确定】按钮，如图 3-14 所示。

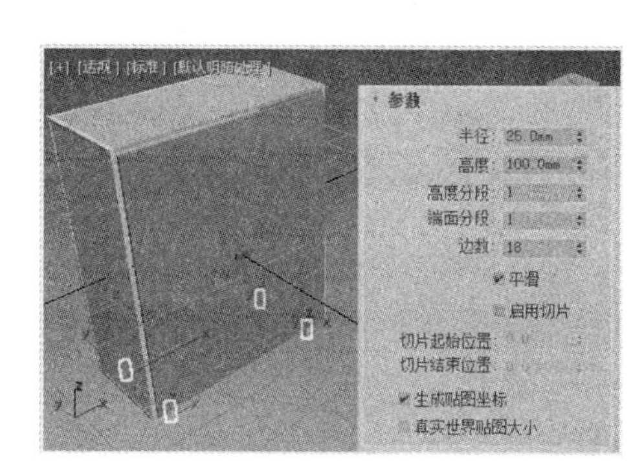

图 3-13　创建圆柱体

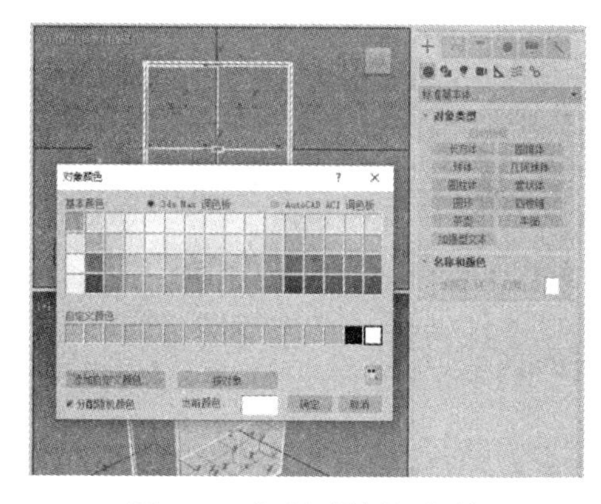

图 3-14　【对象颜色】对话框

(12) 使用同样的方法，将场景中长方体的颜色设置为黑色，然后在视图中调整模型的位置，制作完成后的置物柜模型的效果如图 3-15 所示。

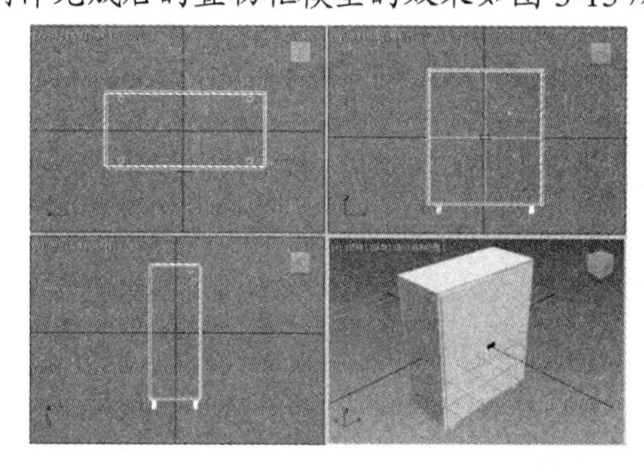

图 3-15　置物柜模型的效果

3.2.2　圆锥体

在 3ds Max 中，使用【圆锥体】工具可以创建直立或倒立的完整(或部分)圆锥体模型。

【例 3-2】 利用【圆锥体】工具制作圆锥体模型。视频

(1) 选择【创建】面板，在【几何体】选项卡中单击【圆锥体】工具按钮，在前视图中创建一个圆锥体，在【参数】卷展栏中设置圆锥体的【半径1】为50 cm、【半径2】为0、【高度】为140 cm，如图3-16所示。

(2) 重复步骤(1)中的操作，继续在前视图中创建圆锥体，并在【参数】卷展栏中设置圆锥体的【半径1】为50 cm、【半径2】为0、【高度】为140 cm，然后选中【启用切片】复选框，并在【切片起始位置】微调框中设置切片的起始位置为275，如图3-17所示。

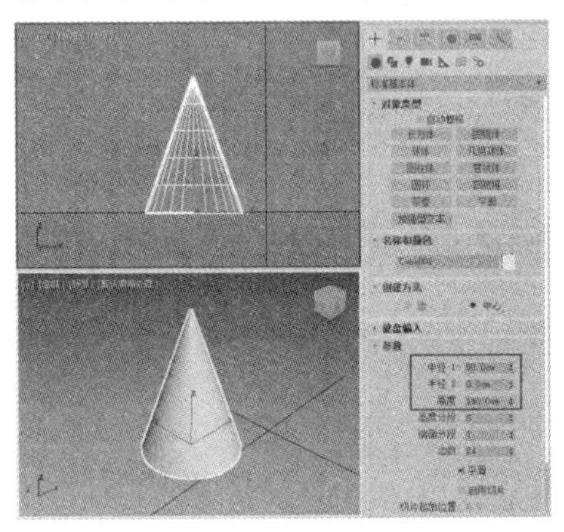

图3-16　创建并设置圆锥体

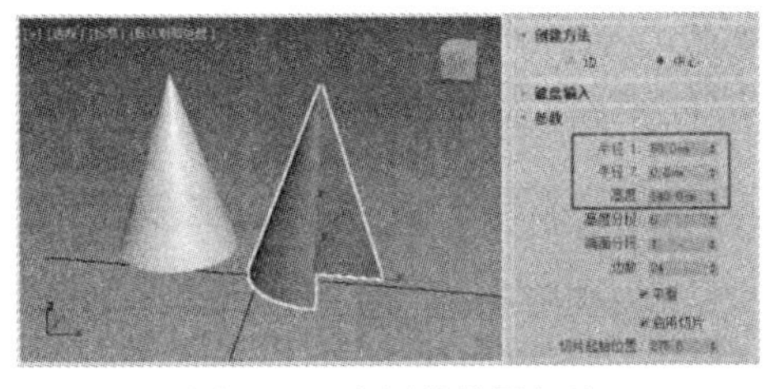

图3-17　启用并设置切片

(3) 再次在前视图中拖动鼠标创建一个圆锥体，在【参数】卷展栏中设置圆锥体的【半径1】为20 cm、【半径2】为50 cm、【高度】为140 cm，完成后的模型效果如图3-18所示。

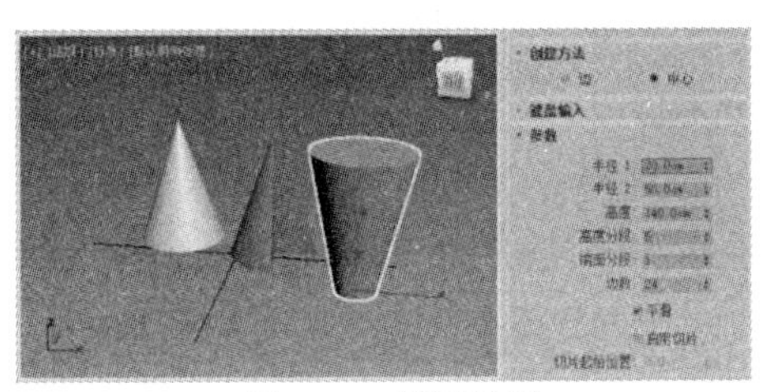

图3-18　模型效果

在创建圆锥体时，【参数】卷展栏中各选项的功能说明如下。

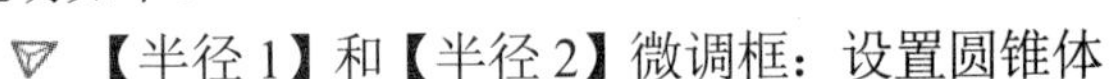

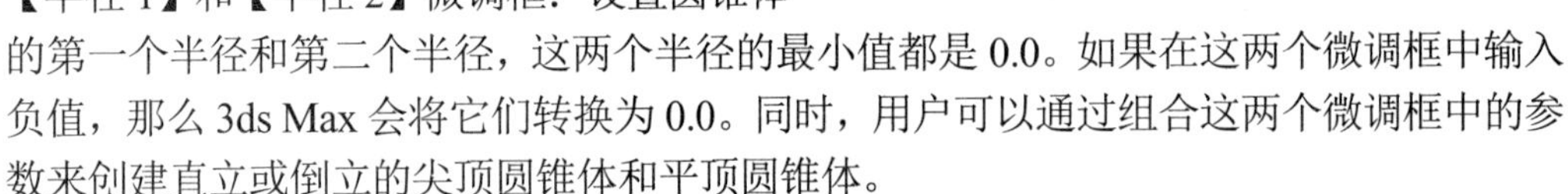

- 【半径1】和【半径2】微调框：设置圆锥体的第一个半径和第二个半径，这两个半径的最小值都是0.0。如果在这两个微调框中输入负值，那么3ds Max会将它们转换为0.0。同时，用户可以通过组合这两个微调框中的参数来创建直立或倒立的尖顶圆锥体和平顶圆锥体。
- 【高度】微调框：设置沿着中心轴的维度。如果该微调框中的参数为负值，那么3ds Max将在构造平面的下方创建圆锥体。
- 【高度分段】微调框：设置沿圆锥体主轴的分段数。
- 【端面分段】微调框：设置围绕圆锥体顶部和底部的中心的同心分段数。
- 【边数】微调框：设置圆锥体周围的边数。
- 【平滑】复选框：选中后，便可通过混合圆锥体的面，在渲染视图中创建平滑的外观。
- 【启用切片】复选框：选中后，便可启用切片功能。创建切片后，如果取消该复选框的选中状态，系统将重新显示完整的圆锥体。
- 【切片起始位置】和【切片结束位置】微调框：设置从局部 X 轴的零点开始围绕局部 Z 轴的度数。
- 【生成贴图坐标】复选框：用于生成将贴图材质用于圆锥体模型的坐标。
- 【真实世界贴图大小】复选框：用于控制应用于对象的纹理贴图材质所使用的缩放方法。

3.2.3　球体

在 3ds Max 中，使用【球体】工具不仅可以在场景中创建完整的球体或半球体，同时还可以围绕球体的垂直轴对其进行切片修改。

【例 3-3】 利用【球体】工具制作珠串模型。 视频

(1) 在菜单栏中选择【自定义】|【单位设置】命令，打开【单位设置】对话框，选中【公制】单选按钮并单击下方的下拉按钮，在弹出的下拉列表中选择【毫米】选项，然后单击【系统单位设置】按钮，在打开的对话框中将【系统单位比例】设置为【毫米】，单击【确定】按钮，如图 3-19 所示。

(2) 在【创建】面板的【几何体】选项卡中单击【球体】工具按钮，在前视图中拖动鼠标创建一个球体。

(3) 选择【图形】选项卡，单击【圆】工具按钮，在前视图中拖动鼠标绘制一个圆，如图 3-20 所示。

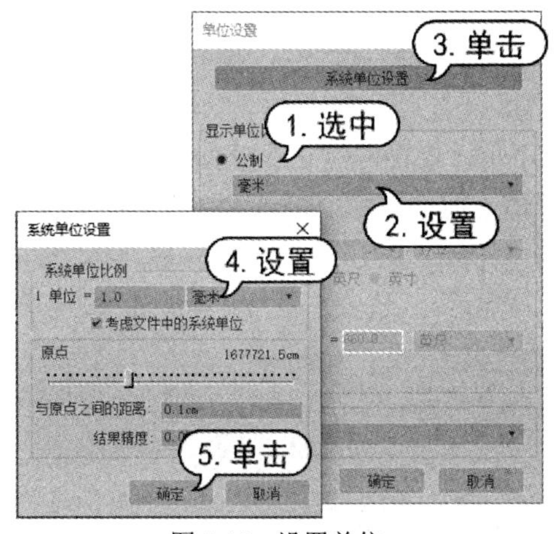

图 3-19　设置单位

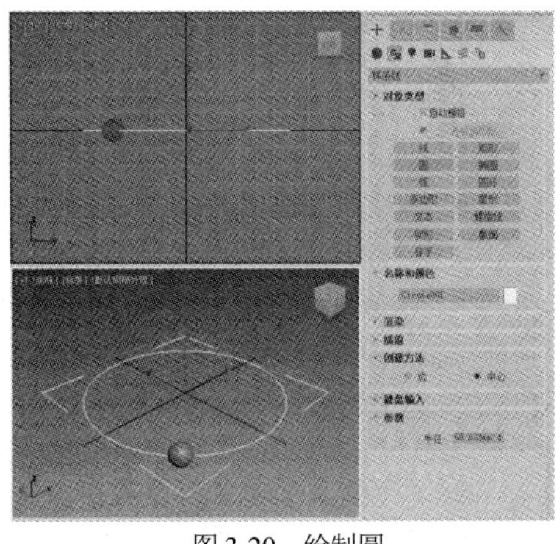

图 3-20　绘制圆

(4) 选择【修改】选项卡，在【渲染】卷展栏中选中【在渲染中启用】和【在视口中启用】复选框以及【径向】单选按钮，设置【厚度】参数为 2 mm，如图 3-21 所示。

(5) 在【参数】卷展栏中将【半径】设置为 58 mm，如图 3-22 所示。

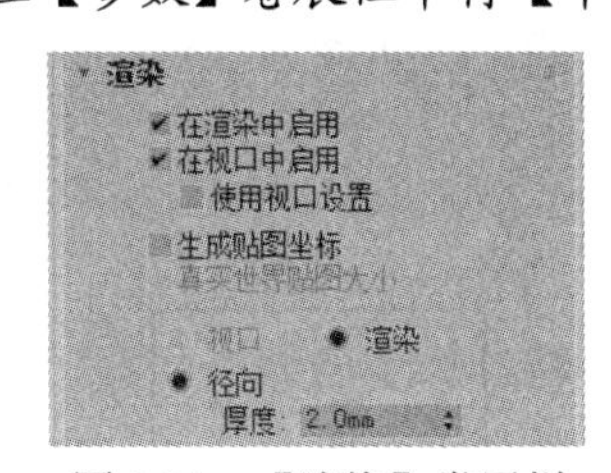

图 3-21　【渲染】卷展栏

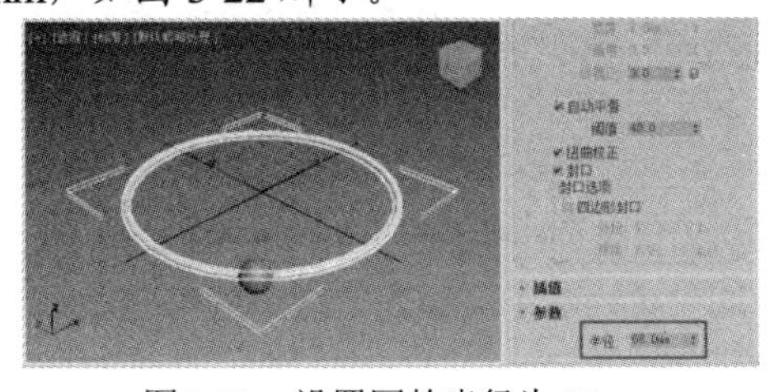

图 3-22　设置圆的半径为 58 mm

(6) 选中步骤(2)中创建的球体，右击菜单栏，从弹出的快捷菜单中选择【附加】命令，显示【附加】工具栏。

(7) 在【附加】工具栏中长按【阵列】按钮，在弹出的下拉列表中选择【间隔工具】按钮，如图 3-23 所示。

(8) 打开【间隔工具】对话框，如图 3-24 所示，在【计数】复选框右侧的微调框中输入 30，然后单击【拾取路径】按钮，在场景中拾取步骤(3)中绘制的圆，单击【应用】按钮。

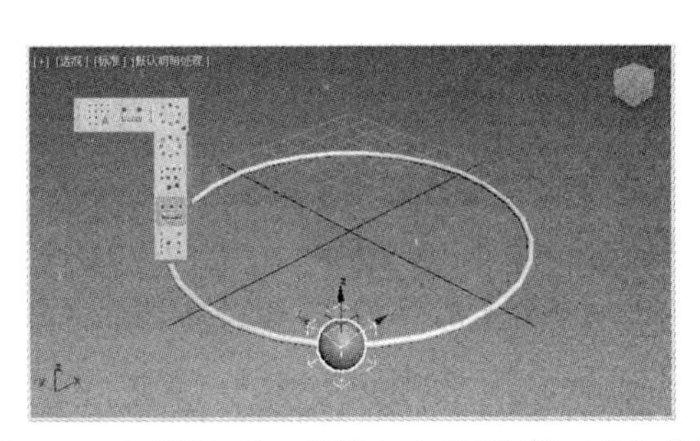

图 3-23 在【附加】工具栏中选择【间隔工具】按钮

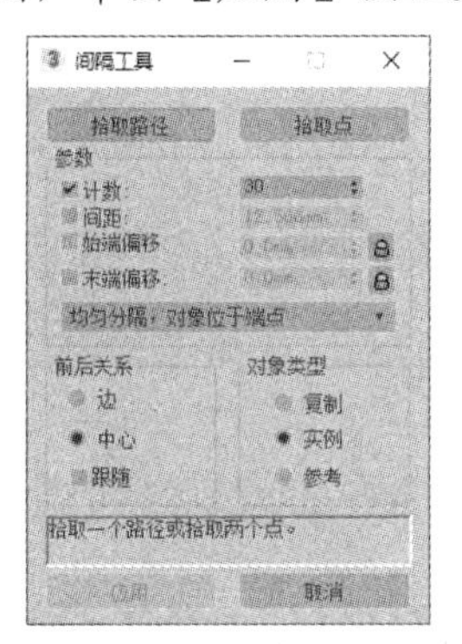

图 3-24 【间隔工具】对话框

(9) 在场景中选中步骤(2)中绘制的球体，按下 Delete 键将其删除。此时，得到的珠串模型的效果如图 3-25 所示。

在创建球体时，【参数】卷展栏中主要选项的功能说明如下。

- 【半径】微调框：设置球体的半径。
- 【分段】微调框：设置球体多边形分段的数量。
- 【平滑】复选框：选中后，便可通过混合球体的面，在渲染视图中创建平滑的外观。
- 【半球】微调框：过于增大其中的值会切断球体，但如果从底部开始，系统将创建球体的一部分。取值范围是 0.0~1.0，默认值为 0.0，这将生成完整的球体；设置为 0.5 可以生成半球体，如图 3-26 所示；设置为 1.0 会使球体消失。

图 3-25 珠串模型的效果

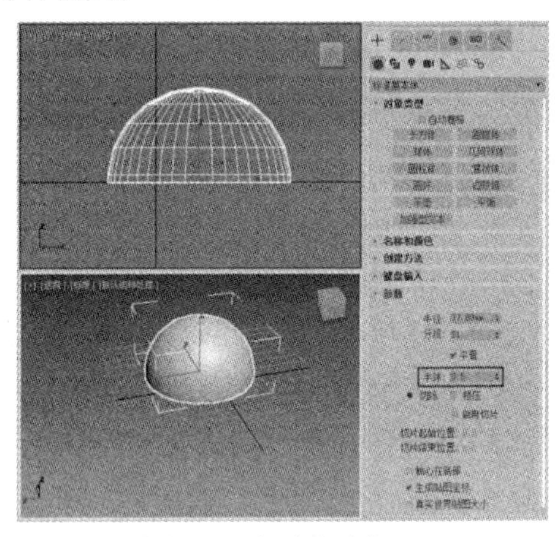

图 3-26 创建半球体

- 【切除】复选框：选中后，便可通过在半球体断开时将球体中的顶点和面切除来减少它们的数量。

3.2.4 圆柱体

在 3ds Max 中，使用【圆柱体】工具可以在场景中创建完整或部分的圆柱体模型。同时，用户还可以围绕圆柱体的主轴对其进行切片修改。

【例3-4】 利用【圆柱体】工具制作矮桌模型。 视频

(1) 在【创建】面板的【几何体】选项卡●中单击【圆柱体】工具按钮，在前视图中拖动鼠标创建一个圆柱体。

(2) 选择【修改】面板，在【参数】卷展栏中设置【半径】为880 mm、【高度】为200 mm、【边数】为60，如图3-27所示。

(3) 在主工具栏中单击【选择并移动】工具按钮✥，然后按住Shift键并拖动复制一个圆柱体，如图3-28所示。

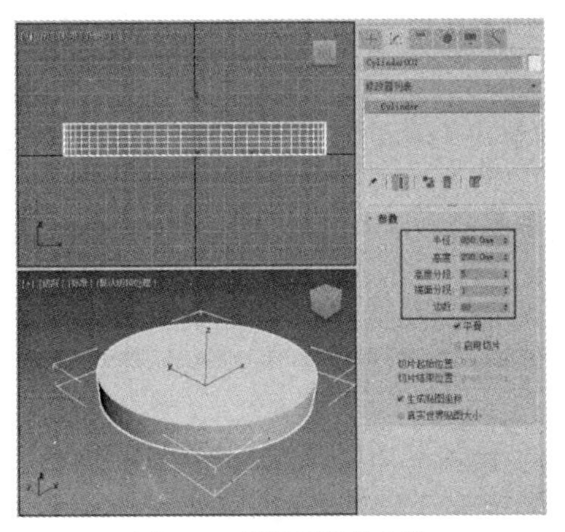

图3-27 设置圆柱体参数

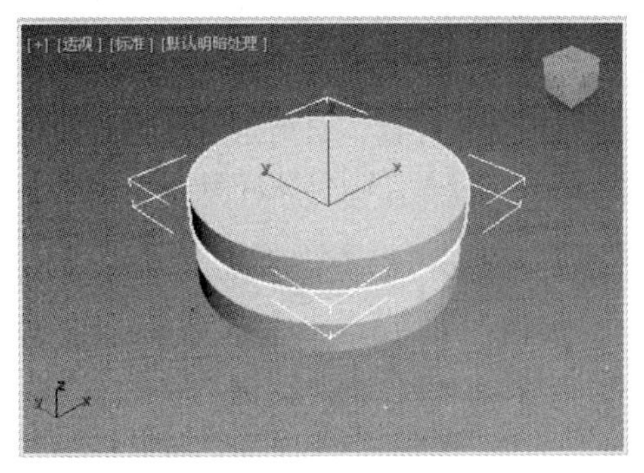

图3-28 复制圆柱体

(4) 在【修改】面板中设置圆柱体副本的【高度】为20 mm，如图3-29所示。

(5) 在前视图中调整圆柱体副本的位置。选择【创建】面板，在【几何体】选项卡●中单击【圆锥体】按钮，在顶视图中绘制一个圆锥体，如图3-30所示。

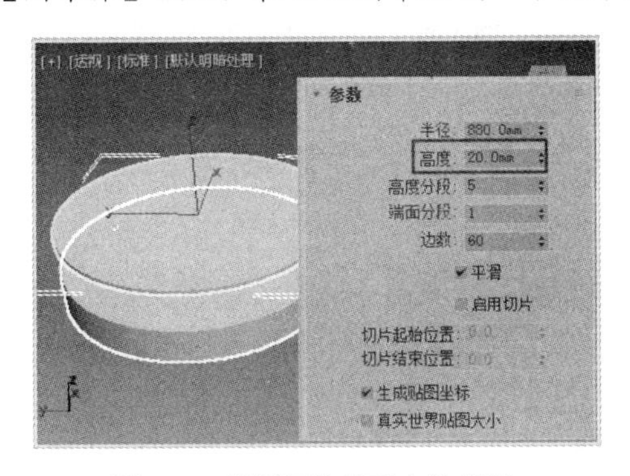

图3-29 设置圆柱体副本的高度

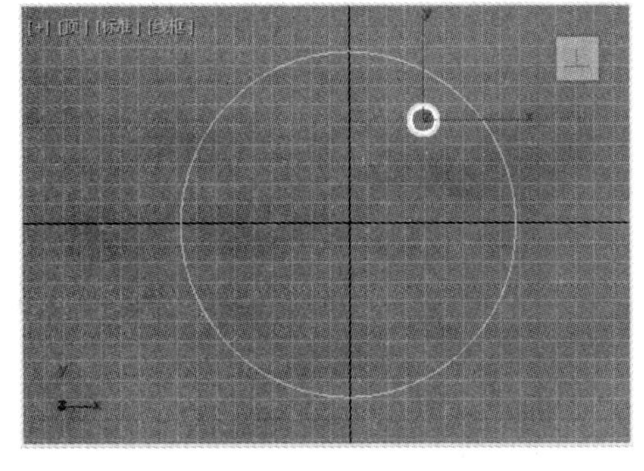

图3-30 在顶视图中绘制圆锥体

(6) 选择【修改】面板，在【参数】卷展栏中设置圆锥体的【半径1】为70 mm、【半径2】为50 mm、【高度】为-1000 mm。

(7) 按下W键，将鼠标命令设置为【选择并移动】，然后在左视图中调整圆锥体的位置，如图3-31所示。

(8) 按下E键，将鼠标命令设置为【选择并旋转】，然后在主工具栏中设置旋转的轴为【使用变换坐标中心】，如图3-32所示。

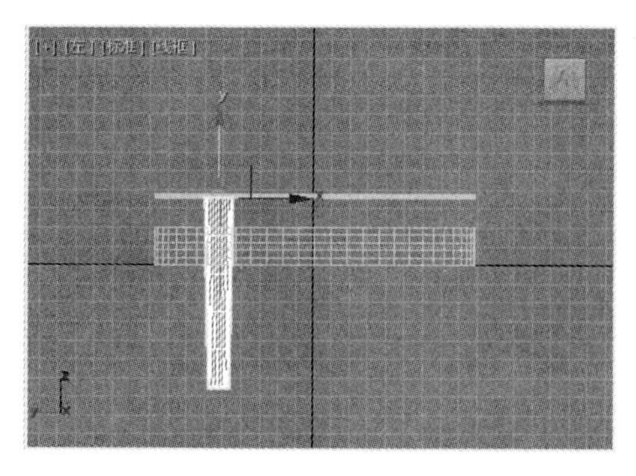

图 3-31　在左视图中调整圆锥体的位置

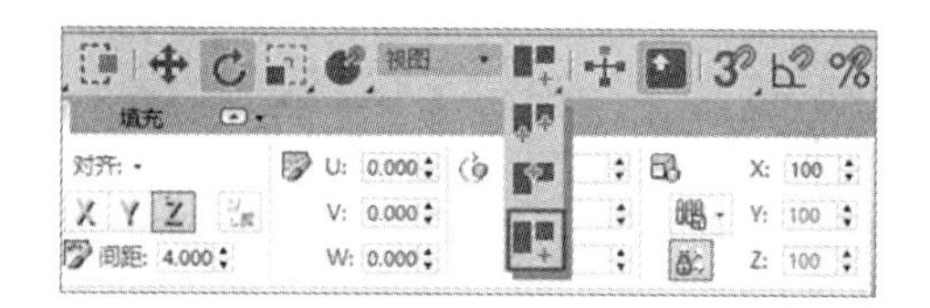

图 3-32　设置旋转的轴为【使用变换坐标中心】

(9) 单击【使用变换坐标中心】按钮左侧的下拉按钮，在弹出的下拉列表中选择【拾取】选项，然后在场景中拾取圆柱体。此时，圆锥体的轴心点已经更改为图 3-33 所示圆柱体的轴心点。

(10) 按下 A 键，启用角度捕捉切换功能，然后在顶视图中按下 Shift 键，以旋转的方式复制出其他两个桌腿，如图 3-34 所示。

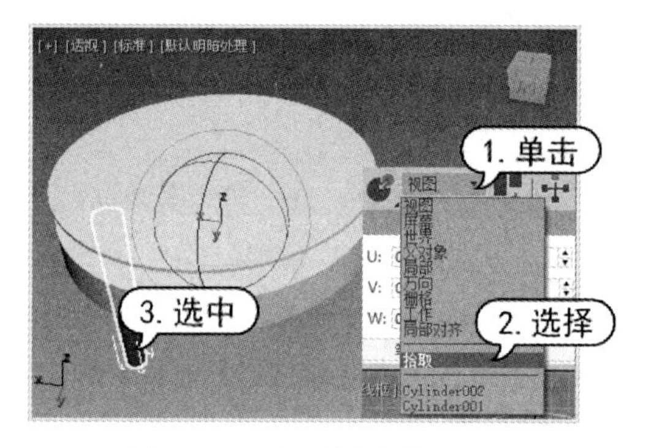

图 3-33　更改圆锥体的轴心点

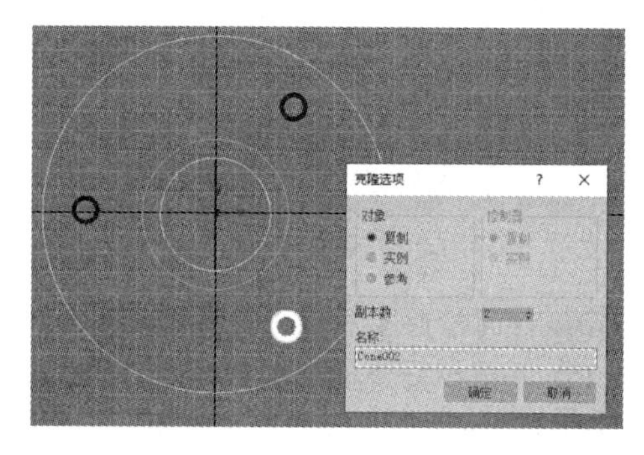

图 3-34　复制出其他两个桌腿

(11) 完成以上操作后，模型的最终效果如图 3-35 所示。

在创建圆柱体时，【参数】卷展栏中主要选项的功能说明如下。

- 【半径】微调框：设置圆柱体的半径。
- 【高度】微调框：设置圆柱体的高度。
- 【高度分段】微调框：设置沿着圆柱体主轴的分段数。
- 【端面分段】微调框：设置围绕圆柱体顶部和底部的中心的同心分段数。

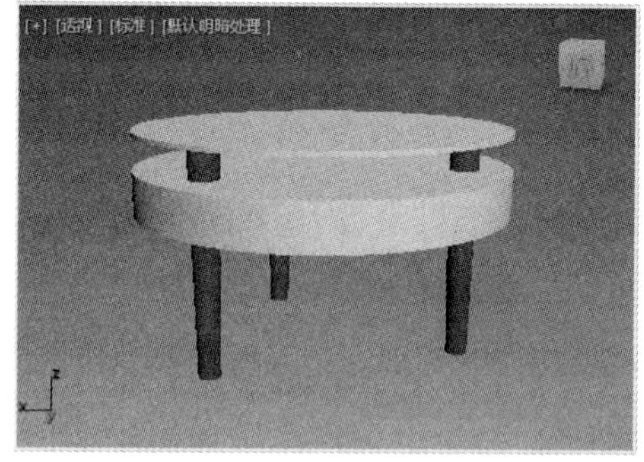

图 3-35　得到的矮桌模型

3.2.5　圆环

在 3ds Max 中，使用【圆环】工具可以在场景中绘制图 3-36 所示的圆环模型。

通过在【参数】卷展栏中设置圆环参数，可以调整圆环模型在场景中的状态。

- 【半径 1】微调框：设置从圆环中心到横截面圆形中心的距离，也就是圆环的半径。

- 【半径 2】微调框：设置圆环横截面圆形的半径。
- 【旋转】微调框：设置圆环旋转的度数。圆环的顶点将围绕通过圆环中心的圆形逐渐旋转。
- 【扭曲】微调框：设置圆环扭曲的度数。圆环横截面将围绕通过圆环中心的圆形逐渐旋转。从扭曲开始，每个后续横截面都将旋转，直至最后一个横截面具有指定的度数为止。
- 【分段】微调框：设置围绕圆环的径向分段数。
- 【边数】微调框：设置圆环横截面圆形的边数。
- 【全部】单选按钮：选中该单选按钮后，系统将在圆环的所有曲面上生成完整的平滑效果。
- 【侧面】单选按钮：选中该单选按钮后，系统将平滑相邻分段之间的边，从而在圆环的表面生成围绕环形的平滑带，如图 3-37 所示。

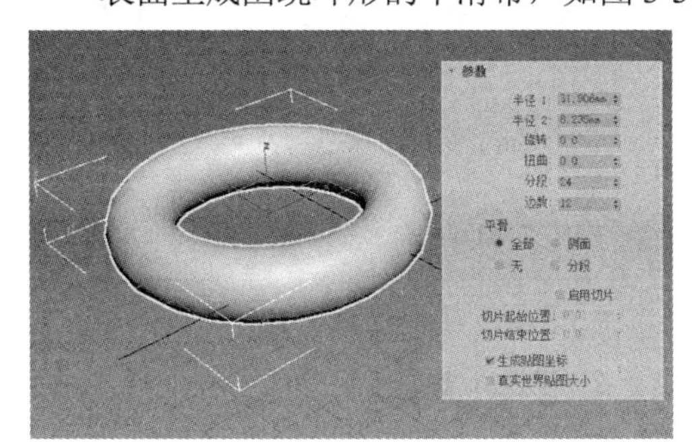

图 3-36　圆环模型及其【参数】卷展栏

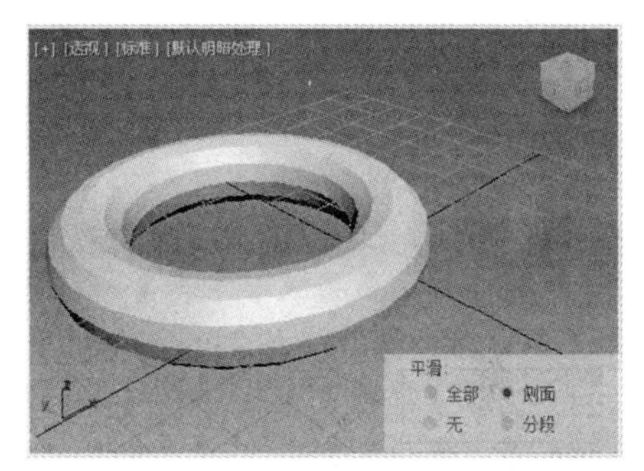

图 3-37　生成围绕环形的平滑带

- 【无】单选按钮：选中该单选按钮后，系统将在圆环上生成类似棱锥的面，如图 3-38 所示。
- 【分段】单选按钮：选中该单选按钮后，系统将分别平滑圆环上的每个分段，从而沿着环形生成类似环的分段，如图 3-39 所示。

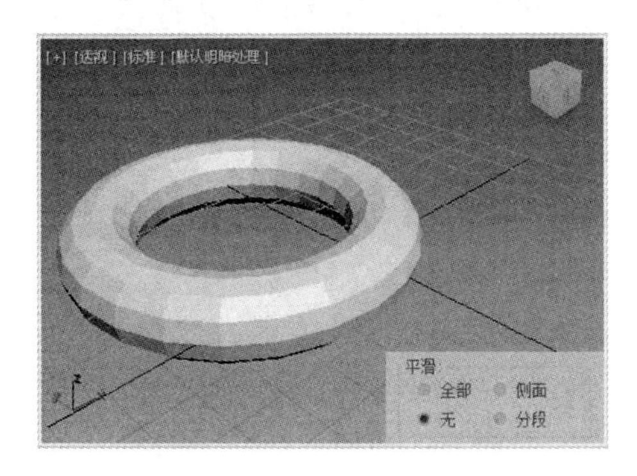

图 3-38　生成类似棱锥的面

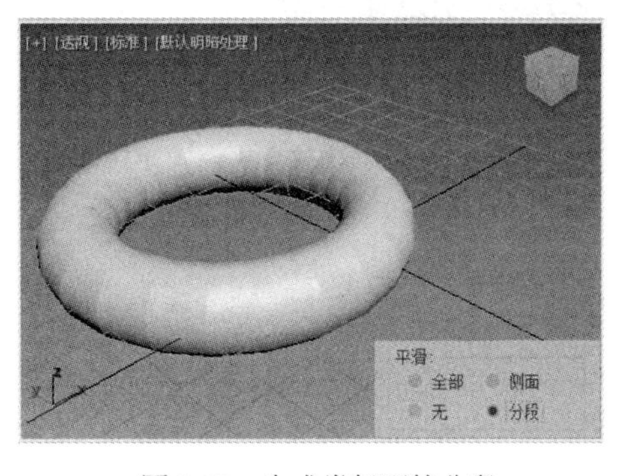

图 3-39　生成类似环的分段

3.2.6　几何球体

在 3ds Max 中，使用【几何球体】工具可以基于三类规则多面体制作球体和半球体。

【例 3-5】 利用【圆环】和【几何球体】工具制作戒指模型。 视频

(1) 在【创建】面板的【几何体】选项卡中单击【圆环】工具按钮，在前视图中拖动鼠标创建一个圆环。

(2) 选择【修改】面板，在【参数】卷展栏中设置【半径 1】为 12 mm、【半径 2】为 1 mm、【分段】为 36、【边数】为 24，如图 3-40 所示。

(3) 再次单击【创建】面板中的【圆环】工具按钮，在左视图中创建第二个圆环，设置其【半径 1】为 4 mm、【半径 2】为 0.4 mm、【分段】为 36、【边数】为 12，如图 3-41 所示。

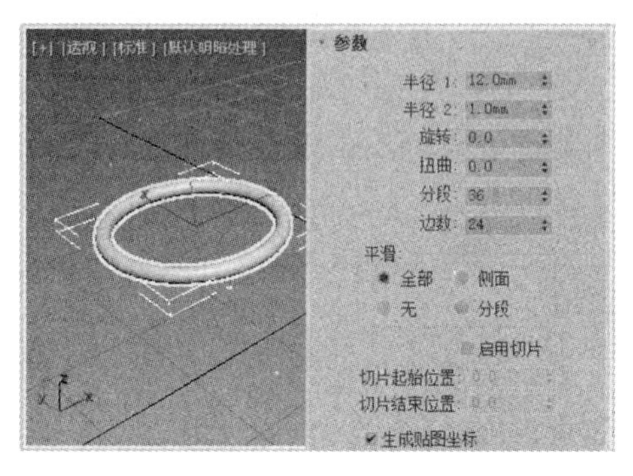

图 3-40　创建并设置第一个圆环

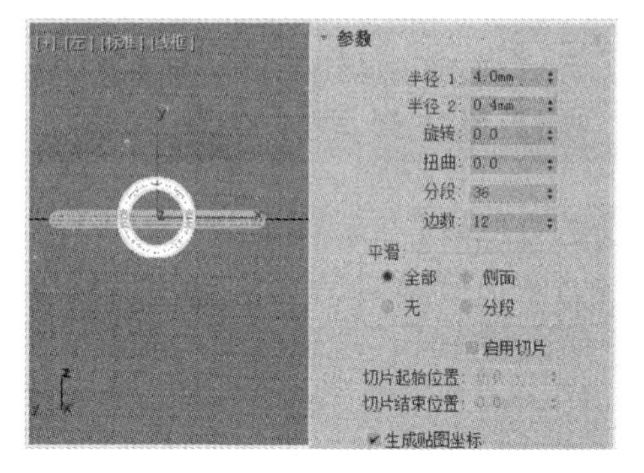

图 3-41　创建并设置第二个圆环

(4) 在【创建】面板中单击【圆柱体】工具按钮，在左视图中通过拖动鼠标创建一个圆柱体，使其覆盖你在步骤(3)中绘制的圆环对象之上。

(5) 选择【修改】面板，在【参数】卷展栏中设置圆柱体的【半径】为 4.2 mm、【高度】为 0.2 mm、【高度分段】为 1、【边数】为 36，如图 3-42 所示。

(6) 在【创建】面板中单击【圆环】工具按钮，在视图中通过拖动鼠标创建一个圆环，在【参数】卷展栏中设置圆环的【半径 1】为 4.2 mm、【半径 2】为 0.1 mm、【分段】为 36、【边数】为 12，如图 3-43 所示。

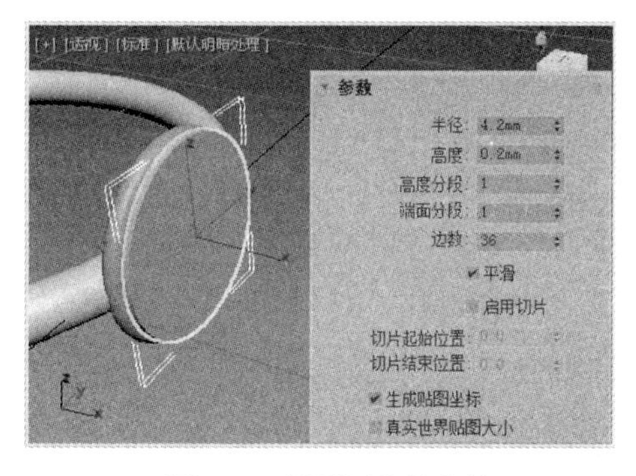

图 3-42　设置圆柱体参数

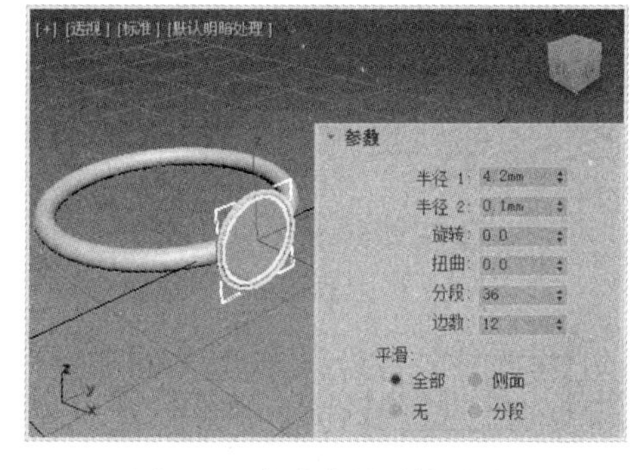

图 3-43　创建并设置外圈圆环

(7) 使用同样的方法再创建一个圆环，在【参数】卷展栏中设置这个圆环的【半径 1】为 2.4 mm、【半径 2】为 0.03 mm、【分段】为 36、【边数】为 12，如图 3-44 所示。

(8) 选择【创建】面板，在【几何体】选项卡●中单击【几何球体】工具按钮，在右视图中通过拖动鼠标创建一个几何球体，如图 3-45 所示。

(9) 选择【修改】面板，在【参数】卷展栏中取消【平滑】复选框的选中状态，然后选中【半球】复选框和【四面体】单选按钮，并设置【半径】为 2.5 mm、【分段】为 3，如图 3-46 所示。

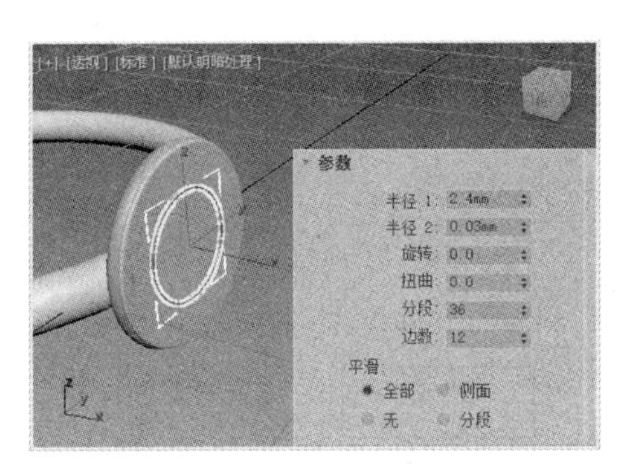

图 3-44　创建并设置内圈圆环

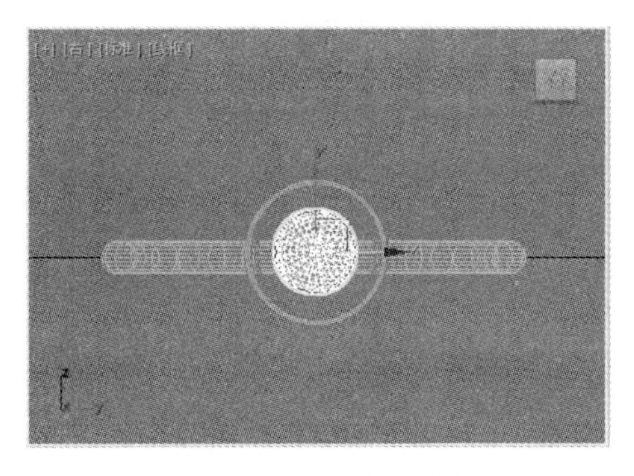

图 3-45　创建几何球体

(10) 单击主工具栏中的【选择并移动】按钮，按住 Shift 键，将创建的几何球体复制多份，然后在【修改】面板中设置这些副本的【半径】为 0.6 mm，效果如图 3-47 所示。

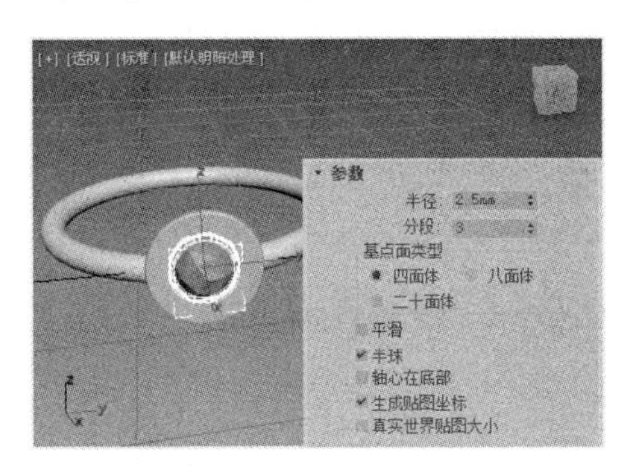

图 3-46　设置几何球体的参数

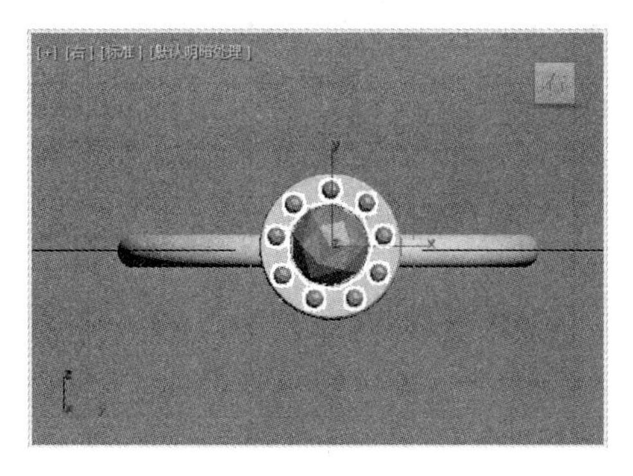

图 3-47　复制几何球体

(11) 最后，根据模型的制作要求，调整场景中各个对象的颜色和位置，从而完成模型的制作。

在创建几何球体时，【参数】卷展栏中主要选项的功能说明如下。

- 【半径】微调框：设置几何球体的大小。
- 【分段】微调框：设置几何球体的总面数。
- 【平滑】复选框：选中后，即可将平滑效果应用于球体的表面。
- 【半球】复选框：选中后，即可创建半球体。

3.2.7　其他标准基本体

除了上面介绍的 6 种基本体以外，3ds Max 还支持创建管状体、四棱锥、茶壶、平面、加强型文本等基本体。

1. 管状体

使用【管状体】工具可以在视图中创建管状体。管状体类似于中空的圆柱体，常用于创建圆形或棱柱管道，如图 3-48 所示。

在创建管状体时，【参数】卷展栏中主要选项的功能说明如下。

- 【半径 1】和【半径 2】微调框：在这两个微调框中，较大的参数指定的是管状体的外部半径，较小的参数指定的是管状体的内部半径。

- 【高度】微调框：用于设置沿着中心轴的维度。如果在其中输入负值，系统将在构造平面的下方创建管状体。
- 【高度分段】微调框：用于设置沿着管状体主轴的分段数。
- 【端面分段】微调框：用于设置围绕管状体顶部和底部的中心的同心分段数。
- 【边数】微调框：用于设置管状体周围的边数。

2. 四棱锥

使用【四棱锥】工具可以在视图中创建方形或矩形底部的四棱锥，如图 3-49 所示。

在创建四棱锥时，【参数】卷展栏中主要选项的功能说明如下。

- 【宽度】【深度】和【高度】微调框：用于设置四棱锥对应面的维度。
- 【宽度分段】【深度分段】和【高度分段】微调框：用于设置四棱锥对应面的分段数。

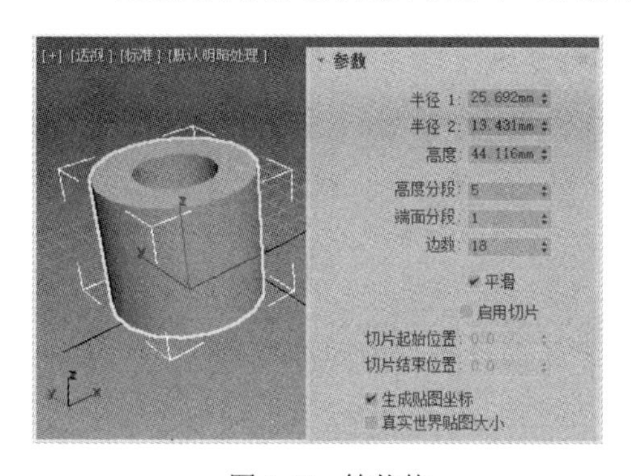

图 3-48　管状体

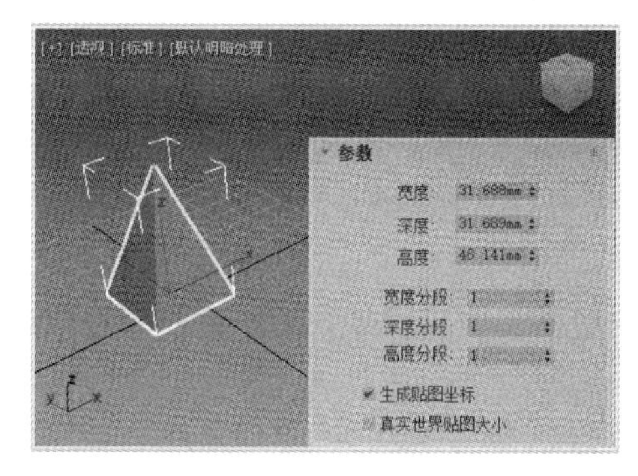

图 3-49　四棱锥

3. 茶壶

使用【茶壶】工具可以在视图中创建图 3-50 所示的茶壶模型。

在创建茶壶时，【参数】卷展栏中主要选项的功能说明如下。

- 【半径】微调框：用于设置从茶壶的中心到壶身周界的距离。通过调整该微调框中的数值，用户可以控制茶壶的大小。
- 【分段】微调框：用于设置茶壶零件的分段数。
- 【平滑】复选框：选中后，系统将在渲染视图中创建平滑的茶壶外观。

4. 平面

使用【平面】工具可以在视图中创建平面多边形网格，这种多边形网格在渲染时可以无限放大，如图 3-51 所示。在创建平面多边形网格时，【参数】卷展栏中主要选项的功能说明如下。

- 【长度】和【宽度】微调框：用于设置平面对象的长度和宽度。
- 【长度分段】和【宽度分段】微调框：用于设置沿着对象每个轴的分段数。
- 【缩放】微调框：用于设置长度和宽度在渲染时的倍增因子(将从中心向外进行缩放)。
- 【密度】微调框：用于设置长度和宽度分段数在渲染时的倍增因子。
- 【总面数】文本框：用于提示当前平面上的总面数。

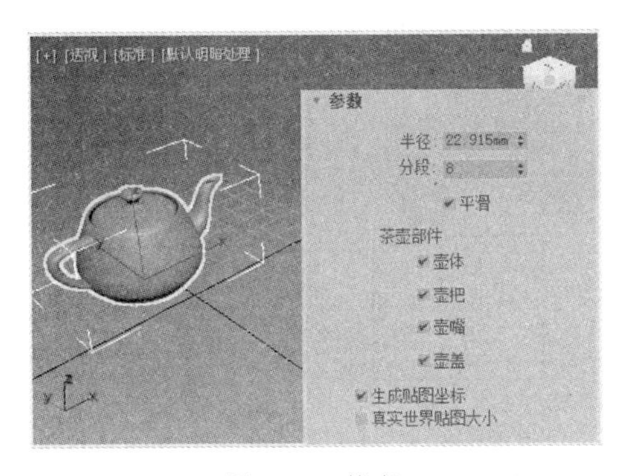

图 3-50　茶壶

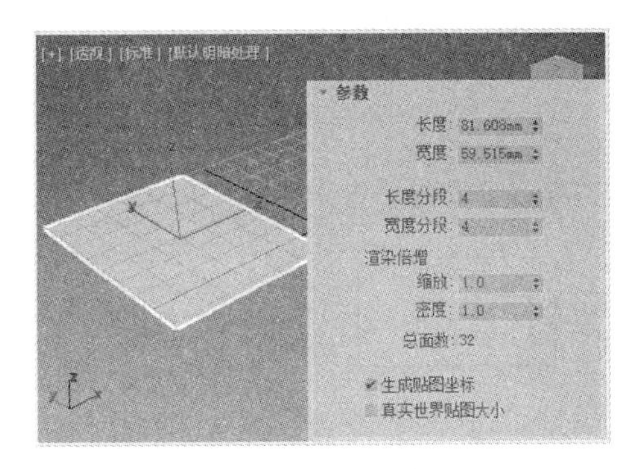

图 3-51　平面

5. 加强型文本

使用【加强型文本】工具可以在视图中创建拥有样条线轮廓的文字，如图 3-52 所示。在创建加强型文本时，【参数】卷展栏中主要选项的功能说明如下。

- 【文本】文本框：用于输入单行或多行文本(按下 Enter 键即可开始新的一行。默认文本是“加强型文本”。用户可以通过“剪贴板”复制并粘贴单行或多行文本)。
- 【将值设置为文本】按钮：单击该按钮将打开【将值编辑为文本】对话框，如图 3-53 所示。在该对话框中，用户可以将文本链接到想要显示的值。

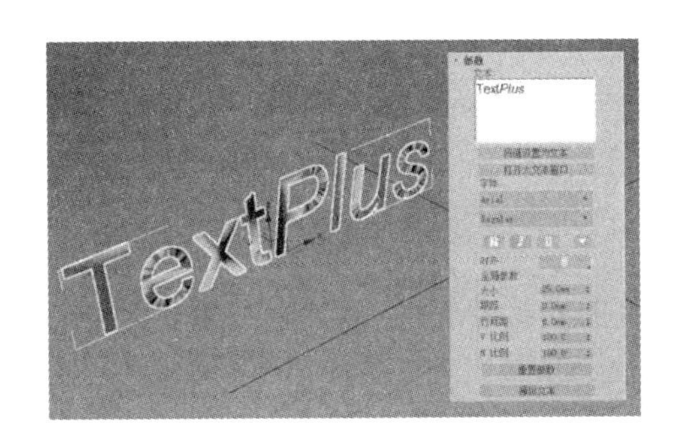

图 3-52　拥有样条线轮廓的文字

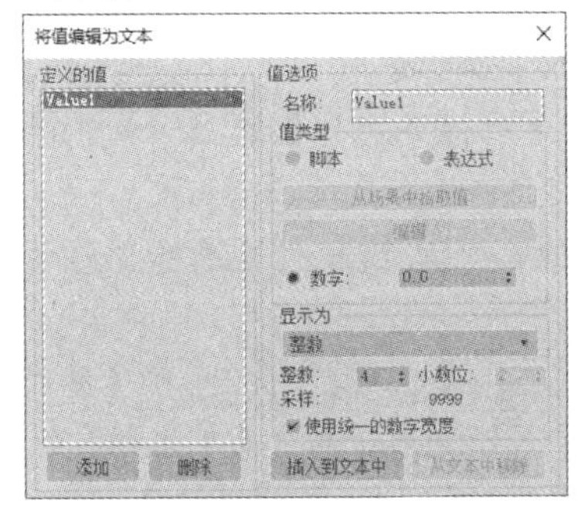

图 3-53　【将值编辑为文本】对话框

- 【打开大文本窗口】按钮：单击该按钮将打开【输入文本】对话框，如图 3-54 所示。在该对话框中，用户可以更好地设置大量文本的格式。其中，单击【字体列表】下拉按钮后，将显示可用字体下拉列表；单击【字体类型】下拉按钮后，在弹出的下拉列表中，用户可以选择“常规”“斜体”“粗体”“粗斜体”等字体类型；【粗体】按钮 B 用于设置加粗文本；【斜体】按钮 B 用于设置斜体文本；【下画线】按钮 U 用于设置带下画线的文本；单击【更多样式】按钮后，将显示更多的文本样式设置选项，包括【删除线】【全部大写】【小写】【上标】和【下标】等。【更多样式】按钮在被单击后，将变为【更少样式】按钮。
- 【对齐】下拉按钮：单击该下拉按钮后，在弹出的下拉列表中，用户可以设置文本的对齐方式，包括“左对齐”“中心对齐”“右对齐”“最后一个左对齐”“最后一个中心对齐”“最后一个右对齐”和“完全对齐”等，如图 3-55 所示。
- 【大小】微调框：用于设置文本高度。
- 【跟踪】微调框：用于设置字母间距。

图 3-54 【输入文本】对话框

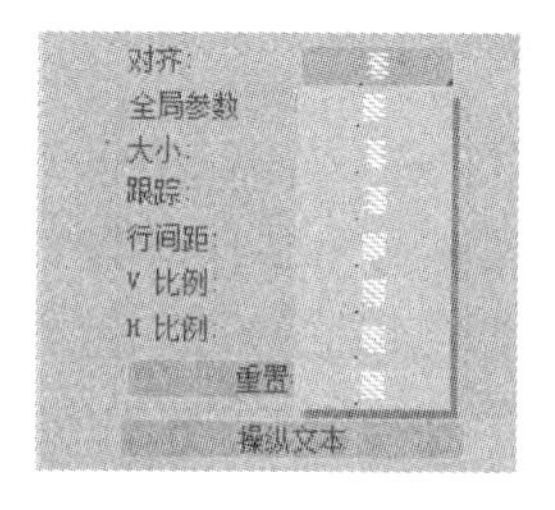

图 3-55 【对齐】下拉列表

- 【行间距】微调框：用于设置多行文本的行间距。
- 【V 比例】微调框：用于设置文本的垂直缩放比例。
- 【H 比例】微调框：用于设置文本的水平缩放比例。
- 【重置参数】按钮：用于将选定对象的参数重置为默认值。
- 【操纵文本】按钮：用于切换文本的操纵状态，3ds Max 允许以均匀或非均匀方式手动操纵文本，用户可以调整文本的大小、字体、追踪、字间距和基线等。

【例 3-6】 利用【加强型文本】工具制作浮雕文本。 视频

(1) 选择【创建】面板，在【几何体】选项卡中单击【长方体】工具按钮，在前视图中创建一个长方体对象。

(2) 单击【几何体】选项卡中的【加强型文本】工具按钮，在前视图中合适的位置单击，创建一行文本，如图 3-56 所示。

(3) 按下 W 键执行【选择并移动】命令，调整文本在场景中的位置，使其位于长方体对象的表面。

(4) 选择【修改】面板，在【参数】卷展栏的【文本】文本框中输入文本“正隆集团”，然后选中输入的文本，单击【字体列表】下拉按钮，在弹出的下拉列表中选择一种中文字体样式(例如“华文新魏”)，并在【大小】微调框中输入 38 mm，如图 3-57 所示。

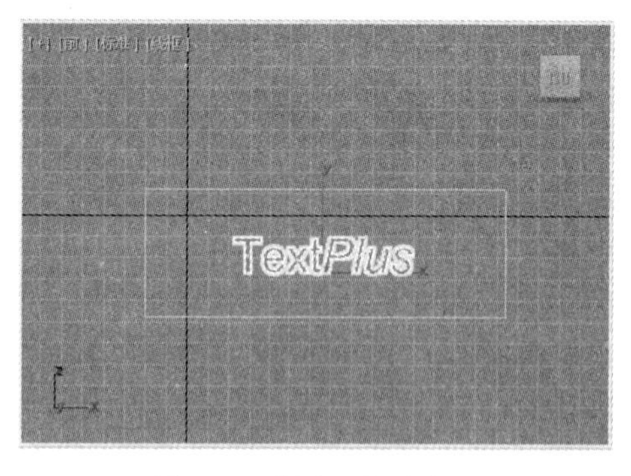

图 3-56 创建一行文本

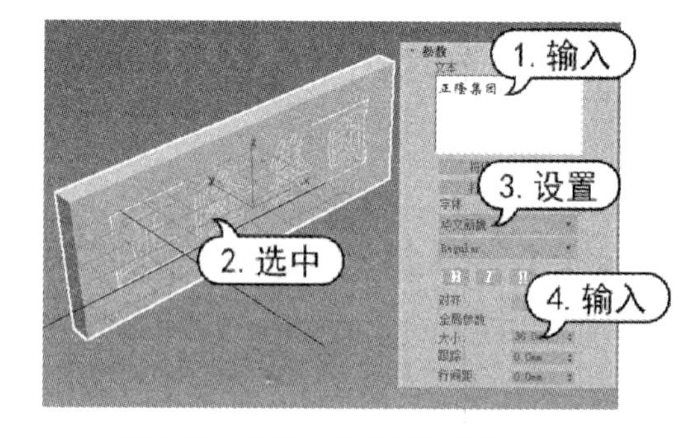

图 3-57 设置文本的字体和大小

(5) 单击【修改】面板中的【修改器列表】下拉按钮，在弹出的下拉列表中选择【倒角】选项，为文字添加倒角修改器，然后在【级别 1】选项组的【高度】微调框中输入 3 mm，为文字设置浮雕效果。

3.3　扩展基本体

在 3ds Max 的【创建】面板中单击【标准基本体】下拉按钮，在弹出的下拉列表中选择【扩展基本体】选项，即可显示用于创建扩展基本体的各种工具按钮。

扩展基本体是 3ds Max 中复杂基本体的集合，包括异面体、环形结、切角长方体、切角圆柱体、油罐、胶囊、纺锤、L-Ext、球棱柱、C-Ext、环形波、棱柱、软管等 13 种基本体，如图 3-58 所示。扩展基本体的使用频率相对标准基本体要略低一些。

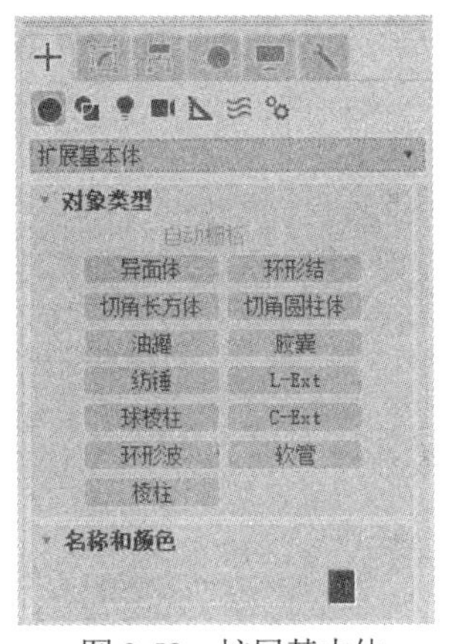

图 3-58　扩展基本体

3.3.1　异面体

使用【异面体】工具可以在视图中创建多面体对象。

【例 3-7】 利用【异面体】工具制作足球模型。 视频

(1) 在【创建】面板中设置【几何体类型】为【扩展基本体】，然后单击【异面体】工具按钮，在顶视图中通过拖动鼠标创建一个半径为 300 mm 的异面体。

(2) 选择【修改】面板，在【参数】卷展栏中选中【十二面体/二十面体】单选按钮，然后设置【系列参数】选项组中的 P 参数为 0.4，如图 3-59 所示。

(3) 选中场景中的异面体，按下 Ctrl+V 快捷键打开【克隆选项】对话框，将异面体复制一份。

(4) 按下 H 键打开【从场景选择】对话框，选中 Hedra001 选项，然后单击【确定】按钮，如图 3-60 所示。

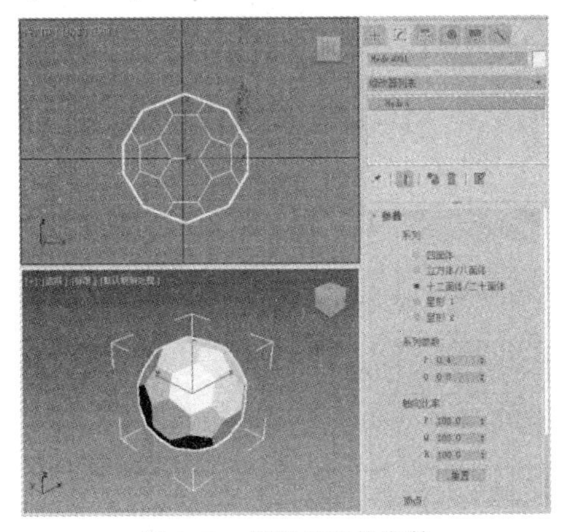

图 3-59　设置异面体参数

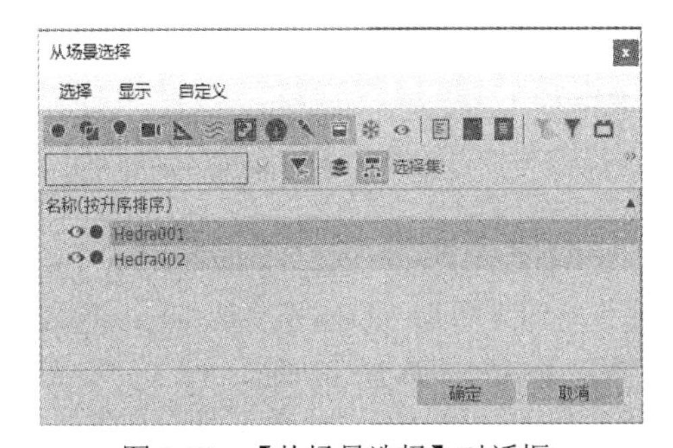

图 3-60　【从场景选择】对话框

(5) 选择【修改】面板，单击【修改器列表】下拉按钮，从弹出的下拉列表中选择【编辑网格】选项，添加“编辑网格”修改器，然后单击【选择】卷展栏中的【多边形】按钮，如图 3-61 所示。

(6) 在【编辑几何体】卷展栏中选中【元素】单选按钮，然后单击【炸开】按钮，异面体的各个面将被炸开，成为多个相对独立的多面体。

(7) 选中场景中的一个多面体，在【编辑几何体】卷展栏中设置【挤出】参数为 8 mm，然后单击【挤出】按钮，对这个多面体进行拉伸。

(8) 重复步骤(7)中的操作，对异面体上的所有多面体执行拉伸操作。

(9) 选中场景中的一个多面体，在【编辑几何体】卷展栏中设置【倒角】参数为-5，然后单击【倒角】按钮，对这个多面体进行倒角。

(10) 重复步骤(9)中的操作，对异面体上的所有多面体执行倒角操作，如图 3-62 所示。

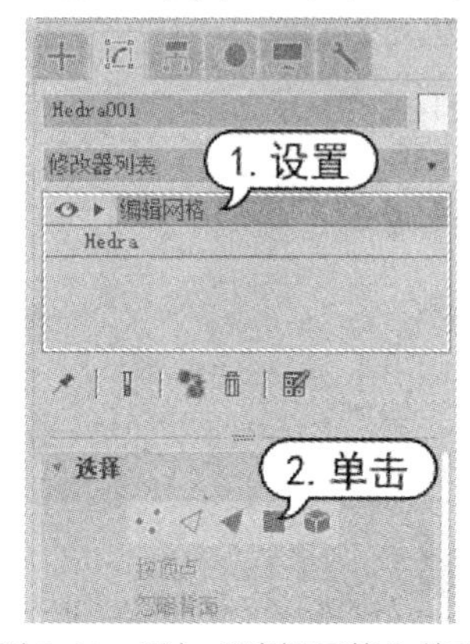

图 3-61 添加“编辑网格”修改器

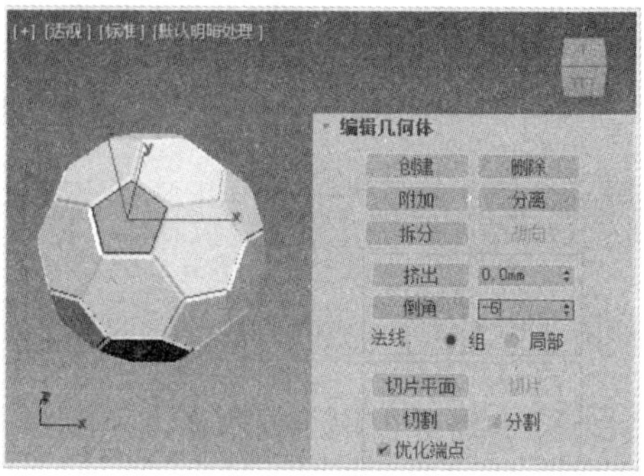

图 3-62 执行倒角操作

(11) 在【选择】卷展栏中再次单击【多边形】按钮，退出当前编辑模式。单击【修改】面板中的【修改器列表】下拉按钮，在弹出的下拉列表中选择【网格平滑】选项，添加“网格平滑”修改器，在【细分量】卷展栏中将【迭代次数】设置为 0，如图 3-63 所示。

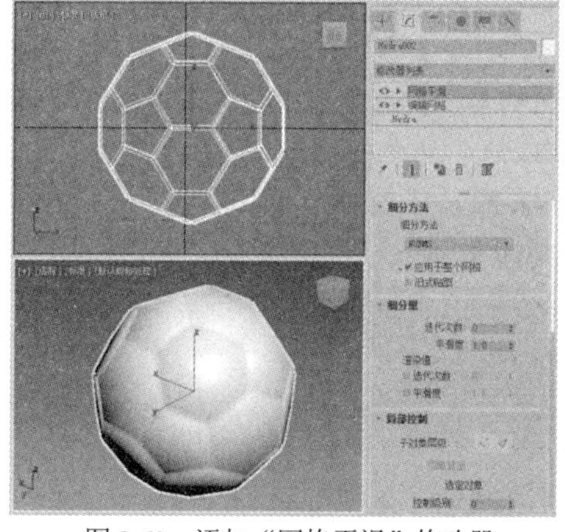

图 3-63 添加“网格平滑”修改器

(12) 按下 H 键打开【从场景选择】对话框，选中 Hedra002 选项，然后单击【确定】按钮。

(13) 最后，选择【修改】面板，在【参数】卷展栏中将选中的异面体的【半径】参数修改为 303 mm 即可。

在创建异面体时，【参数】卷展栏中主要选项的功能说明如下。

- 【系列】选项组：通过选中该选项组中的【四面体】【立方体/八面体】【十二面体/二十面体】【星形 1】或【星形 2】单选按钮，可以创建更多类型的多面体对象。
- 【系列参数】选项组：可以为多面体顶点和面之间提供两种变换方式的关联参数(P 函数和 Q 参数)。
- 【轴向比率】选项组：通过在该选项组的 P、Q、R 微调框中输入参数，可以控制多面体中单一面反射的轴。

3.3.2 环形结

使用【环形结】工具可以在视图中创建模拟绳子打结的环形结模型。

【例 3-8】 利用【环形结】工具制作吊灯模型。 视频

(1) 在【创建】面板中设置【几何体类型】为【扩展基本体】，然后单击【环形结】工具按钮，在顶视图中通过拖动鼠标创建一个环形结，如图 3-64 所示。

(2) 选择【修改】面板，在【参数】卷展栏的【基础曲线】选项组中设置【半径】为 280 mm、【分段】为 800、P 为 12、Q 为 25，在【横截面】选项组中设置【半径】为 20 mm、【边数】为 80、【偏心率】为 3，如图 3-65 所示。

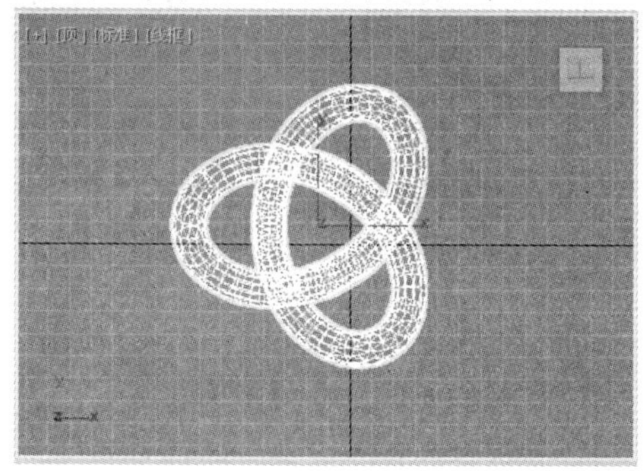

图 3-64　创建环形结

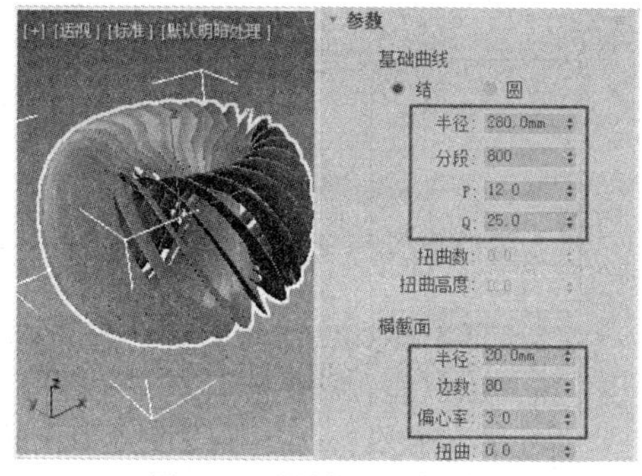

图 3-65　设置环形结参数

(3) 使用同样的方法在视图中创建第二个环形结，在【参数】卷展栏的【基础曲线】选项组中设置【半径】为 60 mm、【分段】为 800、P 为 12、Q 为 25，在【横截面】选项组中设置【半径】为 5 mm、【边数】为 80、【偏心率】为 3，如图 3-66 所示。

(4) 按下 W 键执行【选择并移动】命令，调整第二个环形结在场景中的位置，如图 3-67 所示。

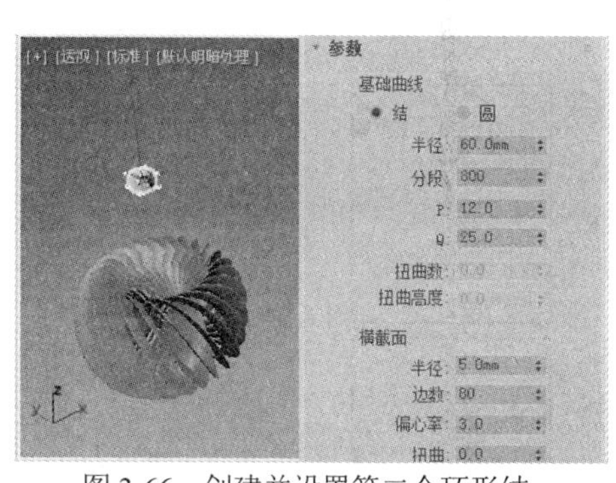

图 3-66　创建并设置第二个环形结

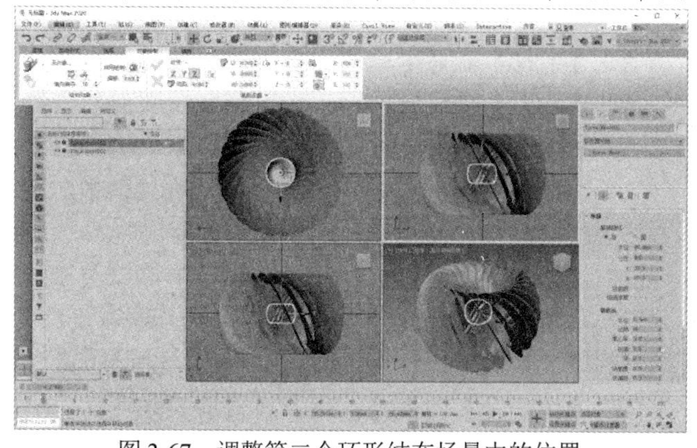

图 3-67　调整第二个环形结在场景中的位置

(5) 使用【圆柱体】工具在场景中创建一个【半径】为 5 mm、【高度】为 1200 mm、【高度分段】为 1 的圆柱体，如图 3-68 所示。

(6) 使用【球体】工具在场景中创建一个【半径】为 30 mm、【分段】为 32 的球体，完成后的模型效果如图 3-69 所示。

在创建环形结时，【参数】卷展栏(如图 3-70 所示)中主要选项的功能说明如下。

1. 【基础曲线】选项组

- 【结】和【圆】单选按钮：选中【结】单选按钮时，环形将基于其他各种参数进行交织；

选中【圆】单选按钮时，基础曲线是圆形，如果在默认设置中保留【扭曲】和【偏心率】参数，则会产生标准环形。

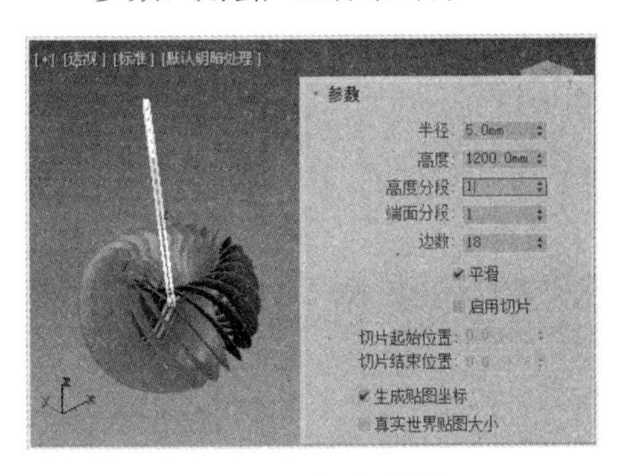

图 3-68　创建圆柱体

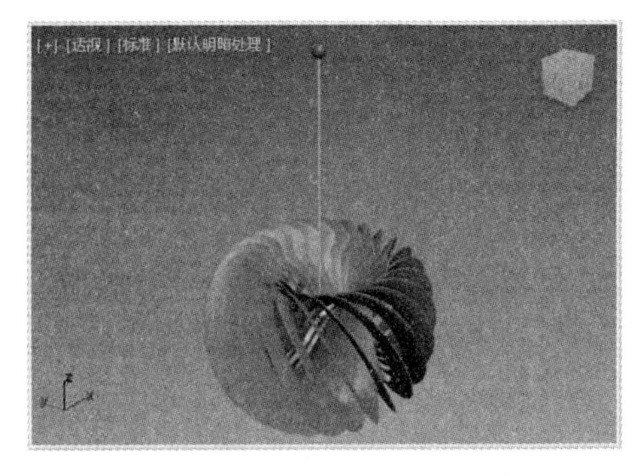

图 3-69　吊灯模型

- 【半径】微调框：用于设置基础曲线的半径。
- 【分段】微调框：用于设置围绕环形周界的分段数。
- P 和 Q 微调框：用于设置上下(P)和围绕中心(Q)的缠绕数值。
- 【扭曲数】微调框：用于设置曲线周围星形中的“点”数。
- 【扭曲高度】微调框：用于设置指定为基础曲线半径百分比的“点”的高度。

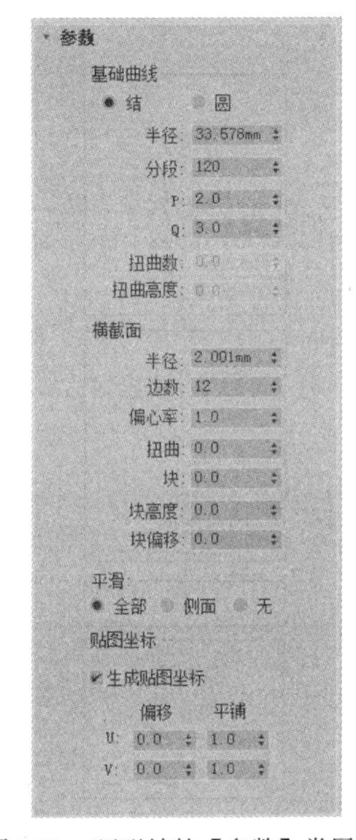

图 3-70　环形结的【参数】卷展栏

2. 【横截面】选项组

- 【半径】微调框：用于设置横截面的半径。
- 【边数】微调框：用于设置横截面周围的边数。
- 【偏心率】微调框：用于设置横截面主轴与副轴的比例。比例为 1 时将创建圆形横截面，为其他值时将创建椭圆形横截面。
- 【扭曲】微调框：用于设置横截面围绕基础曲线扭曲的次数。
- 【块】微调框：用于设置环形结中的凸出量。
- 【块高度】微调框：用于设置块的高度。
- 【块偏移】微调框：用于设置块起点的偏移程度。

3.3.3　切角长方体

使用【切角长方体】工具可以在视图中创建具有倒角或圆形边的长方体模型。

【例 3-9】 利用【切角长方体】工具制作沙发模型。 视频

(1) 在【创建】面板的【几何体】选项卡中单击【切角长方体】工具按钮，在视图中通过拖动鼠标创建一个切角长方体。

(2) 选择【修改】面板，在【参数】卷展栏中设置【长度】为 25 mm、【宽度】为 30 mm、【高度】为 35 mm、【圆角】为 0，将创建的切角长方体设置为沙发腿，如图 3-71 所示。

(3) 按下 W 键执行【选择并移动】命令，然后按住 Shift 键并拖动创建的切角长方体，打开【克隆选项】对话框，将切角长方体复制 3 份，如图 3-72 所示。

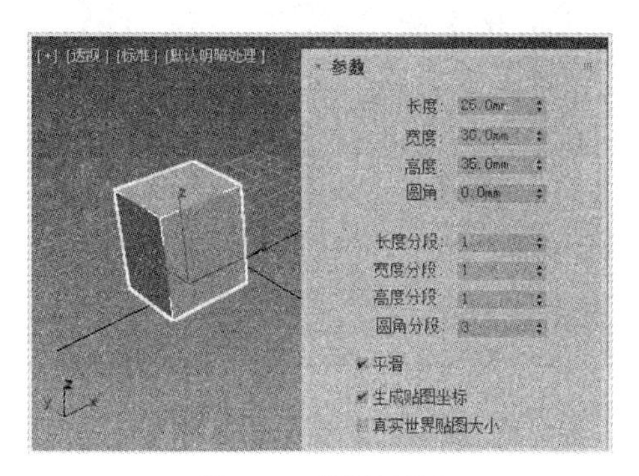

图 3-71　设置沙发腿

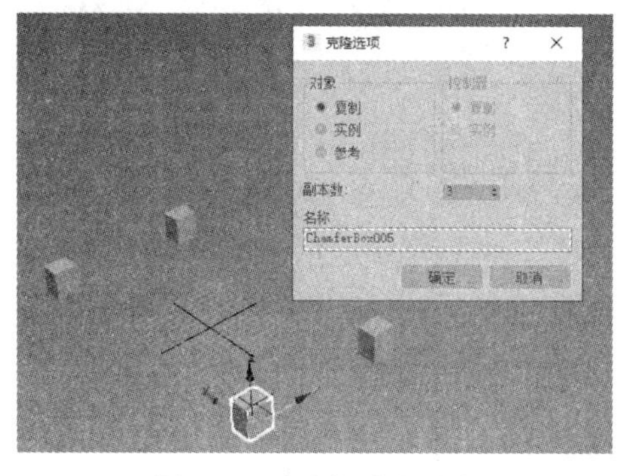

图 3-72　复制切角长方体

(4) 单击【创建】面板中的【切角长方体】工具按钮，在场景中再次创建一个切角长方体，然后选择【修改】面板，在【修改】卷展栏中设置这个切角长方体的【长度】为 300 mm、【宽度】为 250 mm、【高度】为 60 mm、【圆角】为 5、【圆角分段】为 5，如图 3-73 所示。

(5) 按下 W 键执行【选择并移动】命令，然后按住 Shift 键并拖动步骤(4)中创建的切角长方体，将其复制一份，然后调整副本的位置，如图 3-74 所示。

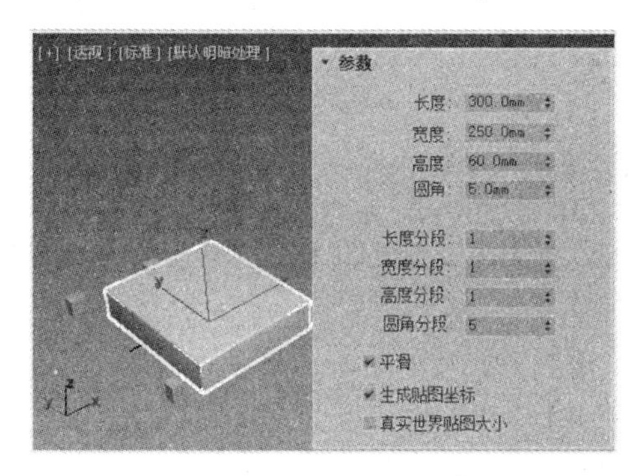

图 3-73　创建并设置另一个切角长方体

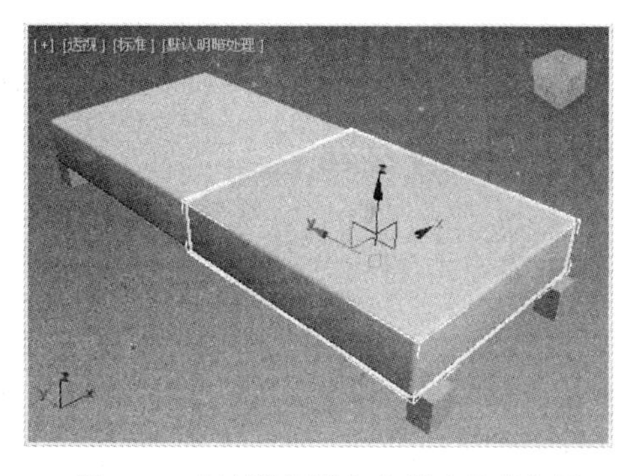

图 3-74　复制并调整切角长方体的位置

(6) 选中步骤(4)中创建的切角长方体，将其复制两份，然后调整副本的位置，如图 3-75 所示。

(7) 选择【创建】面板，单击【切角长方体】工具按钮，在前视图中创建一个切角长方体，在【参数】卷展栏中设置【长度】为 200 mm、【宽度】为 300 mm、【高度】为 30 mm、【圆角】为 10 mm、【圆角分段】为 4，如图 3-76 所示。

(8) 按下 W 键执行【选择并移动】命令，然后按住 Shift 键并拖动步骤(7)中创建的切角长方体，将其复制一份并调整副本的位置，完成沙发模型的制作，效果如图 3-77 所示。

在创建切角长方体时，【参数】卷展栏中主要选项的功能说明如下。

- 【长度】【宽度】和【高度】微调框：设置切角长方体的维度。

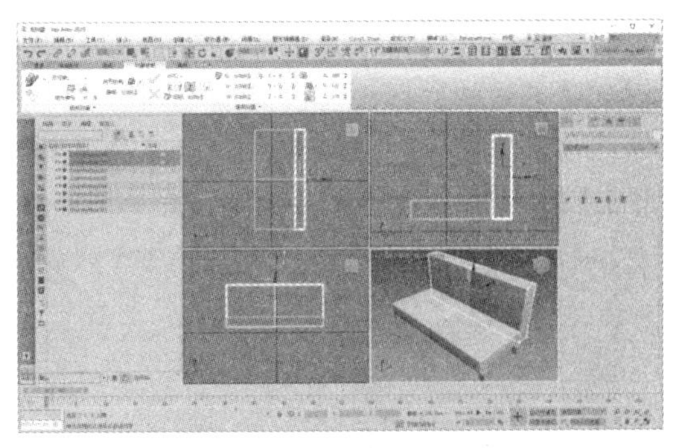
图3-75　调整副本的位置

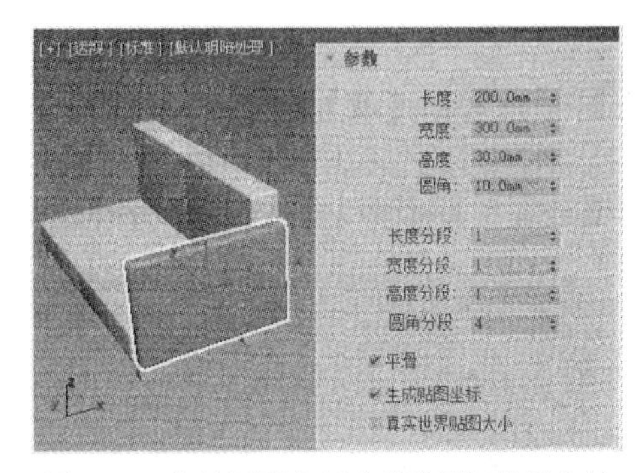

图3-76　在前视图中创建并设置切角长方体

- 【圆角】微调框：其中的值越大，切角长方体的圆角越精细。
- 【长度分段】【宽度分段】和【高度分段】微调框：设置沿着相应轴的分段数。
- 【圆角分段】微调框：其中的值越大，切角长方体的圆角效果越明显。
- 【平滑】复选框：选中后，通过混合切角长方体的面，便可在渲染视图中创建平滑的外观。

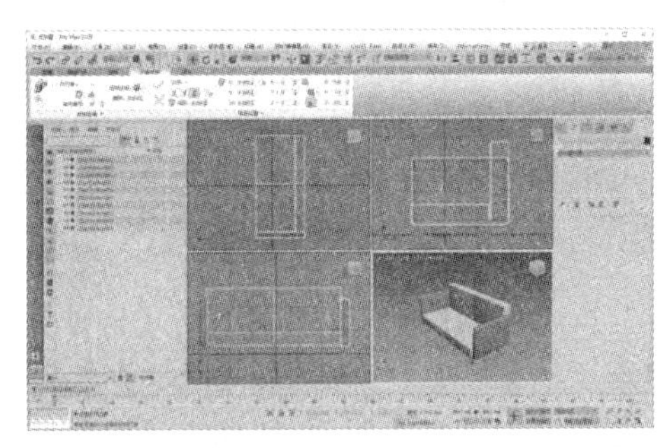
图3-77　沙发模型

3.3.4　切角圆柱体

使用【切角圆柱体】工具可以在视图中创建具有倒角或圆形封口边的圆柱体。

【例3-10】 利用【切角圆柱体】工具制作落地灯模型。 视频

(1) 选择【创建】面板，在【几何体】选项卡中单击【切角圆柱体】工具按钮，然后通过拖动鼠标在视图中创建一个切角圆柱体。

(2) 选择【修改】面板，在【参数】卷展栏中设置【半径】为150 mm、【高度】为25 mm、【圆角】为2 mm、【高度分段】为1、【圆角分段】为3、【边数】为32，如图3-78所示。

(3) 单击【创建】面板中的【切角圆柱体】工具按钮，在视图中创建另一个切角圆柱体，并在【参数】卷展栏中设置其【半径】为80 mm、【高度】为25 mm、【圆角】为2 mm、【高度分段】为1、【圆角分段】为3、【边数】为32，如图3-79所示。

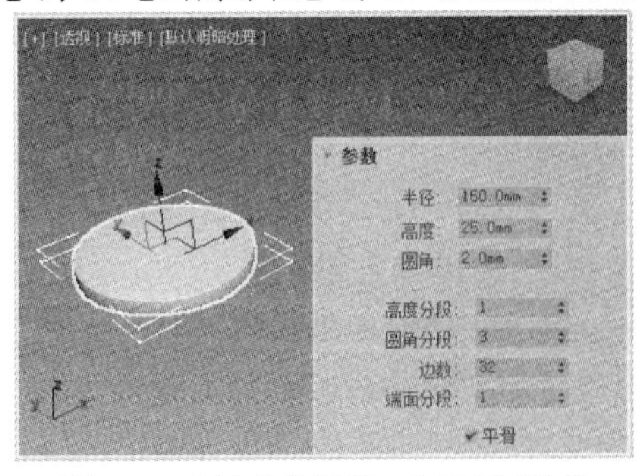

图3-78　创建并设置第一个切角圆柱体

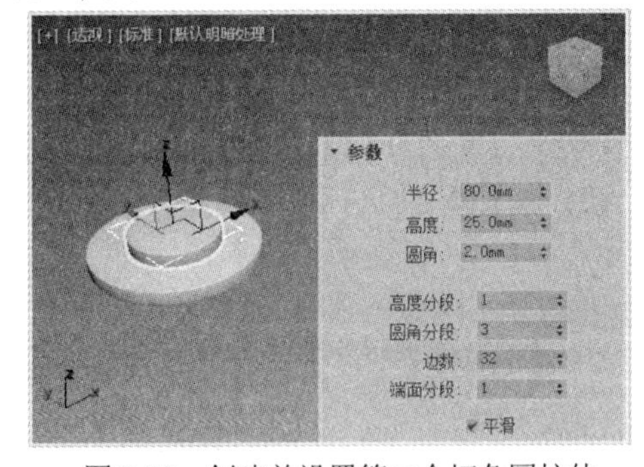

图3-79　创建并设置第二个切角圆柱体

(4) 单击【创建】面板中的【切角圆柱体】工具按钮，在视图中创建第三个切角圆柱体，并在【参数】卷展栏中设置其【半径】为 50 mm、【高度】为 25 mm、【圆角】为 2 mm、【高度分段】为 1、【圆角分段】为 3、【边数】为 32，如图 3-80 所示。

(5) 单击【创建】面板中的【切角圆柱体】工具按钮，在视图中创建第四个切角圆柱体，并在【参数】卷展栏中设置其【半径】为 30 mm、【高度】为 25 mm、【圆角】为 2 mm、【高度分段】为 1、【圆角分段】为 3、【边数】为 32，如图 3-81 所示。

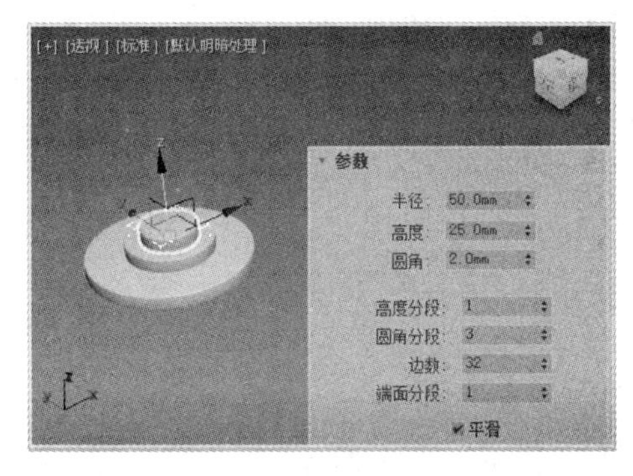

图 3-80　创建并设置第三个切角圆柱体

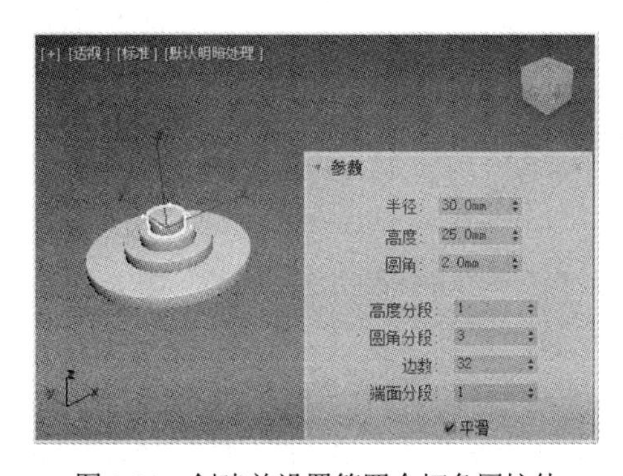

图 3-81　创建并设置第四个切角圆柱体

(6) 按下 W 键执行【选择并移动】命令，然后按住 Shift 键并拖动场景中的切角圆柱体，将其复制多份，最后通过【参数】卷展栏设置复制出来的切角圆柱体的半径，从而制作出效果如图 3-82 所示的落地灯模型。

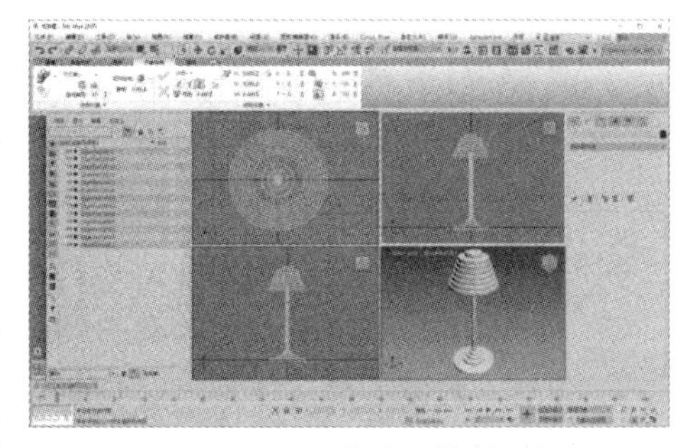

图 3-82　落地灯模型

在创建切角圆柱体时，【参数】卷展栏中主要选项的功能说明如下。

- 【圆角】微调框：设置切角圆柱体的顶部和底部封口边。
- 【圆角分段】微调框：设置切角圆柱体使用圆角边时的分段数。

3.3.5　其他扩展基本体

在扩展基本体的创建工具中，除了上面介绍的 4 种工具以外，3ds Max 还提供了【油罐】【胶囊】【纺锤】、L-Ext、C-Ext、【软管】【球棱柱】【环形波】和【棱柱】工具(这些工具的使用方法与上面介绍的工具类似)。

1. 油罐

使用【油罐】工具可以创建带有凸面封口的圆柱体，如图 3-83 所示。

在创建油罐模型时，【参数】卷展栏中主要选项的功能说明如下。

- 【半径】微调框：设置油罐的半径。
- 【高度】微调框：设置沿中心轴的维度。
- 【封口高度】微调框：设置凸面封口的高度。
- 【总体】和【中心】单选按钮：设置高度值指定的内容。

- 【混合】微调框：当其中的值大于 0 时，系统将在封口的边缘创建倒角。
- 【边数】微调框：设置油罐周围的边数。
- 【高度分段】微调框：设置沿着油罐主轴的分段数。
- 【平滑】复选框：选中后，便可以通过混合油罐模型的面，在渲染视图中创建平滑的外观。

2. 胶囊

使用【胶囊】工具可以创建带有半球状端点封口的圆柱体，如图 3-84 所示。

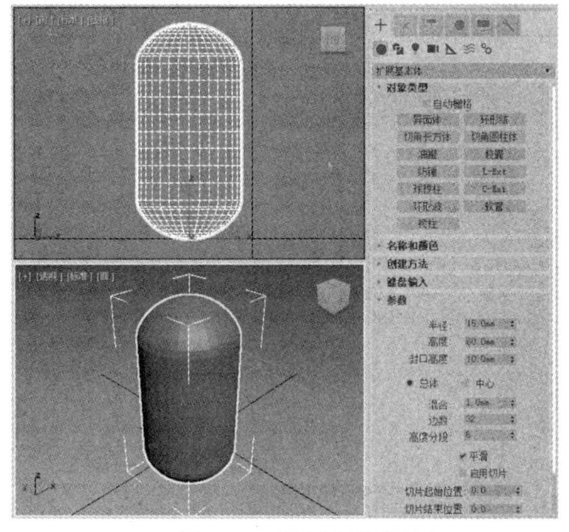

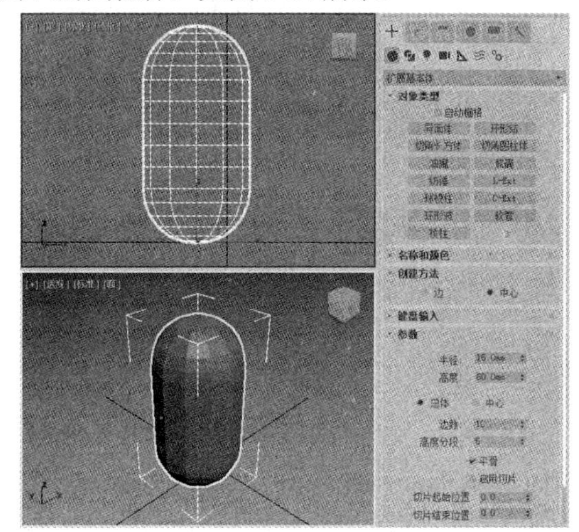

图 3-83　创建油罐模型　　　图 3-84　创建胶囊模型

在创建胶囊模型时，【参数】卷展栏中主要选项的功能说明如下。

- 【半径】微调框：设置胶囊的半径。
- 【高度】微调框：设置沿中心轴的高度(如果输入负值，系统将在构造平面的下方创建胶囊模型)。
- 【总体】和【中心】单选按钮：设置高度值指定的内容。若选中【总体】单选按钮，则可以指定对象的总体高度；若选中【中心】单选按钮，则可以指定胶囊模型中圆柱体中部的高度(不包括圆顶封口部分)。
- 【边数】微调框：设置胶囊周围的边数。
- 【高度分段】微调框：设置沿着胶囊主轴的分段数。
- 【平滑】复选框：选中后，便可以通过混合胶囊的面，在渲染视图中创建平滑的外观。
- 【启用切片】复选框：用于启用“切片”功能。
- 【切片起始位置】和【切片结束位置】微调框：设置从局部 X 轴的零点开始围绕局部 Z 轴的度数。

3. 纺锤

使用【纺锤】工具可以创建带有圆锥形封口的圆柱体，如图 3-85 所示。

在创建纺锤模型时，【参数】卷展栏中主要选项的功能说明如下。

- 【半径】微调框：设置纺锤的半径。
- 【高度】微调框：设置沿中心轴的高度(如果设置为负值，系统将在构造平面的下方创建纺锤模型)。

- 【总体】和【中心】单选按钮：设置高度值指定的内容。若选中【总体】单选按钮，则可以指定对象的总体高度；若选中【中心】单选按钮，则可以指定纺锤模型中圆柱体中部的高度(不包括圆锥形封口)。
- 【混合】微调框：当其中的值大于 0 时，系统将在纺锤主体与封口的汇合处创建圆角。
- 【边数】微调框：设置纺锤周围的边数(当启用【平滑】复选框时，较大的边数将导致着色和渲染真正的圆；当禁用【平滑】复选框时，较小的边数将导致创建规则的多边形对象)。
- 【端面分段】微调框：设置沿着纺锤顶部和底部的中心的同心分段数。
- 【高度分段】微调框：设置沿着纺锤主轴的分段数。
- 【平滑】复选框：选中后，便可以通过混合纺锤的面，在渲染视图中得到平滑的外观。

4. L-Ext

使用 L-Ext 工具可以创建挤出的 L 形对象，如图 3-86 所示。

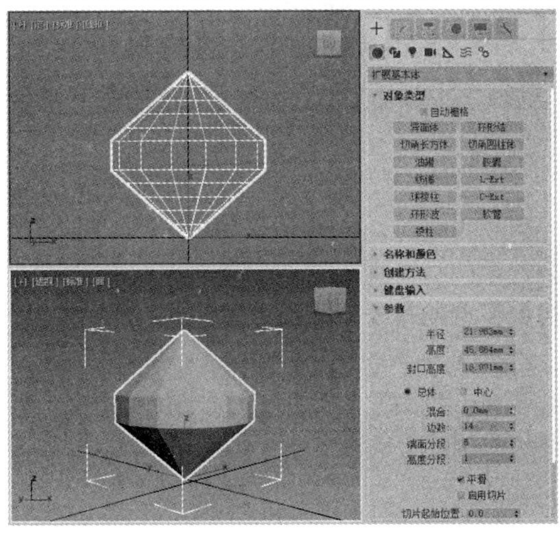

图 3-85　创建纺锤模型

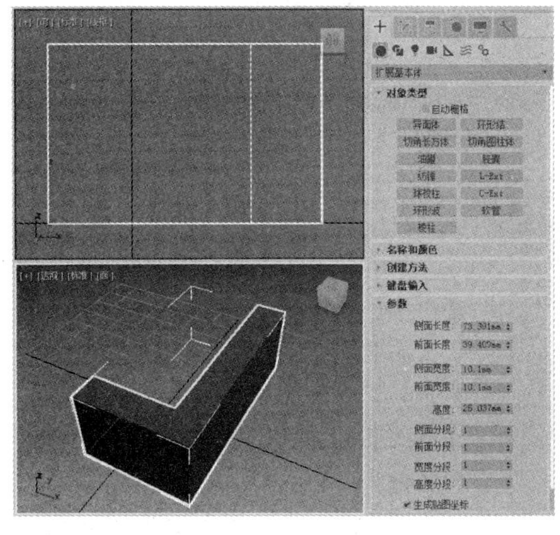

图 3-86　创建 L-Ext 模型

在创建 L-Ext 模型时，【参数】卷展栏中主要选项的功能说明如下。

- 【侧面长度】和【前面长度】微调框：指定 L-Ext 模型每个“脚”的长度。
- 【侧面宽度】和【前面宽度】微调框：指定 L-Ext 模型每个“脚”的宽度。
- 【高度】微调框：指定 L-Ext 模型的高度。
- 【侧面分段】和【前面分段】微调框：指定 L-Ext 模型特定“脚”的分段数。
- 【宽度分段】和【高度分段】微调框：指定整个 L-Ext 模型的宽度和高度分段数。

5. C-Ext

使用 C-Ext 工具可以创建挤出的 C 形对象，如图 3-87 所示。

在创建 C-Ext 模型时，【参数】卷展栏中主要选项的功能说明如下。

- 【背面长度】【侧面长度】和【前面长度】微调框：指定 3 个侧面中每一个侧面的长度。
- 【背面宽度】【侧面宽度】和【前面宽度】微调框：指定 3 个侧面中每一个侧面的宽度。
- 【高度】微调框：指定 C-Ext 模型的总体高度。

- 【背面分段】【侧面分段】和【前面分段】微调框：指定 C-Ext 模型特定侧面的分段数。
- 【宽度分段】和【高度分段】微调框：指定整个 C-Ext 模型的宽度和高度分段数。

6. 软管

使用【软管】工具可以创建类似管状结构的模型，如图 3-88 所示。

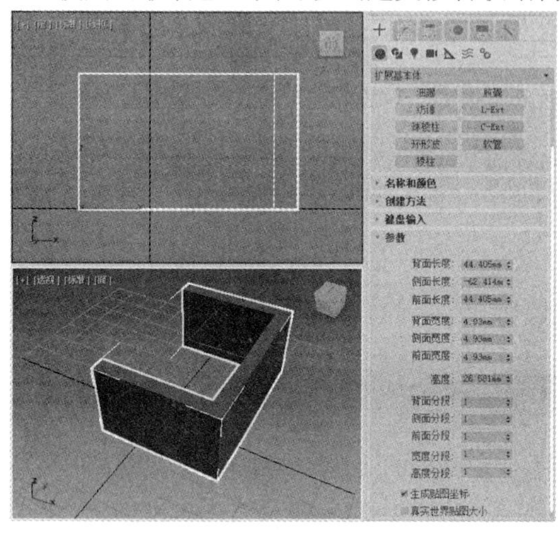

图 3-87　创建 C-Ext 模型

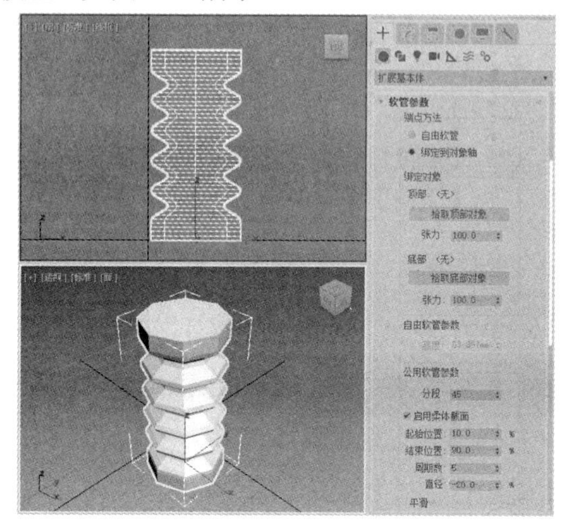

图 3-88　创建软管模型

在创建软管模型时，【软管参数】卷展栏中主要选项的功能说明如下。

- 【自由软管】单选按钮：如果只是将软管用作简单的对象，而不是绑定到其他对象上，那么需要选中该单选按钮。
- 【绑定到对象轴】单选按钮：如果要把软管绑定到其他对象上，那么必须选中该单选按钮。
- 【顶部】和【底部】文本框：提示软管顶部和底部绑定的对象的名称。
- 【高度】微调框：设置软管未绑定时的垂直高度或长度。
- 【分段】微调框：设置软管长度的总分段数。
- 【启用柔体截面】复选框：选中后，便可以为软管的中心柔体截面设置【起始位置】参数(从软管的始端到柔体截面开始处占软管长度的百分比)、【结束位置】参数(从软管的末端到柔体截面结束处占软管长度的百分比)、【周期数】参数(柔体截面中的起伏数目)和【直径】参数(周期外部的相对宽度)。
- 【平滑】选项组：定义要进行平滑处理的几何体。
- 【可渲染】复选框：选中后，便可以使用指定的设置对软管进行渲染。
- 【软管形状】选项组：其中又包括【圆形软管】子选项组(用于将软管设置为圆形的横截面)、【长方形软管】子选项组(用于为软管指定不同的宽度和深度)和【D 截面软管】子选项组(用于将软管设置为 D 形状的横截面)，如图 3-89 所示。

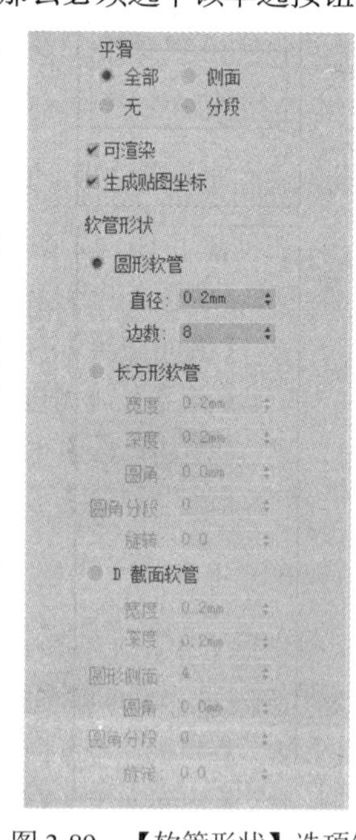

图 3-89　【软管形状】选项组

7. 球棱柱

使用【球棱柱】工具可以创建具有切角边的棱柱体，如图 3-90 所示。

在创建球棱柱模型时，【参数】卷展栏中主要选项的功能说明如下。

- 【边数】微调框：通过设置该参数，可以制作多边棱柱体(“边数”越大，棱柱表面越光滑，越接近圆柱体)。
- 【圆角】微调框：通过设置该参数，可以对多边棱柱体的每个角进行圆角处理，圆角效果由【圆角分段】微调框控制(该参数越大，圆角效果越明显)。

8. 环形波

使用【环形波】工具可以创建内部和外部不规则的环形波模型(并且可以设置为动画)，如图 3-91 所示。

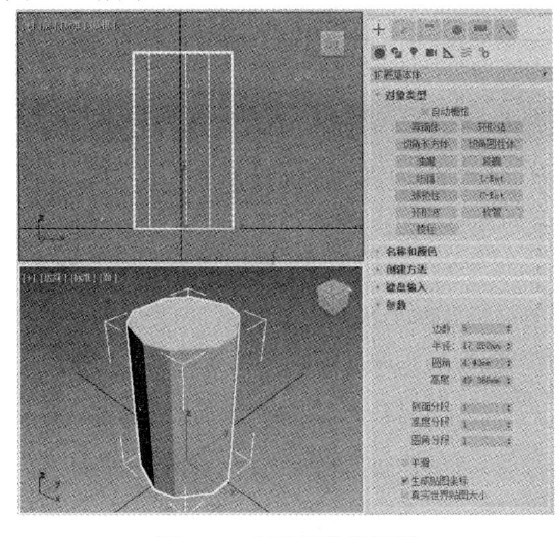

图 3-90　创建球棱柱模型

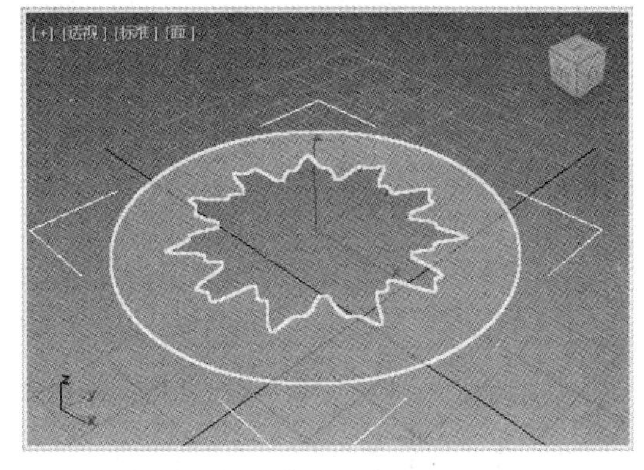

图 3-91　创建环形波模型

在创建环形波模型时，【参数】卷展栏中主要选项的功能说明如下。

1) 【环形波大小】选项组。【环形波大小】选项组中包含【半径】【径向分段】【环形宽度】【边数】【高度】【高度分段】微调框，用于设置环形波的大小，如图 3-92 左图所示。

2) 【环形波计时】选项组。【环形波计时】选项组用于设置环形波动画的变化效果，如图 3-92 中图所示，其中各选项的功能说明如下。

- 【无增长】单选按钮：设置静态环形波，在【开始时间】显示，并在【结束时间】消失。
- 【增长并保持】单选按钮：设置单个增长周期。
- 【循环增长】单选按钮：设置环形波从【开始时间】到【结束时间】重复增长。
- 【开始时间】微调框：当选中【增长并保持】或【循环增长】单选按钮时，环形波将出现帧数并开始增长。
- 【增长时间】微调框：环形波从【开始时间】直至达到最大尺寸所需的帧数。【增长时间】微调框仅在选中【增长并保持】或【循环增长】单选按钮时可用。
- 【结束时间】微调框：设置环形波消失的帧数。

3) 【外边波折】选项组。【外边波折】选项组中的选项用于更改环形波外部边的形状，如图 3-92 右图所示。其中主要选项的功能说明如下。

- 【启用】复选框：启用外部边上的波峰。
- 【主周期数】微调框：设置围绕外部边的主波数目。其下的【宽度光通量】微调框用于设置主波的大小，以调整宽度的百分比表示；其下的【爬行时间】微调框用于设置每一个主波绕环形波外周长移动一周所需的帧数。
- 【次周期数】微调框：在每一个主周期中设置随机尺寸次波的数目。其下的【宽度光通量】微调框用于设置次波的平均大小，以调整宽度的百分比表示；其下的【爬行时间】微调框用于设置每一个次波绕其主波移动一周所需的帧数。

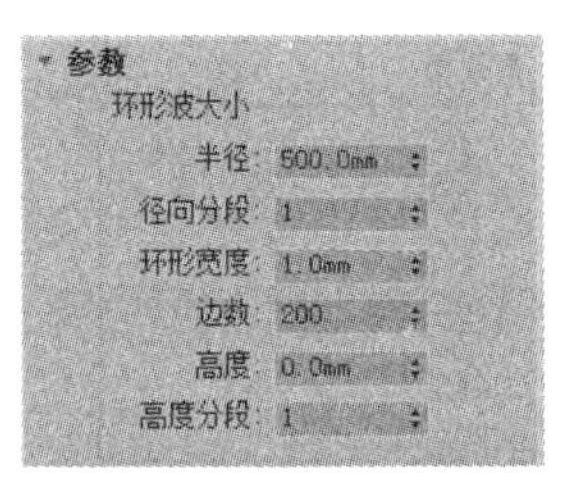

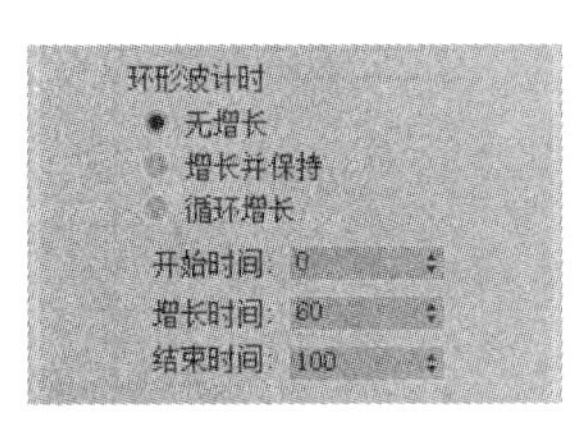

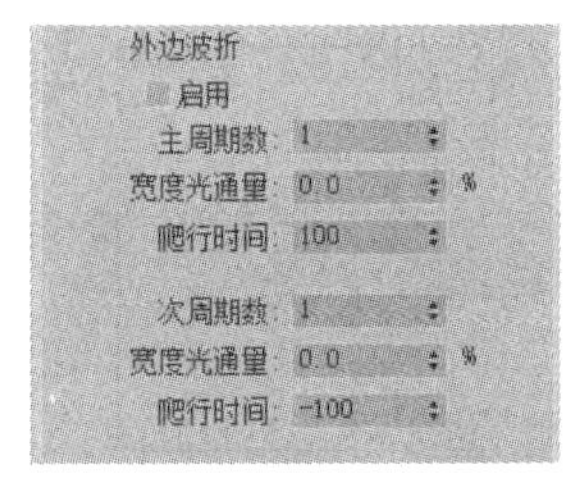

图 3-92　【环形波大小】选项组、【环形波计时】选项组和【外边波折】选项组

4) 【内边波折】选项组。【内边波折】选项组中包含的选项与【外边波折】选项组类似，用于设置环形波内部边的形状，如图 3-93 左图所示。

5) 【曲面参数】选项组。【曲面参数】选项组中仅包含两个复选框，如图 3-93 右图所示。

- 【纹理坐标】复选框：选中后，即可设置将贴图材质应用于对象时所需的坐标。
- 【平滑】复选框：选中后，即可将平滑效果应用于对象上。

9. 棱柱

使用【棱柱】工具可以创建带有独立分段面的三面棱柱，如图 3-94 所示。

图 3-93　【内边波折】选项组和【曲面参数】选项组

图 3-94　创建棱柱模型

在创建棱柱模型时，【参数】卷展栏中主要选项的功能说明如下。

- 【侧面(n)长度】微调框：设置三角形对应面的长度(以及三角形的角度)。
- 【高度】微调框：设置棱柱体中心轴的高度。

▽ 【侧面(*n*)分段】微调框：指定棱柱体每个侧面的分段数。
▽ 【高度分段】微调框：设置沿棱柱体主轴的分段数。

3.4　门、窗和楼梯

在 3ds Max 中，将【创建】面板切换至【门】【窗】或【楼梯】面板后，如图 3-95 所示，用户便可以使用 3ds Max 内置的门、窗和楼梯模型创建自己想要的对象。

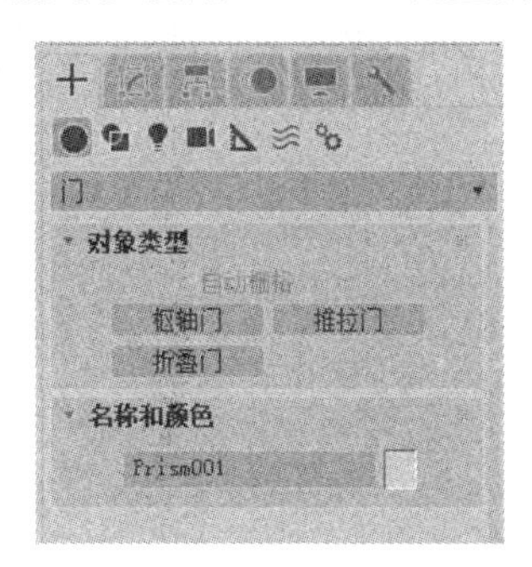

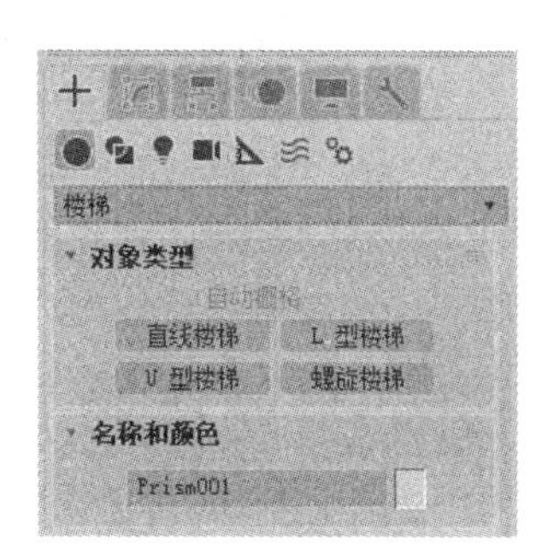

图 3-95　【门】面板、【窗】面板和【楼梯】面板

3.4.1　门

门是使用 3ds Max 设计室内图形时十分常用的对象之一。

1. 门对象的公共参数

3ds Max 提供了“枢轴门”“推拉门”和“折叠门”3 种门模型。这 3 种门模型在【修改】面板中都包含【参数】和【页扇参数】两个卷展栏，并且其中的设置选项基本相同。

1) 【参数】卷展栏，如图 3-96 所示。
▽ 【高度】微调框：设置门的总体高度。
▽ 【宽度】微调框：设置门的总体宽度。
▽ 【深度】微调框：设置门的总体深度。
▽ 【打开】微调框：设置门的打开程度。
▽ 【门框】选项组：其中包括【创建门框】复选框、【宽度】微调框(用于设置门框与墙平行的宽度)、【深度】微调框(用于设置门框到墙的投影深度)、【门偏移】微调框(用于设置门相对于门框的位置)共 4 个选项。
▽ 【生成贴图坐标】复选框：选中后，即可为门模型指定贴图坐标。
▽ 【真实世界贴图大小】复选框：控制应用于对象的纹理贴图材质所使用的缩放方法。

2) 【页扇参数】卷展栏，如图 3-97 所示。
▽ 【厚度】微调框：设置门的厚度。
▽ 【门挺/顶梁】微调框：设置顶部和两侧的面板框的宽度(仅当门是面板类型时，该选项才可以设置)。
▽ 【底梁】微调框：设置门脚处面板框的宽度。

- 【水平窗格数】微调框：设置面板沿水平轴划分的数量。
- 【垂直窗格数】微调框：设置面板沿垂直轴划分的数量。
- 【镶板间距】微调框：设置面板之间的间隔宽度。
- 【无】单选按钮：设置门有没有面板。
- 【玻璃】单选按钮：创建不带倒角的玻璃面板。
- 【厚度】微调框：设置玻璃面板的厚度。
- 【倒角角度】微调框：设置门的外部平面和面板平面之间的倒角角度。
- 【厚度 1】微调框：设置面板的外部厚度。
- 【厚度 2】微调框：设置倒角从该处开始的厚度。
- 【中间厚度】微调框：设置面板内面部分的厚度。
- 【宽度 1】微调框：设置倒角从该处开始的宽度。
- 【宽度 2】微调框：设置面板内面部分的宽度。

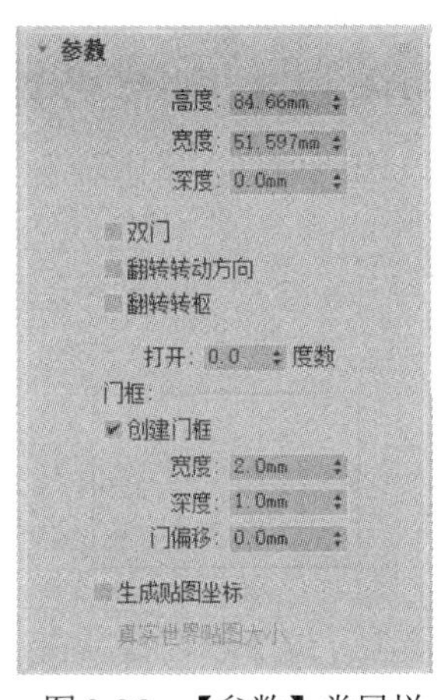

图 3-96　【参数】卷展栏

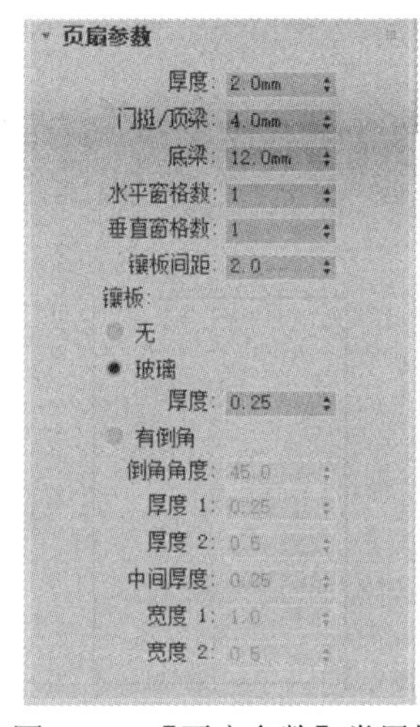

图 3-97　【页扇参数】卷展栏

2. 枢轴门

“枢轴门”模型适合用来模拟住宅中安装的卧室门。在【门】面板中单击【枢轴门】工具按钮后，在视图中通过拖动鼠标，可以创建图 3-98 所示的枢轴门。选中创建的枢轴门后，【修改】面板的【参数】卷展栏中将提供 3 个特定的选项，用于设置枢轴门的效果。

- 【双门】复选框：制作双门。
- 【翻转转动方向】复选框：更改门的转动方向。
- 【翻转转枢】复选框：在与门相对的位置放置门的转枢(该选项不可用于双门)。

3. 推拉门

推拉门常用于厨房或阳台，这种门可以在固定轨道上左右来回滑动。推拉门由两个或两个以上的门页扇组成，其中一个为保持固定的门页扇，另一个则为可以滑动的门页扇，如图 3-99 所示。

选中场景中的推拉门对象后，在【修改】面板的【参数】卷展栏中，3ds Max 提供了以下两个特定的选项。

- 【前后翻转】复选框：设置位于前面(与默认设置相对)的门页扇。

▽ 【侧翻】复选框：将当前可以滑动的门页扇更改为固定的门页扇。

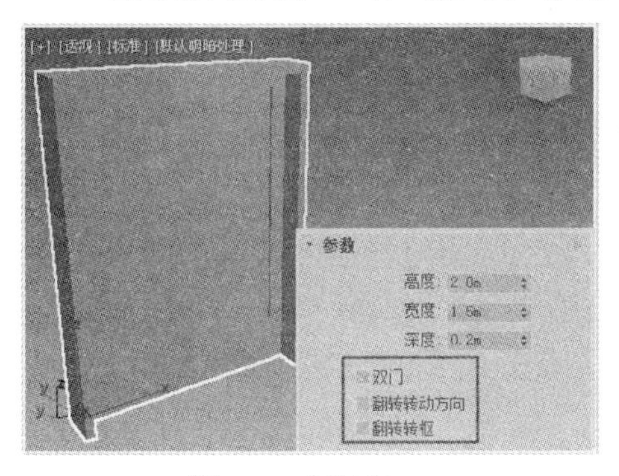

图 3-98　枢轴门

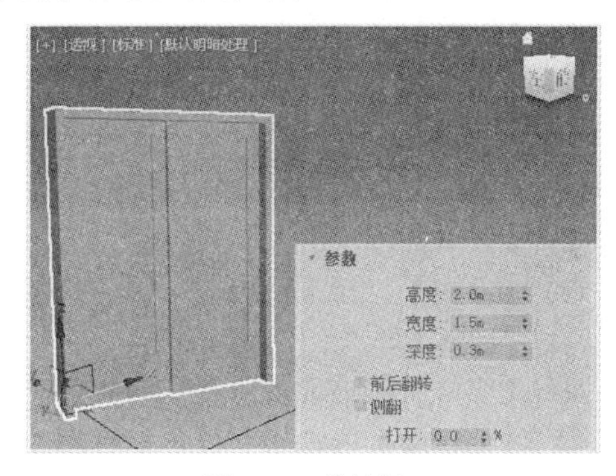

图 3-99　推拉门

4. 折叠门

折叠门常用于卫生间，如图 3-100 所示。折叠门一般有两个门页扇，并且这两个门页扇之间设有转枢，用于控制门的折叠。在 3ds Max 中创建折叠门对象后，【修改】面板的【参数】卷展栏中将提供 3 个特定的选项，用于设置折叠门的效果。

▽ 【双门】复选框：制作包含 4 个门页扇的双门。

▽ 【翻转转动方向】复选框：更改门的转动反向。

▽ 【翻转转枢】复选框：在与门相对的位置放置门的转枢(该选项不可用于双门)。

3.4.2　窗

用户可以在 3ds Max 场景中创建具有大量细节的窗户模型，这些模型的主要区别在于窗的打开方式，包括遮篷式窗、平开窗、固定窗、旋开窗、伸出式窗和推拉窗等。在这几种窗中，除了固定窗无法打开以外，其他几种类型的窗均可以设置为打开状态)。

1. 遮篷式窗

对于 3ds Max 提供的这几种窗对象来说，它们在【修改】面板中的参数基本相同。下面以图 3-101 所示的遮篷式窗为例，介绍窗对象的主要设置参数。

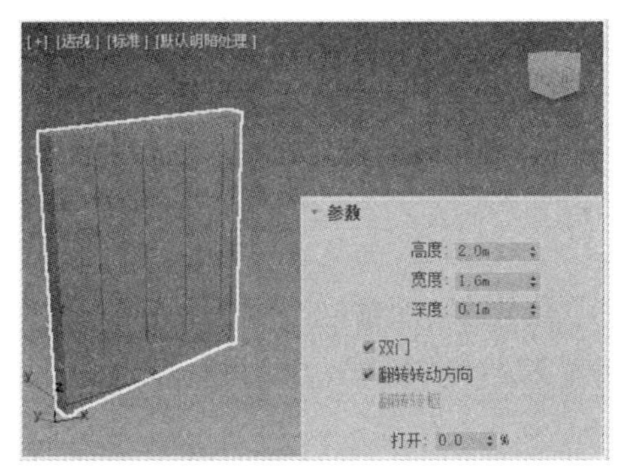

图 3-100　折叠门

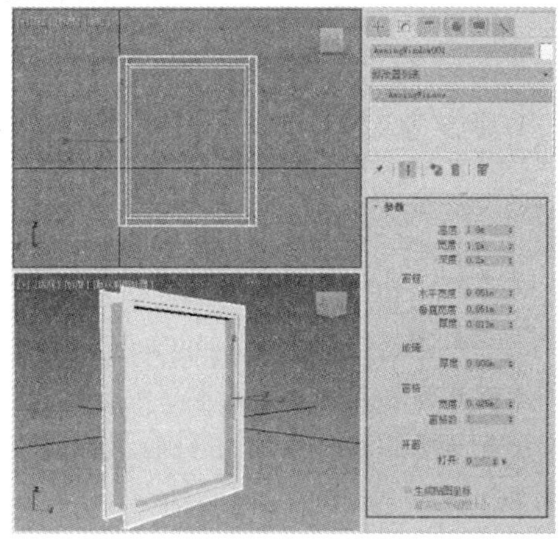

图 3-101　遮篷式窗

【高度】【宽度】和【深度】微调框：它们分别用于控制窗户的高度、宽度和深度。

1) 【窗框】选项组。

- 【水平宽度】微调框：设置窗口框架水平部分的宽度。
- 【垂直宽度】微调框：设置窗口框架垂直部分的宽度。
- 【厚度】微调框：设置框架的厚度，此外还可以控制窗框中遮篷或栏杆的厚度。

2) 【玻璃】选项组。

- 【厚度】微调框：设置玻璃的厚度。

3) 【窗格】选项组。

- 【宽度】微调框：设置窗格的宽度。
- 【窗格数】微调框：设置窗格的数量。

4) 【开窗】选项组。

- 【打开】微调框：设置窗户打开的程度，如图3-102所示。

【生成贴图坐标】复选框：选中后，即可为模型指定贴图坐标。

【真实世界贴图大小】复选框：控制应用于对象的纹理贴图材质所使用的缩放方法。

2. 平开窗

“平开窗”具有一个或两个可在侧面转枢的窗框，它们可以向内或向外转动。与前面介绍的“遮篷式窗”不同的是，“平开窗”可以设置为对开的两扇窗，如图3-103所示。

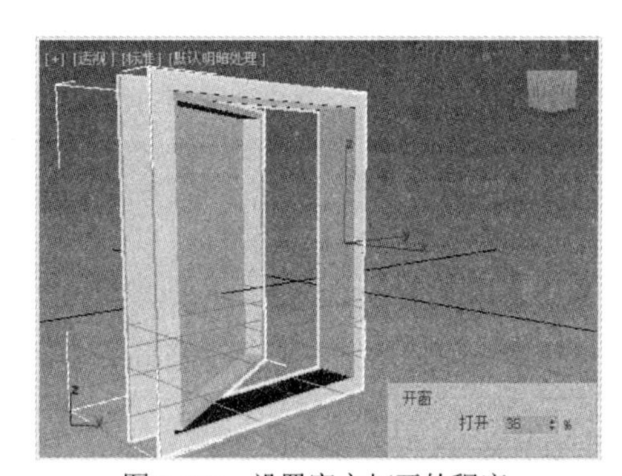

图3-102 设置窗户打开的程度

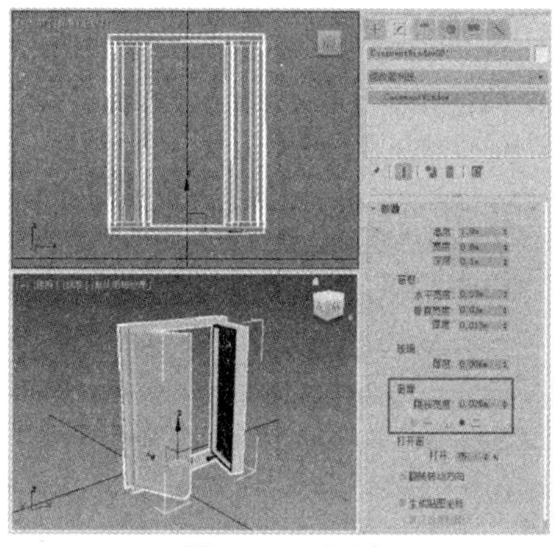
图3-103 平开窗

3. 固定窗

“固定窗”无法打开，其特点是可以在水平和垂直两个方向上任意设置窗格数，如图3-104所示。

4. 旋开窗

“旋开窗”的轴垂直或水平位于窗框的中心，其特点是只有一个窗框，无法设置窗格数，而只能设置窗格的宽度和轴的方向，效果如图3-105左图所示。

5. 伸出式窗

“伸出式窗”有三个窗框，顶部窗框不能移动，底部的两个窗框在打开时效果类似于反向的“遮篷式窗”，但窗格数无法设置，效果如图 3-105 右图所示。

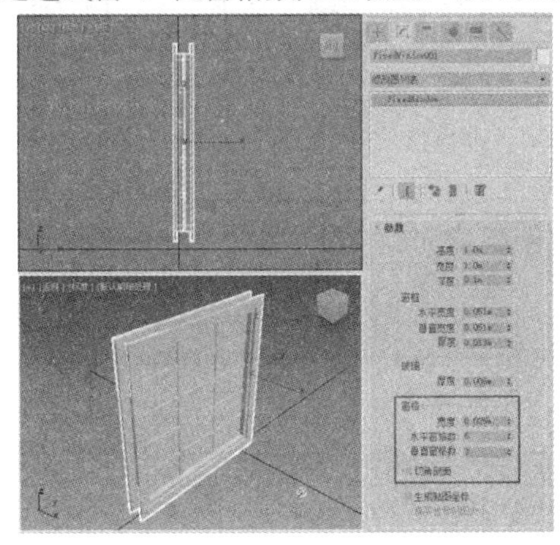

图 3-104　固定窗

图 3-105　旋开窗(左图)和伸出式窗(右图)

6. 推拉窗

“推拉窗”有两个窗框，其中一个是固定的，另一个则可以沿着垂直或水平方向滑动，效果类似于火车上可以上下推动的打开式窗户。“推拉窗”允许在水平和垂直两个方向上任意设置窗格数。

3.4.3　楼梯

在 3ds Max 中，用户可以创建直线楼梯、L 型楼梯、U 型楼梯和螺旋楼梯共 4 种不同类型的楼梯。这 4 种楼梯的创建方法类似，下面通过一个实例进行详细介绍。

【例 3-11】 制作螺旋楼梯模型。 视频

(1) 单击【创建】面板的【几何体】选项卡中的【标准基本体】下拉按钮，从弹出的下拉列表中选择【楼梯】选项，在显示的命令面板中单击【螺旋楼梯】工具按钮，在顶视图中按住鼠标左键并拖动，创建一个螺旋楼梯模型。

(2) 选择【修改】面板，在【参数】卷展栏中选中【封闭式】单选按钮，在【总高】微调框中输入 3.6 m，在【竖板数】微调框中输入 18，在【旋转】微调框中输入 1，如图 3-106 所示。

(3) 在【参数】卷展栏的【半径】微调框中输入 1.3 m，在【宽度】微调框中输入 0.8 m，并选中【侧弦】复选框。

(4) 展开【侧弦】卷展栏，设置【深度】为 0.6 m、【宽度】为 0.05 m、【偏移】为 0，如图 3-107 所示。

(5) 在【参数】卷展栏中选中【中柱】复选框，然后展开【中柱】卷展栏，设置中柱的【半径】为 0.2 m、【分段】为 30。

(6) 在【参数】卷展栏中选中【扶手】选项后的【内表面】和【外表面】复选框，如图 3-108 所示。

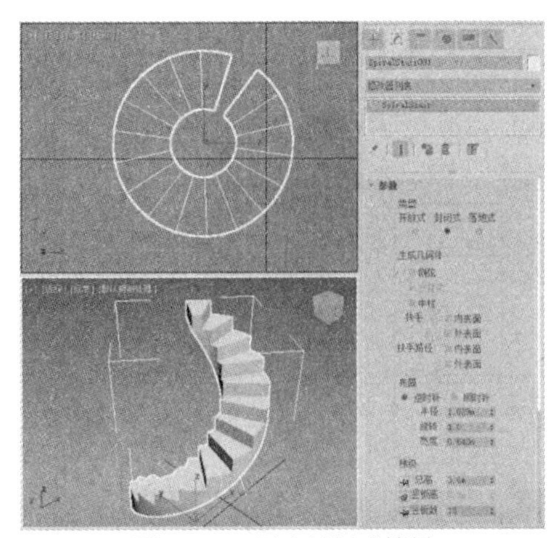

图 3-106　创建封闭式楼梯

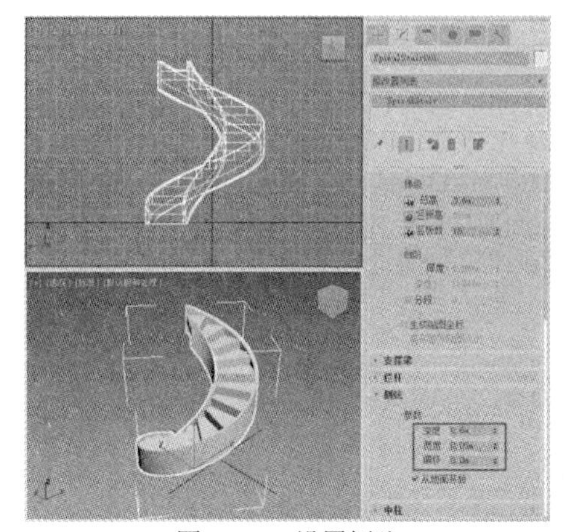

图 3-107　设置侧弦

(7) 展开【栏杆】卷展栏，设置【高度】为 0.5 m、【偏移】为 0、【分段】为 8、【半径】为 0.025 m，完成楼梯模型的制作，如图 3-109 所示。

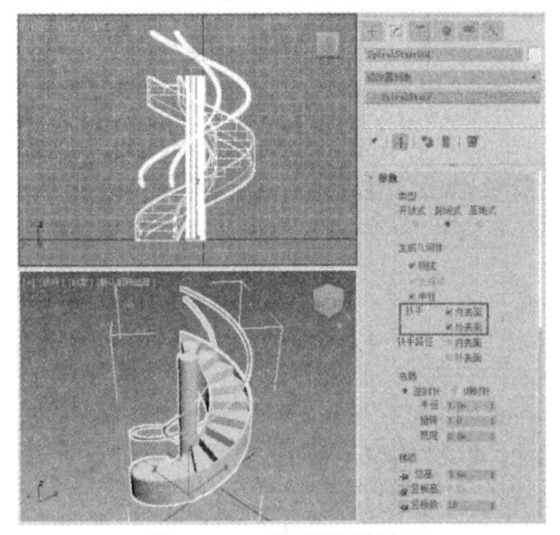

图 3-108　设置楼梯扶手

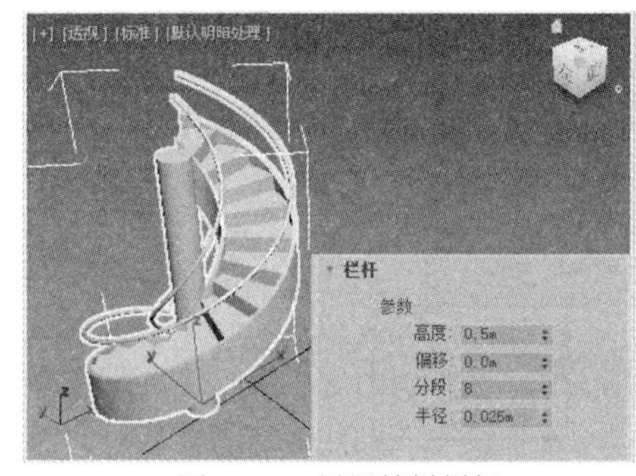

图 3-109　设置楼梯栏杆

在 3ds Max 中创建楼梯模型时，无论在【创建】面板中单击【直线楼梯】【L 型楼梯】【U 型楼梯】和【螺旋楼梯】中的哪一个工具按钮，【修改】面板中的参数选项都基本相同。

1. 【参数】卷展栏

【参数】卷展栏如图 3-110 所示，其中重要选项的功能说明如下。

1) 【类型】选项组。

- 【开放式】单选按钮：设置当前楼梯为开放式踏步楼梯。
- 【封闭式】单选按钮：设置当前楼梯为封闭式踏步楼梯。
- 【落地式】单选按钮：设置当前楼梯为落地式踏步楼梯。

2) 【生成几何体】选项组。

- 【侧弦】复选框：设置沿着楼梯梯级的端点创建侧弦。
- 【支撑梁】复选框：设置在楼梯梯级下创建倾斜的切口梁，以支撑台阶或添加楼梯侧弦之间的支撑。

▽ 【中柱】复选框：设置创建中柱。
▽ 【扶手】选项：设置为楼梯创建左扶手和右扶手。
▽ 【扶手路径】选项：创建楼梯上用于安装栏杆的左路径和右路径。

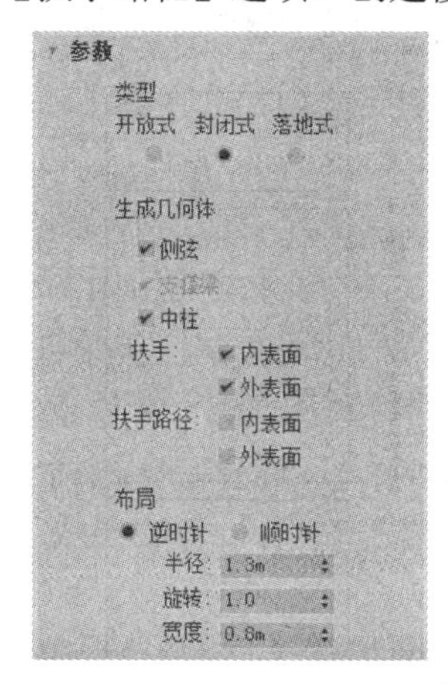

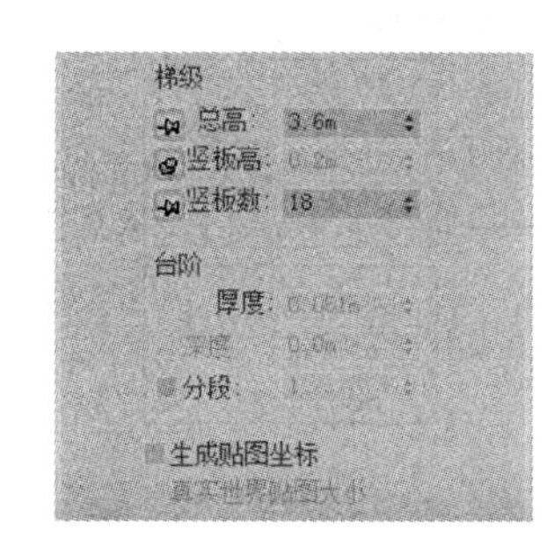

图 3-110　【参数】卷展栏

3) 【布局】选项组。
▽ 【半径】微调框：设置楼梯的半径。
▽ 【旋转】微调框：设置楼梯的旋转角度。
▽ 【宽度】微调框：设置楼梯的宽度。
4) 【梯级】选项组。
▽ 【总高】微调框：设置楼梯段的高度。
▽ 【竖板高】微调框：设置楼梯梯级的竖板高度。
▽ 【竖板数】微调框：设置楼梯梯级的竖板数量。
5) 【台阶】选项组。
▽ 【厚度】微调框：设置台阶的厚度。
▽ 【深度】微调框：设置台阶的深度。

2. 【支撑梁】卷展栏

【支撑梁】卷展栏如图 3-111 所示，其中重要选项的功能说明如下。
▽ 【深度】微调框：设置支撑梁到地面的深度。
▽ 【宽度】微调框：设置支撑梁的宽度。
▽ 【支撑梁间距】按钮：单击该按钮将显示【支撑梁间距】对话框，该对话框用于设置支撑梁的间距，如图 3-112 所示。
▽ 【从地面开始】复选框：设置支撑梁是否从地面开始。

3. 【栏杆】卷展栏

【栏杆】卷展栏如图 3-113 所示，其中重要选项的功能说明如下。
▽ 【高度】微调框：设置栏杆与台阶的高度。
▽ 【偏移】微调框：设置栏杆与台阶端点的偏移量。

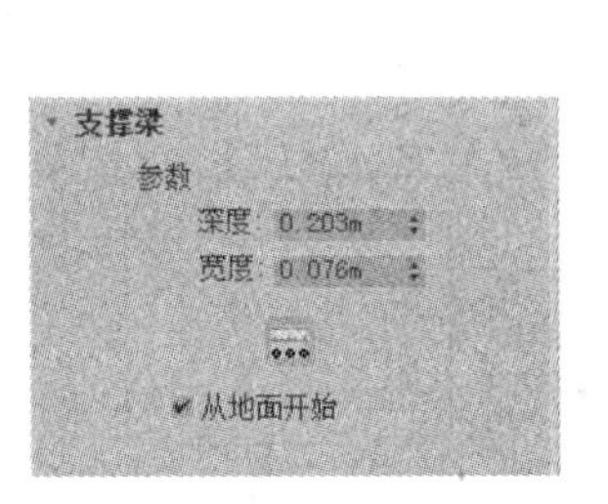

图 3-111 【支撑梁】卷展栏

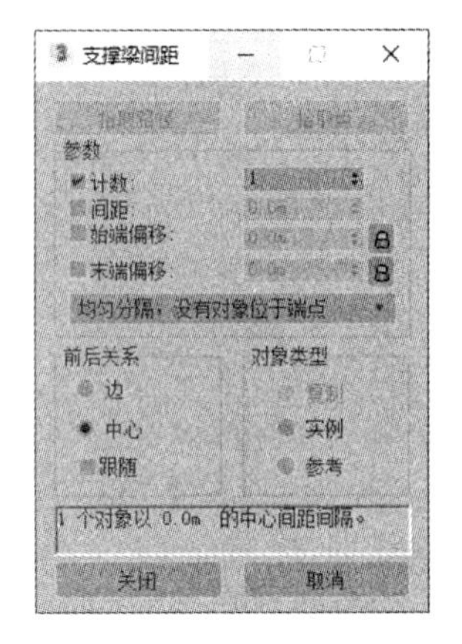

图 3-112 【支撑梁间距】对话框

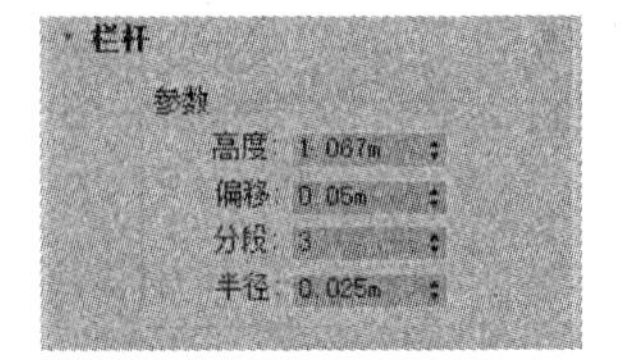

图 3-113 【栏杆】卷展栏

- 【分段】微调框：设置栏杆的分段数，其中的值越大，栏杆越平滑。
- 【半径】微调框：设置栏杆的厚度。

4. 【侧弦】卷展栏

【侧弦】卷展栏如图 3-114 所示，其中重要选项的功能说明如下。

- 【深度】微调框：设置侧弦到楼梯地板的深度。
- 【宽度】微调框：设置侧弦的宽度。
- 【偏移】微调框：设置楼梯地板与侧弦的垂直距离。
- 【从地面开始】复选框：设置侧弦是否从地面开始。

5. 【中柱】卷展栏

【中柱】卷展栏如图 3-115 所示，其中重要选项的功能说明如下。

- 【半径】微调框：设置中柱的半径。
- 【分段】微调框：设置中柱的分段数。
- 【高度】微调框：设置中柱的高度。

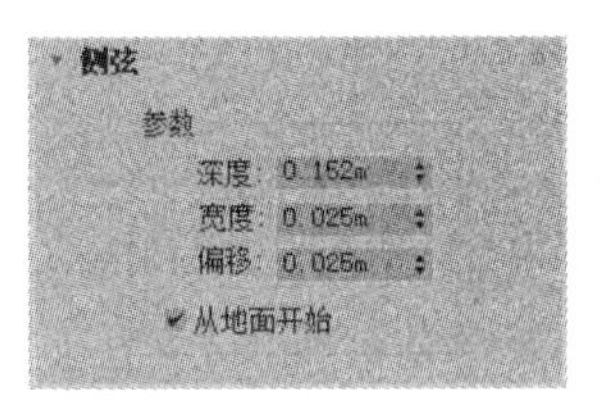

图 3-114 【侧弦】卷展栏

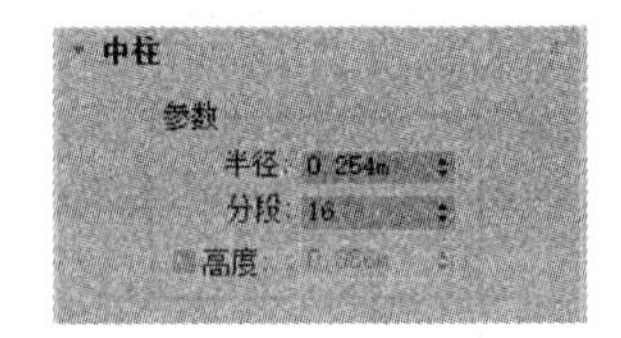

图 3-115 【中柱】卷展栏

3.5 AEC 扩展

3ds Max 提供的“AEC 扩展”类型的几何体主要是为建筑、工程等领域设计的，共包含【植物】【栏杆】和【墙】3 个工具。

3.5.1　植物

在【创建】面板的【AEC 扩展】分类中单击【植物】工具按钮，即可使用 3ds Max 提供的植物库，在场景中创建植物模型，如图 3-116 所示。

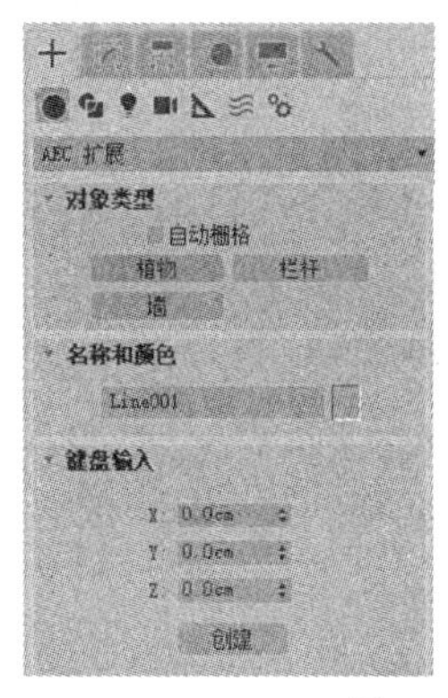

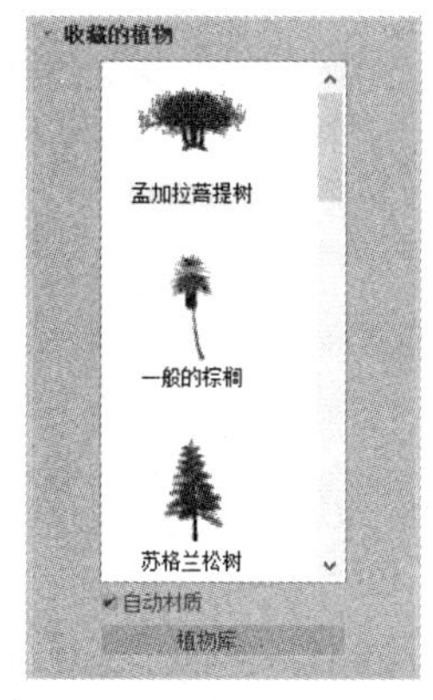

图 3-116　打开 3ds Max 提供的植物库

这些被创建出来的植物模型，形态虽然在默认状态下一致，但用户可以通过在【修改】面板中单击【新建种子】按钮来对它们进行更改，以实现更为自然的三维效果。下面通过一个实例，介绍在 3ds Max 中创建植物模型的方法。

【例 3-12】 制作盆栽植物模型。 视频

(1) 在 3ds Max 中打开一个花盆素材模型后，单击【创建】面板的【几何体】选项卡●中的【标准基本体】下拉按钮，从弹出的下拉列表中选择【AEC 扩展】选项，然后单击【植物】工具按钮，在展开的【收藏的植物】卷展栏中单击【大丝兰】选项，在场景中单击即可创建一个“大丝兰”植物模型，如图 3-117 所示。

(2) 选择【修改】面板，在【参数】卷展栏中设置【高度】为 1800 m，然后按下 W 键执行【选择并移动】命令，调整植物模型的位置，使其位于花盆模型的中心，如图 3-118 所示。

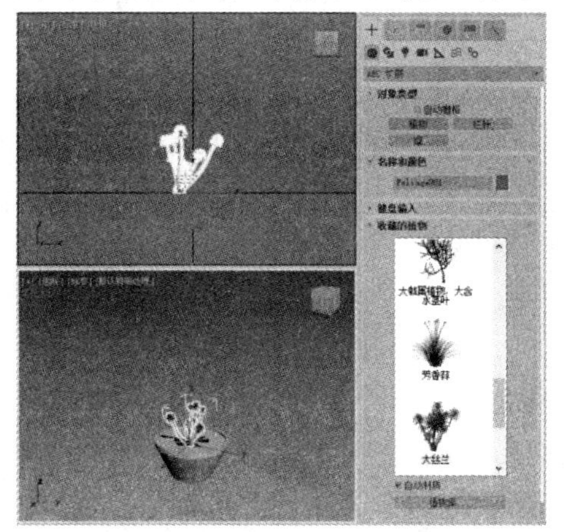

图 3-117　创建“大丝兰”植物模型

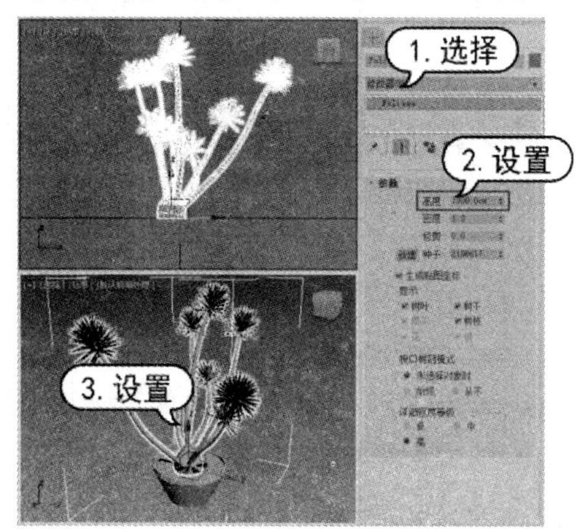

图 3-118　调整植物模型的位置

(3) 按下 F9 功能键渲染场景，效果如图 3-119 所示。

在创建植物模型时，【参数】卷展栏中主要选项的功能说明如下。

- 【高度】微调框：设置植物的近似高度。3ds Max 会为所有植物模型的高度应用随机的噪波系数。因此，视图中植物模型的实际高度并不一定等于【高度】微调框中的值。
- 【密度】微调框：设置植物上叶子和花的数量。值为 1 表示植物具有全部的叶子和花，值为 0.5 表示植物具有 50%的叶子和花，值为 0 表示植物没有叶子和花。
- 【修剪】微调框：该微调框只适用于具有树枝的植物，作用是删除位于一个与构造平面平行的不可见平面之下的树枝。值为 0 表示不进行修剪，值为 0.5 表示根据一个比构造平面高出一半高度的平面进行修剪，值为 1 表示尽可能修剪植物上的所有树枝，如图 3-120 所示。

图 3-119　植物模型的渲染效果

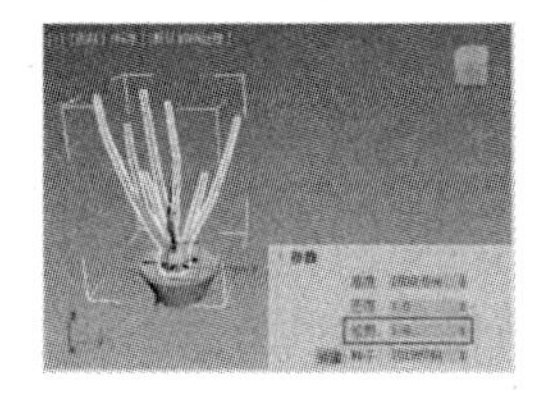
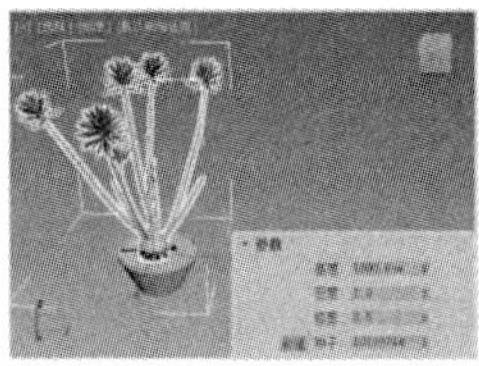

图 3-120　设置如何修剪植物的树枝

- 【新建】种子按钮：单击该按钮将随机产生一个种子值，进而改变当前植物的形态，如图 3-121 所示。
- 【生成贴图坐标】复选框：设置对植物应用默认的贴图坐标。
- 【树叶】【树干】【果实】【树枝】【花】和【根】复选框：分别用于控制植物的叶子、树干、果实、树枝、花和根等部分的显示。
- 【未选择对象时】单选按钮：设置未选择植物时以树冠模式显示植物。
- 【始终】单选按钮：设置始终以树冠模式显示植物，如图 3-122 左图所示。
- 【从不】单选按钮：设置从不以树冠模式显示植物，如图 3-122 右图所示。

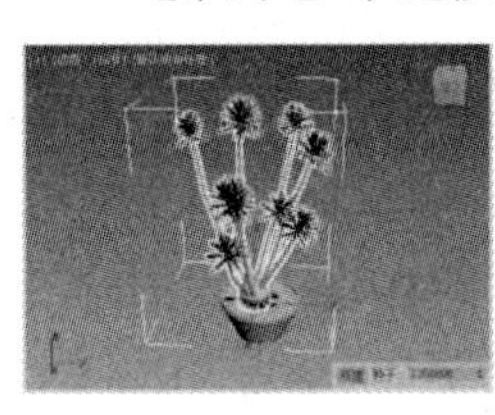

图 3-121　改变植物的形态

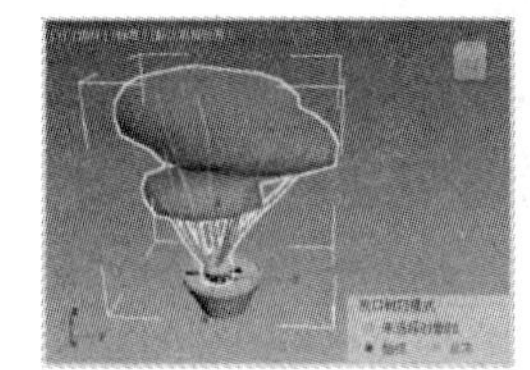

图 3-122　设置显示与不显示树冠模式

- 【低】单选按钮：以最低的细节级别渲染植物的树冠。
- 【中】单选按钮：对减少了面数的植物进行渲染。
- 【高】单选按钮：以最高的细节级别渲染植物的所有面。

3.5.2　栏杆

在【创建】面板的【AEC 扩展】分类下单击【栏杆】工具按钮后，便可以在场景中以拖动的方式创建不规则路径的栏杆(从而应用于花园、落地窗等对象)，如图 3-123 所示。

在创建栏杆模型时，其参数设置面板中包含了【栏杆】【立柱】和【栅栏】等几个卷展栏，其中主要选项的功能说明如下。

1. 【栏杆】卷展栏

- 【拾取栏杆路径】按钮：单击该按钮后，只要单击视图中的样条线，即可将其用作栏杆路径。
- 【分段】微调框：设置栏杆对象的分段数，只有当使用栏杆路径时，才能使用该选项。
- 【匹配拐角】复选框：在栏杆中放置拐角，以便与栏杆路径的拐角相符。
- 【长度】微调框：设置栏杆对象的长度。

1) 【上围栏】选项组。

- 【剖面】下拉按钮：单击该下拉按钮，在弹出的下拉列表中可以设置上围栏的横截剖面，包括【无】【方形】和【圆形】3 个选项。
- 【深度】【宽度】【高度】微调框：它们分别用于设置上围栏的深度、宽度和高度。

2) 【下围栏】选项组。

- 【剖面】下拉按钮：单击该下拉按钮，在弹出的下拉列表中可以设置下围栏的横截剖面，包括【无】【方形】和【圆形】3 个选项。
- 【深度】【宽度】微调框：它们分别用于设置下围栏的深度和宽度。
- 【下围栏间距】按钮：设置下围栏的间距。

2. 【立柱】卷展栏

【立柱】卷展栏如图 3-124 所示，其中主要选项的功能说明如下。

- 【剖面】下拉按钮：单击该下拉按钮，在弹出的下拉列表中可以设置立柱的横截剖面，包括【无】【方形】和【圆形】3 个选项，如图 3-124 左图所示。

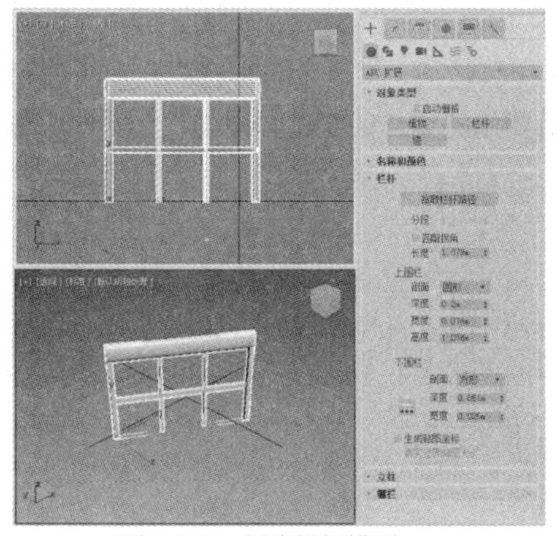

图 3-123　创建栏杆模型

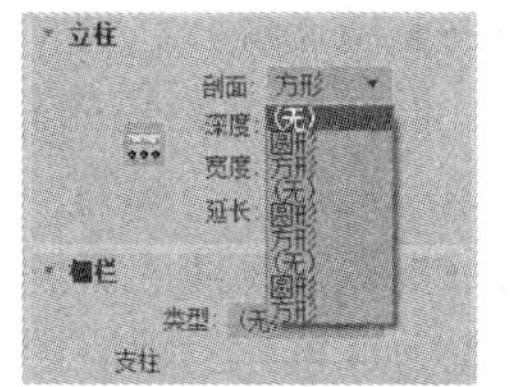

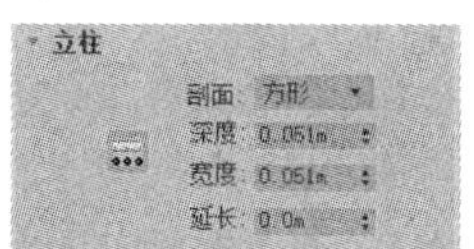

图 3-124　【立柱】卷展栏

- 【深度】和【宽度】微调框：它们分别用于设置立柱的深度和宽度。
- 【延长】微调框：设置立柱在上栏杆底部的延长程度。

3. 【栅栏】卷展栏

【栅栏】卷展栏如图 3-125 所示，其中主要选项的功能说明如下。

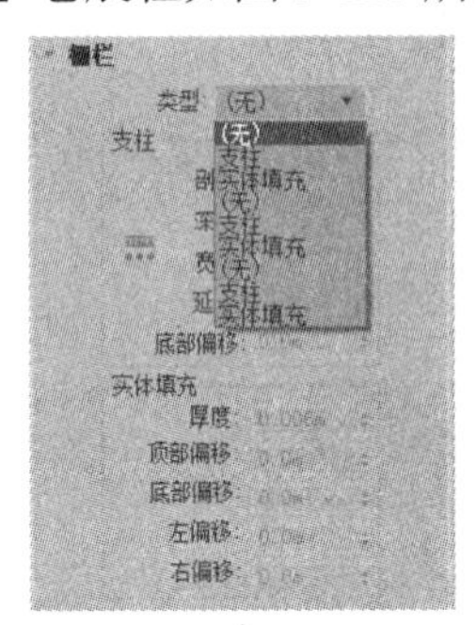

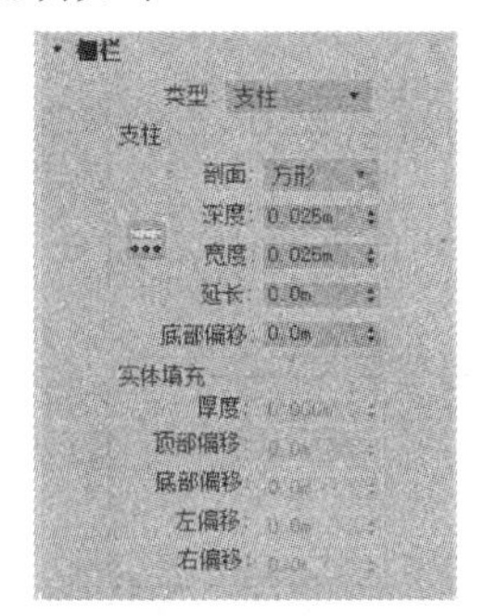

图 3-125　【栅栏】卷展栏

- 【类型】下拉按钮：单击该下拉按钮，在弹出的下拉列表中可以设置立柱之间的栅栏类型，包括【无】【支柱】和【实体填充】3 个选项。

1) 【支柱】选项组。

- 【剖面】微调框：设置支柱的横截面剖面，包括【方形】和【圆形】选项。
- 【深度】和【宽度】微调框：它们分别用于设置支柱的深度和宽度。
- 【延长】微调框：设置支柱在上栏杆底部的延长程度。
- 【底部偏移】微调框：设置支柱与栏杆底部的偏移量。

2) 【实体填充】选项组。

- 【厚度】微调框：设置实体填充的厚度。
- 【顶部偏移】微调框：设置实体填充与上栏杆底部的偏移量。
- 【左偏移】微调框：设置实体填充与相邻左侧立柱之间的偏移量。
- 【右偏移】微调框：设置实体填充与相邻右侧立柱之间的偏移量。

3.5.3　墙

在【创建】面板的【AEC 扩展】分类下单击【墙】工具按钮，将显示图 3-126 所示的【参数】和【键盘输入】卷展栏。此时，用户可以事先设置好所要创建墙体的宽度和高度，然后便可在场景中通过单击的方式连续创建出一片墙体模型。

1. 【参数】卷展栏

- 【宽度】和【高度】微调框：它们分别用于设置墙的厚度和高度。
- 【左】单选按钮：根据墙基线(墙的前边与后边之间的线，即墙的厚度)的左侧边对齐墙。
- 【居中】单选按钮：根据墙基线的中心对齐墙。
- 【右】单选按钮：根据墙基线的右侧边对齐墙。
- 【生成贴图坐标】复选框：对墙应用贴图坐标。
- 【真实世界贴图大小】复选框：控制应用于对象的纹理贴图材质所使用的缩放方式。

2. 【键盘输入】卷展栏

- X、Y、Z 微调框：设置墙分段在活动构造平面中起点的 *X* 轴、*Y* 轴和 *Z* 轴的坐标位置。
- 【添加点】按钮：根据输入的 *X* 轴、*Y* 轴和 *Z* 轴坐标值添加点。
- 【关闭】按钮：单击该按钮后，将结束墙对象的创建，并在最后一个分段的端点与第一个分段的起点之间创建分段，以形成闭合的墙，如图 3-127 所示。

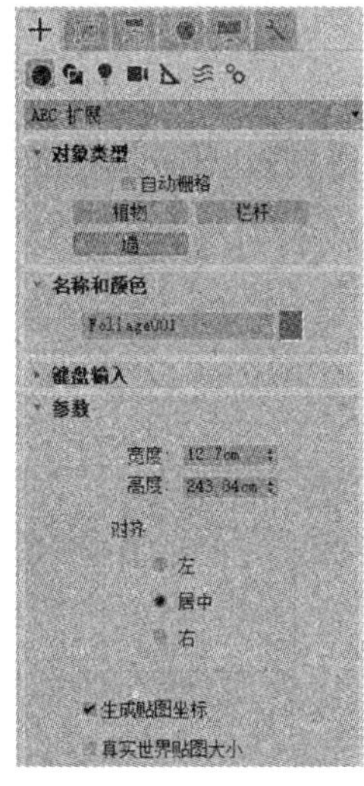

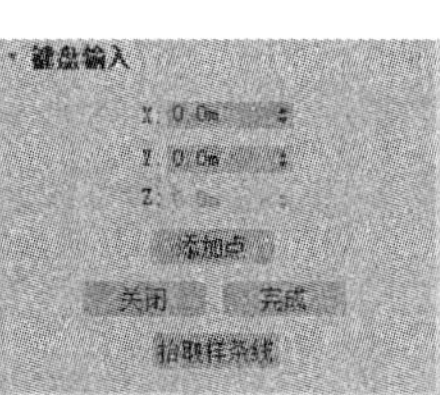

图 3-126　【参数】和【键盘输入】卷展栏

图 3-127　创建闭合的墙

- 【完成】按钮：单击该按钮后，将结束墙对象的创建，使之呈端点开放状态。
- 【拾取样条线】按钮：将样条线用作墙路径(单击该按钮后，便可单击视图中的样条线以用作墙路径)。

3.6　实例演练

本章详细介绍了使用 3ds Max 内置的建模工具创建各种基本模型的方法。下面将通过实例操作，帮助用户巩固所学的知识。

【例 3-13】 使用 3ds Max 2020 制作圆几模型。 视频

(1) 在【创建】面板的【几何体】选项卡中单击【标准基本体】下拉按钮，在弹出的下拉列表中选择【扩展基本体】选项，然后在显示的下拉面板中单击【切角圆柱体】工具按钮，在顶视图中创建一个切角圆柱体，并在【参数】卷展栏中设置【半径】为 500 mm、【高度】为 50 mm、【圆角】为 10 mm、【圆角分段】为 50、【边数】为 100，如图 3-128 所示。

(2) 单击【创建】面板中的【扩展基本体】下拉按钮，在弹出的下拉列表中选择【标准基本体】选项，然后在显示的下拉面板中单击【圆锥体】工具按钮，在顶视图中创建一个圆锥体。

(3) 在【参数】卷展栏中设置圆锥体的【半径 1】为 20 mm、【半径 2】为 27 mm、【高度】为－700mm，如图 3-129 所示。

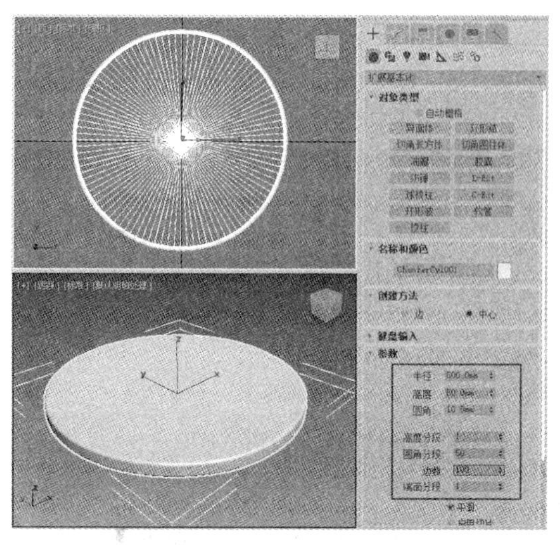

图 3-128　创建切角圆柱体

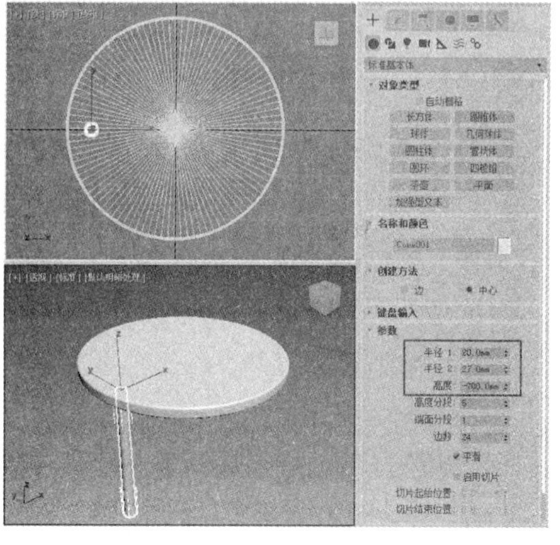

图 3-129　创建圆锥体

(4) 在透视图中选中上一步创建的圆锥体，按下 E 键执行【选择并旋转】命令，将其沿着 Y 轴向右旋转约 15°。

(5) 按下 W 键执行【选择并移动】命令，将圆锥体模型移至合适的位置。在顶视图中选中圆锥体模型，在命令面板中单击【层次】按钮，进入【层次】面板，然后单击【仅影响轴】按钮。

(6) 按住鼠标左键并拖动，将轴移到切角圆柱体的中心。

(7) 在菜单栏中选择【工具】|【阵列】命令，打开【阵列】对话框，单击【旋转】选项后的按钮，设置 Z 轴为 360°、1D 为 3，然后单击【确定】按钮，如图 3-130 所示。

(8) 此时，系统将在场景中创建图 3-131 所示的圆几模型。

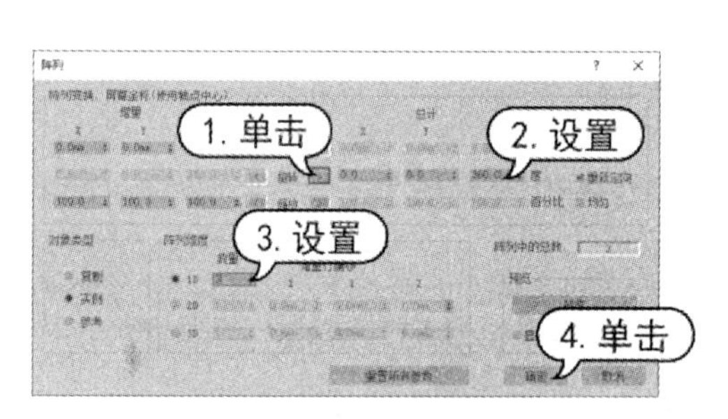

图 3-130　【阵列】对话框

图 3-131　圆几模型

3.7　习题

1. 简述几何体建模适用于哪些场景。
2. 简述如何在场景中创建长方体、圆锥体、球体等标准基本体。
3. 运用本章所学的知识，尝试使用 3ds Max 制作方桌模型。

第 4 章

修改器建模

修改器建模是指在已有的基本模型的基础上，通过在【修改】面板中添加相应的修改器，对模型进行塑形或编辑，如此便可以快速制作出特殊的模型效果。

本章将介绍 3ds Max 2020 提供的各种常用修改器，在这些修改器中，有的可以为几何体重新塑形，有的可以为几何体设置特殊的动画效果，还有的可以为当前选中的对象添加力学绑定。

本章重点

- 修改器的基础知识
- 使用“车削”“挤出”“弯曲”等修改器
- 制作简单家具模型

二维码教学视频

【例 4-1】 制作烛台模型
【例 4-2】 制作石凳模型
【例 4-3】 制作水龙头模型
【例 4-4】 制作戒指模型
【例 4-5】 制作水晶灯模型
【例 4-6】 制作蛋壳雕刻模型
【例 4-7】 制作沙发抱枕模型
本章其他视频参见视频二维码列表

4.1 修改器的基础知识

在 3ds Max 中，修改器的应用有先后顺序之分。同样的一组修改器，如果以不同的顺序添加在物体上，可能就会得到不同的模型效果。用户可以在模型创建完之后，在命令面板的【修改】面板中通过单击【修改器列表】下拉按钮，从弹出的下拉列表中添加修改器，如图 4-1 所示。

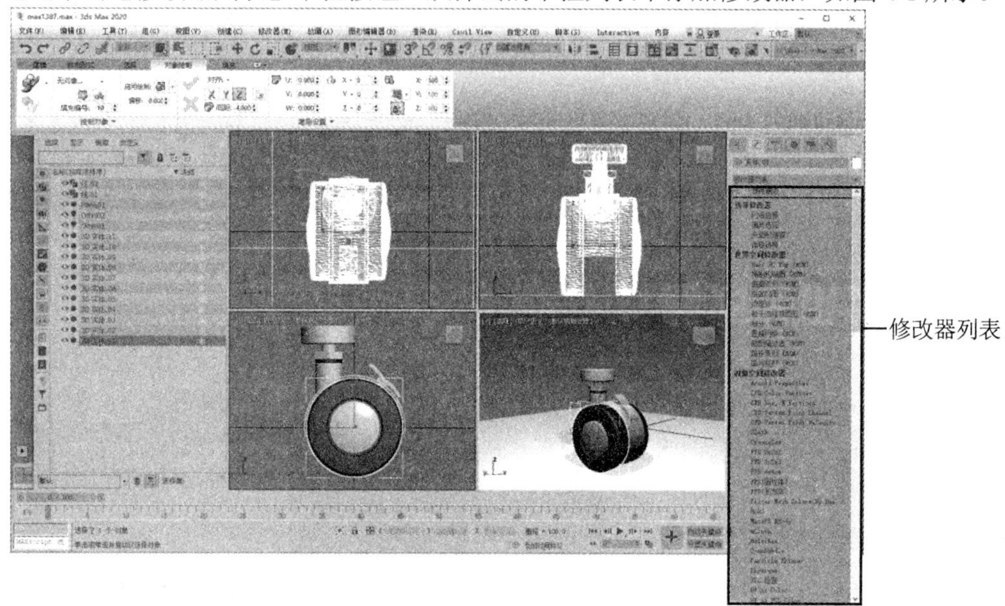

图 4-1 通过修改器列表添加修改器

在场景中选中的对象不同，修改器中提供的命令也会有所不同。例如，有的修改器仅仅针对图形起作用，如果在场景中选择了几何体，相应的修改器命令就无法在修改器列表中找到；又如，用户对图形应用修改器后，图形就变成了几何体，这样即使选中的仍然是最初的图形对象，也无法再次添加仅对图形起作用的修改器。

下面简单介绍一些关于修改器的基础知识。

1. 修改器堆栈

修改器堆栈是【修改】面板中各个修改器叠加在一起后的列表。在修改器堆栈中，可以查看选中的对象以及应用于选中对象的所有修改器，并包含累积的历史操作记录。用户可以向对象应用任意数目的修改器，包括重复应用同一个修改器。当开始向对象应用修改器时，修改器会以应用它们时的顺序“入栈”。

使用修改器堆栈时，单击堆栈中的项即可返回到进行修改的点，然后可以重做决定，暂时禁用修改器或者删除修改器。用户也可以在堆栈中的该点插入新的修改器，用户所做的更改会沿着堆栈向上改动，从而更改对象的当前状态。

在为场景中的物体添加多个修改器后，若希望更改特定修改器中的参数，就必须到修改器堆栈中进行查找。修改器堆栈中的修改器可以在不同的对象上应用复制、剪切和粘贴操作。单击修改器名称前面的眼睛图标，可以控制应用或取消所添加修改器的效果。

▽ 当眼睛图标显示为黑色时，修改器将被应用于其下面的堆栈，如图 4-2 所示。

▽ 当眼睛图标显示为灰色时，将禁用修改器，如图 4-3 所示。

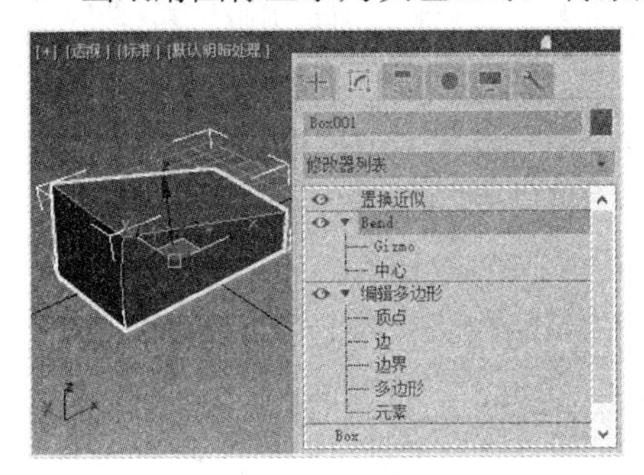

图 4-2 将修改器应用于其下面的堆栈

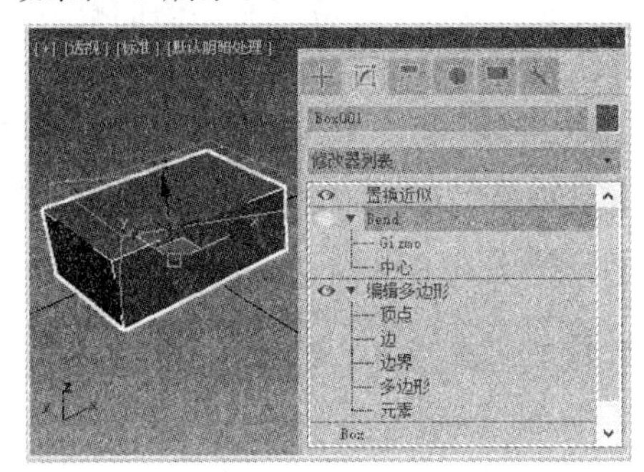

图 4-3 禁用修改器

不需要的修改器，可以在堆栈中通过右键菜单中的【删除】命令来删除。

在修改器堆栈的底部，第一项一直都是场景中选中物体的名称，并包含自身的属性参数。单击该项可以修改原始对象的创建参数，如果没有添加新的修改器，那么这就是修改器堆栈中唯一的项。

当修改器堆栈中添加的修改器名称前有倒三角符号▼时，说明添加的修改器内包含子层级，子层级最少为 1 个，最多不超过 5 个。

此外，修改器堆栈列表的下方还有 5 个按钮，如图 4-4 所示，它们各自的功能说明如下。

▽ 【锁定堆栈】按钮：用于将堆栈锁定到当前选中的对象，无论之后是否选择该对象或其他对象，【修改】面板中将始终显示被锁定对象的修改命令。

▽ 【显示最终结果开/关切换】按钮：当对象应用了多个修改器时，在激活显示最终结果后，即使选择的不是最上方的修改器，视图中也仍然应该显示应用了所有修改器的最终结果。

▽ 【使唯一】按钮：当该按钮处于可激活状态时，就说明场景中可能至少有一个对象与当前选中对象为实例化关系，或者说明场景中至少有一个对象应用了与当前选择对象相同的修改器。

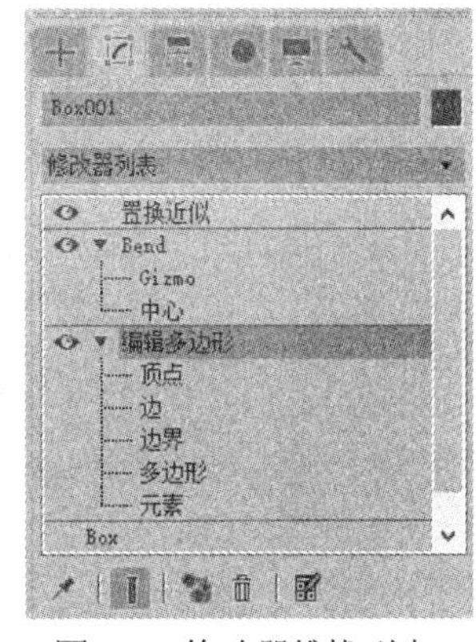

图 4-4 修改器堆栈列表

▽ 【从堆栈中移除修改器】按钮：删除当前所选的修改器。

▽ 【配置修改器集】按钮：单击该按钮可以打开【修改器集】菜单。

2. 修改器的顺序

在 3ds Max 中，用户为对象在【修改】面板中添加的修改器是按照添加顺序排列的。修改器的顺序如果发生颠倒，就可能会对当前对象产生新的结果或不正确的影响。

在 3ds Max 中应用了某些类型的修改器后，就会对当前对象产生“拓扑”行为。所谓“拓扑”，是指有的修改器命令会对物体的每个顶点或面指定一个编号，这个编号是在当前修改器内部使用的，这种数值型的结构称为“拓扑”。当单击产生拓扑行为的修改器下方的其他修改器时，如果可能对物体的顶点数或面数产生影响，并进而导致物体内部编号发生混乱，就非常有可能在最终模型上出现错误的结果。当试图执行类似的操作时，3ds Max 会弹出【警告】提示框来提醒用户。

3. 添加和删除修改器

在 3ds Max 中，单击【修改】面板中的【修改器列表】下拉按钮，在弹出的下拉列表中，用户可以为当前选定对象添加修改器。

如果要删除对象上现有的修改器，可以在修改器堆栈中选择修改器后，单击【从堆栈中移除修改器】按钮，或者右击鼠标，从弹出的快捷菜单中选择【删除】命令。

4. 复制和粘贴修改器

在修改器堆栈中，修改器可以被复制并粘贴到多个不同的对象上，具体操作方法有两种。

- 在修改器的名称上右击鼠标，从弹出的快捷菜单中选择【复制】命令，然后在场景中选中其他物体，在【修改】面板中右击鼠标，从弹出的快捷菜单中选择【粘贴】命令即可。
- 将修改器直接拖动至视图中的其他对象上，如图 4-5 所示。

此外，在选中物体的某个修改器时，如果按住 Ctrl 键并将其拖动到其他对象上，就能将这个修改器以“实例”的方式粘贴到对象上；如果按住 Shift 键并将其拖动到其他对象上，那么相当于将修改器“剪切”并“粘贴”到新的对象上。

5. 可编辑对象

当用户在 3ds Max 中进行复杂模型的创建时，可将对象直接转换为可编辑对象，并在其子对象层级中进行编辑修改。根据转换为可编辑对象类型的不同，其子对象层级的命令也各不相同。用户可以在视图中选择对象，然后右击鼠标，从弹出的快捷菜单中选择【转换为】命令中的子命令以进行不同对象类型的转换，如图 4-6 所示。

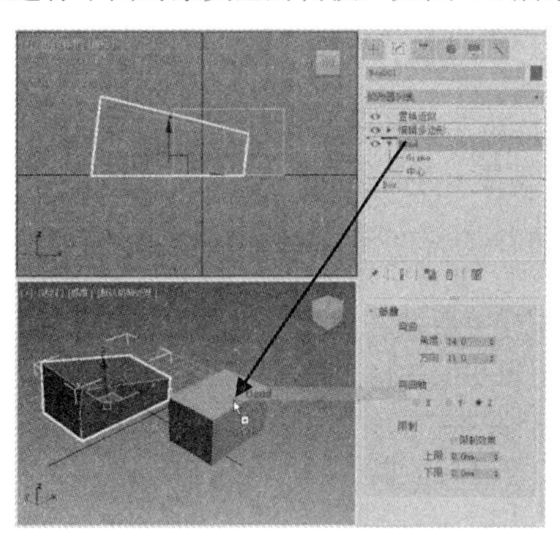

图 4-5　拖动修改器至对象上

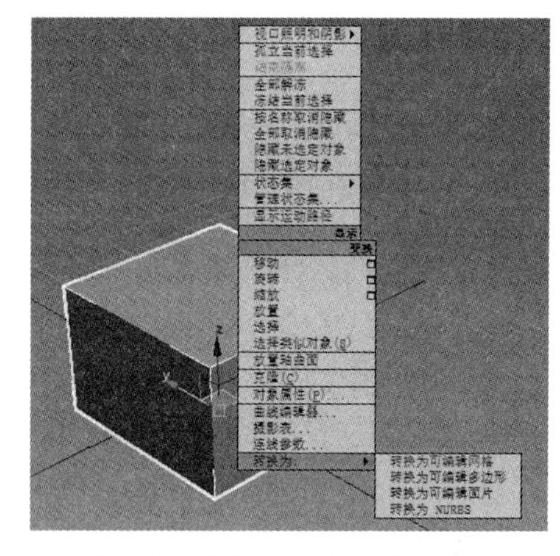

图 4-6　【转换为】命令的子命令

- 当对象类型为可编辑网格时，其【修改】面板中的子对象层级为顶点、边、面、多边形和元素，如图 4-7 所示。
- 当对象类型为可编辑面片时，其【修改】面板中的子对象层级为顶点、边、面片、元素和控制柄。
- 当对象类型为可编辑样条线时，其【修改】面板中的子对象层级为顶点、线段和样条线。
- 当对象类型为 NURBS 曲面时，其【修改】面板中的子对象层级为 CV 曲线和曲线。

在把对象转换为可编辑对象后，就可以在视图操作中获取更有效的操作命令，但缺点是丢失了对象的初始创建参数；当为对象添加修改器时，优点是保留了对象的初始创建参数，但是由于命令受限，因此工作效率难以提升。

6. 塌陷修改器堆栈

当用户在 3ds Max 中完成模型的制作并确定应用的修改器均不再需要改动时，就可以对修改器堆栈进行塌陷。塌陷之后的对象会失去所有修改器命令及调整参数，而仅保留模型的最终效果。该操作的优点是简化了模型的多余数据，使模型更加稳定，同时也节省了系统资源。

塌陷修改器堆栈有【塌陷到】和【塌陷全部】两种方法，如图 4-8 所示。

- 如果只需要在多个修改器命令中的某个命令上进行塌陷，那么可以在当前修改器上右击鼠标，从弹出的快捷菜单中选择【塌陷到】命令。
- 如果需要塌陷所有的修改器命令，那么可以在修改器的名称上右击鼠标，从弹出的快捷菜单中选择【塌陷全部】命令。

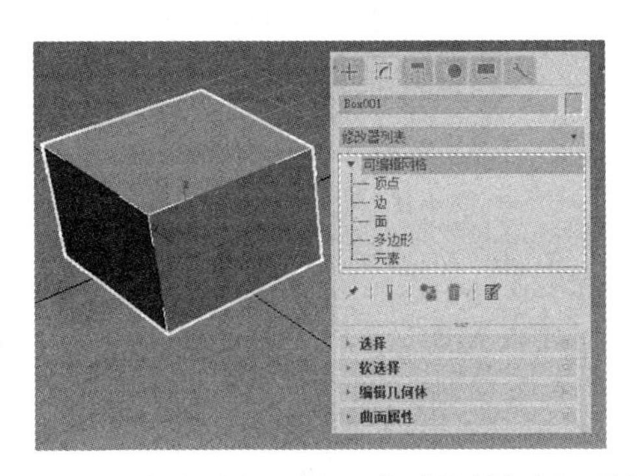

图 4-7　对象类型为可编辑网络时的【修改】面板

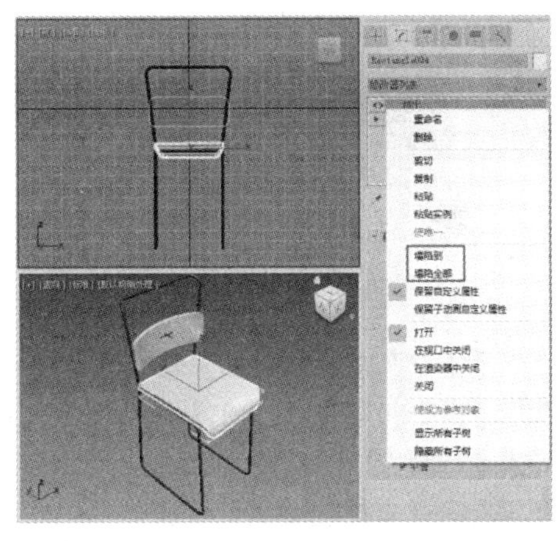

图 4-8　塌陷修改器堆栈

4.2　修改器的类型

修改器有很多种，在【修改】面板的修改器列表中，3ds Max 将这些修改器默认分为“选择修改器”“世界空间修改器”和“对象空间修改器”3 大集合。

4.2.1　选择修改器

“选择修改器”集合中包括【网格选择】【面片选择】【多边形选择】和【体积选择】4 种修改器，如图 4-9 所示。

- 【网格选择】修改器：可以选择网格子对象。
- 【面片选择】修改器：在选择面片子对象后，可以对面片子对象应用其他修改器。
- 【多边形选择】修改器：在选择多边形子对象后，可以对多边形子对象应用其他修改器。
- 【体积选择】修改器：可以从一个或多个对象中选定体积内的所有子对象。

4.2.2 世界空间修改器

“世界空间修改器”集合基于世界空间坐标，而不是基于单个对象的局部坐标，如图 4-10 所示。当应用了一个世界空间修改器后，无论物体是否发生移动，效果都不会受到任何影响。

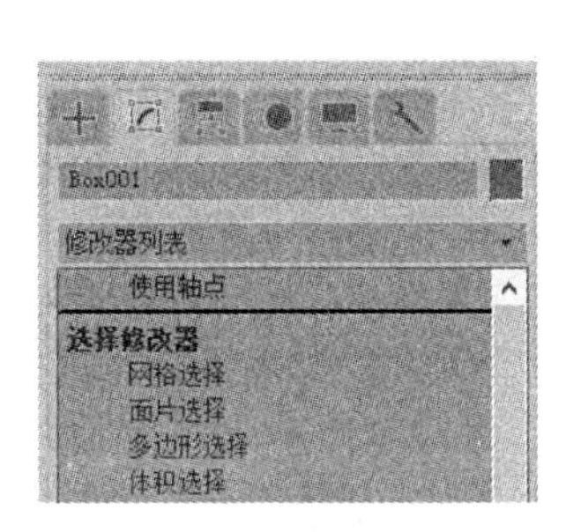

图 4-9 选择修改器

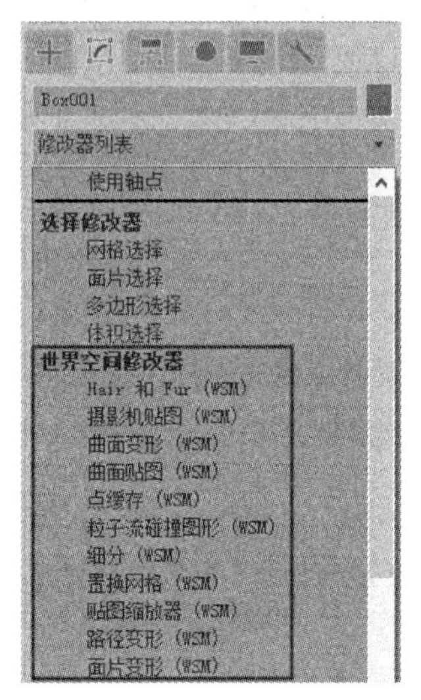

图 4-10 世界空间修改器

- 【Hair 和 Fur(WSM)】修改器：用于为物体添加毛发。
- 【摄影机贴图(WSM)】修改器：使摄影机能将 UVW 贴图坐标应用于对象。
- 【点缓存(WSM)】修改器：可以将修改器动画存储到磁盘文件中，然后使用磁盘文件中的信息来播放动画。
- 【路径变形(WSM)】修改器：可以根据样条线或 NURBS 曲线的路径将对象变形。
- 【面片变形(WSM)】修改器：可以根据面片将对象变形。
- 【曲面变形(WSM)】修改器：工作方式与【路径变形(WSM)】修改器相同，只不过使用的是 NURBS 点或 CV 曲面，而不是使用曲线。
- 【曲面贴图(WSM)】修改器：将贴图指定给 NURBS 曲面，然后投射到修改的对象上。
- 【贴图缩放器(WSM)】修改器：用于调整贴图大小，并保持贴图比例不变。
- 【细分(WSM)】修改器：提供了一种算法来创建光能传递网格。在处理光能传递时，需要光能传递网格中的元素尽可能接近等边三角形。
- 【置换网格(WSM)】修改器：用于查看置换贴图的效果。

4.2.3 对象空间修改器

“对象空间修改器”集合中的修改器非常多，如图 4-11 所示。这个集合中的修改器主要应用于单独对象，使用的是对象的局部坐标，因此当移动对象时，修改器也会随着移动。

对象空间修改器
Arnold Properties
CFD Color Vertices
CFD Keep N Vertices
CFD Vertex Paint Channel
CFD Vertex Paint Velocity
Cloth
CreaseSet
FFD 2x2x2
FFD 3x3x3
FFD 4x4x4
FFD(圆柱体)
FFD(长方体)
Filter Mesh Colors By Hue
HSDS
MassFX RBody
mCloth
MultiRes
OpenSubdiv
Particle Skinner
Physique
STL 检查
UV as Color
UV as HSL Color
UV as HSL Gradient
UV as HSL Gradient With Midpo
UVW 变换
UVW 展开
UVW 贴图
UVW 贴图添加
UVW 贴图清除
X 变换
专业优化
优化
体积选择
保留
倾斜
切片
切角
删除网格
删除面片
变形器

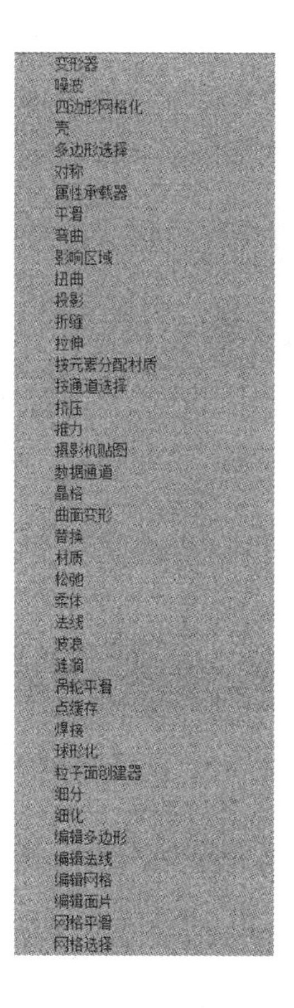

图 4-11　对象空间修改器

4.3　常用修改器

本节将通过案例操作，介绍 3ds Max 常用修改器的使用方法。

4.3.1　“车削”修改器

利用“车削”修改器，用户可以通过绕轴旋转一幅图形或一条 NURBS 曲线来创建 3D 对象。

【例 4-1】 利用“车削”修改器制作烛台模型。视频

(1) 在【创建】面板的【图形】选项卡中单击【线】工具按钮，在前视图中绘制一条线，如图 4-12 所示。

(2) 选择【修改】面板，单击【修改器列表】下拉按钮，在弹出的下拉列表中选择【车削】选项，添加“车削”修改器。

(3) 在【参数】卷展栏中选中【焊接内核】复选框，设置【分段】为 50、【方向】为 *Y* 轴，然后在【对齐】选项组下单击【最大】按钮。此时，烛台模型的效果如图 4-13 所示。

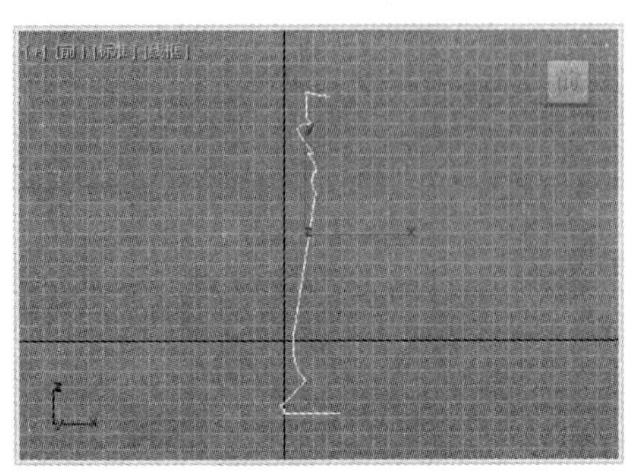

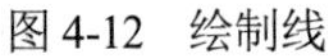
图 4-12　绘制线

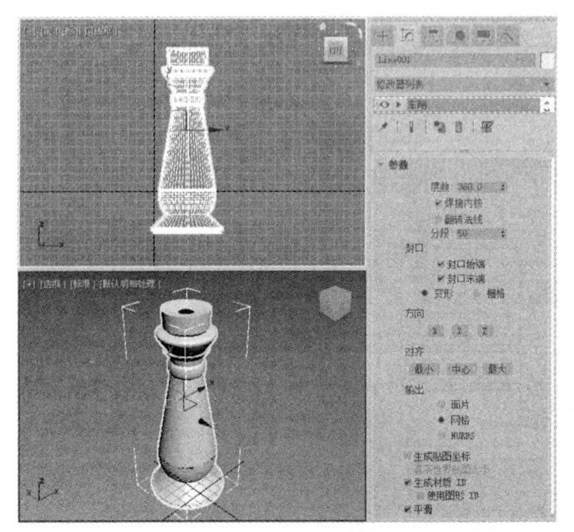
图 4-13　烛台模型

“车削”修改器的【参数】卷展栏中主要选项的功能说明如下。

- 【度数】微调框：确定对象绕轴旋转多少度(范围是 0~360，默认值是 360)。用户可以通过为【度数】设置关键点来制作车削对象圆环增强的动画。车削轴会自动将尺寸调整到与车削图形同样的高度。
- 【焊接内核】复选框：设置通过将旋转轴中的顶点焊接来简化网格。如果要创建变形对象，那么应禁用该复选框。
- 【翻转法线】复选框：依赖于图形上顶点的方向和旋转方向，旋转对象可能会发生内部翻转，通过选中【翻转法线】复选框可以解决这个问题。
- 【分段】微调框：在起始点之间确定要在曲面上创建多少插补线段。
- 【封口始端】复选框：选中该复选框后，将封口设置的“度”小于 360° 的车削对象的起始点，并形成闭合图形。
- 【封口末端】复选框：选中该复选框后，将封口设置的“度”小于 360° 的车削对象的终点，并形成闭合图形。
- 【变形】单选按钮：按照创建变形目标所需的可预见且可重复的模式排列封口面。渐进封口可以产生细长的面，而不像栅格封口那样需要渲染或变形。如果要车削出多个渐进目标，那么可以使用渐进封口的方法。
- 【栅格】单选按钮：在图形边界上的方形修剪栅格中安排封口面。这种方法会产生尺寸均匀的曲面，可使用其他修改器方便地将这些曲面变形。
- X、Y、Z 按钮：相对于对象轴点，设置轴的旋转方向。
- 【最小】【中心】【最大】按钮：将旋转轴与图形的最小、中心或最大范围对齐。
- 【面片】单选按钮：产生一个可以折叠到面片对象中的对象。
- 【网格】单选按钮：产生一个可以折叠到网格对象中的对象。
- NURBS 单选按钮：产生一个可以折叠到 NURBS 对象中的对象。
- 【生成贴图坐标】复选框：选中该复选框后，即可将贴图坐标应用于车削对象。当【度数】微调框中的值小于 360 并选中【生成贴图坐标】复选框时，便可将另外的贴图坐标应用到末端封口中，同时在每一个封口上放置一幅 1×1 的平铺图案。

- 【真实世界贴图大小】复选框：控制应用于对象的纹理贴图材质所使用的缩放方法，缩放值由位于应用材质的【坐标】卷展栏中的【使用真实世界比例】选项控制。
- 【生成材质 ID】复选框：将不同的材质 ID 指定给挤出对象的侧面与封口。具体情况为：侧面接收 ID3，封口(当【度数】微调框中的值小于 360 且车削图形闭合时)接收 ID1 和 ID2。
- 【使用图形 ID】复选框：将材质 ID 指定给挤出产生的样条线中的线段，或指定给 NURBS 挤出产生的曲线子对象。该复选框只有在选中【生成材质 ID】复选框时才可用。
- 【平滑】复选框：为车削图形应用平滑效果。

4.3.2　“挤出”修改器

利用“挤出”修改器，用户可以将深度添加到二维图形中，使其成为参数对象。

【例 4-2】 利用“挤出”修改器制作公园石凳模型。 视频

(1) 在【创建】面板的【图形】选项卡中单击【矩形】工具按钮，在左视图中创建一个较大的矩形，并在【参数】卷展栏中设置其【长度】为 500 mm、【宽度】为 600 mm、【角半径】为 0，如图 4-14 所示。

(2) 使用同样的方法，在左视图中创建另一个【长度】为 135 mm、【宽度】为 475 mm、【角半径】为 50 mm 的矩形，如图 4-15 所示。

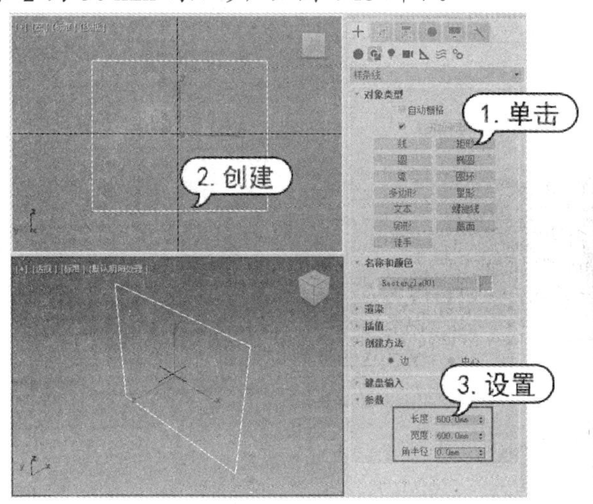

图 4-14　创建并设置第一个矩形

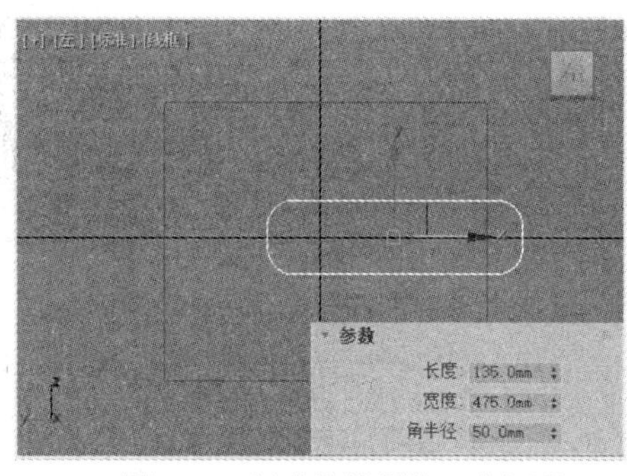

图 4-15　创建并设置第二个矩形

(3) 选中步骤(1)中创建的矩形，选择【修改】面板，单击【修改器列表】下拉按钮，从弹出的下拉列表中选择【编辑样条线】选项，添加“编辑样条线”修改器，然后在【几何体】卷展栏中单击【附加】按钮，选中步骤(2)中创建的矩形，如图 4-16 所示。

(4) 再次单击【几何体】卷展栏中的【附加】按钮，在场景资源管理器中右击生成的新对象，在弹出的快捷菜单中选择【对象属性】命令，将对象重命名为“石凳-01”。

(5) 在【修改】面板中选择【样条线】选项，将当前选择集定义为样条线，然后在视图中选择大矩形的样条线，在【几何体】卷展栏中单击【布尔】按钮和【差集】按钮，如图 4-17 所示。

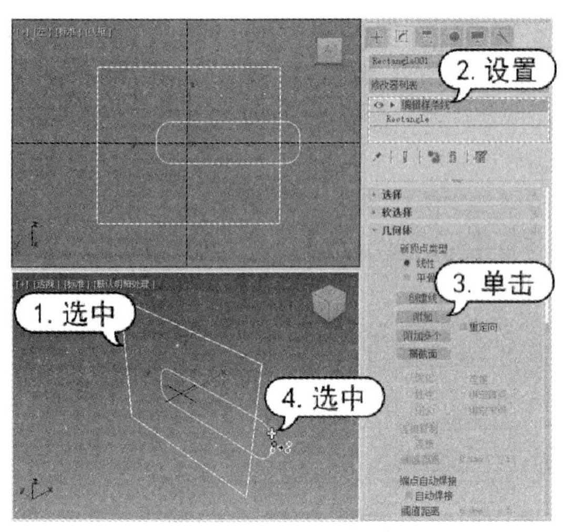

图 4-16　附加矩形对象　　　　图 4-17　执行“差集”操作

(6) 在视图中拾取小矩形的样条线，执行布尔运算，如图 4-18 所示。

(7) 在【修改】面板中将选择集定义为【顶点】，在【几何体】卷展栏中单击【优化】按钮，在左视图中添加两个顶点，如图 4-19 所示。

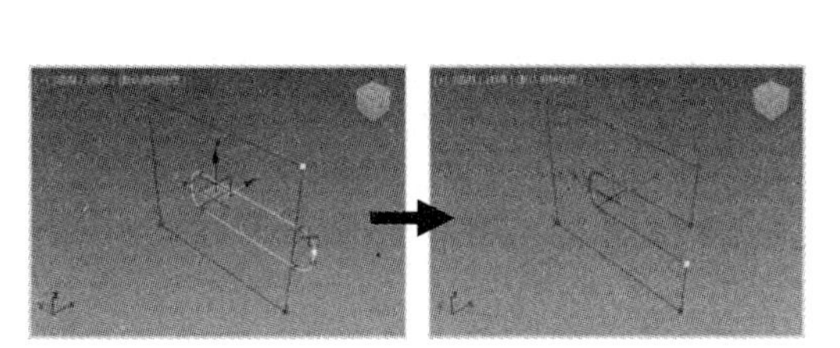

图 4-18　执行布尔运算

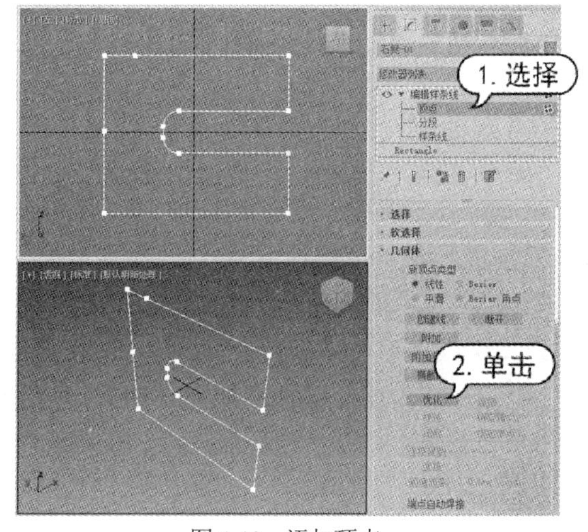

图 4-19　添加顶点

(8) 再次单击【几何体】卷展栏中的【优化】按钮，在左视图中选中并右击图形左上角的 3 个顶点，在弹出的快捷菜单中选择【角点】命令，然后按下 W 键执行【选择并移动】命令，调整顶点的位置，如图 4-20 所示。

(9) 选中图形右上角的两个顶点，在左视图中将其向左调整，如图 4-21 所示。

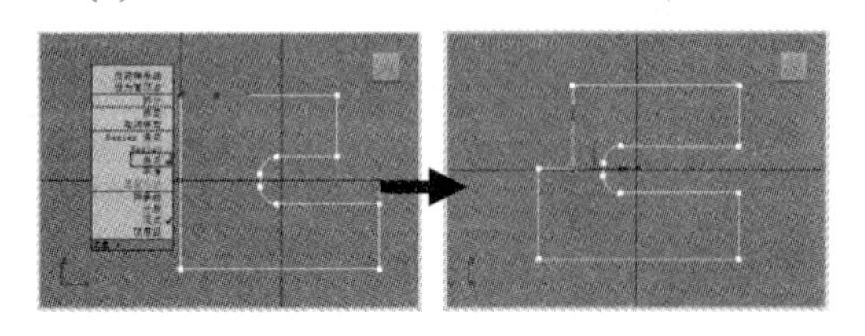

图 4-20　调整顶点的位置

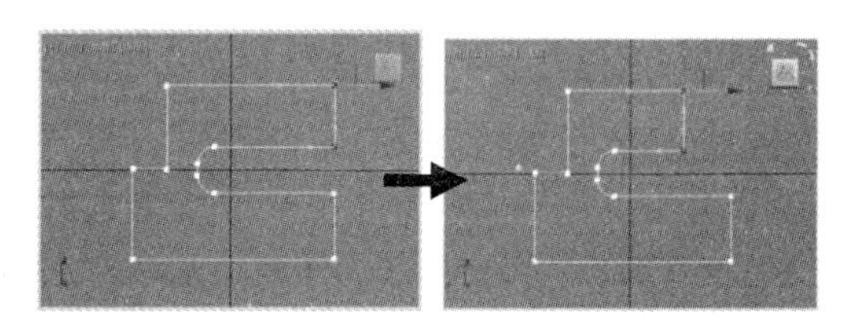

图 4-21　在左视图中将两个顶点向左调整

(10) 在【修改】面板中单击【修改器列表】下拉按钮，从弹出的下拉列表中选择【挤出】选项，添加“挤出”修改器。在【参数】卷展栏中将【数量】设置为 170 mm，创建图 4-22 所示的石凳腿部模型。

(11) 在视图中选中创建的石凳腿部模型，按住 Shift 键并拖动选中的石凳腿部模型，打开【克隆选项】对话框，将选中的石凳腿部模型复制一份。

(12) 在【创建】面板的【几何体】选项卡中单击【长方体】工具按钮，在左视图中绘制一个长方体，并根据两个石凳腿部模型的长度、宽度和高度，调整这个长方体，如图 4-23 所示。

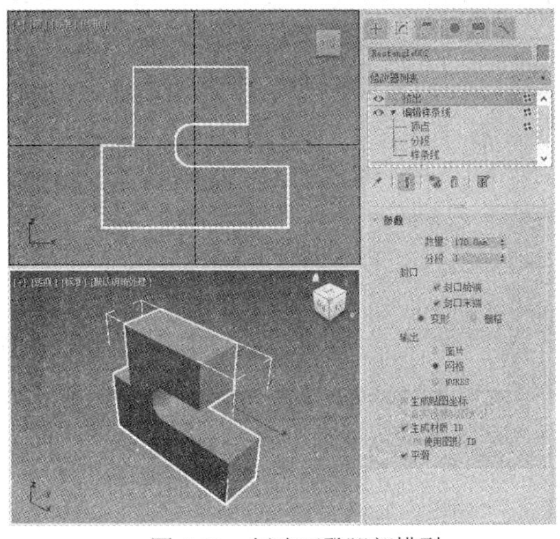

图 4-22　创建石凳腿部模型

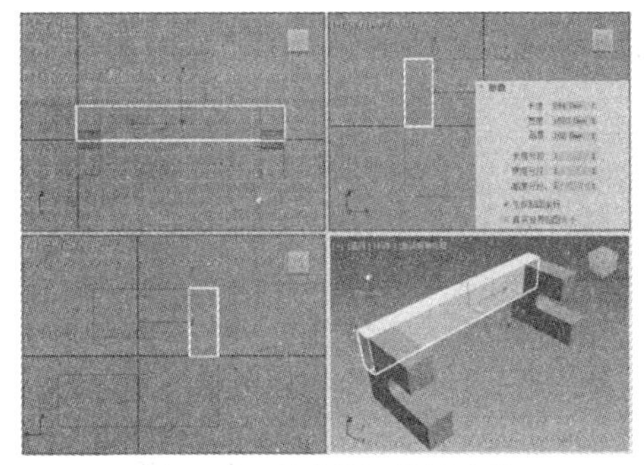

图 4-23　创建并调整长方体

(13) 使用同样的方法绘制另一个长方体，按住 Shift 键并拖动这个长方体，将其复制两份，如图 4-24 所示。

(14) 在【创建】面板的【图形】选项卡中单击【矩形】工具按钮，在前视图中创建一个【长度】为 180 mm、【宽度】为 120 mm 的矩形，如图 4-25 所示。

图 4-24　复制长方体

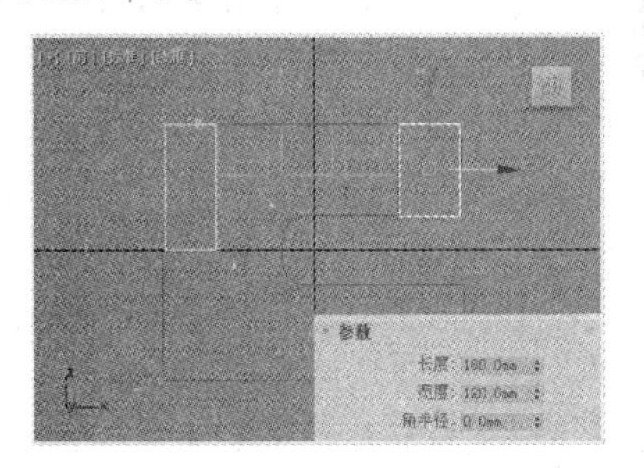

图 4-25　在前视图中创建矩形

(15) 选择【修改】面板，单击【修改器列表】下拉按钮，从弹出的下拉列表中选择【圆角/切角】修改器，将当前选择集定义为【顶点】，然后选择矩形上方的两个顶点，如图 4-26 所示。

(16) 在【编辑顶点】卷展栏中将【圆角】选项组中的【半径】参数设置为 15 mm，单击【应用】按钮。

(17) 单击【修改】面板中的【修改器列表】下拉按钮，从弹出的下拉列表中选择【挤出】选项，添加“挤出”修改器，在【参数】卷展栏的【数量】微调框中输入 1550 mm，如图 4-27 所示，完成模型的制作。

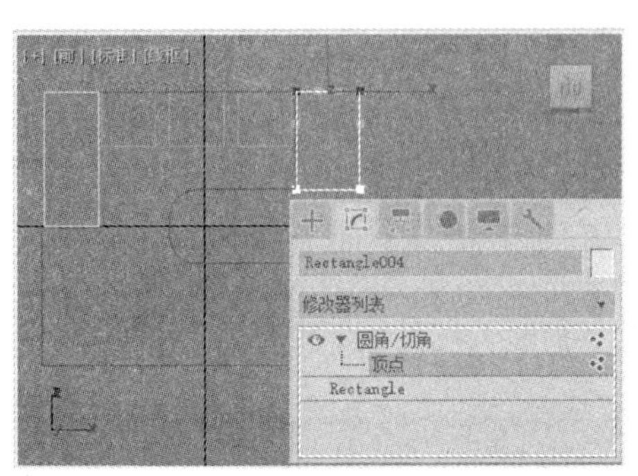

图 4-26　选择矩形上方的两个顶点

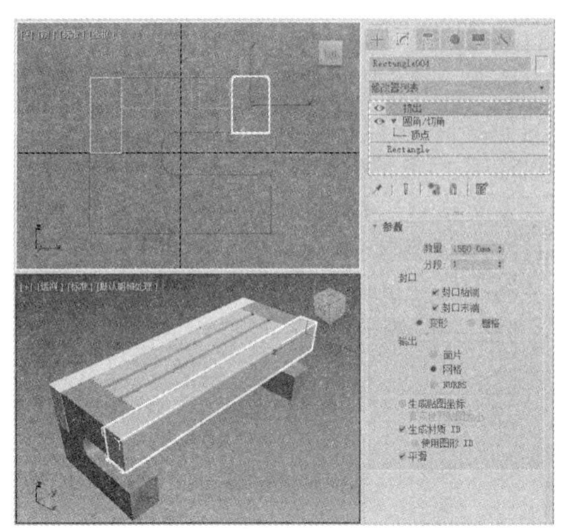

图 4-27　设置“挤出”修改器参数

“挤出”修改器的【参数】卷展栏中主要选项的功能说明如下。

- 【数量】微调框：设置挤出深度。
- 【分段】微调框：设置将要在挤出对象中创建的线段数量。

4.3.3　“弯曲”修改器

利用“弯曲”修改器，用户可以将物体在任意 3 个轴上做弯曲处理，此外还可以调节弯曲的角度和方向，以及限制对象在一定区域内的弯曲程度。

【例 4-3】 利用“弯曲”修改器制作水龙头模型。 视频

(1) 在【创建】面板的【图形】选项卡中单击【矩形】工具按钮，在顶视图中创建一个【长度】为 35 mm、【宽度】为 56 mm、【角半径】为 12 mm 的矩形，如图 4-28 所示。

(2) 选中步骤(1)中创建的矩形，在【修改】面板中单击【修改器列表】下拉按钮，从弹出的下拉列表中选择【挤出】选项，添加“挤出”修改器，然后在【参数】卷展栏的【数量】微调框中输入 6 mm。

(3) 再次在【创建】面板的【图形】选项卡中单击【矩形】工具按钮，在顶视图中创建另一个【长度】为 24 mm、【宽度】为 40 mm、【角半径】为 8 mm 的矩形，如图 4-29 所示。

(4) 选择【修改】面板，单击【修改器列表】下拉按钮，从弹出的下拉列表中选择【挤出】选项，添加“挤出”修改器，在【参数】卷展栏的【数量】微调框中输入 70 mm。

(5) 在【创建】面板的【图形】选项卡中单击【矩形】工具按钮，在顶视图中创建第三个【长度】为 15 mm、【宽度】为 10 mm、【角半径】为 3 mm 的矩形，如图 4-30 所示。

(6) 选择【修改】面板，单击【修改器列表】下拉按钮，从弹出的下拉列表中选择【挤出】选项，添加“挤出”修改器，在【参数】卷展栏中设置【数量】为 300 mm、【分段】为 36。

(7) 在【修改】面板中单击【修改器列表】下拉按钮，从弹出的下拉列表中选择 Bend 选项，添加 Bend(“弯曲”)修改器，在【参数】卷展栏中设置【角度】为 90、【方向】为 90、【弯曲轴】为 Z 轴，如图 4-31 所示。

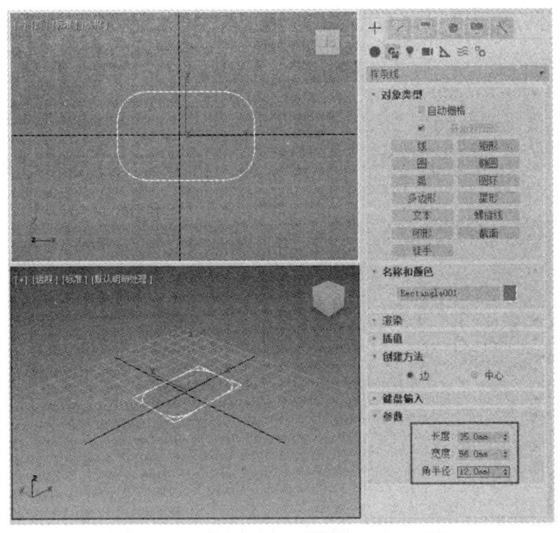

图 4-28　创建并设置第一个矩形

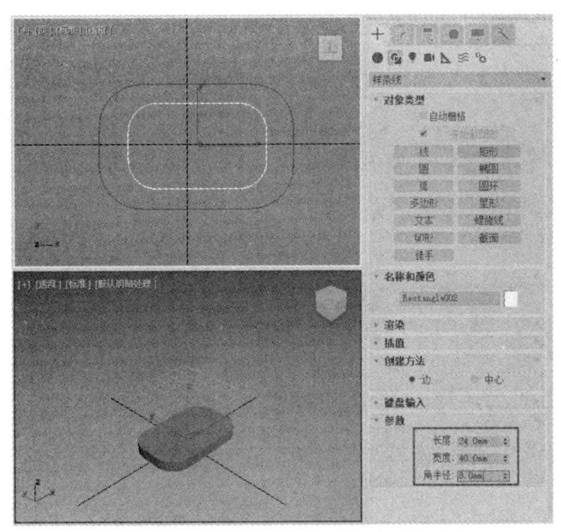

图 4-29　创建并设置第二个矩形

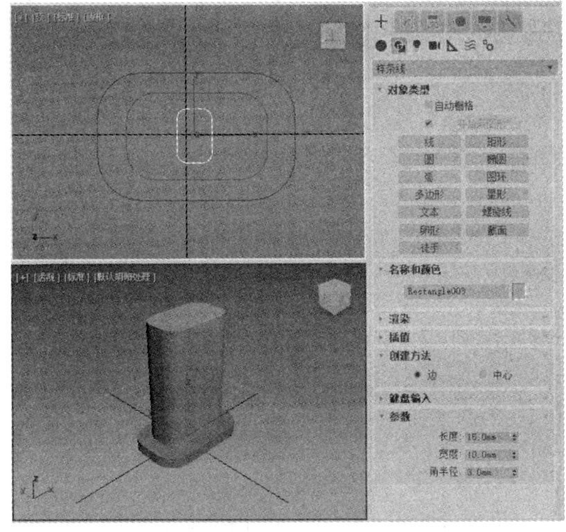

图 4-30　创建并设置第三个矩形

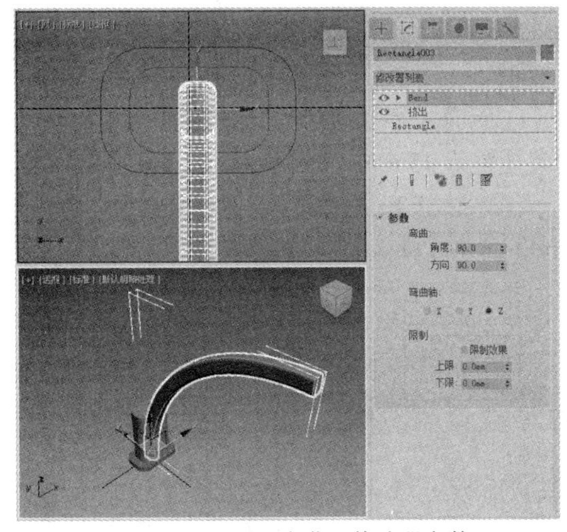

图 4-31　设置“弯曲”修改器参数

(8) 在【参数】卷展栏中选中【限制效果】复选框，设置【上限】为 37 mm。在修改器堆栈中单击 Gizmo 选项，然后按下 W 键，移动 Gizmo 的位置，如图 4-32 所示。

(9) 创建一个切角圆柱体，在【参数】卷展栏中设置其【半径】为 14 mm、【高度】为 3.3 mm、【圆角】为 0.5 mm、【高度分段】为 1、【边数】为 24，如图 4-33 所示。

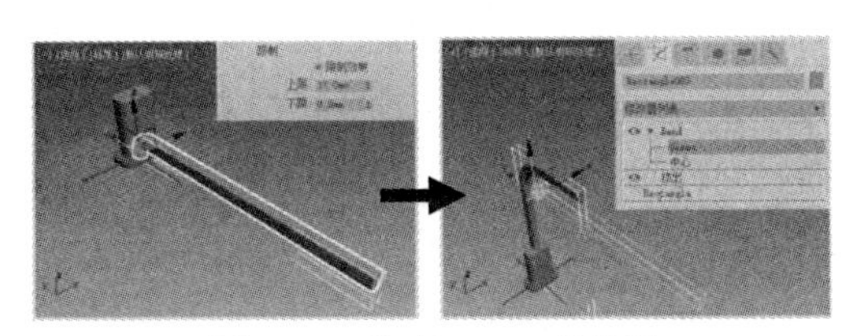

图 4-32　移动 Gizmo 的位置

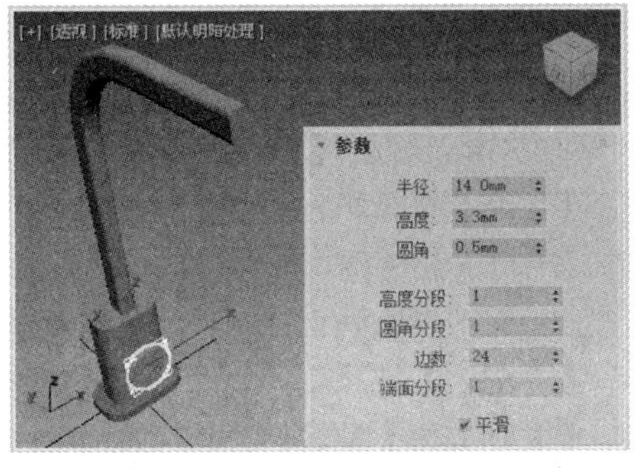

图 4-33　创建一个切角圆柱体

(10) 创建另一个切角圆柱体，在【参数】卷展栏中设置其【半径】为 14 mm、【高度】为 15 mm、【圆角】为 0.5 mm、【高度分段】为 1、【边数】为 24，如图 4-34 所示。

(11) 单击【创建】面板中的【切角长方体】工具按钮，在顶视图中创建一个切角长方体，在【参数】卷展栏中设置其【长度】为 4 mm、【宽度】为 7 mm、【高度】为 8 mm、【圆角】为 0.6 mm，如图 4-35 所示。

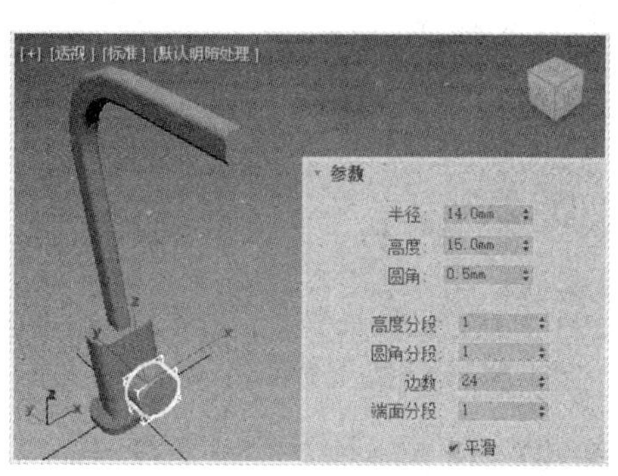

图 4-34　创建另一个切角圆柱体

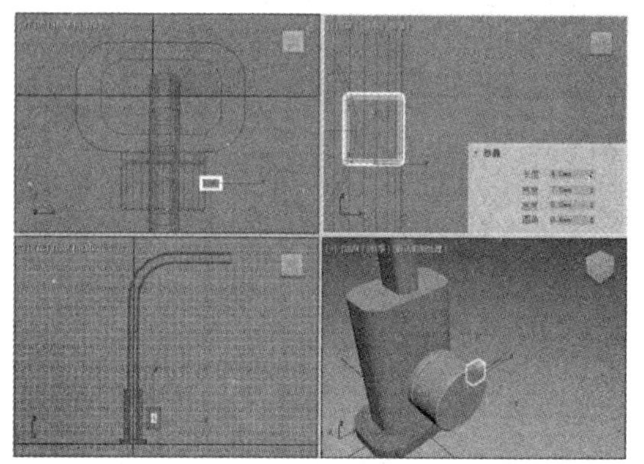

图 4-35　创建一个切角长方体

(12) 再次单击【切角长方体】工具按钮，创建另一个【长度】为 2 mm、【宽度】为 2 mm、【高度】为 45 mm、【圆角】为 1 mm 的切角长方体，如图 4-36 所示。

(13) 按下 E 键执行【选择并旋转】命令，沿 Z 轴旋转步骤(12)中创建的切角长方体，如图 4-37 所示。

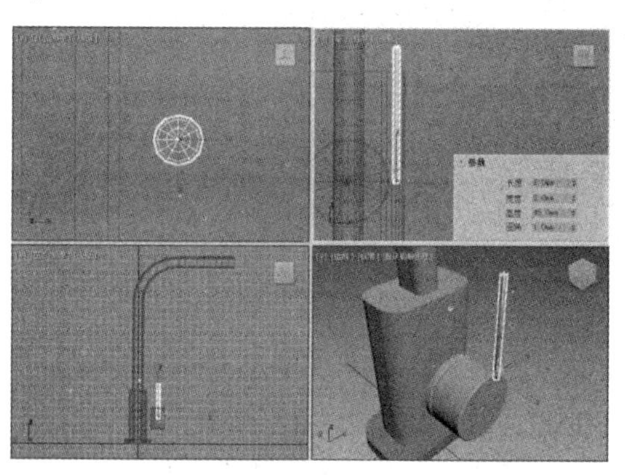

图 4-36　创建另一个切角长方体

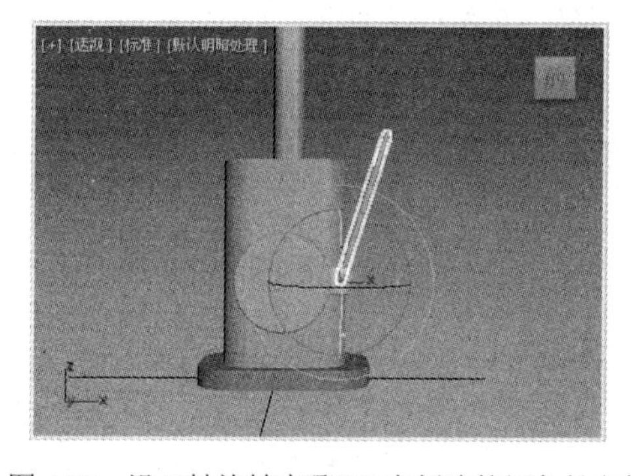

图 4-37　沿 Z 轴旋转步骤(12)中创建的切角长方体

(14) 在【创建】面板中单击【管状体】工具按钮，在视图中创建一个【半径 1】为 4 mm、【半径 2】为 3 mm、【高度】为 3 mm、【高度分段】为 1 的管状体，如图 4-38 所示，完成模型的制作。

“弯曲”修改器的【参数】卷展栏(如图 4-39 所示)中主要选项的功能说明如下。

- 【角度】微调框：设置围绕垂直于坐标轴方向的弯曲量。
- 【方向】微调框：使弯曲物体的任意一端相互靠近。当值为负时，对象弯曲会与 Gizmo 中心相邻；当值为正时，对象弯曲会远离 Gizmo 中心；当值为 0 时，对象会进行均匀弯曲。
- 【弯曲轴】选项组：用于设定弯曲所沿的坐标轴。
- 【限制效果】复选框：用于对弯曲效果应用限制约束。
- 【上限】微调框：设置弯曲效果的上限。

▽【下限】微调框：设置弯曲效果的下限。

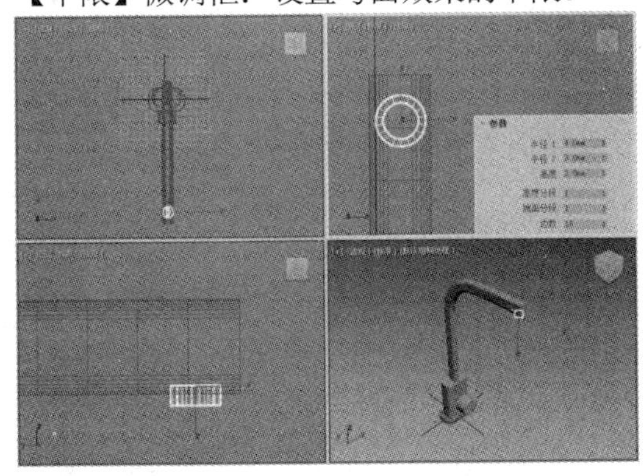

图4-38　创建管状体

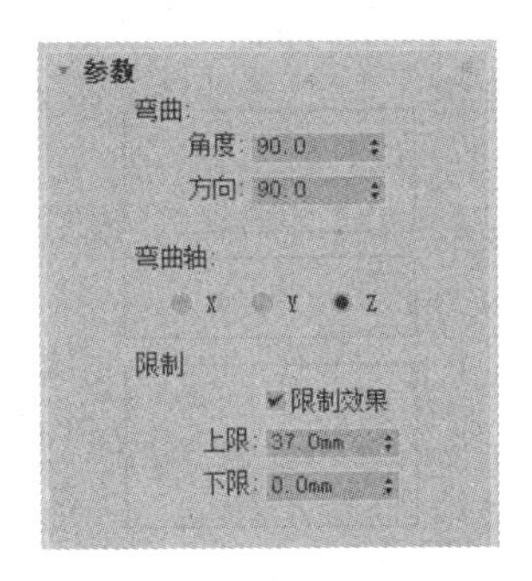

图4-39　“弯曲”修改器的【参数】卷展栏

4.3.4　“扭曲”修改器

利用“扭曲”修改器，用户可以在几何体中产生旋转效果。

【例4-4】利用“扭曲”修改器制作戒指模型。视频

(1) 在【创建】面板中单击【几何体】选项卡●中的【切角长方体】工具按钮，在前视图中创建一个切角长方体，在【参数】卷展栏中设置【长度】为3300 mm、【宽度】为55 mm、【高度】为96 mm、【圆角】为6 mm、【长度分段】为97、【宽度分段】为2、【高度分段】为3、【圆角分段】为3，如图4-40所示。

(2) 选中创建的切角长方体，选择【修改】面板，单击【修改器列表】下拉按钮，从弹出的下拉列表中选择Twist选项，添加Twist(“扭曲”)修改器，然后在【参数】卷展栏中设置【角度】为680、【扭曲轴】为Y轴，并选中【限制效果】复选框，同时设置【上限】为900 mm、【下限】为-900 mm，如图4-41所示。

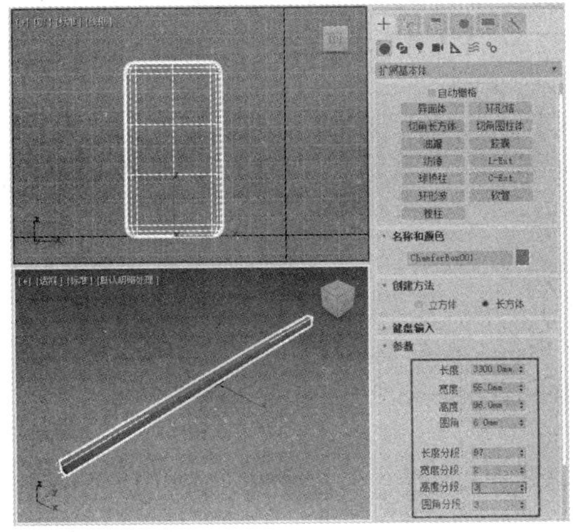

图4-40　创建切角长方体

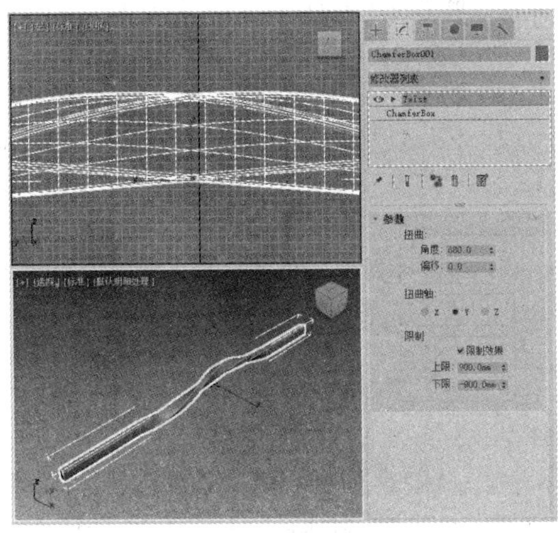

图4-41　设置扭曲效果

(3) 单击【修改】面板中的【修改器列表】下拉按钮，在弹出的下拉列表中选择 Bend 选项，添加 Bend(“弯曲”)修改器，然后在【参数】卷展栏中设置【角度】为 360、【弯曲轴】为 Y 轴，如图 4-42 所示，完成模型的创建。

“扭曲”修改器的【参数】卷展栏与“弯曲”修改器的【参数】卷展栏类似，其中主要选项的功能说明如下。

- 【角度】微调框：设置围绕垂直于坐标轴方向的扭曲量。
- 【偏移】微调框：使扭曲物体的任意一端相互靠近。当值为负时，对象扭曲会与 Gizmo 中心相邻；当值为正时，对象扭曲会远离 Gizmo 中心；当值为 0 时，对象会进行均匀扭曲。
- 【扭曲轴】选项组：指定扭曲所沿的坐标轴。
- 【限制效果】复选框：对扭曲效果应用限制约束。
- 【上限】微调框：设置扭曲效果的上限。
- 【下限】微调框：设置扭曲效果的下限。

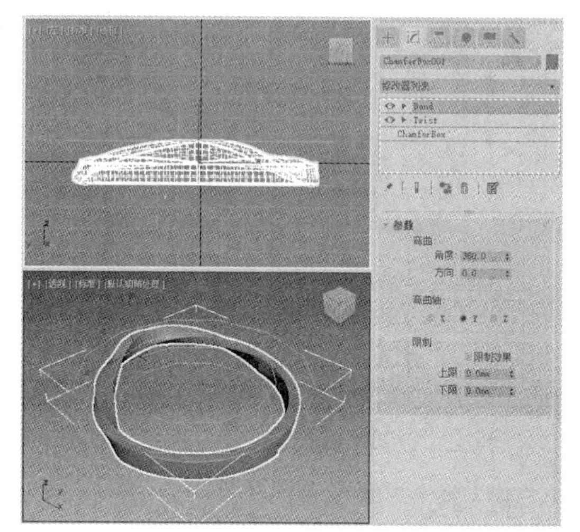

图 4-42　设置“弯曲”修改器

4.3.5　“晶格”修改器

利用“晶格”修改器，用户可以将图形的线段或边转换为圆柱形结构，并在顶点上产生可选择的关节多面体。

【例 4-5】 利用“晶格”修改器制作水晶灯模型。 视频

(1) 在【创建】面板的【几何体】选项卡中单击【切角圆柱体】工具按钮，创建一个【半径】为 255 mm、【高度】为 80 mm、【圆角】为 1 mm、【圆角分段】为 6、【边数】为 40 的切角圆柱体，如图 4-43 所示。

(2) 再次单击【创建】面板中的【切角圆柱体】工具按钮，创建另一个切角圆柱体，在【参数】面板中设置其【半径】为 280 mm、【高度】为 10 mm、【圆角】为 1 mm、【圆角分段】为 6、【边数】为 40。

(3) 单击【创建】面板中的【圆柱体】工具按钮，在视图中创建一个圆柱体，并在【参数】卷展栏中设置其【半径】为 260 mm、【高度】为 1100 mm、【边数】为 24，如图 4-44 所示。

(4) 选中上一步创建的圆柱体，选择【修改】面板，单击【修改器列表】下拉按钮，从弹出的下拉列表中选择【晶格】选项，添加“晶格”修改器，然后在【参数】卷展栏中设置【支柱】的【半径】为 3 mm、【边数】为 4，如图 4-45 所示。

(5) 在【创建】面板中单击【几何球体】工具按钮，在模型的下方创建一个【半径】为 260 mm、【分段】为 4 的几何球体，如图 4-46 所示。

(6) 选中上一步创建的几何球体，选择【修改】面板，单击【修改器列表】下拉按钮，从弹出的下拉列表中选择【晶格】选项，添加“晶格”修改器，在【参数】卷展栏中设置【支柱】的

【半径】为 1 mm、【边数】为 4，如图 4-47 所示。

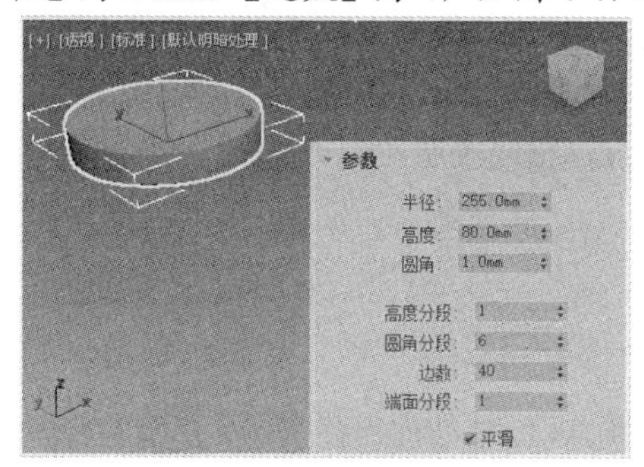

图 4-43　创建切角圆柱体

图 4-44　创建圆柱体

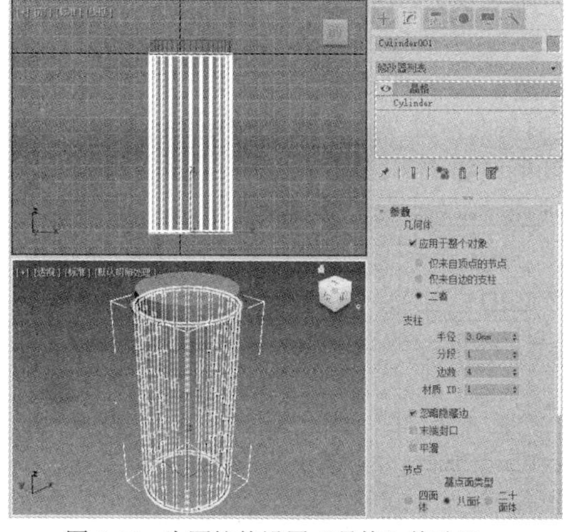

图 4-45　为圆柱体设置“晶格”修改器

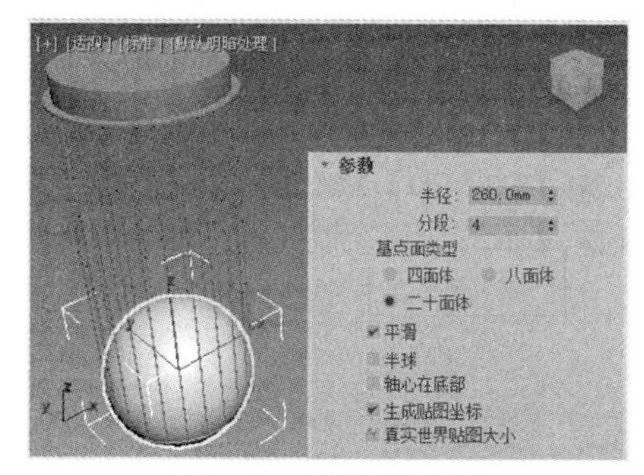

图 4-46　创建几何球体

(7) 在【参数】卷展栏的【节点】选项组的【半径】微调框中输入 20 mm，如图 4-48 所示，完成模型的制作。

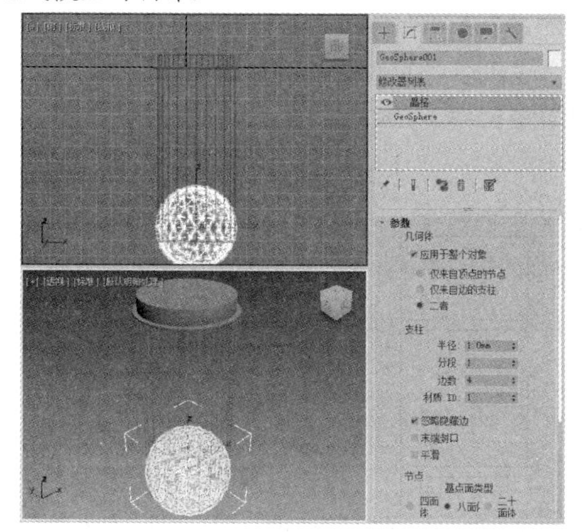

图 4-47　为几何球体设置“晶格”修改器

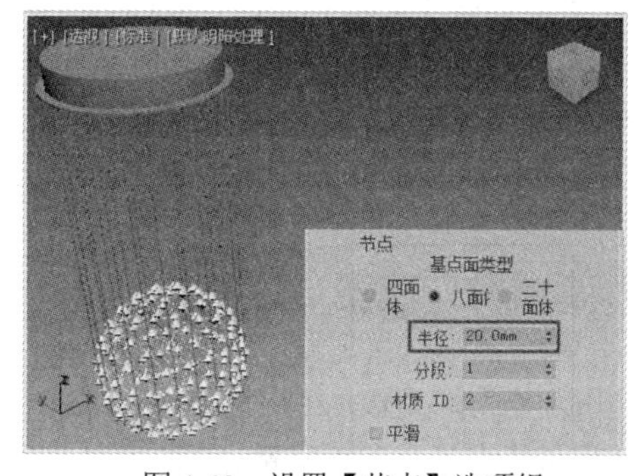

图 4-48　设置【节点】选项组

“晶格”修改器的【参数】卷展栏(如图 4-49 所示)中主要选项的功能说明如下。

- 【应用于整个对象】复选框：将“晶格”修改器应用到对象的所有边或线段上。
- 【仅来自顶点的节点】单选按钮：仅显示由原始网格顶点产生的关节(多面体)。
- 【仅来自边的支柱】单选按钮：仅显示由原始网格线段产生的支柱(圆柱体)。
- 【二者】单选按钮：显示支柱和关节。
- 【半径】微调框：指定结构的半径。
- 【分段】微调框：指定沿结构的分段数量。
- 【边数】微调框：指定结构边界的数量。
- 【材质 ID】微调框：指定用于结构的材质 ID，从而使结构和关节具有不同的材质 ID。
- 【忽略隐藏边】复选框：仅生成可视边的结构。如果取消选中的话，将生成所有边的结构，包括不可见边。
- 【末端封口】复选框：将末端封口应用于结构。
- 【平滑】复选框：将平滑效果应用于结构。
- 【基点面类型】子选项组：指定用于关节的多面体类型，包括【四面体】【八面体】和【二十面体】3 种类型。其中主要选项的功能说明如下。
  - 【半径】微调框：设置关节的半径。
  - 【分段】微调框：指定关节中的分段数。分段越多，关节形状越接近球形。
  - 【材质 ID】微调框：指定用于结构的材质 ID。
  - 【平滑】复选框：将平滑效果应用于关节。

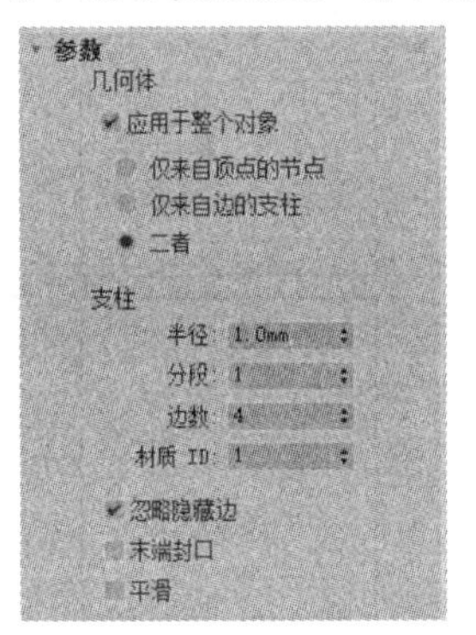

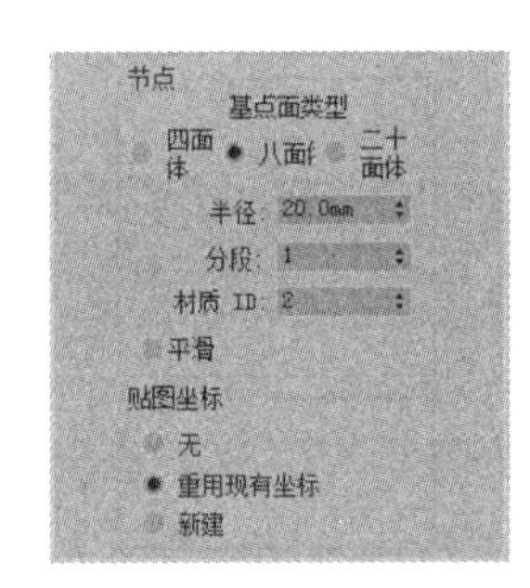

图 4-49 “晶格”修改器的【参数】卷展栏

- 【无】单选按钮：不指定贴图。
- 【重用现有坐标】单选按钮：将当前贴图指定给对象。
- 【新建】单选按钮：使用专用于“晶格”修改器的贴图——将圆柱形贴图应用于每个结构，而将球形贴图应用于每个关节。

4.3.6 “壳修”改器

利用“壳”修改器，用户可以通过添加一组朝向现有面相反方向的额外面来产生厚度，无论曲面是在原始对象中的哪些地方消失的，边都将能够连接内部和外部曲面。用户可以为内部和外部曲面、边的特性、材质 ID 以及边的贴图类型指定偏移距离。

【例 4-6】 利用“壳”修改器制作蛋壳雕刻模型。 视频

(1) 在【创建】面板的【几何体】选项卡中单击【球体】工具按钮，在场景中创建一个【半径】为 60 mm、【分段】为 80 的球体，如图 4-50 所示。

(2) 使用主工具栏中的【选择并均匀缩放】工具，在前视图中按 *Y* 轴正方向缩放球体，使球体变为椭球体，如图 4-51 所示。

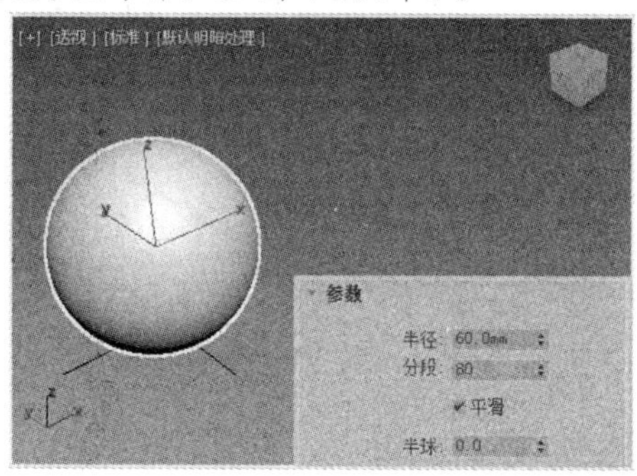

图 4-50　创建球体

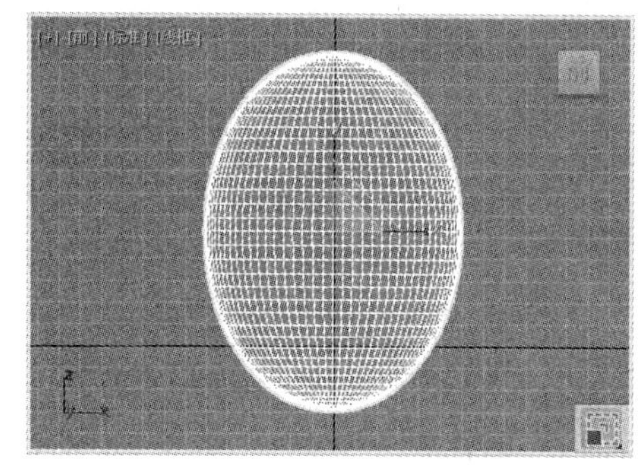

图 4-51　按 *Y* 轴正方向缩放球体

(3) 单击【创建】面板的【图形】选项卡中的【文本】工具按钮，在前视图中创建文本，并在【参数】卷展栏中设置文本的【大小】为 60 mm，如图 4-52 所示。

(4) 按下 E 键执行【选择并旋转】命令，将场景中的文本沿 *X* 轴旋转。

(5) 选中椭球体，在【创建】面板的【几何体】选项卡中单击【标准基本体】下拉按钮，在弹出的下拉列表中选择【复合对象】选项，然后先单击【图形合并】按钮，再单击【拾取图形】按钮，拾取场景中的文本，如图 4-53 所示。

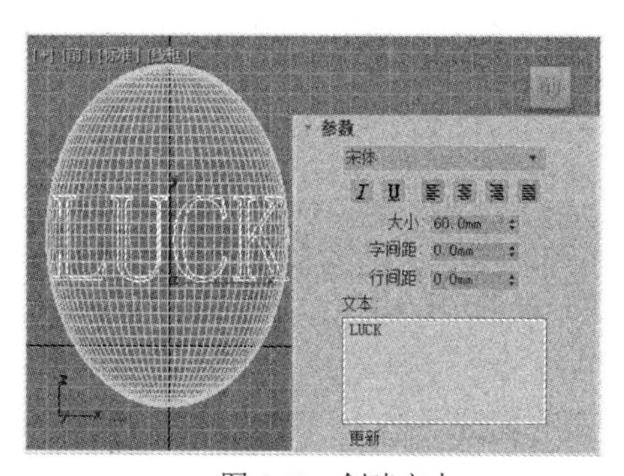

图 4-52　创建文本

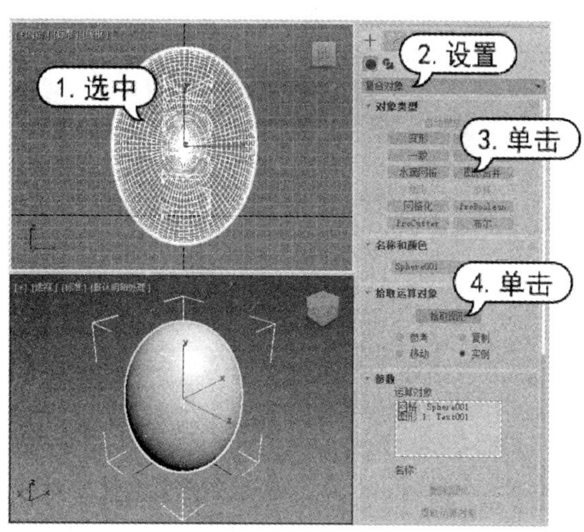

图 4-53　合并图形

(6) 选中合并图形后的模型，选择【修改】面板，单击【修改器列表】下拉按钮，从弹出的下拉列表中选择【编辑多边形】选项，添加“编辑多边形”修改器，然后在【选择】卷展栏中单击【多边形】按钮，进入多边形子层级，选中文本部分，如图 4-54 所示。

(7) 按下 Delete 键，将选中的多边形删除，如图 4-55 所示。

(8) 选择场景中的球体模型，在【修改】面板中单击【修改器列表】下拉按钮，从弹出的下

拉列表中选择【壳】选项，添加“壳”修改器，在【参数】卷展栏中设置【外部量】为 0.1，如图 4-56 所示，完成模型的制作。

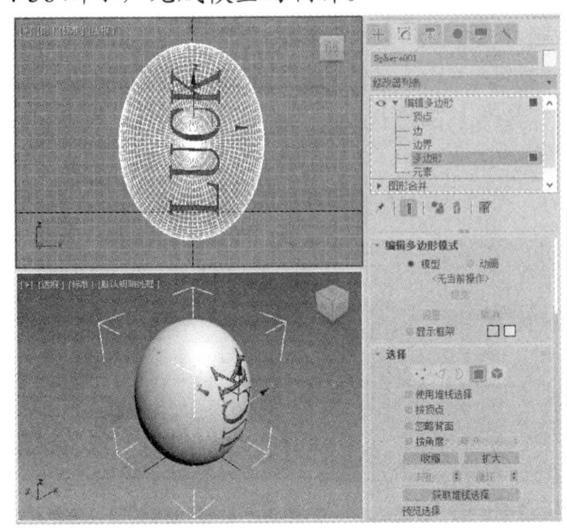

图 4-54　选中文本

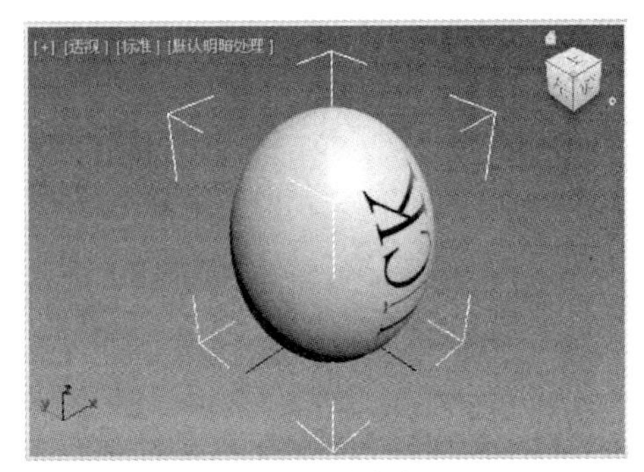

图 4-55　删除多边形

“壳”修改器的【参数】卷展栏(如图 4-57 所示)中主要选项的功能说明如下。

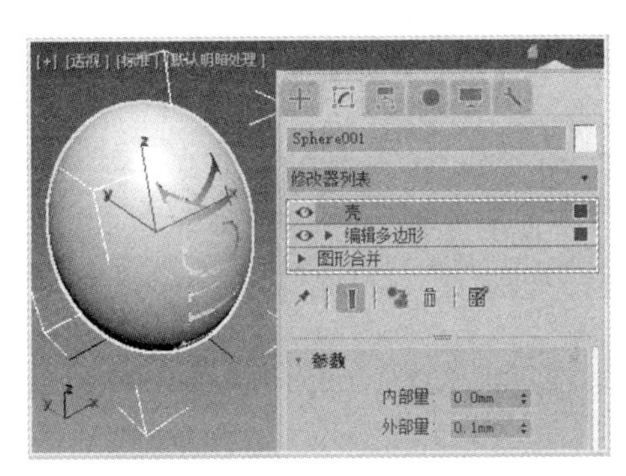

图 4-56　设置“壳”修改器参数

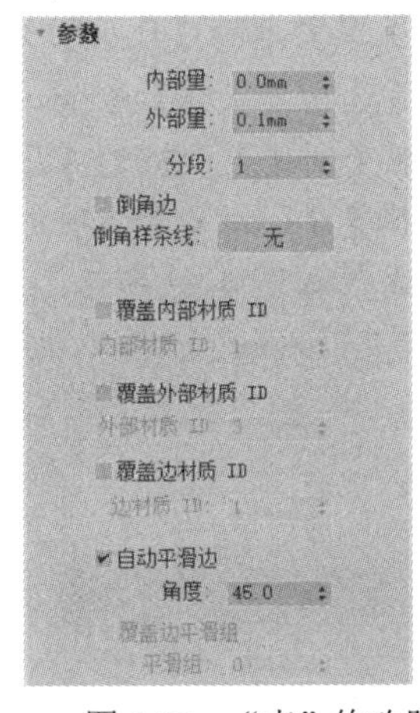

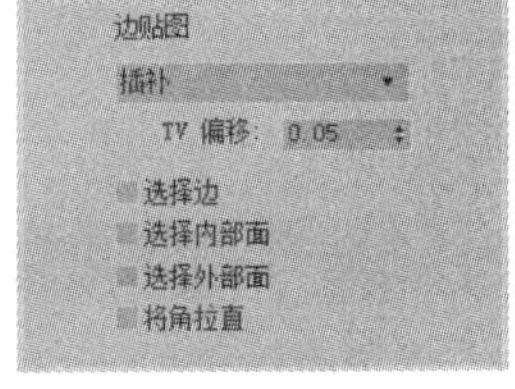

图 4-57　“壳”修改器的【参数】卷展栏

- 【内部量】和【外部量】微调框：通过使用 3ds Max 通用的距离单位，将内部曲面从原始位置向内移动，而将外部曲面从原始位置向外移动。
- 【分段】微调框：设置每条边的细分值。
- 【倒角边】复选框：在选中该复选框并指定【倒角样条线】中的参数之后，3ds Max 就会使用样条线定义边的剖面和分辨率。
- 【倒角样条线】：通过样条线定义边的剖面和分辨率(但是，像圆形或星形这样的闭合形状将不起作用)。
- 【覆盖内部材质 ID】复选框：在选中该复选框并指定【内部材质 ID】微调框中的参数之后，就可以为所有的内部曲面多边形指定材质 ID。该复选框默认处于禁用状态。
- 【内部材质 ID】微调框：用于为内部曲面指定材质 ID。该微调框只有在选中【覆盖内部材质 ID】复选框后才可用。

- 【覆盖外部材质 ID】复选框：在选中该复选框并指定【外部材质 ID】微调框中的参数之后，就可以为所有的外部曲面多边形指定材质 ID。该复选框默认处于禁用状态。
- 【外部材质 ID】微调框：用于为外部曲面指定材质 ID。该微调框只有在选中【覆盖外部材质 ID】复选框后才可用。
- 【覆盖边材质 ID】复选框：在选中该复选框并指定【边材质 ID】微调框中的参数之后，就可以为所有的新边多边形指定材质 ID。该复选框默认处于禁用状态。
- 【边材质 ID】微调框：为边面指定材质 ID。该微调框只有在启用【覆盖边材质 ID】复选框后才可用。
- 【自动平滑边】复选框：自动应用基于角的平滑到边面。在禁用【自动平滑边】复选框后，3ds Max 将不再应用平滑。
- 【角度】微调框：在边和面之间指定最大角度，边和面可通过【自动平滑边】复选框来设置平滑。该微调框只有在启用【自动平滑边】复选框之后才可用(默认值为 45.0)。
- 【覆盖边平滑组】复选框：作用是使用【平滑组】微调框中的参数设置来为新边多边形指定平滑组。该复选框只有在禁用【自动平滑边】复选框之后才可用。
- 【平滑组】微调框：用于为新边多边形设置平滑组。该微调框只有在启用【覆盖边平滑组】复选框之后才可用。
- 【边贴图】下拉列表：指定想要应用于新边的纹理贴图类型。
- 【TV 偏移】微调框：确定边的纹理顶点间隔。该微调框只有当用户从【边贴图】下拉列表中选择【剥离】或【插补】选项时才可用。
- 【选择边】复选框：从其他修改器的堆栈上传递选择的边。
- 【选择内部面】复选框：选择内部面，从其他修改器的堆栈上传递选择。
- 【选择外部面】复选框：选择外部面，从其他修改器的堆栈上传递选择。
- 【将角拉直】复选框：调整角顶点以维持直线边。

4.3.7　FFD 修改器

FFD 修改器即自由变形修改器。FFD 修改器使用晶格框包围选中的几何体，因此用户可以通过调整晶格的控制点来改变封闭几何体的形状。

【例 4-7】 利用 FFD 修改器制作沙发抱枕模型。 视频

(1) 在【创建】面板的【几何体】选项卡●中单击【切角长方体】工具按钮，在顶视图中创建一个切角长方体，在【参数】卷展栏中设置其【长度】为 400 mm、【宽度】为 400 mm、【高度】为 100 mm、【圆角】为 50 mm、【长度分段】为 5、【宽度分段】为 6、【圆角分段】为 3，如图 4-58 所示。

(2) 选中创建的切角长方体，选择【修改】面板，单击【修改器列表】下拉按钮，从弹出的下拉列表中选择【FFD(长方体)】选项，添加“FFD(长方体)”修改器，然后在【FFD 参数】卷展栏中单击【设置点数】按钮，如图 4-59 所示。

(3) 打开【设置 FFD 尺寸】对话框，设置【长度】为 5、【宽度】为 6、【高度】为 2，然后单击【确定】按钮，如图 4-60 所示。

(4) 在【修改】面板的修改器堆栈中选择【控制点】选项，将当前选择集定义为控制点，然后在顶视图中选择模型最外围的所有控制点，如图 4-61 所示。

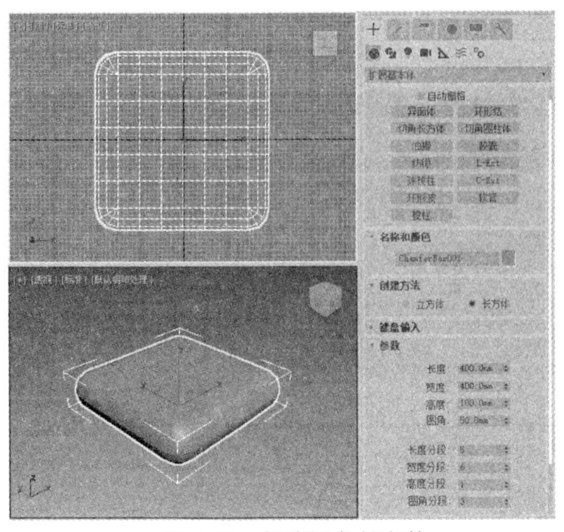

图 4-58　创建切角长方体

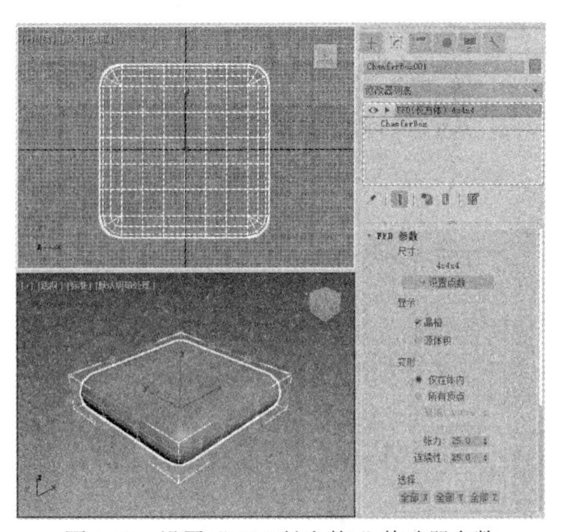

图 4-59　设置“FFD(长方体)”修改器参数

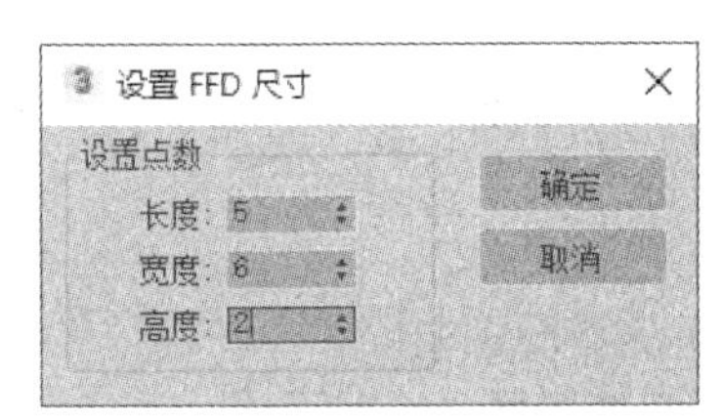

图 4-60　【设置 FFD 尺寸】对话框

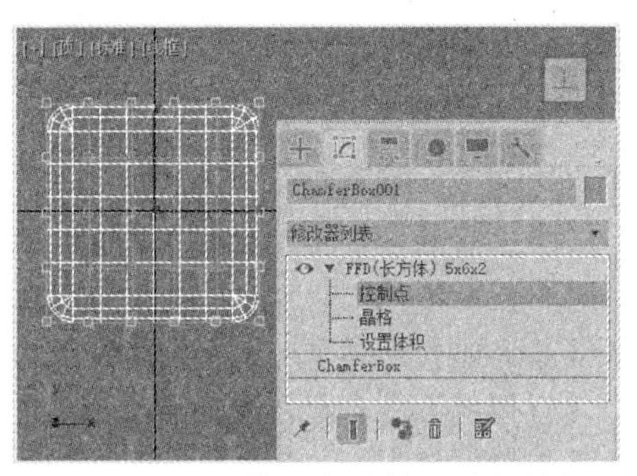

图 4-61　选择模型最外围的所有控制点

(5) 在主工具栏中单击【选择并均匀缩放】按钮，在前视图中沿 Y 轴向下调整控制点，如图 4-62 所示。

(6) 在顶视图中选择模型最外围的除了每个角以外的所有控制点，如图 4-63 所示。

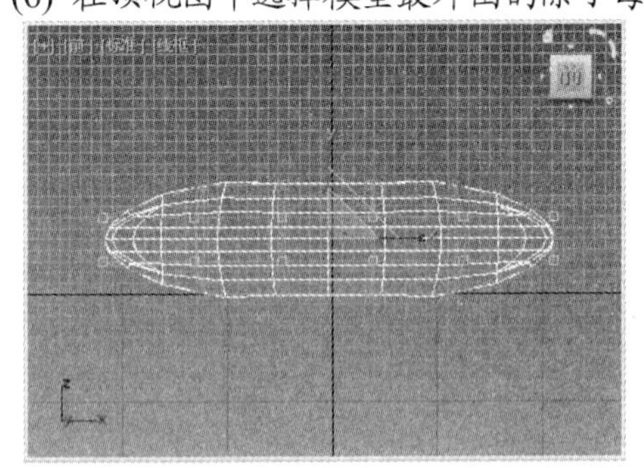

图 4-62　沿 Y 轴向下调整控制点

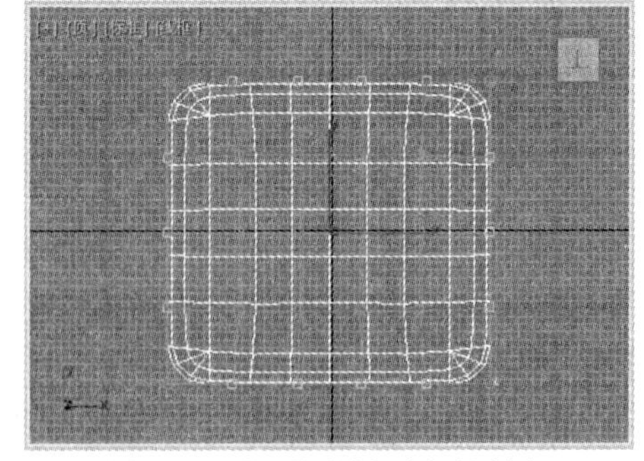

图 4-63　在顶视图中选择控制点

(7) 单击主工具栏中的【选择并均匀缩放】按钮，将鼠标指针移至 X 轴、Y 轴中心处并按住鼠标左键进行拖动，效果如图 4-64 所示。

(8) 按下 W 键执行【选择并移动】命令，在前视图和左视图中沿 Y 轴调整上下两条边上的控制点，如图 4-65 所示。

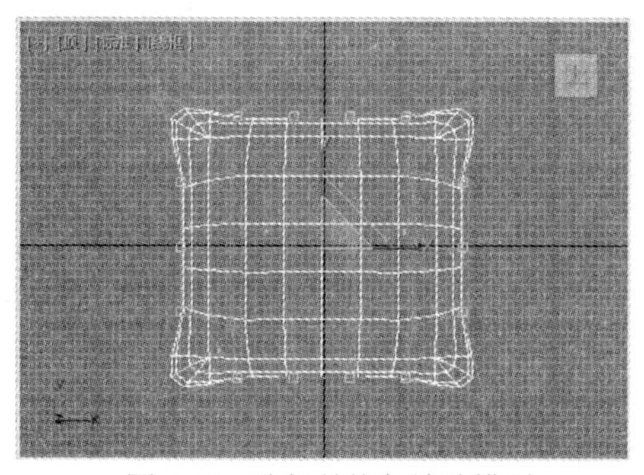

图 4-64　选择并均匀缩放模型

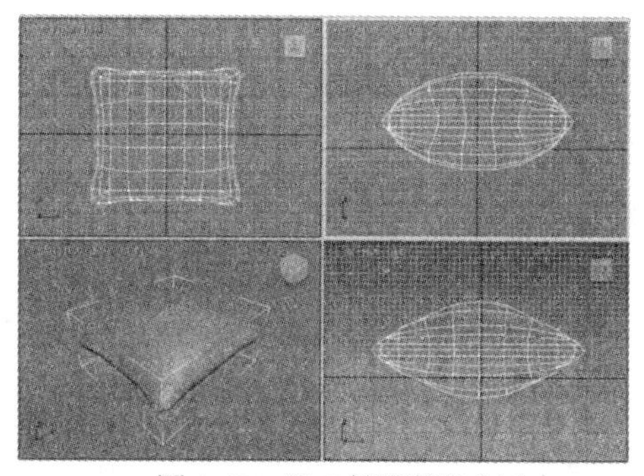

图 4-65　沿 Y 轴调整控制点

(9) 最后，在【修改】面板中关闭当前选择集，单击【修改器列表】下拉按钮，从弹出的下拉列表中选择【网格平滑】选项，添加“网格平滑”选择器。该修改器可以使场景中物体的棱角变得平滑，从而使模型更接近现实中真实的物体。

“FFD(长方体)”修改器的【FFD 参数】卷展栏(如图 4-66 所示)中主要选项的功能说明如下。

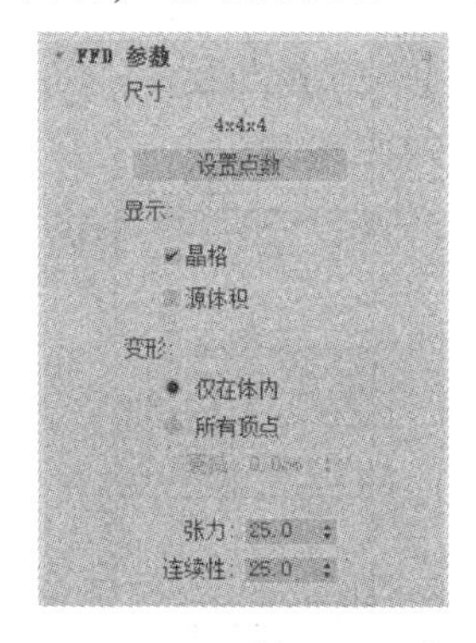

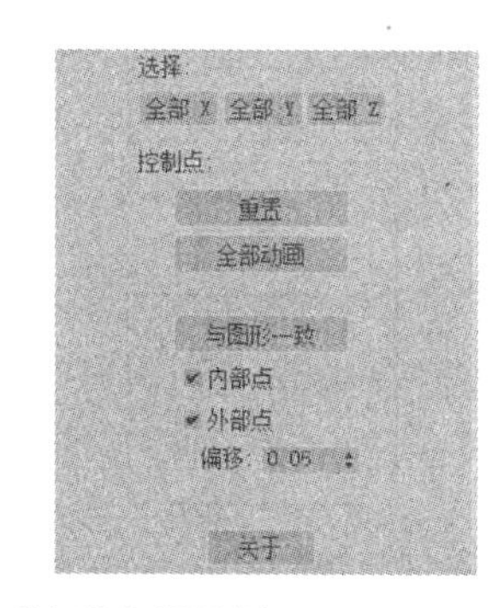

图 4-66　“FFD(长方体)”修改器的【参数】卷展栏

- 【尺寸】提示信息：显示晶格中当前控制点的数量。
- 【设置点数】按钮：单击【设置点数】按钮可以打开【设置 FFD 尺寸】对话框，在该对话框中，用户可以设置晶格中所需控制点的数量。
- 【晶格】复选框：控制是否允许连接控制点的线条以形成栅格。
- 【源体积】复选框：控制是否可以将控制点和晶格以未修改的状态显示出来。
- 【仅在体内】单选按钮：只有位于源体积内的顶点才会变形。
- 【所有顶点】单选按钮：所有顶点都会变形。
- 【衰减】微调框：设定当 FFD 修改器的应用效果减少为 0 时离晶格的距离。
- 【张力】和【连续性】微调框：调整变形样条线的张力和连续性。
- 【全部 X】【全部 Y】和【全部 Z】按钮：分别用于选中对应轴向的所有控制点。
- 【重置】按钮：将所有控制点恢复到原始位置。
- 【全部动画】按钮：将控制器指定给所有的控制点，使它们在轨迹视图中可见。
- 【与图形一致】按钮：在对象中心的控制点位置之间沿直线方向延长线条，可将每一个 FFD 控制点移到修改对象的交叉点上。
- 【内部点】复选框：仅控制受【与图形一致】按钮影响的对象内部的点。
- 【外部点】复选框：仅控制受【与图形一致】按钮影响的对象外部的点。

- 【偏移】微调框：设置控制点偏移对象曲面的距离。
- 【关于】按钮：用于打开显示版权信息和许可信息的对话框。

4.3.8　“噪波”修改器

“噪波”修改器能让对象表面的顶点产生随机变动，从而使对象表面变得起伏不规则。“噪波”修改器可以应用于任何类型的对象上，常用于制作复杂的地形、地面和水面效果。

【例 4-8】 利用“噪波”修改器制作海洋效果。视频

(1) 单击【创建】面板的【几何体】选项卡中的【平面】工具按钮，在顶视图中创建一个平面。

(2) 选择【修改】面板，在【参数】卷展栏中设置【长度】为 2000 mm、【宽度】为 2000 mm、【长度分段】为 200、【宽度分段】为 200，如图 4-67 所示。

(3) 单击【修改器列表】下拉按钮，在弹出的下拉列表中选择【噪波】选项，添加“噪波”修改器，然后在【参数】卷展栏中设置【噪波】选项组中的【种子】为 10、【比例】为 10，同时设置【强度】选项组中的 Z 选项为 3 mm。制作完成后的海洋模型如图 4-68 所示。

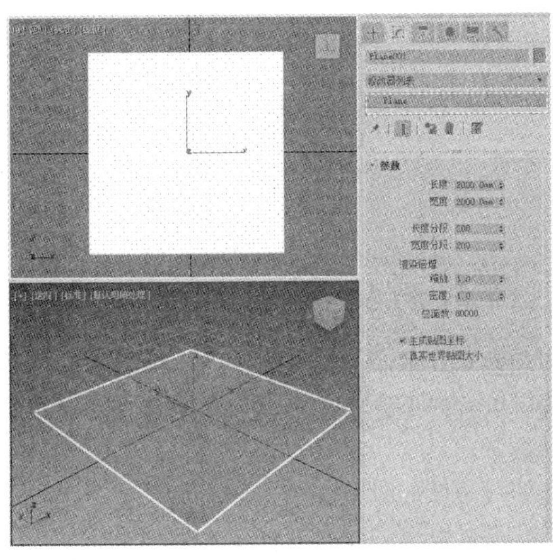

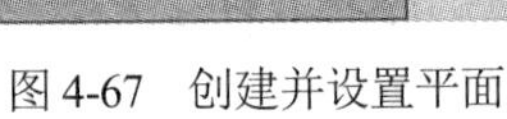

图 4-67　创建并设置平面

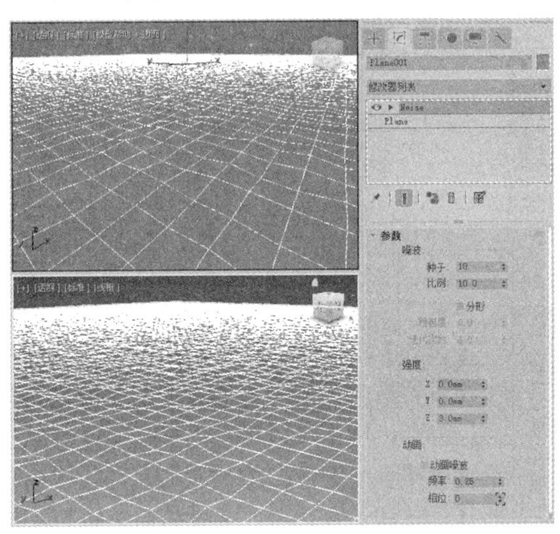

图 4-68　海洋模型

“噪波”修改器的【参数】卷展栏中主要选项的功能说明如下。

- 【种子】微调框：作用是从设置的数值中生成随机的起始点，这在创建地形时非常有用，因为每种设置都可以生成不同的效果。
- 【比例】微调框：设置噪波影响(非强度)的大小。较大的值可产生平滑的噪波，较小的值则会产生锯齿现象非常严重的噪波。
- 【分形】复选框：控制是否产生分形效果。
- 【粗糙度】微调框：控制分形变化的程度。
- 【迭代次数】微调框：控制分形功能使用的迭代次数。

- X、Y 和 Z 微调框：设置噪波在 X、Y、Z 坐标轴上的强度。
- 【动画噪波】复选框：调节噪波和强度参数的组合效果。
- 【频率】微调框：调节噪波效果的速度。较高的频率可使噪波振动得更快，较低的频率可产生较为平滑或更温和的噪波。
- 【相位】微调框：移动基本波形的起始点和结束点。

4.4　实例演练

修改器建模是 3ds Max 中非常特殊的一种建模方式，用户可以通过对二维图形或三维模型添加相应的修改器，使二维图形变为三维模型，或使三维模型产生特殊的变化。下面将通过实例操作，帮助用户进一步掌握所学的知识。

【例 4-9】 使用“挤出”修改器制作半圆形沙发模型。 视频

(1) 在【创建】面板的【图形】选项卡中单击【线】工具按钮，在前视图中绘制一条闭合的线。选择【修改】面板，在【选择】卷展栏中单击【顶点】按钮，选中这条线上的所有 6 个顶点，如图 4-69 所示。

(2) 在【几何体】卷展栏中设置【圆角】为 120 mm，使这条线变得更圆滑，如图 4-70 所示。

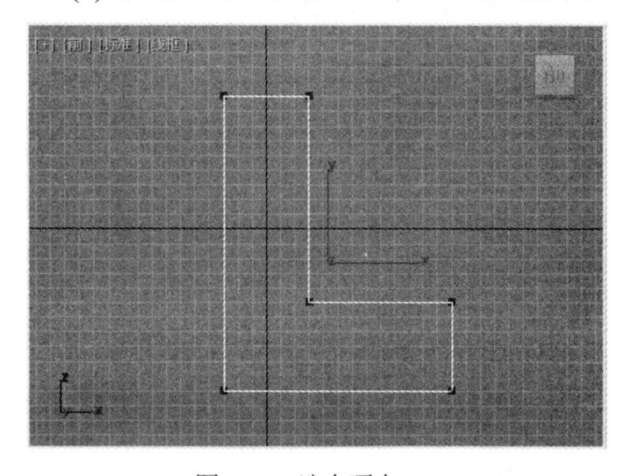

图 4-69　选中顶点

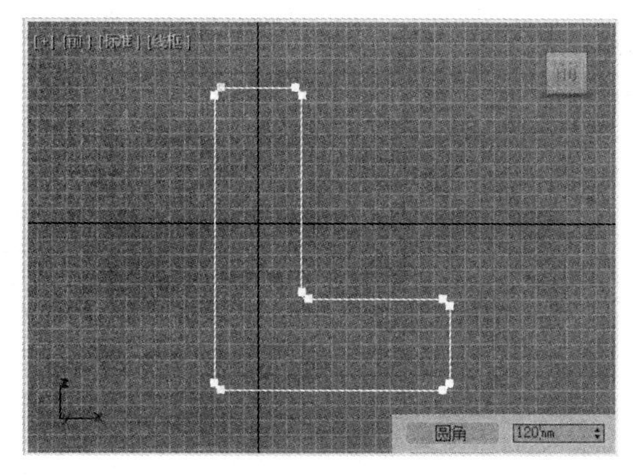

图 4-70　设置圆角

(3) 再次单击【选择】卷展栏中的【顶点】按钮，取消该按钮的激活状态，然后选中场景中的线，单击【修改】面板中的【修改器列表】按钮，从弹出的下拉列表中选择【挤出】选项，添加“挤出”修改器，在【参数】卷展栏中设置【数量】为 11 000 mm、【分段】为 50，如图 4-71 所示。

(4) 再次单击【修改器列表】下拉按钮，从弹出的下拉列表中选择 Bend 选项，添加 Bend(“弯曲”)修改器，在【参数】卷展栏中设置【角度】为 90、【弯曲轴】为 Z 轴。

(5) 选中创建的模型，单击主工具栏中的【镜像】按钮，打开【镜像：世界 坐标】对话框，设置【镜像轴】为 Y 轴，【偏移】为-35 mm，单击【确定】按钮，即可制作出效果如图 4-72 所示的半圆形沙发模型。

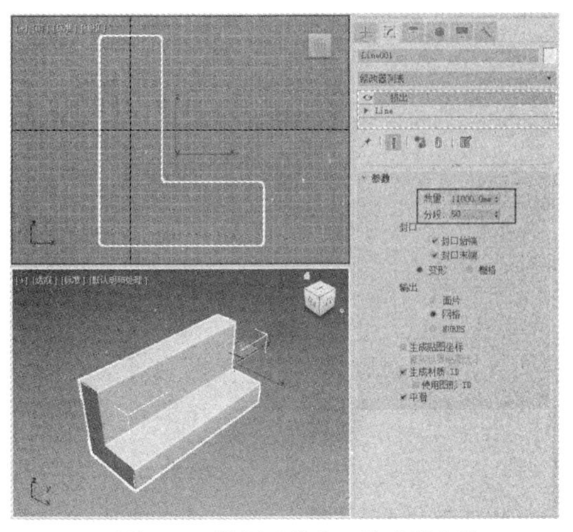

图 4-71　设置“挤出”修改器参数

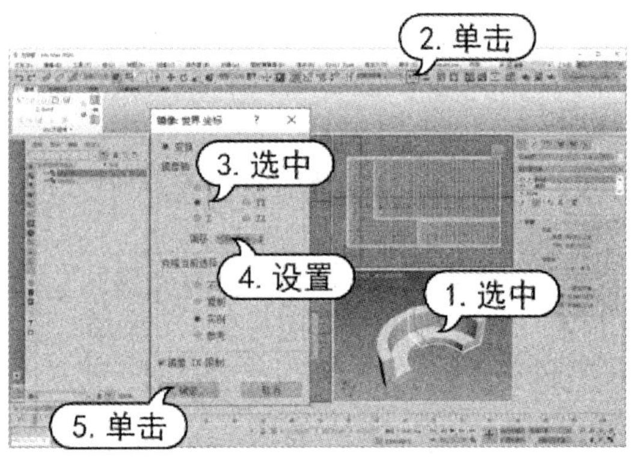

图 4-72　设置镜像参数

【例 4-10】　使用“编辑多边形”修改器制作梳妆凳模型。 视频

(1) 创建一个【半径】为 60 mm、【高度】为 30 mm、【高度分段】为 1 的圆柱体。

(2) 将创建的圆柱体塌陷为可编辑多边形，进入【多边形】子对象层级，选中图 4-73 左图所示的多边形，在【编辑多边形】卷展栏中单击【倒角】按钮右侧的【设置】按钮，在显示的面板中设置【高度】为 0、【轮廓】为 5 mm，如图 4-73 右图所示。

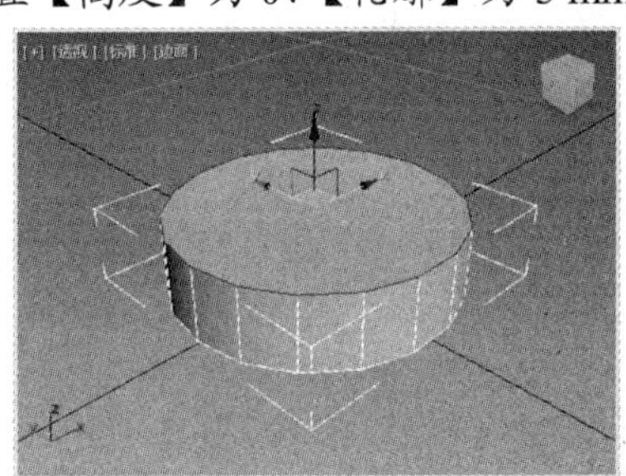

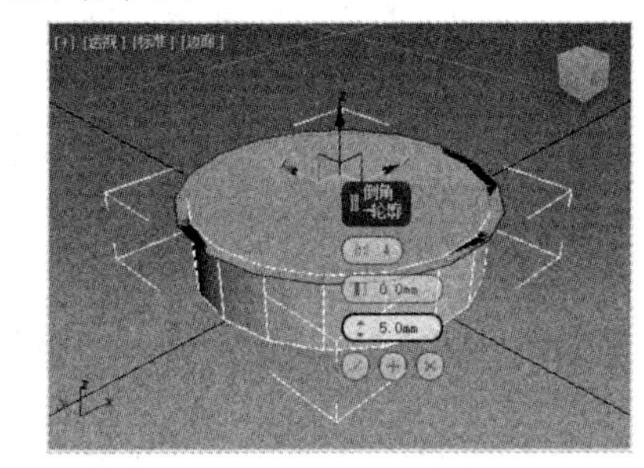

图 4-73　为多边形设置倒角

(3) 单击【挤出】按钮右侧的【设置】按钮，设置【高度】为 1.5 mm，如图 4-74 左图所示。单击【插入】按钮右侧的【设置】按钮，设置【数量】为 3 mm，如图 4-74 右图所示。

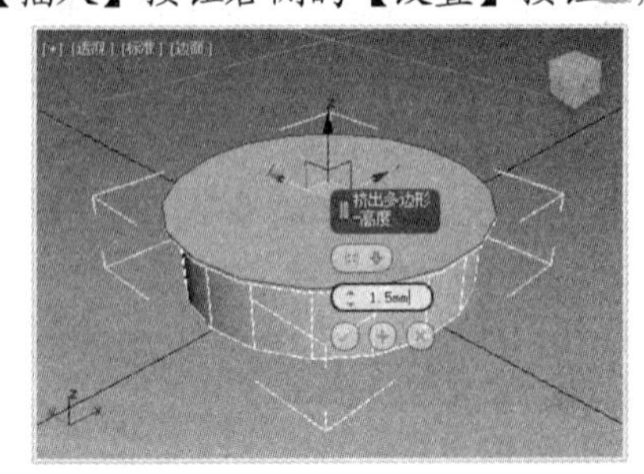

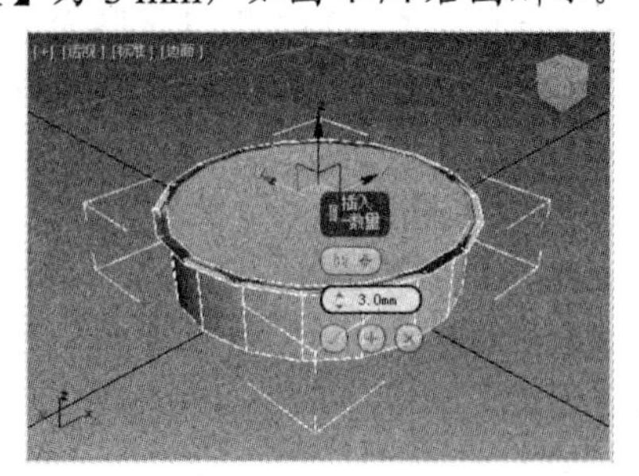

图 4-74　设置【挤出】参数(左图)和【插入】参数(右图)

(4) 再次单击【挤出】按钮右侧的【设置】按钮，设置【高度】为 4 mm，如图 4-75 所示。

(5) 使用相同的方法创建圆柱体底部模型，效果如图4-76所示。

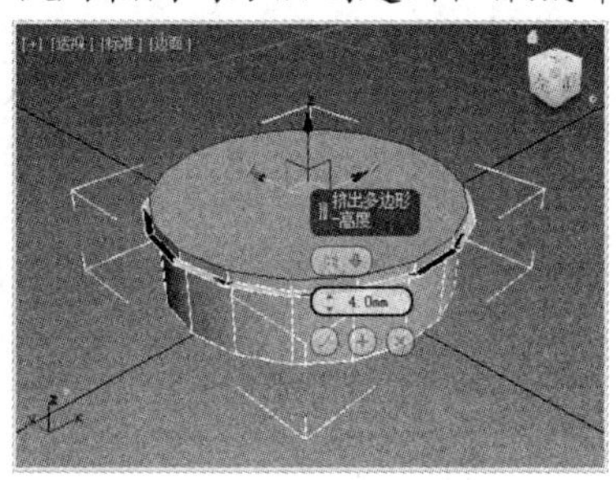

图4-75　设置挤出的高度

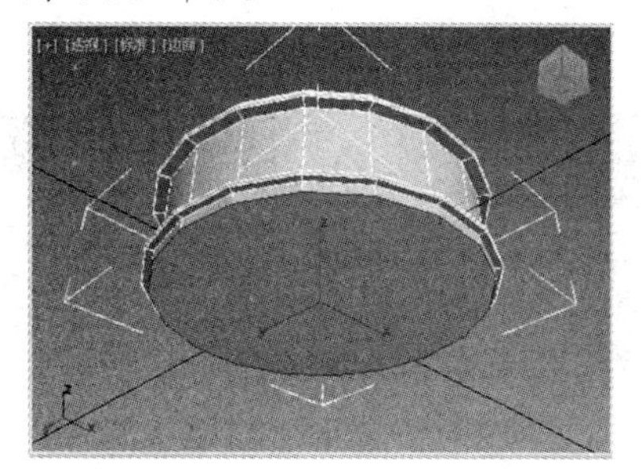

图4-76　创建圆柱体底部模型

(6) 进入【边】子对象层级，选中图4-77所示的边。

(7) 在【编辑边】卷展栏中单击【切角】按钮右侧的【设置】按钮，在显示的面板中设置【边切角量】为0.5 mm，如图4-78所示。

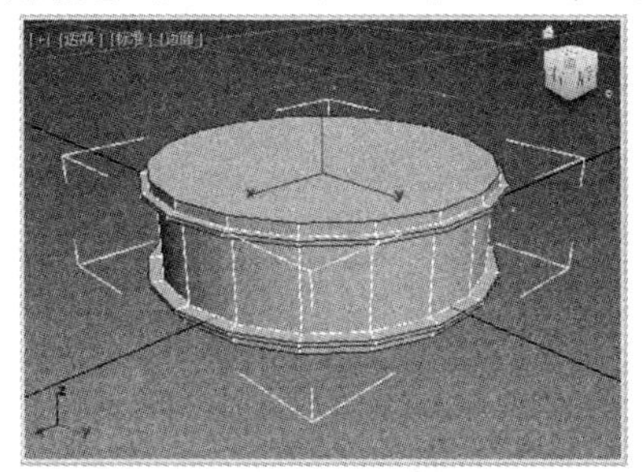

图4-77　进入【边】子对象层级并选中指定的边

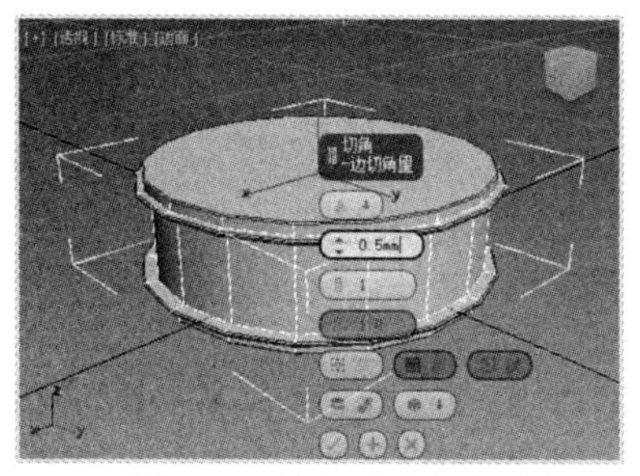

图4-78　设置【边切角量】

(8) 进入【多边形】子对象层级，选中图4-79左图所示的多边形，在【编辑多边形】卷展栏中单击【插入】按钮右侧的【设置】按钮，在显示的面板中设置【数量】为20 mm，如图4-79右图所示。

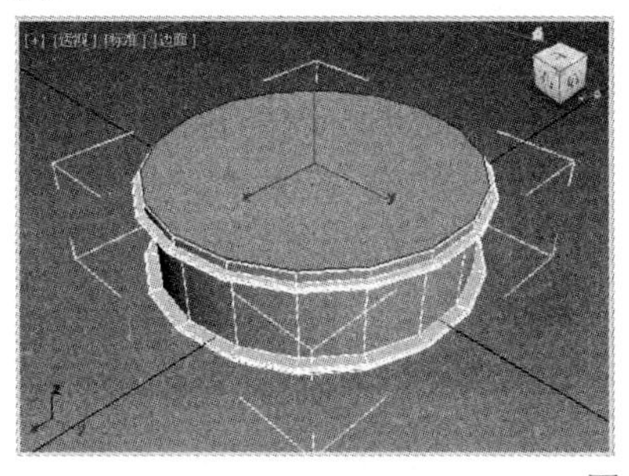

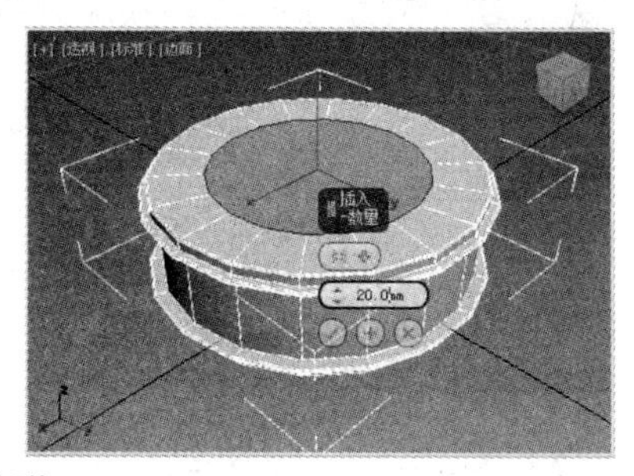

图4-79　编辑多边形

(9) 再次单击【插入】按钮右侧的【设置】按钮，在显示的面板中设置【数量】为20 mm，如图4-80左图所示。

(10) 为模型添加“网格平滑”修改器，在【细分量】卷展栏中设置【迭代次数】为2，此时的模型效果如图4-80右图所示。

(11) 在场景中创建一个大小合适(用户可自定义尺寸)的长方体，然后将其塌陷为可编辑多边形，如图4-81所示。

(12) 进入【顶点】子对象层级，将模型调整为图40-82所示的效果。

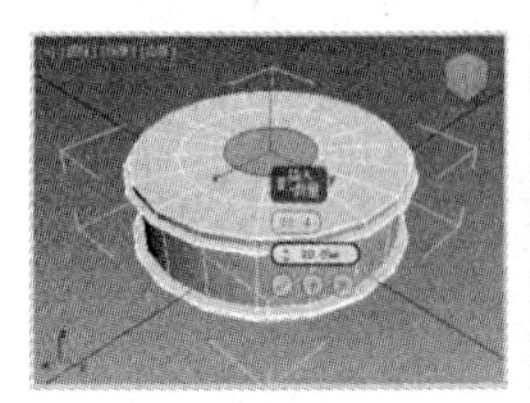
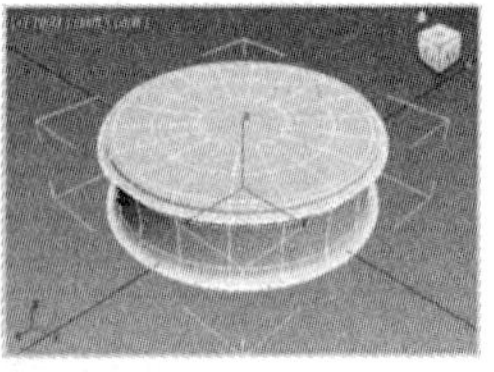

图 4-80　进一步处理多边形

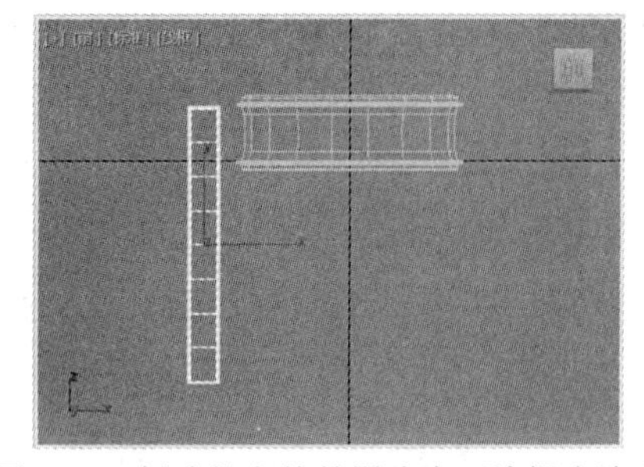

图 4-81　创建长方体并塌陷为可编辑多边形

(13) 进入【边】子对象层级，选中图 4-83 左图所示的边，单击【编辑边】卷展栏中【切角】按钮右侧的【设置】按钮，在显示的面板中设置【边切角量】为 1 mm，如图 4-83 右图所示。

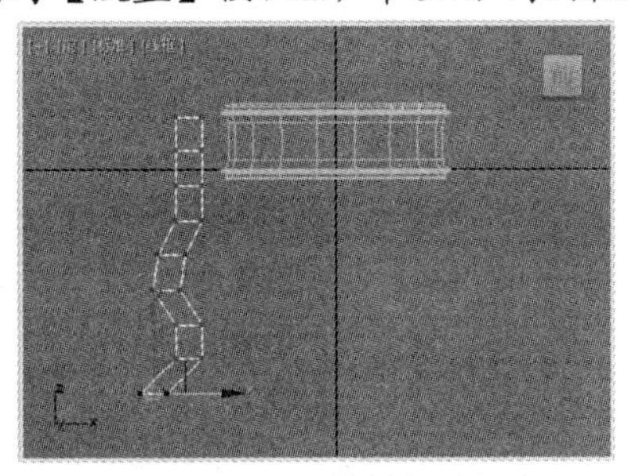

图 4-82　调整顶点对象

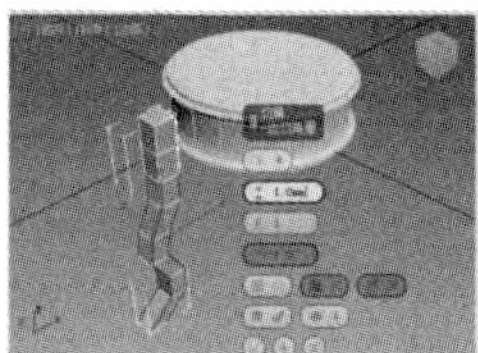

图 4-83　设置【边切角量】

(14) 选中编辑后的长方体模型，为其添加“网格平滑”修改器，设置【迭代次数】为 2，并调整模型的位置，如图 4-84 所示。

(15) 单击主工具栏中的【镜像】按钮，将长方体模型镜像复制 3 个，创建梳妆台凳的腿部，完成模型的创建，效果如图 4-85 所示。

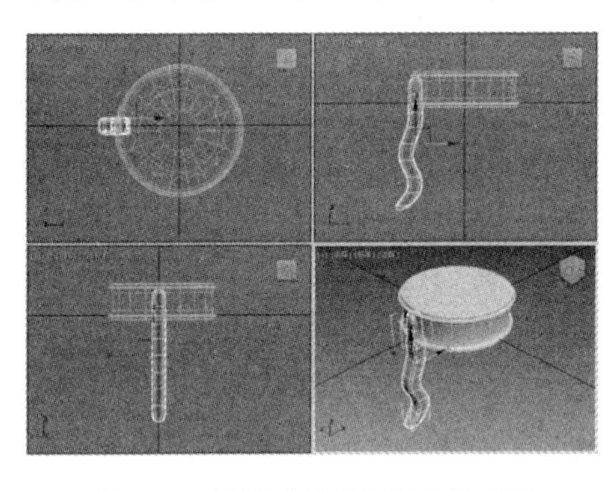

图 4-84　使用“网格平滑”修改器

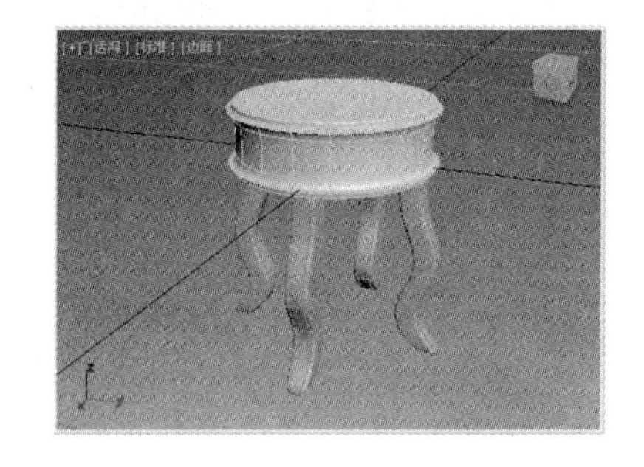

图 4-85　制作凳子腿部模型

4.5　习题

1. 简述什么是修改器堆栈。
2. 简述【网格选择】【面片选择】【多边形选择】和【体积选择】这 4 种选择修改器的作用。
3. 运用本章所学的知识，尝试制作衣架模型。

第5章 二维图形建模

在 3ds Max 中，二维图形建模是一种常用的建模方法。在利用二维图形建模时，通常需要配合样条线、挤出、倒角、倒角剖面、车削、扫描等编辑修改器来进行操作。本章将通过介绍 3ds Max 2020 提供的二维图形创建和编辑命令，帮助用户了解如何建立与编辑二维图形，从而掌握二维图形建模的方法。

本章重点

- 创建二维图形
- 设置二维图形的公共参数
- 编辑样条线

二维码教学视频

【例 5-1】 制作客厅展示架模型
【例 5-2】 制作玻璃杯模型
【例 5-3】 制作倒角文本
【例 5-4】 制作茶几模型
【例 5-5】 制作果篮模型
【例 5-6】 制作铁艺板凳模型
【例 5-7】 制作花瓶模型
本章其他视频参见视频二维码列表

5.1　二维图形建模简介

二维线条是一种矢量图形，可以由其他绘图软件产生，如 Illustrator、CorelDraw、AutoCAD 等，用户创建的矢量图形在以 AI 或 DWG 格式存储后，即可直接导入 3ds Max 中。

要想掌握二维图形建模方法，就必须学会建立和编辑二维图形。3ds Max 2020 提供了丰富的二维图形建立工具和编辑命令，本章将通过实例详细介绍这些工具和命令。

5.2　创建二维图形

在 3ds Max 中，用户可以通过【创建】面板中的工具来创建二维图形。在【创建】面板中选择【图形】选项卡，即可显示二维图形创建工具(其中包括 13 种创建工具)，选择其中的一个工具后，即可在场景中创建二维图形，如图 5-1 左图所示。

此外，在【图形】选项卡中单击【样条线】下拉按钮，在弹出的下拉列表中，用户还可以选择图形的类型，3ds Max 为不同类型的图形提供的绘图命令各不相同，如图 5-1 右图所示。

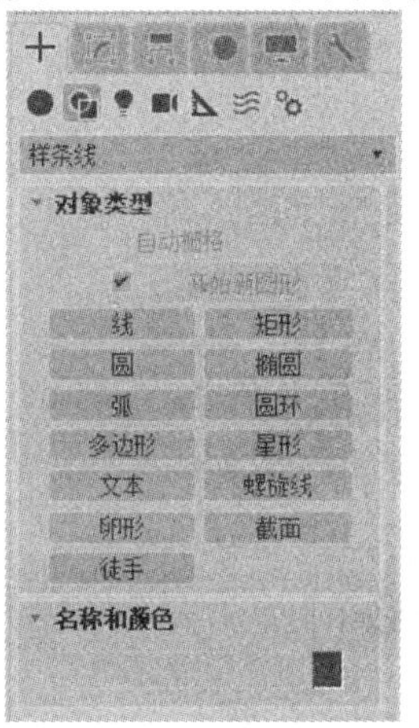

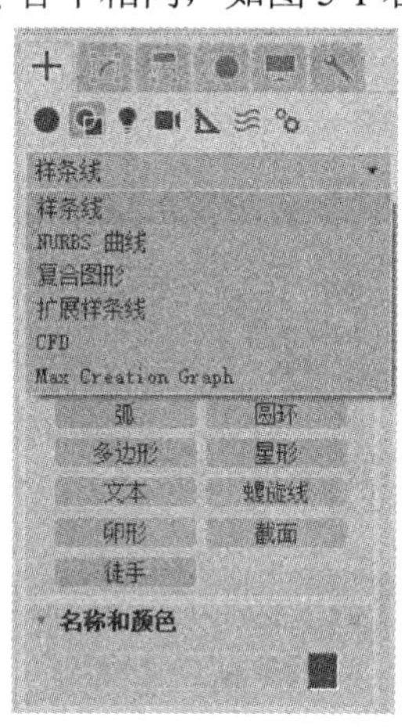

图 5-1　【创建】面板中的【图形】选项卡

5.2.1　矩形

使用【创建】面板中的【矩形】工具可以在场景中创建不同的矩形二维图形。

【例 5-1】 使用【矩形】工具制作客厅展示架。 视频

(1) 在【创建】面板中选择【图形】选项卡，然后单击其中的【矩形】工具按钮，在前视图中创建一个矩形，如图 5-2 所示。

(2) 选择【修改】面板，在【参数】卷展栏中设置矩形的长度为 200 cm、宽度为 100 cm，如图 5-3 所示。

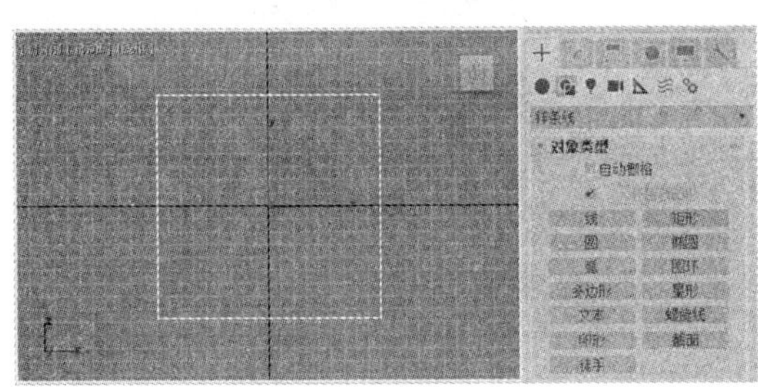
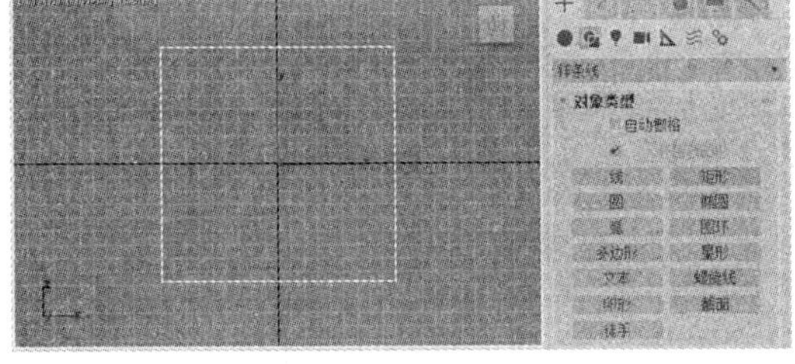

图 5-2　在前视图中创建矩形

图 5-3　设置矩形参数

图 5-3 所示【修改】面板的【参数】卷展栏中主要选项的功能说明如下。

- 【长度】和【宽度】微调框：设置矩形的长度和宽度。
- 【角半径】微调框：设置矩形的圆角效果。

(3) 按下 Ctrl+V 快捷键原地复制一个矩形，打开【克隆选项】对话框，选中【复制】单选按钮，然后单击【确定】按钮，如图 5-4 所示。

(4) 在【修改】面板中设置副本矩形的长度为 200 cm、宽度为 200 cm。

(5) 选中并右击主工具栏中的【捕捉开关】按钮，打开【栅格和捕捉设置】对话框，选中【顶点】和【边/线段】复选框后，单击【关闭】按钮，如图 5-5 所示。

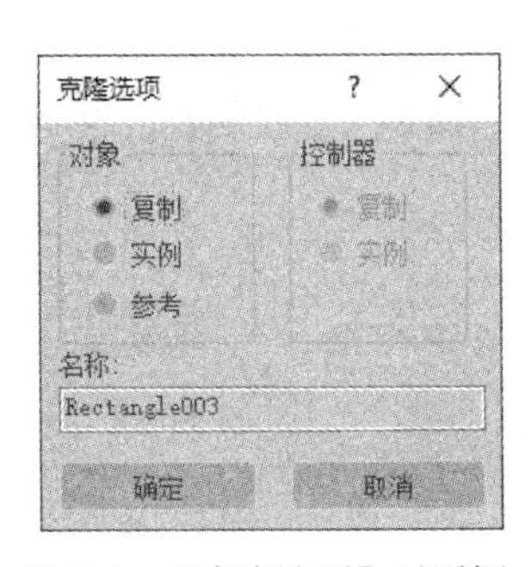

图 5-4　【克隆选项】对话框

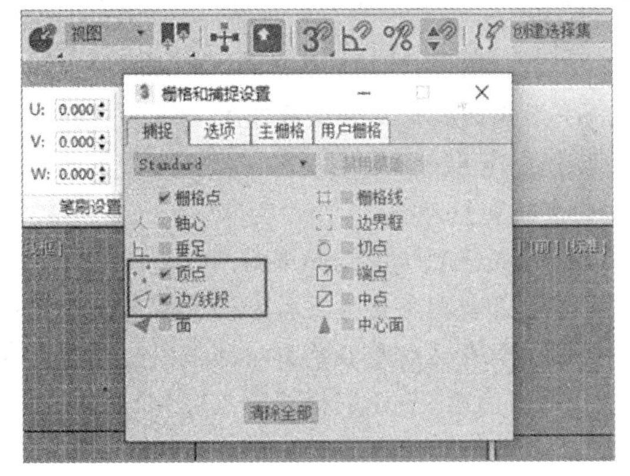

图 5-5　【栅格和捕捉设置】对话框

(6) 在【创建】面板中单击【线】工具按钮，在前视图中绘制一条样条线，如图 5-6 所示。

(7) 选中步骤(3)中复制出来的矩形，按下 Delete 键将其删除。在场景中选中步骤(1)中创建的矩形，选择【修改】面板，在【渲染】卷展栏中选中【在渲染中启用】和【在视口中启用】复选框，然后选中【矩形】单选按钮，设置【长度】参数为 30 cm、【宽度】参数为 3 cm，如图 5-7 所示。

(8) 在场景中选中步骤(6)中绘制的样条线，执行与步骤(7)中相同的操作，得到的结果如图 5-8 所示。在【创建】面板中单击【矩形】工具按钮，在前视图中绘制图 5-9 所示的 3 个矩形。

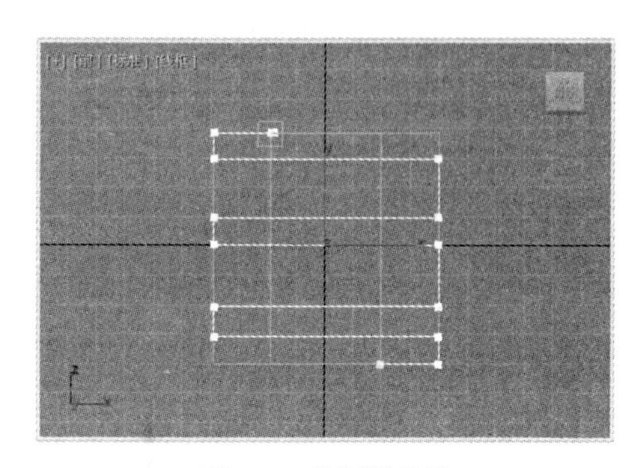

图 5-6　绘制样条线

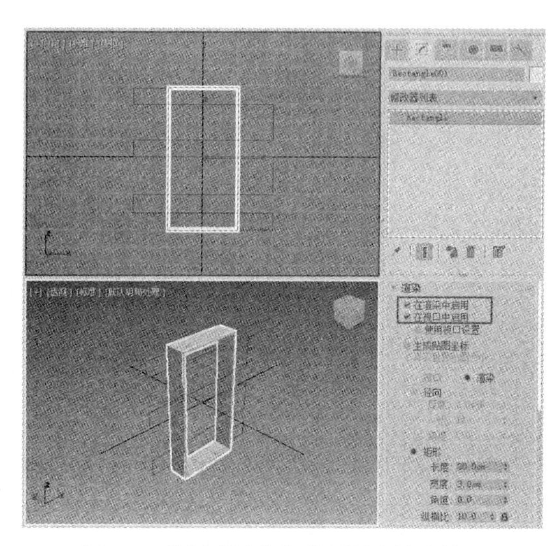

图 5-7　设置【渲染】卷展栏中的参数

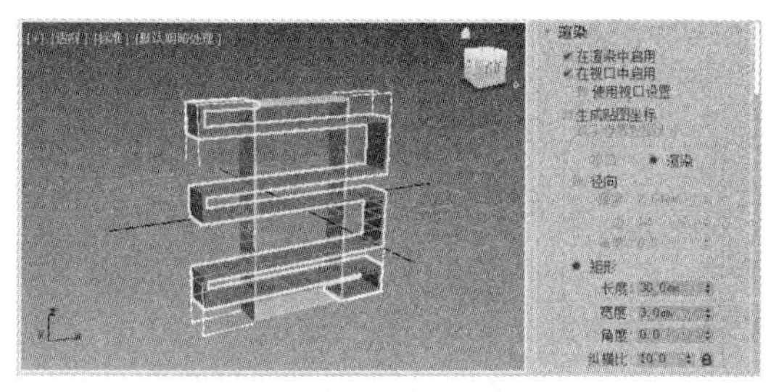

图 5-8　制作出来的展示架

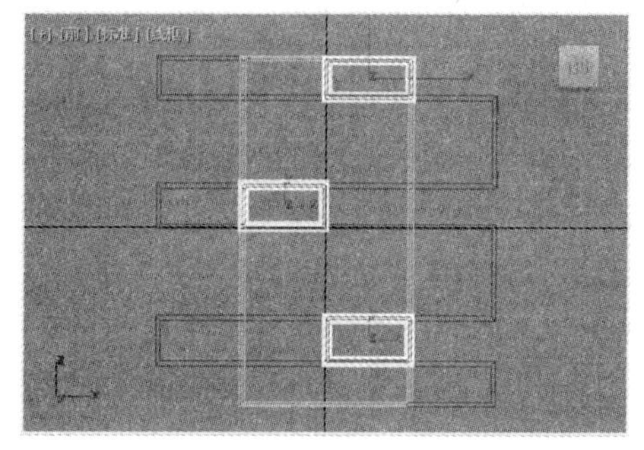

图 5-9　绘制 3 个矩形

(9) 选中绘制的矩形，在【修改】面板的【修改器列表】中选择【挤出】修改器，在【参数】卷展栏中设置【数量】为 1。

(10) 按下 Ctrl+A 快捷键选中场景中的所有对象，在【创建】面板中单击【名称和颜色】卷展栏中的色块按钮，打开【对象颜色】对话框，为模型设置颜色，设置完成后，展示架模型的效果如图 5-10 所示。

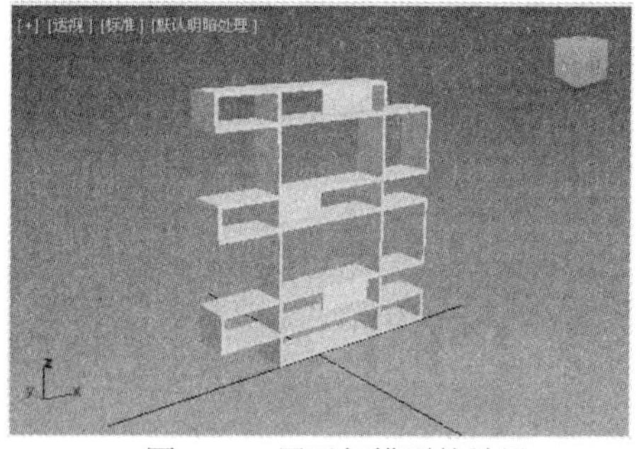

图 5-10　展示架模型的效果

5.2.2　线

线在二维图形建模中是最常用的一种样条线，其使用方法非常灵活，形状也不受约束。利用【创建】面板中的【线】工具，用户可以随心所欲地创建所需的图形。

【例 5-2】 使用【线】工具制作玻璃杯模型。 视频

(1) 在【创建】面板中选择【图形】选项卡，然后单击其中的【线】工具按钮，在左视图

中绘制一条线，如图 5-11 所示。

(2) 选择【修改】面板，展开 Line 列表，将当前选择集定义为样条线，在【几何体】卷展栏中激活【轮廓】按钮并在右侧的微调框中输入 2，然后按 Enter 键，如图 5-12 所示。

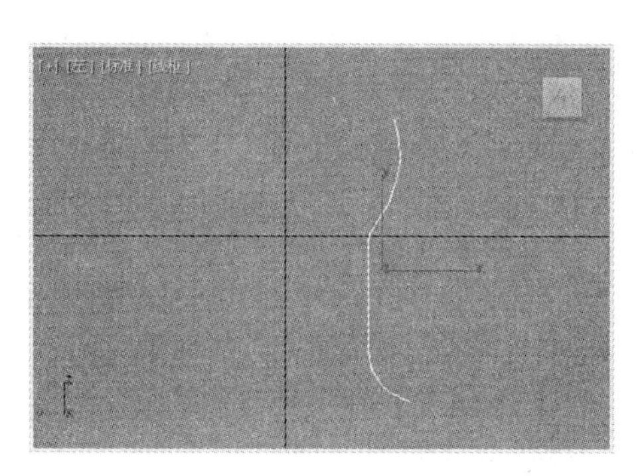

图 5-11　在左视图中绘制一条线

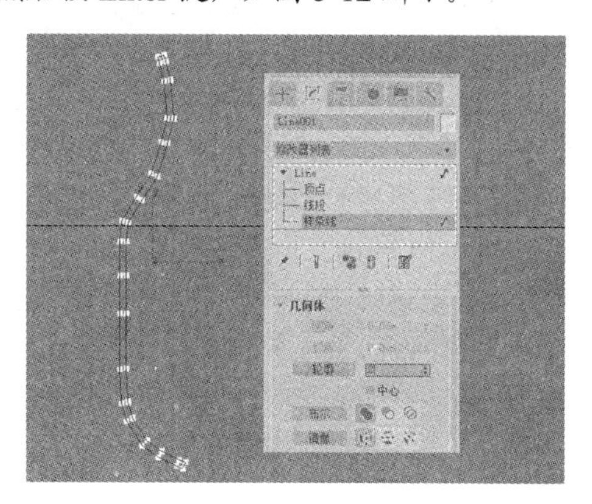

图 5-12　设置轮廓

(3) 在 Line 列表中将当前选择集定义为【顶点】，在场景中选择最上侧的两个顶点，右击鼠标，从弹出的快捷菜单中选择【平滑】命令，如图 5-13 所示。

(4) 使用同样的方法，对最下侧的两个顶点也进行平滑处理，并适当调整它们的位置。

(5) 关闭当前选择集。在【修改】面板的【修改器列表】中选择【车削】修改器，在【参数】卷展栏中将【分段】设置为 30，然后单击【方向】选项组中的 Y 按钮，在【对齐】选项组中单击【最小】按钮。此时，创建的玻璃杯模型在透视图中的效果如图 5-14 所示。

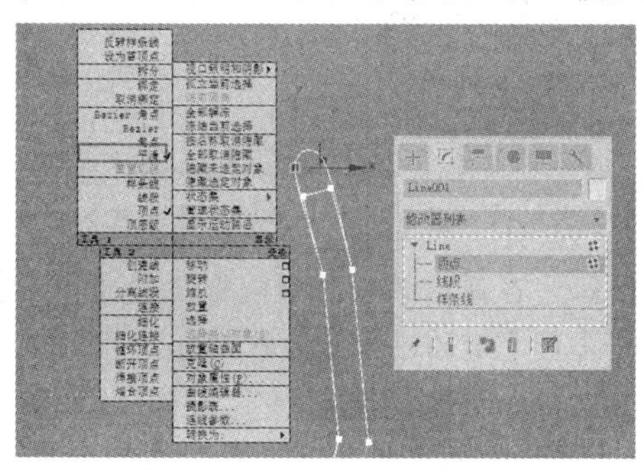

图 5-13　选择【平滑】命令

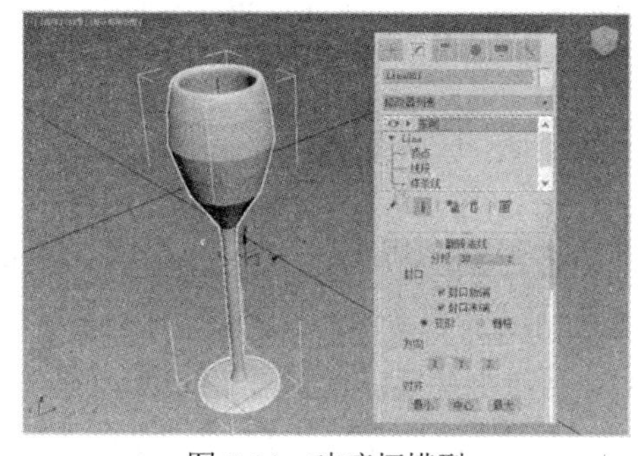

图 5-14　玻璃杯模型

在【创建】面板的【图形】选项卡中单击【线】工具按钮后，【创建方法】卷展栏中将显示两种创建类型，分别为【初始类型】和【拖动类型】，如图 5-15 所示。其中，【初始类型】中分为【角点】和【平滑】，【拖动类型】中分为【角点】【平滑】和 Bezier(贝塞尔)。

- 【初始类型】的含义为创建样条线时每次单击鼠标后创建的点的类型。
- 【拖动类型】的含义为创建样条线时每次单击并拖动鼠标后创建的点的类型。

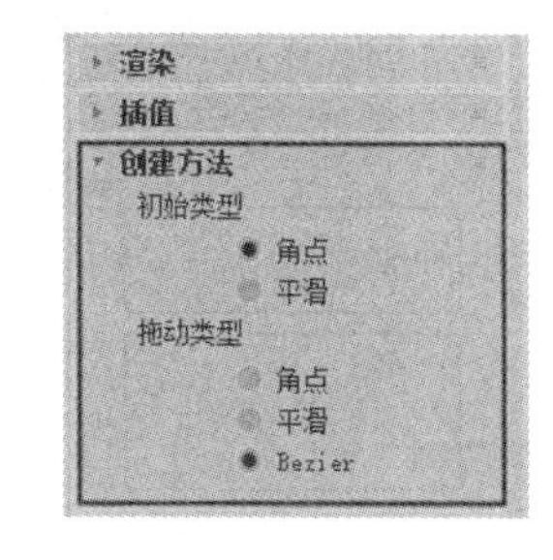

图 5-15　【创建方法】卷展栏

5.2.3 文本

使用【文本】工具可以很方便地在视图中创建出文字模型，此外用户还可以根据模型设计的需要更改字体的类型、大小和样式。

【例 5-3】 使用【文本】工具制作倒角字。 视频

(1) 单击【创建】面板的【图形】选项卡中的【文本】工具按钮，在前视图中创建一个文本图形，如图 5-16 所示。

(2) 选中创建的文本图形，选择【修改】面板，在【参数】卷展栏中设置【字体】为【方正综艺简体】，然后在【文本】输入框中输入文字“建模入门”，设置字体【大小】为 100 mm，如图 5-17 所示。

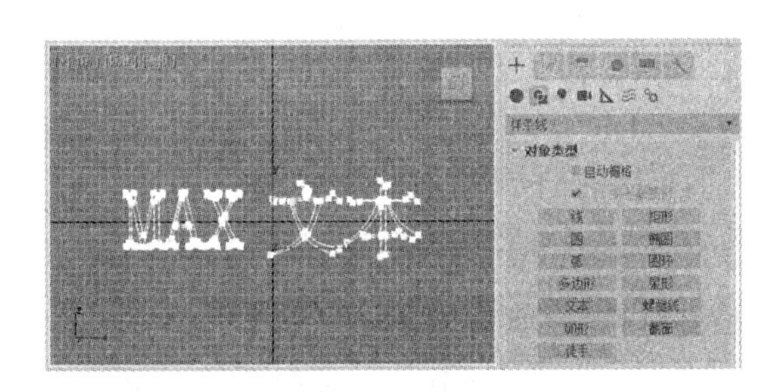

图 5-16 创建文本图形

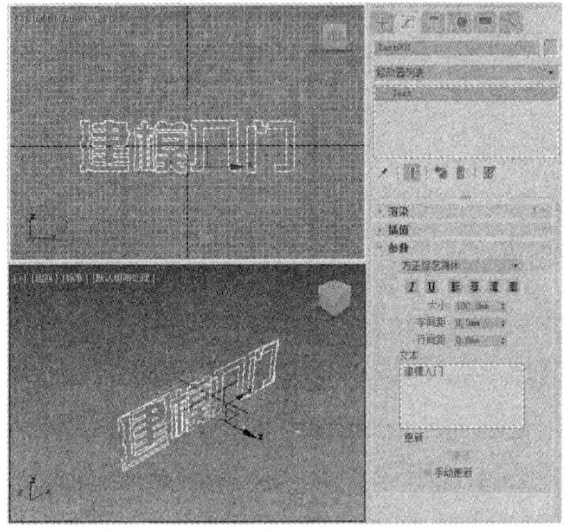

图 5-17 设置文本内容和字体格式

(3) 单击【修改】面板中的【修改器列表】下拉按钮，在弹出的下拉列表中选择【倒角】选项，添加“倒角”修改器，然后在【倒角值】卷展栏中设置【起始轮廓】为 0.2 mm，并设置【级别 1】选项组中的【高度】为 19 mm、【轮廓】为 0.2 mm，如图 5-18 所示。

(4) 选中【级别 2】和【级别 3】复选框，并分别设置它们各自的【高度】和【轮廓】参数，如图 5-19 所示。

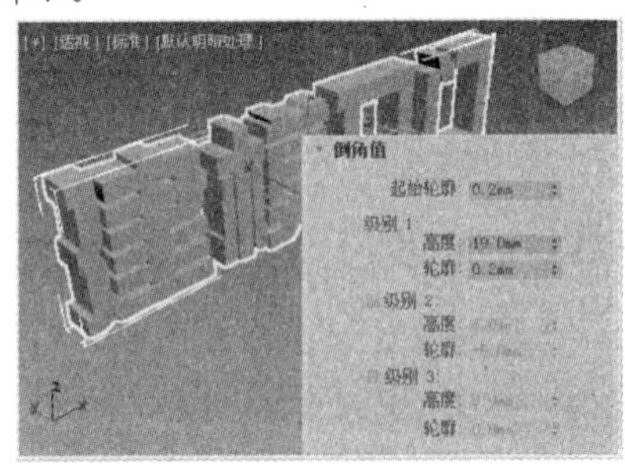

图 5-18 设置“倒角”修改器参数

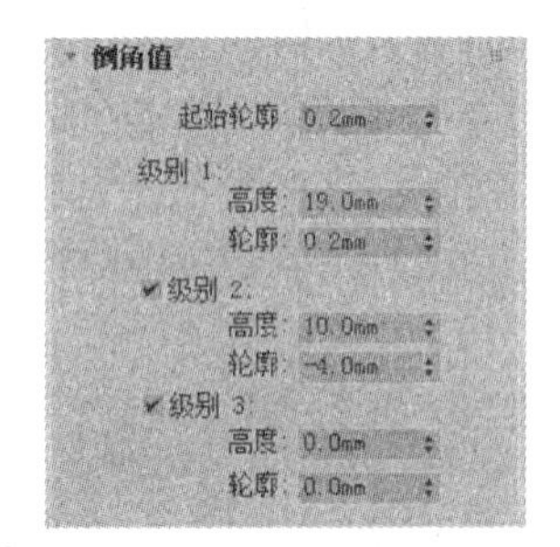

图 5-19 设置【高度】和【轮廓】参数

(5) 在创建倒角模型时，如果设置的倒角轮廓过大或过小，则可能会出现交叉或收缩在一起的情况。此时，可通过在【参数】卷展栏中选中【避免线相交】复选框来解决此类问题，如图 5-20 所示。

在【图形】选项卡中单击【文本】工具按钮后，【参数】卷展栏中主要选项的功能说明如下。

- 【字体列表】下拉按钮：单击该下拉按钮，在弹出的下拉列表中可以选择文本字体。
- 【斜体】按钮：设置文本为斜体。
- 【下画线】按钮：为文本设置下画线。
- 【左对齐】按钮、【居中对齐】按钮和【右对齐】按钮：分别用于将文本与边界框的左侧、中央和右侧对齐。
- 【分散对齐】按钮：分隔所有文本以填充边界框的范围。
- 【大小】微调框：设置文本高度。
- 【字间距】微调框：调整文本的字间距。
- 【行间距】微调框：调整文本的行间距，该选项仅当图形中包含多行文本时才起作用。
- 【文本】输入框：用于输入多行文本。

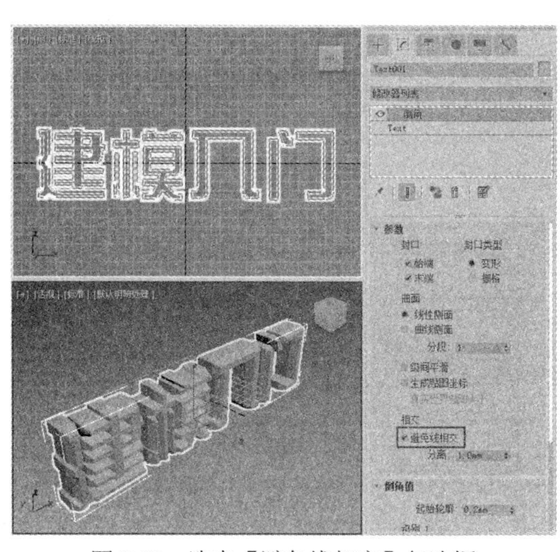

图 5-20　选中【避免线相交】复选框

5.2.4　圆和弧

使用【圆】和【弧】工具可以在场景中快速创建出大小不一的圆形和弧形。

【例 5-4】 使用【弧】工具制作果篮模型。 视频

(1) 在【创建】面板中单击【几何体】选项卡中的【标准基本体】下拉按钮，在弹出的下拉列表中选择【扩展基本体】选项，然后单击面板中显示的【切角圆柱体】工具按钮，在前视图中创建一个【半径】为 110 mm、【高度】为 18 mm、【圆角】为 2.5 mm、【高度分段】为 1、【圆角分段】为 3、【边数】为 30、【端面分段】为 1 的切角圆柱体，如图 5-21 所示。

(2) 在【创建】面板中选择【图形】选项卡，然后单击【圆】工具按钮，在顶视图中绘制一个圆，并在【参数】卷展栏中设置其【半径】为 160 mm，如图 5-22 所示。

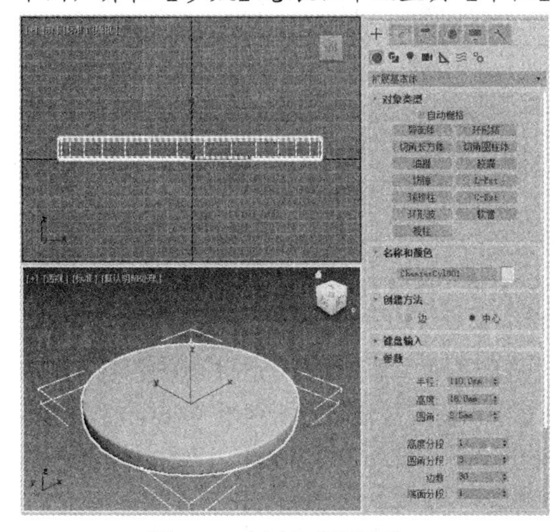
图 5-21　创建切角圆柱体

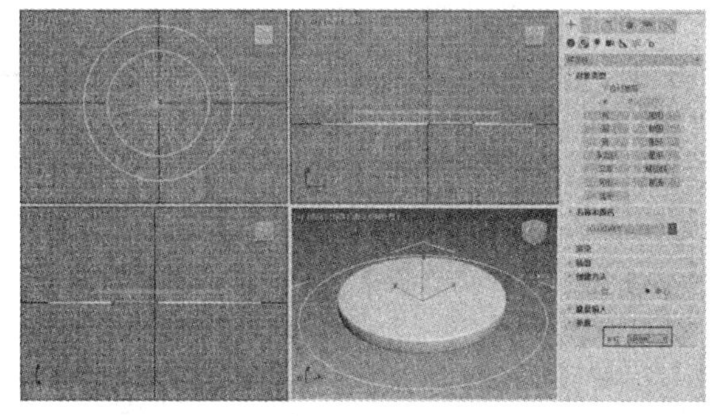
图 5-22　绘制一个圆并设置其半径

计算机基础与实训教材系列

(3) 选择【修改】面板，单击【修改器列表】下拉按钮，在弹出的下拉列表中选择【编辑样条线】选项，添加“编辑样条线”修改器，在【选择】卷展栏中单击【样条线】按钮，将当前选择集设定为样条线，然后在场景中选中绘制的圆，如图 5-23 所示。

(4) 在【几何体】卷展栏中设置【轮廓】按钮右侧微调框中的参数为 28 mm，然后单击【轮廓】按钮，如图 5-24 所示。

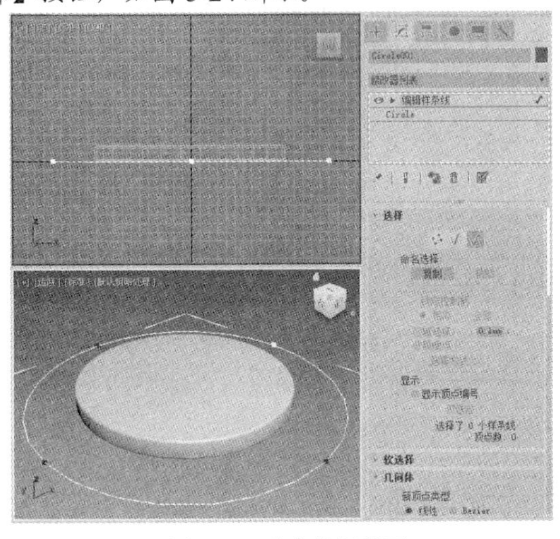

图 5-23　选中绘制的圆

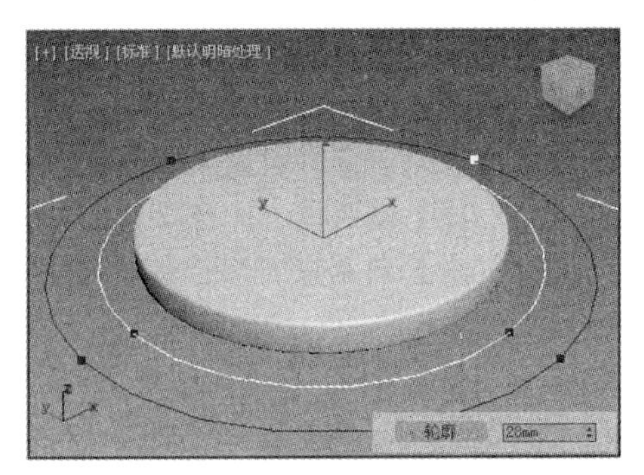

图 5-24　设置轮廓

(5) 关闭选择集，单击【修改器列表】下拉按钮，在弹出的下拉列表中选择【倒角】选项，添加“倒角”修改器，设置图 5-25 所示的倒角值。

(6) 按下 W 键执行【选择并移动】命令，然后按住 Shift 键，在前视图中调整倒角模型的位置，将其复制一份，如图 5-26 所示。

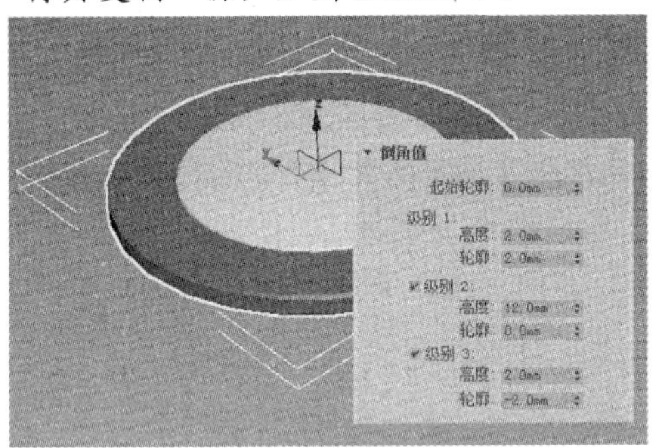

图 5-25　设置倒角值

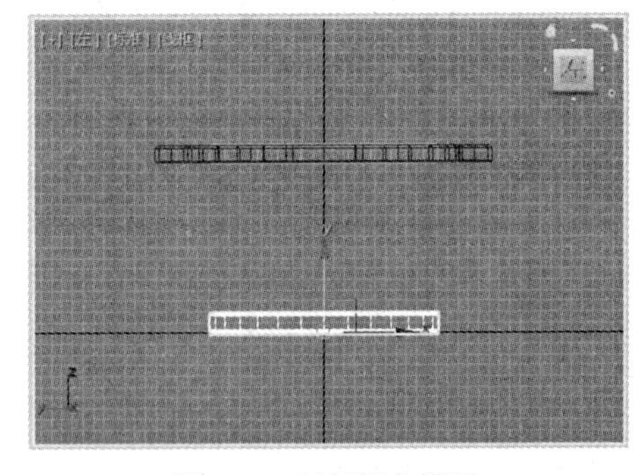

图 5-26　复制倒角模型

(7) 选择【创建】面板，单击【弧】工具按钮，在左视图中创建一条弧线，并在【渲染】卷展栏中选中【在渲染中启用】和【在视口中启用】复选框，设置【厚度】为 9 mm，如图 5-27 所示。

(8) 在【创建】面板中选择【层次】选项卡，然后单击【轴】按钮，在【调整轴】卷展栏中单击激活【仅影响轴】按钮，在主工具栏中单击【对齐】按钮，在顶视图中选择步骤(1)中创建的切角圆柱体对象，如图 5-28 所示。

(9) 打开【对齐当前选择】对话框，选中【X 位置】【Y 位置】和【Z 位置】复选框，在【当前对象】和【目标对象】选项组中选中【轴点】单选按钮，单击【确定】按钮，如图 5-29 所示。

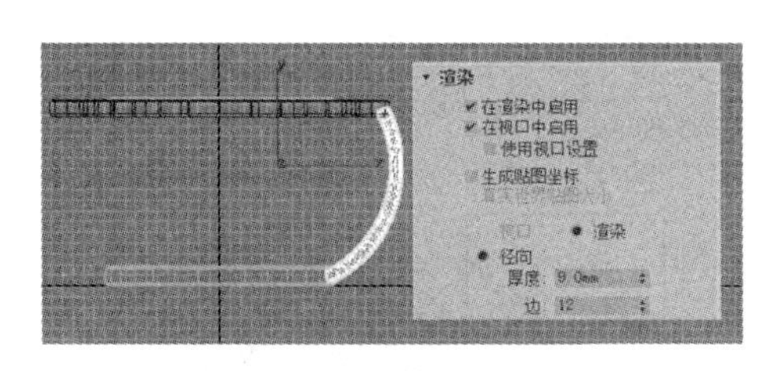

图 5-27　创建圆弧并设置厚度

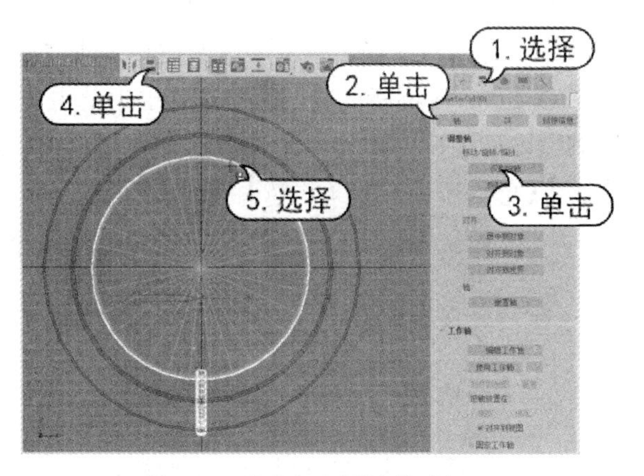

图 5-28　选中切角圆柱体对象

(10) 在【层次】选项卡中再次单击【仅影响轴】按钮，取消该按钮的激活状态。

(11) 选中顶视图中的圆弧，在菜单栏中选择【工具】|【阵列】命令，打开【阵列】对话框，在【增量】选项组中设置 Z 参数为 15，在【阵列维度】选项组中设置 1D 的【数量】参数为 24，然后单击【确定】按钮，如图 5-30 所示。

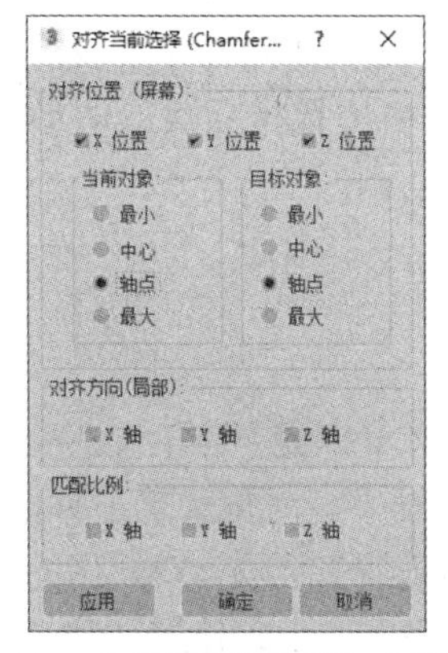

图 5-29　【对齐当前选择】对话框

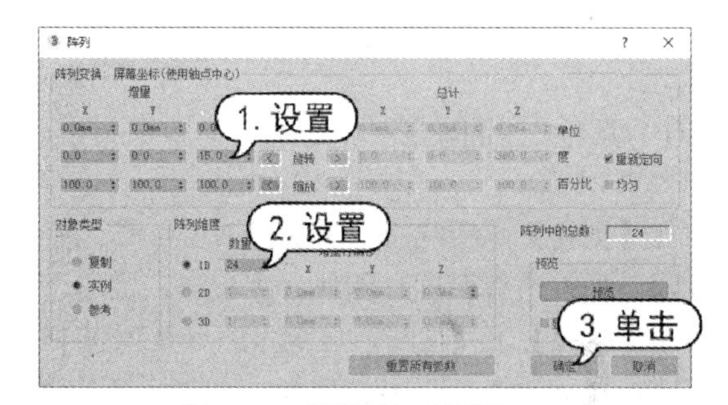

图 5-30　【阵列】对话框

(12) 在视图中选中步骤(1)中创建的对象，在【创建】面板中单击【扩展基本体】下拉按钮，在弹出的下拉列表中选择【复合对象】选项，在显示的面板中单击【布尔】按钮，如图 5-31 所示。

(13) 在【布尔参数】卷展栏中单击【添加运算对象】按钮，然后在视图中单击模型顶部的切角圆柱体，如图 5-32 所示。

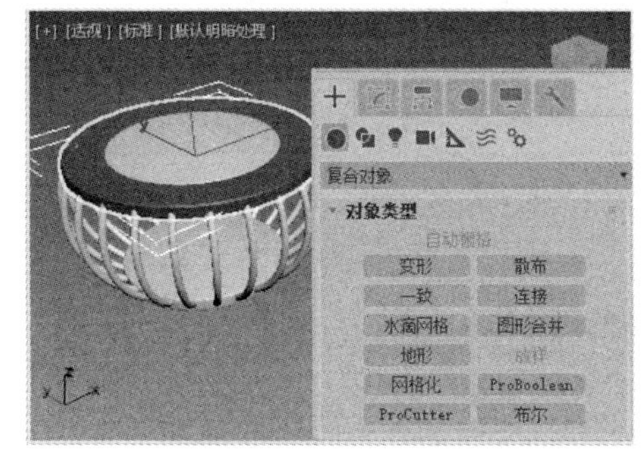

图 5-31　复合对象

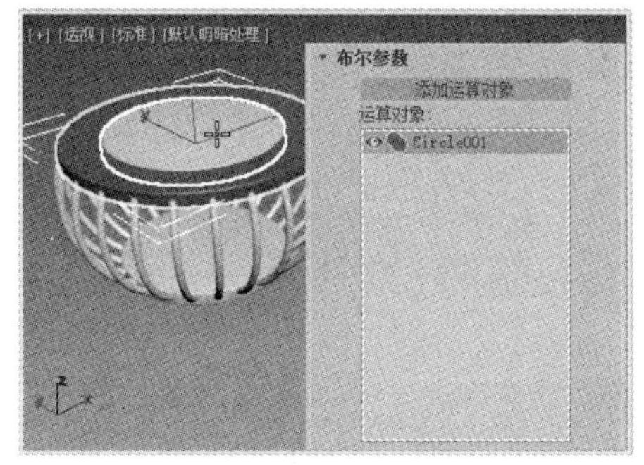

图 5-32　添加运算对象

计算机基础与实训教材系列

(14) 在【运算对象参数】卷展栏中单击【差集】按钮，完成模型的制作，如图 5-33 所示。

在【创建】面板的【图形】选项卡中单击【圆】工具按钮后，【参数】卷展栏中只有【半径】微调框，用于设置圆的半径；单击【弧】工具按钮后，【参数】卷展栏中则会显示【半径】【从】【到】【饼形切片】和【反转】等多个选项，如图 5-34 所示，它们的功能说明如下。

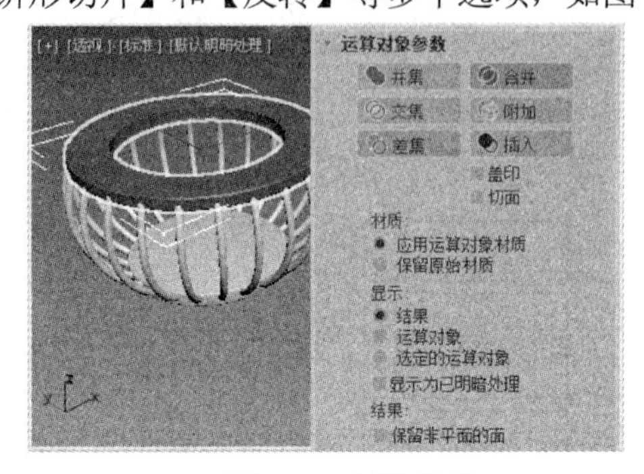

图 5-33　果篮模型

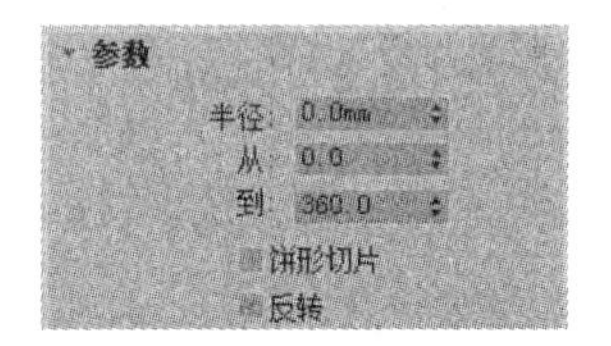

图 5-34　【参数】卷展栏

- 【半径】微调框：设置圆弧的半径。
- 【从】和【到】微调框：设置圆弧的起始和结束位置。
- 【饼形切片】复选框：选中该复选框后，便可以扇形形式创建闭合样条线。
- 【反转】复选框：选中该复选框后，圆弧的起始和结束位置将互换，但形状不会发生变化。

5.2.5　其他二维图形

在【创建】面板的【图形】选项卡中，对于【样条线】类型来说，除了上述介绍的几种工具按钮以外，还有椭圆、圆环、多边形、星形、卵形、截面、徒手、螺旋线等工具按钮。此外，单击【样条线】下拉按钮，从弹出的下拉列表中选择【扩展样条线】选项，在显示的面板中还将出现墙矩形、通道、T 形、角度、宽法兰等工具按钮，如图 5-35 所示。使用这些工具按钮创建对象的方法及参数设置与前面介绍的内容基本相同，这里不再重复讲解。

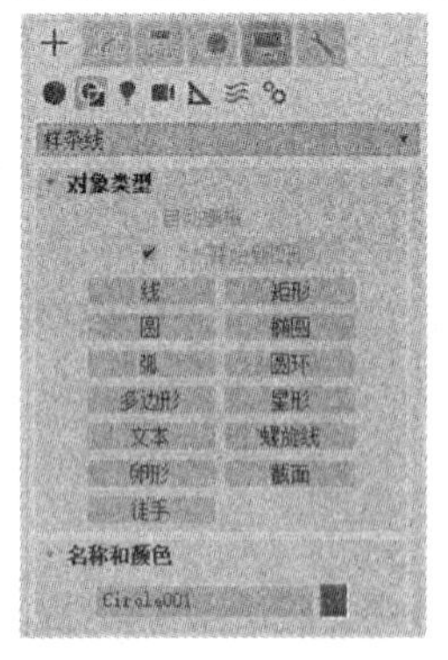

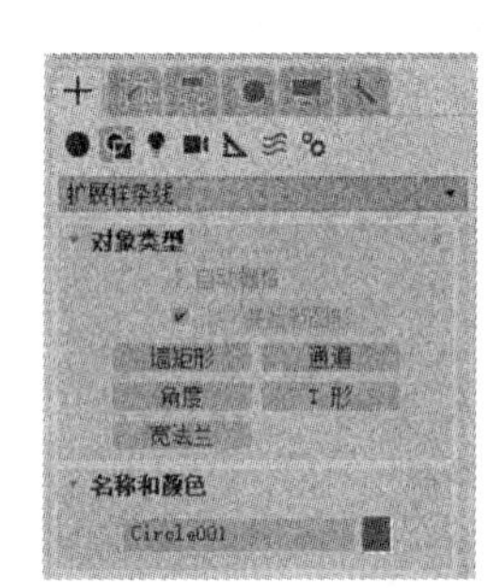

图 5-35　样条线和扩展样条线的创建工具

5.2.6　二维图形的公共参数

在 3ds Max 中，无论创建的二维图形是规则的还是不规则的，它们都拥有二维图形的基本属性。用户可以根据建模需求对二维图形的基本属性进行设置。在创建二维图形时，命令面板的【渲染】和【插值】卷展栏提供了这些基本属性的设置方法。

默认情况下，二维图形是不能渲染的，但在【渲染】卷展栏中，用户可以更改二维图形的渲染设置，从而使线框图形能以三维方式进行渲染。为了在视口中也能看到最后渲染时的效果，我们一般会将【在渲染中启用】和【在视口中启用】复选框选中，如图 5-36 所示。

样条线被渲染时的横截面分为“径向”和“矩形”两种，当用户在【渲染】卷展栏中选中【径向】单选按钮时，样条线的横截面是圆形的，像一根圆管，如图 5-37 左图所示。当用户在【渲染】卷展栏中选中【矩形】单选按钮时，样条线的横截面是矩形的，如图 5-37 右图所示。

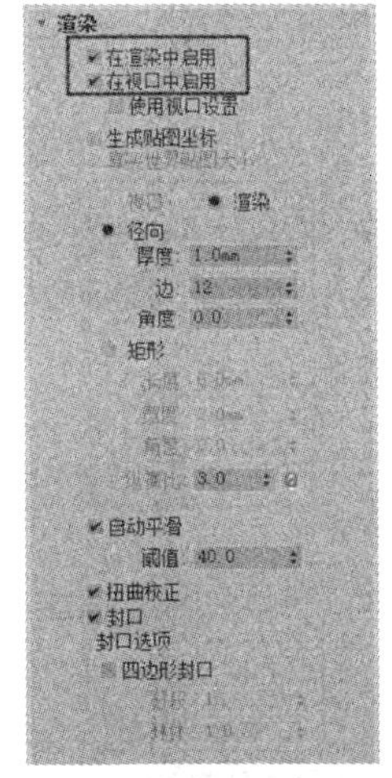

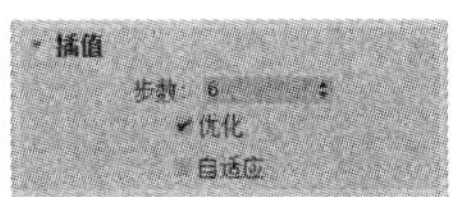

图 5-36　【渲染】和【插值】卷展栏

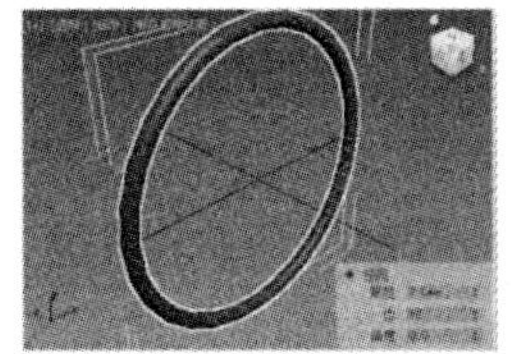
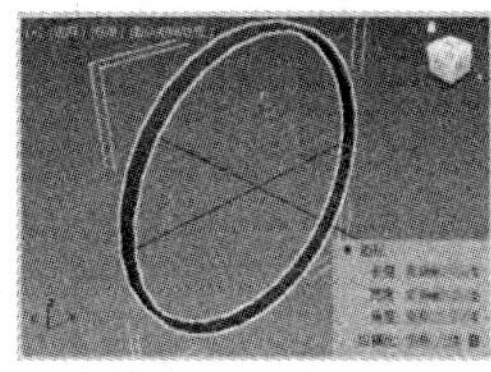

图 5-37　设置样条线被渲染时的横截面

【插值】卷展栏中的选项可以控制样条线的生成方式。在 3ds Max 中，所有的样条线都会被划分成近似真实曲线的较小直线，样条线上的每个顶点之间的划分数量称为“步数”，使用的“步数”越多，视图中显示的曲线就越平滑，如图 5-38 所示。

但如果“步数”过多，那么由二维图形生成的三维模型的面也会随之增多，这将耗费过多的系统资源，导致工作效率降低。因此，当用户在【插值】卷展栏中选中【优化】复选框后，可以从样条线的直线线段中删除不需要的步数，从而生成最佳状态的图形，如图 5-39 所示。

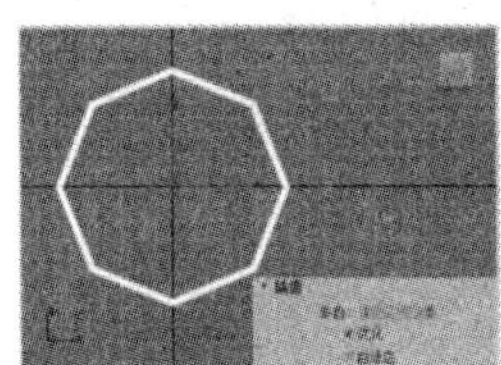
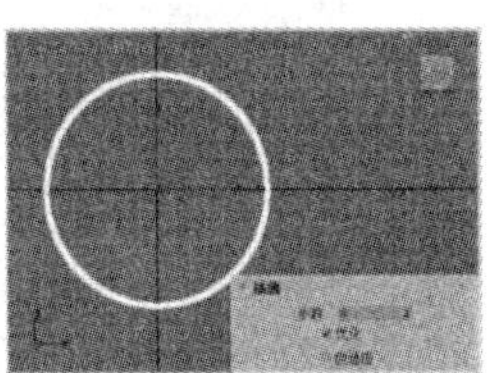

图 5-38　步数越多，视图中的曲线就越平滑

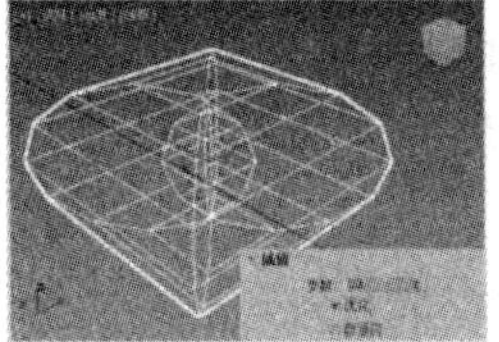
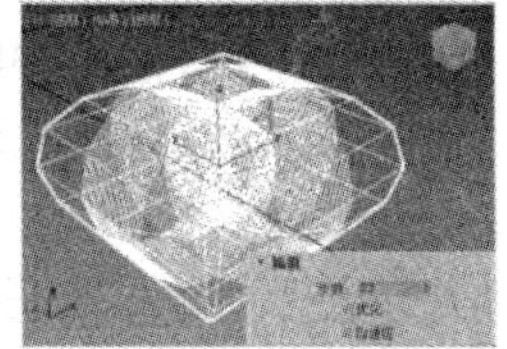

图 5-39　设置优化

在【插值】卷展栏中选中【自适应】复选框后，【步数】微调框将变为不可用状态。此时，3ds Max 会根据二维图形中不同部位的造型要求自动计算生成所需的点。

5.3 编辑样条线

在 3ds Max 中，二维图形不仅可以进行整体编辑，而且可以进入其子对象层级进行编辑，从而改变其局部形态。二维对象包含“顶点”“线段”和“样条线”3 个子对象。下面分别介绍它们的特点和编辑方法。

5.3.1 将二维图形转换为可编辑样条线

3ds Max 提供的样条线，无论是规则的还是不规则的，都可以被塌陷成可编辑样条线。在执行塌陷操作之后，参数化的二维图形将不能再访问之前的创建参数，其属性名称在堆栈中会变为可编辑样条线，并拥有 3 个子对象层级。

将二维图形塌陷为可编辑样条线的方法有两种。一种方法是选择要塌陷的二维图形，在【修改】面板中右击修改器堆栈，从弹出的快捷菜单中选择【可编辑样条线】命令，如图 5-40 所示。另一种方法是选择要塌陷的二维图形，在视图中的任意位置右击鼠标，在弹出的快捷菜单中选择【转换为】|【转换为可编辑样条线】命令，如图 5-41 所示。

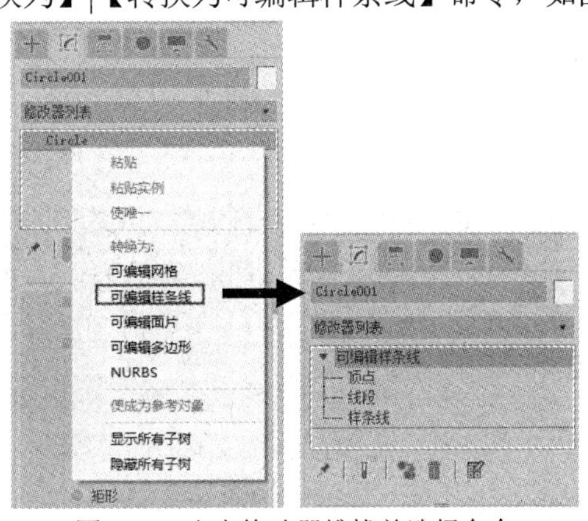

图 5-40　右击修改器堆栈并选择命令

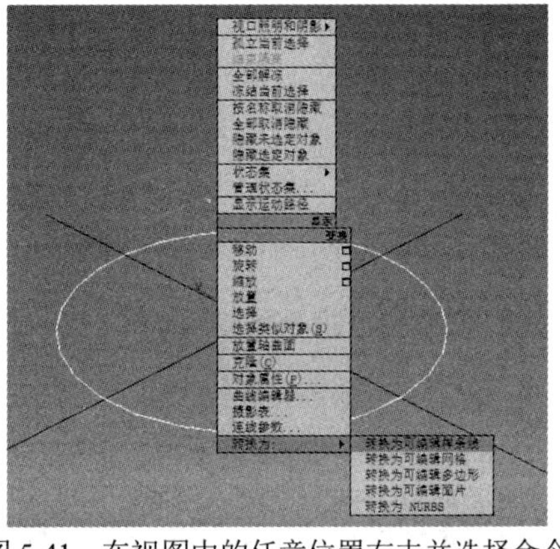

图 5-41　在视图中的任意位置右击并选择命令

在将二维图形转换为可编辑样条线后，即可在【修改】面板的修改器堆栈中，对顶点、线段、样条线 3 个子对象进行【位移】【旋转】【缩放】等一系列操作，从而得到我们所需要的形态。当用户在【修改】面板中单击【顶点】子对象选项或单击【选择】卷展栏中的【顶点】按钮时，将进入“顶点”子对象层级，再次单击“顶点”子对象则回到物理层级。采用相同的方法，我们可以进入任意子对象层级进行操作，如图 5-42 所示。

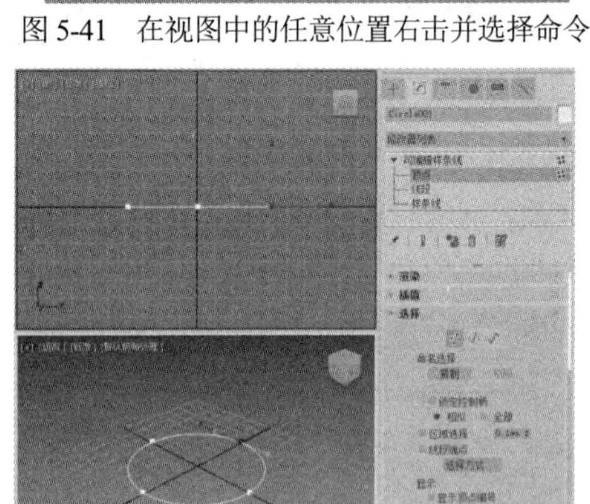

图 5-42　“顶点”子对象层级

5.3.2 顶点

“顶点”子对象是二维图形最基本的子对象类型，也是构成其他子对象的基础。顶点与顶点相连，就构成了线段；线段与线段相连，就构成了样条线。在 3ds Max 中，顶点有 4 种类型，分

别为“角点”“平滑”、Bezier 和“Bezier 角点”，如图 5-43 所示。其中，Bezier 和“Bezier 角点”可以更改顶点的操纵手柄，从而改变曲线的弯曲效果。

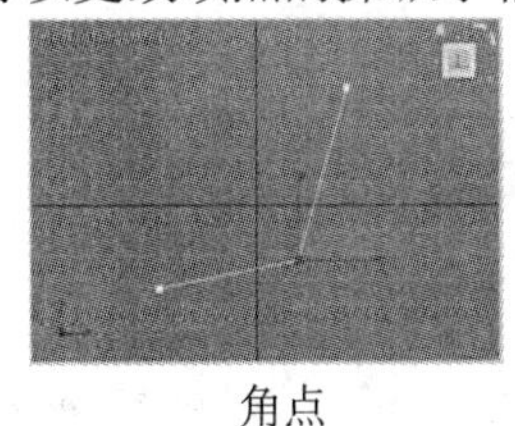
角点

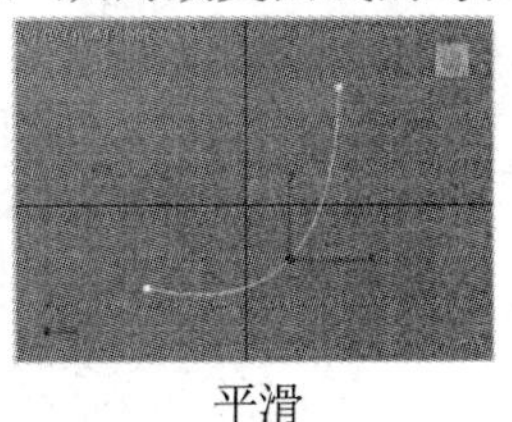
平滑

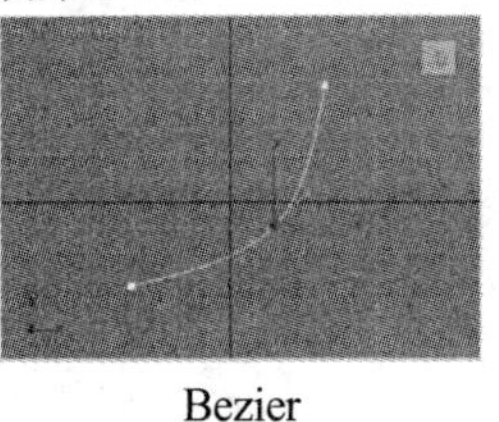
Bezier

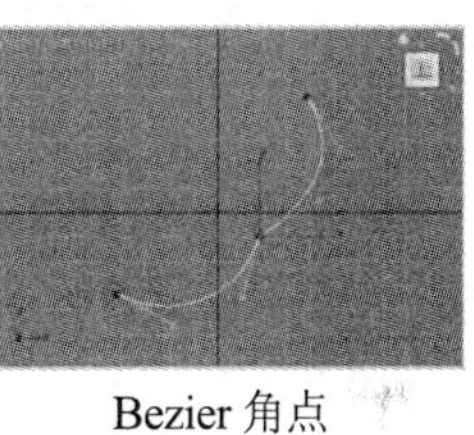
Bezier 角点

图 5-43 顶点的 4 种类型

顶点的 4 种类型可以互相转换。在场景中选中需要转换的顶点后，在视图中的任意位置右击鼠标，从弹出的快捷菜单中用户可以更改顶点的类型，如图 5-44 所示。

【例 5-5】 使用“编辑样条曲线”修改器中的常用命令制作茶几模型。 视频

(1) 在【创建】面板的【图形】选项卡中单击【线】工具按钮，在前视图中创建图 5-45 所示的线条(在创建线条时，在按住 Shift 键的同时单击鼠标左键，便可以创建垂直或水平的线条)。

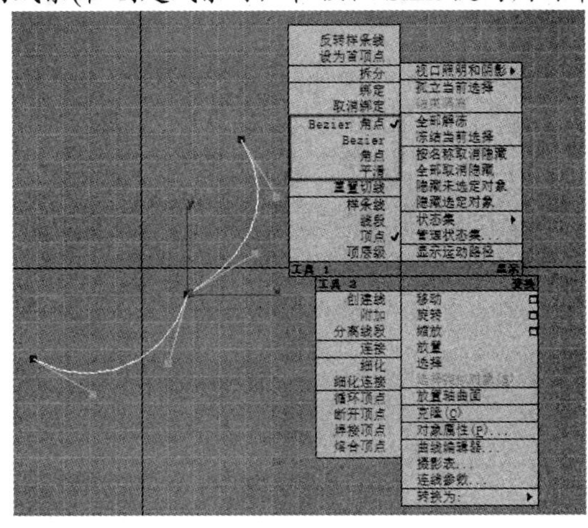
图 5-44 更改顶点的类型

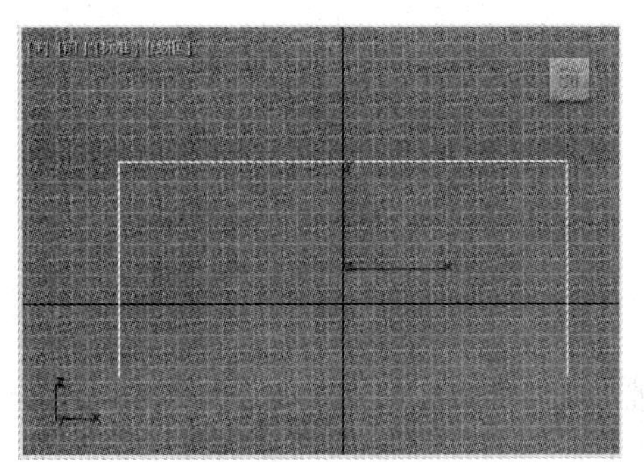
图 5-45 创建线条

(2) 右击创建的线条，在弹出的快捷菜单中选择【转换为】|【转换为可编辑样条线】命令，然后选择【修改】面板，选中【顶点】子对象选项，进入“顶点”子对象层级。

(3) 在场景中选择顶点，在【几何体】卷展栏中设置圆角为 15 mm，如图 5-46 所示。

(4) 按下 Enter 键，顶点的圆角效果如图 5-47 左图所示。使用同样的方法，为另一个顶点设置圆角效果，如图 5-47 右图所示。

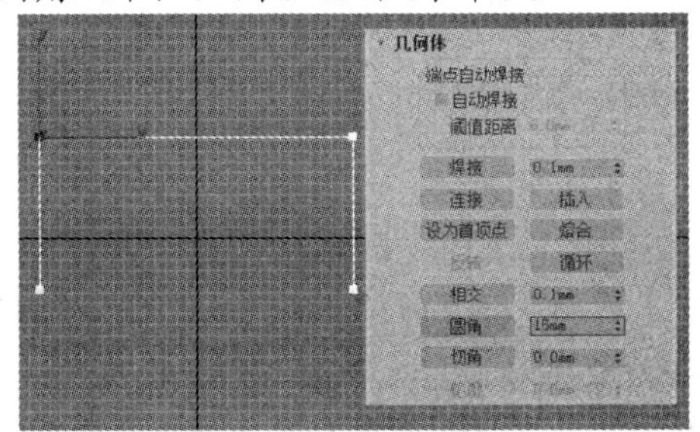
图 5-46 设置圆角

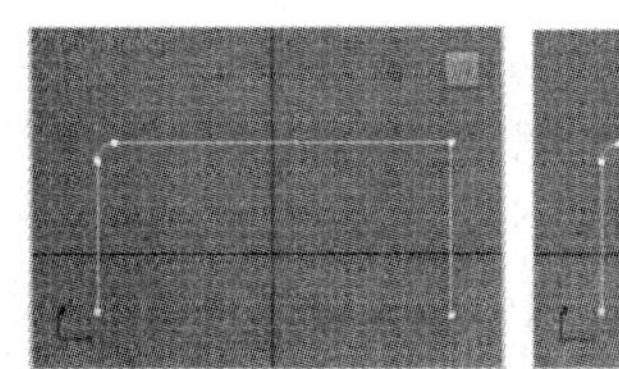
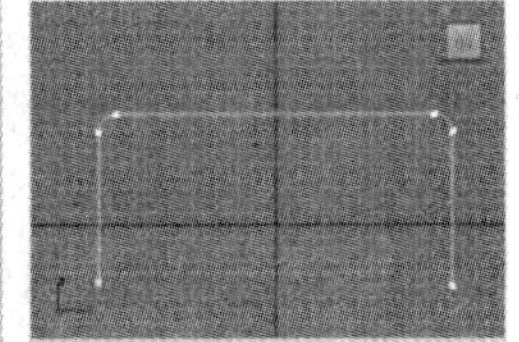
图 5-47 顶点的圆角效果

计算机基础与实训教材系列

(5) 在【渲染】卷展栏中选中【在渲染中启用】和【在视口中启用】复选框以及【矩形】单选按钮，设置【长度】为 120 mm、【宽度】为 5 mm，如图 5-48 所示。

(6) 在左视图中绘制【长度】为 8 mm、【宽度】为 5 mm 的矩形，如图 5-49 所示。

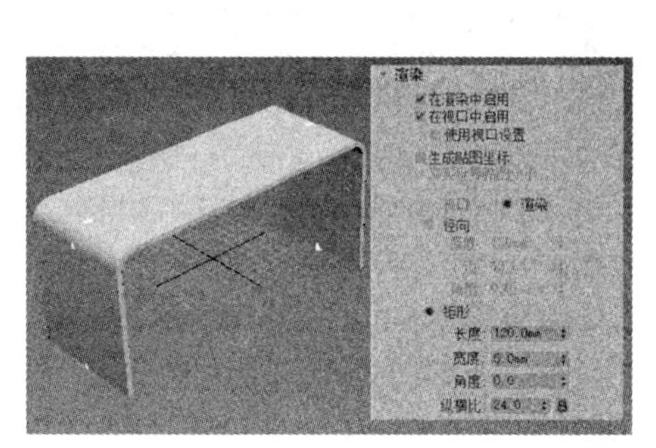

图 5-48　设置【渲染】卷展栏

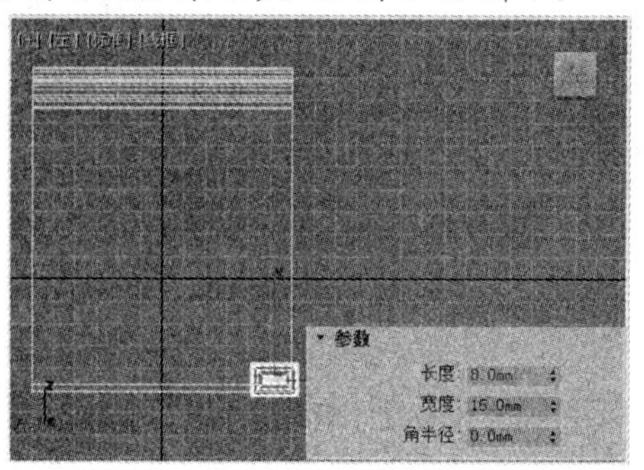

图 5-49　在左视图中绘制矩形

(7) 在【修改】面板的【渲染】卷展栏中将【矩形】选项组中的【长度】设置为 20 mm。

(8) 按下 W 键执行【选择并移动】命令，然后按住 Shift 键并拖动绘制的矩形，打开【克隆选项】对话框，将其复制 3 份，如图 5-50 所示。

(9) 将 4 个矩形移至合适位置，完成茶几模型的制作，如图 5-51 所示。

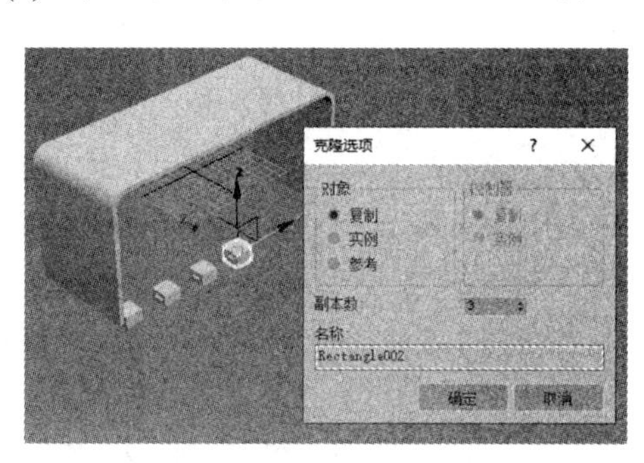

图 5-50　复制矩形

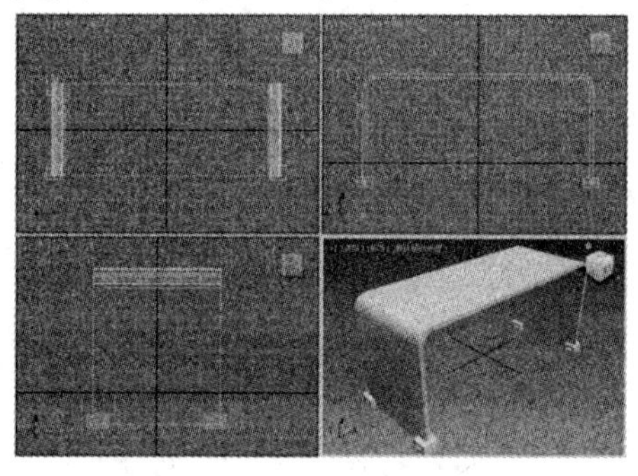
图 5-51　茶几模型

5.3.3　线段

"线段"子对象控制的是组成样条线的线段，即样条线上两个顶点中间的部分，如图 5-52 所示。

在"线段"子对象层级中，可以对"线段"子对象进行移动、旋转、缩放或复制等操作，并且可以使用针对"线段"子对象层级的编辑命令。

【例 5-6】 使用"编辑样条曲线"修改器中的常用命令制作铁艺椅子模型。视频

(1) 在【创建】面板的【图形】选项卡中单击【矩形】工具按钮，在前视图中绘制一个【长度】为 800 mm、【宽度】为 800 mm 的矩形。

(2) 选中场景中的矩形，右击鼠标，在弹出的快捷菜单中选择【转换为】|【转换为可编辑样条线】命令，然后选择【修改】面板，选中【顶点】子对象选项，进入"顶点"子对象层级。

(3) 在前视图中按住 Ctrl 键，选中矩形上方的两个顶点，在【几何体】卷展栏的【圆角】微调框中输入 6.5 mm，按下 Enter 键，如图 5-53 所示。

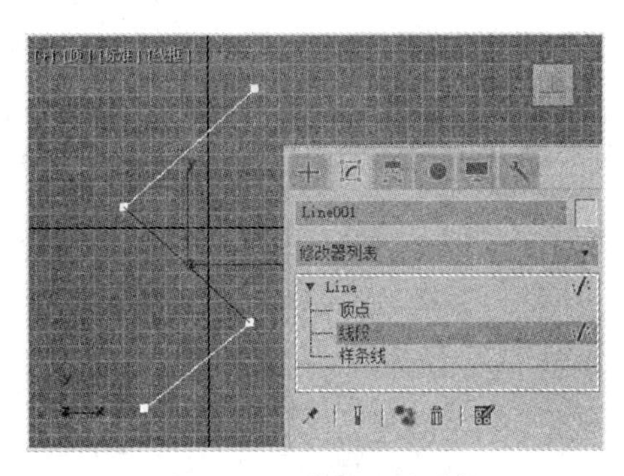

图 5-52　“线段”子对象

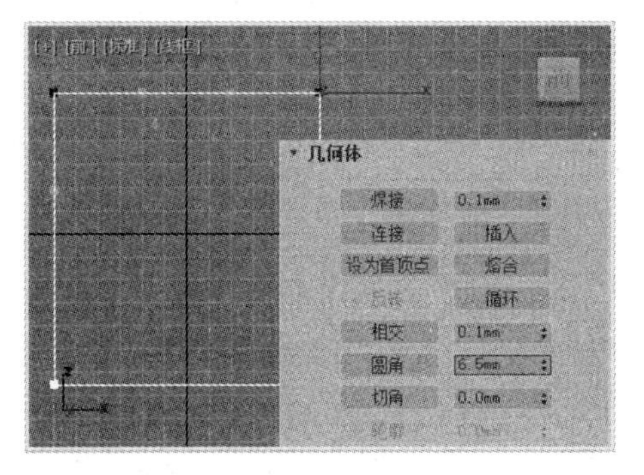

图 5-53　设置圆角

(4) 按下 W 键执行【选择并移动】命令，在透视图中按住 Ctrl 键，选中图 5-54 所示的两个顶点。

(5) 沿 *Y* 轴向左移动选中的顶点，如图 5-55 所示。

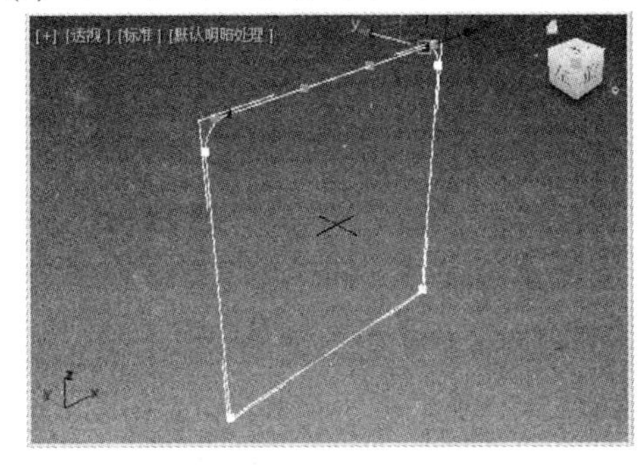

图 5-54　选中两个顶点

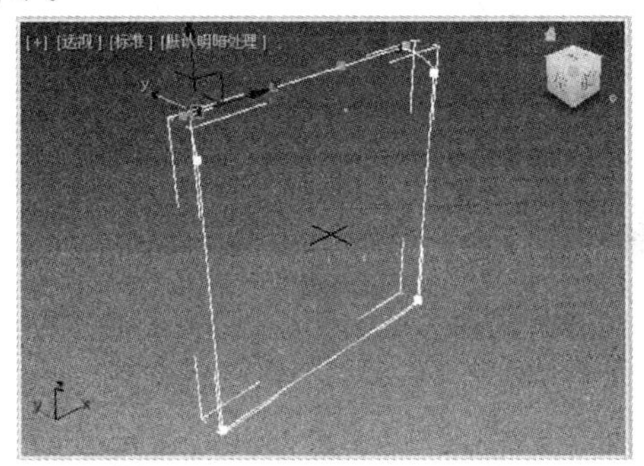

图 5-55　沿 *Y* 轴移动顶点

(6) 在【修改】面板中选中【线段】子对象选项，进入“线段”子对象层级。在前视图中选中图 5-56 所示的线段并进行等比缩放。

(7) 在【渲染】卷展栏中选中【在渲染中启用】和【在视口中启用】复选框，设置【厚度】为 25 mm，如图 5-57 所示。

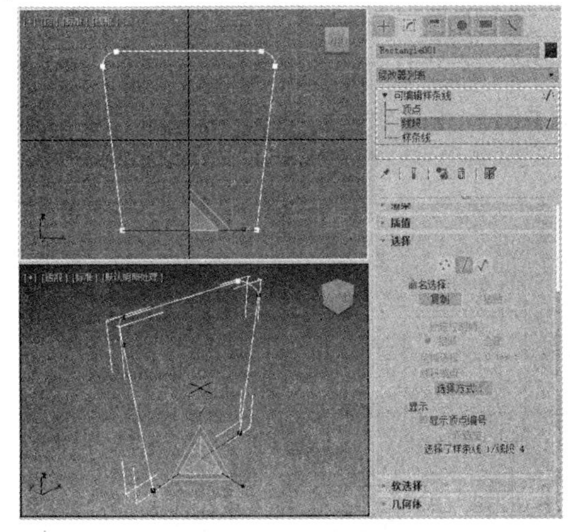

图 5-56　等比缩放线段

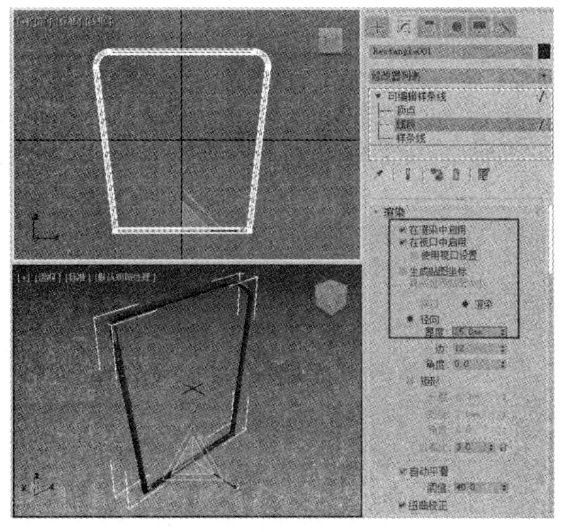

图 5-57　设置厚度

(8) 在左视图中绘制一个【长度】为 900 mm、【宽度】为 800 mm 的矩形，如图 5-58 所示。

(9) 右击绘制的矩形，在弹出的快捷菜单中选择【转换为】|【转换为可编辑样条线】命令，将矩形转换为可编辑样条线，在透视图中按住 Ctrl 键，选中矩形四周的顶点，如图 5-59 所示。

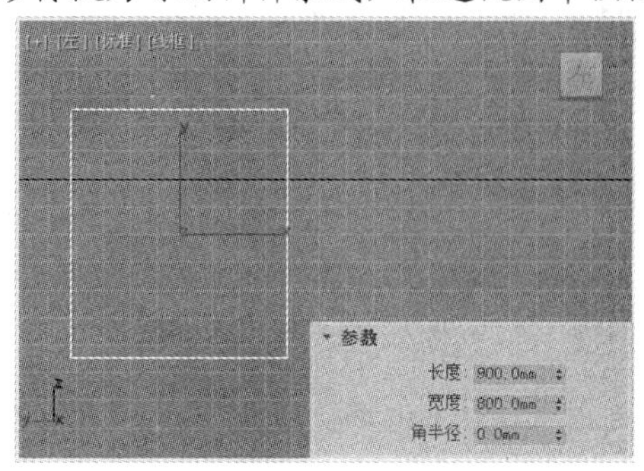

图 5-58　绘制矩形

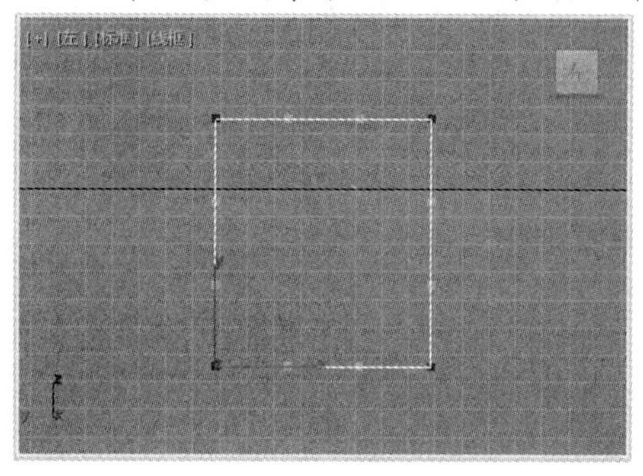

图 5-59　选中矩形四周的顶点

(10) 在【几何体】卷展栏的【圆角】微调框中输入 6.5 mm，然后按下 Enter 键。此时，场景中矩形的圆角效果如图 5-60 所示。

(11) 在【修改】面板中选中【线段】子对象选项，进入“线段”子对象层级。在透视图中选择图 5-61 左图所示的线段，然后使用【选择并均匀缩放】工具对线段进行等比缩放，如图 5-61 右图所示。

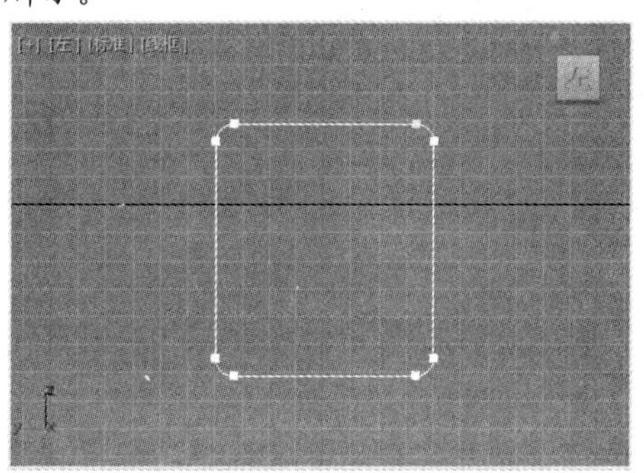

图 5-60　矩形的圆角效果

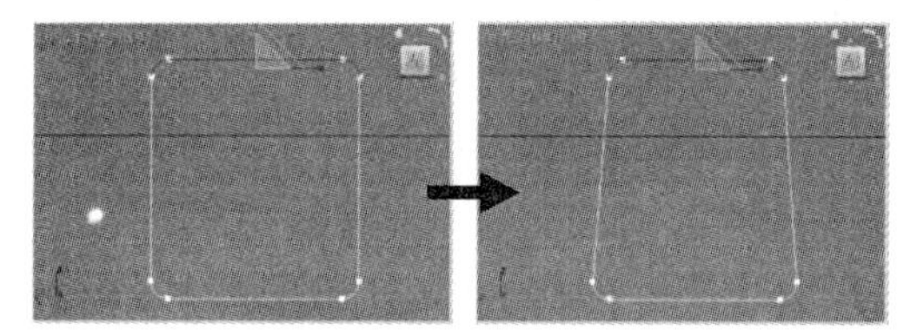

图 5-61　等比缩放线段

(12) 在【渲染】卷展栏中选中【在渲染中启用】和【在视口中启用】复选框，然后设置【厚度】为 2.5 mm。按下 W 键执行【选择并移动】命令，将模型移到合适的位置。然后按住 Shift 键并拖动模型，对模型进行原地复制，制作椅子腿部分，如图 5-62 所示。

(13) 选中图 5-63 左图所示的对象，然后按住 Shift 键并进行拖动，对选中的对象沿 *Y* 轴进行复制，如图 5-63 右图所示。

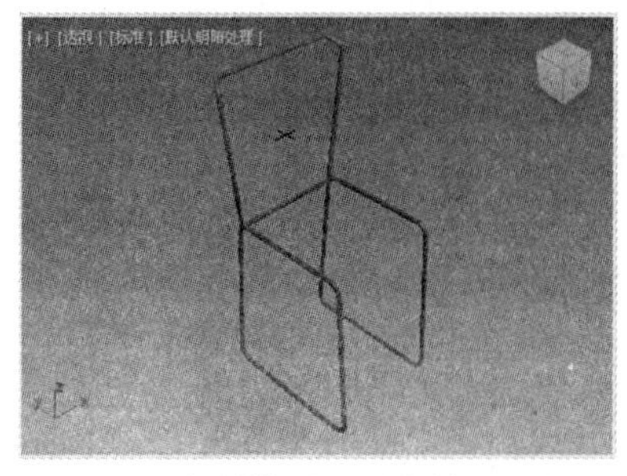

图 5-62　复制模型以制作椅子腿部分

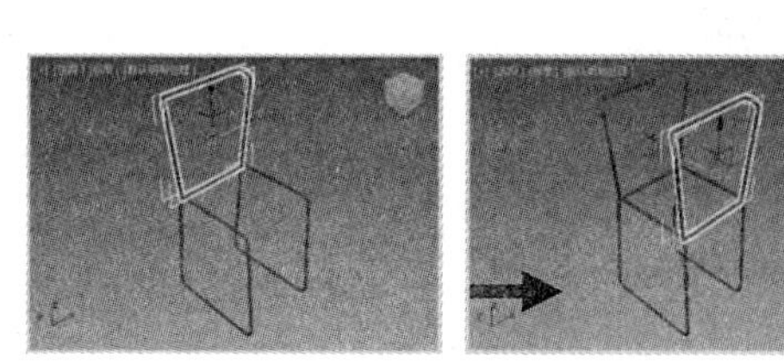

图 5-63　沿 *Y* 轴复制对象

(14) 按下 E 键执行【选择并旋转】命令，将复制得到的对象先沿 X 轴旋转 90°，再沿 Y 轴旋转 180°，如图 5-64 所示。

(15) 进入“线段”子对象层级，适当调整线段，如图 5-65 所示。

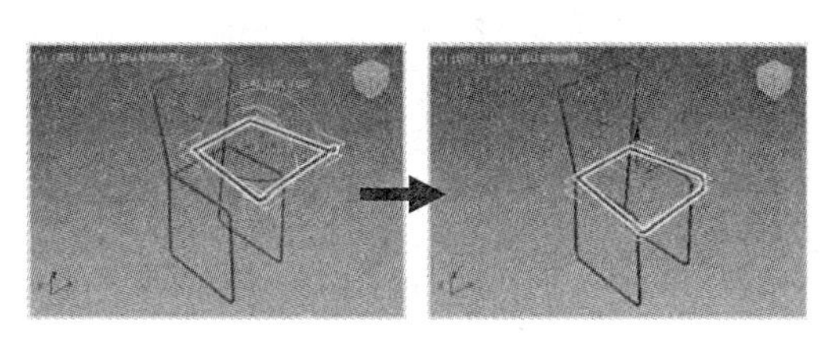

图 5-64　对复制得到的对象进行旋转

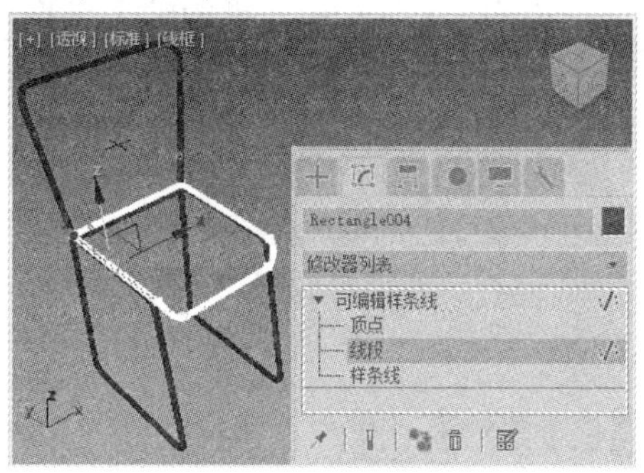

图 5-65　调整线段

(16) 在【修改】面板中单击【修改器列表】下拉按钮，在弹出的下拉列表中选择【挤出】选项，添加“挤出”修改器，然后在【参数】卷展栏的【数量】微调框中输入 3 mm，如图 5-66 所示。

(17) 在前视图中绘制一个矩形作为椅子的靠背，将这个矩形转换为可编辑样条线并进入“顶点”子对象层级，为矩形四周的顶点设置圆角，参数值为 5.5 mm。完成后的矩形效果如图 5-67 所示。

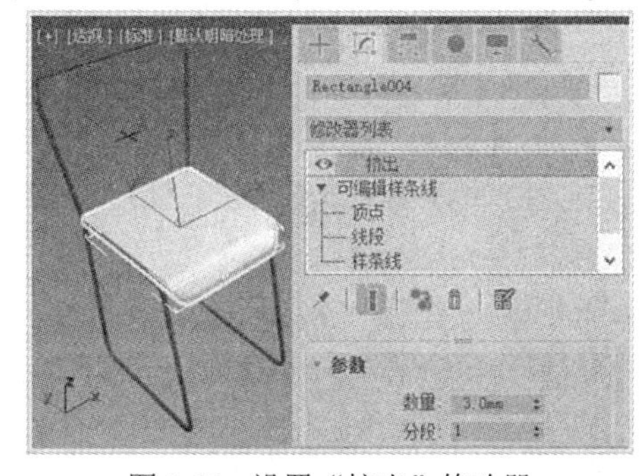

图 5-66　设置“挤出”修改器

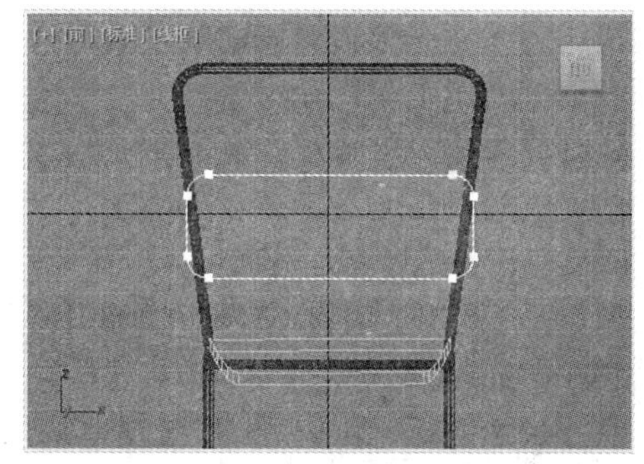

图 5-67　椅子靠背

(18) 在透视图中按住 Ctrl 键，分别选中图 5-68 所示的两组顶点，使用主工具栏中的【选择并旋转】工具对它们沿 Z 轴进行旋转。

(19) 最后，在【修改】面板中单击【修改器列表】下拉按钮，在弹出的下拉列表中选择【挤出】选项，为矩形添加“挤出”修改器，在【参数】卷展栏中将【数量】设置为 3 mm，完成模型的创建，效果如图 5-69 所示。

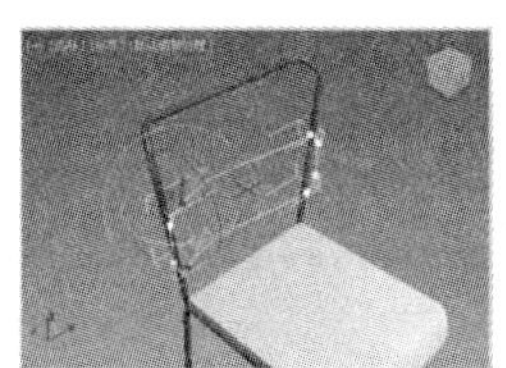
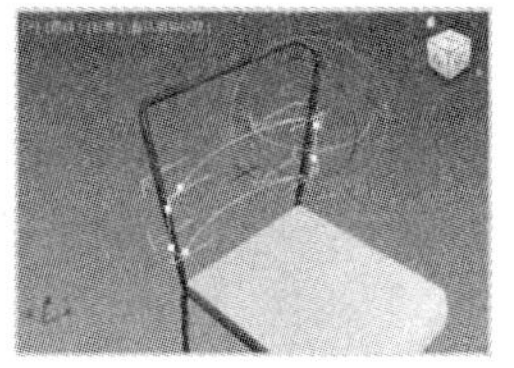

图 5-68　沿 Z 轴旋转顶点

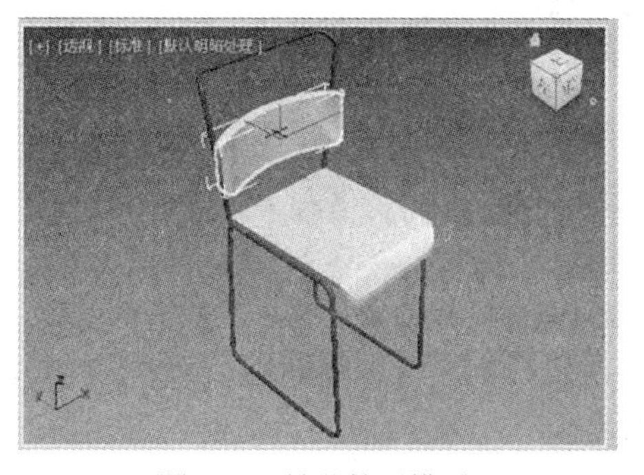

图 5-69　铁艺椅子模型

5.3.4 样条线

“样条线”子对象是二维图形中独立的曲线对象，同时也是一组相连线段的集合。在“样条线”子对象层级，如图 5-70 所示，用户可以对“样条线”子对象执行移动、旋转、缩放或复制等操作，并且可以使用针对“样条线”子对象层级的编辑命令。

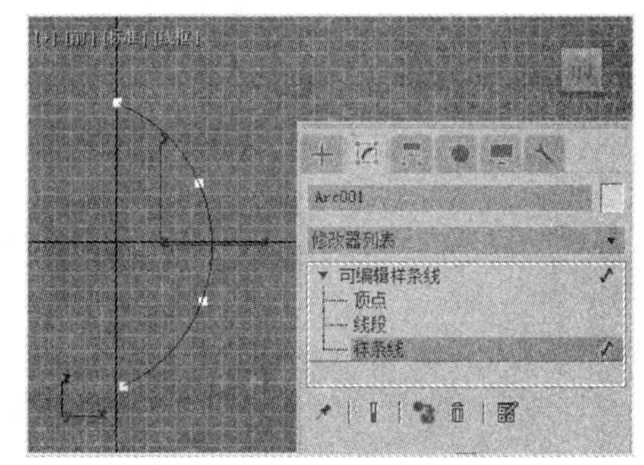

图 5-70 “样条线”子对象层级

【例 5-7】 使用“编辑样条曲线”修改器中的常用命令制作花瓶模型。 视频

(1) 在【创建】面板的【图形】选项卡中单击【线】工具按钮，在前视图中绘制花瓶的截面轮廓线。

(2) 右击绘制的轮廓线，在弹出的快捷菜单中选择【转换为】|【转换为可编辑样条线】命令，将轮廓线转换为可编辑样条线，选择【修改】面板，选中【样条线】子对象选项，进入“样条线”子对象层级，在【几何体】卷展栏中将【轮廓】设置为-4 mm，按 Enter 键确认，如图 5-71 所示。

(3) 退出“样条线”子对象层级，在【修改】面板中单击【修改器列表】下拉按钮，在弹出的下拉列表中选择【车削】选项，添加“车削”修改器，在【参数】卷展栏中将【分段】设置为 100，并单击【方向】选项组中的 Y 按钮和【对齐】选项组中的【最小】按钮，如图 5-72 所示。

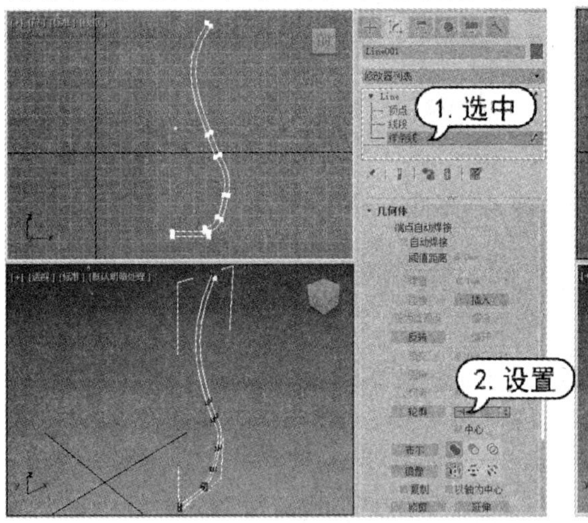

图 5-71 设置轮廓

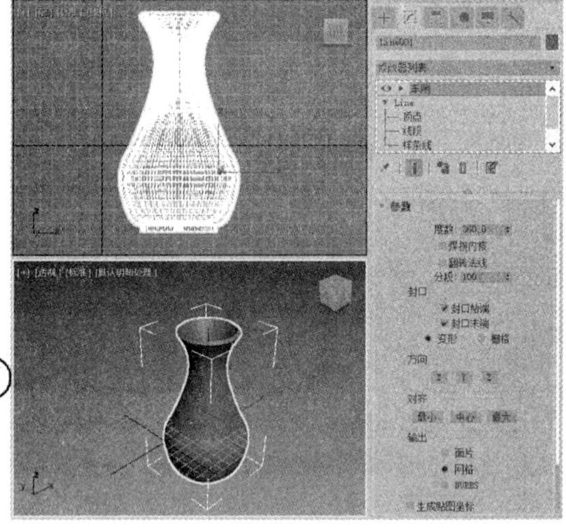

图 5-72 设置“车削”修改器参数

5.4 实例演练

二维图形建模是一种非常灵活的建模方式，使用这种方式可以创建出很多的线性模型(例如桌子、凳子等)。下面将通过实例操作，帮助用户进一步巩固本章所学的知识，掌握二维图形建模的方法。

【例 5-8】 在 3ds Max 中制作简单的茶几模型。 视频

(1) 在顶视图中绘制一个【长度】为 1000 mm、【宽度】为 1600 mm、【角半径】为 3 mm 的矩形，如图 5-73 所示。

(2) 在透视图中选中绘制的矩形，选择【修改】面板，单击【修改器列表】下拉按钮，在弹出的下拉列表中选择【挤出】选项，添加“挤出”修改器，在【参数】卷展栏中设置【数量】为 125 mm，如图 5-74 所示。

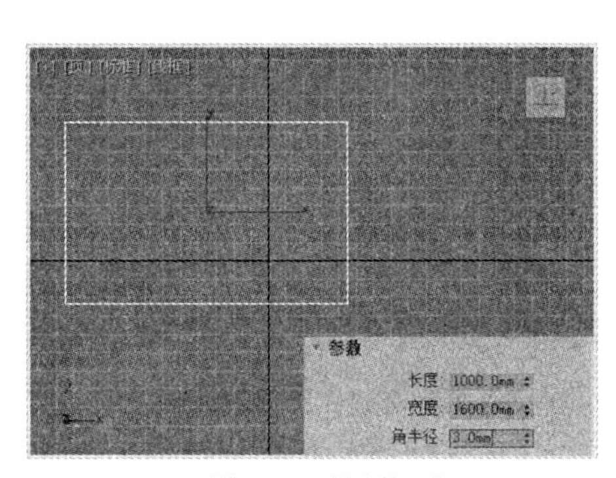

图 5-73　绘制矩形

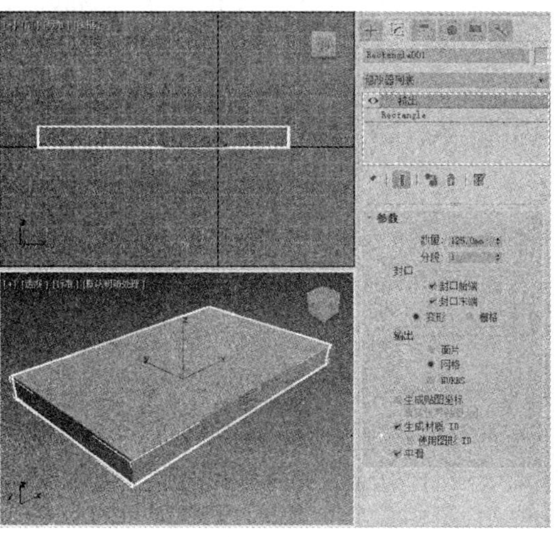

图 5-74　设置“挤出”修改器参数

(3) 在左视图中绘制另一个【长度】为 400 mm、【宽度】为 800 mm 的矩形，如图 5-75 所示。

(4) 在【渲染】卷展栏中选中【在渲染中启用】和【在视口中启用】复选框以及【矩形】单选按钮，设置【长度】为 30 mm。

(5) 按下 W 键执行【选择并移动】命令，然后按住 Shift 键，对选中的对象沿 X 轴进行复制，完成模型的制作，效果如图 5-76 所示。

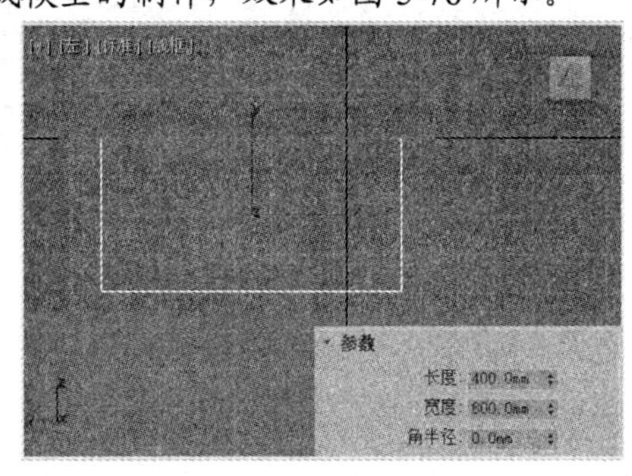

图 5-75　绘制另一个矩形

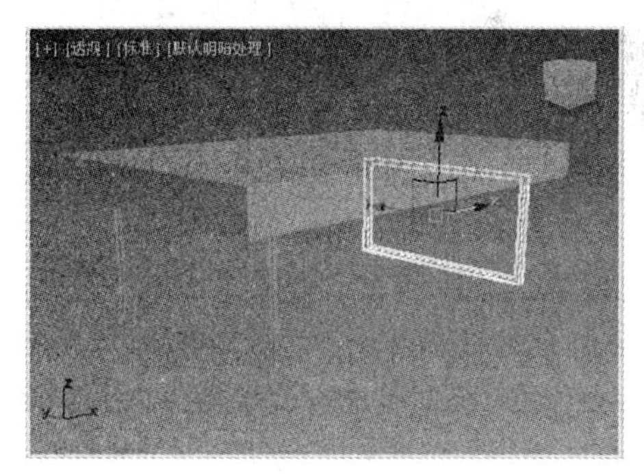
图 5-76　茶几模型

【例 5-9】 在 3ds Max 中制作铁艺凳子模型。 视频

(1) 在顶视图中绘制一个【半径】为 100 mm、【边数】为 8、【角半径】为 25 mm 的多边形，如图 5-77 左图所示。

(2) 右击绘制的多边形，从弹出的快捷菜单中选择【转换为】|【转换为可编辑样条线】命令，如图 5-77 右图所示。

(3) 在透视图中选中图 5-78 左图所示的点，然后沿着 Z 轴向上拖动，如图 5-78 右图所示。

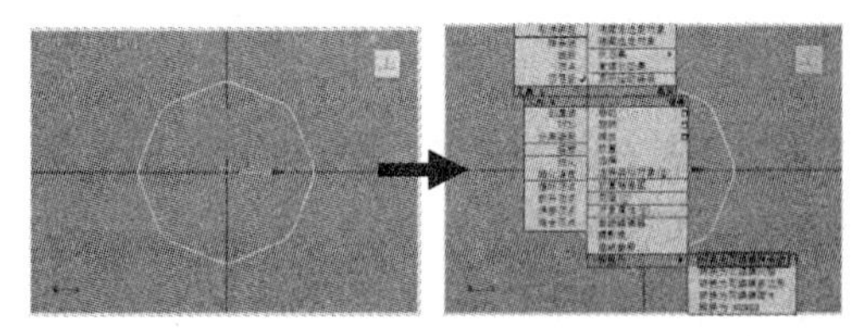

图 5-77　将多边形转换为可编辑样条线

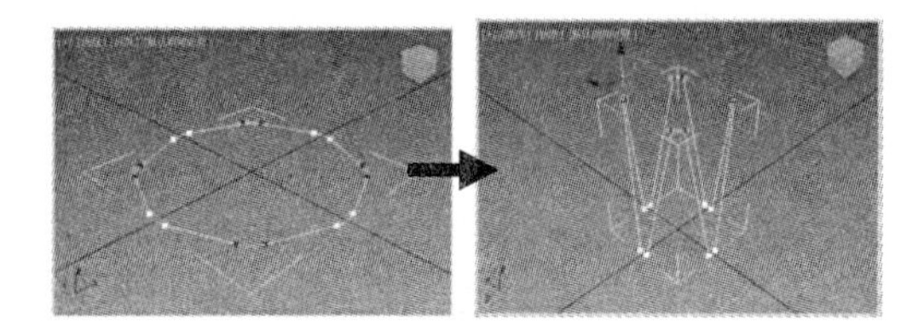

图 5-78　沿 Z 轴向上拖动选中的点

(4) 分别选中图 5-79 左图所示的点，然后调节它们的状态，如图 5-79 右图所示。

(5) 在【修改】面板中展开【渲染】卷展栏，选中【在渲染中启用】和【在视口中启用】复选框，然后设置【厚度】为 8 mm，如图 5-80 所示。

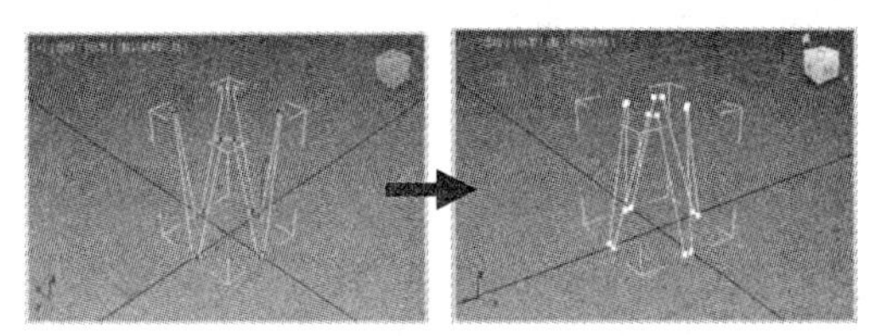

图 5-79　调节选中点的状态

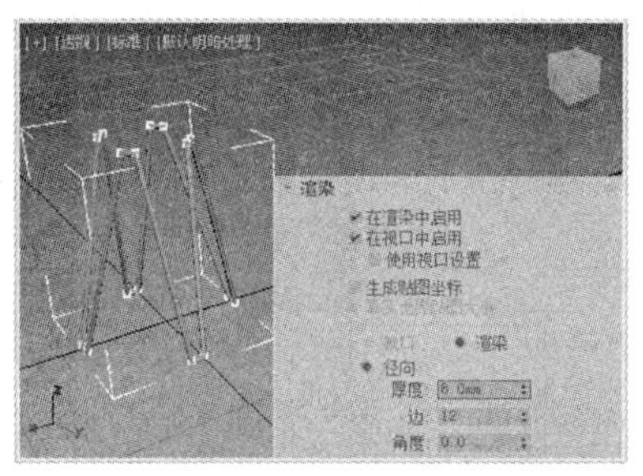

图 5-80　设置厚度

(6) 在顶视图中绘制一个圆，设置其半径为 80 mm，如图 5-81 所示。

(7) 为绘制的圆添加“挤出”修改器，在【参数】卷展栏中设置【数量】为 10 mm。

(8) 在顶视图中绘制另一个半径为 110 mm 的圆，并调整其位置，如图 5-82 所示。

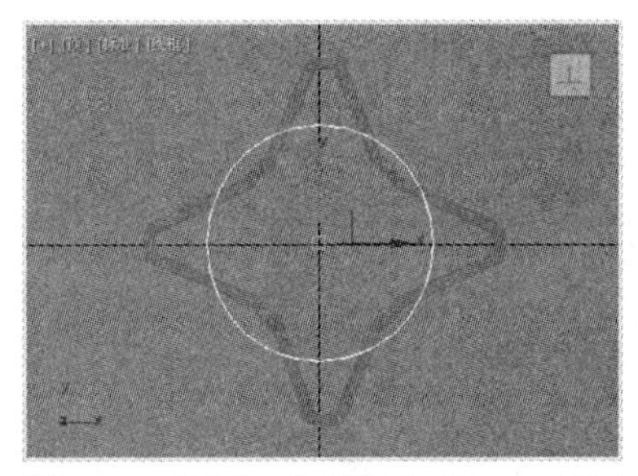

图 5-81　绘制一个半径为 80 mm 的圆

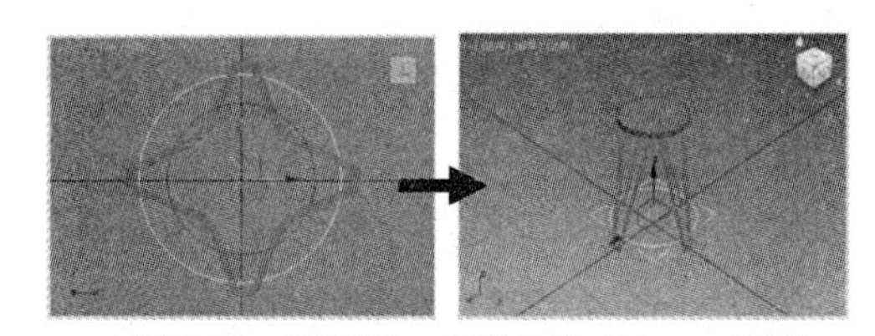

图 5-82　绘制另一个半径为 110 mm 的圆

(9) 将绘制的另一个圆转换为可编辑样条线，展开【渲染】卷展栏，选中【在渲染中启用】和【在视口中启用】复选框，然后设置【厚度】为 5 mm，完成模型的制作。

5.5　习题

1. 简述什么是二维图形建模。
2. 在 3ds Max 中如何创建二维图形？如何编辑样条线？
3. 运用本章所学的知识，尝试制作吊灯模型。

第6章

复合对象建模

复合对象建模是一种特殊的建模方式，利用这种建模方式，用户可以将两个或两个以上的物体通过特定的合成方式合并为一个物体，以创建出更复杂的模型。在合并过程中，用户不仅可以反复调节，而且可以将合并过程记录为动画，从而制作出特殊的动画效果。

本章重点

- 通过“散布”对象制作模型
- 通过【图形合并】工具制作模型
- 通过布尔运算制作模型
- 创建放样对象

二维码教学视频

【例6-1】 制作仙人掌模型
【例6-2】 制作镂空文字戒指
【例6-3】 制作胶囊模型
【例6-4】 制作藤椅模型
【例6-5】 制作骰子模型
【例6-6】 制作花瓶模型
【例6-7】 制作窗帘模型
本章其他视频参见视频二维码列表

6.1 创建复合对象

在 3ds Max 工作界面右侧的【创建】面板中选择【几何体】选项卡，在【标准基本体】下拉列表中选择【复合对象】选项，便可以显示用于创建复合对象的命令面板(此时，【对象类型】卷展栏中的有些按钮是灰色的，这表示当前选定的对象不符合复合对象的创建条件)，如图 6-1 所示。

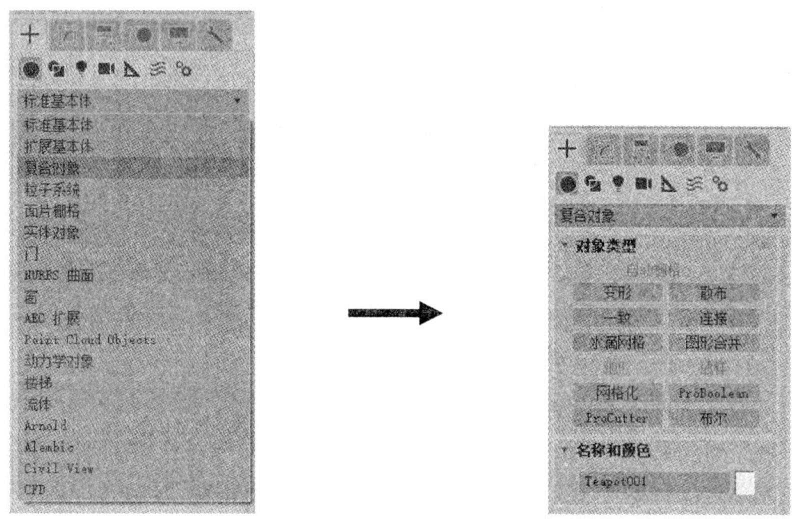

图 6-1　切换至复合对象的【创建】面板

6.1.1 散布

通过“散布”对象，用户便能够将选定的源对象分散、覆盖到目标对象的表面。通过【修改】面板，用户可以设置对象分布的数量和状态，此外还可以设置散布对象的动画。

【例 6-1】 通过“散布”对象制作仙人掌模型。 视频

(1) 在【创建】面板中选择【图形】选项卡，然后单击【线】工具按钮，在前视图中绘制图 6-2 所示的剖面线。

(2) 选择【修改】面板，单击【修改器列表】下拉按钮，从弹出的下拉列表中选择【车削】选项，添加“车削”修改器，然后在【参数】卷展栏中将【分段】设置为 40，再单击 Y 按钮和【最小】按钮，对剖面线进行旋转，创建花盆模型，如图 6-3 所示。

(3) 在【创建】面板中选择【几何体】选项卡，单击【球体】工具按钮，在顶视图的花盆模型的中央绘制球体，然后使用主工具栏中的【选择并移动】按钮，将绘制的球体调整到花盆模型的正上方，如图 6-4 所示。

(4) 在主工具栏中长按【选择并均匀缩放】下拉按钮，从弹出的下拉列表中选择【选择并挤压】工具，然后分别在左视图和前视图中对球体沿 *Y* 轴方向进行缩放，制作图 6-5 所示的仙人掌模型。

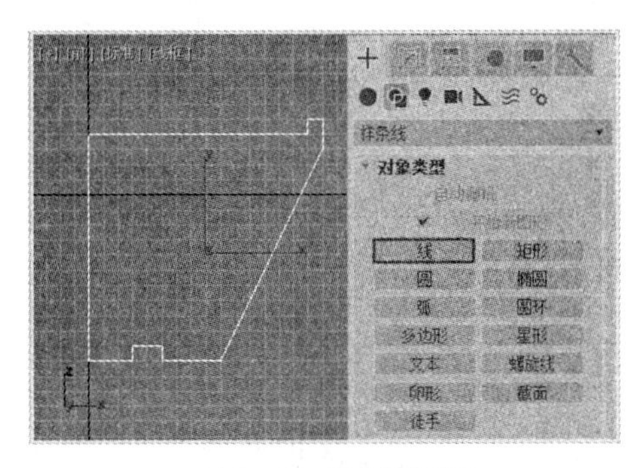

图 6-2　绘制剖面线

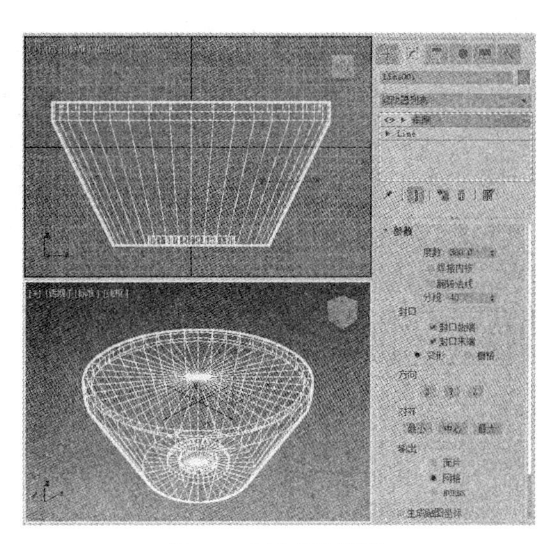

图 6-3　创建花盆模型

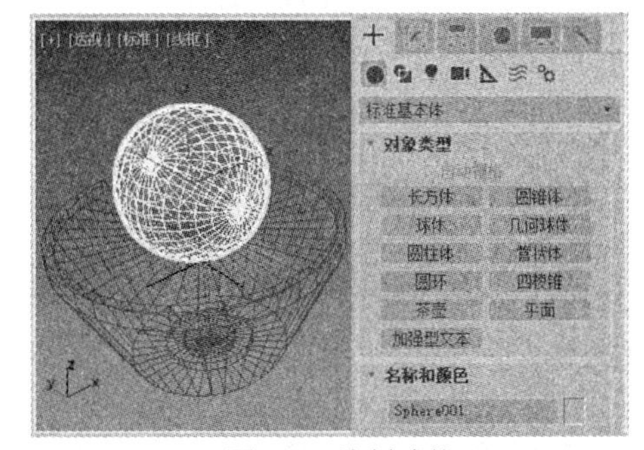

图 6-4　绘制球体

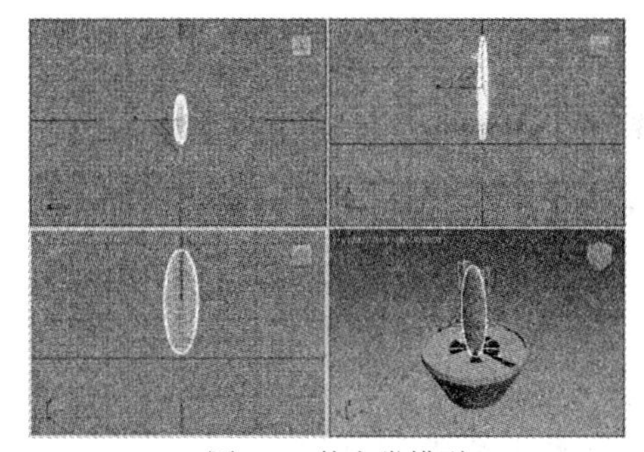

图 6-5　仙人掌模型

(5) 选择【创建】面板，在【几何体】选项卡中单击【圆锥体】工具按钮，在前视图中创建圆锥体，作为仙人掌上的刺模型(参数如图 6-6 所示)。

(6) 选中创建的刺模型，激活主工具栏中的【选择并移动】工具，然后按住 Shift 键并在场景中拖动刺模型，打开【克隆选项】对话框，在【副本数】微调框中输入 2，然后单击【确定】按钮，如图 6-7 所示。

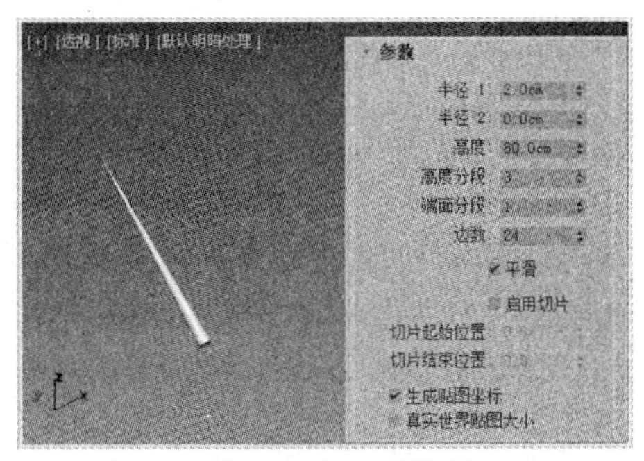

图 6-6　创建刺模型

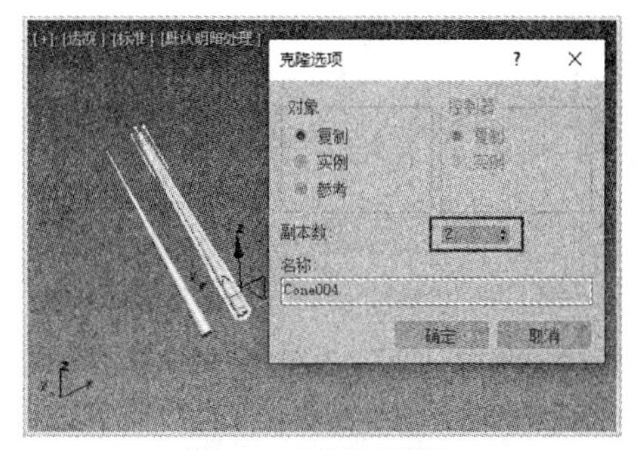

图 6-7　复制刺模型

(7) 选择【修改】面板，在【参数】卷展栏中调整复制得到的两个刺模型的【高度】和【半径】参数，使它们大小不同。

(8) 使用主工具栏中的【选择并移动】和【选择并旋转】工具，调整场景中 3 个刺模型的位置，效果如图 6-8 所示。

(9) 选中其中一个刺模型，在【修改】面板中单击【修改器列表】下拉按钮，从弹出的下拉列表中选择【编辑网格】选项，添加“编辑网格”修改器。然后单击【编辑几何体】卷展栏中的【附加】按钮，选取场景中的其他两个刺模型，将它们附加为整体。

(10) 选择【创建】面板，单击【标准基本体】下拉按钮，从弹出的下拉列表中选择【复合对象】选项。

(11) 选中场景中已经合为一体的 3 个刺模型，然后先单击【复合对象】面板中的【散布】按钮，再单击【拾取分布对象】卷展栏中的【拾取分布对象】按钮，最后单击透视图中的仙人掌模型，如图 6-9 所示。

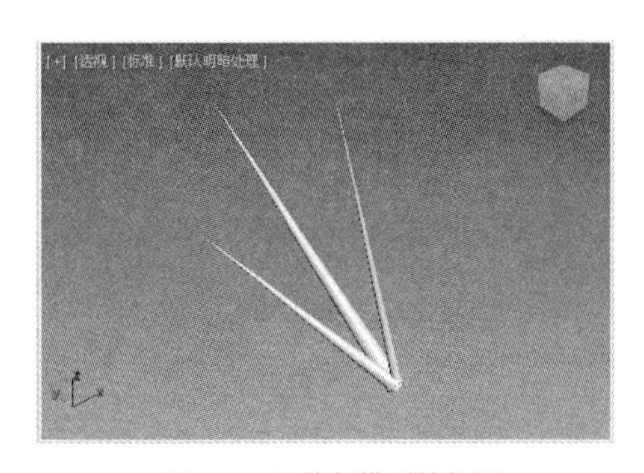

图 6-8　调整刺模型的位置

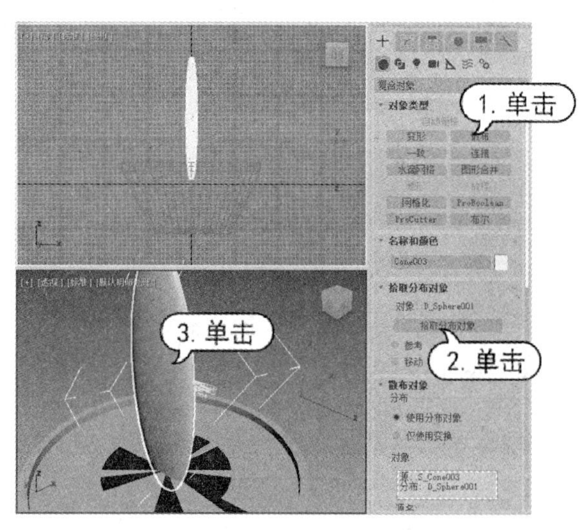

图 6-9　拾取分布对象

(12) 在【散布对象】卷展栏中选中【所有顶点】单选按钮，如图 6-10 所示。

(13) 将制作好的仙人掌模型复制几个并调整它们的大小，效果如图 6-11 所示。

在设置如何“散布”复合对象时，【散布】面板中包含了【拾取分布对象】【散布对象】【变换】和【显示】4 个卷展栏。

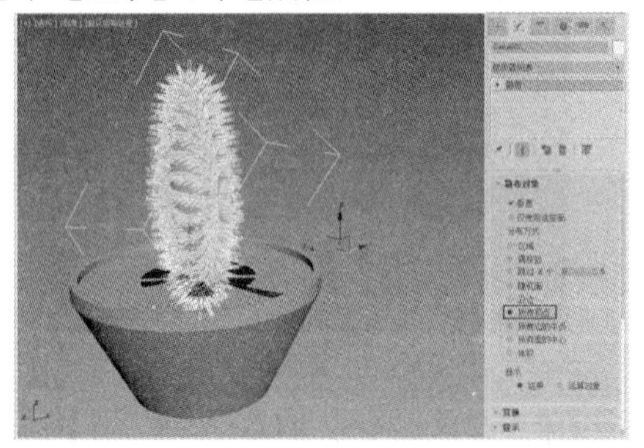

图 6-10　设置散布对象为所有顶点

图 6-11　模型的最终效果

1. 【拾取分布对象】卷展栏

【拾取分布对象】卷展栏(如图 6-12 所示)中的选项用于设置散布的目标对象。

- 【对象】提示框：提示使用【拾取分布对象】按钮选择的分布对象的名称。
- 【拾取分布对象】按钮：用于在场景中拾取一个对象并将其指定为分布对象。
- 【参考】【复制】【移动】和【实例】单选按钮：用于指定将分布对象转换为散布对象的方式。

2. 【散布对象】卷展栏

【散布对象】卷展栏(如图 6-13 所示)用于指定源对象如何散布，此外还允许访问构成散布合成物体的源对象和目标对象。

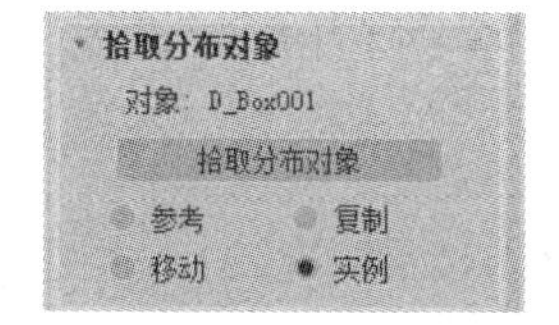

图 6-12　【拾取分布对象】卷展栏

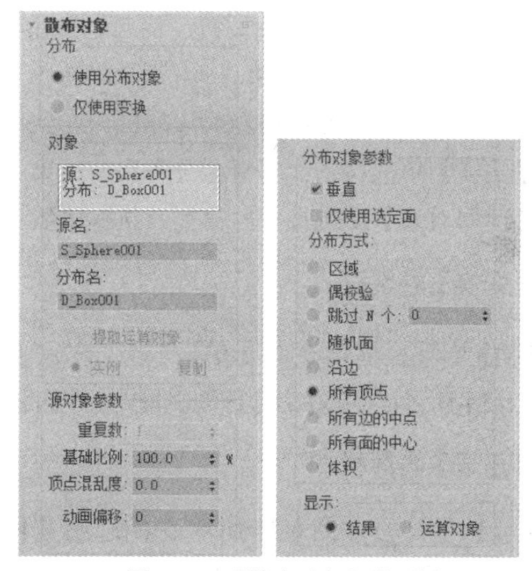

图 6-13　【散布对象】卷展栏

- 【使用分布对象】单选按钮：将源对象散布到目标对象的表面。
- 【仅使用变换】单选按钮：不使用目标对象，而是通过【变换】卷展栏中的设置来影响源对象的分配。
- 【对象】选项组：用于显示参与散布操作的源对象和目标对象的名称，并且允许对它们进行编辑(其中各个选项的功能与创建对象时相应的参数一致，这里不再阐述)。
- 【重复数】微调框：用于设置源对象分配在目标对象表面的副本数量。
- 【基础比例】微调框：用于设置源对象的缩放比例。
- 【顶点混乱度】微调框：用于设置源对象随机分布在目标对象表面的顶点混乱度，值越大，混乱度就越大。
- 【动画偏移】微调框：用于指定动画随机偏移原点的帧数。
- 【垂直】复选框：选中该复选框后，每个复制的源对象都将保持与其所在的顶点、面或边之间的垂直关系。
- 【仅使用选定面】复选框：选中该复选框后，便可将散布对象分布在目标对象所选择的面上。

- 【区域】单选按钮：将源对象分布在目标对象的整个表面区域内。
- 【偶校验】单选按钮：将源对象以偶数的方式分布在目标对象上。
- 【跳过 N 个】单选按钮：允许设置面的间隔数，源对象将根据该单选按钮右侧微调框中的参数进行分布。
- 【随机面】单选按钮：将源对象以随机的方式分布在目标对象的表面上。
- 【沿边】单选按钮：将源对象以随机的方式分布在目标对象的边上。
- 【所有顶点】单选按钮：将源对象以随机的方式分布在目标对象的所有基点上，基点的数量与目标对象的顶点数量相同。
- 【所有边的中点】单选按钮：将源对象随机分布到目标对象的每条边的中心，数量与目标对象的边数相同。
- 【所有面的中心】单选按钮：将源对象随机分布到目标对象的每个三角面的中心，数量与目标对象的面数相同。
- 【体积】单选按钮：将源对象随机分布到目标对象的体积内部。
- 【结果】单选按钮：将显示分布后的结果。
- 【运算对象】单选按钮：只显示执行“散步”操作之前的操作对象。

3. 【变换】卷展栏

【变换】卷展栏用于设置源对象分布在目标对象表面后的变换偏移量，可记录为动画，参数面板如图 6-14 所示(其中各个选项的功能与标注的说明一致，这里不再阐述)。

4. 【显示】卷展栏

【显示】卷展栏(如图 6-15 所示)中的选项用于控制散布对象的显示情况。

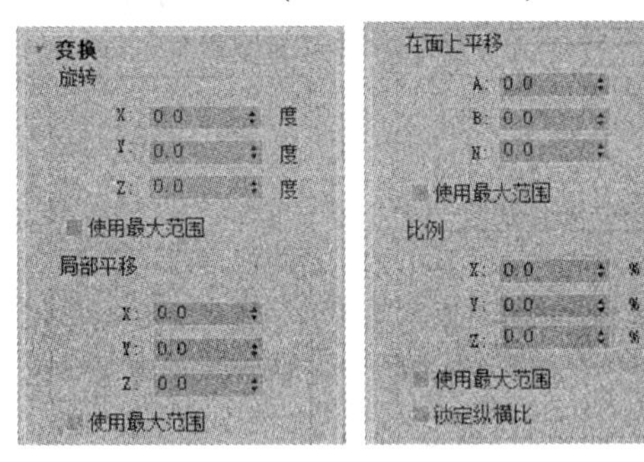

图 6-14 【变换】卷展栏

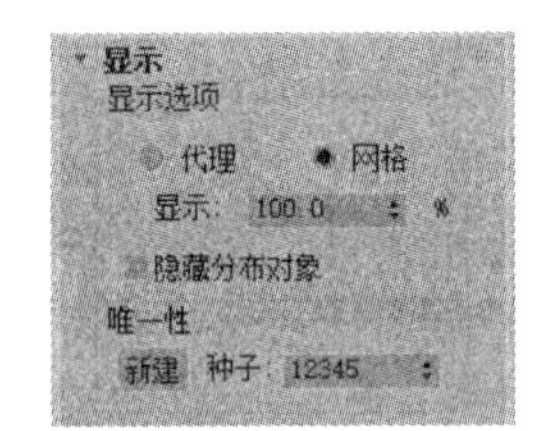

图 6-15 【显示】卷展栏

- 【代理】单选按钮：以简单的方块替代源对象，从而提高视图的刷新速度，常用于结构复杂的散布合成对象。
- 【网格】单选按钮：显示源对象的原始形态。
- 【显示】微调框：设置所有源对象在视图中的显示百分比，但不会影响渲染结果，默认为 100%。

- 【隐藏分布对象】复选框：选中该复选框后，视图中将隐藏目标对象，而仅显示源对象(这会影响渲染结果)。
- 【新建】按钮：用于随机生成新的种子数。
- 【种子】微调框：用于设置并显示当前散布的种子数，可在相同设置下产生不同的散布效果。

6.1.2　图形合并

使用【图形合并】工具可以将二维图形投影到三维对象的表面，从而产生相交或相减的效果。该工具常用于对象表面镂空文字或花纹的制作。

【例 6-2】 使用【图形合并】工具制作镂空文字的戒指模型。 视频

(1) 选择【创建】面板，在【几何体】选项卡中单击【管状体】工具按钮，在场景中创建图 6-16 所示的管状体模型。

(2) 在【创建】面板中选择【图形】选项卡，然后单击【文本】工具按钮，在视图中插入一段文本，如图 6-17 所示。

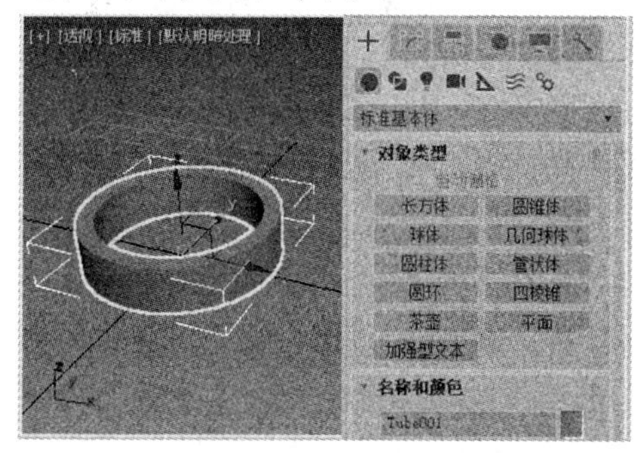

图 6-16　创建管状体模型

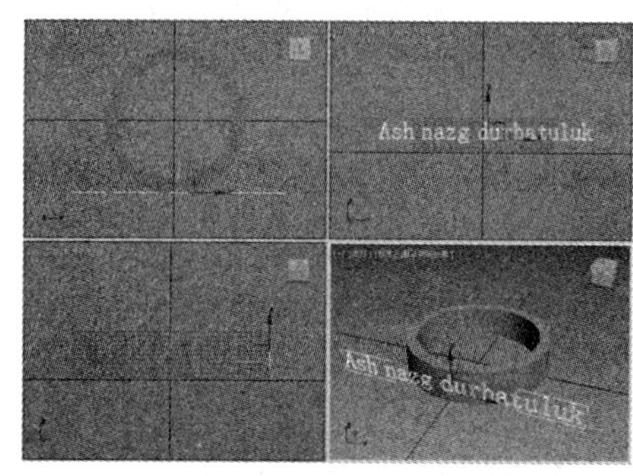

图 6-17　插入一段文本

(3) 选中场景中的文本对象，选择【修改】面板，单击【修改器列表】下拉按钮，从弹出的下拉列表中选择 Bend 选项，添加 Bend(“弯曲”)修改器，在【参数】卷展栏中设置【角度】为 175、【弯曲轴】为 X 轴，如图 6-18 所示。

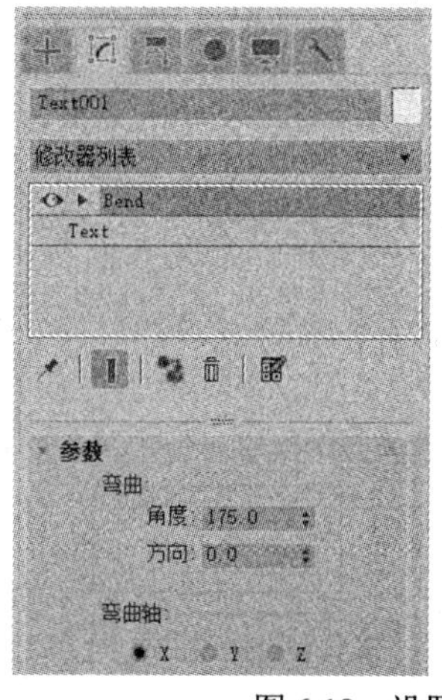

图 6-18　设置 Bend(“弯曲”)修改器参数

(4) 选中场景中的管状体对象，选择【创建】面板，单击【标准基本体】下拉按钮，在弹出的下拉列表中选择【复合对象】选项，显示【复合对象】面板。

(5) 在【复合对象】面板中单击【图形合并】按钮，然后在【拾取运算对象】卷展栏中单击【拾取图形】按钮，如图 6-19 所示。

(6) 在场景中单击拾取文本对象。选择【修改】面板，单击【修改器列表】下拉按钮，在弹出的下拉列表中选择【面挤出】选项，添加“面挤出”修改器，然后在【参数】卷展栏中设置【数量】为 0.8 并选中【从中心挤出】复选框，如图 6-20 所示。

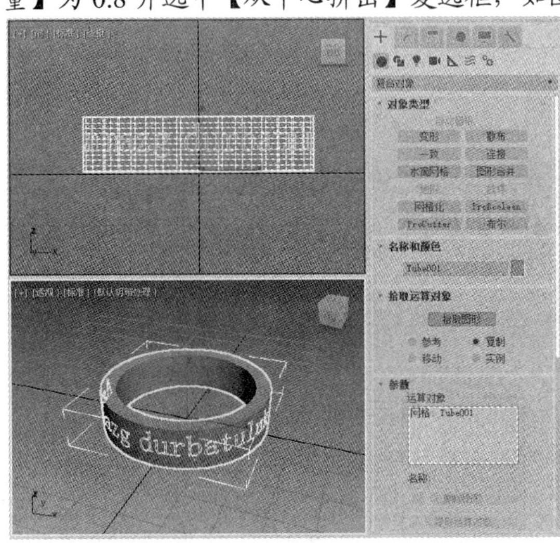

图 6-19　拾取运算对象

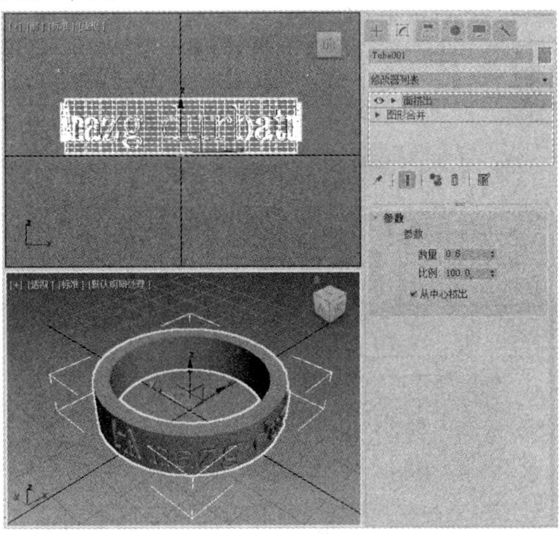

图 6-20　设置“面挤出”修改器参数

在设置“图形合并”复合对象时，命令面板中包含了【拾取运算对象】【参数】和【显示/更新】3 个卷展栏。

1. 【拾取运算对象】卷展栏

【拾取运算对象】卷展栏如图 6-21 所示，其中主要选项的功能说明如下。

- 【拾取图形】按钮：单击该按钮后，便可以在场景中拾取想要嵌入网格对象中的图形对象。
- 【参考】【复制】【移动】和【实例】单选按钮：指定以何种方式将图形对象传输到复合对象中。

2. 【参数】卷展栏

【参数】卷展栏如图 6-22 所示，其中主要选项的功能说明如下。

- 【运算对象】列表框：列出复合对象中的所有操作对象。
- 【删除图形】按钮：从复合对象中删除选中的图形。
- 【提取运算对象】按钮：提取选中的运算对象的副本或实例(可通过在【运算对象】列表框中选择运算对象来使该按钮可用)。
- 【实例】和【复制】单选按钮：指定以何种方式提取运算对象(可作为“实例”或“副本”提取)。
- 【饼切】单选按钮：切去网格对象曲面外部的图形。
- 【合并】单选按钮：将图形与网格对象曲面合并。
- 【反转】复选框：反转【饼切】或【合并】效果。

3. 【显示/更新】卷展栏

如图 6-23 所示，当用户在【显示/更新】卷展栏的【更新】选项组中选中除【始终】单选按钮外的任意单选按钮时，将显示【更新】按钮(用于更新显示)。

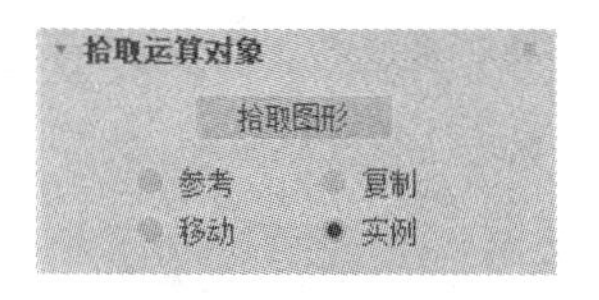

图 6-21　【拾取运算对象】卷展栏

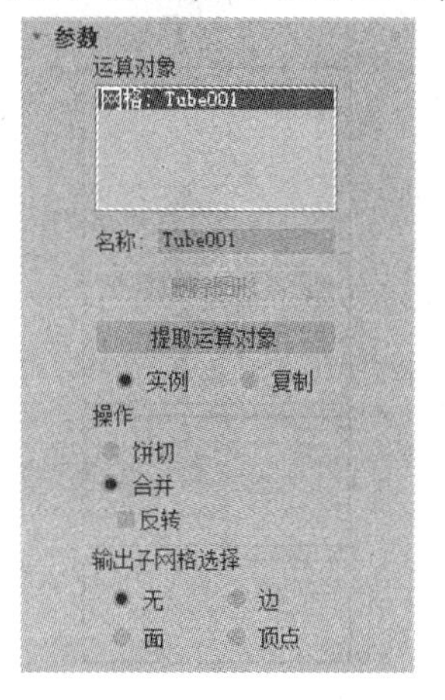

图 6-22　【参数】卷展栏

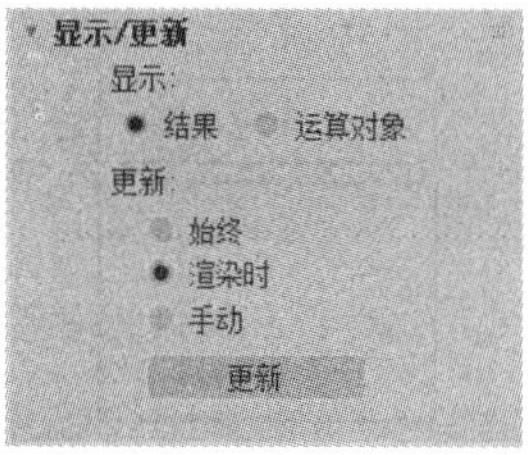

图 6-23　【显示/更新】卷展栏

6.1.3　布尔运算

利用【布尔】命令，用户可以对两个或两个以上的对象进行交集、并集和差集运算，从而对基本几何体进行组合，创建出新的对象形态。

【例 6-3】 通过布尔运算制作胶囊模型。 视频

(1) 在菜单栏中选择【自定义】|【单位设置】命令，打开【单位设置】对话框，将【显示单位比例】和【系统单位比例】设置为【毫米】。

(2) 在【创建】面板中选择【图形】选项卡，然后单击【矩形】工具按钮，在顶视图中创建一个矩形对象，并在【参数】卷展栏中设置其【长度】为 110 mm、【宽度】为 60 mm、【角半径】为 6 mm，如图 6-24 所示。

(3) 选择【修改】面板，单击【修改器列表】下拉按钮，在弹出的下拉列表中选择【挤出】选项，添加“挤出”修改器，在【参数】卷展栏的【数量】微调框中输入 0.3 mm，如图 6-25 所示。

(4) 选择【创建】面板，单击【扩展基本体】面板中的【胶囊】工具按钮，在前视图中创建一个【半径】为 5 mm、【高度】为 25 mm 的胶囊对象，并在【参数】卷展栏中选中【启用切片】复选框，设置【切片起始位置】为 180，如图 6-26 所示。

(5) 按下 W 键执行【选择并移动】命令，选中步骤(4)中创建的胶囊对象，按住 Shift 键并拖动鼠标，打开【克隆选项】对话框，复制胶囊对象两次，如图 6-27 所示。

(6) 按住 Ctrl 键并选中场景中的 3 个胶囊对象，然后按住 Shift 键并拖动它们，对它们再次进行复制，完成后的效果如图 6-28 所示。

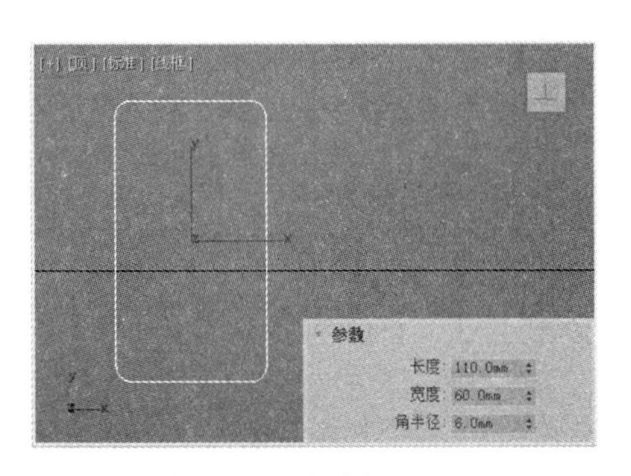

图 6-24　创建矩形

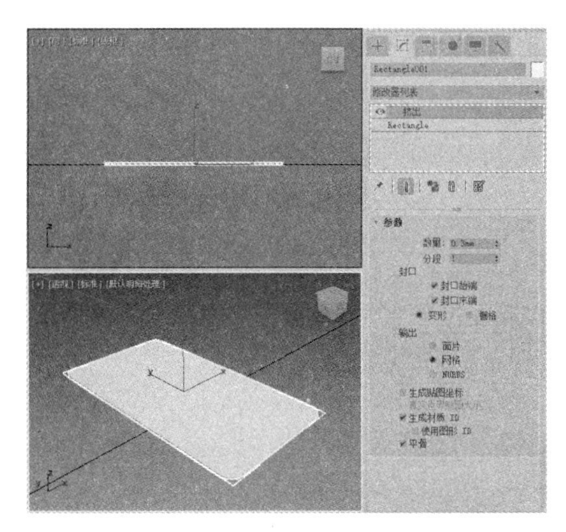

图 6-25　设置“挤出”修改器参数

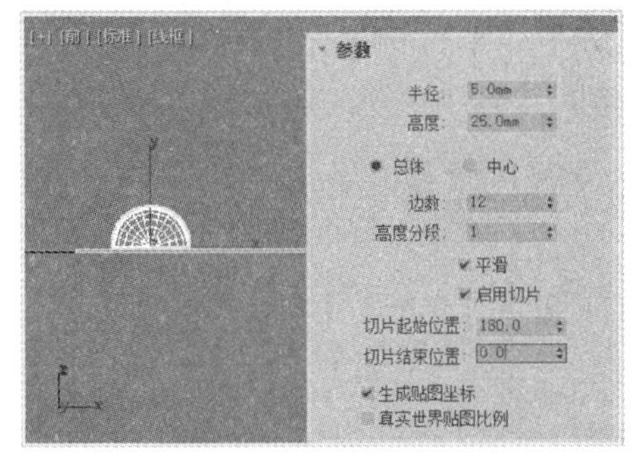

图 6-26　创建胶囊

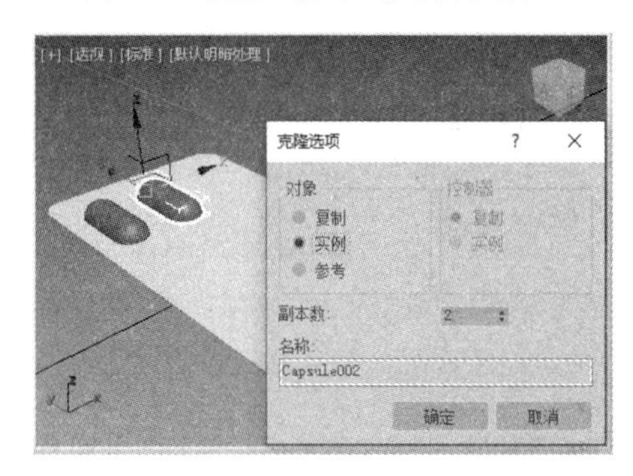

图 6-27　复制单个胶囊

(7) 选中场景中的所有胶囊对象，选择【实用程序】面板，单击【塌陷】按钮，然后在【塌陷】卷展栏中单击【塌陷选定对象】按钮。此时，用户在场景中选中的所有胶囊对象将变成一个对象，如图 6-29 所示。

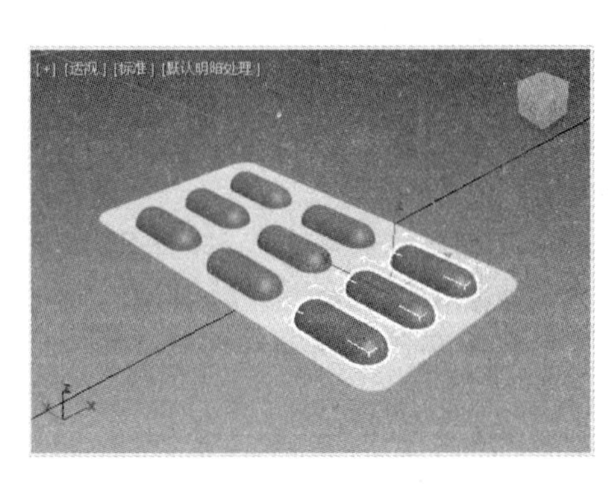

图 6-28　复制多个胶囊

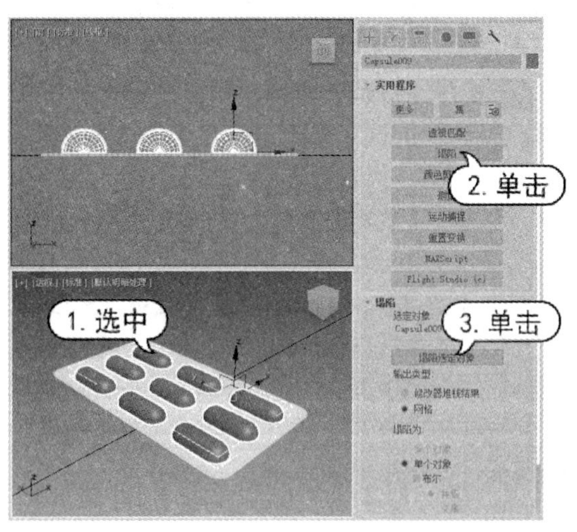

图 6-29　塌陷选中的胶囊对象

(8) 在场景中选中矩形模型，在【创建】面板中选择【几何体】选项卡●，单击【标准基本体】下拉按钮，在弹出的下拉列表中选择【复合对象】选项，显示【复合对象】面板，然后单击【布尔】按钮，在【运算对象参数】卷展栏中单击【并集】按钮，如图6-30所示。

(9) 在【布尔参数】卷展栏中单击【添加运算对象】按钮，然后在场景中单击步骤(7)中塌陷过的胶囊模型，如图6-31所示。此时即可完成胶囊模型的制作。

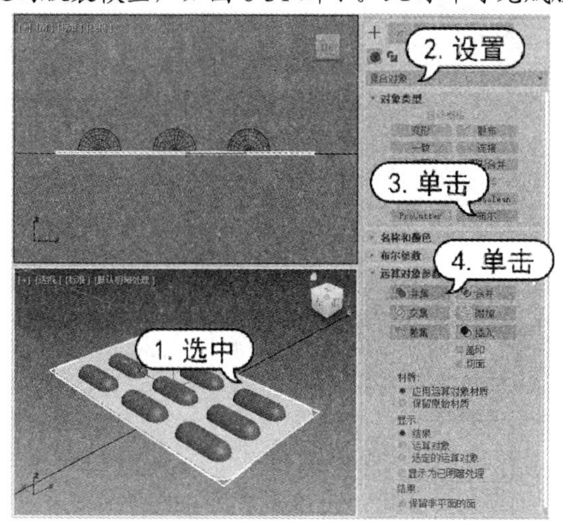

图6-30　设置布尔运算(并集)

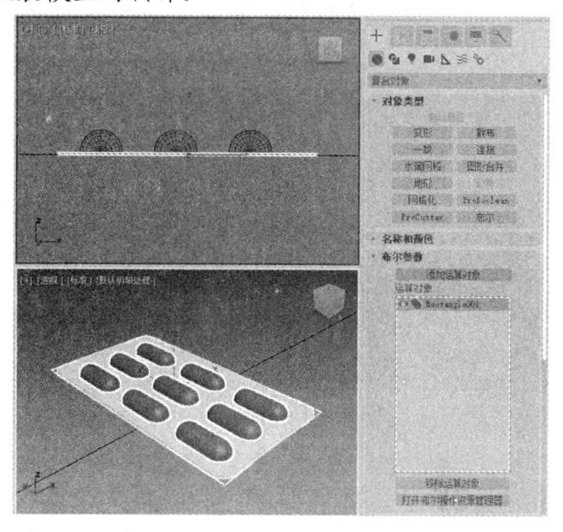

图6-31　添加运算对象

在设置“布尔”复合对象时，命令面板中包含了【布尔参数】和【运算对象参数】两个卷展栏。

1. 【布尔参数】卷展栏

在图6-31所示的【布尔参数】卷展栏中，主要选项的功能说明如下。

- 【添加运算对象】按钮：单击该按钮后，便可以在场景中拾取另一个运算对象来完成布尔运算。
- 【运算对象】列表框：用于显示当前运算对象的名称。
- 【移除运算对象】按钮：在【运算对象】列表框中选中一个对象后，单击该按钮，便可以将选中的对象从【运算对象】列表框中移除。
- 【打开布尔操作资源管理器】按钮：单击该按钮可以打开【布尔操作资源管理器】对话框，从中可以管理【运算对象】列表框中包括的对象，如图6-32所示。

2. 【运算对象参数】卷展栏

在图6-30所示的【运算对象参数】卷展栏中，主要选项的功能说明如下。

- 【并集】按钮：将两个对象合并，其中相交的部分将被删除，运算完成后，这两个对象将被合并成一个对象，如图6-33所示。
- 【交集】按钮：将两个对象相交的部分保留并删除不相交的部分，如图6-34所示。
- 【差集】按钮：从一个对象中删除与另一个对象重合的部分，如图6-35所示。
- 【合并】按钮：将两个或两个以上的对象相交并组合，但不删除任何原始对象，如图6-36所示。

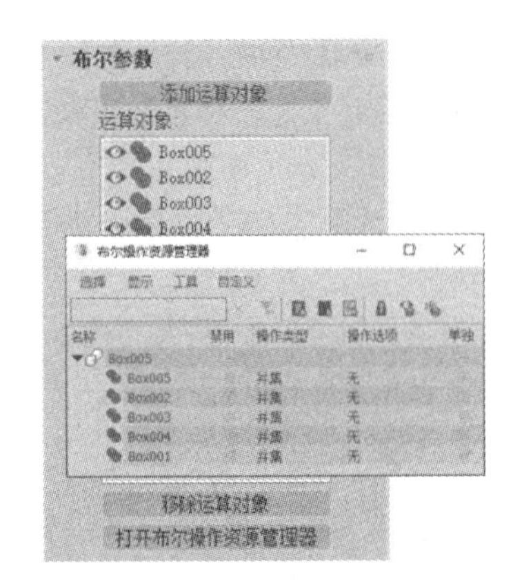

图 6-32 【布尔操作资源管理器】对话框

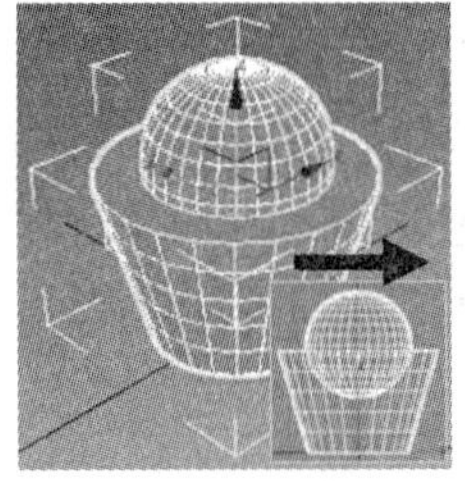

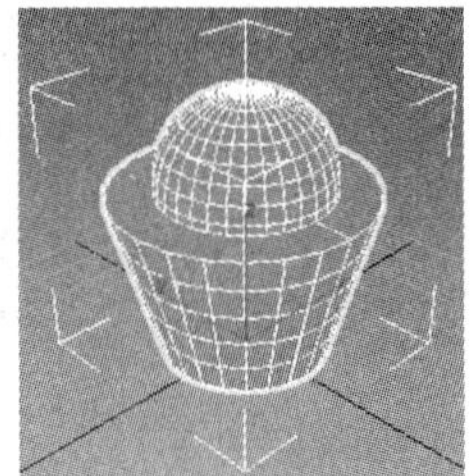

图 6-33 并集

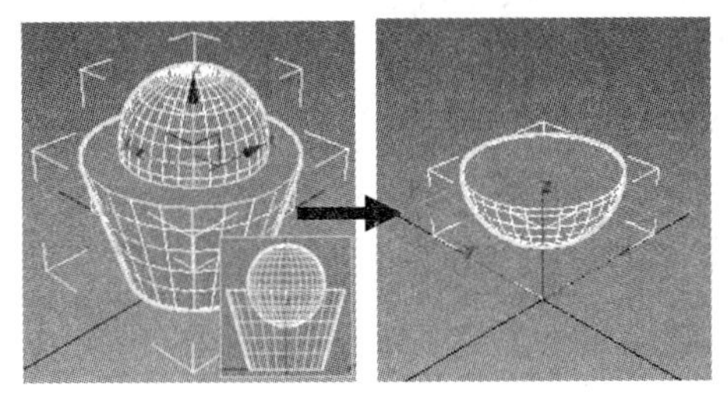

图 6-34 交集

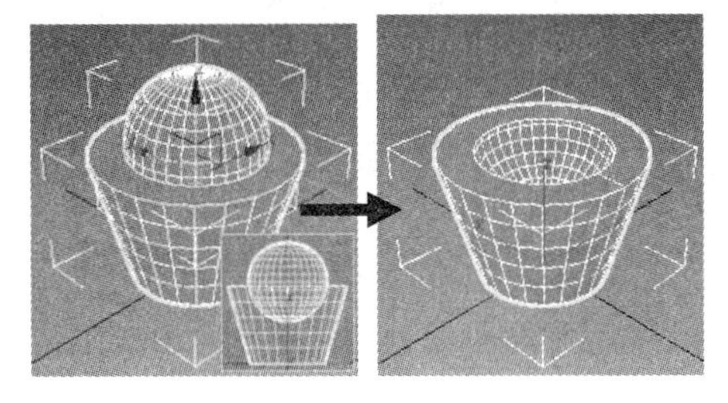

图 6-35 差集

- 【附加】按钮：将多个对象合并成一个对象，但不影响各对象的拓扑(各对象实际上是复合对象中的独立元素)。
- 【插入】按钮：从操作对象 A(当前对象)减去操作对象 B(新添加的操作对象)的边界图形，而操作对象 B 不受影响。
- 【盖印】复选框：选中该复选框后，便可以在操作对象与原始网格之间插入(盖印)相交边，而不移除或添加面，如图 6-37 所示。

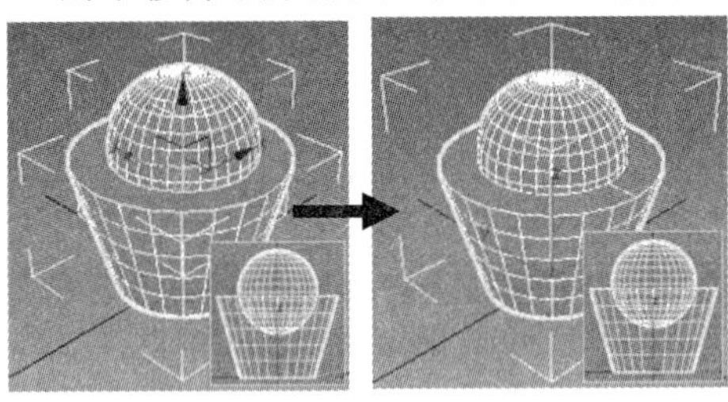

图 6-36 合并

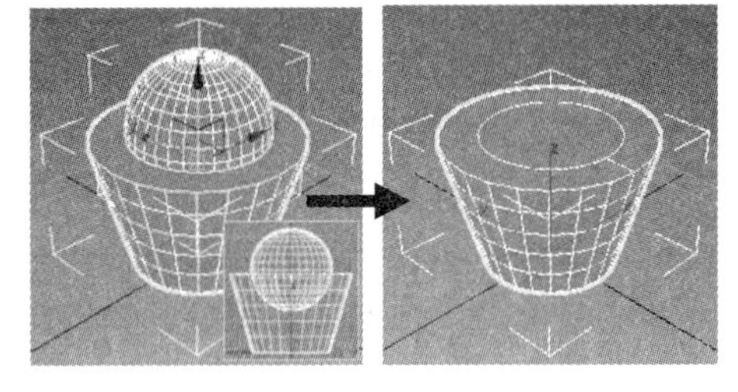

图 6-37 盖印

- 【切面】复选框：选中该复选框后，便可以执行指定的布尔操作(如“差集”)，但不会将操作对象的面添加到原始网格。用户可以通过该选项在网格中剪切一个洞，或者获取网格在另一个对象内的部分，如图 6-38 所示。
- 【应用运算对象材质】单选按钮：将已添加运算对象的材质应用于整个复合图形。
- 【保留原始材质】单选按钮：保留应用到复合图形的现有材质。
- 【显示为已明暗处理】复选框：选中该复选框后，视口中就会显示已明暗处理的对象。

6.1.4 编辑执行过布尔运算的图形

对于在 3ds Max 中执行了布尔运算的对象，用户可以在【修改】面板中对其进行编辑。

【例 6-4】 通过布尔运算制作藤椅模型。 视频

(1) 在【几何体】选项卡中单击【球体】工具按钮，在场景中创建一个球体。选择【修改】面板，在【参数】卷展栏中设置这个球体的【半径】为 50 mm、【半球】为 0.25，如图 6-39 所示。

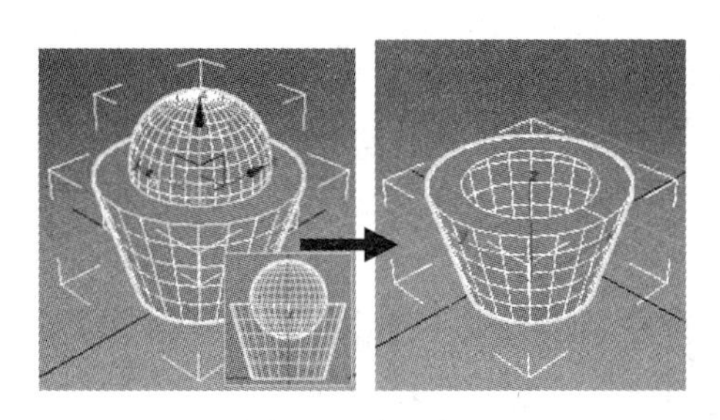

图 6-38 切面

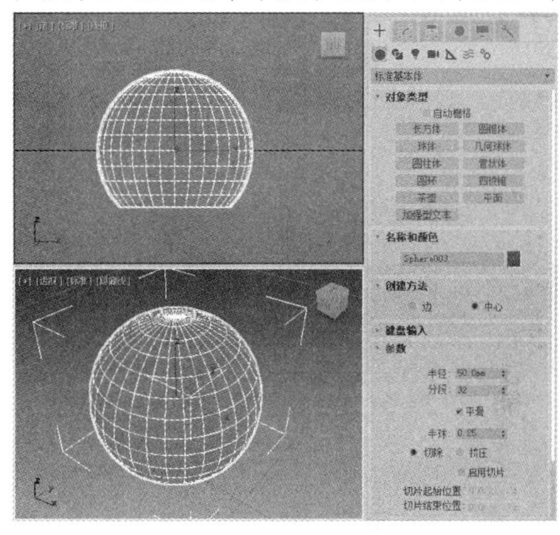

图 6-39 创建并设置球体

(2) 在场景中创建另一个半径为 45 mm 的球体，并调整其位置。

(3) 选择第一个球体，在【创建】面板中单击【标准基本体】下拉按钮，在弹出的下拉列表中选择【复合对象】选项，然后单击【布尔】按钮，在【布尔参数】卷展栏中单击【添加运算对象】按钮，如图 6-40 所示。

(4) 在场景中单击拾取第二个球体。选择【修改】面板，单击【运算对象参数】卷展栏中的【差集】按钮，执行差集运算，创建图 6-41 所示的模型。

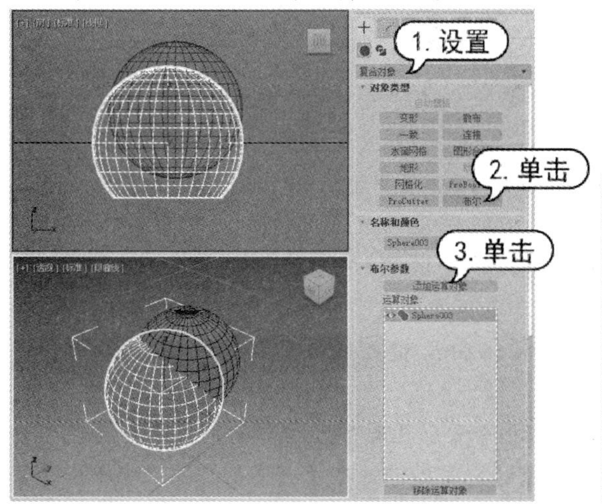

图 6-40 添加运算对象

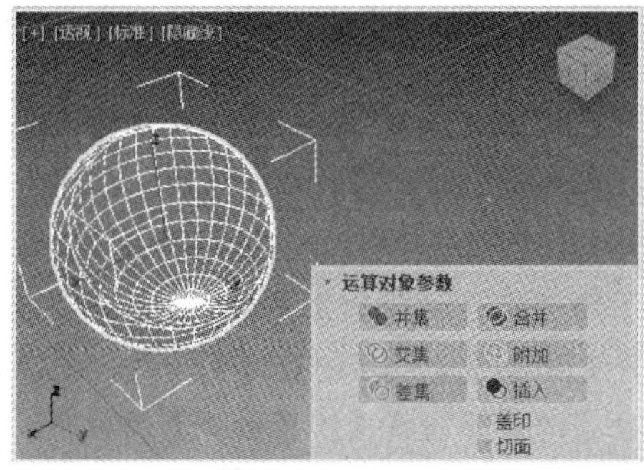

图 6-41 执行差集运算

(5) 选择【修改】面板，在【运算对象】列表框中选中Sphere003对象，在【修改器列表】下拉按钮下方的列表框中单击Sphere选项，显示【参数】卷展栏，将【半径】设置为40 mm，如图6-42所示。

(6) 此时，视图中模型的半径将发生变化。在【修改】面板的【运算对象】列表框中选中Sphere003对象，然后单击【修改器列表】下拉按钮，在弹出的下拉列表中选择【晶格】选项，添加“晶格”修改器。

(7) 在【参数】卷展栏中选中【仅来自边的支柱】单选按钮，并在【半径】微调框中输入1 mm，如图6-43所示。

图6-42 设置Sphere参数

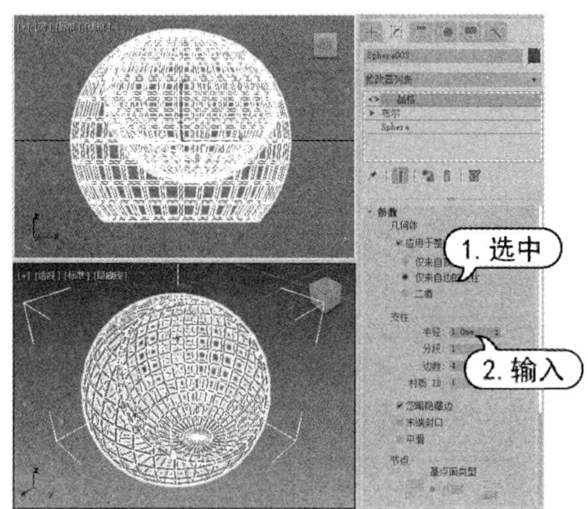

图6-43 设置支柱

(8) 调整模型的位置和视图显示方式，完成藤椅模型的制作。

6.1.5 ProBoolean

ProBoolean允许用户通过对两个或多个其他对象执行超级布尔运算来将它们组合起来。ProBoolean提供了一系列功能，例如一次合并多个对象的功能，但对每个对象都执行不同的布尔操作。这种运算方式要比传统的布尔运算强大得多。下面举例进行说明。

【例6-5】 通过超级布尔运算制作骰子模型。视频

(1) 选择【创建】面板，在【几何体】选项卡中单击【标准基本体】下拉按钮，在弹出的下拉列表中选择【扩展基本体】选项，然后单击【切角长方体】工具按钮，在场景中创建一个切角长方体，并在【参数】卷展栏中设置其【长度】【宽度】【高度】都为80 mm、【圆角】为9 mm、【圆角分段】为3，如图6-44所示。

(2) 在场景中创建一个球体，选择【修改】面板，设置其【半径】为8 mm、【分段】为32，如图6-45所示。

(3) 按下W键执行【选择并移动】命令，然后按住Shift键并拖动场景中的球体，打开【克隆选项】对话框，将球体复制20份。

(4) 使用【选择并移动】工具，将复制得到的球体分别移至切角长方体的周围，然后选中场景中的所有球体，选择【实用程序】面板，单击【塌陷】按钮，在【塌陷】卷展栏中单击【塌陷选定对象】按钮，如图6-46所示。

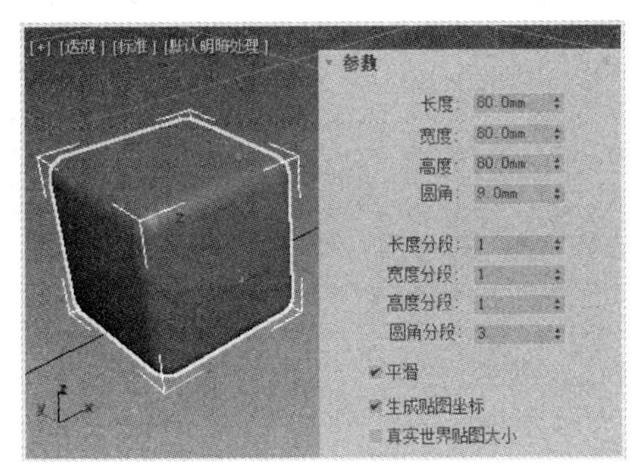

图 6-44　创建切角长方体

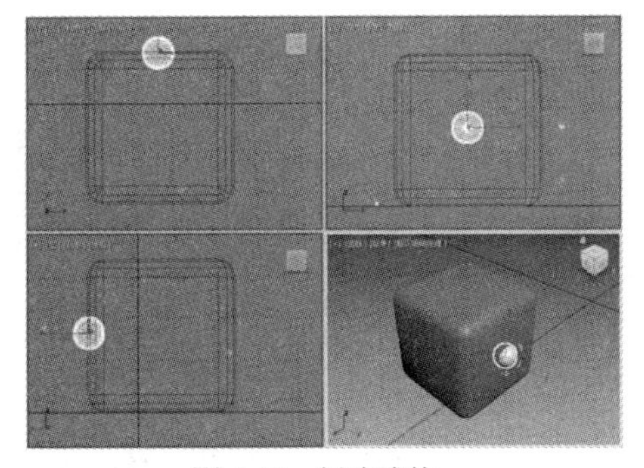

图 6-45　创建球体

(5) 在场景中单击切角长方体。选中场景中的切角长方体，选择【创建】面板中的【几何体】选项卡●，单击【标准基本体】下拉按钮，在弹出的下拉列表中选择【复合对象】选项，然后单击 ProBoolean 按钮，在【拾取布尔对象】卷展栏中单击【开始拾取】按钮，如图 6-47 所示。

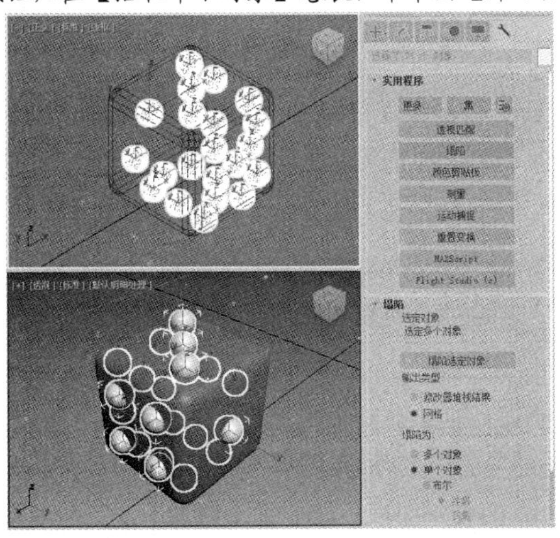

图 6-46　塌陷选定对象

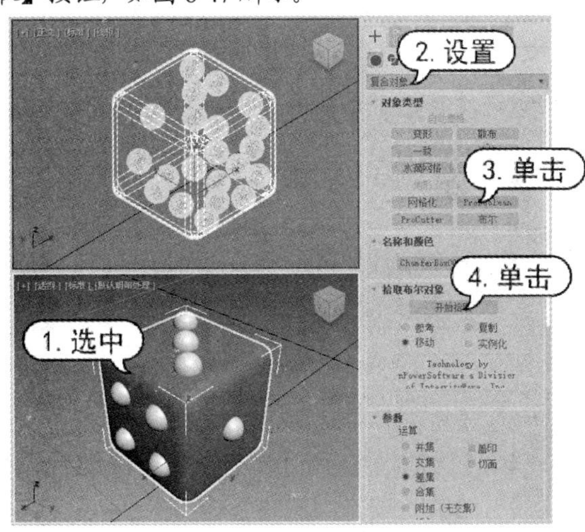

图 6-47　拾取布尔对象

(6) 在场景中拾取塌陷后的球体，完成模型的制作。

在【实用程序】面板中单击 ProBoolean 按钮后，命令面板中将显示【拾取布尔对象】【参数】和【高级选项】等卷展栏。

1. 【拾取布尔对象】卷展栏

【拾取布尔对象】卷展栏如图 6-48 左图所示。单击其中的【开始拾取】按钮后，便可以在场景中依次单击想要传输至布尔对象的每个运算对象。在拾取每个运算对象之前，可以设置【参考】【复制】【移动】【实例化】选项(它们都是单选按钮)。

2. 【参数】卷展栏

【参数】卷展栏如图 6-48 右图所示，其中主要选项的功能说明如下。

- 【并集】单选按钮：将两个或多个单独的实体组合到单个布尔对象中，如图 6-49 所示。
- 【交集】单选按钮：从原始对象的物理交集中创建一个“新”的对象，同时移除未相交的部分，如图 6-50 所示。

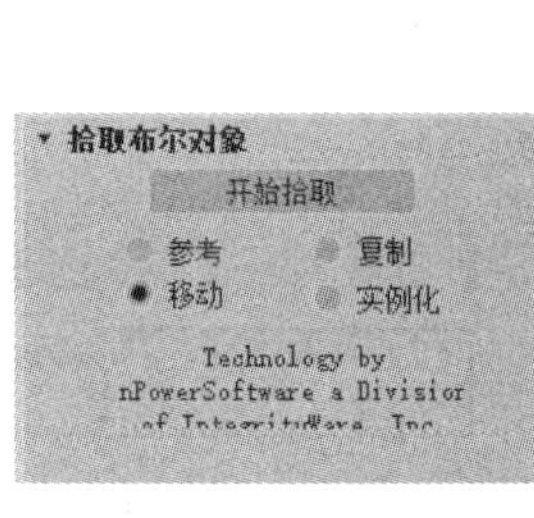

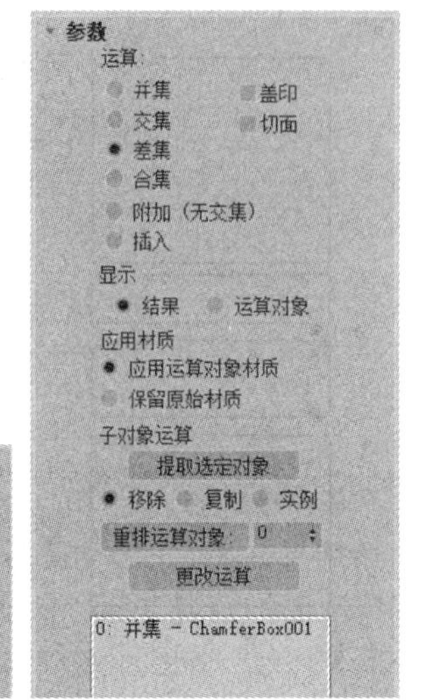

图 6-48 【拾取布尔对象】卷展栏和【参数】卷展栏

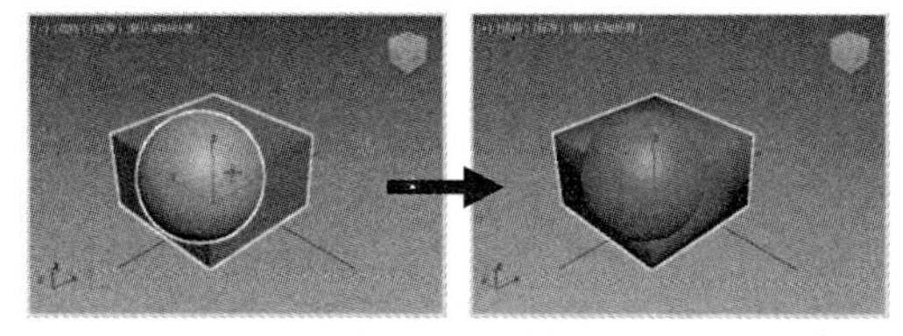

图 6-49 并集操作

- 【差集】单选按钮：从原始对象中移除与选定对象重合的部分，如图 6-51 所示。

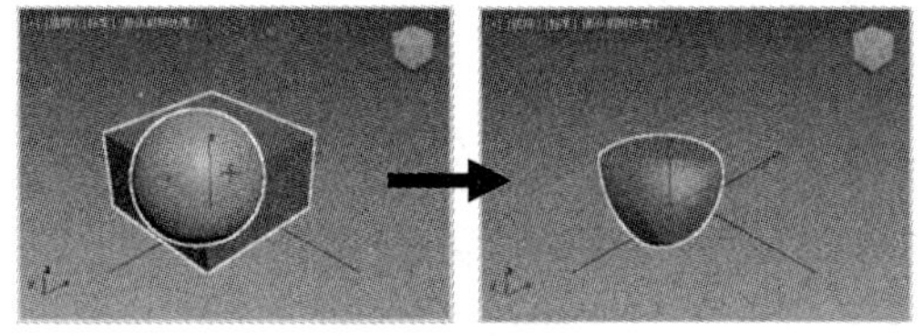

图 6-50 交集操作

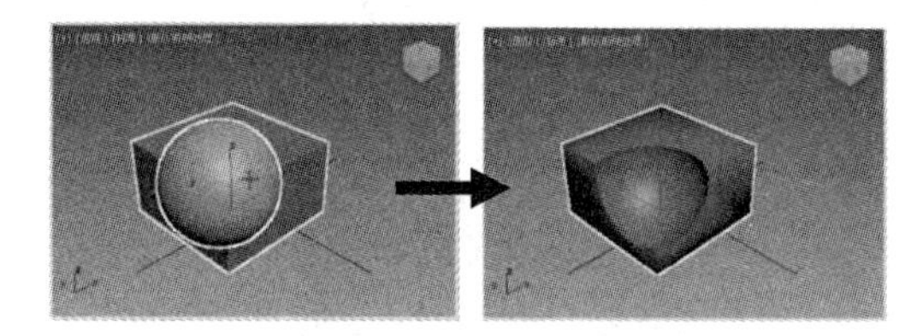

图 6-51 差集操作

- 【合集】单选按钮：将对象组合到单个对象中，但不移除任何几何体。
- 【附加(无交集)】单选按钮：将两个或多个单独的对象合并成一个布尔对象，但不影响各对象的拓扑。
- 【插入】单选按钮：先从第一个操作对象中减去第二个操作对象的边界部分，之后再组合这两个对象。
- 【盖印】复选框：将图形轮廓(或相交边)插到原始网格中。
- 【切面】复选框：切割原始网格图形的面，并且只影响这些面。
- 【结果】单选按钮：只显示布尔运算而非单个运算对象的结果。
- 【运算对象】单选按钮：显示能够决定布尔运算结果的运算对象，用户可以编辑运算对象并修改结果。
- 【应用运算对象材质】单选按钮：布尔运算产生的新面将获取运算对象的材质。
- 【保留原始材质】单选按钮：布尔运算产生的新面将保留原始对象的材质。
- 【提取选定对象】按钮：单击后即可提供选定的对象，共有【移除】【复制】【实例】3 种模式。
- 【重排运算对象】微调框：在层次视图列表中更改高亮显示的运算对象的顺序。
- 【更改运算】按钮：为高亮显示的运算对象更改运算类型。

3. 【高级选项】卷展栏

【高级选项】卷展栏如图 6-52 所示，其中主要选项的功能说明如下。

- 【更新】选项组：该选项组中的选项用于确定在进行更改后，何时对布尔对象进行更新，用户可以选择【始终】【手动】【仅限选定时】和【仅限渲染时】4 种方式之一。
- 【四边形镶嵌】选项组：该选项组中的选项用于启用布尔对象的四边形镶嵌。
- 【移除平面上的边】选项组：该选项组中的选项用于确定如何处理平面上的多边形。

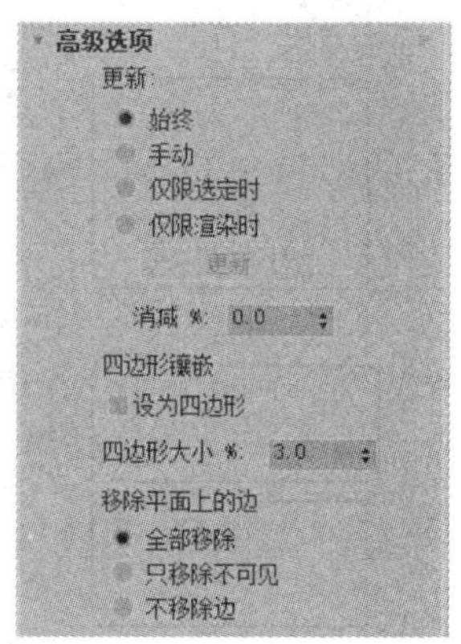

图 6-52　【高级选项】卷展栏

6.2　创建放样对象

所谓放样，就是由一个或多个二维图形沿着一定的放样路径延伸产生复杂的三维对象。放样对象由“放样路径”和“放样截面”两部分组成。“放样路径”用于定义物体的深度，“放样截面”用于定义物体的截面状态。

【例 6-6】 通过放样对象创建花瓶模型。 视频

(1) 选择【创建】面板，在【图形】选项卡中单击【圆】工具按钮，在场景中绘制一个【半径】为 10 mm 的圆作为“放样截面”，如图 6-53 所示。

(2) 单击【线】工具按钮，在前视图中绘制一条垂直线作为“放样路径”，如图 6-54 所示。

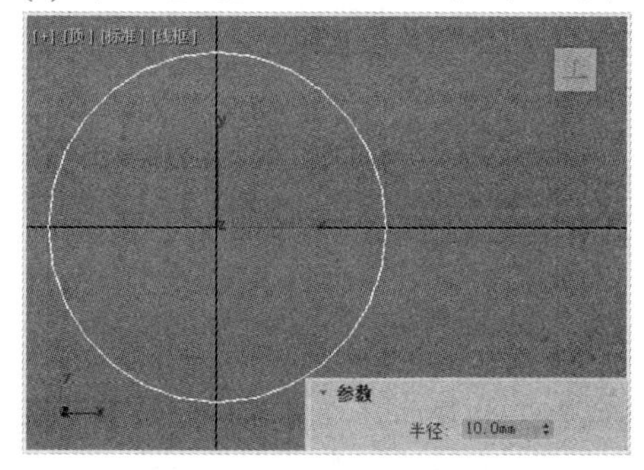

图 6-53　绘制圆

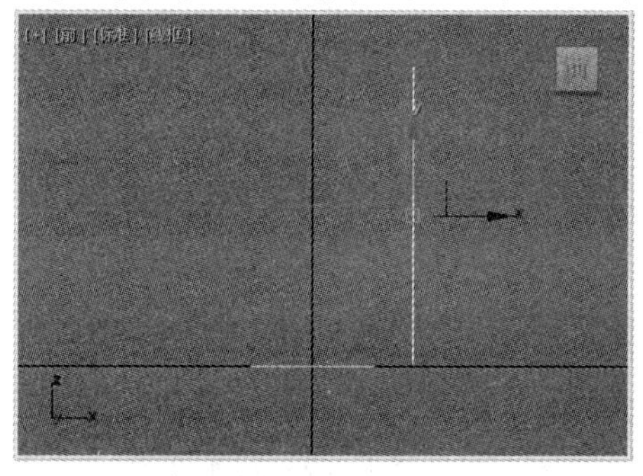

图 6-54　绘制垂直线

(3) 在【创建】面板中选择【几何体】选项卡，单击【标准基本体】下拉按钮，从弹出的下拉列表中选择【复合对象】选项，然后单击【放样】按钮。在【创建方法】卷展栏中选中【实例】单选按钮，单击【获取图形】按钮，在场景中拾取步骤(1)中绘制的圆，如图 6-55 所示。

(4) 此时，3ds Max 将在场景中生成一个圆柱体。选择【修改】面板，在【蒙皮参数】卷展栏中设置【图形步数】为 10、【路径步数】为 5，如图 6-56 所示。

(5) 在【变形】卷展栏中单击【缩放】按钮，打开【缩放变形(X)】对话框，在其中插入 Bezier 类型的点并调整点的位置，如图 6-57 左图所示。此时，视图中模型的效果如图 6-57 右图所示。

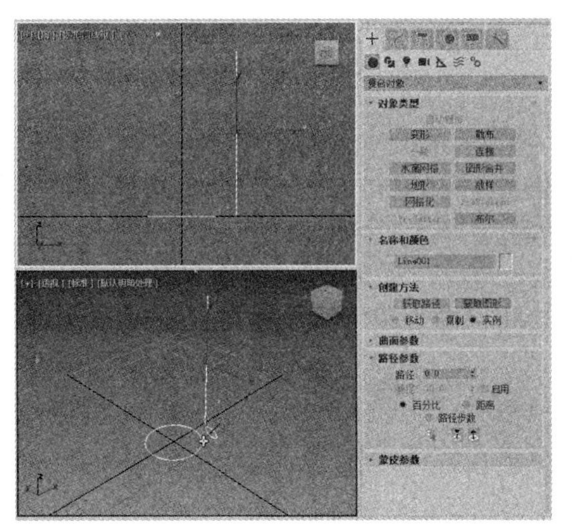

图 6-55　拾取圆

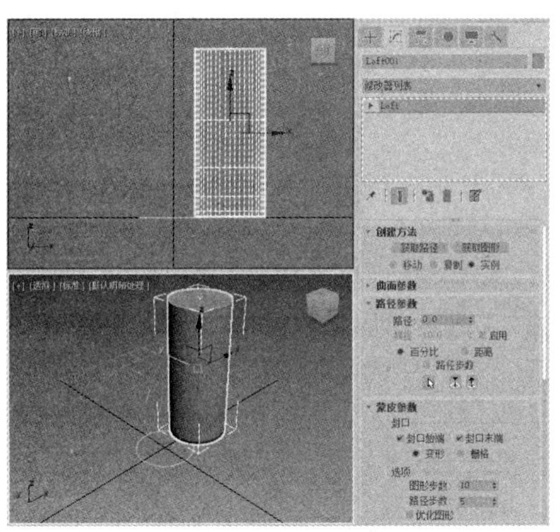

图 6-56　设置蒙皮参数

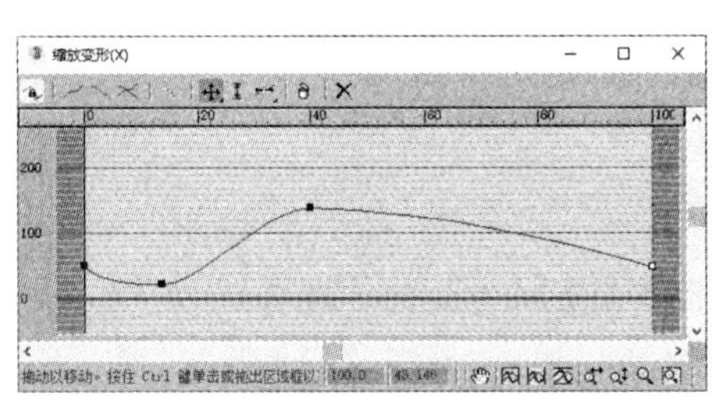

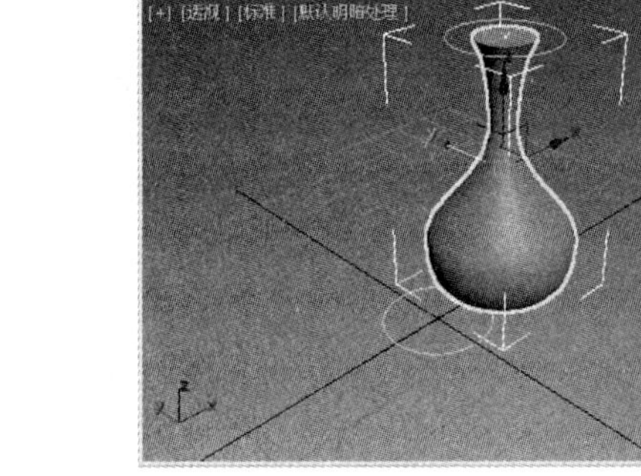

图 6-57　设置缩放变形

6.2.1　使用多个截面图形进行放样

通过在一条路径上放置多个截面，用户可以创建出复杂的放样对象(其重点在于设置不同的路径参数，从而通过不同的路径参数拾取不同的界面)。

【例 6-7】 通过放样对象创建窗帘模型。 视频

(1) 在【创建】面板的【图形】选项卡中单击【线】工具按钮，在【创建方法】卷展栏中将【初始类型】和【拖动类型】都设置为【平滑】，然后在顶视图中绘制一条样条线，如图 6-58 所示。

(2) 使用同样的方法，在顶视图中绘制另一条样条线(如图 6-59 左图所示)。

(3) 继续使用【线】工具，在前视图中按住 Shift 键并绘制一条垂直的样条线(如图 6-59 右图所示)。

(4) 选择上一步创建的样条线，单击【创建】面板的【几何体】选项卡●中的【标准基本体】下拉按钮，从弹出的下拉列表中选择【复合对象】选项，然后单击【放样】按钮，在【创建方法】卷展栏中单击【获取图形】按钮，在视图中拾取步骤(1)中绘制的样条线，如图 6-60 所示。

(5) 在【路径参数】卷展栏中设置【路径】为 100，然后单击【创建方法】卷展栏中的【获取图形】按钮，拾取步骤(2)中绘制的样条线，如图 6-61 所示。

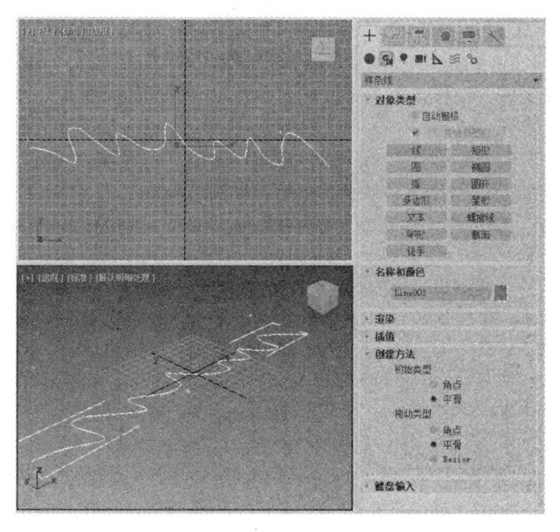

图 6-58　绘制样条线

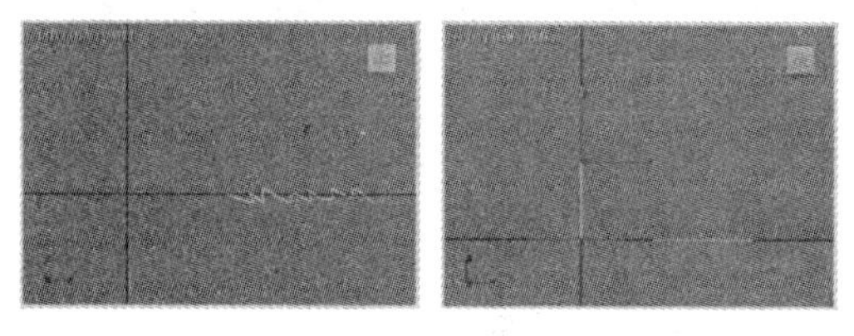

图 6-59　在顶视图和前视图中创建样条线

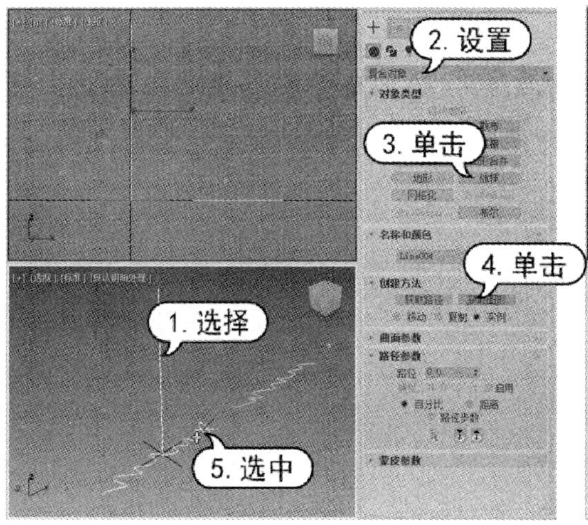

图 6-60　拾取样条线

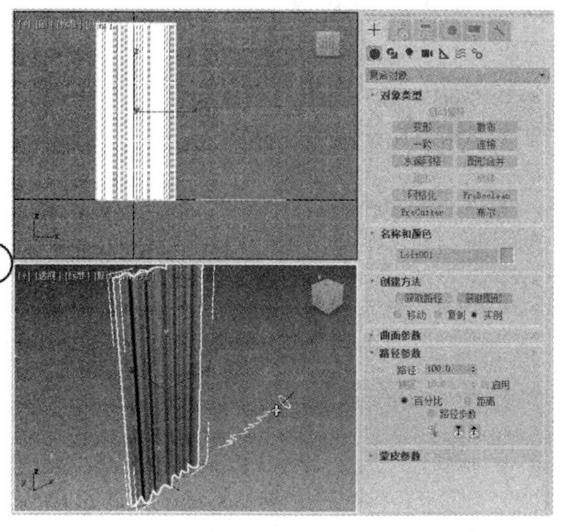

图 6-61　设置路经参数

(6) 选中创建的“窗帘”模型，如图 6-62 所示，单击主工具栏中的【镜像】按钮。

(7) 打开【镜像：世界 坐标】对话框，设置【镜像轴】为 *X* 轴、【克隆当前选择】为【复制】，然后单击【确定】按钮，如图 6-63 所示。

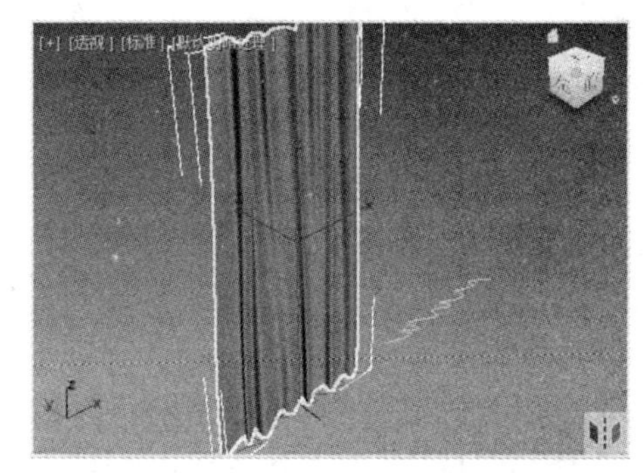

图 6-62　选中“窗帘”模型

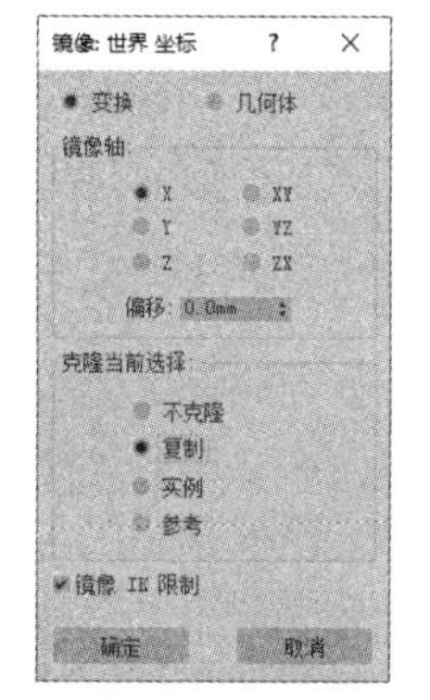

图 6-63　【镜像：世界 坐标】对话框

(8) 按下 W 键执行【选择并移动】命令，调整复制得到的“窗帘”副本的位置，如图 6-64 所示。

(9) 使用【长方体】工具制作窗帘顶部的盖板，完成后的效果如图 6-65 所示。

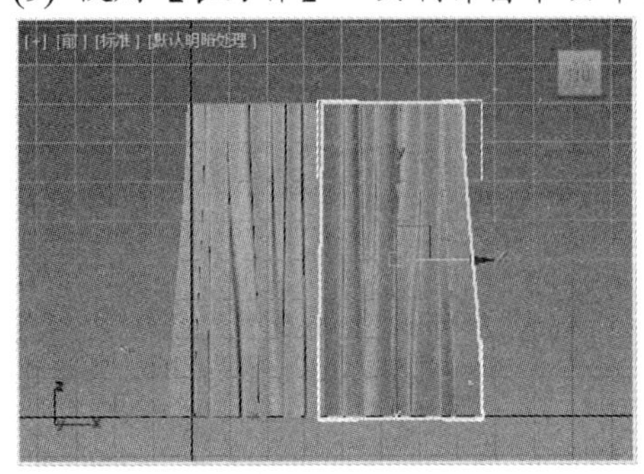

图 6-64　调整副本的位置

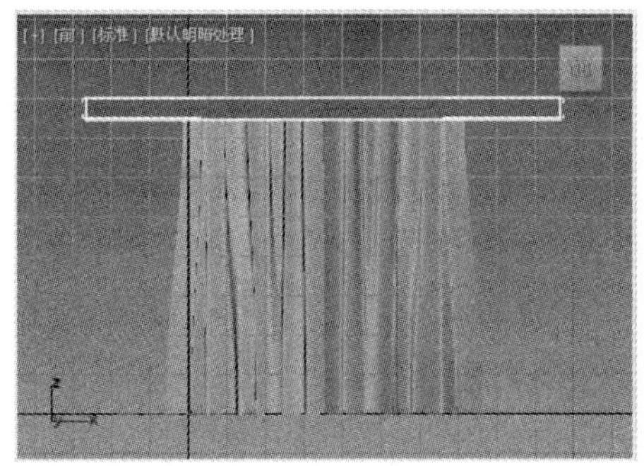

图 6-65　窗帘模型的效果

6.2.2　编辑放样对象

放样对象在创建后，用户可以在【修改】面板中对其进行编辑。放样对象的路径、截面图形等都可以编辑，用户甚至可以在路径上插入新的截面图形。

1. 【曲面参数】卷展栏

【曲面参数】卷展栏用于控制放样对象表面渲染方式的选择，如图 6-66 所示。

【曲面参数】卷展栏的【平滑】选项组中有【平滑长度】和【平滑宽度】两个复选框，它们分别用于控制放样对象的表面是否光滑，如图 6-67 所示。

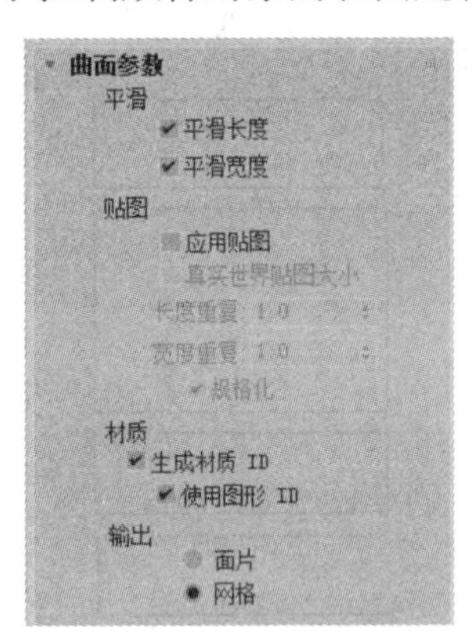

图 6-66　【曲面参数】卷展栏

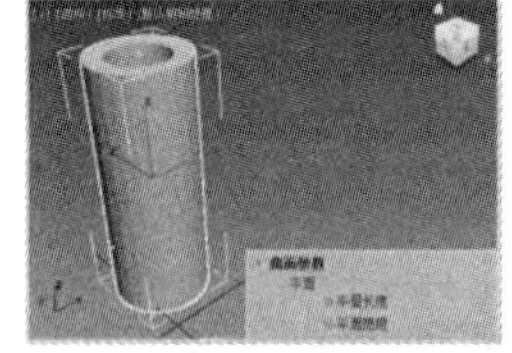

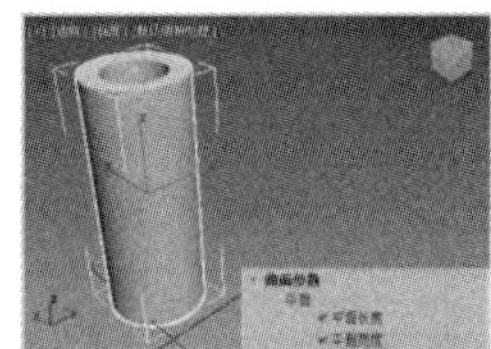

图 6-67　设置【平滑长度】与【平滑宽度】

2. 【路径参数】卷展栏

【路径参数】卷展栏(如图 6-68 所示)设置的是下一次“获取图形”时截面在路径上的位置。“路径”数值的计算方式有 3 种，分别是【百分比】【距离】和【路径步数】，这 3 种方式的含义大同小异，都用于设置截面在路径起点和终点之间的具体位置。

如果要选择放样对象上的截面，那么用户可以通过【路径参数】卷展栏底部的 3 个按钮来选择，这 3 个按钮分别为【拾取图形】按钮、【上一个图形】按钮和【下一个图形】按钮。

3. 【蒙皮参数】卷展栏

【蒙皮参数】卷展栏(如图 6-69 所示)中包含许多选项，通过这些选项，用户不仅可以调整放样对象网格的复杂性，而且可以通过控制面数来优化网格。

图 6-68　【路径参数】卷展栏

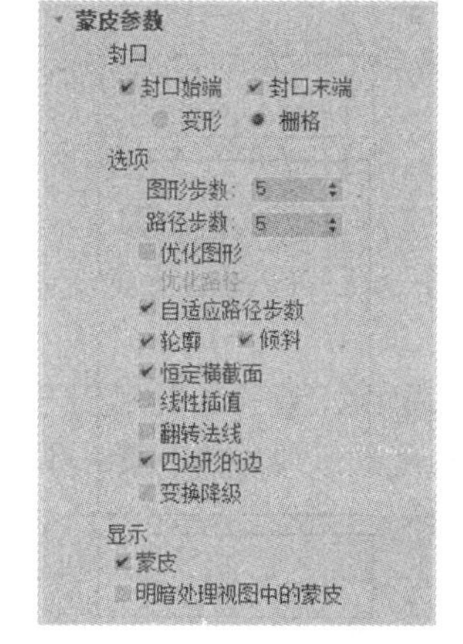

图 6-69　【蒙皮参数】卷展栏

例如：

▽ 图 6-70 所示为选中与未选中【封口始端】和【封口末端】复选框时的效果。

▽ 图 6-71 所示为设置【图形步数】为 1 和 5 时的效果。

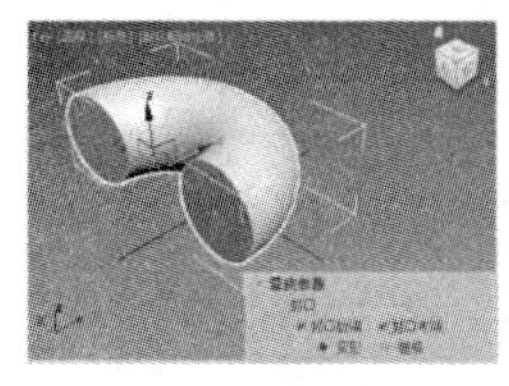
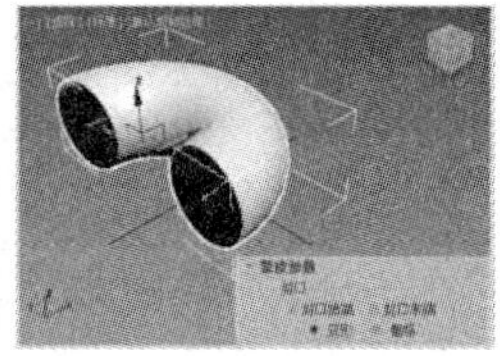

图 6-70　选中【封口始端】和【封口末端】复选框前后的效果对比

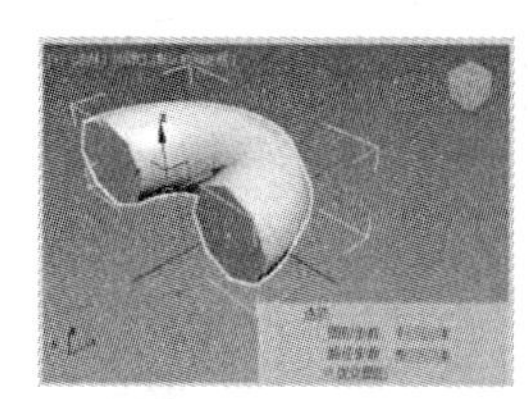
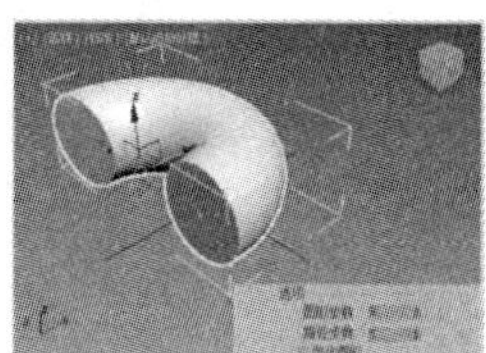

图 6-71　【图形步数】为 1 和 5 时的效果对比

▽ 图 6-72 所示为设置【路径步数】为 1 和 5 时的效果。

4. 【变形】卷展栏

【变形】卷展栏(如图 6-73 所示)中提供了 5 种变形方法，分别为【缩放】【扭曲】【倾斜】【倒角】和【拟合】。

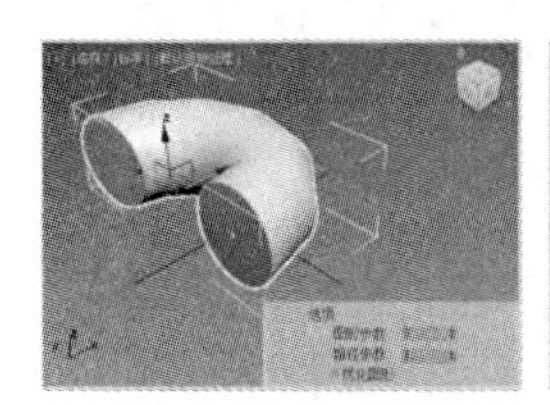
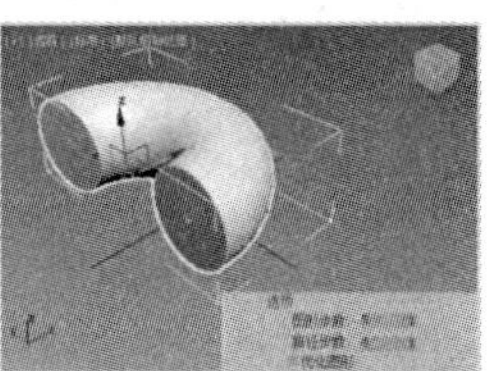

图 6-72　【路径步数】为 1 和 5 时的效果对比

图 6-73　【变形】卷展栏

除了拟合变形比较特殊以外，其余 4 种变形的使用方法类似(后面将通过实例进行介绍)。

6.3　实例演练

下面将通过实例操作，帮助用户巩固所学的知识。

【例 6-8】 使用 3ds Max 制作笛子模型。 视频

(1) 单击【创建】面板的【几何体】选项卡●中的【管状体】工具按钮，在左视图中创建一个管状体，然后选择【修改】面板，在【参数】卷展栏中设置【半径 1】为 40 mm、【半径 2】为 50 mm、【高度】为 1300 mm、【高度分段】为 20、【端面分段】为 1、【边数】为 18，如图 6-74 所示。

(2) 在顶视图中创建一个【半径】为 30 mm、【高度】为 100 mm 的圆柱体，按下 W 键执行【选择并移动】命令，调整这个圆柱体的位置，如图 6-75 所示。

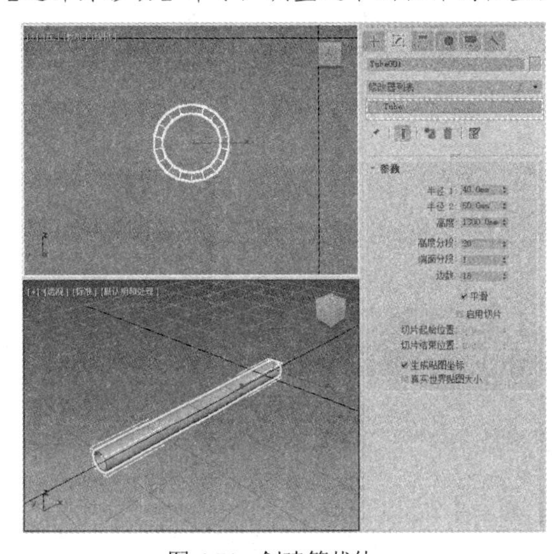

图 6-74　创建管状体

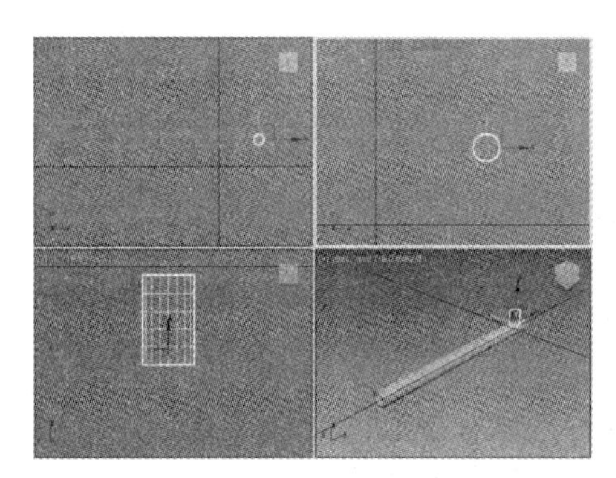

图 6-75　创建并调整圆柱体的位置

(3) 选中上一步创建的圆柱体，选择【工具】|【阵列】命令，打开【阵列】对话框，从中设置阵列参数，如图 6-76 所示。

(4) 在【阵列】对话框中单击【确定】按钮后，按下 W 键执行【选择并移动】命令，然后按住 Shift 键并拖动步骤(2)中创建的圆柱体，将其复制两次，如图 6-77 所示。

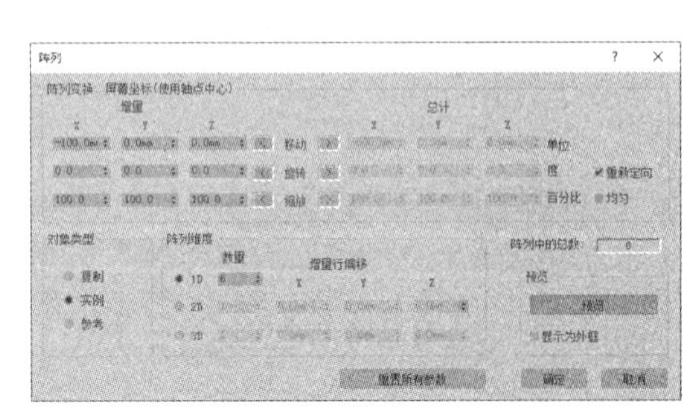

图 6-76　【阵列】对话框

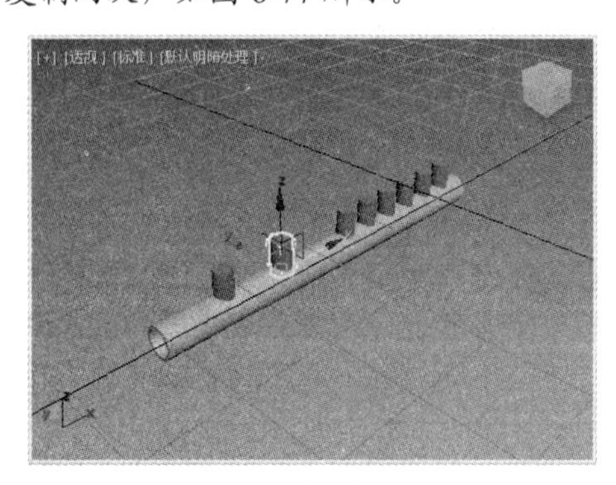

图 6-77　复制圆柱体

(5) 在场景中选中步骤(1)中创建的管状体作为当前对象，在【创建】面板中选择【几何体】选项卡●，单击【标准基本体】下拉按钮，在弹出的下拉列表中选择【复合对象】选项，显示【复合对象】面板，然后单击【布尔】按钮，在【运算对象参数】卷展栏中单击【差集】按钮，如图 6-78 左图所示。

(6) 单击【布尔参数】卷展栏中的【添加运算对象】按钮，然后在场景中依次选中所有的圆柱体，执行差集运算，得到图 6-78 右图所示的模型。

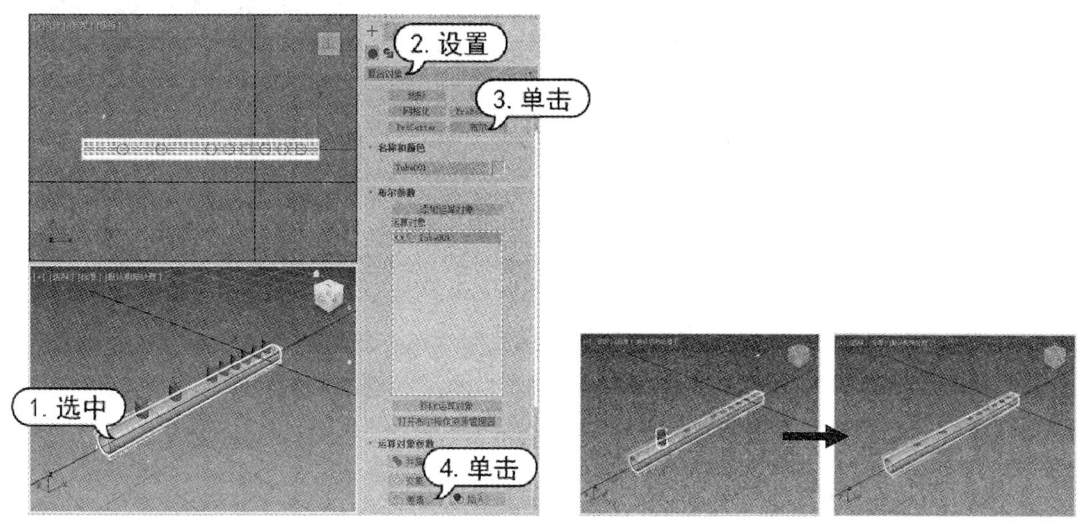

图 6-78　执行差集运算

(7) 在【创建】面板中单击【复合对象】下拉按钮，从弹出的下拉列表中选择【标准基本体】选项，然后在显示的面板中单击【圆柱体】工具按钮，在场景中绘制图 6-79 左图所示的圆柱体。

(8) 使用同样的方法绘制另一个圆柱体，如图 6-79 右图所示。

(9) 按下 W 键执行【选择并移动】命令，调整场景中两个圆柱体的位置，如图 6-80 所示。

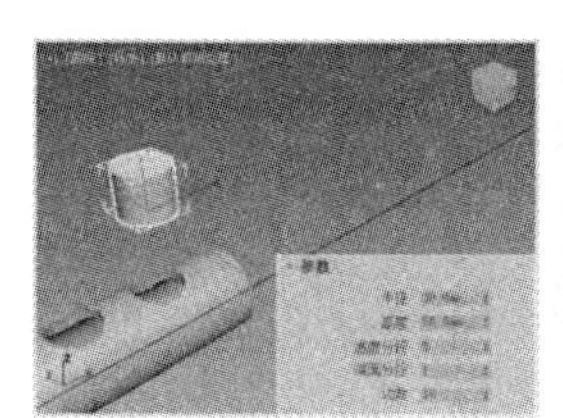
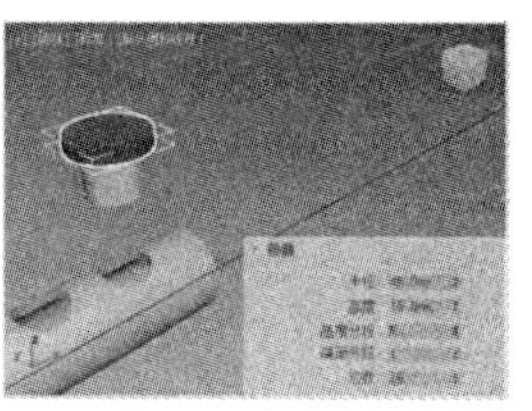

图 6-79　绘制圆柱体

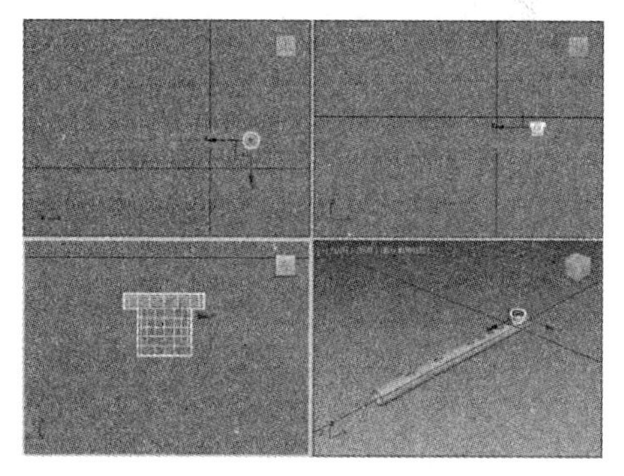

图 6-80　调整圆柱体的位置

(10) 选择【工具】|【阵列】命令，打开【阵列】对话框，通过设置阵列参数，将场景中的两个圆柱体复制出来 6 个，如图 6-81 所示。

(11) 在【阵列】对话框中单击【确定】按钮后，场景中笛子模型的效果如图 6-82 所示。

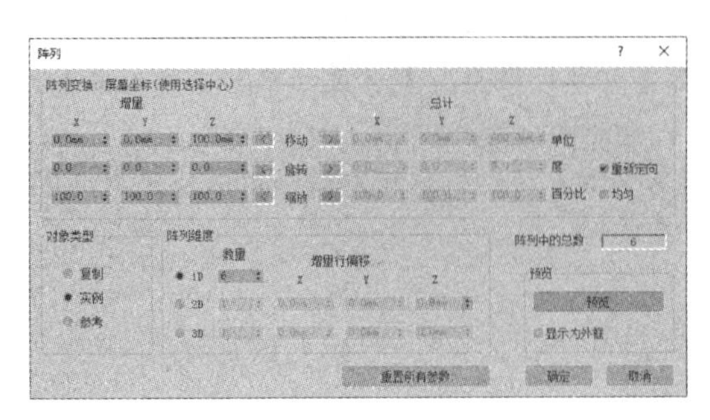

图 6-81 【阵列】对话框

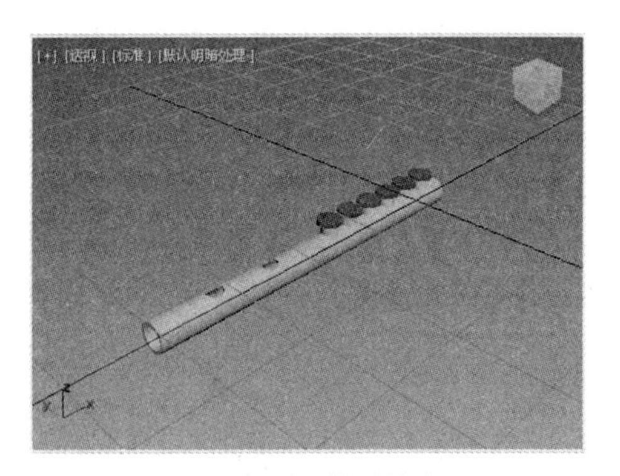

图 6-82 笛子模型的效果

6.4 习题

1. 简述在 3ds Max 中如何通过散布对象制作模型。
2. 运用本章所学的知识，尝试制作坛子模型。
3. 运用本章所学的知识，尝试制作柜子模型。

第7章 多边形建模

多边形建模是 3dx Max 中一种常用的建模方式，通过这种方式，用户可以进入子对象层级并对模型进行编辑，从而制作出更加复杂的模型效果，例如家具、楼房、汽车以及包括复杂曲面的人物面部模型。本章将详细介绍 3ds Max 多边形建模的具体使用方法。

本章重点

- 多边形建模的工作方式
- 可编辑多边形对象的子对象
- 塌陷多边形对象
- 使用“石墨”建模工具

二维码教学视频

【例 7-1】 制作课桌模型
【例 7-3】 制作脚凳模型
【例 7-2】 制作柜子模型
【例 7-4】 制作铅笔模型

7.1　多边形建模简介

通过多边形建模，用户不仅可以创建家具、建筑等简单的模型，而且可以创建交通工具、人物角色等带有复杂曲面的模型。

3ds Max 中的多边形建模大致分为两种：一种是将模型转换为“可编辑网格”，另一种是将模型转换为“可编辑多边形”。虽然在功能及使用上几乎一致，但是，“可编辑网格”是由三角形面构成的框架结构，而“可编辑多边形”既可以是三角网格模型，也可以是四边甚至更多边的网格模型，如图 7-1 所示。

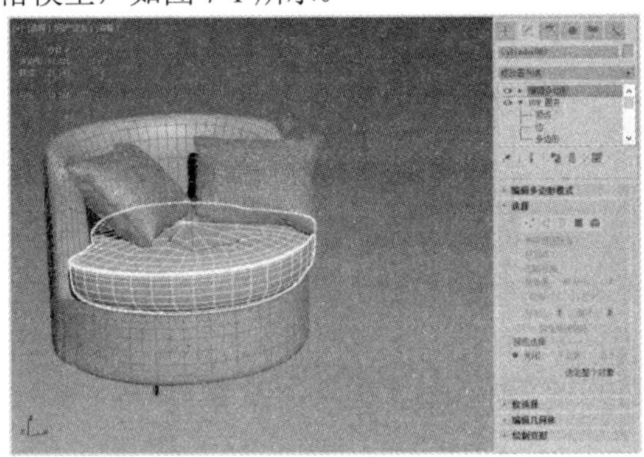

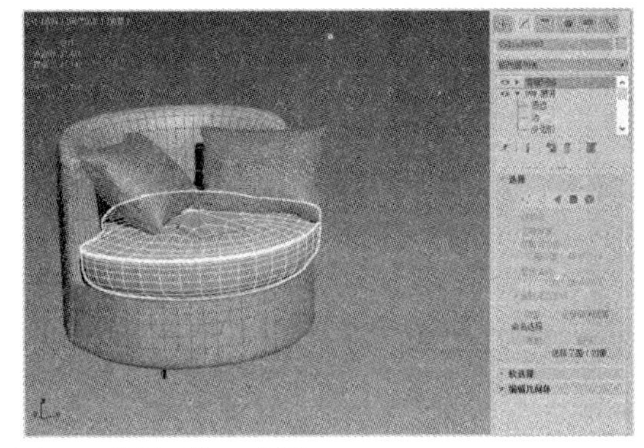

图 7-1　“可编辑多边形”(左图)和“可编辑网格”(右图)

1. 多边形建模的工作方式

可编辑多边形对象包括顶点、边、边界、多边形和元素 5 个子对象层级，用户可以在任何一个子对象层级进行深层的编辑操作。

【例 7-1】 通过多边形建模制作课桌模型。 视频

(1) 选择【创建】面板，在【几何体】选项卡●中单击【长方体】工具按钮，在场景中创建一个长方体模型，如图 7-2 所示。

(2) 选择【修改】面板，在【参数】卷展栏中设置长方体模型的【长度】为 60 cm、【宽度】为 100 cm、【高度】为 10 cm，如图 7-3 所示。

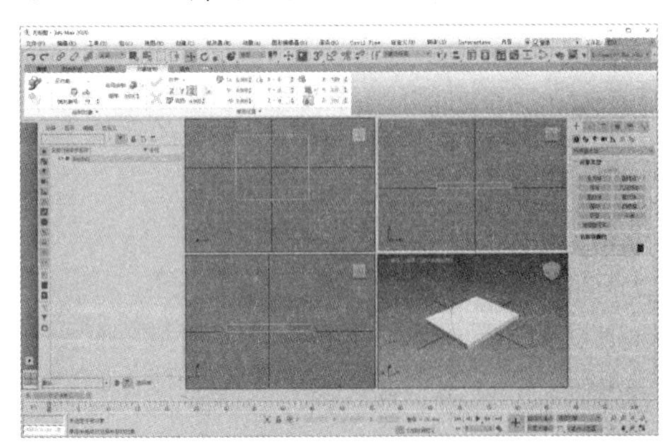

图 7-2　创建长方体模型

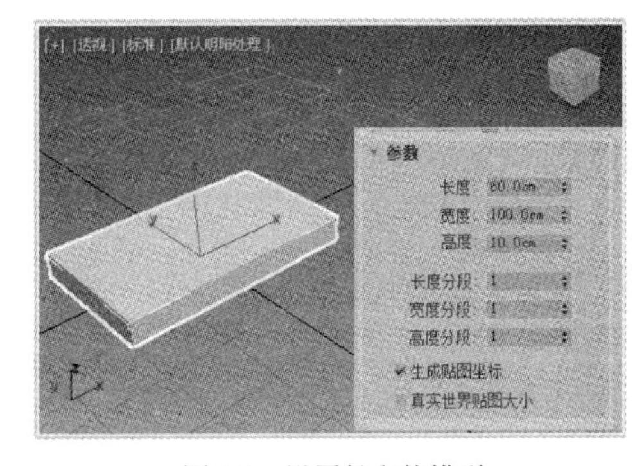

图 7-3　设置长方体模型

(3) 在【修改】面板中单击【修改器列表】下拉按钮，在弹出的下拉列表中选择【编辑多边形】选项，添加“编辑多边形”修改器。

(4) 在【选择】卷展栏中单击【边】按钮，进入“边”子对象层级，然后按住 Ctrl 键选择图 7-4 所示的 4 条边。

(5) 在【编辑边】卷展栏中单击【连接】按钮右侧的【设置】按钮，在弹出的面板中设置【分段】为 2、【收缩】为 74，然后单击【确定】按钮，如图 7-5 所示。

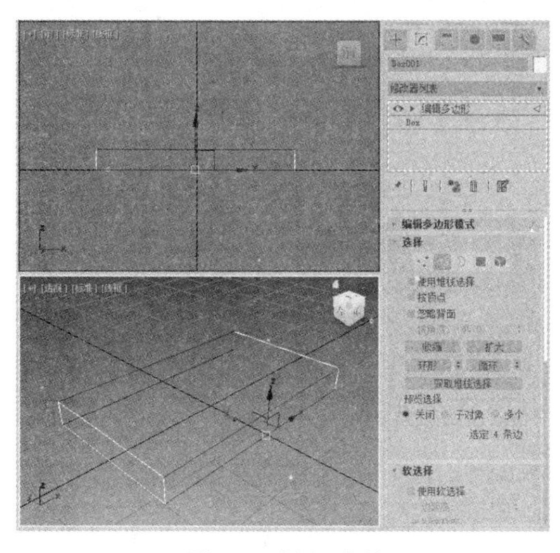

图 7-4　选择 4 条边

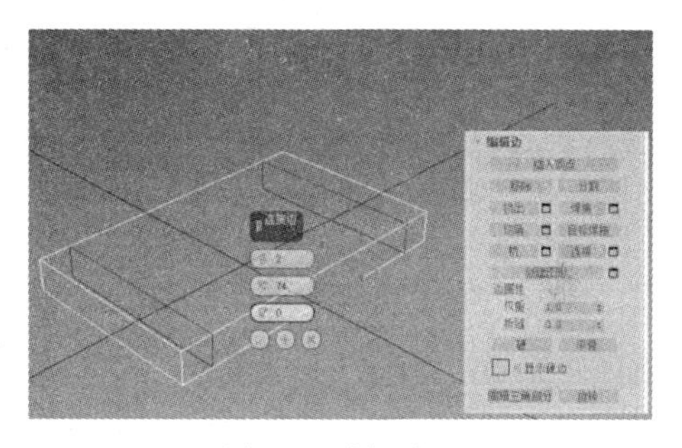

图 7-5　编辑边

(6) 按住 Ctrl 键选择图 7-6 左图所示的 8 条边。

(7) 再次单击【编辑边】卷展栏中【连接】按钮右侧的【设置】按钮，在弹出的面板中设置【分段】为 2、【收缩】为 58，然后单击【确定】按钮，如图 7-6 右图所示。

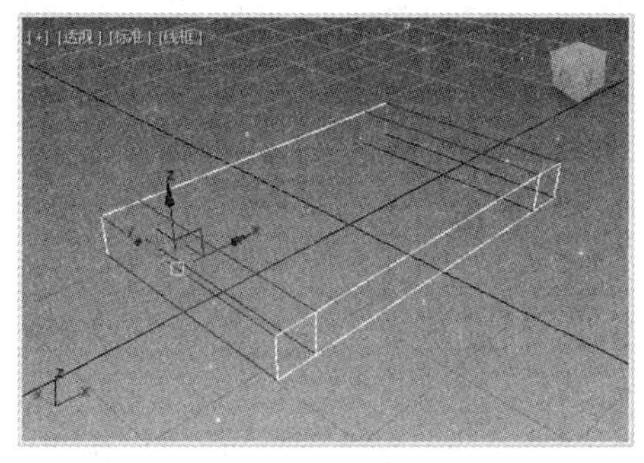

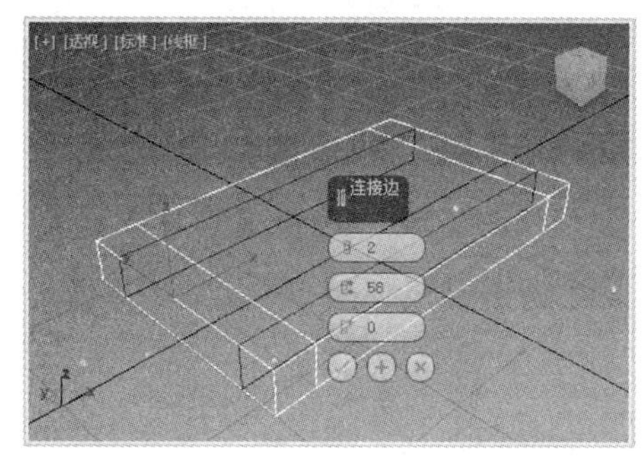

图 7-6　设置选中的 8 条边

(8) 在【选择】卷展栏中单击【多边形】按钮，进入“多边形”子对象层级，在场景中选择图 7-7 所示的两个多边形，然后按下 Delete 键将它们删除。

(9) 在【选择】卷展栏中单击【边界】按钮，按住 Ctrl 键选择图 7-8 所示的边。

(10) 展开【编辑边】卷展栏，单击【桥】按钮。

(11) 在【选择】卷展栏中单击【多边形】按钮，进入“多边形”子对象层级，在场景中按住 Ctrl 键选择图 7-9 所示的 4 个面，然后单击【编辑多边形】卷展栏中【倒角】按钮右侧的【设置】按钮。

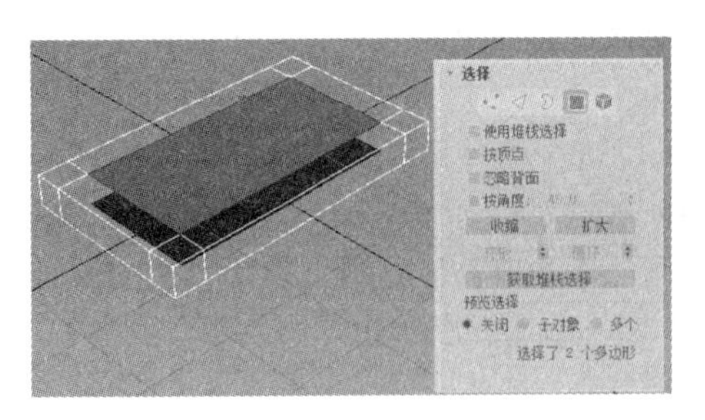

图 7-7　选择两个多边形

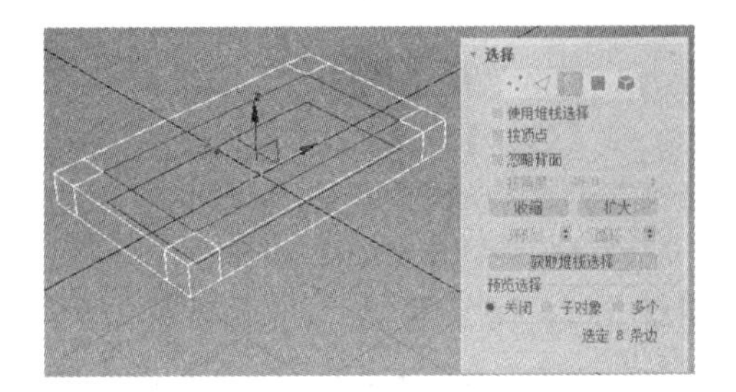

图 7-8　选择边

(12) 在弹出的面板中设置【高度】为 80 cm、【轮廓】为-2 cm，单击【确定】按钮，如图 7-10 所示。

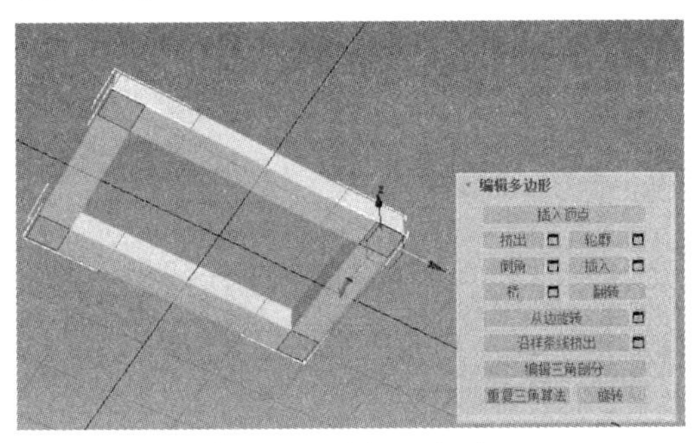

图 7-9　选择 4 个面

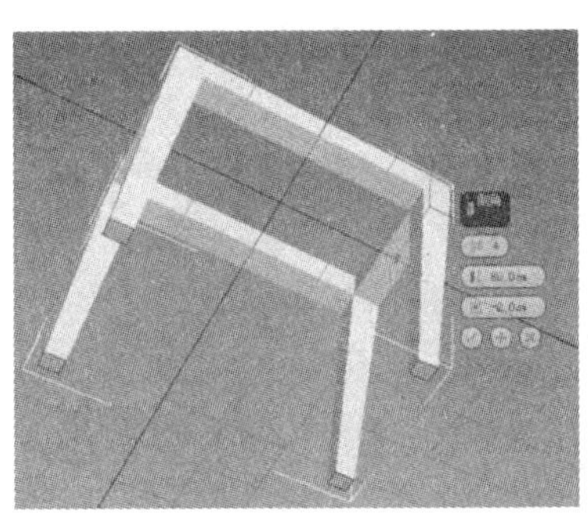

图 7-10　设置高度与轮廓

(13) 在【选择】卷展栏中单击【顶点】按钮，然后使用主工具栏中的缩放工具调整顶点的位置，如图 7-11 所示。

图 7-11　调整顶点的位置

(14) 在【选择】卷展栏中单击【边】按钮，选择图 7-12 所示的边，然后在【编辑边】卷展栏中单击【挤出】按钮右侧的【设置】按钮，在弹出的面板中设置【高度】为-2 cm、【宽度】为 0.2cm，然后单击【确定】按钮，如图 7-13 所示。

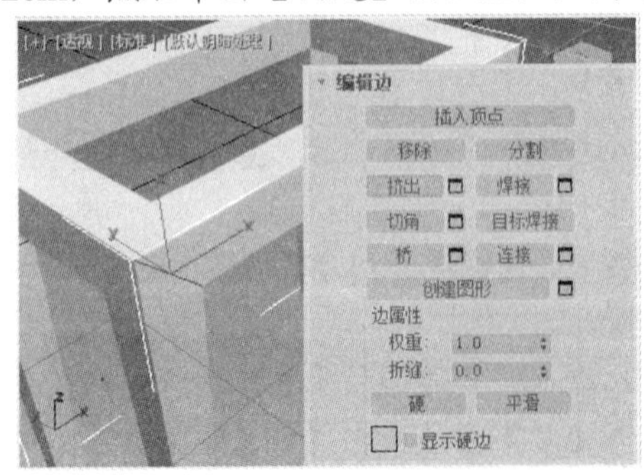

图 7-12　选择边

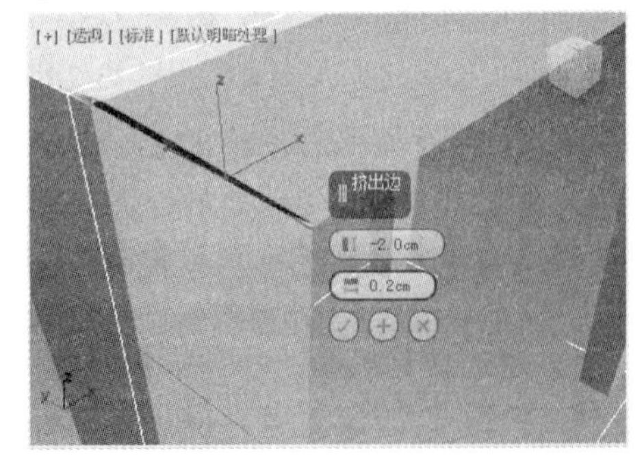

图 7-13　设置如何挤出边

(15) 使用同样的方法挤出模型上的其他边。

(16) 在场景中创建一个切角长方体并调整其位置，完成课桌模型的制作，效果如图 7-14 所示。

“编辑多边形”命令实际上就是在对象的 5 个层次之间来回切换，3ds Max 在不同的层级中提供了不同的针对当前层级的命令，只要熟练使用这些命令，就可以创建出复杂的模型。

图 7-14　课桌模型

2. 塌陷多边形对象

在 3ds Max 中，有两种方法可以用来对物体进行多边形编辑。

- 将对象塌陷为可编辑多边形。
- 为对象添加“编辑多边形”修改器。

其中，将对象塌陷为可编辑多边形的方法又有以下两种：

- 选中要塌陷的对象后，在视图中的任意位置右击，在弹出的快捷菜单中选择【转换为】|【转换为可编辑多边形】命令，即可将对象塌陷为可编辑多边形，如图 7-15 所示。
- 选中要塌陷的对象后，选择【修改】面板，在修改器堆栈中右击，在弹出的快捷菜单中选择【可编辑多边形】命令，如图 7-16 所示。

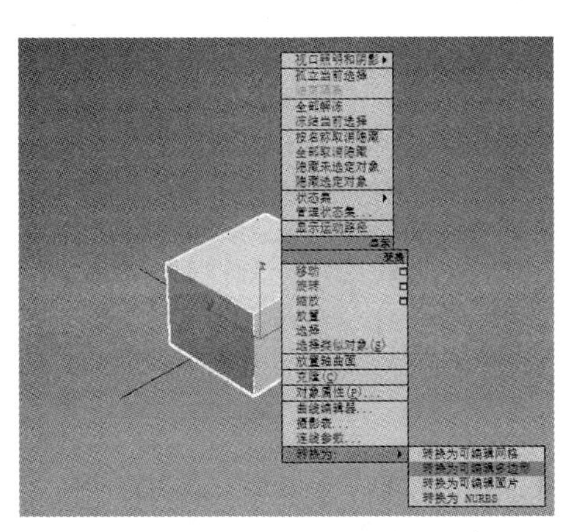

图 7-15　将对象塌陷为可编辑多边形

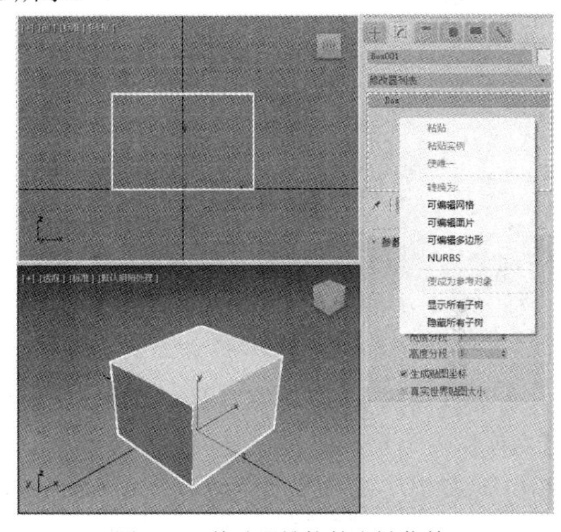

图 7-16　修改器堆栈的右键菜单

另一种对物体进行多边形编辑的方法是为对象添加“编辑多边形”修改器：选中要进行多边形编辑的对象后，选择【修改】面板，单击【修改器列表】下拉按钮，从弹出的下拉列表中选择【编辑多边形】选项即可。

【例 7-2】 使用【多边形建模】命令制作柜子模型。 视频

(1) 在【创建】面板中使用【长方体】工具在顶视图中创建一个【长度】为 46 mm、【宽度】为 49 mm、【高度】为 48 mm 的长方体模型，如图 7-17 所示。

(2) 在场景中右击创建的长方体模型，在弹出的快捷菜单中选择【转换】|【转换为可编辑多边形】命令，将模型转换为可编辑多边形，然后在【修改】面板的【选择】卷展栏中单击【边】按钮，进入“边”子对象层级，按住 Ctrl 键选择图 7-18 所示的两条边。

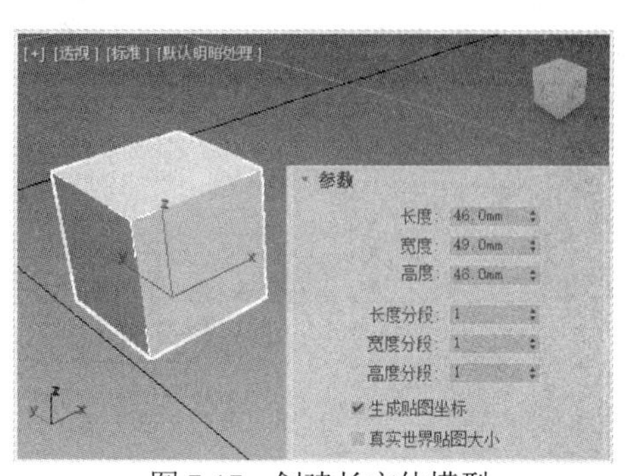

图 7-17　创建长方体模型

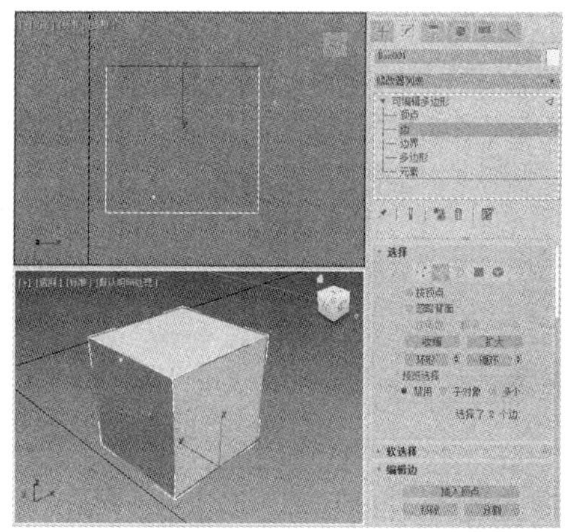

图 7-18　选择两条边

(3) 在【编辑边】卷展栏中单击【连接】按钮右侧的【设置】按钮，从弹出的面板中设置【分段】为 2、【收缩】为 92，然后单击【确定】按钮，如图 7-19 所示。

(4) 在【选择】卷展栏中单击【多边形】按钮，进入“多边形”子对象层级，选择图 7-20 所示的面。

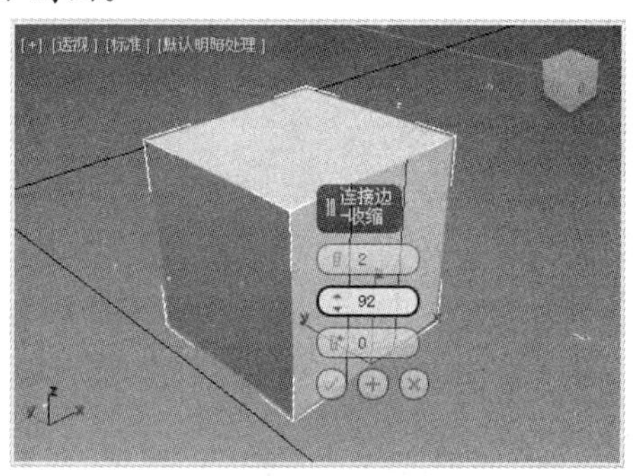

图 7-19　设置如何连接

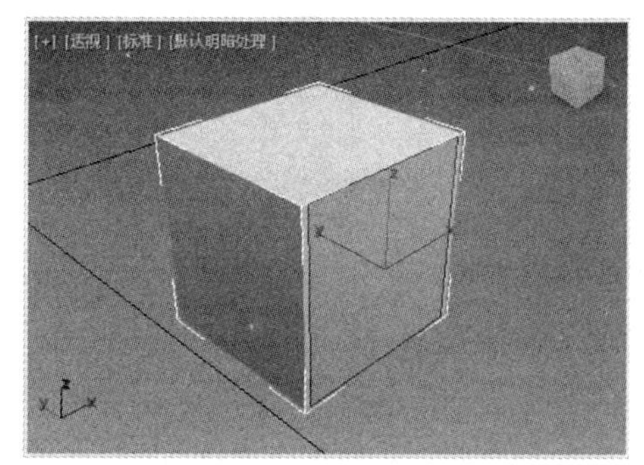

图 7-20　选择面

(5) 在【编辑多边形】卷展栏中单击【挤出】按钮右侧的【设置】按钮，在弹出的面板中设置【高度】为-0.5 mm，单击【确定】按钮，如图 7-21 所示。

(6) 选择图 7-22 左图所示的两个面，按下 Delete 键将它们删除，如图 7-22 右图所示。

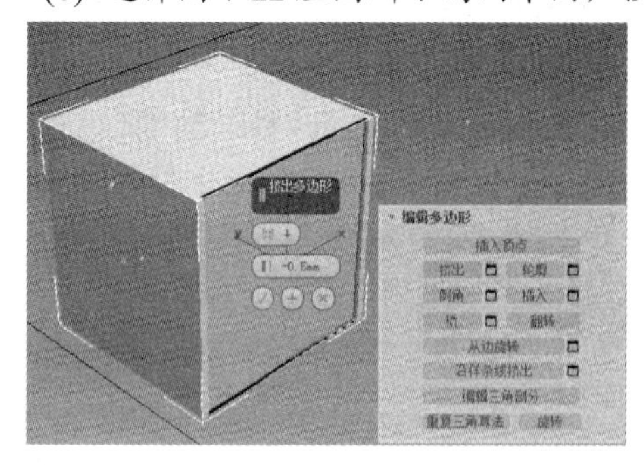

图 7-21　设置如何挤出

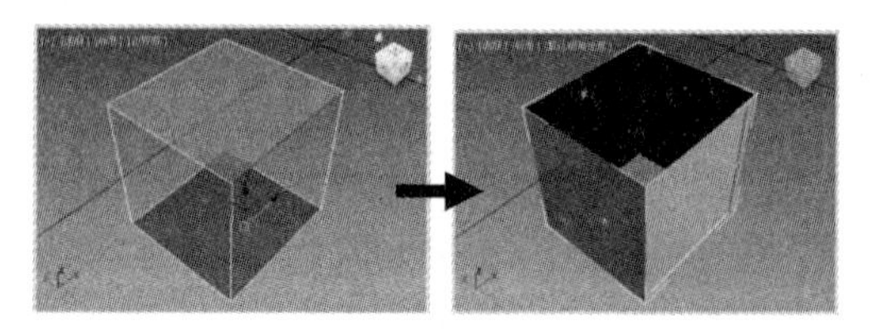

图 7-22　删除面

(7) 在【选择】卷展栏中单击【边界】按钮，进入“边界”子对象层级，选择图 7-23 所示的两条边，然后单击【编辑边界】卷展栏中的【封口】按钮。

(8) 在【选择】卷展栏中单击【边】按钮，进入“边”子对象层级，选择图 7-24 所示的边，然后在【编辑边】卷展栏中单击【切角】按钮右侧的【设置】按钮，在弹出的面板中设置【边切角量】为 0.3 mm、【连接边分段】为 4，单击【确定】按钮。

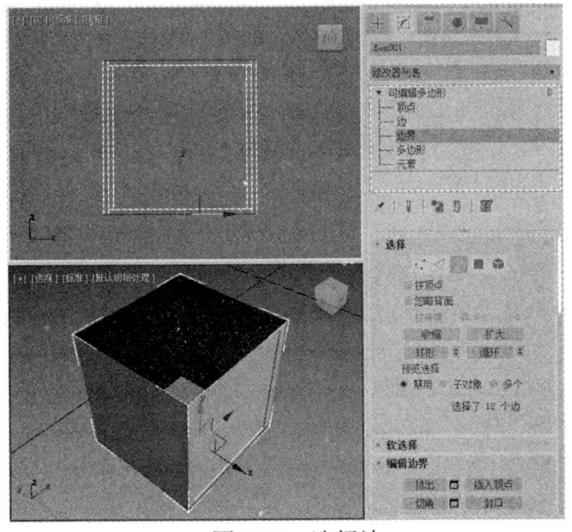

图 7-23　选择边

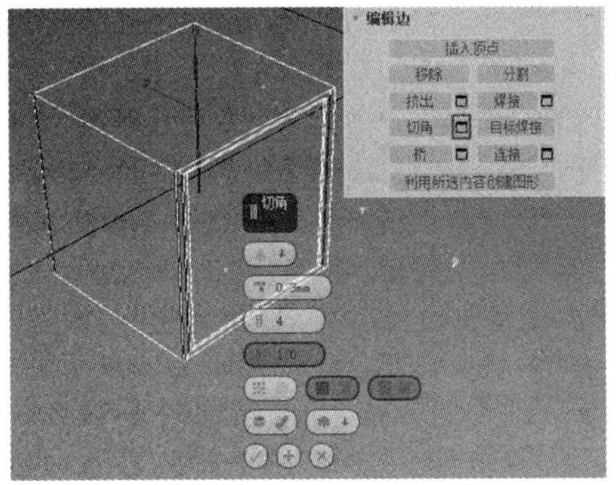

图 7-24　设置切角

(9) 使用同样的方法对图 7-25 所示的边也进行“切角”处理。

(10) 单击【创建】面板中的【切角长方体】工具按钮，创建一个切角长方体，设置其【长度】为 49 mm、【宽度】为 50 mm、【高度】为 2 mm、【圆角】为 0.3 mm、【圆角分段】为 4，如图 7-26 所示。

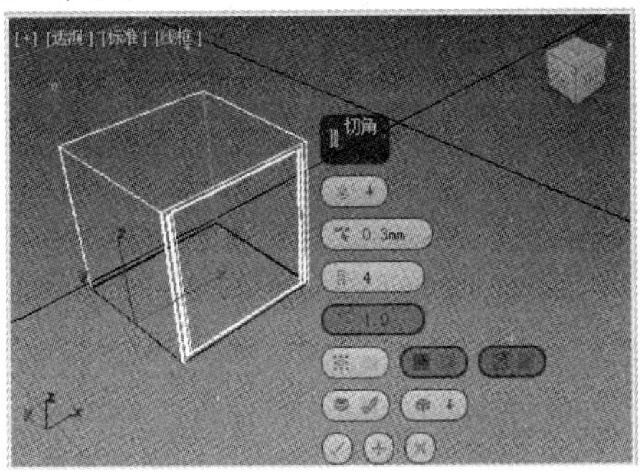

图 7-25　对边进行“切角”处理

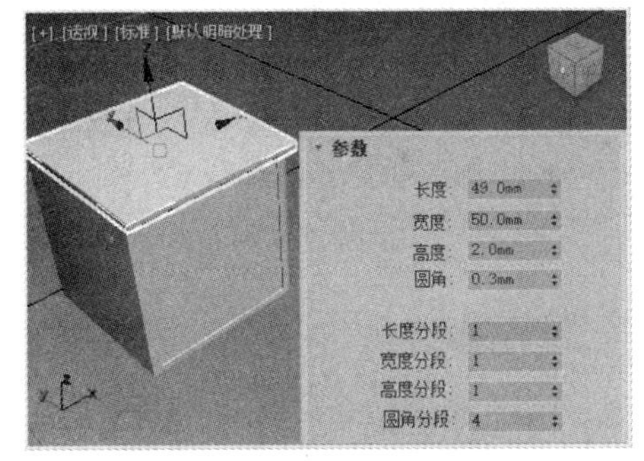

图 7-26　创建一个切角长方体

(11) 在视图中创建另一个切角长方体，设置其【长度】为 18 mm、【宽度】为 48 mm、【高度】为 1.8 mm、【圆角】为 0.3 mm、【圆角分段】为 4，如图 7-27 所示。

(12) 按住 Shift 键并拖动上一步创建的切角长方体，将其沿 Z 轴复制一个，如图 7-28 所示。

(13) 在前视图中继续创建一个【长度】为 2 mm、【宽度】为 15 mm、【高度】为 1 mm 的切角长方体，如图 7-29 所示。

(14) 右击上一步创建的切角长方体，在弹出的快捷菜单中选择【转换为】|【转换为可编辑多边形】命令，将其转换为可编辑多边形。

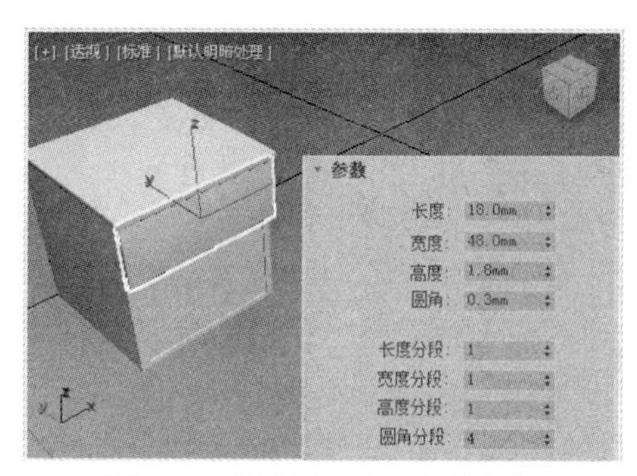

图 7-27　创建另一个切角长方体

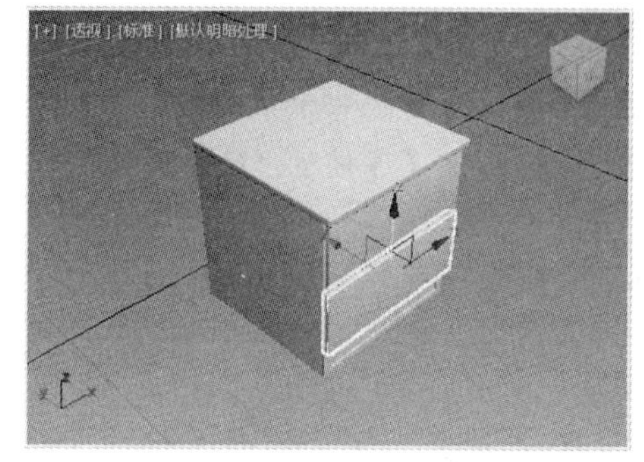

图 7-28　复制切角长方体

(15) 在【修改】面板的【选择】卷展栏中单击【顶点】按钮，进入“顶点”子对象层级，然后在【编辑顶点】卷展栏中单击【目标焊接】按钮，在前视图中单击图 7-30 所示的顶点。

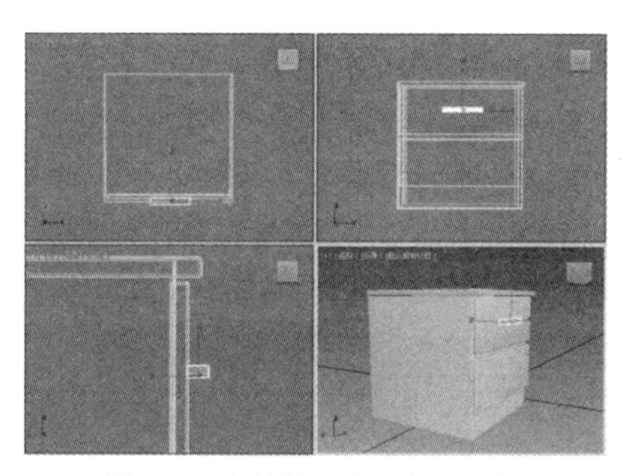

图 7-29　创建第三个切角长方体

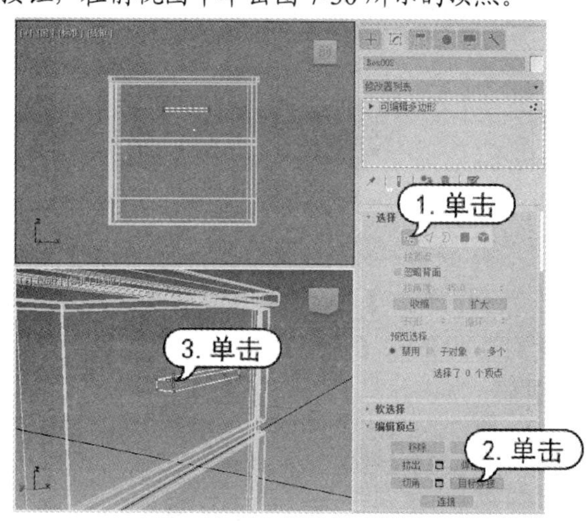

图 7-30　编辑顶点

(16) 此时，从光标处将拉出一条虚线，单击与之相邻的顶点，即可完成顶点的焊接，如图 7-31 所示。

(17) 使用同样的方法，对切角长方体另一端的两个顶点也进行焊接，创建柜子把手。

(18) 按住 Shift 键并拖动创建的柜子把手，将其沿 Z 轴复制一个。完成柜子模型的制作，效果如图 7-32 所示。

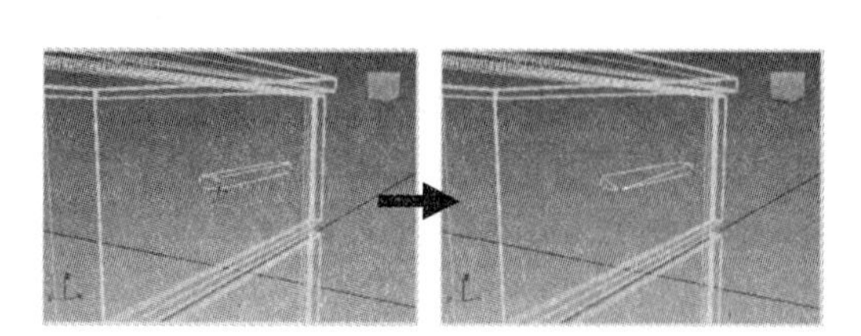

图 7-31　焊接顶点

图 7-32　柜子模型

7.2　可编辑多边形对象的子对象

将物体塌陷为可编辑多边形对象后，即可对可编辑多边形对象的顶点、边、边界、多边形和元素这 5 个层级的子对象分别进行编辑。可编辑多边形对象的参数设置面板中包括【选择】【软选择】【编辑几何体】【细分曲面】【细分置换】和【绘制变形】共 6 个卷展栏。

7.2.1　可编辑多边形对象的公共参数

1. 【选择】卷展栏

在视图中选中一个可编辑多边形对象后，选择【修改】面板，其中的【选择】卷展栏中包含了相关子对象的选择命令。

【按顶点】复选框在除“顶点”外的其他 4 个层级中都能启用。例如，在【选择】卷展栏中单击【多边形】按钮，进入“多边形”子对象层级，在选中【按顶点】复选框后，只需要选择子对象的顶点，即可选择顶点四周的相应面，如图 7-33 所示。

另外，在选中【忽略背面】复选框后，将只能选中法线指向当前视图的子对象。例如，在【选择】卷展栏中选中【忽略背面】复选框后，便可在前视图中框选图 7-34 所示的顶点。

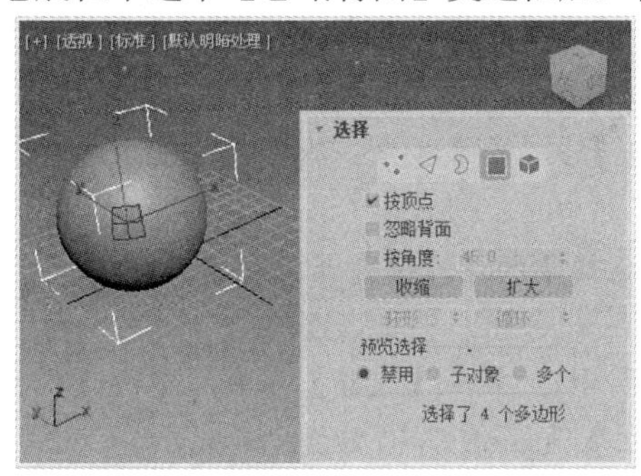

图 7-33　选择顶点四周的相应面

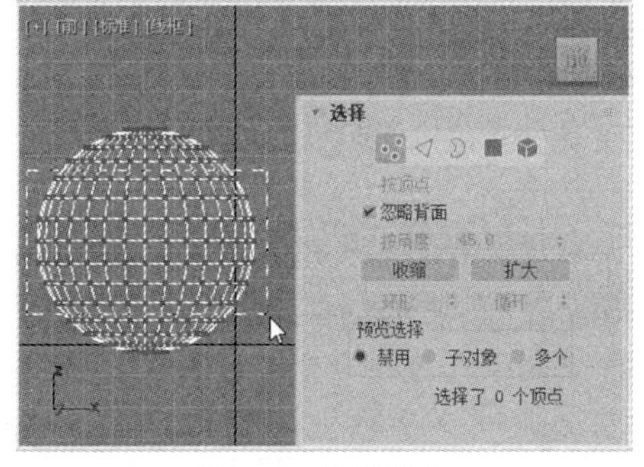

图 7-34　框选顶点

注意，此时只能选中物体正面的顶点，物体背面的顶点不会被选中，如图 7-35 所示。

但如果不选中【忽略背面】复选框，那么当用户在前视图中执行同样的操作时，将会同时选中物体正面和背面的顶点，如图 7-36 所示。

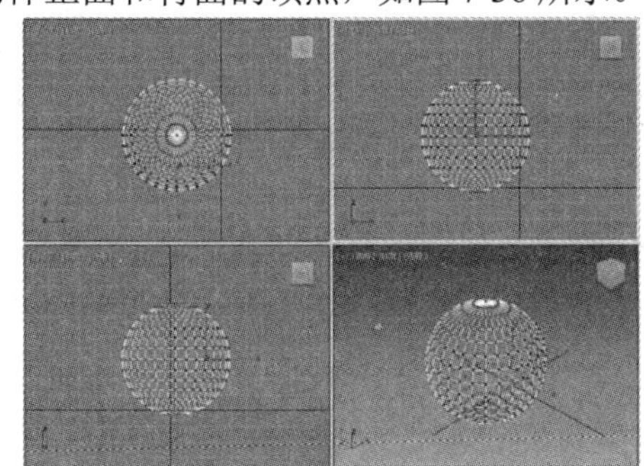

图 7-35　物体背面的顶点不会被选中

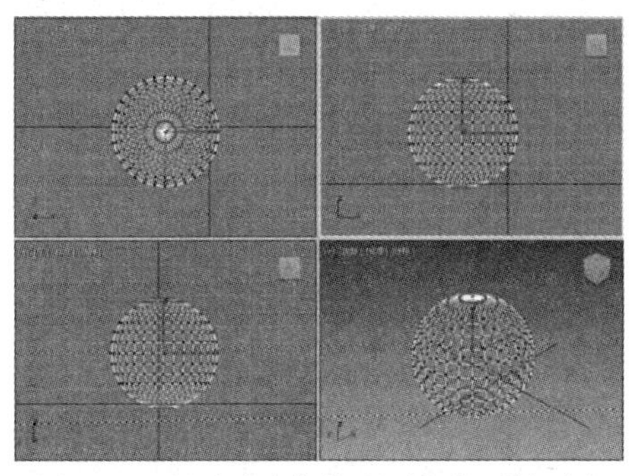

图 7-36　同时选中物体正面和背面的顶点

【按角度】复选框只有在“多边形”子对象层级中才能启用，用户在【选择】卷展栏中选中【按角度】复选框后，便可以根据面的转折角度来选择子对象。例如，若单击长方体的一个侧面，假设角度值小于 90.0，结果将仅选中这个侧面，因为所有侧面相互成 90° 角，如图 7-37 所示。但如果角度值为 90.0 或其他更大的值，结果将选中长方体的所有侧面，如图 7-38 所示。

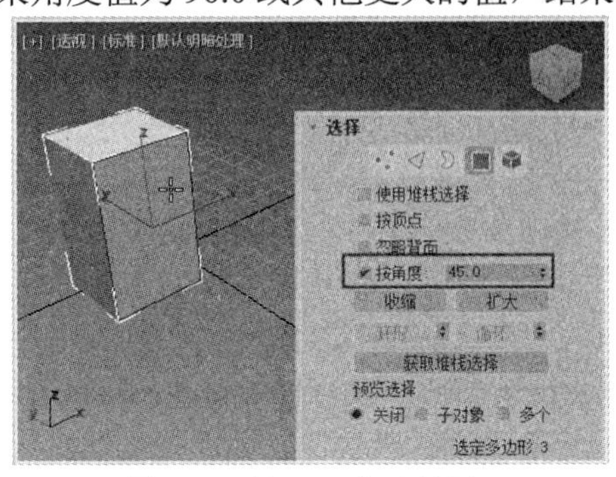

图 7-37　按 45° 角选择面

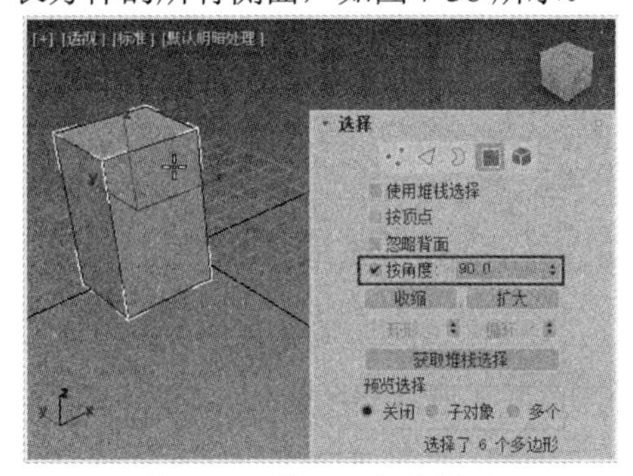

图 7-38　按 90° 角选择面

通过选中【按角度】复选框，可以加快连续区域的选择速度，该复选框右侧微调框中的参数决定了转折角度的范围。

下面通过对球体进行操作，介绍可编辑多边形对象特有的几种选择命令。

(1) 在【创建】面板的【几何体】选项卡●中单击【球体】工具按钮，绘制一个球体，然后右击该球体，从弹出的快捷菜单中选择【转换为】|【转换为可编辑多边形】命令，将其转换为可编辑多边形。

(2) 选择【修改】面板，在【选择】卷展栏中单击【多边形】按钮，然后在场景中选中图 7-39 左图所示的面。

(3) 在【选择】卷展栏中单击【收缩】按钮，从选择集的最外围开始缩小选择集(当选择集无法再缩小时，将取消选择集)，如图 7-39 右图所示。

(4) 在场景中选择一个对象集后(如图 7-40 左图所示)，单击【选择】卷展栏中的【扩大】按钮，便可在选中对象的对象集的外围扩大选择的子对象集(如图 7-40 右图所示)。

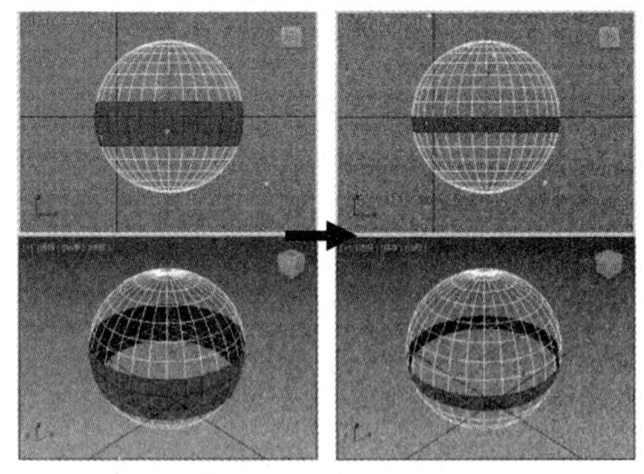

图 7-39　从选择集的最外围开始缩小选择集

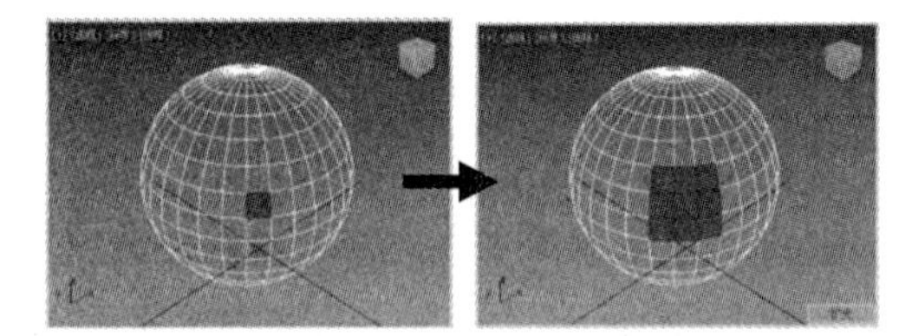

图 7-40　在对象集的外围扩大选择范围

(5) 在【选择】卷展栏中单击【边】按钮◁，进入“边”子对象层级，在场景中选中球体上的一条边(如图 7-41 左图所示)，然后单击【选择】卷展栏中的【环形】按钮，此时与当前选择的边平行的其他边会被同时选中(如图 7-41 右图所示)，【环形】按钮只能用于“边”或“边界”子对象层级。

(6) 单击【选择】卷展栏中【环形】按钮右侧的微调按钮，可以将当前选择移到相同环上的其他边。

(7) 在场景中选中一条边后，单击【选择】卷展栏中的【循环】按钮，即可沿被选择的子对象形成一个环形的选择集，如图 7-42 所示。

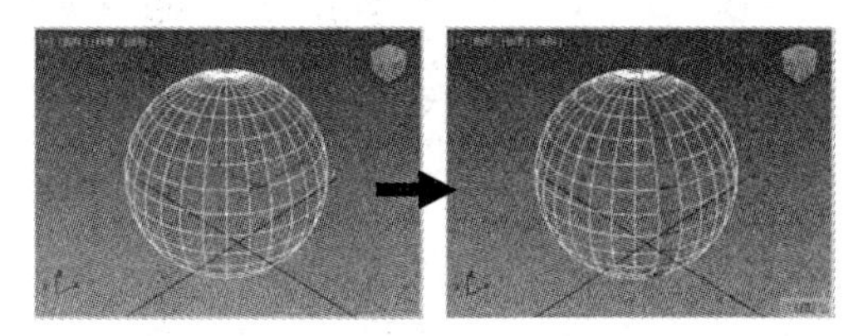

图 7-41　选中与当前选择的边平行的所有边

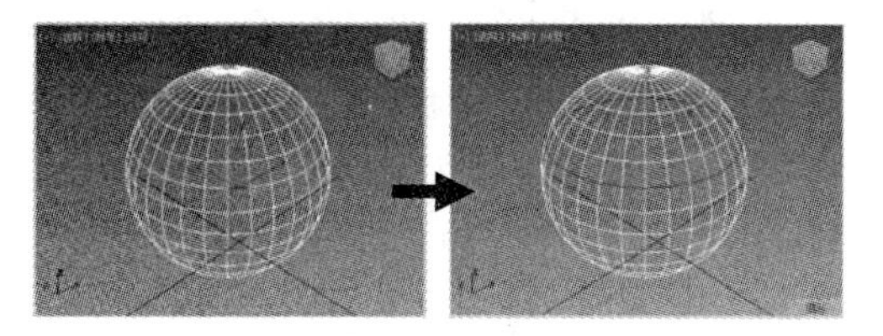

图 7-42　形成环形的选择集

【选择】卷展栏的【预览选择】选项组中有【禁用】【子对象】和【多个】单选按钮，默认选中的是【禁用】单选按钮，如图 7-43 所示。

如果在【预览选择】选项组中选中【子对象】单选按钮，那么无论当前处在哪个层级，用户都将可以根据光标的位置，在当前层级预览子对象。例如，进入“多边形”子对象层级，当用户在球体上移动光标时，处在光标位置的子对象就会以黄色高亮显示。此时如果单击，就会选择高亮显示的子对象，如图 7-44 所示。

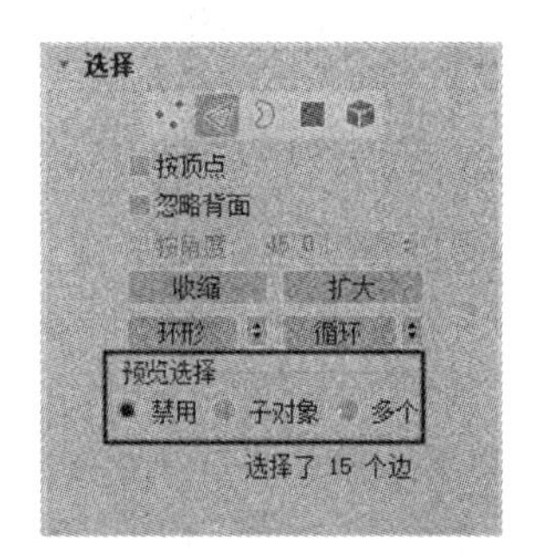

图 7-43　【预览选择】选项组

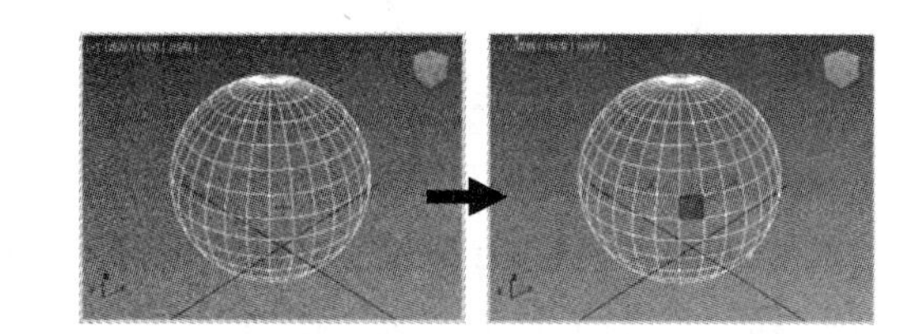

图 7-44　选择子对象

要在当前层级选择多个子对象，可以按住 Ctrl 键，将光标移到高亮显示的子对象处，然后单击即可全选高亮显示的子对象，如图 7-45 所示。

如果在【预览选择】选项组中选中【多个】单选按钮，那么无论当前处在哪个层级，用户都将可以根据光标的位置，预览其他层级的子对象。例如，进入“多边形”子对象层级，将光标放在场景中物体的边上，边就会高亮显示，此时单击即可选中这条边并激活“边”子对象层级。

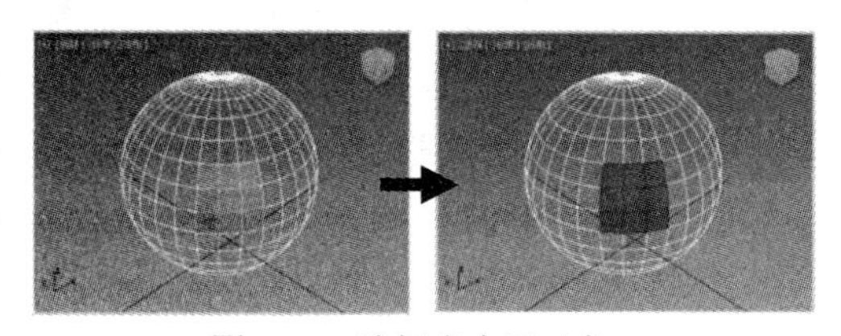

图 7-45　选择多个子对象

2. 【软选择】卷展栏

“软选择”是指以选中的子对象为中心向四周扩散，从而以放射状的方式选择子对象。在对选择的部分子对象进行变换时，可以使子对象以平滑的方式进行过渡。此外，用户可以通过设置【衰减】【收缩】和【膨胀】数值来控制所选子对象区域的大小以及对子对象控制力的强弱。【软选择】卷展栏如图 7-46 所示。

在【软选择】卷展栏中通过选中【使用软选择】复选框，可以开启“软选择”功能。开启“软选择”功能后，只需要选择一个子对象，即可以这个子对象为中心向外选择其他子对象。下面通过几个操作步骤，介绍【软选择】卷展栏中各个选项的功能。

(1) 在【创建】面板的【几何体】选项卡●中单击【球体】工具按钮，在场景中创建一个球体模型，然后右击这个球体模型，在弹出的快捷菜单中选择【转换为】|【转换为可编辑多边形】命令，将其转换为可编辑多边形。

(2) 选择【修改】面板，在【选择】卷展栏中单击【顶点】按钮，然后在视图中选择图 7-47 所示的顶点对象。

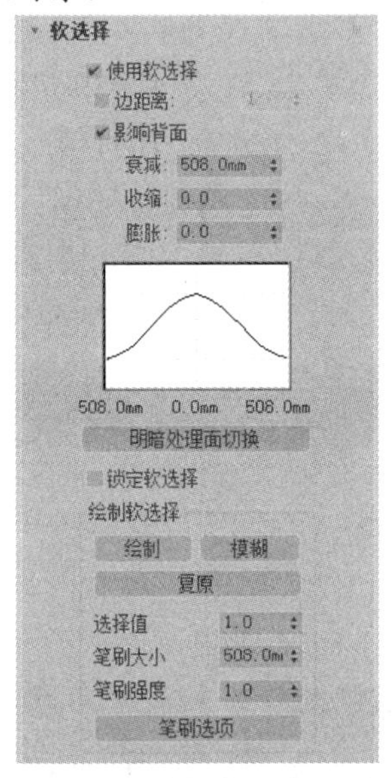

图 7-46 【软选择】卷展栏

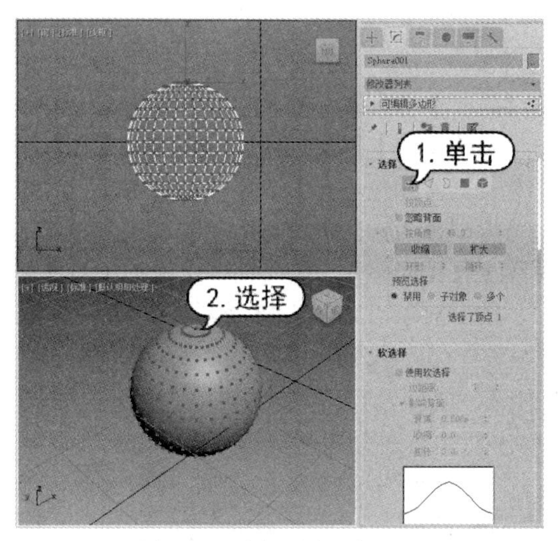

图 7-47 选择顶点对象

(3) 按下 W 键执行【选择并移动】命令，沿着 Z 轴拖动顶点对象，结果如图 7-48 所示。

(4) 按下 Ctrl+Z 快捷键撤回刚才所做的操作，在【修改】面板中展开【软选择】卷展栏，选中【使用软选择】复选框。此时，若选中【边距离】复选框，便可在该复选框右侧的微调框中，将软选择限制到指定的面数，如图 7-49 所示。

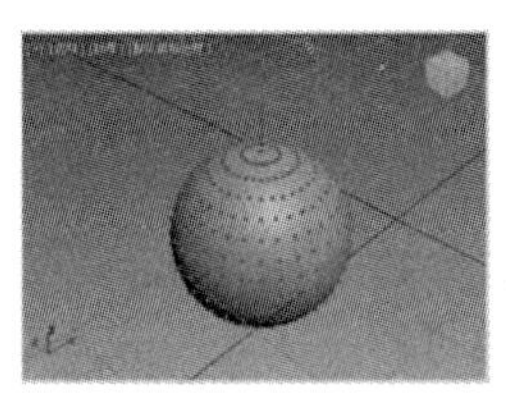

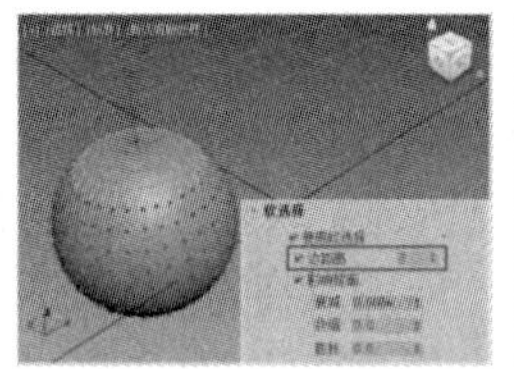
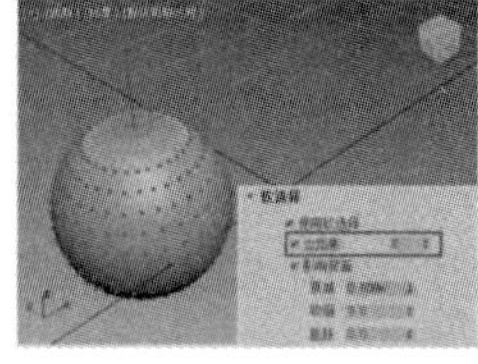
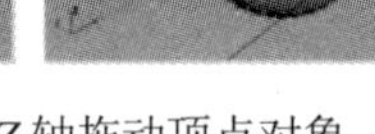

图 7-48 沿着 Z 轴拖动顶点对象　　图 7-49 将软选择限制到指定的面数

(5) 在【软选择】卷展栏中选中【影响背面】复选框后，与选定法线相反的子对象也将受到相同的影响，如图 7-50 所示。

(6) 在【软选择】卷展栏中，【衰减】微调框中的参数用于设置影响范围的大小，参数值越大，软选择的影响范围越小，如图 7-51 所示。

(7) 在【软选择】卷展栏中，【收缩】和【膨胀】微调框中的参数用于调节在进行软选择时，红、橙、绿、蓝、黄 5 种影响力平滑过渡的缓急程度，如图 7-52 所示。

(8) 单击【软选择】卷展栏中的【明暗处理面切换】按钮，可以切换颜色变换模式，如图 7-53 所示。

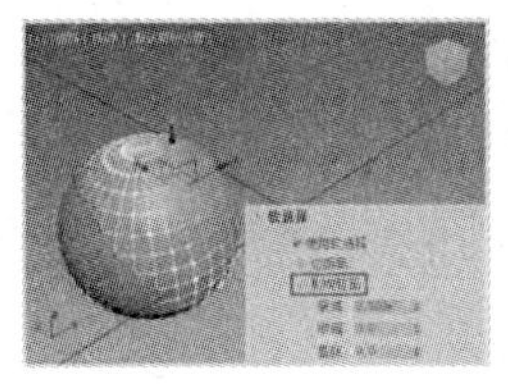
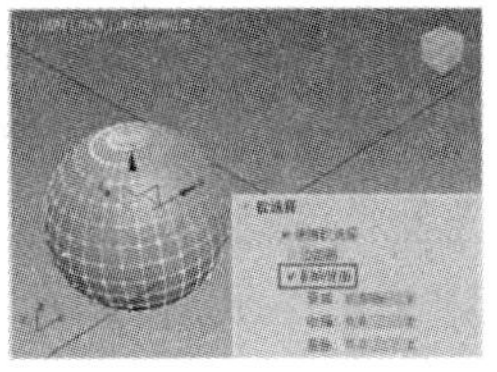

图 7-50　与选定法线相反的子对象也将受到影响

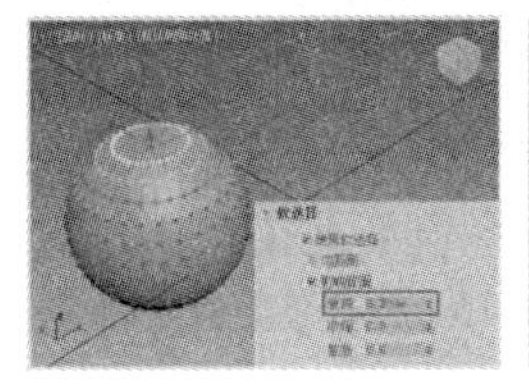
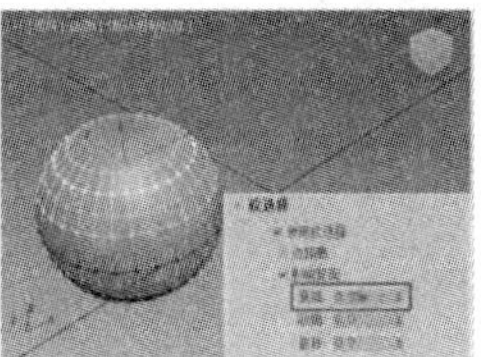

图 7-51　设置【衰减】参数

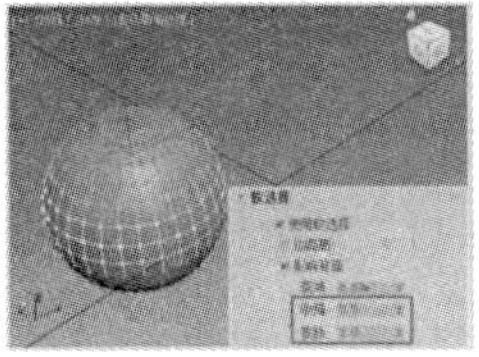
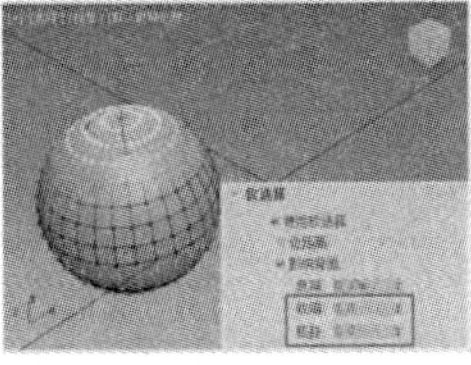

图 7-52　设置平滑过渡的缓急程度

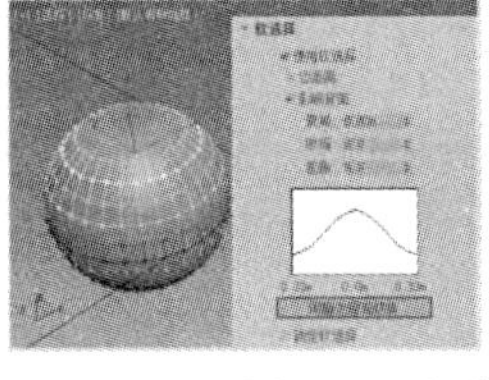
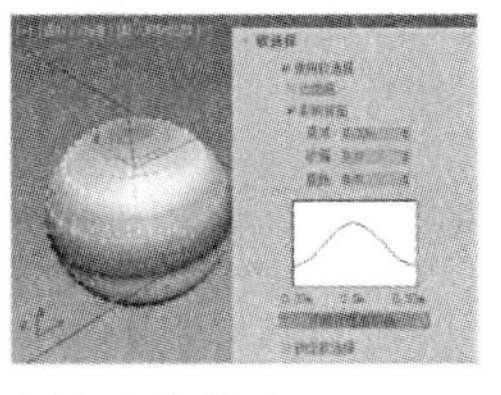

图 7-53　切换颜色变换模式

(9) 在选中【软选择】卷展栏中的【锁定软选择】复选框后，当用户在视图中选择其他子对象时，当前选中的子对象不会被替换，如图 7-54 所示。

(10) 单击【软选择】卷展栏中的【绘制】按钮，可以使用【笔刷】工具在视图中绘制软选择区域，如图 7-55 所示。

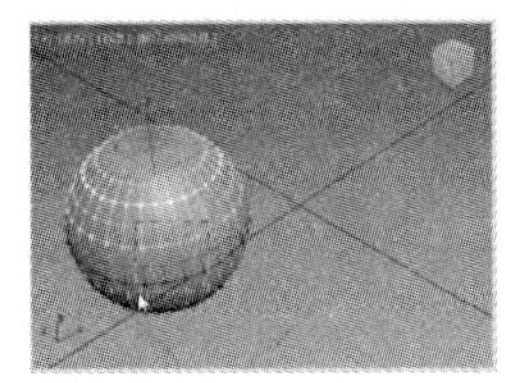

图 7-54　锁定软选择

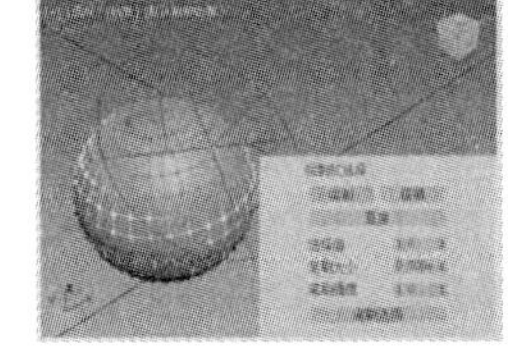
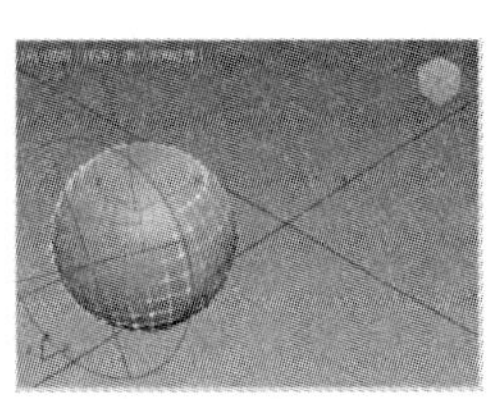

图 7-55　绘制软选择区域

(11) 单击【软选择】卷展栏中的【模糊】按钮，可以使之前的软选择区域过渡得更加平滑。

(12) 单击【软选择】卷展栏中的【复原】按钮，可以将之前选择的区域还原。

(13) 使用【软选择】卷展栏的【选择值】微调框中的参数可以调节【绘制】或【复原】时软选择受力区域的大小。

(14) 使用【软选择】卷展栏的【笔刷大小】微调框中的参数可以调节【绘制】或【复原】时笔刷的大小，也就是在视图中设置软选择的范围大小。

(15) 【软选择】卷展栏的【笔刷强度】微调框中的参数值代表的是【绘制】或【复原】时到达【选择值】的速度。

(16) 单击【软选择】卷展栏中的【笔刷选项】按钮，可以打开【绘制选项】对话框，从中可以设置笔刷的自定义属性，如图 7-56 所示。

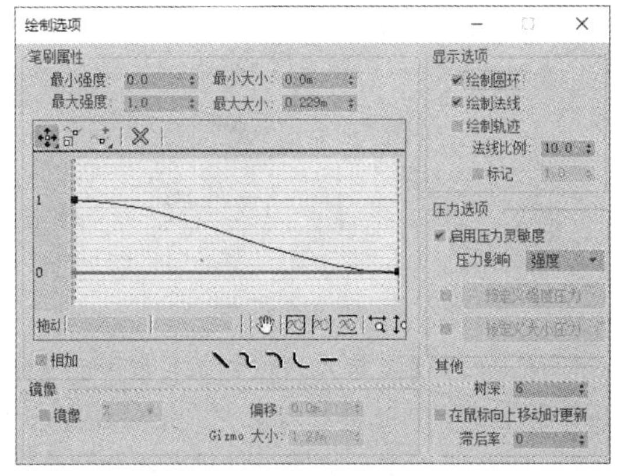

图 7-56　【绘制选项】对话框

3. 【编辑几何体】卷展栏

【编辑几何体】卷展栏(如图 7-57 所示)中的选项适用于所有子对象，主要用来全局修改多边形几何体。

下面通过几个操作步骤，介绍【编辑几何体】卷展栏中主要选项的功能。

(1) 在【选择】卷展栏中单击【顶点】按钮，进入对象的“顶点”层级，在【编辑几何体】卷展栏中选中【约束】选项组中的【边】单选按钮，如图 7-58 所示。

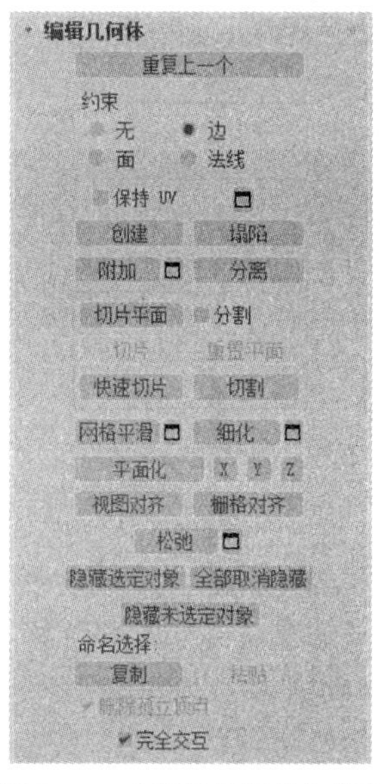

图 7-57 【编辑几何体】卷展栏

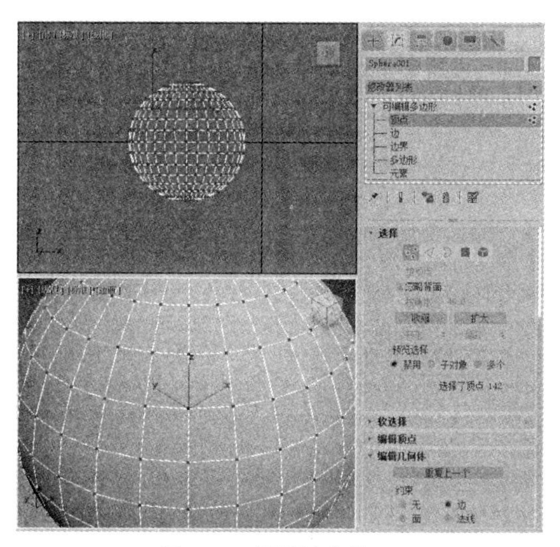

图 7-58 设置约束边

(2) 按下 W 键执行【选择并移动】命令，移动模型中的“顶点”子对象，此时只能沿着当前顶点连接的边滑动，而不能移至模型边界以外的位置，如图 7-59 左图所示。

(3) 在上一步的操作中，当移动“顶点”子对象时，对象贴图会发生扭曲。但是，如果在【编辑几何体】卷展栏中选中【保持 UV】复选框，那么当再次移动顶点时，对象贴图就不会发生扭曲了。

(4) 单击【编辑几何体】卷展栏中的【创建】按钮，如图 7-59 右图所示，在视图中的空白处单击，即可在“顶点”层级创建“顶点”子对象。

(5) 选中物体上的多个顶点后，单击【编辑几何体】卷展栏中的【塌陷】按钮，可以将选中的多个顶点塌陷为一个顶点，如图-60 所示。

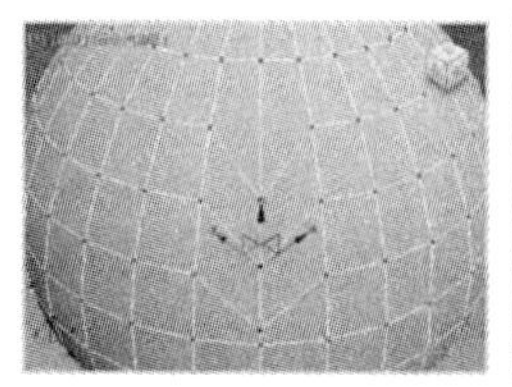

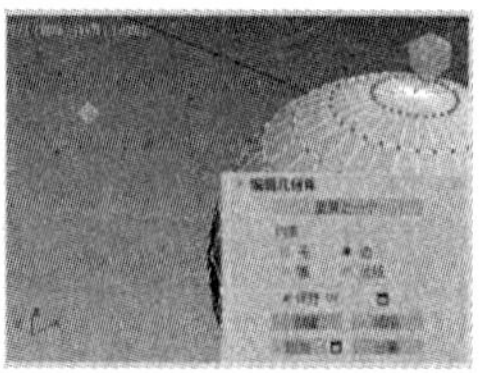

图 7-59 移动模型中的顶点

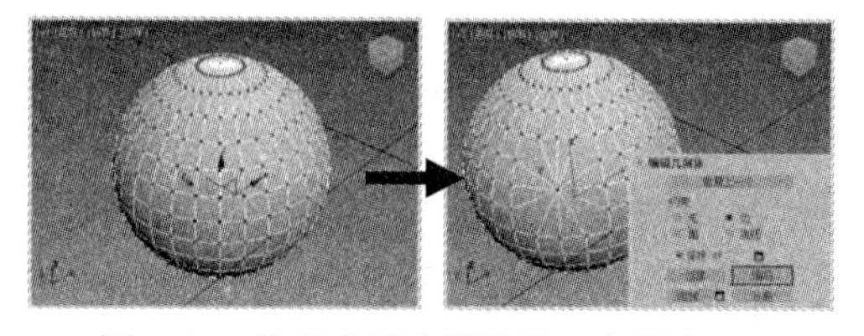

图 7-60 将多个顶点塌陷为一个顶点

(6) 单击【编辑几何体】卷展栏中的【附加】按钮，可以将其他几何体(一个或多个)或二维图形添加到当前选择的对象中，使之成为一个对象，如图 7-61 所示。

(7) 如果需要一次将多个对象添加到选中的对象中，可以单击【附加】按钮后的【附加列表】按钮，在打开的对话框中选择想要添加的对象，然后单击【附加】按钮，如图 7-62 所示。

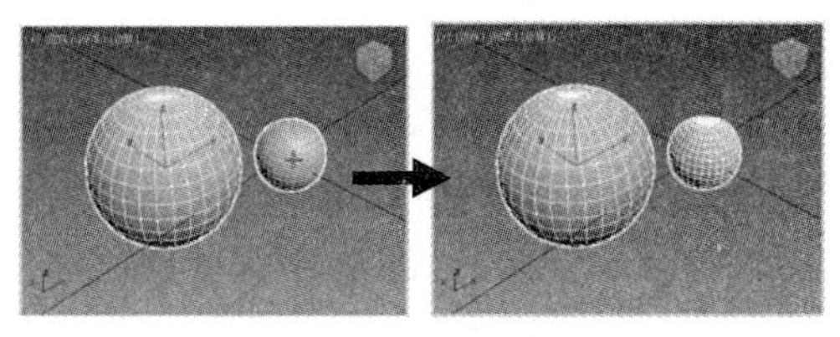

图 7-61　将其他几何体添加到当前对象中

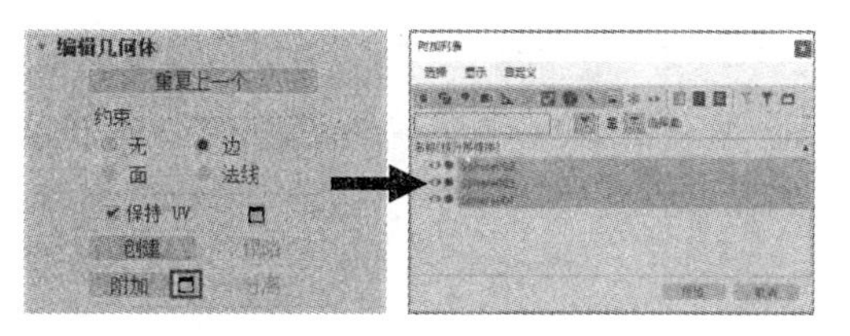

图 7-62　附加多个对象

(8) 单击【编辑几何体】卷展栏中的【分离】按钮，打开【分离】对话框，从中可以将子对象分离成一个单独的对象(【分离】按钮的作用与【附加】按钮相反)，或者分离成当前对象的一个“元素”，如图 7-63 所示。

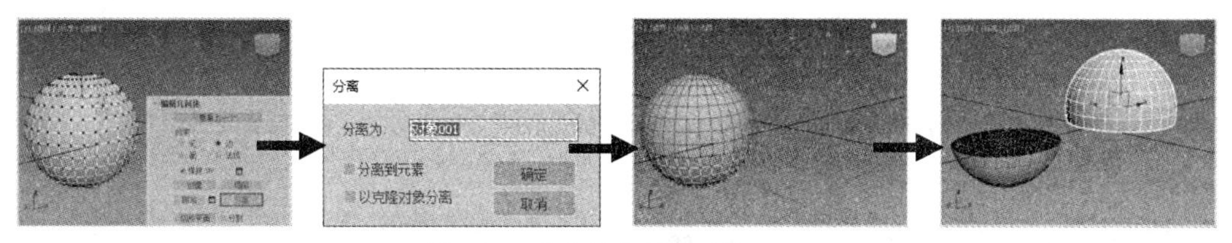

图 7-63　分离选中的子对象

(9) 如果先在图 7-63 所示的【分离】对话框中选中【以克隆对象分离】复选框，之后再单击【确定】按钮，那么选中的子对象将被分离成一个单独的对象。

(10) 如果先在【分离】对话框中选中【分离到元素】复选框，之后再单击【确定】按钮，那么选中的子对象将被分离成当前对象的一个“元素”。

(11) 进入“顶点”层级后，单击【编辑几何体】卷展栏中的【切片平面】按钮，视图中将会显示一个黄色的“平面”，同时还会在该“平面”处为对象添加一圈“顶点”，如图 7-64 右图所示。

(12) 此时，用户可以在视图中对该“平面”执行位移、旋转等操作，新添加的点的位置会随着“平面”位置和角度的改变而改变。

(13) 将“平面”调整到合适的位置后，单击【编辑几何体】卷展栏中的【切片】按钮，可以为对象添加一圈新的顶点，如图 7-65 右图所示。

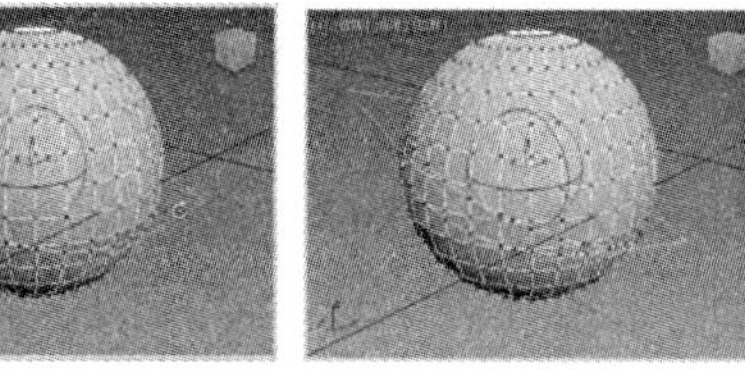
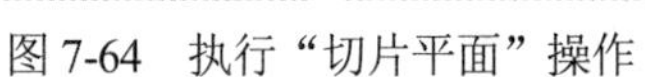

图 7-64　执行“切片平面”操作

图 7-65　为对象添加一圈新的顶点

(14) 再次单击【切片平面】按钮，结束“切片平面”操作。如果在单击【切片平面】按钮之前选中【编辑几何体】卷展栏中的【分割】复选框，那么在对对象进行切片的同时，还会在切片处把对象分割成两个元素，如图 7-66 所示。

(15) 单击【编辑几何体】卷展栏中的【快速切片】按钮，在视图中的任意位置单击，移动鼠标时将显示一条通过网格的线。再次单击，可以对当前对象进行快速切片，如图 7-67 所示。

(16) 如果单击【编辑几何体】卷展栏中的【切割】按钮，便可以在对象上进行任意切割，之后再对对象进行整体编辑。例如，单击【切割】按钮，在模型上单击以确定起点，移动鼠标，创建新的连接边，然后右击鼠标便可退出切割操作，如图 7-68 所示。

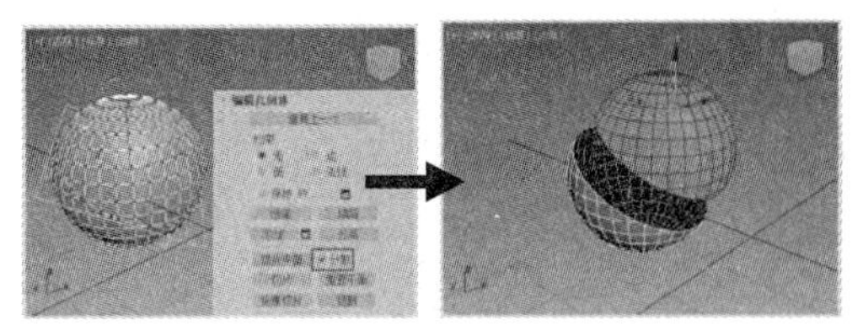

图 7-66　在切片处将对象分割成两个元素

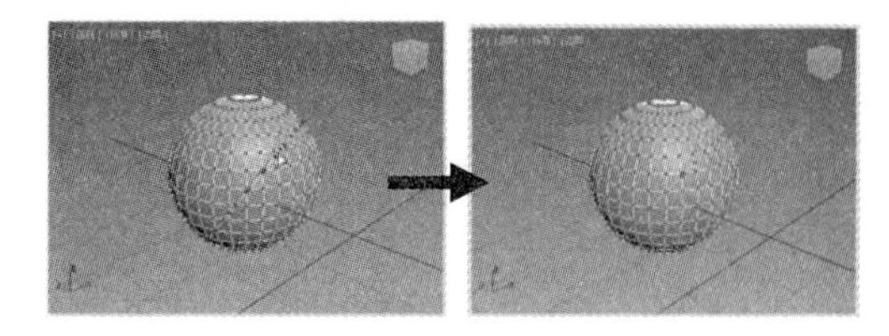

图 7-67　将对象快速切片

(17) 【切割】命令可以用在【顶点】【边】和【面】上，但光标形态各不相同，如图 7-68 所示。

(18) 单击【编辑几何体】卷展栏中的【细化】和【网格平滑】按钮，可以对场景中的模型执行细化和平滑操作。

(19) 单击【编辑几何体】卷展栏中的【平面化】按钮，可以将场景中的整个对象或选定的子对象“压”成一个平面，然后单击该按钮右侧的 X、Y、Z 按钮，可以强制对象沿着某个轴向“压”成一个平面，如图 7-69 所示。

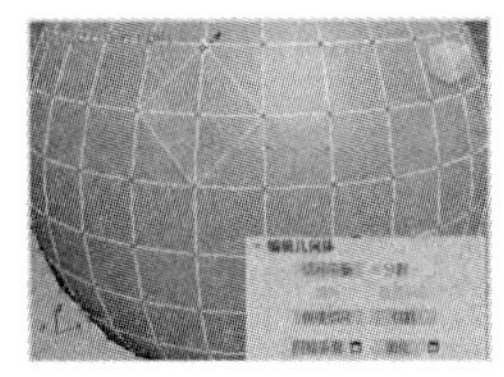

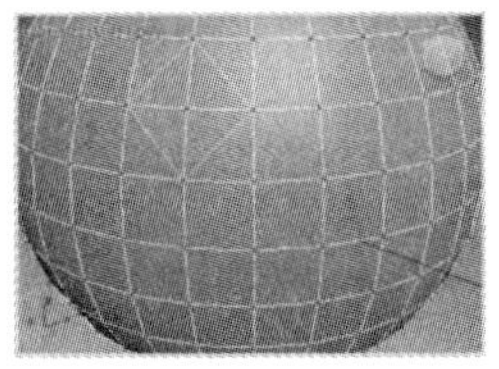

图 7-68　执行“切割”操作

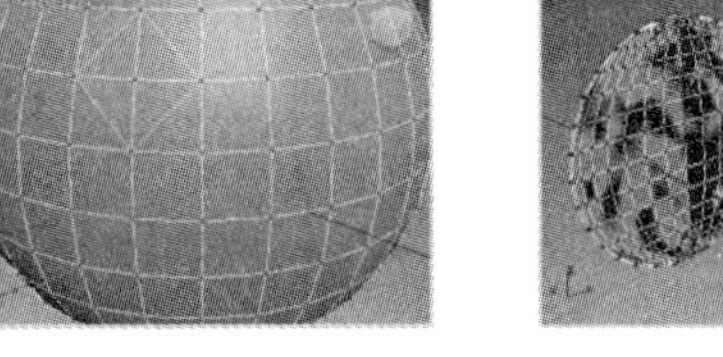

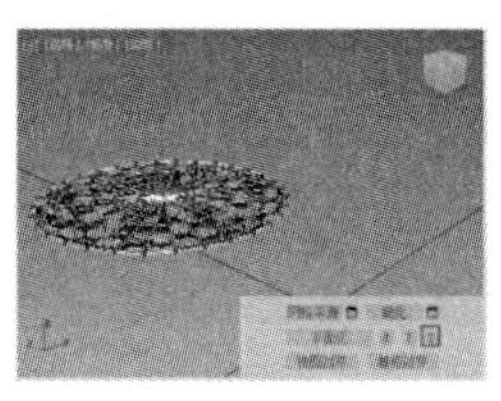

图 7-69　执行“平面化”操作

(20) 单击【编辑几何体】卷展栏中的【视图对齐】按钮，可以将当前选择对象与当前视图所在的平面对齐，如图 7-70 左图所示。

(21) 单击【编辑几何体】卷展栏中的【栅格对齐】按钮，可以将当前选择对象与当前栅格所在的平面对齐，如图 7-70 右图所示。

(22) 单击【编辑几何体】卷展栏中的【松弛】按钮，可以规划网格空间，模型对象的每个顶点将朝着邻近对象的平均位置移动，实现松弛的效果，如图 7-71 所示。

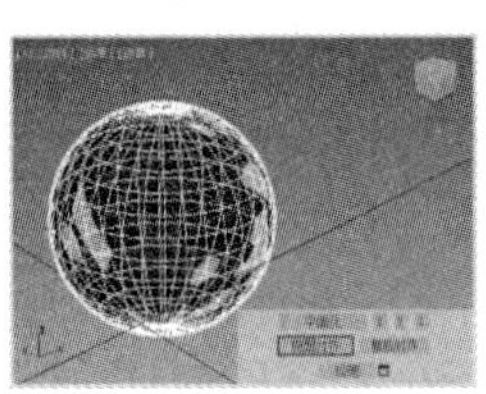

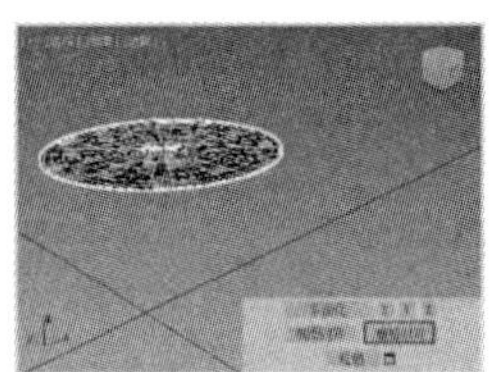

图 7-70　视图对齐与栅格对齐

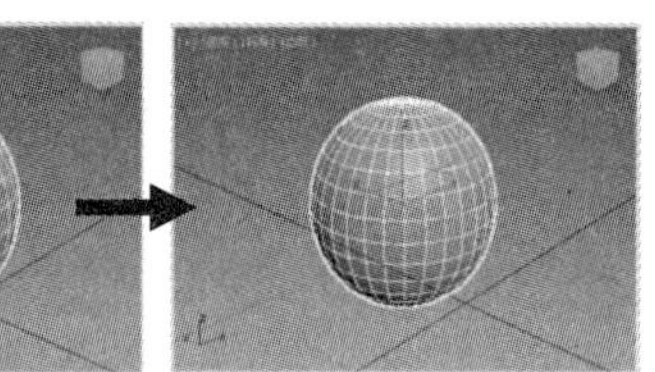

图 7-71　执行“松弛”操作

(23) 单击【编辑几何体】卷展栏中的【隐藏选定对象】按钮，可以将选定的子对象隐藏；单击【隐藏未选定对象】按钮，可以将未选定的子对象隐藏(隐藏选定对象主要是为了方便在视图中进行操作，例如，在制作人物头部模型时，需要编辑口腔内部的顶点，但面部的其他一些面可能会妨碍操作，此时就可以隐藏选定对象)，如图 7-72 所示。

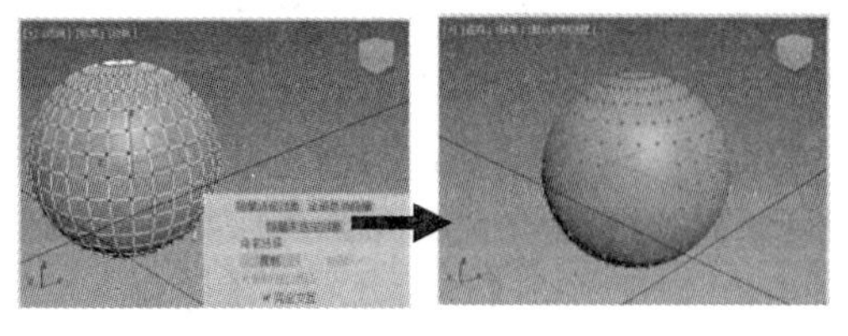

图 7-72　隐藏选定对象

(24) 单击【全部取消隐藏】按钮，可以将隐藏的子对象全部显示出来。

4. 【细分曲面】卷展栏和【细分置换】卷展栏

在创建与编辑完模型之后，用户还需要对模型进行平滑处理才能得到最终希望的效果。此时，使用【细分曲面】卷展栏中的选项参数(如图 7-73 左图所示)可以将平滑的效果应用于多边形对象(一般情况下，3ds Max 会直接为模型添加“网格平滑”或“涡轮平滑”修改器，这样在后期操作时将会更加方便)。【细分曲面】卷展栏中的选项参数与“网格平滑”修改器中的参数设置基本一致。

【细分置换】卷展栏(如图 7-73 右图所示)主要用于设置对象在被赋予置换贴图后的效果。

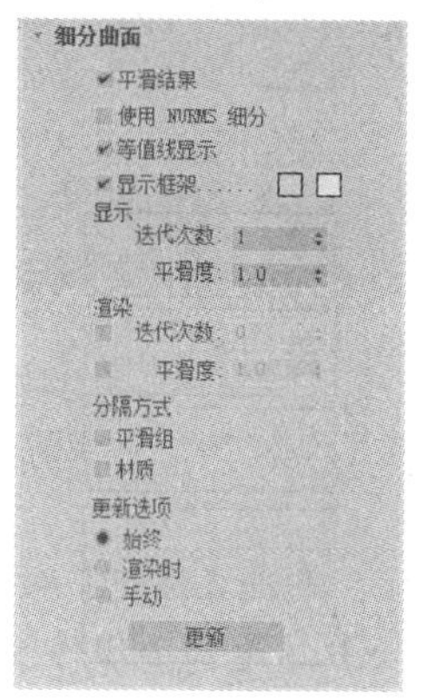

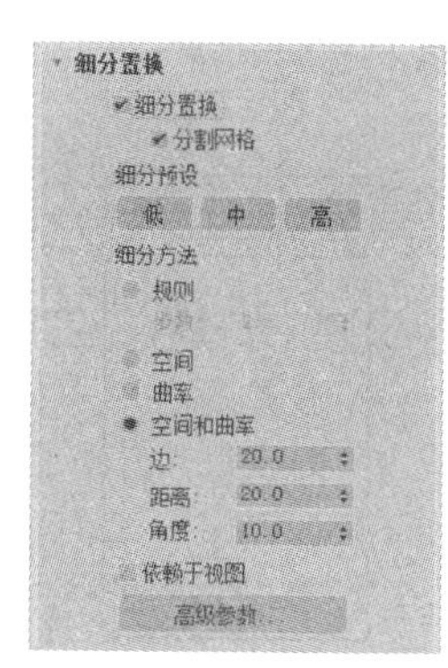

图 7-73　【细分曲面】卷展栏和【细分置换】卷展栏

5. 【绘制变形】卷展栏

【绘制变形】卷展栏(如图 7-74 所示)中的选项能够帮助用户利用【笔刷】工具，通过“绘制”的方式使模型凸起或凹陷(这有点像使用刻刀雕刻一件艺术品)。

下面通过几个操作步骤，介绍【绘制变形】卷展栏中主要选项的功能。

(1) 在场景中创建一个几何球体并将其塌陷为可编辑多边形。选择【修改】面板，在【绘制变形】卷展栏中单击【推/拉】按钮，将光标放置在“球体”对象上，此时将显示笔刷图标，如图 7-75 所示。

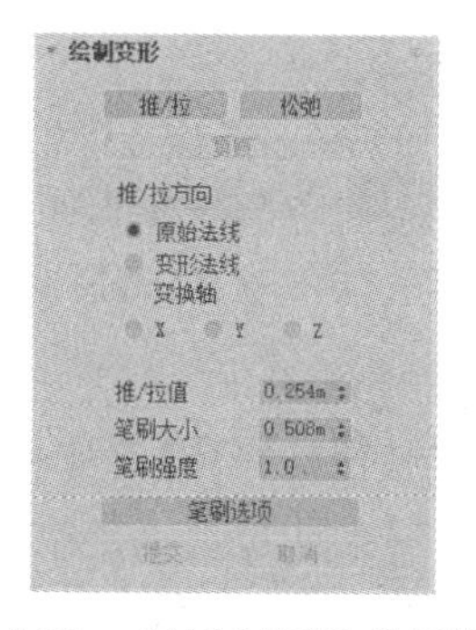

图 7-74　【绘制变形】卷展栏

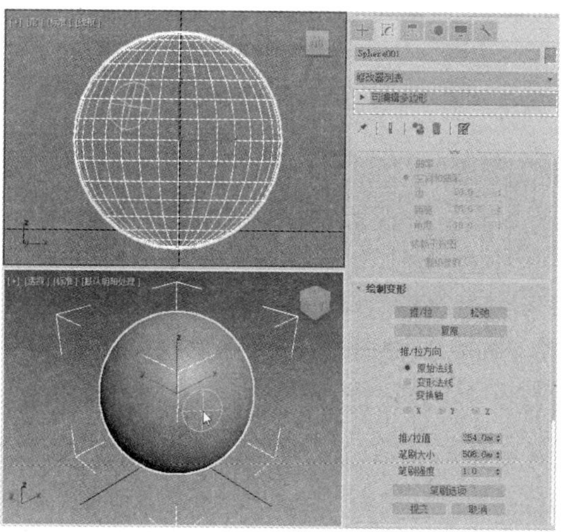

图 7-75　显示笔刷图标

(2) 在“球体”对象上按住鼠标左键并拖动，可以将模型上的顶点向外拉出，如图 7-76 所示。

(3) 单击【绘制变形】卷展栏中的【松弛】按钮，可以将靠近的顶点推开或将远离的顶点拉近，如图 7-77 所示。

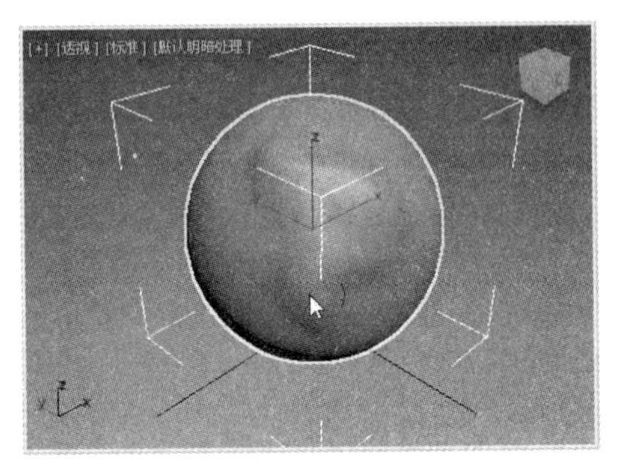

图 7-76　将模型上的顶点向外拉出

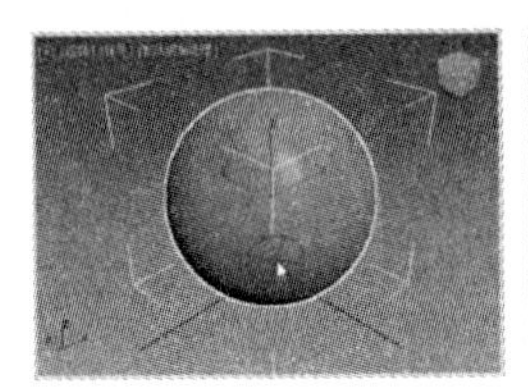

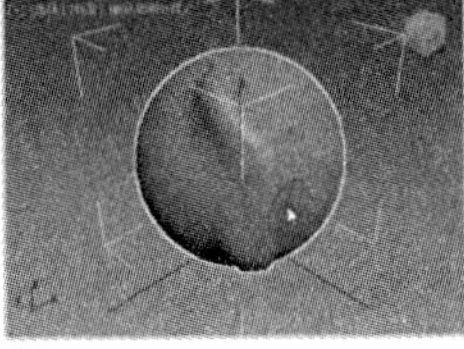

图 7-77　推开或拉近顶点

(4) 单击【绘制变形】卷展栏中的【复原】按钮，然后在对象上按住鼠标左键并拖动，可以逐渐擦除“推/拉”或“松弛”的效果。

(5) 在使用【绘制变形】卷展栏中的选项对模型进行修改后，单击【提交】按钮，可以对操作进行确认并将其应用到对象上。如果单击【取消】按钮，则会取消之前的操作。

7.2.2　“顶点”子对象

在视图中选择一个多边形对象后，选择【修改】面板，在修改器堆栈中单击【可编辑多边形】选项前的“+”按钮，然后选择【顶点】选项，或者单击【选择】卷展栏中的【顶点】按钮，即可进入“顶点”子对象层级，如图 7-78 所示。

此时，【修改】面板中将会出现【编辑顶点】卷展栏(如图 7-79 所示)，它专用于编辑顶点子对象。

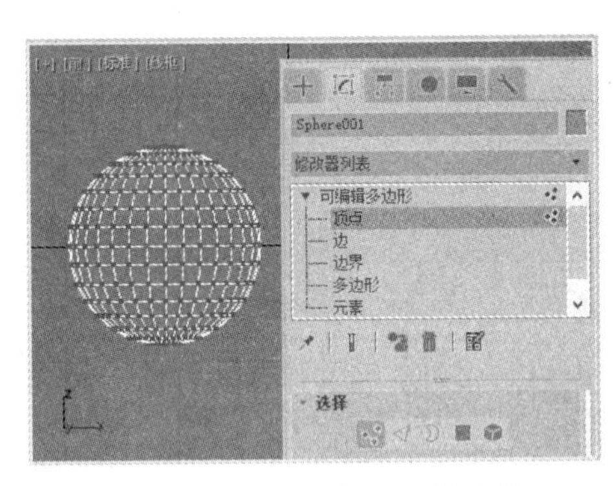

图 7-78　进入“顶点”子对象层级

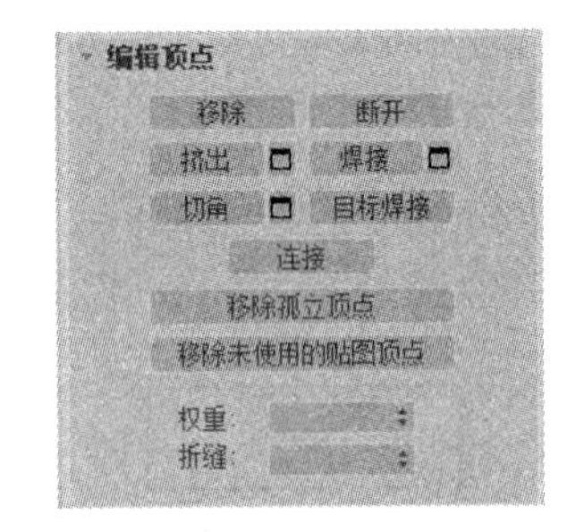

图 7-79　【编辑顶点】卷展栏

下面通过几个操作步骤，介绍【编辑顶点】卷展栏中主要选项的功能。

(1) 在场景中创建一个几何球体对象，然后右击该对象，从弹出的快捷菜单中选择【转换为】|【转换为可编辑多边形】命令，将其转换为可编辑多边形。

(2) 选择【修改】面板，在【选择】卷展栏中单击【顶点】按钮，进入“顶点”子对象层级，如图 7-80 左图所示。

(3) 单击【编辑顶点】卷展栏中的【移除】按钮，可以将选择的顶点子对象移除，如图 7-80 右图所示。

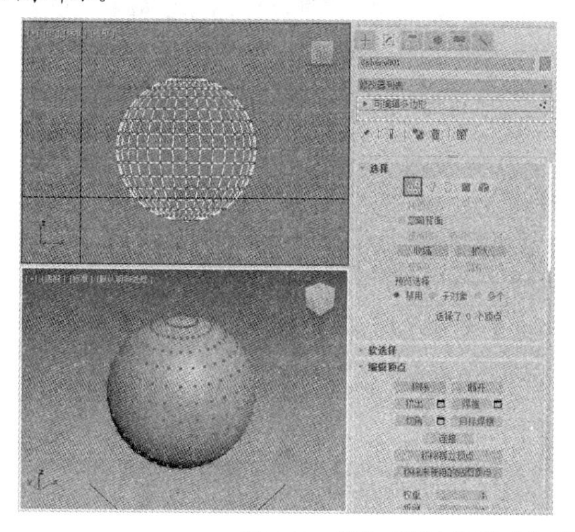

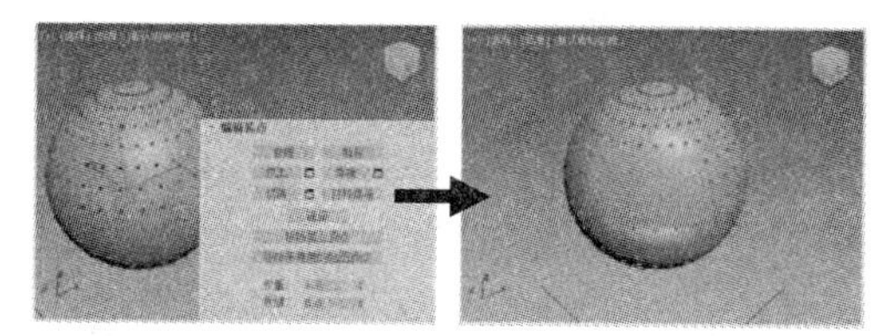

图 7-80　进入“顶点”子对象层级并将选择的顶点子对象移除

(4) 在模型中选择一个顶点，单击【编辑顶点】卷展栏中的【断开】按钮，可以在所选顶点的位置创建更多的顶点，并且所选顶点周围的表面将不再共用同一个顶点，每个多边形表面在此位置会拥有独立的顶点。执行“断开”操作后，用户并不能直接看到效果。但是，当执行【选择并移动】命令以移动这一区域内的顶点时，对象中连续的表面就会产生分裂，如图 7-81 所示。

(5) 在【编辑顶点】卷展栏中，【焊接】按钮的作用与【断开】按钮相反。单击【焊接】按钮，可以将两个或多个顶点焊接为一个顶点。此外，单击【焊接】按钮右侧的【设置】按钮，可在打开的面板中设置“焊接阈值”参数，顶点之间距离小于焊接阈值的顶点将会被焊接，而顶点之间距离大于焊接阈值的顶点则不会被焊接，如图 7-82 所示。

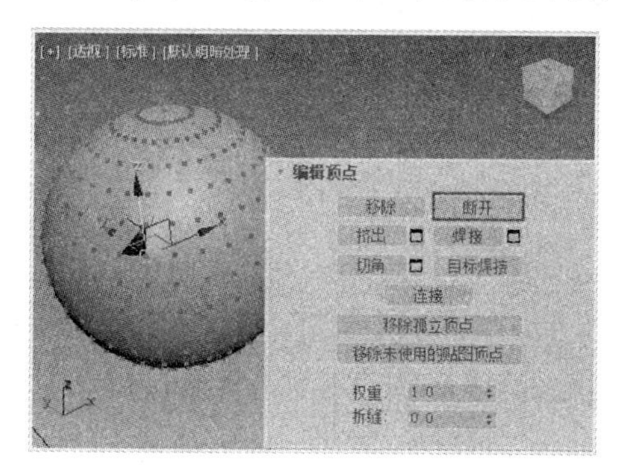

图 7-81　执行“断开”操作

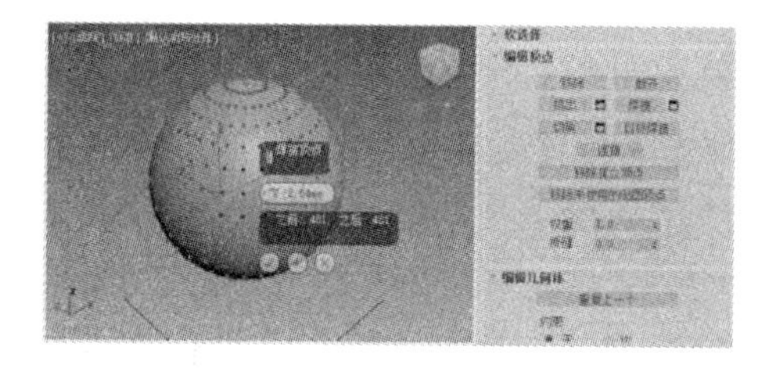

图 7-82　设置“焊接阈值”参数

(6) 单击【编辑顶点】卷展栏中的【目标焊接】按钮，将其激活后，在视图中单击某个顶点，此时移动鼠标就会拖出一条虚线。将光标移到想要焊接的顶点上并再次单击，即可将先前单击的顶点焊接到后来单击的顶点上，如图 7-83 所示。

(7) 单击【编辑顶点】卷展栏中的【挤出】按钮，将其激活后，将光标移至对象的某个顶点上，当光标改变形状后，单击并拖动鼠标，即可对顶点执行“挤出”操作，如图 7-84 所示。

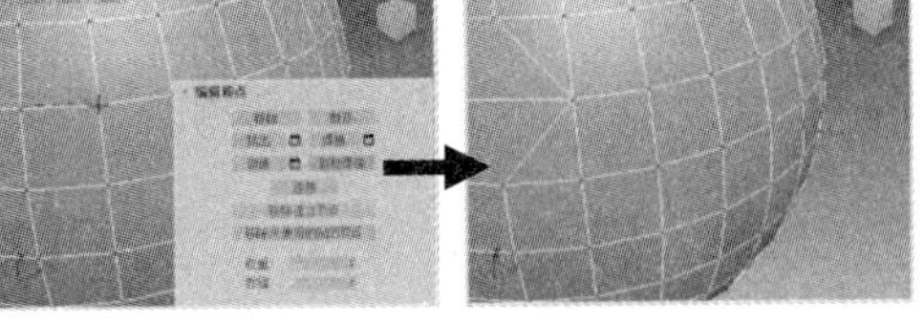
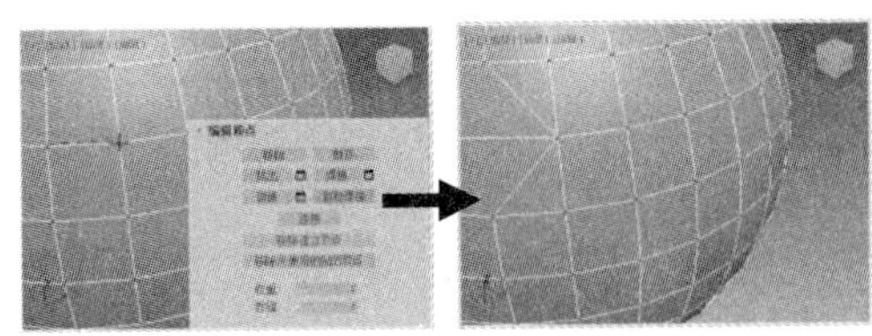

图 7-83　执行“目标焊接”操作

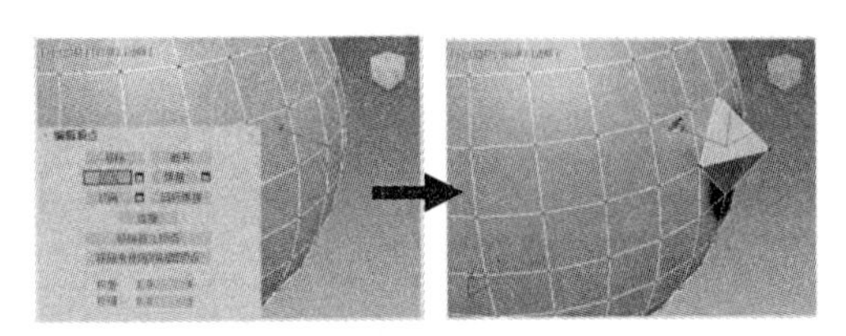

图 7-84　执行“挤出”操作

(8) 如果要精确控制挤出的效果，可以单击【挤出】按钮右侧的【设置】按钮，在打开的面板中，【宽度】参数控制挤出底面部分的尺寸，【高度】参数控制挤出顶点的高度，如图 7-85 所示。

(9) 选中模型上的某个顶点后，单击【编辑顶点】卷展栏中的【切角】按钮，然后按住鼠标左键并拖动，即可对选择的顶点进行切角处理，如图 7-86 所示。

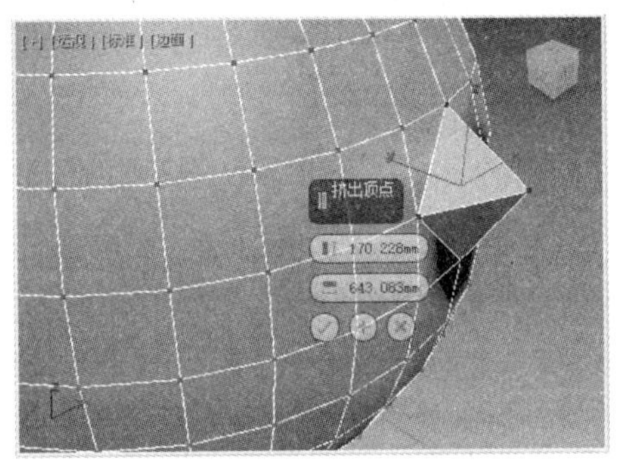

图 7-85　精确控制挤出的效果

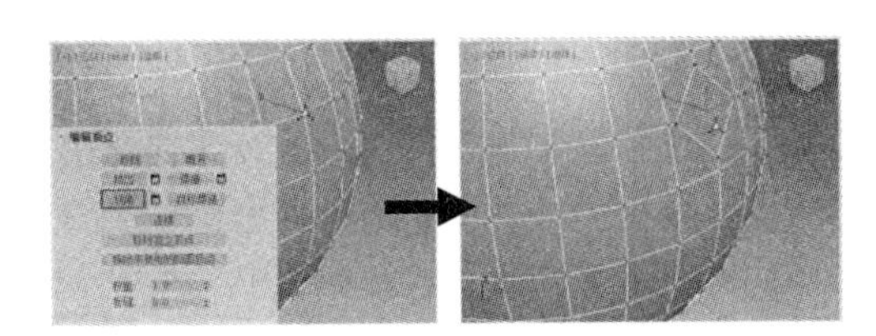

图 7-86　执行“切角”操作

(10) 单击【切角】按钮右侧的【设置】按钮，在打开的面板中，用户可以通过设置其中的参数来控制切角的大小(如图 7-87 左图所示)，此外还可以通过启用【打开切角】控件，将被切角的区域删除(如图 7-87 右图所示)。

(11) 选中模型上的两个顶点并单击【连接】按钮，选中的顶点之间将产生新的边，如图 7-88 所示。

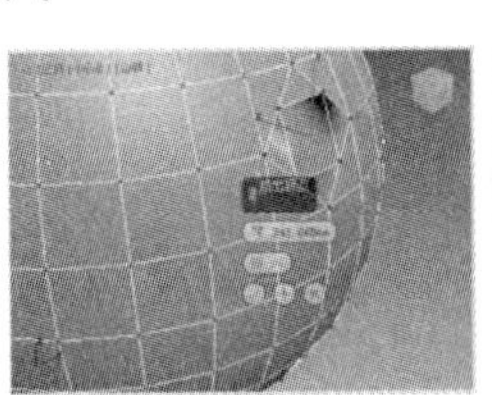
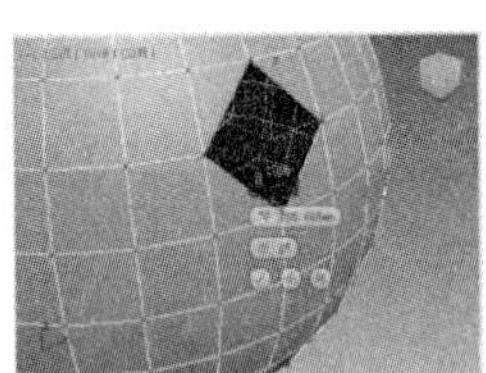

图 7-87　设置切角参数

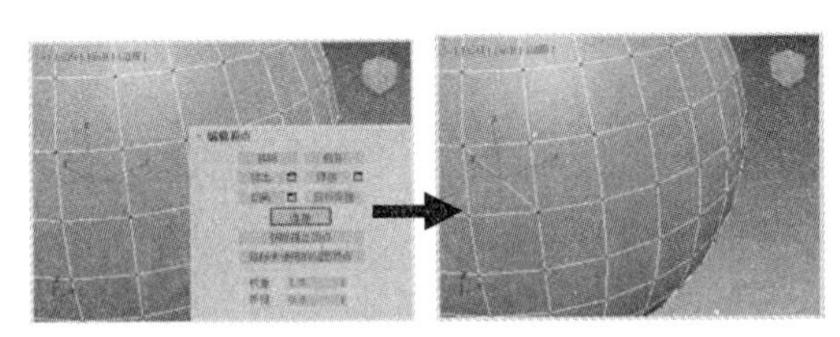

图 7-88　执行“连接”操作

(12) 在【编辑顶点】卷展栏中，底部的【权重】微调框用于设置所选顶点的权重。在【细分曲面】卷展栏中选中【使用 NURMS 细分】复选框后，便可通过调整【权重】微调框中的数值来调整顶点效果。

7.2.3　“边”子对象

在“边”子对象层级中，有些命令与“顶点”子对象层级中的命令类似(这里不再重复介绍)。边子对象可由两个顶点确定，而通过 3 条或 3 条以上的边可以组成一个平面。

在进入“边”子对象层级后，【修改】面板中将出现【编辑边】卷展栏(如图 7-89 所示)，它专用于编辑边子对象。

下面通过几个操作步骤，介绍【编辑边】卷展栏中主要选项的功能。

(1) 在场景中创建一个圆柱体对象，然后右击该对象，从弹出的快捷菜单中选择【转换为】|【转换为可编辑多边形】命令，将其转换为可编辑多边形。

(2) 选择【修改】面板，在【选择】卷展栏中单击【边】按钮，进入“边”子对象层级。在【编辑边】卷展栏中单击【插入顶点】按钮，可以手动对模型上的可视边界进行细分，然后在边界上单击，可以添加任意数量的顶点，如图 7-90 所示。

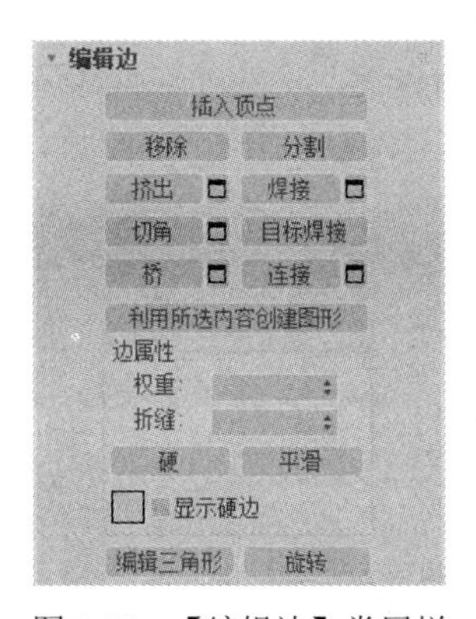

图 7-89　【编辑边】卷展栏

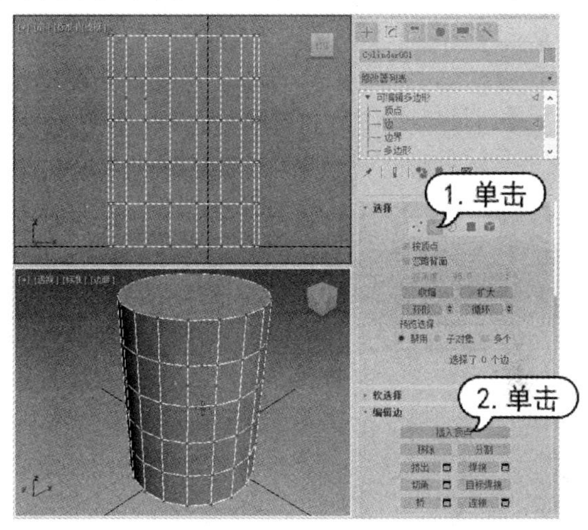

图 7-90　插入顶点

(3) 在选中模型上的边之后，单击【编辑边】卷展栏中的【移除】按钮，可以将选择的边移除，如图 7-91 所示。

(4) 如果在按住 Ctrl 键的同时单击【移除】按钮，将进入“顶点”子对象层级，此时就会发现被移除边的顶点也一同被移除了。

(5) 在【选择】卷展栏中单击【多边形】按钮，进入“多边形”子对象层级，选择图 7-92 左图所示的面，按下 Delete 键将其删除。

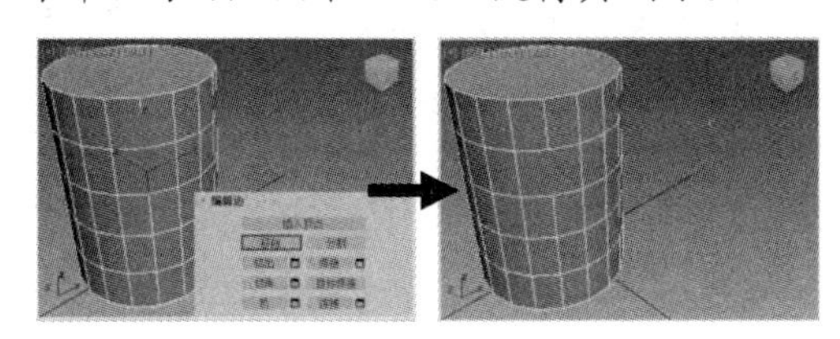

图 7-91　将选择的边移除

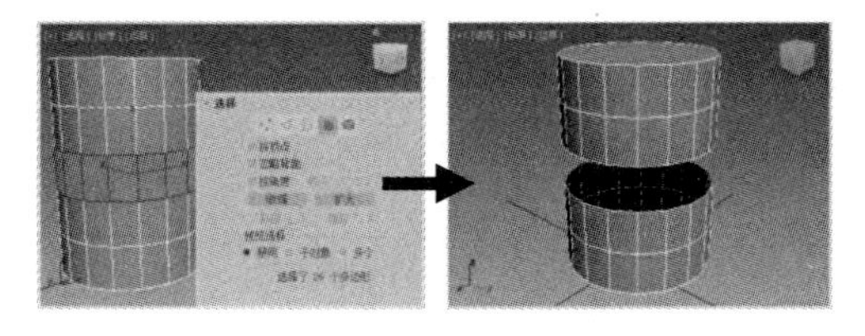

图 7-92　将选择的面删除

(6) 返回到“边”子对象层级，单击【编辑边】卷展栏中的【桥】按钮，可以创建新的多边形，从而连接对象中选定的边，如图 7-93 所示。

(7) 选中图 7-94 左图所示的边，然后单击【编辑边】卷展栏中的【连接】按钮，可以在所选边的中间位置创建一圈的边，如图 7-94 右图所示。

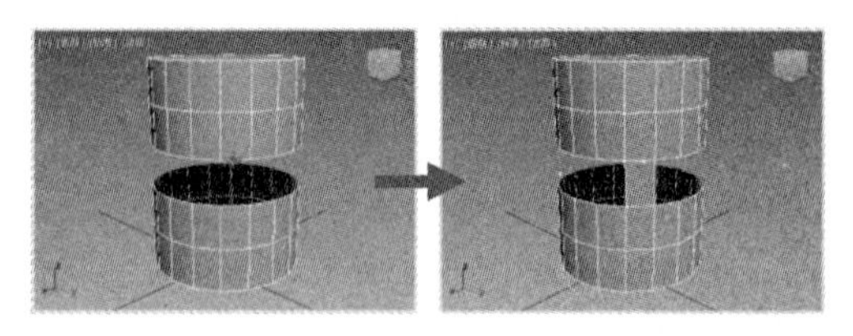

图 7-93　连接对象中选定的边

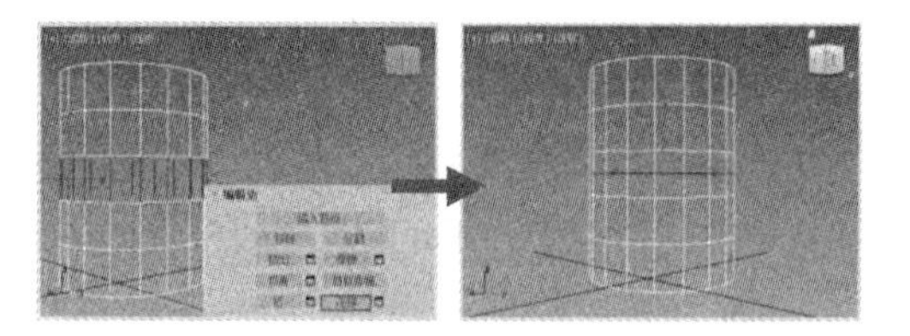

图 7-94　在所选边的中间位置创建一圈的边

(8) 单击【连接】按钮右侧的【设置】按钮，在打开的面板中可以设置【分段】、【收缩】和【滑块】参数，如图 7-95 所示。

(9) 单击【编辑边】卷展栏中的【利用所选内容创建图形】按钮，在打开的【创建图形】对话框中可以设置图形的名称和类型。如果选中【平滑】单选按钮，将生成平滑的样条线；如果选中【线性】单选按钮，生成的样条线的形状将与所选边的形状保持一致。单击【创建图形】对话框中的【确定】按钮，可将选择的边创建为样条线，如图 7-96 所示。

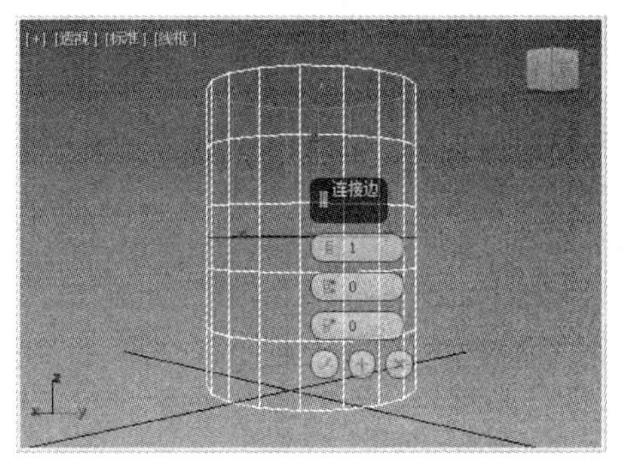

图 7-95　设置连接参数

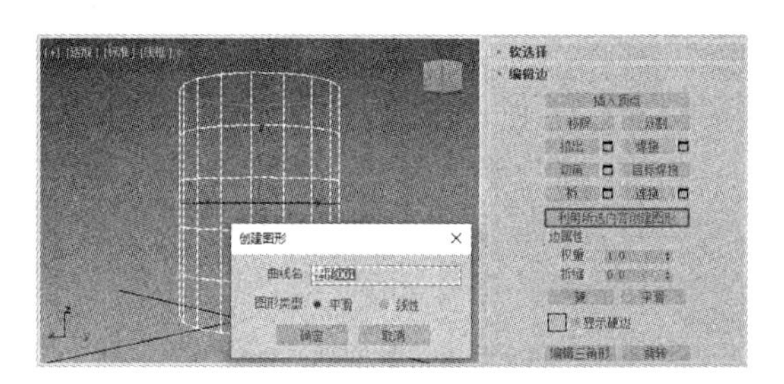

图 7-96　利用所选内容创建图形

(10) 单击【编辑边】卷展栏中的【编辑三角形】按钮，多边形内部隐藏的区域将以虚线的形式显示。此时，光标将显示为“+”形状，单击多边形的顶点并将其拖到对角的顶点位置，释放鼠标后，四边形内部的划分方式将会发生改变，如图 7-97 所示。

(11) 单击【编辑边】卷展栏中的【旋转】按钮，然后单击虚线形式的对角线，可以方便地改变多边形的细分方式。

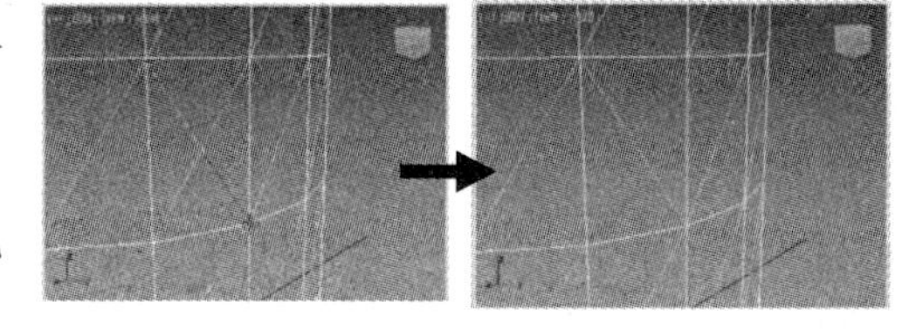

图 7-97　编辑三角形

7.2.4　“边界”子对象

“边界”是多边形对象开放的边，可以理解为孔洞的边缘。在边界子对象中，包含的命令参数与顶点子对象和边子对象相同(这里不再重复介绍)。

在【修改】面板的【选择】卷展栏中单击【边界】按钮，进入“边界”子对象层级后，【修改】面板中将出现【编辑边界】卷展栏(如图 7-98 所示)，它专用于编辑边界子对象。

例如，选择图 7-99 左图所示的边界，单击【编辑边界】卷展栏中的【封口】按钮，此时就会沿着边界子对象出现一个新的面，从而形成封闭的多边形对象，如图 7-99 右图所示。

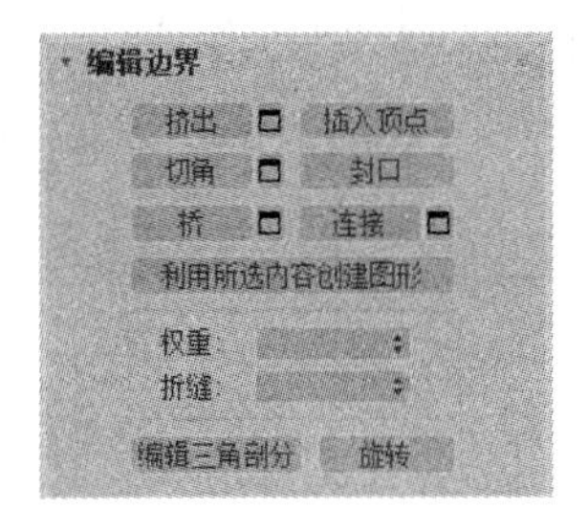

图 7-98　【编辑边界】卷展栏

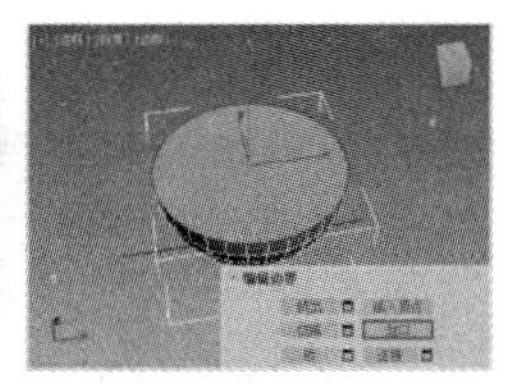

图 7-99　执行“封口”操作

“边界”子对象层级中的【桥】按钮相比“边”子对象层级中【桥】按钮的参数更多，因而可以设置更复杂的桥接效果。例如，选择图 7-100 左图所示的边界，然后在【编辑边界】卷展栏中单击【桥】按钮右侧的【设置】按钮，在显示的面板中可以设置更多的桥参数，如图 7-100 右图所示。

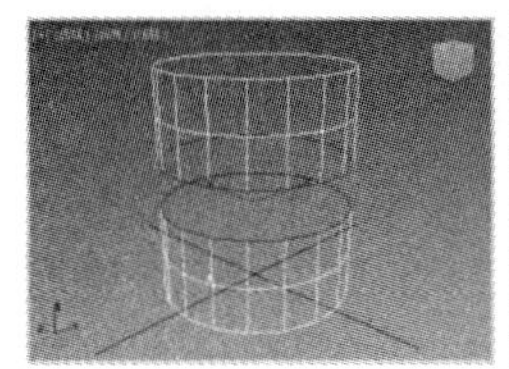
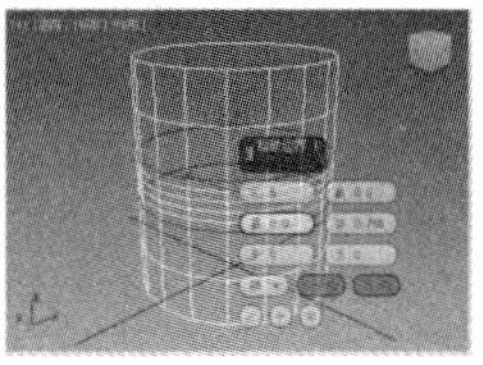

图 7-100　设置桥参数

7.2.5　“多边形”子对象和“元素”子对象

由于“多边形”子对象和“元素”子对象的编辑命令类似，因此下面将通过几个操作步骤，综合介绍这两种子对象的主要编辑命令。

(1) 在场景中创建一个平面对象，然后将其塌陷为可编辑多边形。

(2) 选择【修改】面板，在【选择】卷展栏中单击【多边形】按钮■，进入“多边形”子对象层级，在视图中选择图 7-101 左图所示的多边形对象。

(3) 单击【编辑多边形】卷展栏中的【挤出】按钮，将光标移至需要挤出的面上，然后拖动鼠标，即可执行“挤出”操作，如图 7-101 右图所示。

(4) 如果需要对挤出的面进行精确设置，可以在【编辑多边形】卷展栏中单击【挤出】按钮右侧的【设置】按钮■，在打开的面板中设置挤出高度■和挤出类型■，如图 7-102 所示。

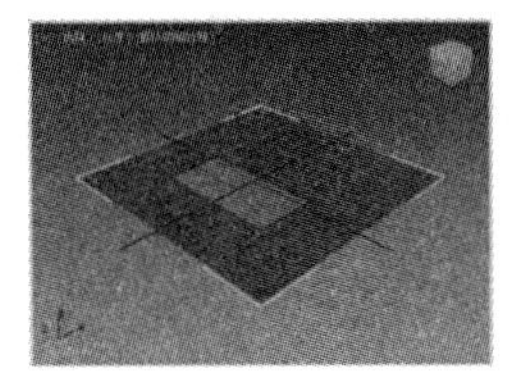
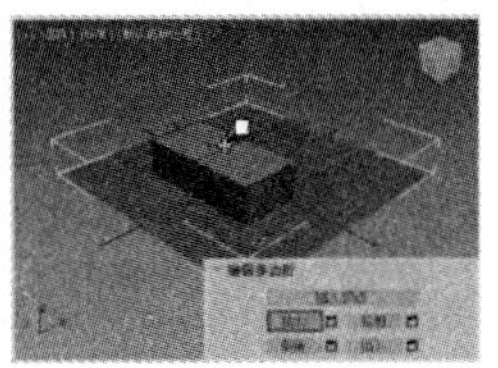

图 7-101　执行“挤出”操作

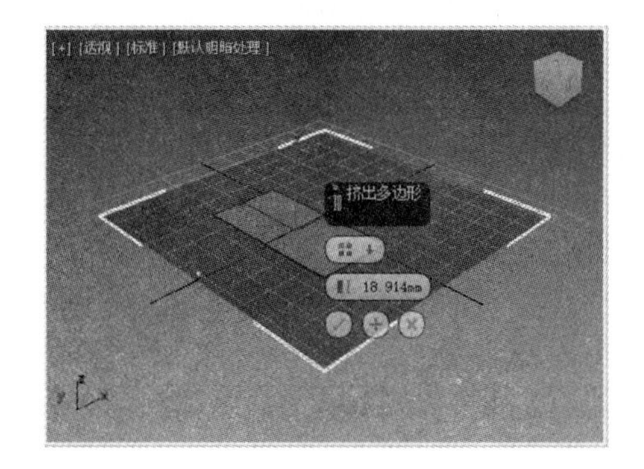

图 7-102　设置挤出高度和挤出类型

(5) 图 7-103 所示的挤出类型■中包括【组】【局部法线】和【按多边形】3 个选项。选择【组】选项后，将根据面选择集的平均法线方向挤出多边形；选择【局部法线】选项后，将沿着多边形

自身的法线方向挤出多边形；而选择【按多边形】选项后，每个多边形将被单独挤出。

(6) 单击【编辑多边形】卷展栏中的【轮廓】按钮，可以在视图中对选择的面执行调整轮廓的操作，如图 7-104 所示。

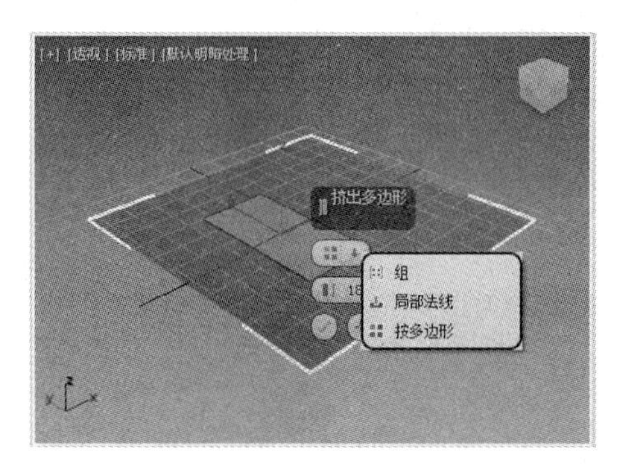

图 7-103　选择挤出类型

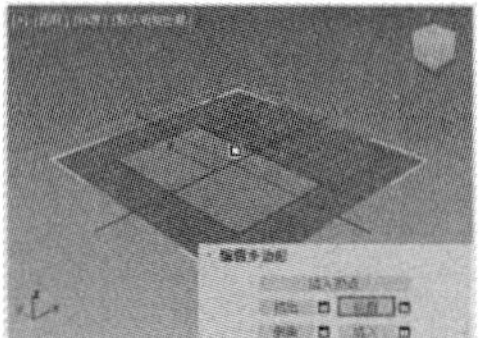

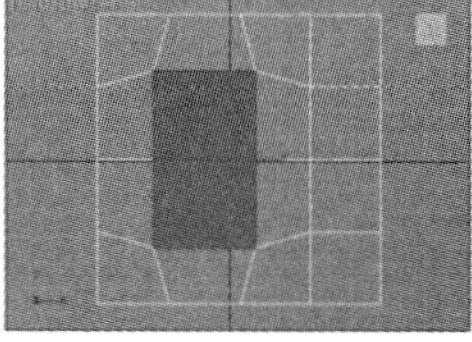

图 7-104　对选择的面调整轮廓

(7) 单击【编辑多边形】卷展栏中【倒角】按钮右侧的【设置】按钮▢，在打开的面板中可以对选择的多边形进行挤出和轮廓处理，如图 7-105 所示。

(8) 【编辑多边形】卷展栏中的【从边旋转】按钮是一种比较特殊的工具，单击该按钮右侧的【设置】按钮▢，在显示的面板中可以指定多边形的一条边作为旋转轴(单击▢按钮可选择旋转轴)，从而使选择的多边形沿着旋转轴旋转并产生新的多边形，如图 7-106 所示。

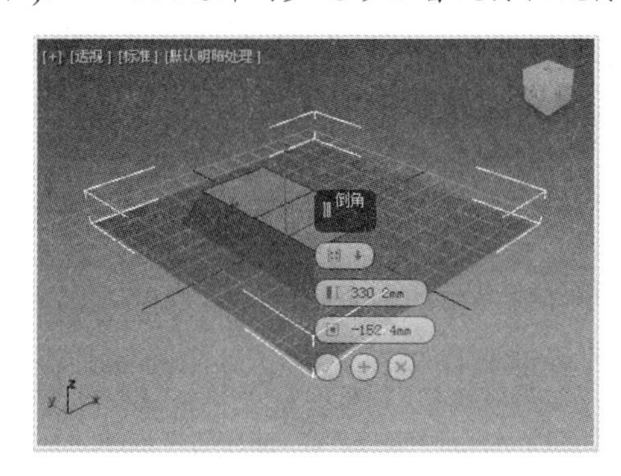

图 7-105　进行挤出和轮廓处理

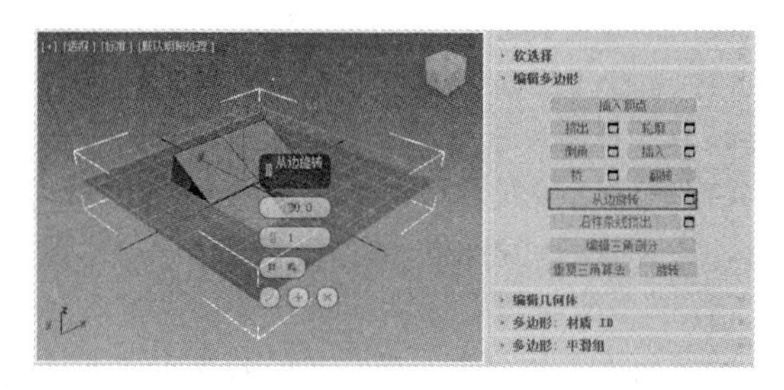

图 7-106　指定多边形的一条边作为旋转轴

(9) 单击【编辑多边形】卷展栏中的【沿样条线挤出】按钮右侧的【设置】按钮▢，在显示的面板中可以指定多边形面沿样条线精确挤出，如图 7-107 所示。

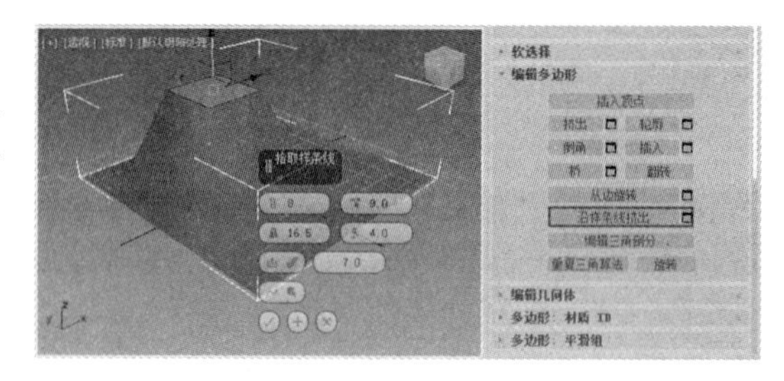

图 7-107　设置精确挤出

7.3 “石墨”建模工具

“石墨”建模工具包含【建模】【自由形式】【选择】【对象绘制】和【填充】5 个选项卡，其中每个选项卡都包含许多工具。默认情况下，“石墨”建模工具的工具栏会自动出现在 3ds Max 的工作界面中，且位于主工具栏的下方(如图 7-108 所示)。“石墨”建模工具有 3 种不同的显示状态，单击选项卡右侧的下拉按钮，在弹出的下拉列表中可以选择相应的显示状态。

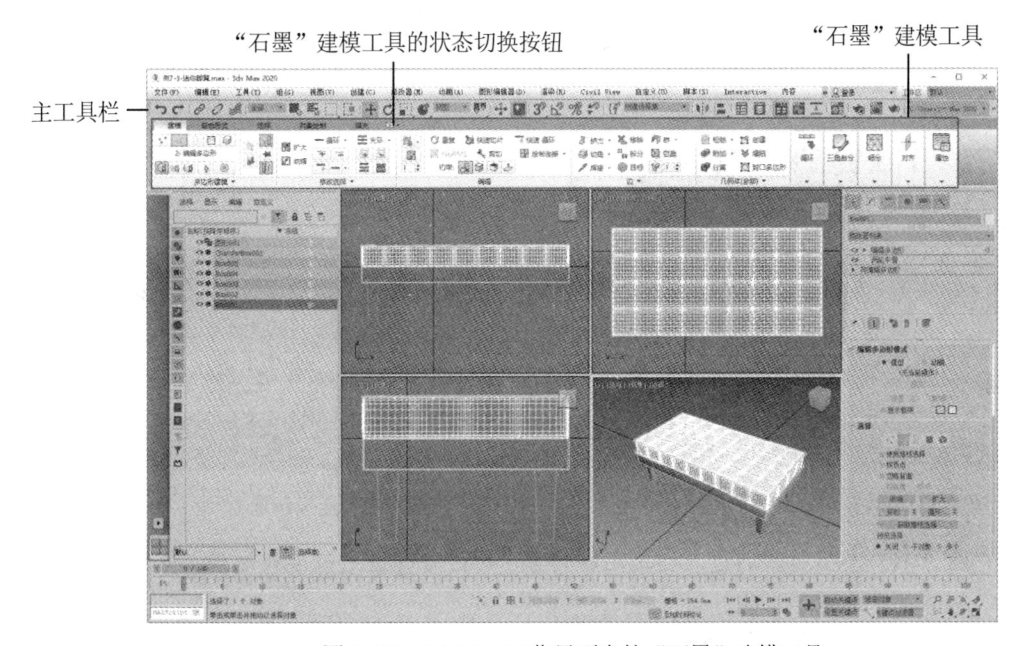

图 7-108　3ds Max 工作界面中的“石墨”建模工具

下面通过一个简单的实例，帮助用户对“石墨”建模工具建立初步的印象。

【例 7-3】 使用“石墨”建模工具制作脚凳模型。 视频

(1) 在【创建】面板的【几何体】选项卡中单击【长方体】工具按钮，在顶视图中创建一个长方体，在【参数】卷展栏中设置其【长度】为 150 mm、【宽度】为 300 mm、【高度】为 30 mm、【长度分段】为 4、【宽度分段】为 9。

(2) 选中场景中的长方体，右击鼠标，从弹出的快捷菜单中选择【转换为】|【转换为可编辑多边形】命令，将长方体塌陷为可编辑多边形，然后在“石墨”建模工具的【建模】选项卡中单击【边缘】按钮，进入“边”子对象层级，如图 7-109 所示。

(3) 在【建模】选项卡的【修改选择】面板中单击【环模式】按钮，在视图中单击图 7-110 所示的边。此时，系统会自动选择与所选的边呈环形的那些边。

(4) 按住 Ctrl 键选择图 7-111 所示的边。

(5) 在【循环】面板中单击【连接】下拉按钮，从弹出的下拉列表中选择【连接设置】选项，在显示的面板中设置【分段】为 2、【收缩】为 60，如图 7-112 所示。

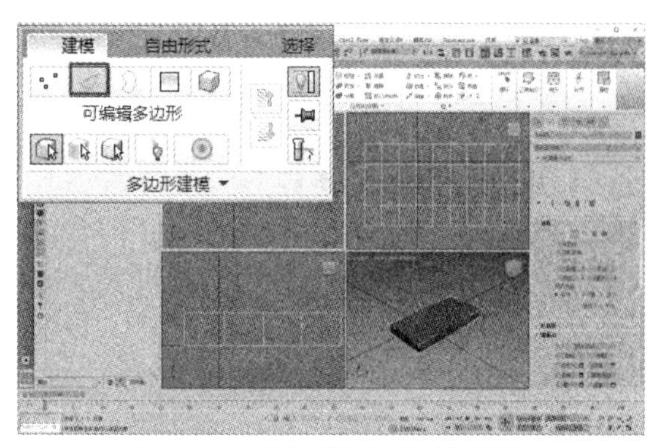

图 7-109 进入“边”子对象层级

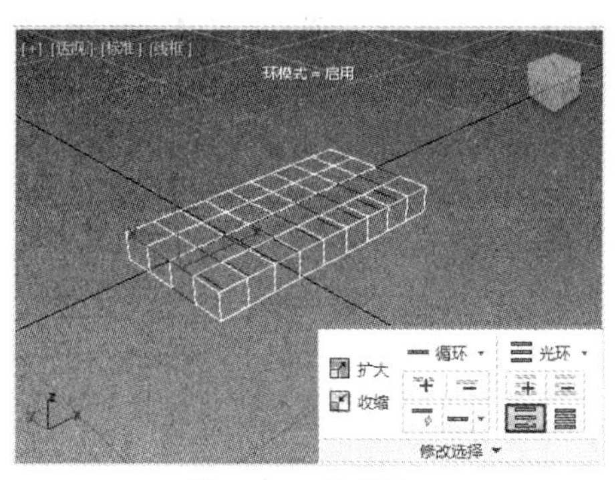

图 7-110 选择边

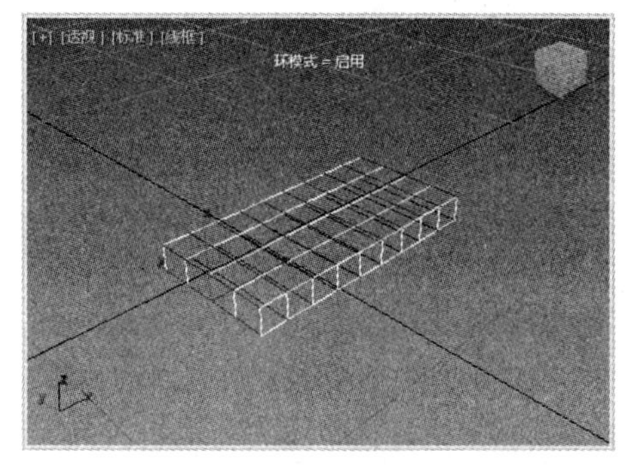

图 7-111 按住 Ctrl 键选择边

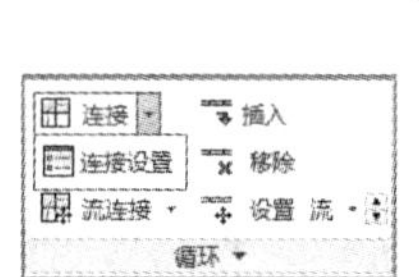

图 7-112 连接设置

(6) 选中图 7-113 左图所示的边，使用同样的方法对选中的边进行连接处理，如图 7-113 右图所示。

(7) 在“石墨”建模工具的【建模】选项卡中单击【顶点】按钮，进入“顶点”子对象层级。按住 Ctrl 键选中图 7-114 所示的顶点。

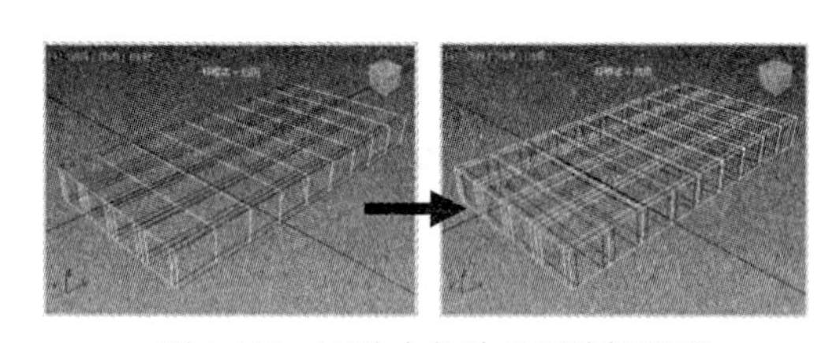

图 7-113 对选中的边进行连接处理

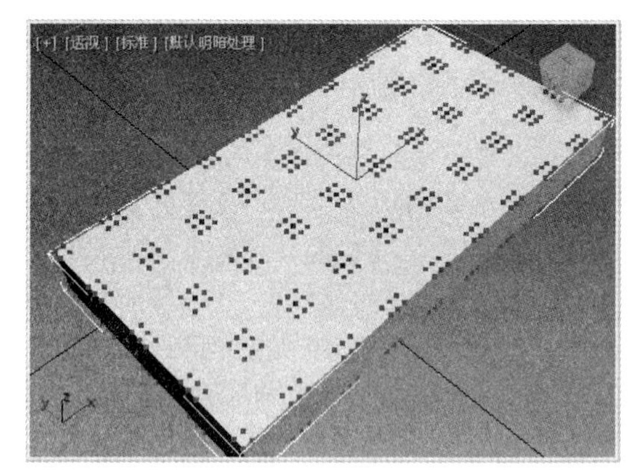

图 7-114 选中顶点

(8) 在【顶点】面板中单击【顶点】下拉按钮，从弹出的下拉列表中选择【切角设置】选项，在显示的面板中设置【切角量】为 2，如图 7-115 所示。

(9) 按下 W 键执行【选择并移动】命令，将选中的顶点沿 Z 轴向下移动，如图 7-116 所示。

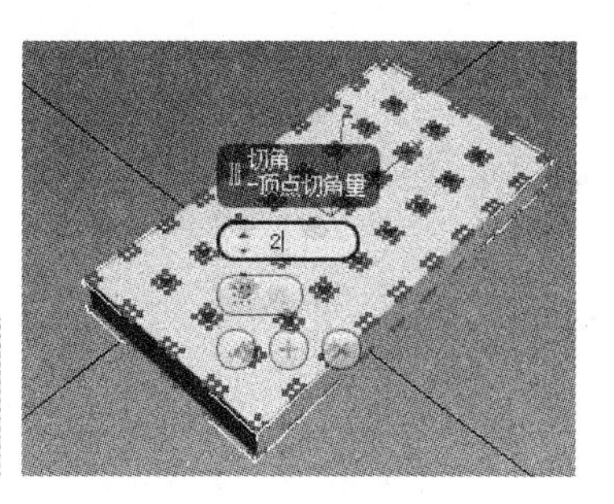

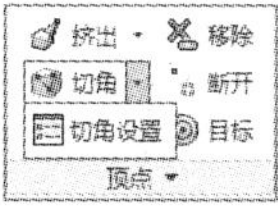

图 7-115 设置切角量

图 7-116　将顶点沿 Z 轴向下移动

(10) 在“石墨”建模工具的【建模】选项卡中单击【边缘】按钮，进入“边”子对象层级。按住 Ctrl 键选中图 7-117 左图所示的边，然后按下 W 键，使用【选择并移动】命令将选中的边沿 Z 轴向下移动，如图 7-117 右图所示。

(11) 选中图 7-118 所示的边，进入【边】面板，单击【边】面板中的【切角】下拉按钮，从弹出的下拉列表中选择【切角设置】选项。

图 7-117　将选中的边沿 Z 轴向下移动

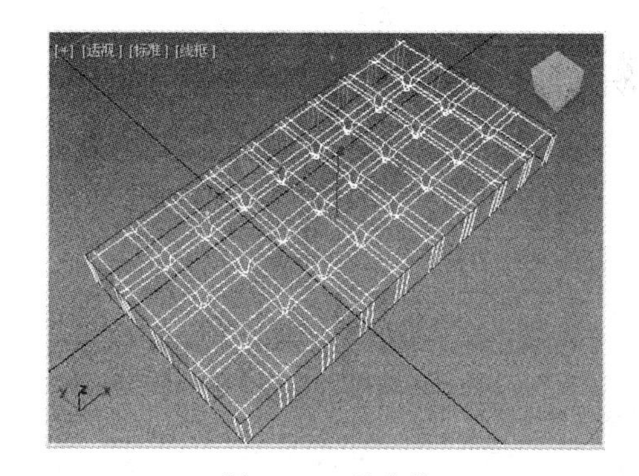

图 7-118　选中边

(12) 在显示的面板中设置【边切角量】为 1 mm、【连接分段】为 2，然后单击【确认】按钮，如图 7-119 所示。

(13) 选中图 7-120 左图所示的边，使用同样的方法进行切角处理，如图 7-120 右图所示。

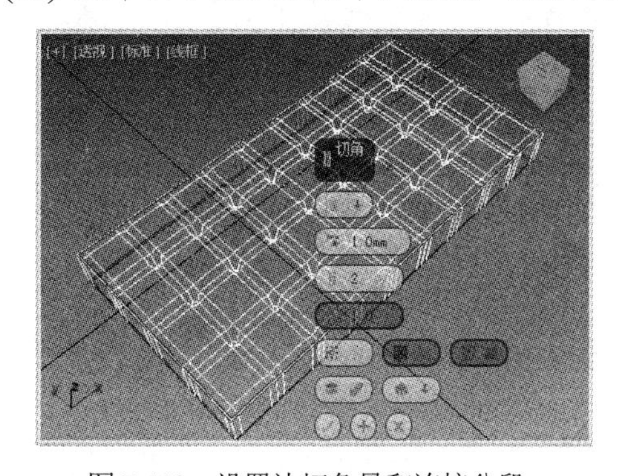

图 7-119　设置边切角量和连接分段

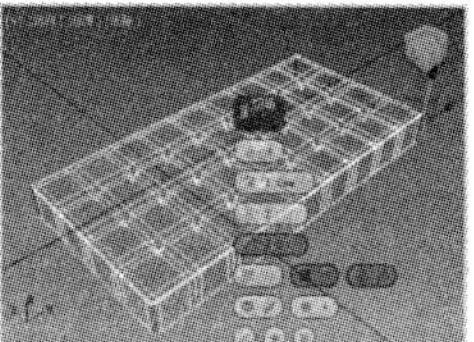

图 7-120　执行“切角”操作

(14) 选中图 7-121 所示的边，在【边】面板中单击【利用所选内容创建图形】按钮。

(15) 打开【创建图形】对话框，选中【平滑】单选按钮，然后单击【确定】按钮，如图 7-122 所示。

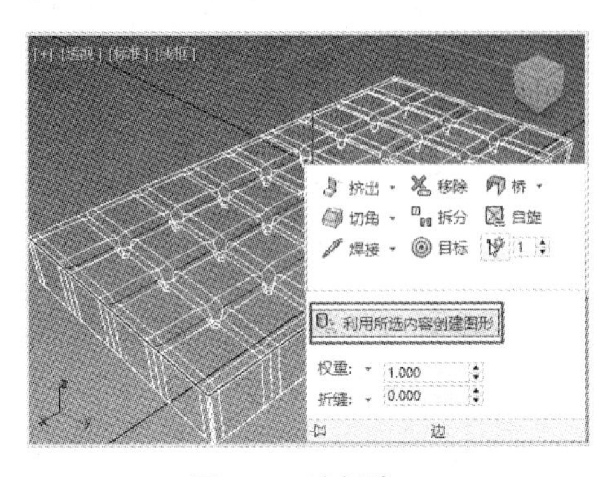

图 7-121 选择边

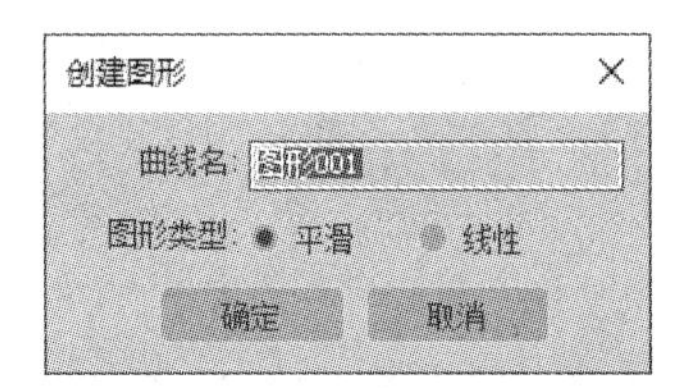

图 7-122 【创建图形】对话框

(16) 选择上一步操作中选中的样条线，在【修改】面板的【渲染】卷展栏中选中【在渲染中启用】和【在视口中启用】复选框，激活【径向】选项组，设置【厚度】为 1 mm，如图 7-123 所示。

(17) 选中视图中的长方体，单击【修改器列表】下拉按钮，从弹出的下拉列表中选择【涡轮平滑】选项，添加“涡轮平滑”修改器，在【涡轮平滑】卷展栏中设置【迭代次数】为 2，如图 7-124 所示。

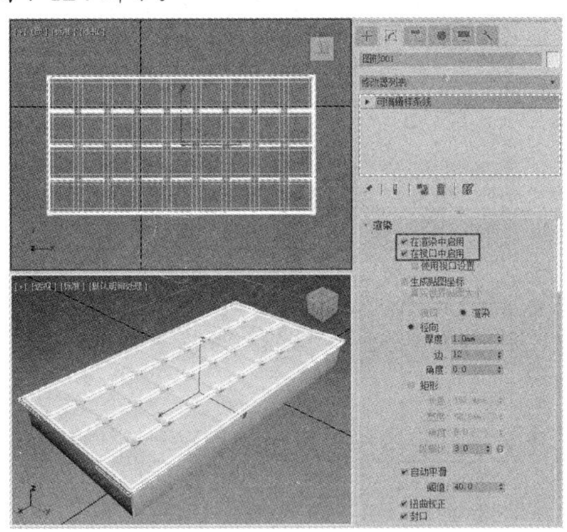

图 7-123 设置【渲染】卷展栏

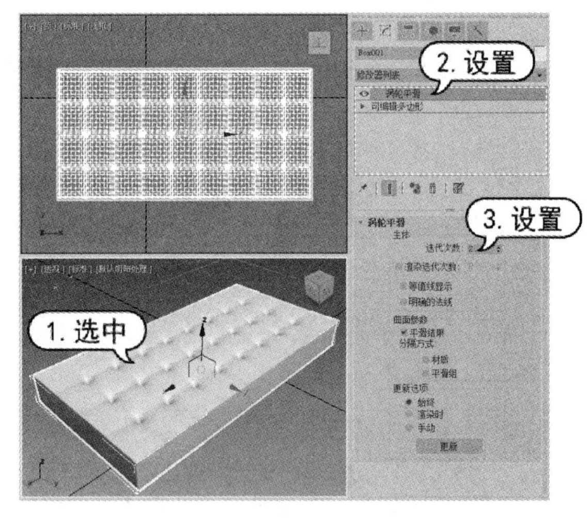

图 7-124 设置“涡轮平滑”修改器参数

(18) 在顶视图中创建一个长度为 150 mm、宽度为 300 mm、高度为 25 mm、圆角为 1 mm 的切角长方体，然后使用【选择并移动】命令调整其位置，如图 7-125 所示。

(19) 创建一个长度为 16 mm、宽度为 16 mm、高度为 50 mm 的长方体，然后调整其位置。

(20) 将上一步操作中创建的长方体转换为可编辑多边形，然后在【选择】卷展栏中单击【顶点】按钮，进入“顶点”子对象层级，选择图 7-126 所示的顶点进行缩放。

(21) 在【选择】卷展栏中单击【边】按钮，进入“边”子对象层级，选择图 7-127 所示的边，对其进行切角处理，设置【边切角量】为 0.5 mm、【连接分段】为 4。

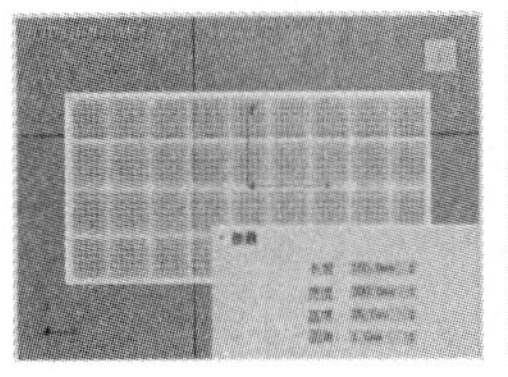

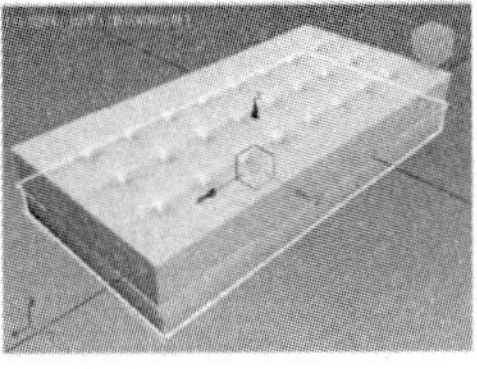

图 7-125　创建切角长方体

图 7-126　选择顶点并进行缩放

(22) 将设置好的长方体复制 3 个并调整它们的位置，最终效果如图 7-128 所示。

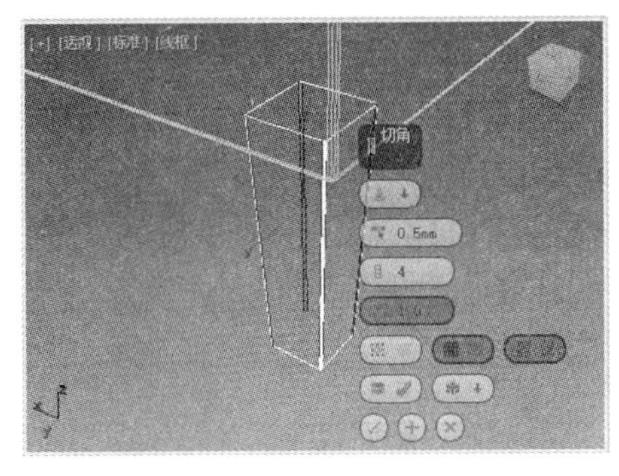

图 7-127　选择边并进行切角处理

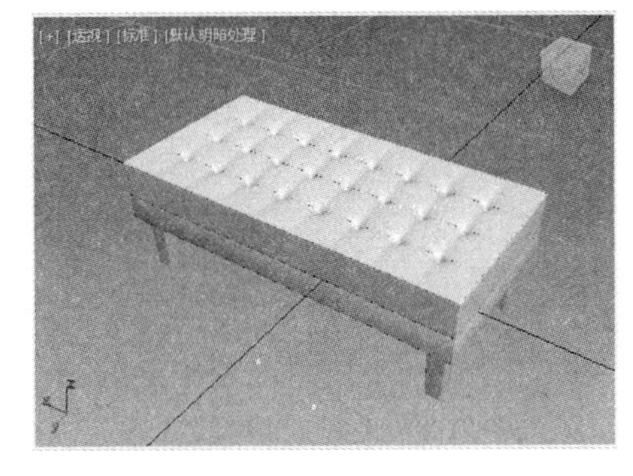

图 7-128　脚凳模型

在“石墨”建模工具中，各选项卡中主要选项的功能说明如下(【建模】选项卡中的选项比较常用，下面将重点进行介绍)。

1. 【建模】选项卡

【建模】选项卡中包含了多边形建模的大部分常用工具，它们被分在若干不同的面板中。

1) 【多边形建模】面板如图 7-129 左图所示。

- 【顶点】按钮：进入多边形的“顶点”子对象层级，在该层级可以选择对象的顶点。
- 【边缘】按钮：进入多边形的“边”子对象层级，在该层级可以选择对象的边。
- 【边界】按钮：进入多边形的“边界”子对象层级，在该层级可以选择对象的边界。
- 【多边形】按钮：进入多边形的“多边形”子对象层级，在该层级可以选择对象中的多边形。
- 【元素】按钮：进入多边形的“元素”子对象层级，在该层级可以选择对象的元素。
- 【切换命令面板】按钮：用于控制命令面板的可见性。
- 【锁定堆栈】按钮：将修改器堆栈和【建模工具】控件锁定到当前选定的对象。
- 【显示最终结果】按钮：在修改器堆栈中显示所有修改完毕后出现的选定对象。
- 【下一个修改器】按钮/【上一个修改器】按钮：通过上移或下移堆栈，相应地使次高或低修改器成为当前修改器。
- 【预览关闭】按钮：关闭预览功能。
- 【预览子对象】按钮：开启预览子对象功能。
- 【预览多个】按钮：开启预览多个对象的功能。
- 【忽略背面】按钮：忽略对背面对象的选择。
- 【使用软选择】按钮：用于在软选择和【软选择】面板之间切换。

单击【多边形建模】面板右下角的倒三角按钮▼，将显示如图 7-129 右图所示的扩展面板，其中各个选项的功能说明如下。

- 【塌陷堆叠】按钮：将选定对象的整个堆栈塌陷为可编辑多边形。
- 【转换为多边形】按钮：将对象转换为可编辑多边形并进入“修改”模式。
- 【应用编辑多边形模式】按钮：为对象加载“编辑多边形”修改器并切换到“修改”模式。
- 【生成拓扑】按钮：单击后将打开图 7-130 左图所示的【拓扑】对话框。
- 【对称工具】按钮：单击后将打开图 7-130 右图所示的【对称工具】对话框。

图 7-129 【多边形建模】面板

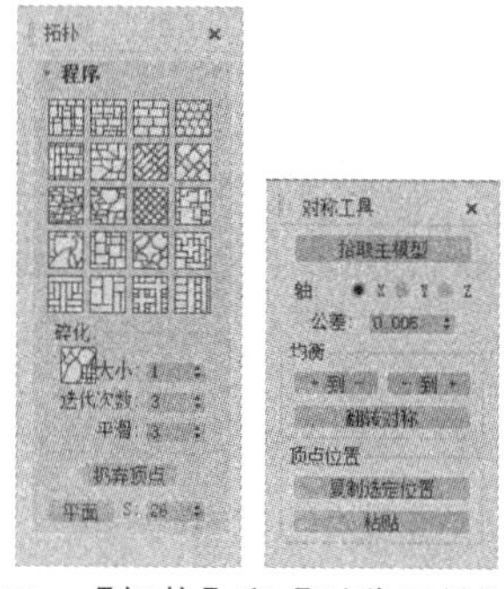

图 7-130 【拓扑】和【对称工具】对话框

- 【完全交互】复选框：选中后，就会切换【快速切片】工具和【切割】工具的反馈层级以及所有的设置对话框。

2) 【修改选择】面板如图 7-131 左图所示。

- 【扩大】按钮：向所有可用方向的外侧扩展选择区域。
- 【收缩】按钮：通过取消选择最外部的子对象来缩小子对象的选择区域。
- 【循环】下拉按钮：根据当前选中的子对象选择一个或多个循环。
- 【增长循环】按钮：根据当前选中的子对象增长循环。
- 【收缩循环】按钮：通过从末端移除子对象来减小选定循环的范围。
- 【循环模式】按钮：在选择子对象时自动选择关联循环。
- 【点循环】按钮：选择有间距的循环。
- 【光环】下拉按钮：根据当前选中的子对象选择一个或多个边环。
- 【增长环】按钮：分步扩大一个或多个边环，只能用在“边”和“边界”子对象层级中。
- 【收缩环】按钮：通过从末端移除边来减小选定边环的范围，不适用于圆形环，只能用在“边”和“边界”子对象层级中。
- 【环模式】按钮：激活该按钮后，系统会自动选择边环。
- 【点环】按钮：基于当前选择，选择有间距的边环。

单击【修改选择】面板右下角的倒三角按钮▼，将显示如图 7-131 右图所示的扩展面板，其中各个选项的功能说明如下。

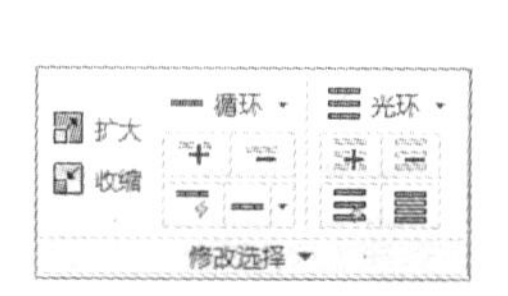

图 7-131 【修改选择】面板

- 【轮廓】按钮：选择当前子对象的边界，并取消其余部分。
- 【相似】按钮：根据选定子对象的特性来选择其他类似的元素。
- 【填充】按钮：选择两个选定子对象之间的所有子对象。
- 【填充孔洞】按钮：选中由“轮廓选择”和“轮廓内的独立选择”指定的闭合区域内的所有子对象。
- 【步长循环】按钮：在同一循环的两个选定子对象之间选择循环。
- 【步模式】按钮：使用“步模式”来分布选择的循环，并通过选择各个子对象来增加循环的长度。
- 【点间距】微调框：指定用“点循环”选择的循环中子对象之间的间距范围，或指定用“点环”选择的环中边之间的间距范围。

3) 【编辑】面板如图 7-132 所示。

- 【保持 UV】按钮：激活该按钮后，可以编辑子对象，而不影响对象的 UV 贴图。
- 【扭曲】按钮：激活该按钮后，可以扭曲 UV。
- 【重复】按钮：重复最近使用的命令。
- 【快速切片】按钮：可以将对象快速切片(右击鼠标可以停止切片操作)。
- 【快速 循环】按钮：可通过单击该按钮来放置边循环(按住 Shift 键单击可以插入边循环，并调整新循环以匹配曲面流)。
- NURMS 按钮：通过 NURMS 方法应用平滑并打开【使用 NURMS】面板。
- 【剪切】按钮：用于创建从一个多边形到另一个多边形的边，或在多边形内创建边。
- 【绘制连接】按钮：激活该按钮后，便可以交互方式绘制边和顶点之间的连接线。
- 【约束】选项组：可以使用现有的几何体来约束子对象的变换，其中包括【约束到无】、【约束到边】、【约束到面】和【约束到法线】4 个按钮。

4) 【几何体(全部)】面板如图 7-133 所示。

图 7-132　【编辑】面板

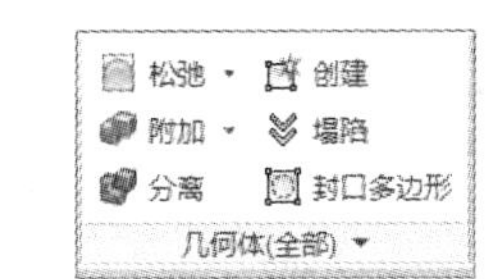

图 7-133　【几何体(全部)】面板

- 【松弛】按钮：用于将松弛效果应用于当前选定的对象。
- 【创建】按钮：创建新的几何体。
- 【附加】按钮：用于将场景中的其他对象附加到选定的多边形对象。
- 【塌陷】按钮：可通过将子对象的顶点与选择中心的顶点焊接起来，使连续选定的子对象组产生塌陷效果。
- 【分离】按钮：将选定的子对象以及附加到选定子对象的多边形作为单独的对象或元素分离出来。
- 【封口多边形】按钮：从顶点或边选择创建一个多边形并选择该多边形(仅在“边”和“边界”子对象层级中可用)。

单击【几何体(全部)】面板右下角的倒三角按钮▼，将显示如图 7-134 左图所示的扩展面板，其中各个选项的功能说明如下。

- 【四边形化全部】下拉按钮：单击后，弹出的下拉列表中将显示一组用于将三角形转换为四边形的工具，如图 7-134 右图所示。

图 7-134 【几何体(全部)】面板的扩展面板

▽ 【切片平面】按钮：为切片平面创建 Gizmo，可通过定位和旋转 Gizmo 来指定切片位置。

5) 各种子对象面板。在不同的子对象层级中，子对象面板的显示状态各不相同，图 7-135 分别显示了【顶点】【边】【边界】【多边形】和【元素】层级下的子对象面板。

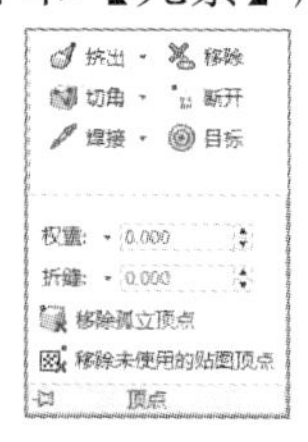
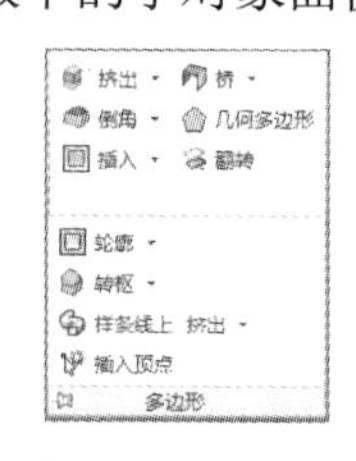
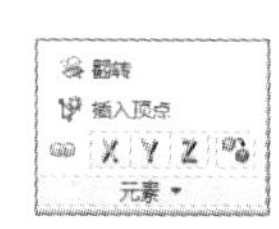

图 7-135 子对象面板

6) 【循环】面板。【循环】面板中的工具和参数主要用于处理边循环，如图 7-136 左图所示。

▽ 【连接】按钮：在选中的对象之间创建新边。

▽ 【距离连接】按钮：在跨越一定距离和其他拓扑的顶点和边之间创建边循环。

▽ 【流连接】按钮：跨越一个或多个边循环来连接选定的边。

▽ 【插入】按钮：根据当前的子对象选择创建一个或多个边循环。

▽ 【移除】按钮：移除当前子对象层级中的循环，并自动删除所有剩余顶点。

▽ 【设置流】按钮：调整选定的边以适合周围网格的图形。

单击【循环】面板右下角的倒三角按钮▼，将显示如图 7-136 右图所示的扩展面板，其中各个选项的功能说明如下。

▽ 【构建末端】按钮：根据选择的顶点或边来构建四边形。

▽ 【构建角点】按钮：根据选择的顶点或边来构建四边形的角点，以翻转边循环。

▽ 【循环工具】按钮：单击后将打开【循环工具】对话框，其中包含用于调整循环的相关工具。

▽ 【随机连接】按钮：连接选定的边，并随机定位创建的边。

▽ 【设置流速度】微调框：调整选定边的流速度。

7) 【细分】面板。【细分】面板中的工具可以用来增加网格的数量，如图 7-137 所示。

▽ 【网格平滑】按钮：对对象进行网格平滑处理。

▽ 【细化】按钮：对所有多边形执行细化操作。

▽ 【使用置换】按钮：单击后将打开【置换】面板，从中可以指定细分网格的方式。

8) 【三角剖分】面板。【三角剖分】面板中提供了一些用于将多边形细分为三角形的工具，如图 7-138 所示。

▽ 【编辑】按钮：在修改内边或对角线时，将多边形细分为三角形。

▽ 【旋转】按钮：可通过单击对角线，将多边形细分为三角形。

- 【重复三角算法】按钮：对当前选定的多边形自动执行最佳的三角剖分操作。

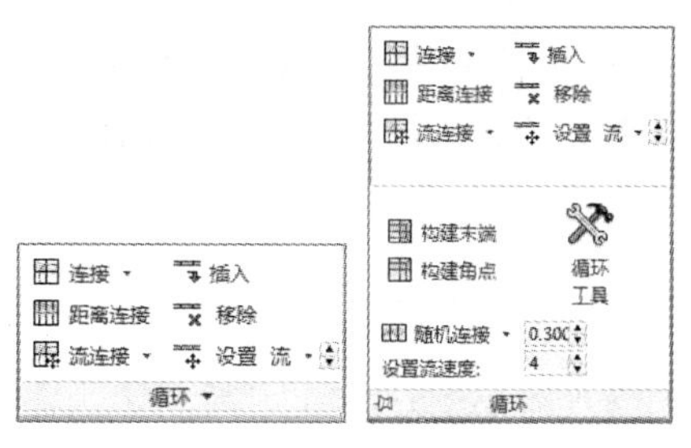

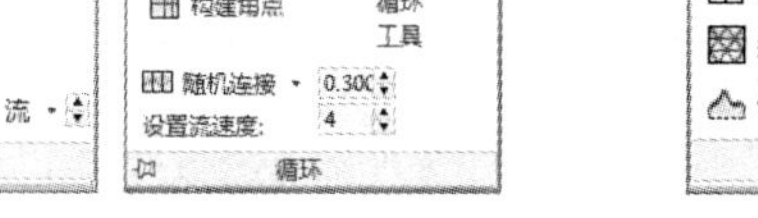

图 7-136　【循环】面板

图 7-137　【细分】面板

图 7-138　【三角剖分】面板

9) 【对齐】面板。【对齐】面板中的工具可以用在对象层级及所有子对象层级中，主要用于选择对象的对齐方式，如图 7-139 所示。

- 【生成平面】按钮：强制所有选定的子对象成为共面。
- 【到视图】按钮：使选定对象的所有顶点与活动视图所在的平面对齐。
- 【到栅格】按钮：使选定对象的所有顶点与活动栅格所在的平面对齐。
- X/Y/Z 按钮：平面化选定的所有子对象，并使平面与对象的局部坐标系中的相应平面对齐。

10) 【可见性】面板。【可见性】面板中的工具可以隐藏和取消隐藏选定的子对象，如图 7-140 所示。

- 【隐藏选定对象】按钮：隐藏当前选定的子对象。
- 【隐藏未选定对象】按钮：隐藏未选定的子对象。
- 【全部取消隐藏】按钮：将隐藏的子对象重新显示出来。

11) 【属性】面板。【属性】面板中的工具用于调整网格平滑效果、顶点颜色和材质 ID，如图 7-141 左图所示。

- 【硬】按钮：对整个对象禁用平滑。
- 【平滑】按钮：对整个对象启用平滑。
- 【平滑 30】按钮：对整个对象启用适度平滑。

单击【属性】面板右下角的倒三角按钮▼，将显示如图 7-141 右图所示的扩展面板，其中各个选项的功能说明如下。

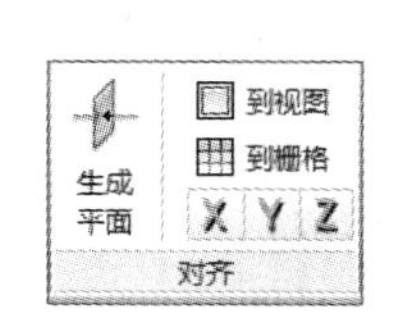

图 7-139　【对齐】面板

图 7-140　【可见性】面板

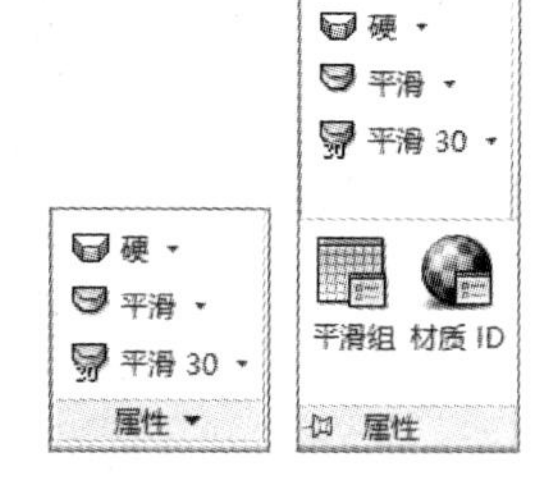

图 7-141　【属性】面板

- 【平滑组】按钮：单击后，将打开用于处理平滑组的对话框。
- 【材质 ID】按钮：单击后，将打开用于设置材质 ID 的对话框。

2. 【自由形式】选项卡

【自由形式】选项卡提供了一些用于在视图中通过“绘制”方式创建和修改多边形几何体的工具。【自由形式】选项卡中包含【多边形绘制】【绘制变形】和【默认】3 个面板，如图 7-142 所示。

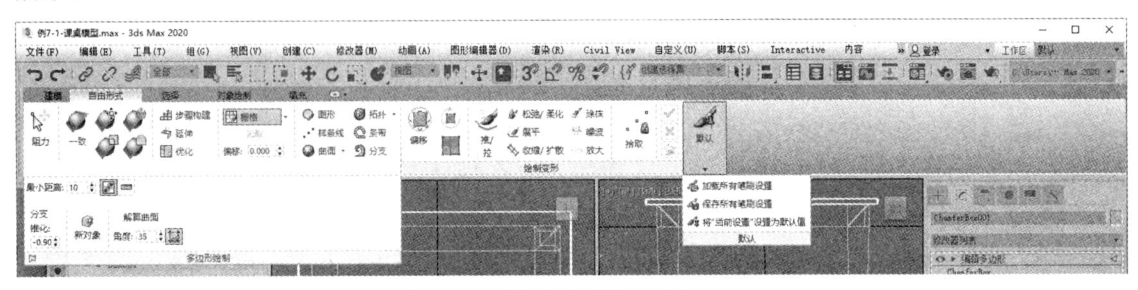

图 7-142　【自由形式】选项卡

3. 【选择】选项卡

【选择】选项卡提供了专门用于子对象选择的各种工具，如图 7-143 所示。例如，可以选择凹面或凸面区域、朝向视图的子对象或某一方向的顶点等。

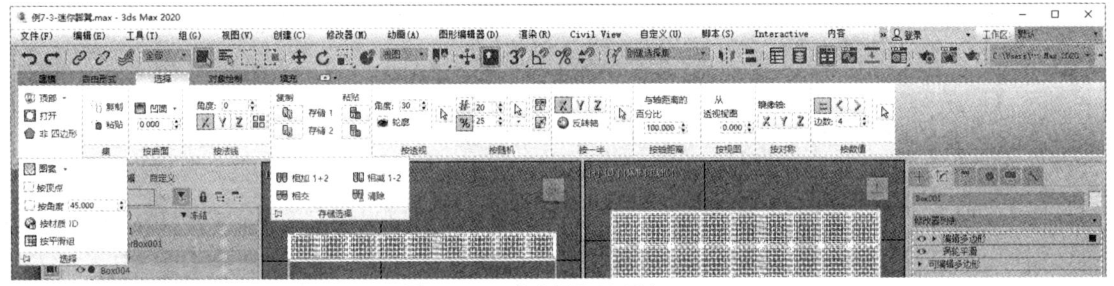

图 7-143　【选择】选项卡

4. 【对象绘制】选项卡

通过【对象绘制】选项卡中的工具，用户既可以在场景中的任何位置或特定的对象曲面上徒手绘制对象，也可以用绘制的对象“填充”选定的边。【对象绘制】选项卡中包含【绘制对象】和【笔刷设置】两个面板，如图 7-144 所示。

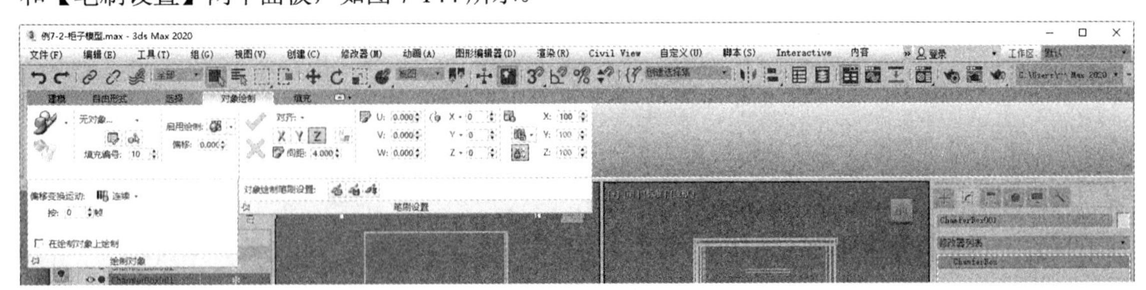

图 7-144　【对象绘制】选项卡

5. 【填充】选项卡

利用【填充】选项卡(如图 7-145 所示)，用户可以快速向场景中添加设置了动画的角色。

这些角色可以沿着“路径”或“流”运动，其他角色则可以在空闲区域内闲逛或者坐在座位上。“流”可以是简单的，也可以是复杂的，一切取决于用户的要求，并且“流”可以包括小幅度的上倾和下倾(在制作建筑漫游动画时，可以添加一些随机的动画人群)。

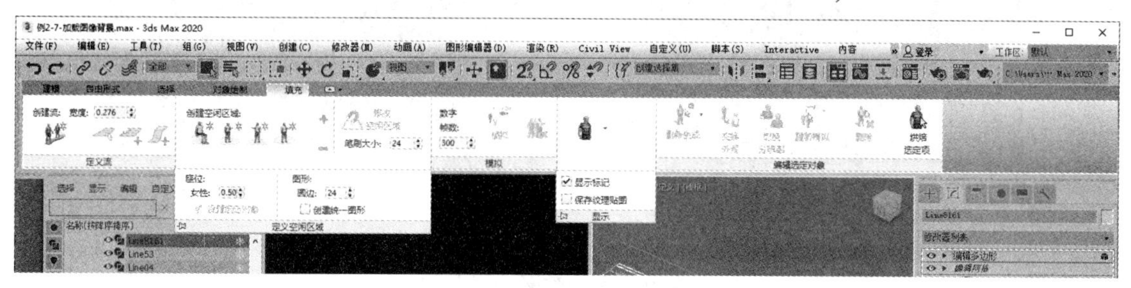

图 7-145　【填充】选项卡

7.4　实例演练

本章重点介绍了多边形建模中的一些常用命令和技巧。下面通过实例操作，帮助用户进一步巩固所学的知识。

【例 7-4】 使用 3ds Max 制作铅笔模型。 视频

(1) 在视图中创建一个【半径】为 7 mm、【高度】为 320 mm、【高度分段】为 1、【端面分段】为 1、【边数】为 7 的圆柱体对象，如图 7-146 所示。

(2) 选中创建的圆柱体对象，选择【修改】面板，单击【修改器列表】下拉按钮，从弹出的下拉列表中选择【编辑多边形】选项。

(3) 在【选择】卷展栏中单击【多边形】按钮，选中图 7-147 所示的多边形。

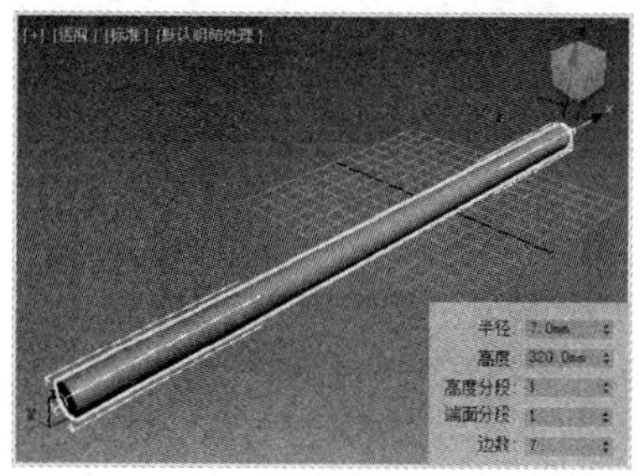

图 7-146　创建圆柱体

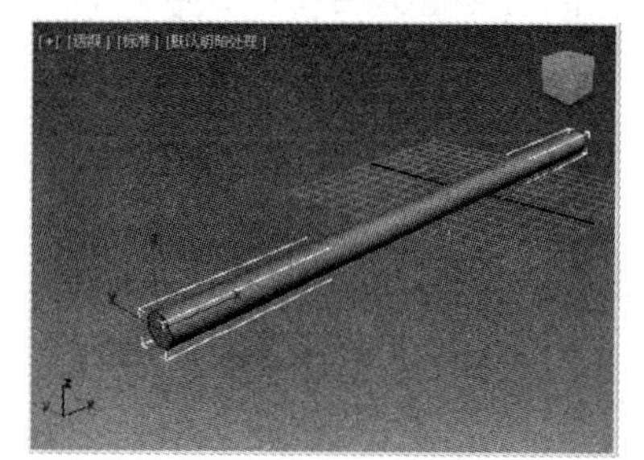

图 7-147　选中多边形

(4) 单击【编辑多边形】卷展栏中【倒角】按钮右侧的【设置】按钮，在显示的面板中设置【高度】为 20 mm、【轮廓】为-4 mm，如图 7-148 所示。

(5) 再次单击【倒角】按钮右侧的【设置】按钮，在显示的面板中设置【高度】为 6 mm、【轮廓】为-2 mm，如图 7-149 所示。

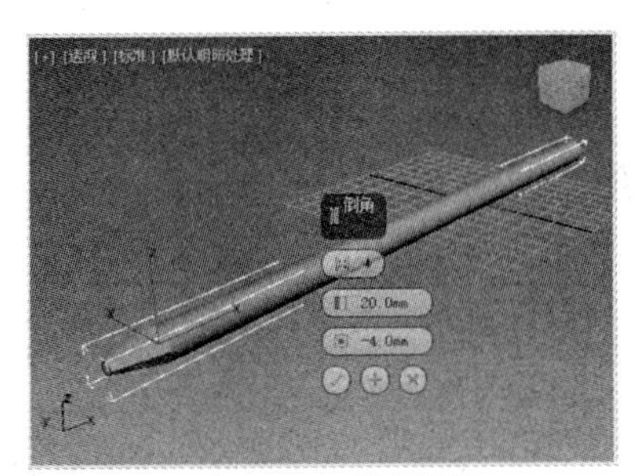

图 7-148　设置倒角

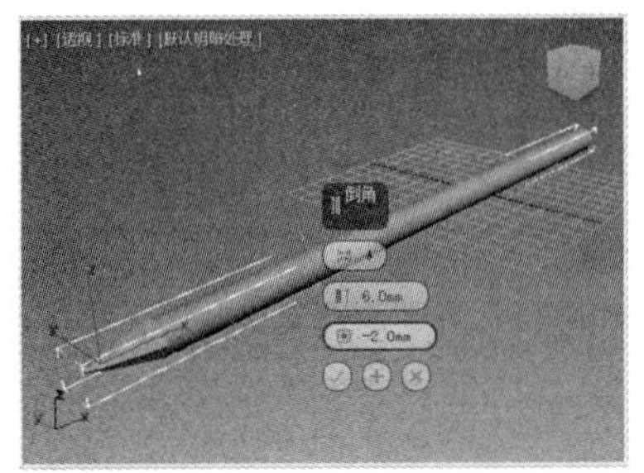

图 7-149　再次设置倒角

(6) 在【选择】卷展栏中单击【边】按钮，选中图 7-150 所示的边。

(7) 在【编辑边】卷展栏中单击【切角】按钮右侧的【设置】按钮，在显示的面板中设置【数量】为 0.5 mm、【分段】为 5，如图 7-151 所示。

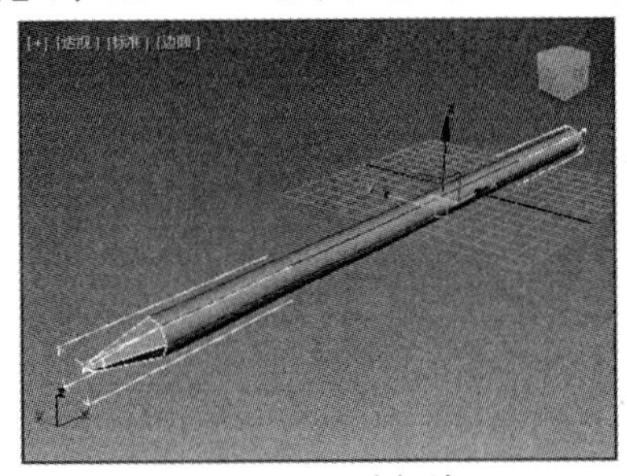

图 7-150　选择边

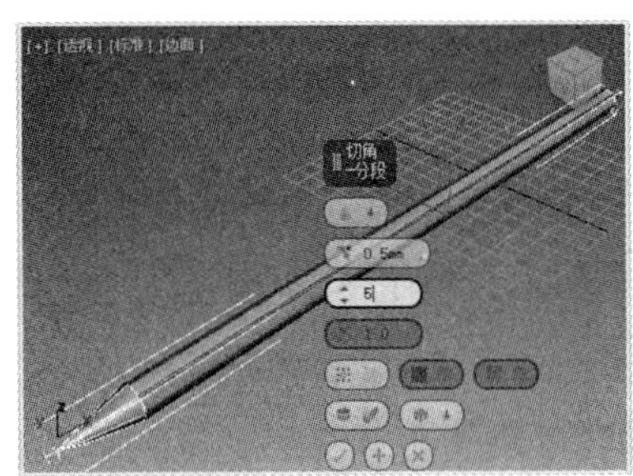

图 7-151　设置切角

(8) 此时，铅笔模型的效果如图 7-152 所示。按下 W 键执行【选择并移动】命令，然后按住 Shift 键并拖动场景中的铅笔模型，复制一些铅笔模型并调整它们的位置，如图 7-153 所示。

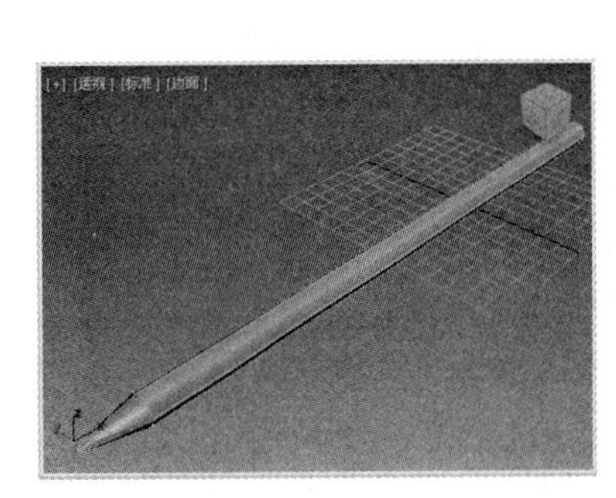

图 7-152　铅笔模型

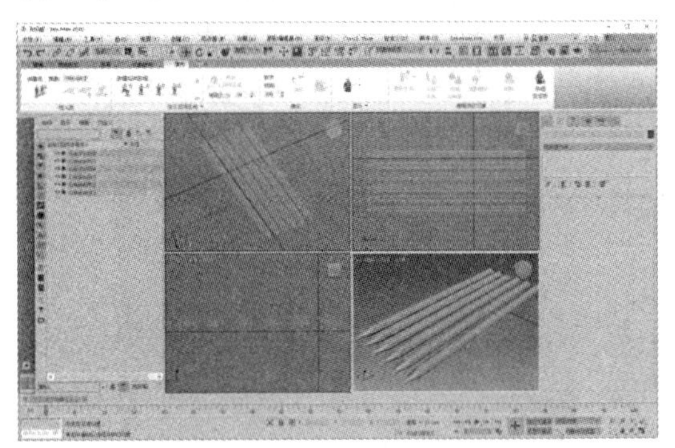

图 7-153　复制铅笔模型并调整它们的位置

7.5　习题

1. 简述多边形建模的工作方式。
2. 简述在 3ds Max 中对物体进行多边形编辑的常用方法。
3. 运用本章所学的知识，尝试制作衣橱模型。

第 8 章

材质与贴图

在 3ds Max 中，材质主要用于表现物体的颜色、质地、纹理、透明度和光泽度等特性，利用各种类型的材质，用户可以模拟出现实世界中任何物体的质感，让模型看起来更加真实。

本章将通过实例操作，使读者对 3ds Max 中材质与贴图的运用有一个比较全面的了解。

本章重点

- 精简材质编辑器
- 材质管理器
- 贴图类型
- 贴图通道

二维码教学视频

【例 8-1】 使用精简材质编辑器
【例 8-2】 制作玉石材质
【例 8-3】 制作玻璃透明效果
【例 8-4】 制作透明发光效果
【例 8-5】 制作金属材质
【例 8-6】 制作沙发材质
【例 8-7】 制作玻璃材质
本章其他视频参见视频二维码列表

8.1 材质与贴图概述

在 3ds Max 中，简单地说，使用材质就是为了让模型看上去更真实、可信，如图 8-1 所示。

图 8-1 材质

另外，在 3ds Max 中制作效果图时，经常需要使用多种贴图，这些贴图可以增强材质的质感。通过对贴图进行设置，用户可以制作出更加真实的材质效果，如地板、布匹、水波纹、花纹、木纹、壁纸、瓷砖、皮革等，如图 8-2 所示。

图 8-2 贴图

材质的级别要比贴图高，也就是说，先有材质，后有贴图。以设置一种木纹材质为例，此时需要首先设置材质类型为“VR 材质”，然后设置“反射”等参数，最后则需要在“漫反射”通道上加载“位图”贴图。注意，贴图需要加载到材质下面的某个通道上。

8.2　精简材质编辑器和 Slate 材质编辑器

精简材质编辑器是 3ds Max 2011 以前版本中唯一的材质编辑器，如图 8-3 左图所示。3ds Max 2011 中增加了 Slate 材质编辑器，如图 8-3 右图所示。Slate 材质编辑器使用节点和关联以图形方式显示材质的结构，用户不仅能够一目了然地观察材质，而且能够方便、直观地编辑材质，从而更高效地完成材质的设置。

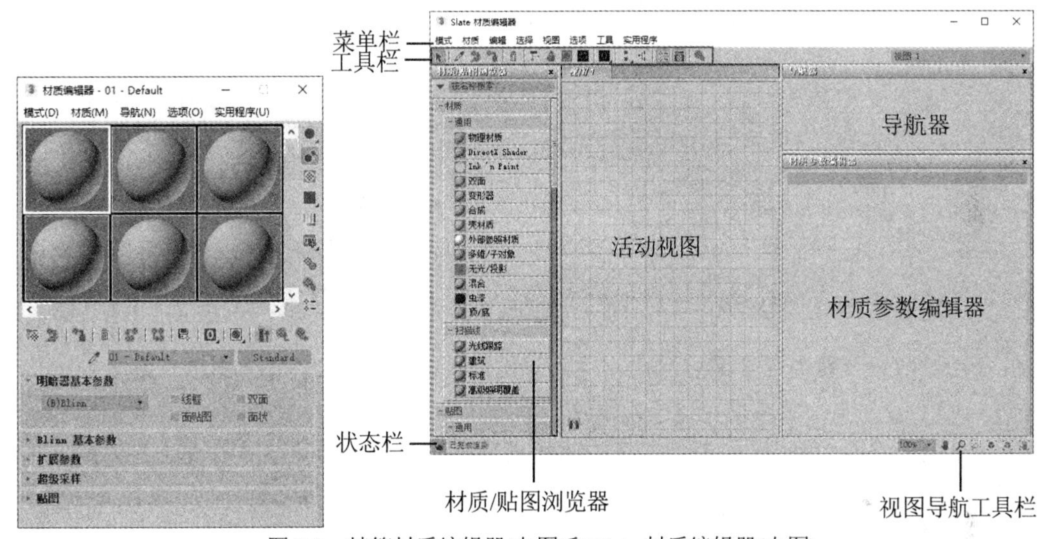

图 8-3　精简材质编辑器(左图)和 Slate 材质编辑器(右图)

8.2.1　精简材质编辑器

精简材质编辑器主要用于创建、改变和应用场景中的材质。

【例 8-1】 使用精简材质编辑器制作对象材质。 视频

(1) 在 3ds Max 中打开模型后，按下 M 键打开【材质编辑器】对话框，如图 8-4 左图所示。

(2) 在【材质编辑器】对话框中选择一个空白的材质球样本，在【名称】文本框中将其命名为“石架”，在【Blinn 基本参数】卷展栏中取消【环境光】和【漫反射】颜色之间的锁定关系，然后单击【环境光】颜色，如图 8-4 右图所示。

(3) 打开【颜色选择器：环境光颜色】对话框，设置 RGB 值为 46、17、17，然后单击【确定】按钮，如图 8-5 所示。

(4) 返回到【材质编辑器】对话框，单击【漫反射】颜色，打开【颜色选择器：漫反射颜色】对话框，设置 RGB 值为 137、50、50，然后单击【确定】按钮，如图 8-6 所示。

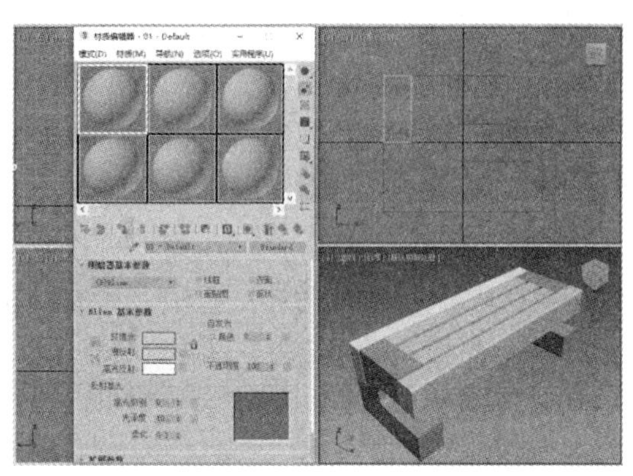
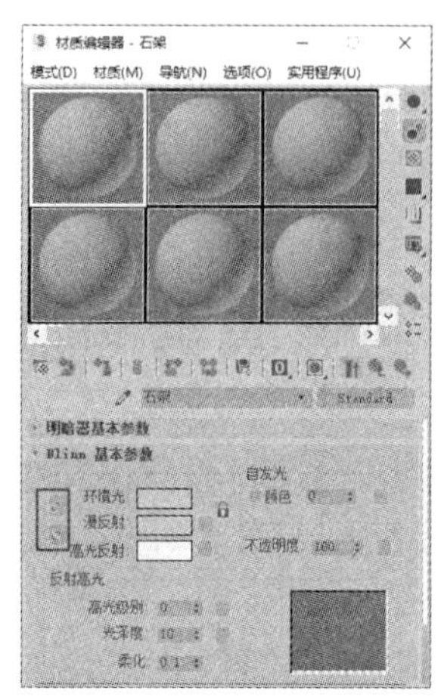

图 8-4　在【材质编辑器】对话框中创建材质

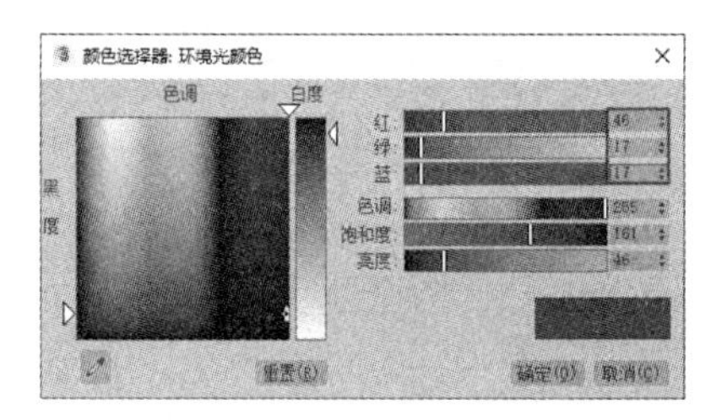

图 8-5　【颜色选择器：环境光颜色】对话框

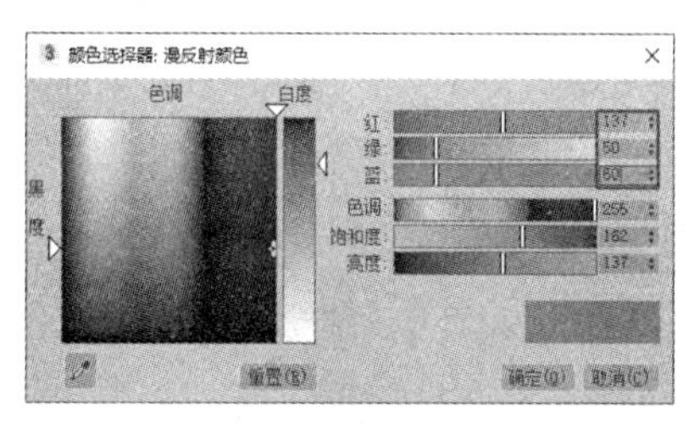

图 8-6　【颜色选择器：漫反射颜色】对话框

(5) 返回到【材质编辑器】对话框，将【高光级别】设置为 5，将【光泽度】设置为 25，然后展开【贴图】卷展栏，单击其中【漫反射颜色】选项右侧的【无贴图】按钮，如图 8-7 所示。

(6) 打开【材质/贴图浏览器】对话框，选择【位图】选项，然后单击【确定】按钮，如图 8-8 所示。

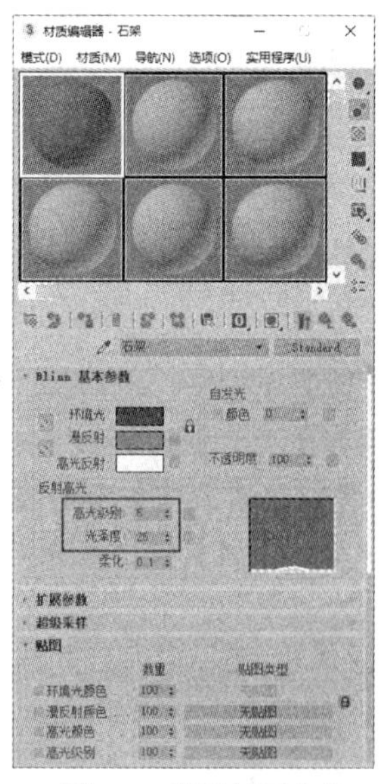

图 8-7　设置材质参数

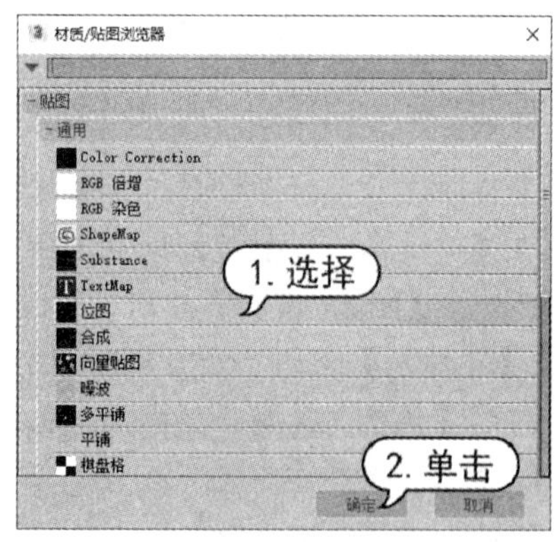

图 8-8　【材质/贴图浏览器】对话框

(7) 打开【选择位图图像文件】对话框，在选择一个贴图素材文件后，单击【打开】按钮。

(8) 在【材质编辑器】对话框中单击【转到父对象】按钮，如图 8-9 所示。

(9) 按住 Ctrl 键选中场景中的两个石架对象，然后在【材质编辑器】对话框中单击【将材质指定给选定对象】按钮，如图 8-10 所示。

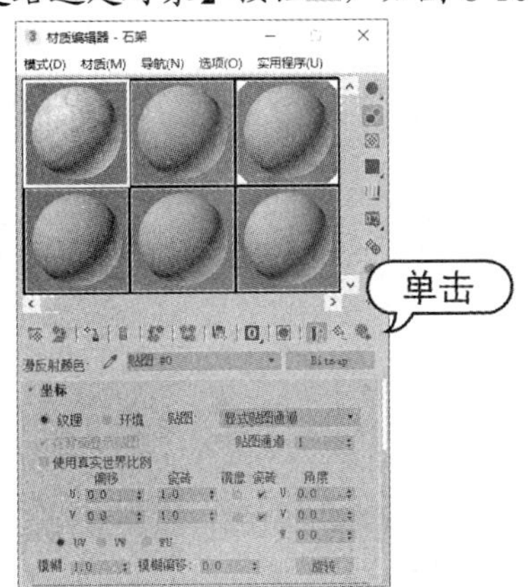

图 8-9　单击【转到父对象】按钮

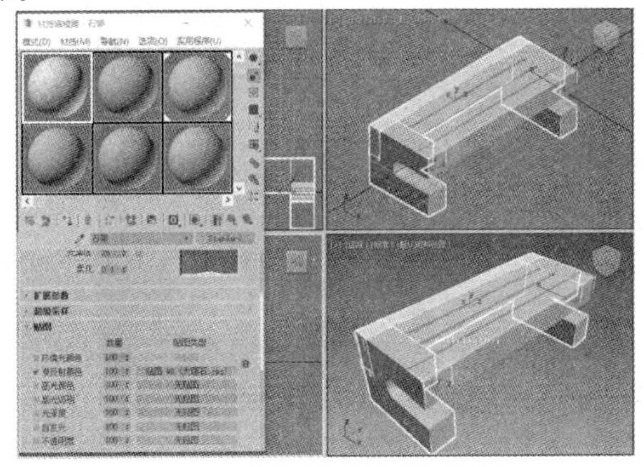

图 8-10　将材质指定给选定的对象

(10) 在【材质编辑器】对话框中再次选择一个空白的材质球样本，取消【环境光】和【漫反射】颜色之间的锁定关系，然后分别单击【环境光】颜色和【漫反射】颜色，在打开的对话框中将【环境光】颜色的 RGB 值设置为 17、47、15，而将【漫反射】颜色的 RGB 值设置为 51、141、45。

(11) 返回到【材质编辑器】对话框，在【反射高光】选项组中设置【高光级别】为 5、【光泽度】为 25，如图 8-11 所示。

(12) 展开【贴图】卷展栏，单击其中【漫反射颜色】选项右侧的【无贴图】按钮，打开【材质/贴图浏览器】对话框，选择【位图】选项，单击【确定】按钮。

(13) 打开【选择位图图像文件】对话框，在选择一个贴图素材文件后，单击【打开】按钮，如图 8-12 所示。

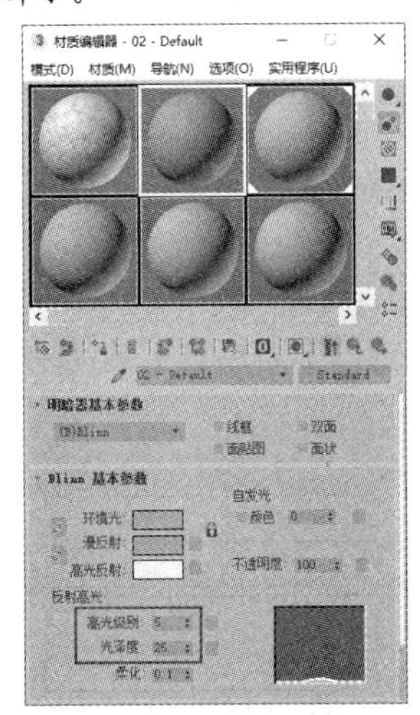

图 8-11　设置反射高光参数

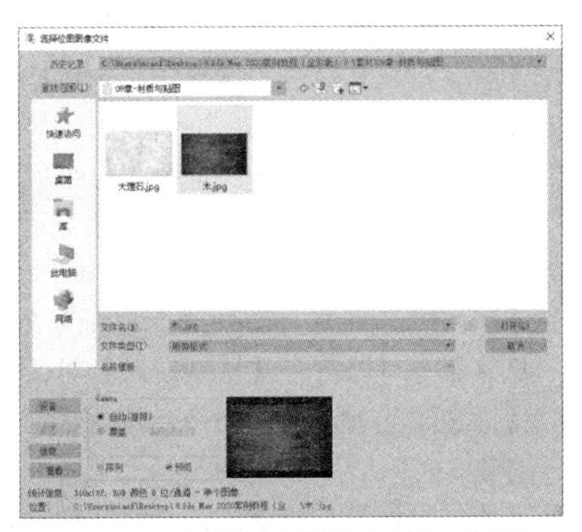

图 8-12　【选择位图图像文件】对话框

(14) 返回到【材质编辑器】对话框，单击【转到父对象】按钮。

(15) 选中场景中所有的木条对象，单击【材质编辑器】对话框中的【将材质指定给选定对象】按钮，如图 8-13 所示。

(16) 单击【创建】面板的【几何体】选项卡中的【平面】按钮，在顶视图中创建一个平面，如图 8-14 所示。

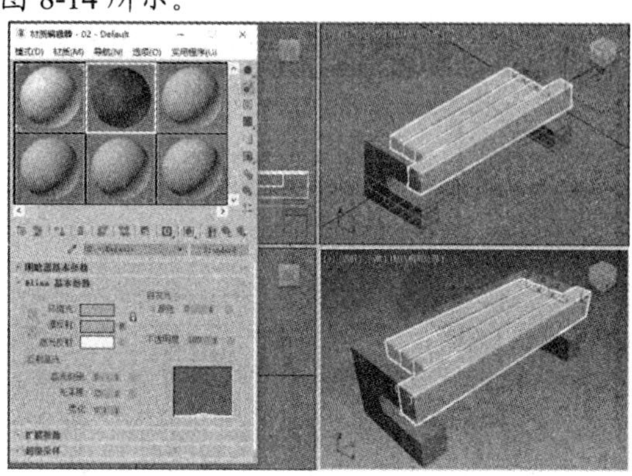

图 8-13　为对象赋予材质

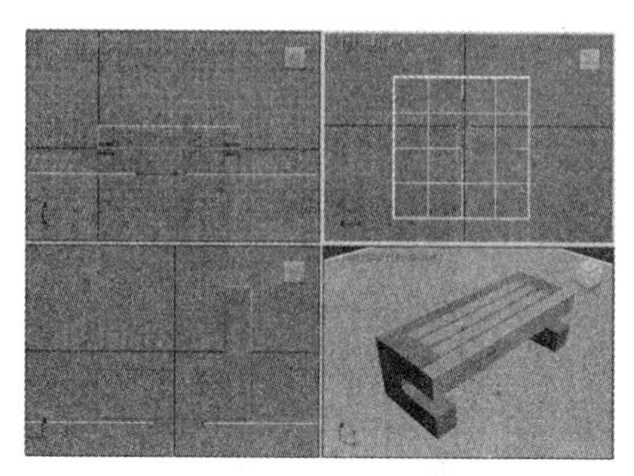

图 8-14　创建平面

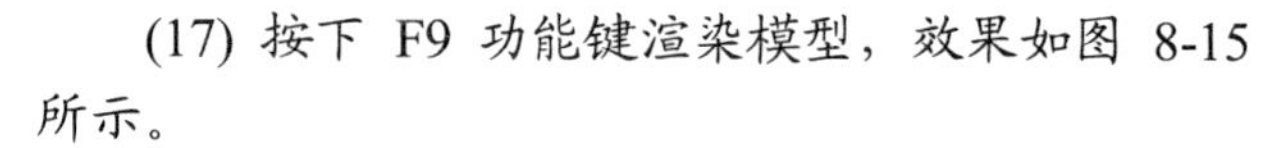

(17) 按下 F9 功能键渲染模型，效果如图 8-15 所示。

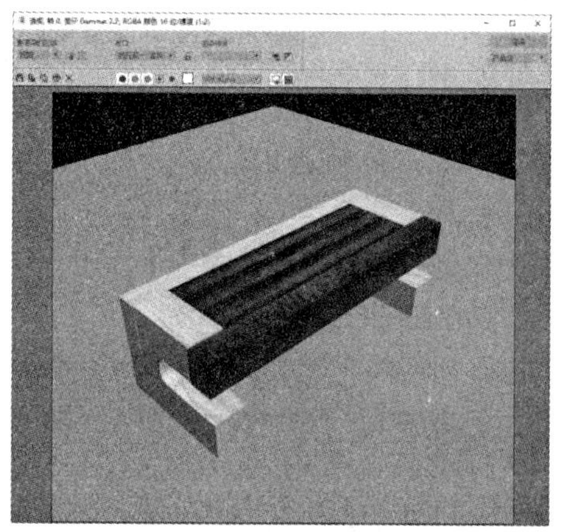

图 8-15　模型的渲染效果

【材质编辑器】对话框主要包括菜单栏、材质球示例窗(有时简称示例窗)、工具按钮栏和参数控制区 4 部分。

1. 菜单栏

在菜单栏中，用户可以设置与【模式】【材质】【导航】【选项】和【实用程序】相关的参数。

1) 【模式】菜单，如图 8-16 所示。

【模式】菜单主要用于切换材质编辑器的工作方式，包括【精简材质编辑器】和【Slate 材质编辑器】两种。

2) 【材质】菜单，如图 8-17 所示。

- 【获取材质】命令：选择该命令将打开【材质/贴图浏览器】对话框，从中可以选择材质和贴图。
- 【从对象选取】命令：选择该命令可以从场景对象中选择材质。
- 【按材质选择】命令：选择该命令可以基于【材质编辑器】对话框中的活动材质来选择对象。
- 【在 ATS 对话框中高亮显示资源】命令：如果材质使用的是已跟踪资源的贴图，那么选择该命令可以打开【跟踪资源】对话框，此时资源也会被高亮显示。
- 【指定给当前选择】命令：选择该命令可以将活动示例窗中的材质应用于场景中的选定对象。
- 【放置到场景】命令：在编辑完材质后，选择该命令将更新场景中的材质。
- 【放置到库】命令：在编辑完材质后，选择该命令将更新材质库中的材质。
- 【更改材质/贴图类型】命令：选择该命令将更改材质/贴图的类型。

- 【生成材质副本】命令：通过复制自身的材质来生成材质副本。
- 【启动放大窗口】命令：将示例窗放大并显示在一个单独的窗口中。
- 【另存为.FX 文件】命令：将材质另存为.FX 文件。
- 【生成预览】命令：使用动画贴图为场景添加运动并生成预览。
- 【查看预览】命令：使用动画贴图为场景添加运动并查看预览。
- 【保存预览】命令：使用动画贴图为场景添加运动并保存预览。

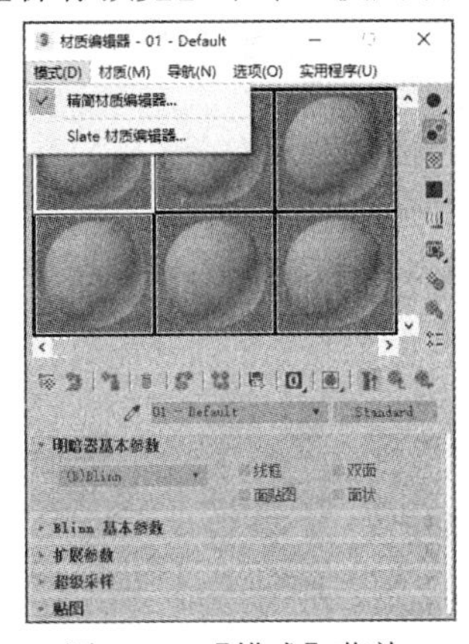

图 8-16 【模式】菜单

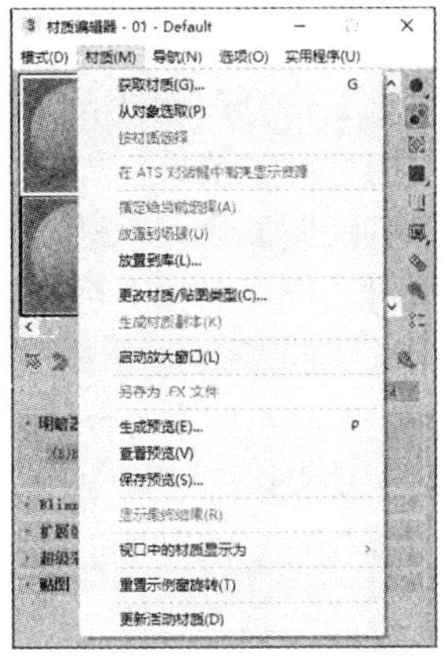

图 8-17 【材质】菜单

- 【显示最终结果】命令：选择该命令可以查看所在层次的材质。
- 【视口中的材质显示为】命令：选择该命令可以在视图中显示物体表面的材质效果。
- 【重置示例窗旋转】命令：使活动的示例窗恢复为默认方向。
- 【更新活动材质】命令：更新示例窗中的活动材质。

3) 【导航】菜单，如图 8-18 所示。

- 【转到父对象(P) 向上键】命令：在当前材质中向上移动一个层次(也称为层级)。
- 【前进到同级(F) 向右键】命令：导航到当前材质中相同层次的下一个贴图或材质。
- 【后退到同级(B) 向左键】命令：与【前进到同级(F) 向右键】命令类似，只不过结果是导航到前一个同级贴图，而不是导航到后一个同级贴图。

4) 【选项】菜单，如图 8-19 所示。

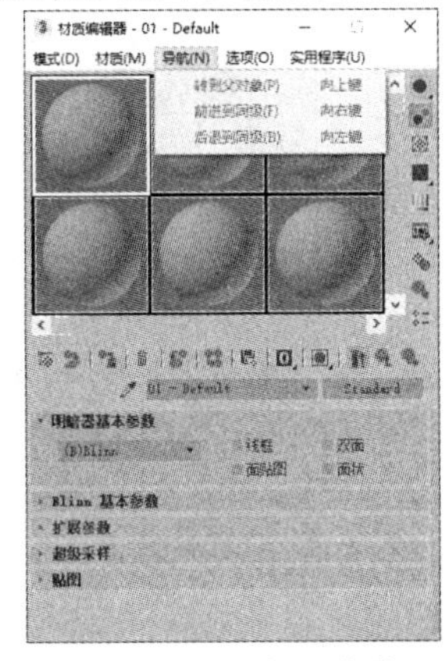

图 8-18 【导航】菜单

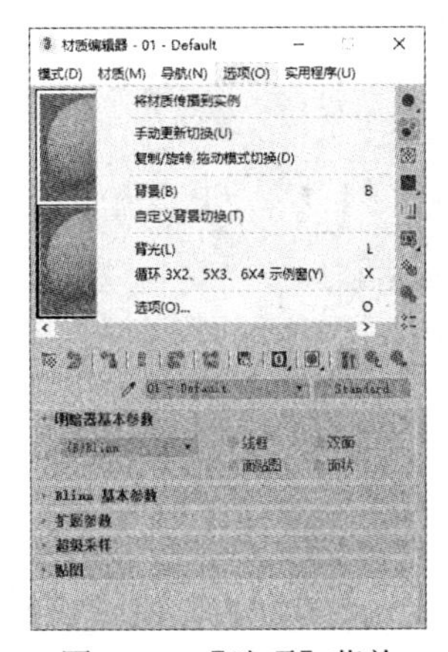

图 8-19 【选项】菜单

- 【将材质传播到实例】命令：将指定的任何材质传播到场景对象的所有实例。

- 【手动更新切换】命令：使用手动的方式进行更新切换。
- 【复制/旋转 拖动模式切换】命令：用于切换复制和旋转拖动模式。
- 【背景】命令：将多种颜色的方格背景添加到活动的示例窗中。
- 【自定义背景切换】命令：如果指定了自定义背景，那么选择该命令可切换背景的显示效果。
- 【背光】命令：将背光添加到活动的示例窗中。
- 【循环 3×2、5×3、6×4 示例窗】命令：切换材质球的 3 种显示方式。
- 【选项】命令：选择该命令将打开【材质编辑器选项】对话框。

5) 【实用程序】菜单，如图 8-20 所示。

- 【渲染贴图】命令：对贴图进行渲染。
- 【按材质选择对象】命令：用户可以基于【材质编辑器】对话框中的活动材质来选择对象。
- 【清理多维材质】命令：对“多维/子对象”材质进行分析，然后在场景中显示所有包含未分配的任何材质 ID 的材质。
- 【实例化重复的贴图】命令：在整个场景中查找具有重复“位图”贴图的材质，并提供选项来将它们关联化。
- 【重置材质编辑器窗口】命令：用默认的材质类型替换【材质编辑器】对话框中的所有材质。
- 【精简材质编辑器窗口】命令：将【材质编辑器】对话框中所有未使用的材质设置为默认类型。
- 【还原材质编辑器窗口】命令：利用缓冲区中的内容还原编辑器的状态。

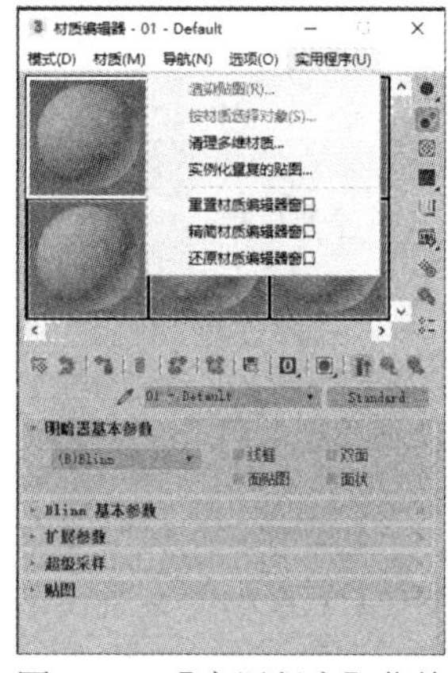

图 8-20 【实用程序】菜单

2. 材质球示例窗

材质球示例窗用来显示材质的效果，它可以很直观地显示材质的基本属性，如反光、纹理和凹凸等。材质球示例窗中一共有 24 个材质球，用户可以通过右击材质球，在弹出的快捷菜单中设置材质球的显示方式，如图 8-21 所示。

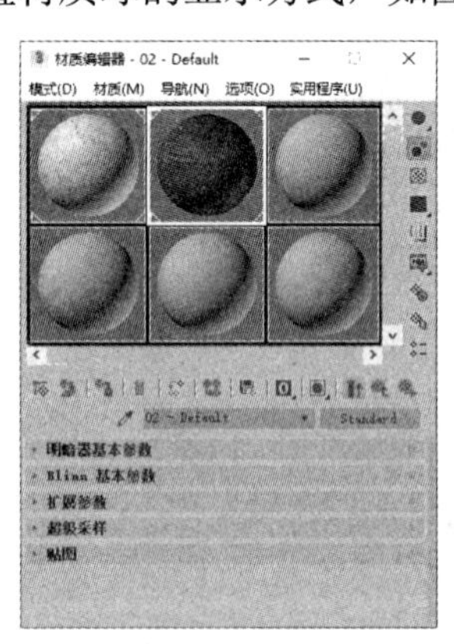
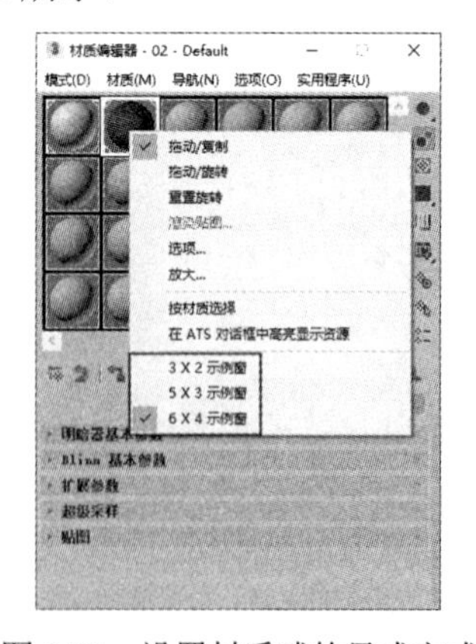

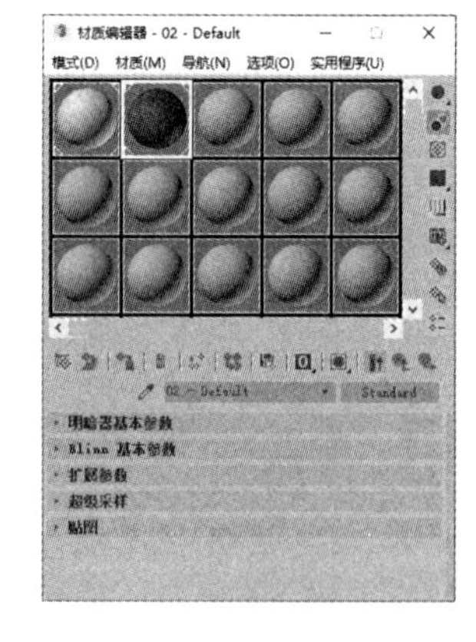

图 8-21 设置材质球的显式方式

双击材质球示例窗中的材质球，系统将打开一个独立的材质球显示窗口，如图 8-22 所示，用户从中可以通过对窗口进行放大来观察当前设置的材质(或者在材质球上右击，从弹出的快捷菜单中选择【放大】命令)。

选中材质球示例窗中的某个材质球后，按住鼠标左键并拖动，即可将材质球拖到场景中的物体上。在把材质赋予物体后，材质球就会显示出 4 个缺角符号，如图 8-23 所示。

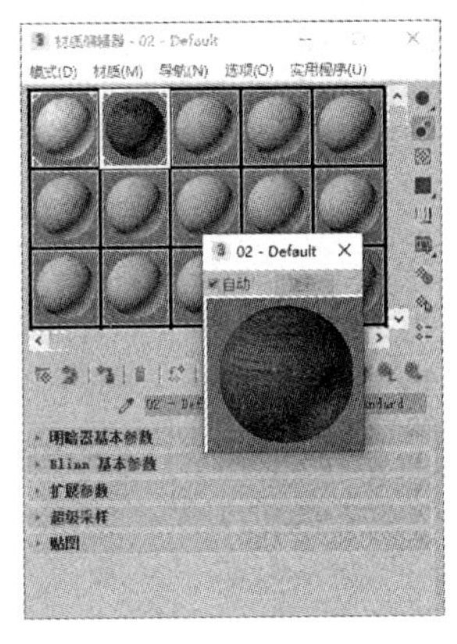

图 8-22　打开材质球显示窗口

图 8-23　材质球显示 4 个缺角符号

3. 工具按钮栏

工具按钮栏中的按钮如图 8-24 所示。

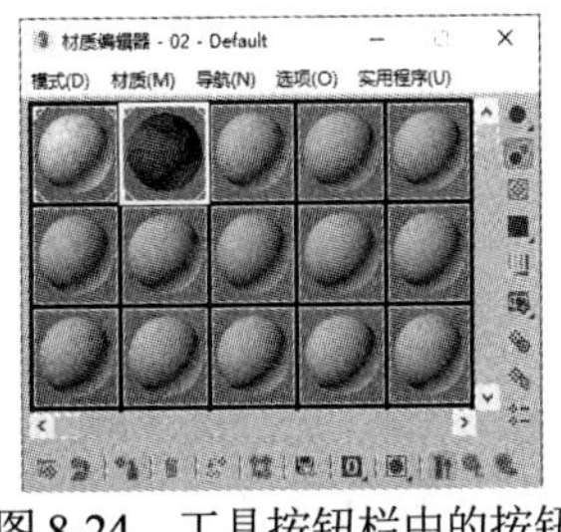

图 8-24　工具按钮栏中的按钮

- 【获取材质】按钮：为选定的材质打开【材质/贴图浏览器】对话框。
- 【将材质放入场景】按钮：在编辑好材质后，单击该按钮可以更新已应用于对象的材质。
- 【将材质指定给选定对象】按钮：将材质赋予选定的对象。
- 【重置贴图/材质】按钮：删除修改的所有材质属性，并将材质属性恢复为默认值。
- 【生成材质副本】按钮：在选定的示例窗中创建当前材质的副本。
- 【使唯一】按钮：将实例化的材质设置为独立材质。
- 【放入库】按钮：重命名材质并将其保存到当前打开的材质库中。
- 【材质 ID 通道】按钮：为了应用后期制作效果而设置唯一的通道 ID。
- 【视口中显示明暗处理材质】按钮：在视口对象上显示 2D 材质或贴图。
- 【显示最终结果】按钮：在实例中显示材质以及应用的所有层次。
- 【转到父对象】按钮：将当前材质上移一层。
- 【转到下一个同级项】按钮：选定同一层次的下一贴图或材质。
- 【采样类型】按钮：控制示例窗中显示的对象类型，默认为球体类型、圆柱体类型和立方体类型。
- 【背光】按钮：打开或关闭选定示例窗中的背景灯光。
- 【背景】按钮：在材质的背后显示方格背景图像(这在观察透明材质时非常有用)。
- 【采样 UV 平铺】按钮：为示例窗中的贴图设置 UV 平铺显示。
- 【视频颜色检查】按钮：检查当前材质中 NTSC 和 PAL 制式不支持的颜色。
- 【生成预览】按钮：用于产生、浏览和保存材质的预览效果。

- 【选项】按钮：单击该按钮可以打开【材质编辑器选项】对话框，其中包含了一些选项，可用来启用材质动画、加载自定义背景、定义灯光亮度或颜色以及设置示例窗的数量等。
- 【按材质选择】按钮：选定使用当前材质的所有对象。
- 【材质/贴图导航器】按钮：单击该按钮可以打开【材质/贴图导航器】对话框，其中显示了当前材质的所有层级。

4. 参数控制区

在 3ds Max 中，材质编辑器中的材质默认都是“标准”类型的，“标准”材质是最基本也是最常用的一种材质类型。按下 M 键打开【材质编辑器】对话框，选择任意一个示例窗，可以发现，工具栏的下方会出现 Standard 按钮，这表示当前材质为“标准”类型。单击 Standard 按钮可以打开【材质/贴图浏览器】对话框，用户从中可以将当前材质更改为其他类型，如图 8-25 所示。

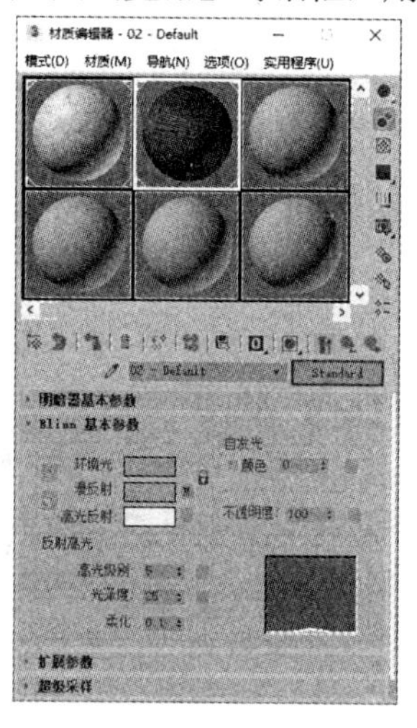
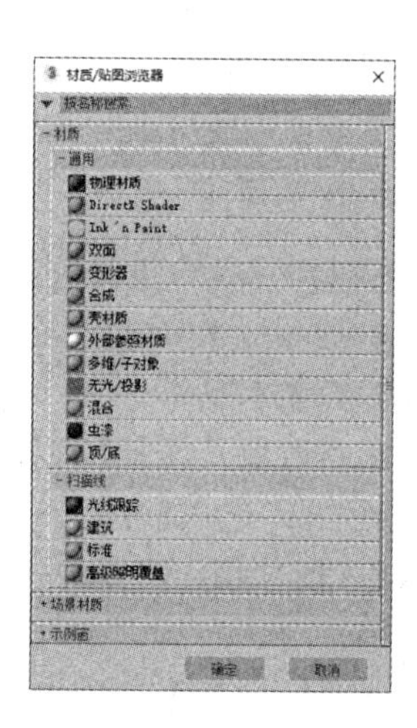

图 8-25　更改材质类型

在【材质/贴图浏览器】对话框中，3ds Max 提供了多种材质类型，不同类型的材质有不同的用途。例如，“标准”材质是默认的材质类型，这种材质拥有大量的调节参数，能够满足绝大多数材质的制作要求；“光线跟踪”材质常用于制作有反射/折射效果的物体，如玻璃、不锈钢等。下面以“标准”材质的常用参数为例，介绍【材质编辑器】对话框中的参数控制区。

1) 【明暗器基本参数】卷展栏。

在【材质编辑器】对话框中展开【明暗器基本参数】卷展栏，单击其中的【明暗器类型】下拉按钮，在弹出的下拉列表中可以选择 8 种类型的明暗器，如图 8-26 所示。对于不同类型的明暗器，系统将显示不同的【明暗器基本参数】卷展栏。

- 【(A)各向异性】明暗器能够产生磨砂金属或头发的效果，可用于创建拉伸成角的高光，而不是标准的圆形高光，如图 8-27 左图所示。
- (B)Blinn 明暗器能够以光滑的方式渲染物体的表面，这是最常用的一种明暗器，如图 8-27 右图所示。
- 【(ML)多层】明暗器与【(A)各向异性】明暗器类似，但【(ML)多层】明暗器可以控制两个高亮区，因此能够对材质进行更多的控制，第 1 高光反射层和第 2 高光反射层具有相同的控制参数(用户可以对参数使用不同的设置)，如图 8-28 左图所示。

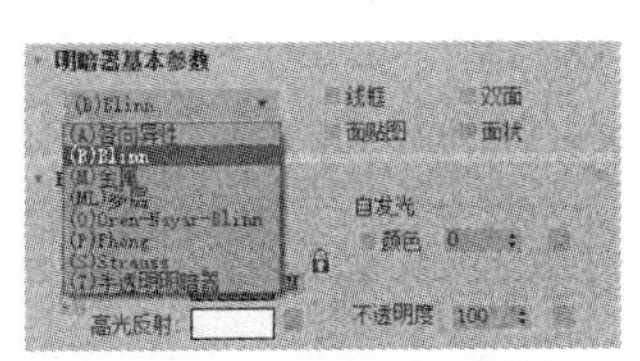

图 8-26　明暗器的类型

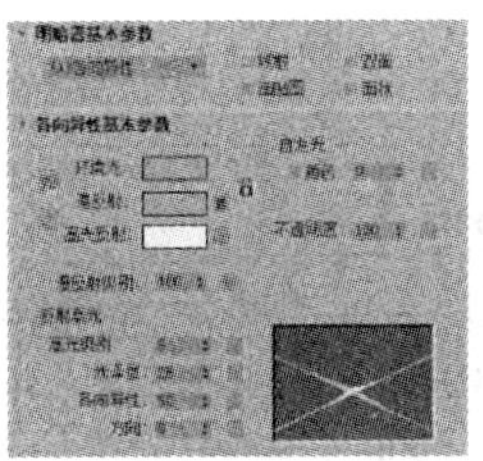

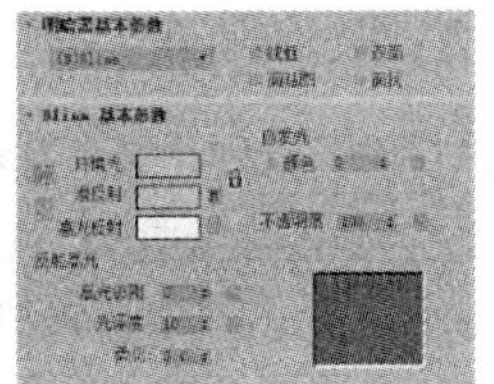

图 8-27　【(A)各向异性】明暗器(左图)和(B)Blinn 明暗器(右图)

- 【(M)金属】明暗器适用于金属表面，它能提供金属所需的强烈反光，如图 8-28 右图所示。
- (O)Oren-Nayar-Blinn 明暗器适用于无光表面(例如纤维、陶土)，与(B)Blinn 明暗器类似。在【(O)Oren-Nayar-Blinn 基本参数】卷展栏中，用户可以通过设置【漫反射级别】和【粗糙度】来实现无光效果，如图 8-29 左图所示。
- (P)Phong 明暗器可以平滑面与面之间的边缘，适用于强度很高或具有圆形高光的表面，如图 8-29 右图所示。

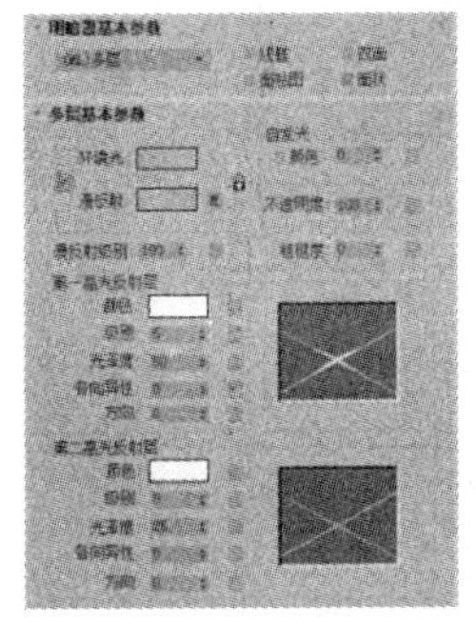

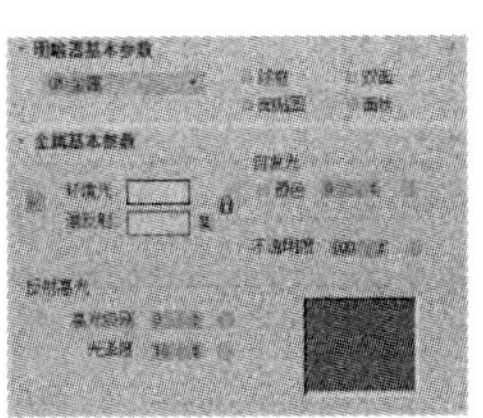

图 8-28　【(CML)多层】明暗器(左图)和【(CML)金属】明暗器(右图)

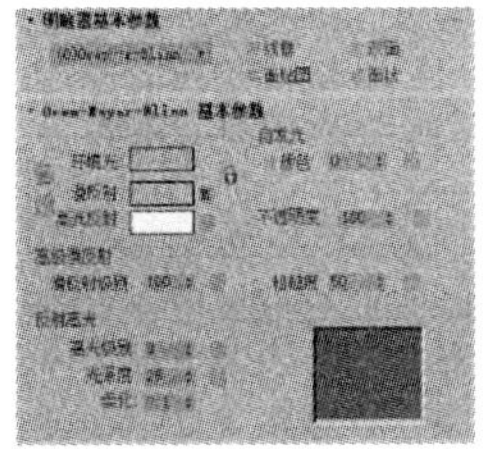

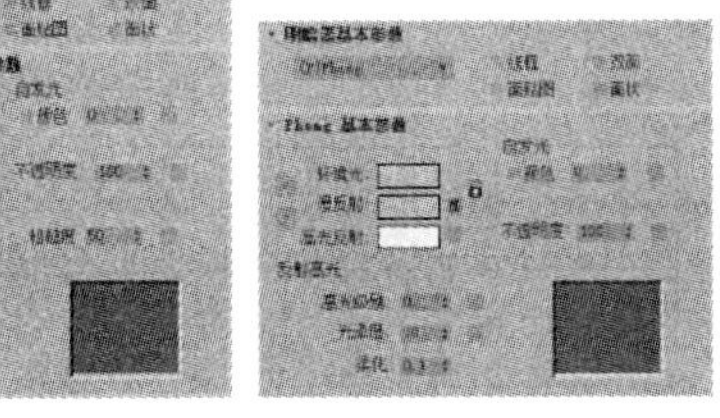

图 8-29　(O)Orem-Nayar-Blinn 明暗器(左图)和(P)Phong 明暗器(右图)

- (S)Strauss 明暗器适用于金属和非金属表面，与【(ML)多层】明暗器类似，如图 8-30 左图所示。
- 【(T)半透明明暗器】与(B)Blinn 明暗器类似，两者最大的区别在于：【(T)半透明明暗器】能够设置半透明效果，因而光线能够穿透半透明的物体，并且光线在穿过物体内部时会发生离散，如图 8-30 右图所示。

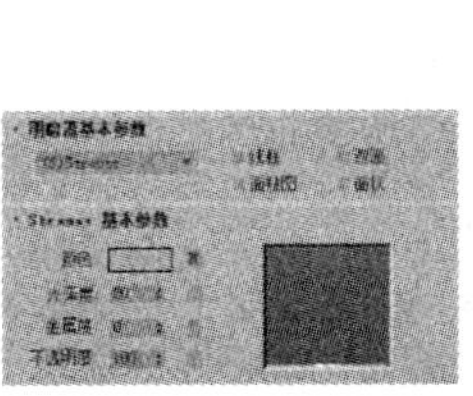

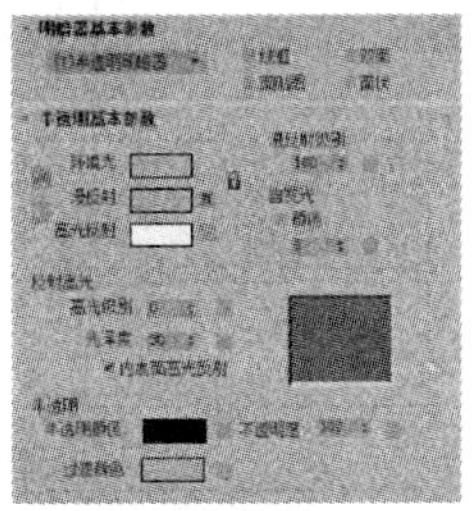

图 8-30　(S)Strauss 明暗器(左图)和【(T)半透明明暗器】(右图)

注意，【明暗器基本参数】卷展栏中还有【线框】【双面】【面贴图】和【面状】4 个复选框，它们的功能说明如下。

- 【线框】复选框：以线框模式渲染材质，用户可以通过扩展参数设置线框的大小。
- 【双面】复选框：将材质应用到选定的面，使材质成为双面。
- 【面贴图】复选框：将材质应用到几何体的各个面，当材质是贴图时，不需要贴图坐标，因为贴图会自动应用到几何体的每一个面。
- 【面状】复选框：使对象产生不光滑的明暗效果，并且支持将对象的每个面作为平面来渲染，可用于模拟制作加工过的钻石、宝石等。

【例 8-2】 在【明暗器基本参数】卷展栏中使用半透明明暗器制作玉石材质效果。视频

(1) 按下 M 键打开【材质编辑器】对话框，选择一个材质球，在【明暗器基本参数】卷展栏中设置明暗器的类型为【(T)半透明明暗器】，在【半透明基本参数】卷展栏中单击【环境光】颜色，在打开的对话框中将 RGB 值设置为 20、130、0，然后单击【确定】按钮，如图 8-31 所示。

(2) 在【半透明基本参数】卷展栏中设置【自发光】为 40、【高光级别】为 110、【光泽度】为 70，如图 8-32 所示。

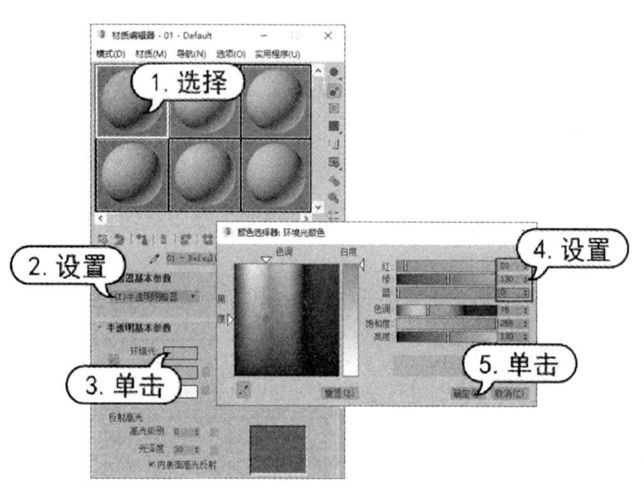

图 8-31 设置环境光

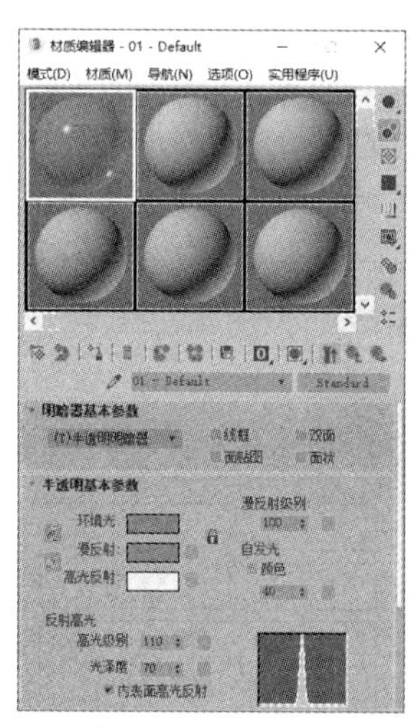

图 8-32 【半透明基本参数】卷展栏

(3) 在【材质编辑器】对话框中展开【贴图】卷展栏，然后单击【反射】选项右侧的【无贴图】按钮，打开【材质/贴图浏览器】对话框，选中【衰减】选项，单击【确定】按钮，如图 8-33 所示。

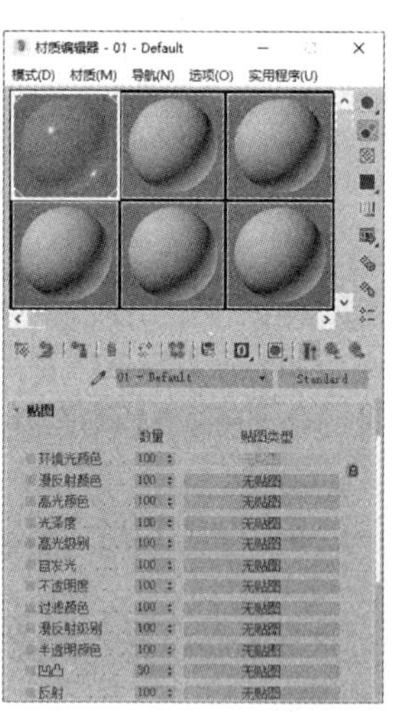

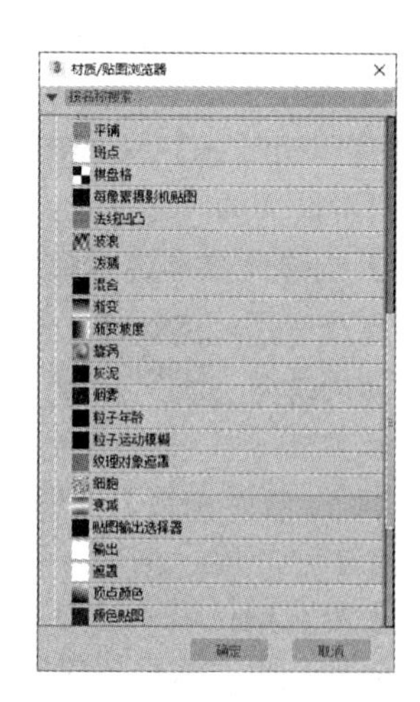

图 8-33 设置衰减

(4) 返回到【材质编辑器】对话框，在【衰减参数】卷展栏中单击白色色块右侧的【无贴图】按钮，在打开的【材质/贴图浏览器】对话框中选中【光线跟踪】选项，然后单击【确定】按钮，如图 8-34 所示。

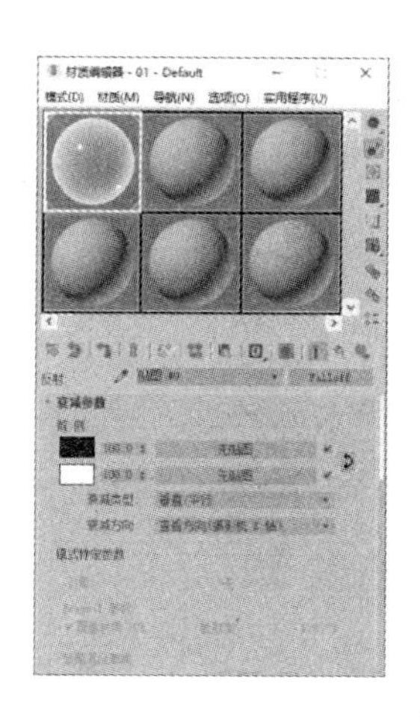

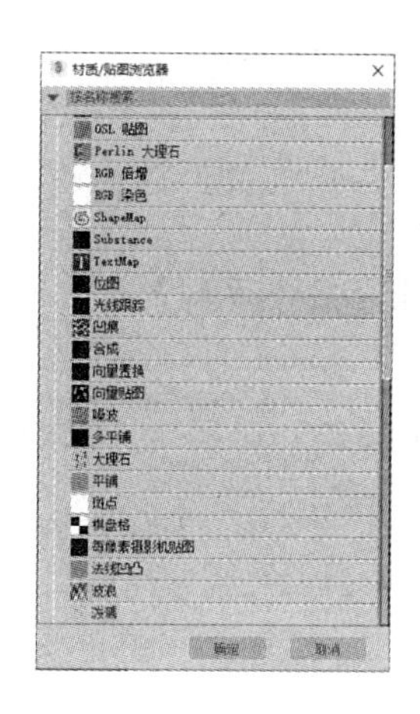

图 8-34　设置光线跟踪

(5) 在【材质编辑器】对话框的工具按钮栏中单击【转到父对象】按钮，返回到材质层级，设置【反射】贴图通道的【数量】为 70。

(6) 将创建的材质赋予场景中的对象，按下 F9 功能键渲染场景，最终效果如图 8-35 所示。

(7) 在【材质编辑器】对话框的【明暗器基本参数】卷展栏中选中【双面】复选框，再次按下 F9 功能键渲染场景，效果如图 8-36 所示。

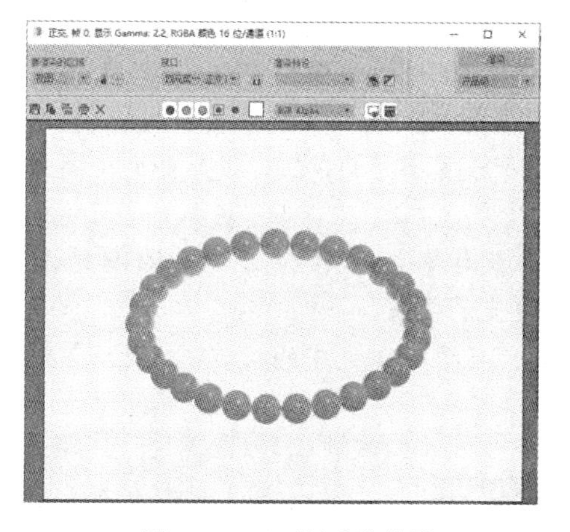

图 8-35　玉石材质的效果

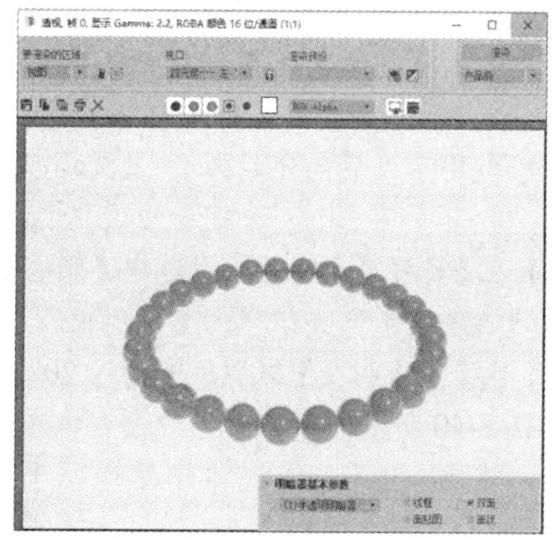

图 8-36　与物体法线相反的一面也被渲染了

2)【Blinn 基本参数】卷展栏。

在【Blinn 基本参数】卷展栏中，用户可以对 Blinn 明暗器的相关参数进行设置。

- 【环境光】：控制物体表面阴影区的颜色。
- 【漫反射】：控制物体表面过渡区的颜色。
- 【高光反射】：控制物体表面高光区的颜色。

人们通常所说的物体颜色是指“漫反射”颜色，这种颜色提供了物体最主要的色彩，从而使物体在日光或人工光的照明下能够被看到；“环境光”颜色一般由灯光的颜色决定，如果光线为白光，那就需要依据“漫反射”颜色来定义“环境光”颜色；“高光反射”颜色一般与“漫反射”颜色相同，只是饱和度更强一些。

【例 8-3】 通过在【Blinn 基本参数】卷展栏中设置参数来制作玻璃效果。视频

(1) 在打开图 8-37 所示的玻璃杯模型后，按下 M 键打开【材质编辑器】对话框，选择一个材质球。

(2) 在【Blinn 基本参数】卷展栏中单击【环境光】颜色，打开【颜色选择器：环境光颜色】对话框，将 RGB 值设置为 0、47、0，然后单击【确定】按钮，如图 8-38 所示。

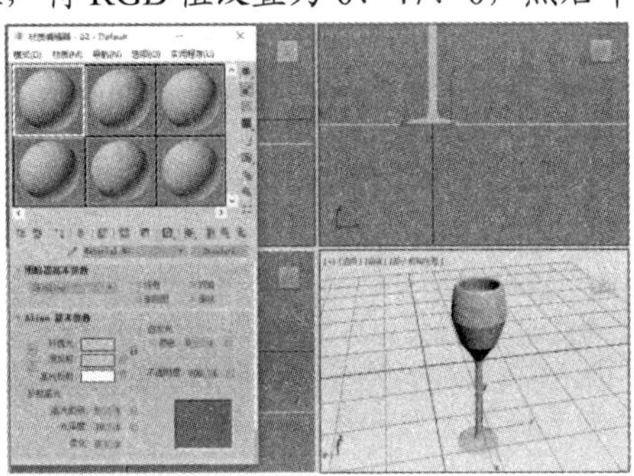

图 8-37　玻璃杯模型

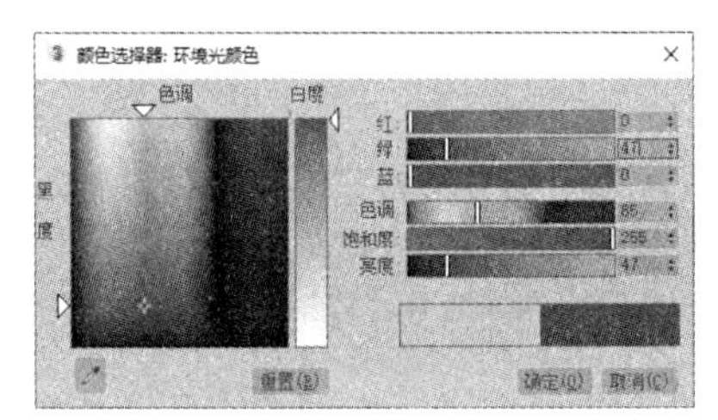

图 8-38　【颜色选择器：环境光颜色】对话框

(3) 此时，【Blinn 基本参数】卷展栏中的【环境光】和【漫反射】颜色都将发生同样的改变，这是因为【环境光】和【漫反射】颜色前的【锁定】按钮处于激活状态，如图 8-39 所示。

(4) 在【Blinn 基本参数】卷展栏中取消【锁定】按钮的激活状态，然后单击【漫反射】颜色，在打开的【颜色选择器：漫反射颜色】对话框中将 RGB 值设置为 185、214、185。

(5) 在【反射高光】选项组中将【高光级别】设置为 77，并将【光泽度】设置为 12。【高光级别】参数用于设置高光的强度；【光泽度】参数用于设置高光的范围，其值越大，高光的范围越小。

(6) 在【自发光】选项组中选中【颜色】复选框，然后单击右侧的色块，将 RGB 值设置为 0、71、3。【自发光】选项组中的参数能使材质具备自发光的效果。

(7) 在【不透明度】微调框中输入 20，然后将之前在步骤(1)选中的材质球拖至场景中的物体上，如图 8-40 所示。

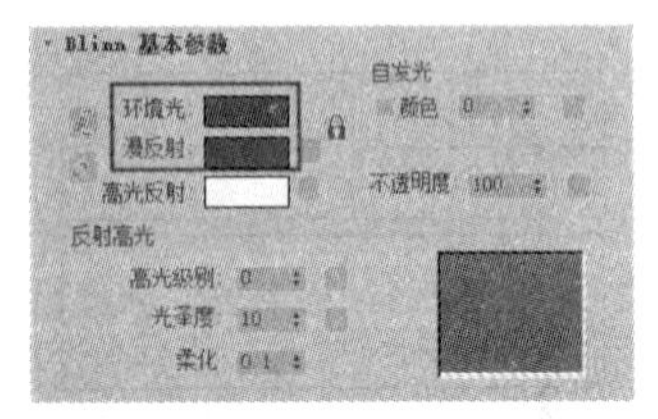

图 8-39　【Blinn 基本参数】卷展栏

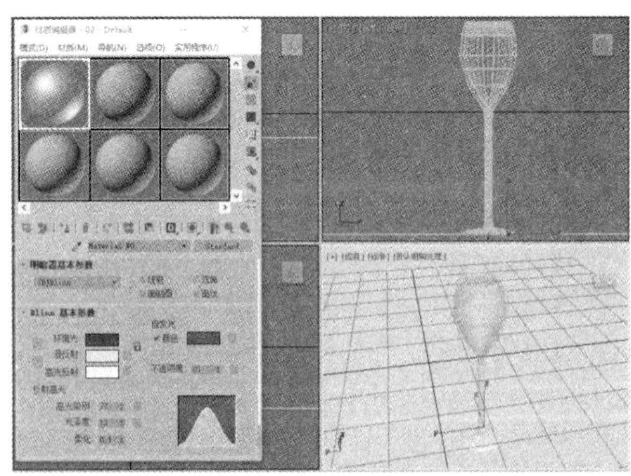

图 8-40　将材质球拖至物体上

(8) 按下 F9 功能键渲染场景，玻璃材质的效果如图 8-41 所示。

3)【扩展参数】卷展栏。

在【材质编辑器】对话框的【扩展参数】卷展栏中，用户可以对材质的透明度、反射效果及线框外观进行设置，如图 8-42 所示。

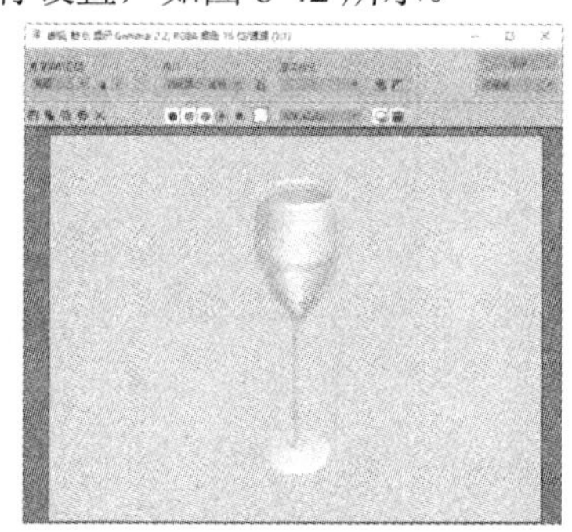

图 8-41　玻璃材质的效果

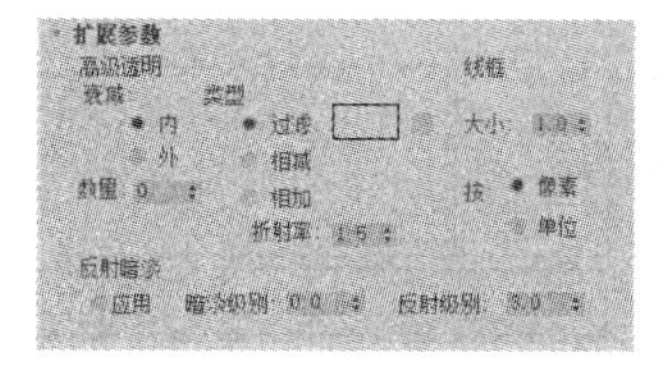

图 8-42　【扩展参数】卷展栏

【例 8-4】 通过在【扩展参数】卷展栏中设置参数来制作物体透明发光的效果。 视频

(1) 打开一个被赋予了材质的模型，按下 M 键打开【材质编辑器】对话框，如图 8-43 所示。

(2) 在【材质编辑器】对话框中展开【扩展参数】卷展栏，在【高级透明】选项组中选中【内】单选按钮，设置由边缘向中心增加透明度，类似于玻璃效果。然后在【数量】微调框中输入 100。

(3) 按下 F9 功能键渲染场景，模型的渲染效果如图 8-44 左图所示。

(4) 如果在【高级透明】选项组中选中【外】单选按钮，就可以使材质从中心向边缘增加透明度，模型渲染后的效果将如图 8-44 右图所示。

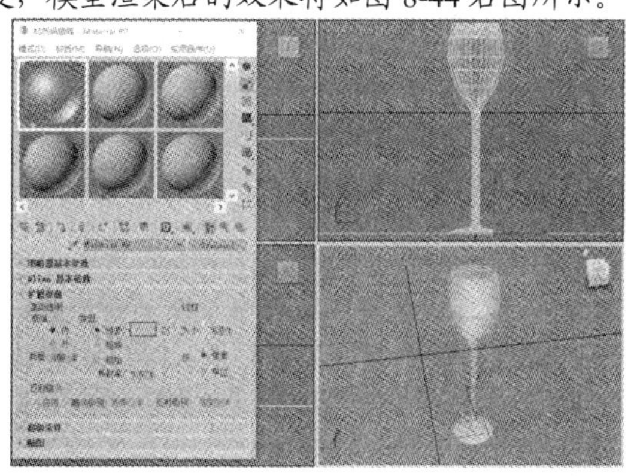

图 8-43　打开【材质编辑器】对话框

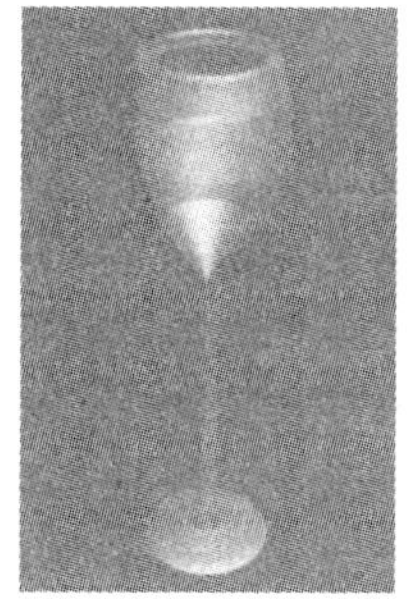
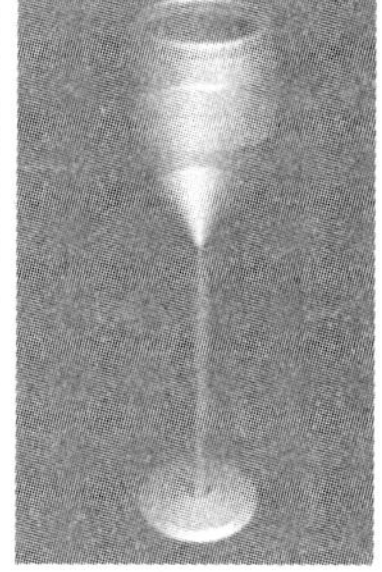

图 8-44　模型的渲染效果

(5) 【高级透明】选项组中的【类型】子选项组用于确定以何种方式产生透明效果。默认采用的是“过滤”方式，在这种方式下，系统将会计算经过透明物体背面时颜色发生倍增的过滤色，单击【过滤】单选按钮右侧的色块，在打开的【颜色选择器：过滤颜色】对话框中可以修改过滤色，如图 8-45 所示。

(6) 按下 F9 功能键渲染场景，效果如图 8-46 所示。

(7) 在【类型】子选项组中选中【相减】单选按钮，可以对材质根据背景色进行递减色彩处理。场景渲染后的效果如图 8-47 左图所示。

(8) 在【类型】子选项组中选中【相加】单选按钮，可以对材质根据背景色进行递增色彩处理。场景渲染后的效果如图 8-47 右图所示。

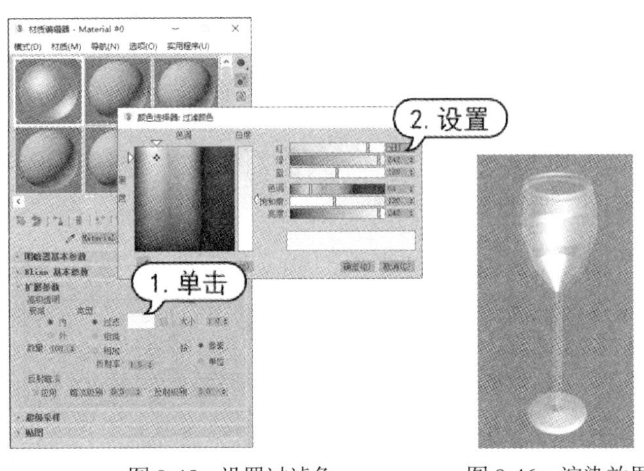

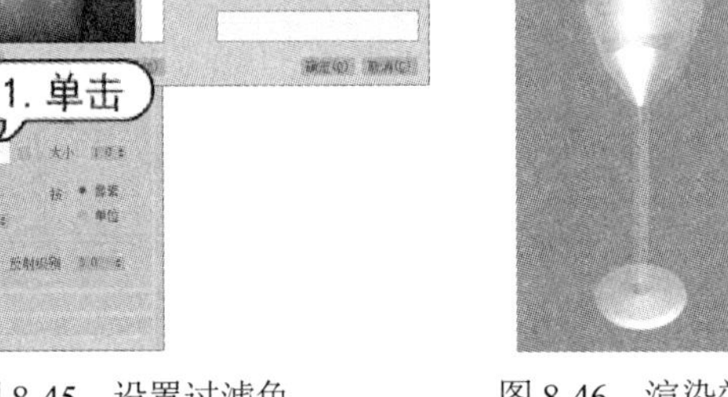

图 8-45　设置过滤色

图 8-46　渲染效果

图 8-47　对材质根据背景色进行处理

【高级透明】选项组中的【折射率】参数用于设置折射贴图使用的折射率，从而使材质能够模拟不同物质产生的不同折射效果。

【反射暗淡】选项组中的参数用于设置对象的阴影区域内反射贴图的暗淡效果。当一个物体的表面包含其他物体的投影时，这个物体的阴影区域将会变得暗淡，但是标准的反射材质没有考虑这一点，而是在物体的表面进行全方位反射，物体此时会失去投影的影响，因而变得通体发亮，这会导致场景显得不真实。此时，用户可通过启用【反射暗淡】设置来控制对象被投影区域的反射强度。

4)【超级采样】卷展栏。

“标准”“光线跟踪”和“建筑”类型的材质都有【超级采样】卷展栏，其作用是在材质上执行附加的抗锯齿过滤操作，该操作虽然要花费更长的时间渲染场景，但却可以提高图像的质量(在渲染非常平滑的反射高光、精细的凹凸贴图以及高分辨率的图片时，“超级采样”特别有用)，如图 8-48 所示。

3ds Max 默认在【超级采样】卷展栏中已经选中【使用全局设置】复选框，如图 8-49 所示，以便启用全局的抗锯齿设置。全局的抗锯齿设置在【渲染设置】面板的【光线跟踪器】选项卡中默认没有启用。

在图 8-49 所示的【渲染设置】对话框的【光线跟踪器】选项卡中选中【启用】复选框，即可启用全局的抗锯齿设置，在该复选框右侧的下拉列表中，有【快速自适应抗锯齿器】和【多分辨率自适应抗锯齿器】两个选项，如图 8-50 所示。

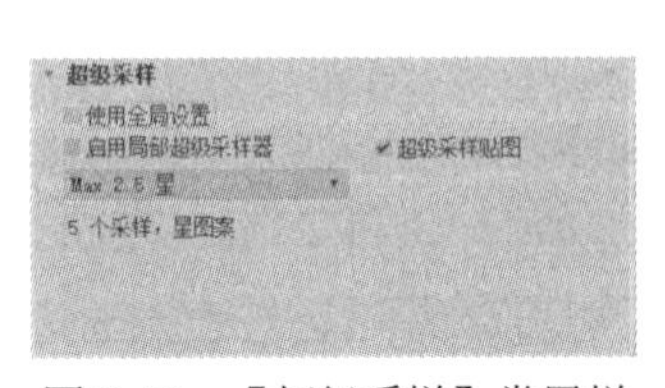

图 8-48　【超级采样】卷展栏

图 8-49　启用全局的抗锯齿设置

图 8-50　选择抗锯齿类型

在选择完抗锯齿类型后，单击【抗锯齿参数】按钮，可以打开相应的参数设置对话框，如图 8-51 所示。

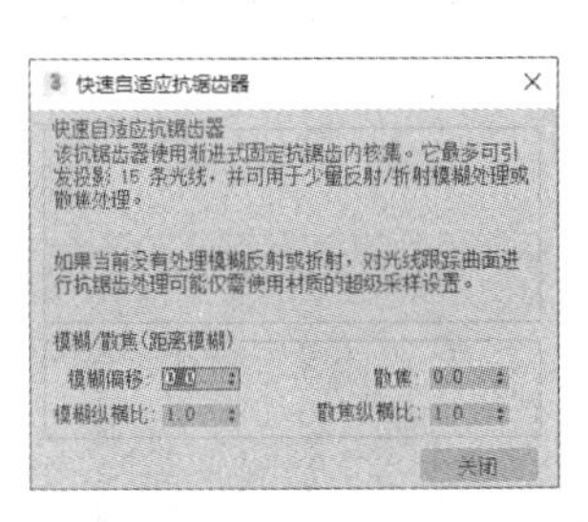

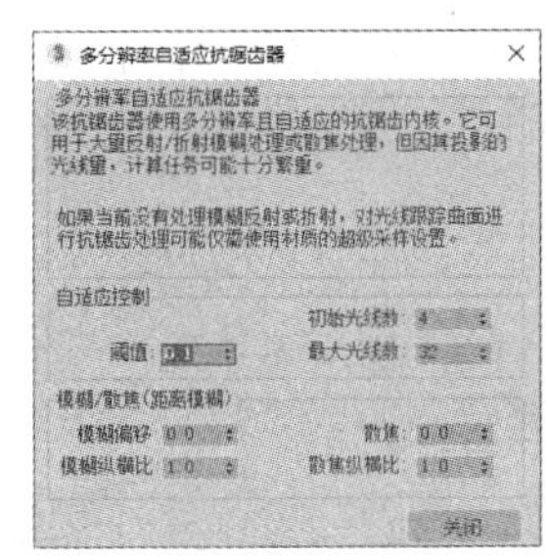

图 8-51　设置抗锯齿参数

如果启用了全局的抗锯齿设置，那就需要对场景中所有被赋予了具有抗锯齿功能的材质的物体进行抗锯齿处理，但这在很多时候是没必要的。例如，对于场景中一些不要的物体(非焦点)，就完全没有必要对它们进行抗锯齿处理。因此，一般情况下不需要启用全局的抗锯齿设置，而是只对需要进行抗锯齿处理的物体启用物体自身的抗锯齿设置就可以了。

5)【贴图】卷展栏。

在【材质编辑器】对话框的【贴图】卷展栏中，用户可以为材质设置贴图，一共有 17 种贴图方式，对于不同的明暗器类型，【贴图】卷展栏中的通道数量也各不相同。通过在不同的贴图通道内设置各种贴图，便可以在物体的不同区域产生不同的贴图效果。

【例 8-5】 在【贴图】卷展栏中通过操作贴图通道制作金属材质效果。 视频

(1) 打开图 8-52 所示的戒指模型，按下 M 键打开【材质编辑器】对话框，选择一个材质球，在【明暗器基本参数】卷展栏中设置明暗器类型为【(A)各向异性】，然后在【各向异性基本参数】卷展栏中设置【漫反射级别】为 50、【高光级别】为 100、【光泽度】为 50、【各向异性】为 50。

(2) 将步骤(1)中选中的材质球拖至场景中的物体上。按下 F9 功能键渲染场景，效果如图 8-53 所示。

(3) 在【贴图】卷展栏中单击【漫反射颜色】选项右侧的【无贴图】按钮，如图 8-54 所示。

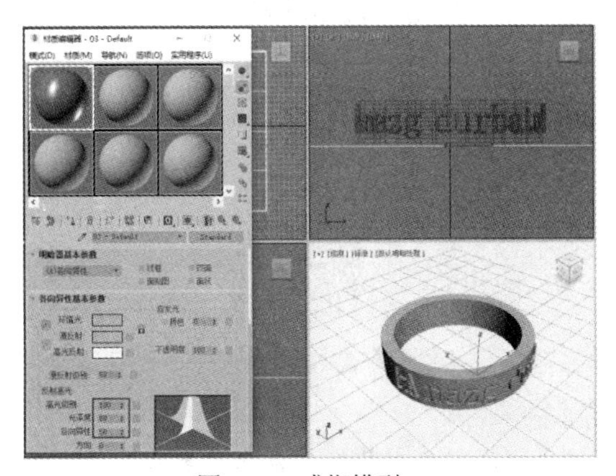

图 8-52　戒指模型

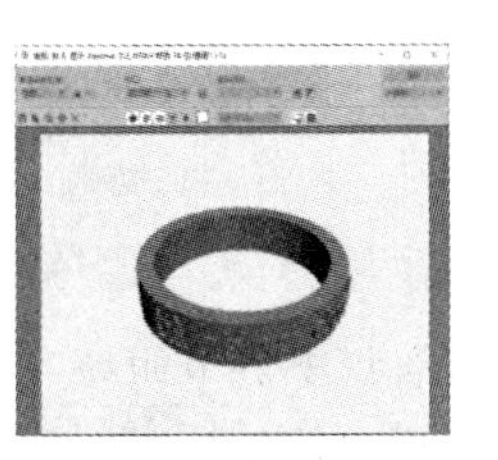

图 8-53　渲染效果

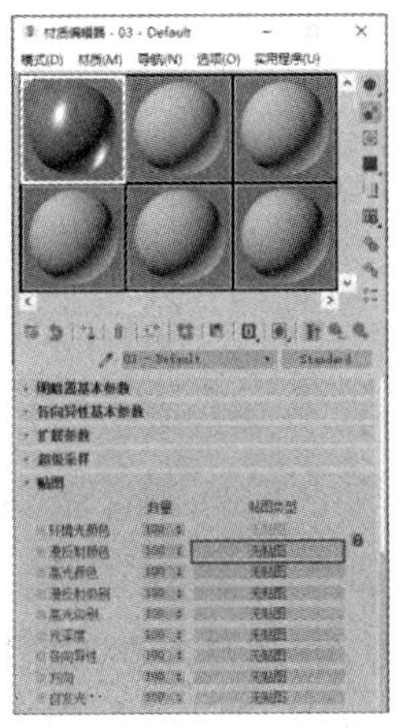

图 8-54　单击【无贴图】按钮

(4) 打开【材质/贴图浏览器】对话框，选择【位图】选项，然后单击【确定】按钮，打开【选择位图图像文件】对话框，选择一幅位图后，单击【打开】按钮，如图 8-55 所示。

(5) 返回到【材质编辑器】对话框，在【坐标】卷展栏中设置 U 向和 V 向的【瓷砖】为 2，如图 8-56 所示。

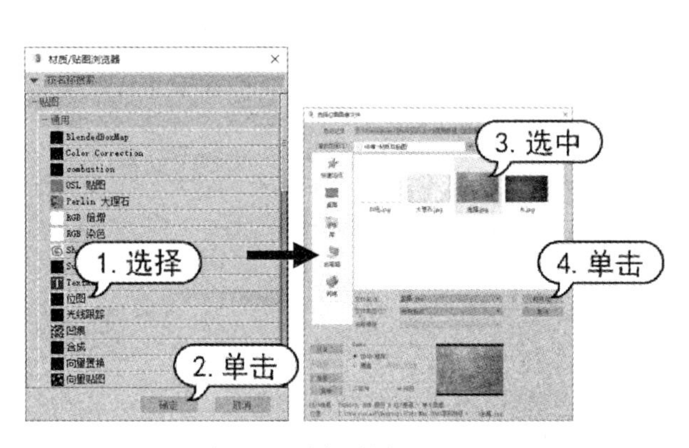

图 8-55 选择贴图

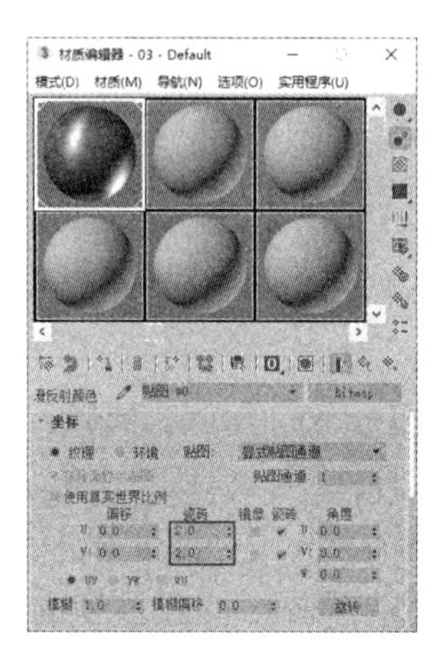

图 8-56 设置【坐标】卷展栏

(6) 在【材质编辑器】对话框中单击【转到父对象】按钮，然后拖动位图到【光泽度】和【凹凸】贴图通道中，在打开的对话框中选中【复制】单选按钮，然后单击【确定】按钮，如图 8-57 所示。

(7) 在【贴图】卷展栏中单击【自发光】选项右侧的【无贴图】按钮，打开【材质/贴图浏览器】对话框，选择【衰减】选项，为“自发光”贴图通道指定“衰减”贴图。

(8) 返回到【材质编辑器】对话框，在【衰减参数】卷展栏中单击第二个色块，打开【颜色选择器：颜色 2】对话框，设置 RGB 值为 210、195、175，单击【确定】按钮，如图 8-58 所示。

图 8-57 复制贴图

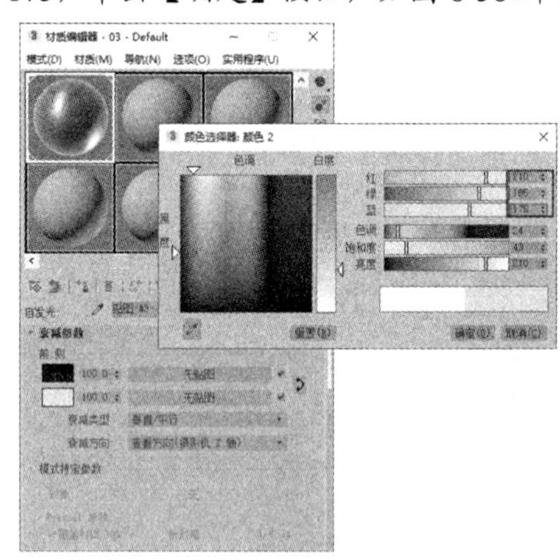

图 8-58 设置衰减参数

(9) 在【混合曲线】卷展栏中调节曲线，如图 8-59 所示。

(10) 单击【转到父对象】按钮，返回材质层级，在【各向异性基本参数】卷展栏中选中【颜色】复选框。

(11) 按下 F9 功能键渲染场景，效果如图 8-60 所示。

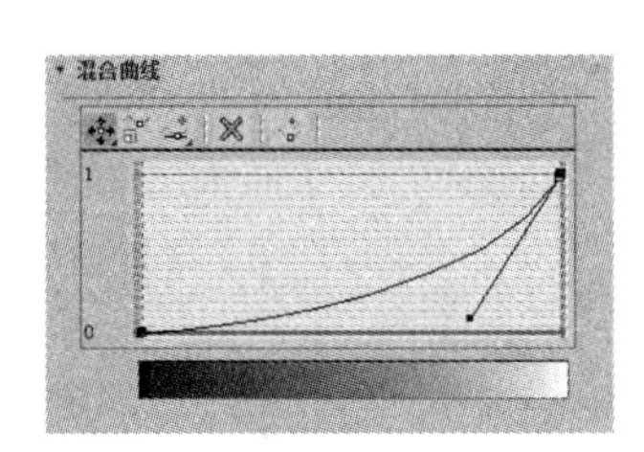

图 8-59　【混合曲线】卷展栏

图 8-60　场景的渲染效果

(12) 在【贴图】卷展栏中单击【反射】选项右侧的【无贴图】按钮，打开【材质/贴图浏览器】对话框，选中【位图】单选按钮，然后单击【确定】按钮，在打开的对话框中为“反射”贴图通道指定一幅位图。

(13) 在【坐标】卷展栏中设置【模糊】为 30，然后按下 F9 功能键渲染场景，模型的最终效果如图 8-61 所示。

图 8-61　金属材质效果

8.2.2 Slate 材质编辑器

在 3ds Max 的主工具栏中长按【材质编辑器】按钮或者按下 M 键，在打开的对话框中选择【模式】|【Slate 材质编辑器】命令，系统将打开 Slate 材质编辑器，其中包含了各种编辑工具，它们可以帮助我们制作对象的材质。

1)【选择】工具。打开素材文件后，使用刚才介绍的方法打开 Slate 材质编辑器，工具栏中的【选择】按钮默认处于激活状态，该工具用于选择 Slate 材质编辑器内材质的各个节点，如图 8-62 所示。

2)【从对象拾取材质】工具。该工具用于从场景中将对象的材质调入 Slate 材质编辑器中，如图 8-63 所示。

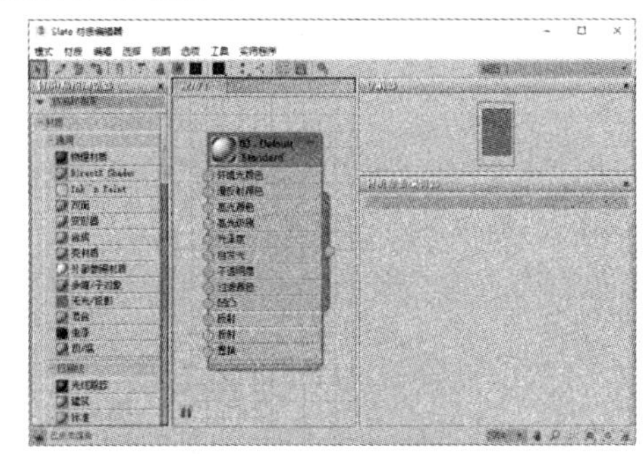

图 8-62　选择材质的各个节点

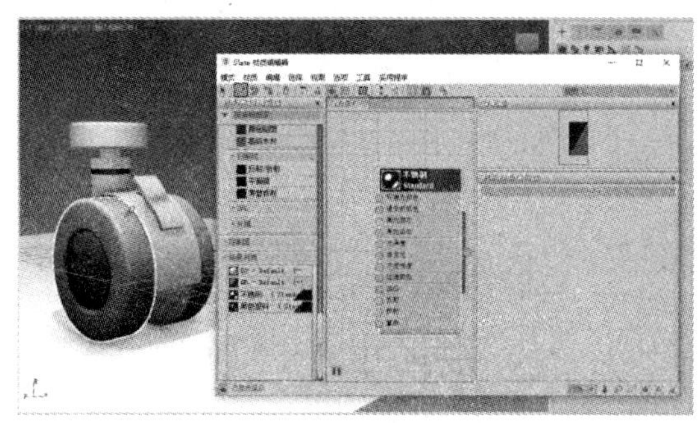

图 8-63　从对象拾取材质

3)【将材质指定给选定对象】工具。首先在场景中选中一个对象，然后在 Slate 材质编辑器中选择一个节点，最后在工具栏中单击【将材质指定给选定对象】按钮，即可将当前选择的材质赋予场景中选定的对象，如图 8-64 所示。

4)【将材质放入场景】工具。在 Slate 材质编辑器中，按住 Ctrl 键选中材质的各个节点，然后按住 Shift 键并拖动，便可以将材质复制一份。

此时，我们可以对原始材质进行调节。如果发现调节后的效果没有原来的好，那么可以选择复制得到的材质，单击【将材质放入场景】按钮，即可将选择的材质赋予原来的物体，这相当于对原始材质做了备份，如图 8-65 所示。

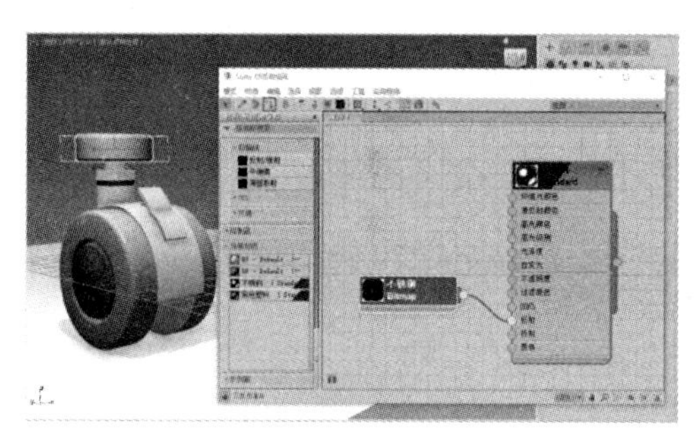

图 8-64　将材质指定给选定对象

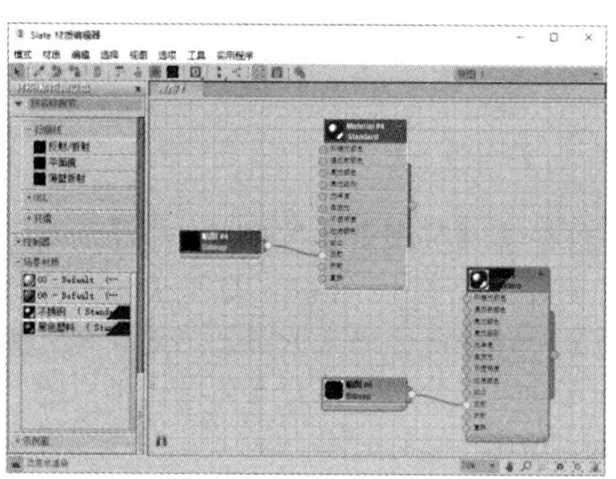

图 8-65　将材质放入场景

5)【删除选定对象】工具。单击工具栏中的【选择】按钮，在活动视图中框选材质的各个节点，然后单击【删除选定对象】按钮，可将选中的材质删除。

6)【移动子对象】工具。激活工具栏中的【移动子对象】按钮，然后在活动视图中按住鼠标左键并拖动父节点，此时子节点将会随父节点一起移动。

7)【隐藏未使用的节点示例窗】工具。在工具栏中激活【隐藏未使用的节点示例窗】按钮后，便可以将当前材质中未使用的节点隐藏。如此一来，用户就可以方便地查看当前材质中有哪些内容是被编辑过的，如图 8-66 所示。

8)【在视口中显示明暗处理材质】工具。在工具栏中长按【在视口中显示明暗处理材质】按钮，将弹出图 8-67 所示的下拉列表，其中包含两个按钮，分别是【在视口中显示明暗处理材质】按钮和【在视口中显示真实材质】按钮。

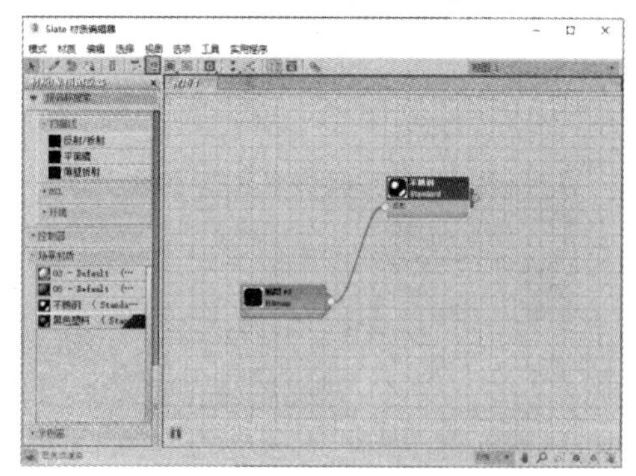

图 8-66　隐藏未使用的节点示例窗

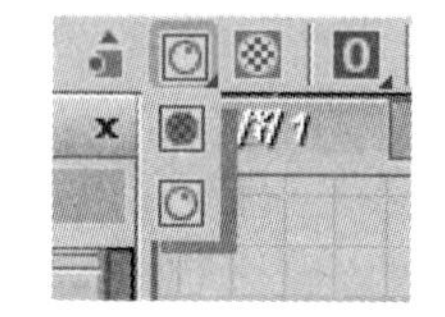

图 8-67　选择显示明暗处理材质还是显示真实材质

- 【在视口中显示明暗处理材质】按钮：单击该按钮后，当前材质的贴图效果将会显示在场景视图中，如图 8-68 所示。

- 【在视口中显示真实材质】按钮：单击该按钮后，系统将会使用硬件显示模式在场景中显示被选材质的贴图效果，如图 8-69 所示。

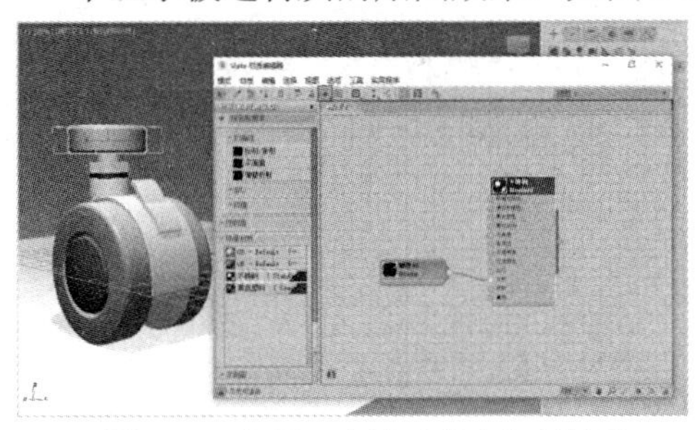

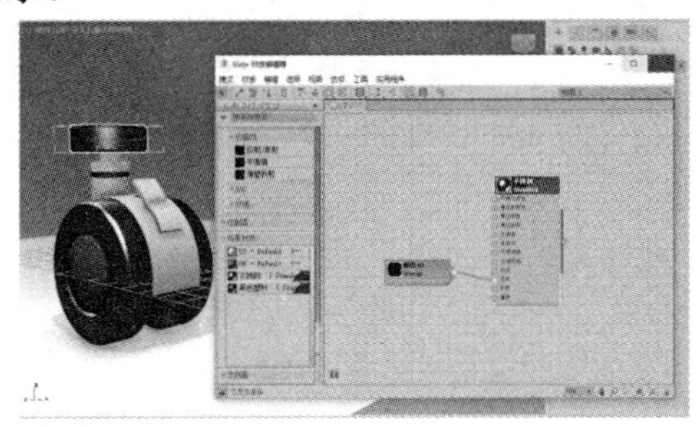

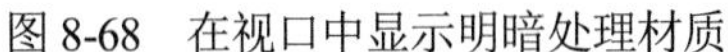

图 8-68　在视口中显示明暗处理材质　　图 8-69　在视口中显示真实材质

9)【在预览中显示背景】工具。在工具栏中单击【在预览中显示背景】按钮，可以将多颜色的方格背景添加到活动示例窗中(该工具在用户为材质设置了不透明度、反射、折射等效果的情况下非常有用)。

10)【布局全部-垂直】工具。在工具栏中单击【从对象拾取材质】按钮，将场景中对象的材质调入材质编辑器中，然后单击【布局全部-垂直】按钮，此时所有的节点及其子节点都会按层级垂直排列在活动窗口中。长按【布局全部-垂直】按钮，在弹出的下拉列表中选择【布局全部-水平】按钮，此时所有的节点及其子节点都将按层级水平排列在活动窗口中，如图 8-70 所示。

11)【布局子对象】工具。单击工具栏中的【布局子对象】按钮，系统将自动布局当前所选节点的子节点，并对子节点的位置进行规则排列(当材质中的子节点比较多且位置凌乱时，该工具能够快速整理子节点的位置)。

12)【材质/贴图浏览器】工具。激活工具栏中的【材质/贴图浏览器】按钮后，系统将在 Slate 材质编辑器的左侧显示【材质/贴图浏览器】窗格；反之，系统将隐藏【材质/贴图浏览器】窗格，如图 8-71 所示。

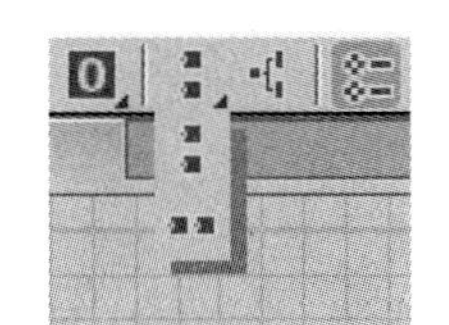

图 8-70　选择布局方式

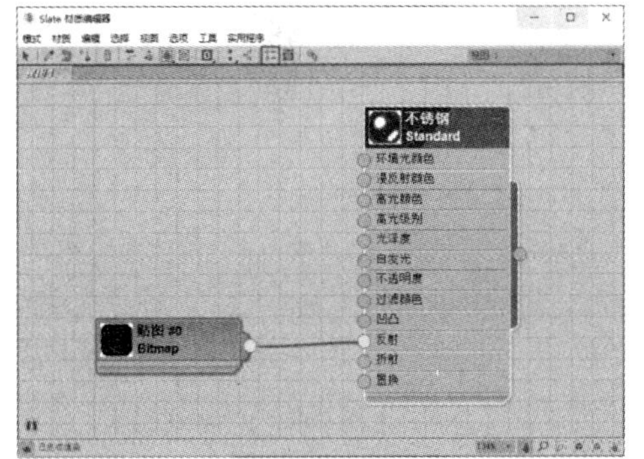

图 8-71　隐藏【材质/贴图浏览器】窗格

13)【参数编辑器】工具。激活工具栏中的【参数编辑器】按钮后，系统将在 Slate 材质编辑器中活动视图的右侧显示【参数编辑器】窗格，如图 8-72 所示。反之，系统将隐藏【参数编辑器】窗格。

14)【按材质选择】工具。在活动视图中选择一个材质(节点)，然后单击工具栏中的【按材质选择】按钮，系统将打开 Select Objects 对话框，在该对话框中，所有被赋予了选定材质的对象都将被选中，如图 8-73 所示。

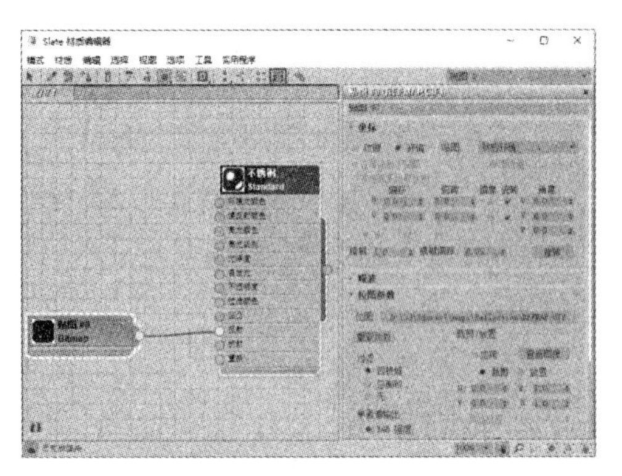

图 8-72　【参数编辑器】窗格

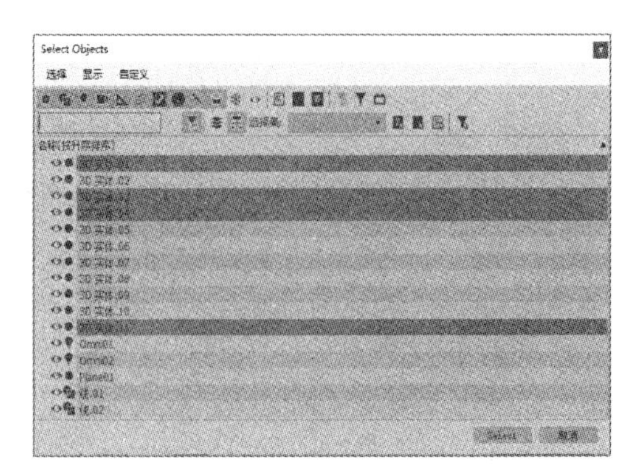

图 8-73　Select Objects 对话框

8.3　材质管理器

材质管理器主要用于浏览和管理场景中的所有材质。在 3ds Max 中选择【渲染】|【材质资源管理器】命令，可以打开【材质管理器】窗口，如图 8-74 所示。

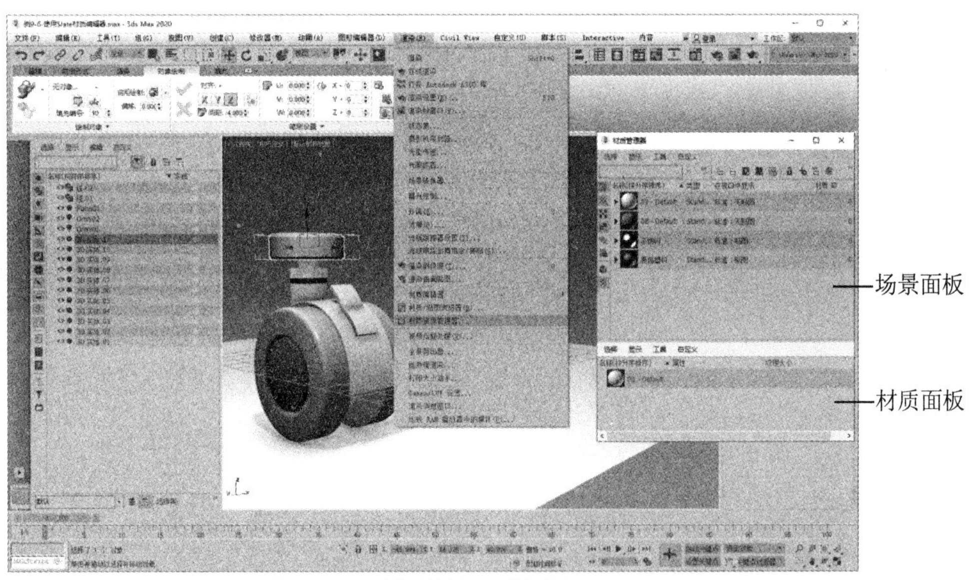

图 8-74　打开【材质管理器】窗口

如图 8-74 所示，【材质管理器】窗口分为场景面板和材质面板两部分。其中，场景面板主要用于显示场景对象的材质，材质面板则主要用于显示当前材质的属性和纹理。

8.3.1　场景面板

场景面板由菜单栏、工具栏、显示按钮和列 4 部分组成。

1. 菜单栏

1)【选择】菜单。展开【选择】菜单，其中的命令如图 8-75 所示。

- 【全部选择】命令：选择场景中的所有材质和贴图。
- 【选定所有材质】命令：选择场景中的所有材质。
- 【选定所有贴图】命令：选择场景中的所有贴图。
- 【全部不选】命令：取消选择场景中的所有材质和贴图。
- 【反选】命令：颠倒当前选择，即取消当前选择的所有对象，而选择前面未选择的对象。
- 【选择子对象】命令：作用相当于切换至子对象。
- 【查找区分大小写】命令：通过搜索字符串的大小写来查找对象。
- 【使用通配符查找】命令：通过搜索字符串中的字符来查找对象(如*或?)。
- 【使用正则表达式查找】命令：通过搜索正则表达式的方式来查找对象。

2)【显示】菜单。展开【显示】菜单，其中的命令如图 8-76 所示。

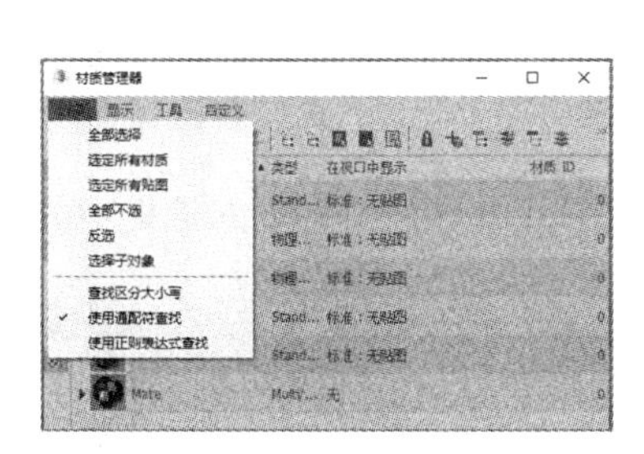

图 8-75　【选择】菜单

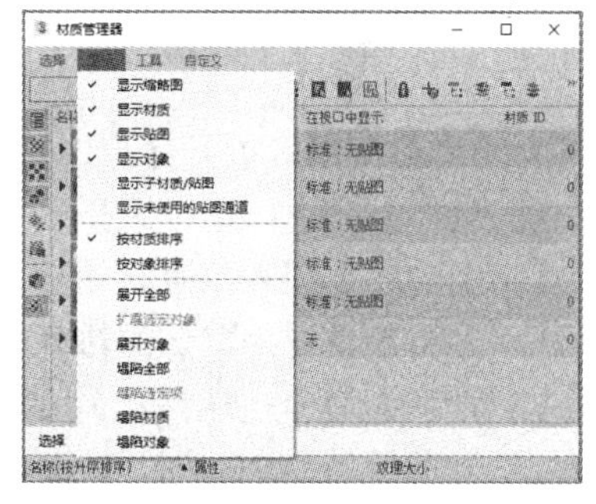

图 8-76　【显示】菜单

- 【显示缩略图】命令：在场景面板中显示每个材质和贴图的缩略图。
- 【显示材质】命令：在场景面板中显示每个对象的材质。
- 【显示贴图】命令：选择该命令后，每个材质的层次下面都会显示该材质用到的所有贴图。
- 【显示对象】命令：选择该命令后，每个材质的层次下面都会显示该材质被应用到的所有对象。
- 【显示子材质/贴图】命令：选择该命令后，每个材质的层次下面都会显示用于材质通道的所有子材质和贴图。
- 【按材质排序】命令：选择该命令后，层次将按材质名称进行排序。
- 【按对象排序】命令：选择该命令后，层次将按对象进行排序。
- 【展开全部】命令：展开层次以显示出所有的条目。
- 【扩展选定对象】命令：展开包含所选条目的层次。
- 【展开对象】命令：展开包含所有对象的层次。
- 【塌陷全部】命令：塌陷整个层次。
- 【塌陷选定项】命令：塌陷包含所选条目的层次。
- 【塌陷材质】命令：塌陷包含所有材质的层次。
- 【塌陷对象】命令：塌陷包含所有对象的层次。

3)【工具】菜单。展开【工具】菜单，其中的命令如图 8-77 所示。

- 【将材质另存为材质库】命令：将材质以“另存为”的方式保存到材质库中。

- 【按材质选择对象】命令：用于根据材质来选择场景中的对象。
- 【位图/光度学路径】命令：选择该命令后，系统将打开【位图/光度学路径编辑器】对话框，如图 8-78 所示。在该对话框中，用户可以管理场景对象的位图或光度学路径。
- 【代理设置】命令：选择该命令后，系统将打开【全局设置和位图代理的默认】对话框，如图 8-79 所示。该对话框用于确定 3ds Max 如何创建和使用材质中并入的位图的代理版本。
- 【删除子材质/贴图】命令：删除所选材质的子材质或贴图。
- 【锁定单元编辑】命令：选择该命令后，系统将禁止用户在【资源管理器】中编辑单元。

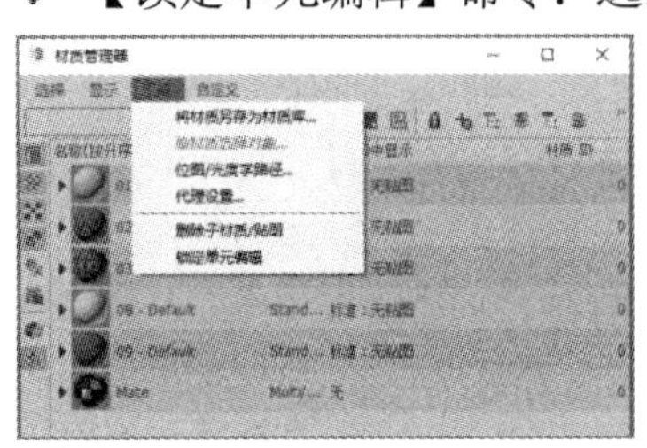

图 8-77 【工具】菜单

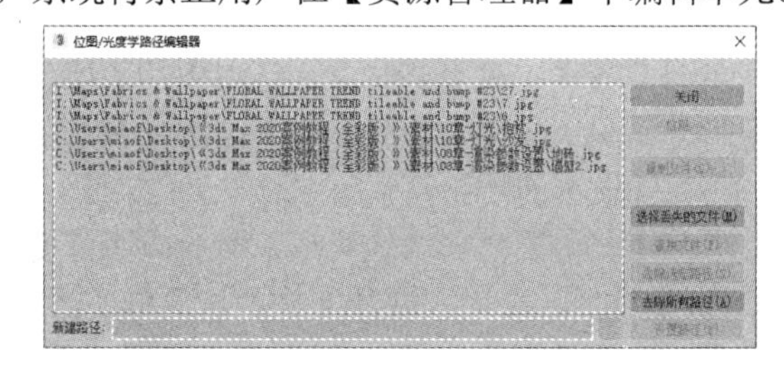

图 8-78 【位图/光度学路径编辑器】对话框

4)【自定义】菜单。展开【自定义】菜单，其中的命令如图 8-80 所示。

- 【工具栏】命令：用于选择要显示的工具栏。
- 【将当前布局保存为默认设置】命令：用于保存当前【资源管理器】对话框中的布局方式，并将其设置为默认的对齐方式。
- 【配置列】命令：选择该命令后，系统将打开【配置列】对话框。在该对话框中，用户可以为场景面板添加列。

图 8-79 【全局设置和位图代理的默认】对话框

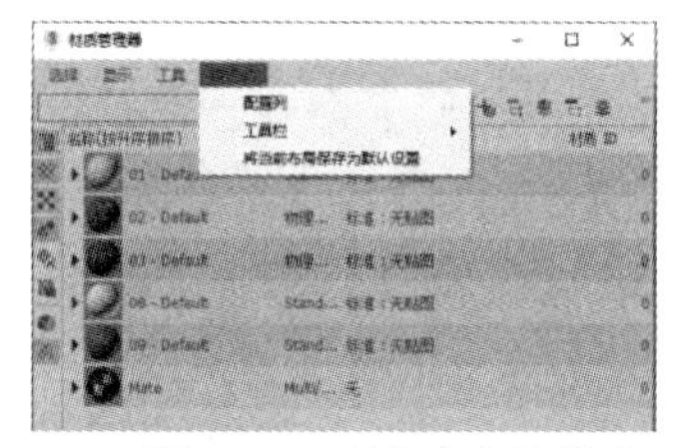

图 8-80 【自定义】菜单

2. 工具栏

工具栏中包含了一些用来对材质进行基本操作的工具，如图 8-81 所示，其中主要工具的功能说明如下。

- 【查找】框：可通过输入文本来查找对象。
- 【选定所有材质】按钮：选择场景中的所有材质。
- 【选定所有贴图】按钮：选择场景中的所有贴图。
- 【全部选择】按钮：选择场景中的所有材质和贴图。
- 【全部不选】按钮：取消选择场景中的所有材质和贴图。
- 【反选】按钮：颠倒当前选择，即取消当前选择的所有对象，而选择前面未选择的对象。
- 【锁定单元编辑】按钮：激活该按钮后，系统将禁止用户在【资源管理器】中编辑单元。

- 【同步到材质资源管理器】按钮：激活该按钮后，材质面板中的所有材质操作将与场景面板保持同步。
- 【同步到材质级别】按钮：激活该按钮后，材质面板中的所有子材质将与场景面板保持同步。

3. 显示按钮

显示按钮主要用来控制材质和贴图的显示方式，它们与【显示】菜单中的命令是对应的，如图 8-82 所示。

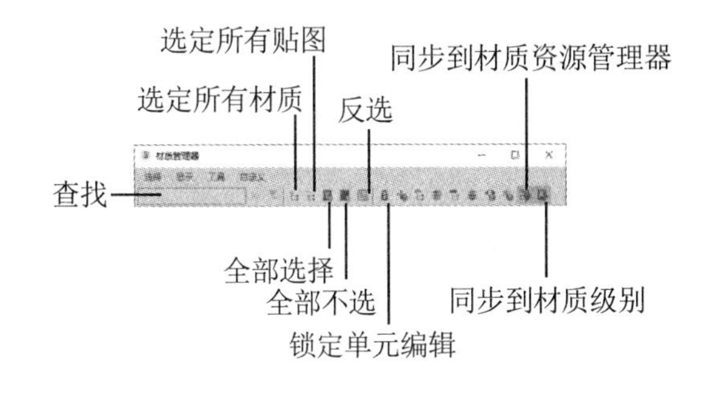

图 8-81 工具栏

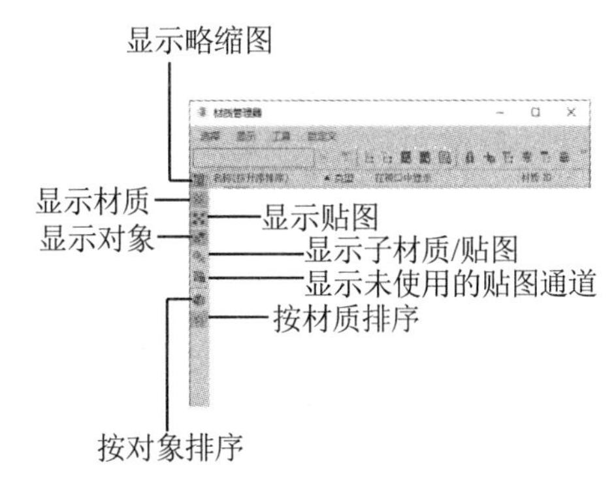

图 8-82 显示按钮

- 【显示缩略图】按钮：激活该按钮后，场景面板中将显示每个材质和贴图的缩略图。
- 【显示材质】按钮：单击该按钮后，场景面板中将显示每个对象的材质。
- 【显示贴图】按钮：激活该按钮后，每个材质的层次下面都会显示该材质用到的所有贴图。
- 【显示对象】按钮：激活该按钮后，每个材质的层次下面都会显示该材质被应用到的所有对象。
- 【显示子材质/贴图】按钮：激活该按钮后，每个材质的层次下面都会显示用于材质通道的所有子材质和贴图。
- 【显示未使用的贴图通道】按钮：激活该按钮后，每个材质的层次下面都会显示未使用的贴图通道。
- 【按对象排序】按钮和【按材质排序】按钮：分别对层次以对象或材质的方式进行排序。

4. 列

列主要用于显示场景中材质的名称、类型、在视口中的显示方式以及材质的 ID 号。

- 【名称】列：显示材质、对象、贴图或子材质的名称。
- 【类型】列：显示材质、贴图或子材质的类型。
- 【在视口中显示】列：注明材质和贴图在视口中的显示方式。
- 【材质 ID】列：显示材质的 ID 号。

8.3.2 材质面板

材质面板包括菜单栏和列两部分，材质面板中各个命令(或选项)的功能可以参考场景面板。

8.4 材质类型

在 3ds Max 中，不同类型的材质有不同的用途，例如：

- “标准”材质是默认的材质类型，这种材质拥有大量的调节参数，适用于绝大部分模型材质的制作。
- “光线跟踪”材质可以创建完整的光线跟踪反射和折射效果，主要作用是加强反射和折射材质的表现能力，同时提供雾效、颜色密度、半透明、荧光等特效。
- “无光/投影”材质能够使物体不可见，被赋予了这种材质的物体本身不可渲染，但场景中的其他物体可以在其上产生投影效果，这种材质通常用于对真实拍摄的素材与三维制作的素材进行合成。
- “高级照明覆盖”材质主要用于调整和优化光能传递求解的效果，对于高级照明系统来说，这种材质虽然不是必需的，但对于提高渲染效果却很重要。
- “建筑”材质用于设置自然界中真实物体的物理属性，因此在与“光度学灯光”和“光能传递”算法配合使用时，可以产生具有精确照明水平的逼真渲染效果。
- Ink’n Paint 材质能够赋予物体二维卡通的渲染效果。
- “壳材质”专用于贴图烘焙的制作。
- DirectX Shader 材质用于对视图中的对象进行明暗处理。
- “外部参照材质”能够在当前的场景文件中从外部参照应用于对象的某个材质。当在源文件中改变材质属性并保存时，在包含外部参照的主文件中，材质的外观可能会发生变化。

此外，在安装 VRay 渲染器后，打开【材质/贴图浏览器】对话框，其中还会提供更多类型的材质。

在 3ds Max 中，材质编辑器中的材质都是“标准”材质。“标准”材质是最基本也是最常用的一种材质类型。打开材质编辑器，选择任意一个材质球，我们发现工具栏的下方有一个 Standard 按钮，这表示当前材质为“标准”类型。单击 Standard 按钮，可以打开【材质/贴图浏览器】对话框，从中可以更改当前材质的类型，如图 8-83 所示。

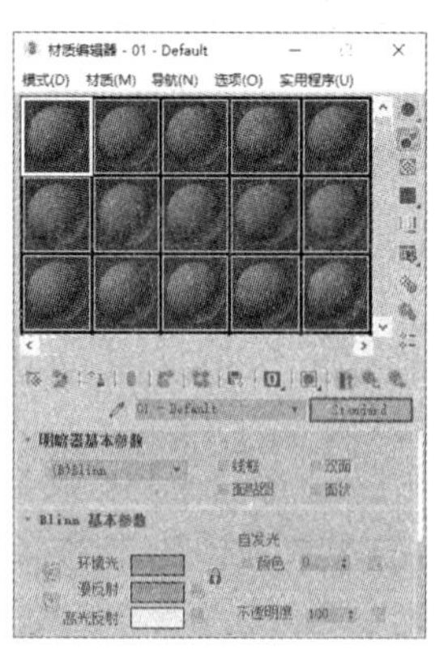

图 8-83 打开【材质/贴图浏览器】对话框

下面通过一个实例，介绍在 3ds Max 中更改材质类型并为场景中的对象设置“沙发”材质效果的方法。

【例 8-6】 制作“沙发”材质效果。 视频

(1) 打开素材文件后，按下 M 键打开【材质编辑器】对话框，选择一个材质球，将其命名为“沙发”，然后单击【名称】框右侧的按钮。

(2) 打开【材质/贴图浏览器】对话框，选择 VRayMtl 材质后，单击【确定】按钮，如图 8-84 所示。

(3) 在【基本参数】卷展栏中设置【漫反射】颜色为黑色，然后单击【漫反射】选项右侧的按钮，打开【材质/贴图浏览器】对话框，选中【衰减】选项，单击【确定】按钮，如图 8-85 所示。

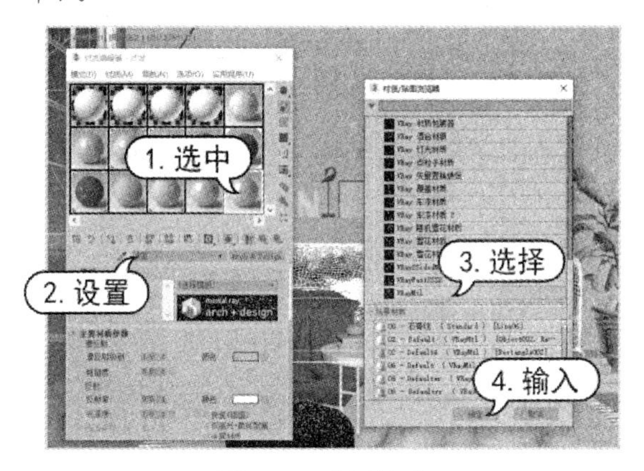

图 8-84　选择材质

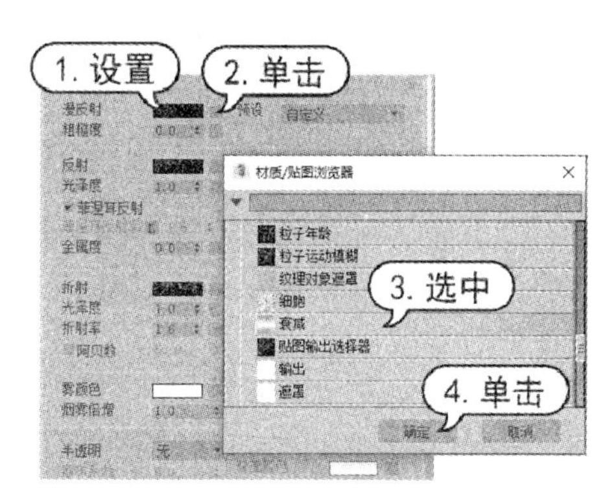

图 8-85　打开【材质/贴图浏览器】对话框

(4) 展开【衰减参数】卷展栏，在【前:侧】选项区域调整两个颜色分别为黑色和浅蓝色，设置【衰减类型】为 Fresnel。

(5) 在【模式特定参数】选项组中设置【折射率】为 2.1，如图 8-86 所示。

(6) 单击【转到父对象】按钮，返回到【基本参数】卷展栏，设置【光泽度】为 0.7 并取消【菲涅耳反射】复选框的选中状态。

(7) 最后，将“沙发”材质应用于场景中的沙发模型并渲染场景，效果如图 8-87 所示。

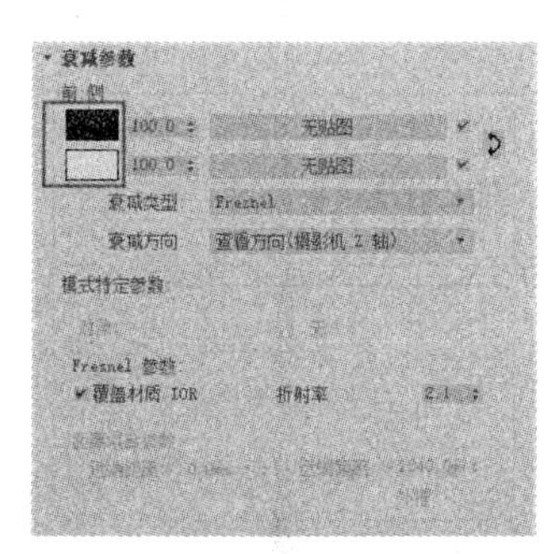

图 8-86　【衰减参数】卷展栏

图 8-87　场景的渲染效果

8.5 贴图类型

贴图能够在不增加物体几何结构复杂程度的基础上增强物体的细节程度，其最大的用途是提高材质的真实程度。高超的贴图技术是制作仿真材质的关键，也是决定最后渲染效果的关键。

在 3ds Max 中展开“标准”材质的【贴图】卷展栏，其中有很多贴图通道，在这些贴图通道中，用户可以通过加载贴图来表现物体的属性。单击任意一个通道，在打开的【材质/贴图浏览器】对话框中，我们可以观察到有很多贴图类型，主要包括 2D 贴图、3D 贴图、合成器贴图、反射和折射贴图以及颜色修改器贴图等，如图 8-88 所示。

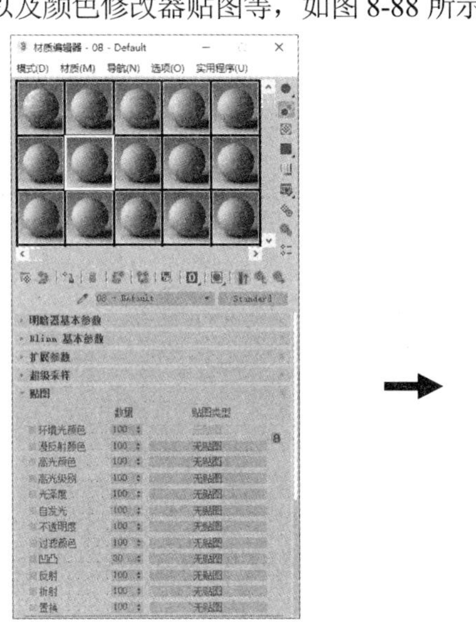

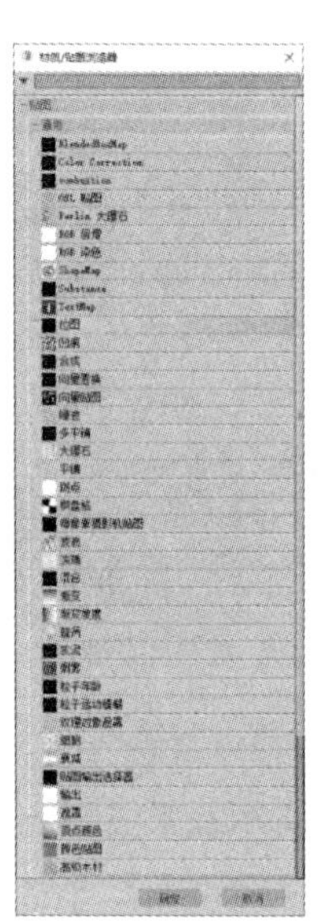

图 8-88　选择贴图类型

8.5.1　2D 贴图

2D 贴图是赋予几何体表面或指定用来为环境贴图制作场景背景的二维图像。在【材质/贴图浏览器】对话框中，属于 2D 贴图的有 combustion 贴图、Substance 贴图、“位图”贴图、“向量置换”贴图、“向量贴图”、“平铺”贴图、“棋盘格”贴图、“每像素摄影机贴图”、“渐变”贴图、“渐变坡度”贴图、“漩涡”贴图和“贴图输出选择器”贴图等。

- “位图”贴图：“位图”贴图是最基本、最常用的贴图类型，这种贴图类型允许使用一张图片作为贴图(支持 BMP、GIF、JPEG、PNG 等多种主流图像格式)。
- “平铺”贴图：“平铺”贴图可以在对象表面创建各种形式的方格组合图案，如砖墙、瓷砖块等。
- “棋盘格”贴图：“棋盘格”贴图就像国际象棋一样，既可以产生两色方格交错的图案，也可以通过设置指定对两个贴图进行交错。通过进行棋盘格贴图间的嵌套，用户可以产生多彩的方格图案效果，这种贴图类型常用于制作一些格状纹理。
- “渐变”贴图可以使对象产生三色(或三个贴图)的渐变过渡效果，可扩展性非常强，有线性渐变和放射状渐变两种类型。

▽ “渐变坡度”贴图：“渐变坡度”贴图与“渐变”贴图相似，也可以产生颜色或贴图之间的渐变效果，但“渐变坡度”贴图允许指定任意数量的颜色或贴图，因而能够制作出更为多样化的渐变效果。

【例 8-7】 利用“位图”贴图制作玻璃材质效果。 视频

(1) 打开素材文件后，按下 M 键打开【材质编辑器】对话框，选择一个材质球，将其命名为“玻璃”，然后单击 Standard 按钮，如图 8-89 所示。

(2) 打开【材质/贴图浏览器】对话框，选择 VRayMtl 材质后，单击【确定】按钮，如图 8-90 所示。

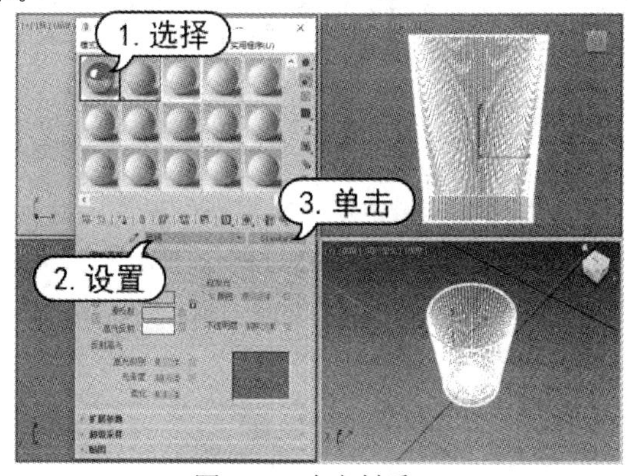

图 8-89　命名材质

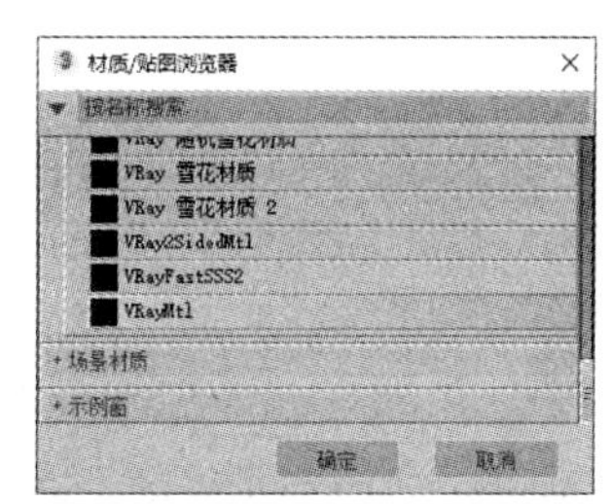

图 8-90　【材质/贴图浏览器】对话框

(3) 在【基本参数】卷展栏的【反射】选项组中调整【反射】颜色为灰色，然后在【光泽度】微调框中输入 0.97，单击该微调框右侧的按钮，打开【材质/贴图浏览器】对话框，选择【位图】选项，单击【确定】按钮，如图 8-91 所示。

(4) 打开【选择位图图像文件】对话框，选择完贴图文件后，单击【打开】按钮，如图 8-92 所示。

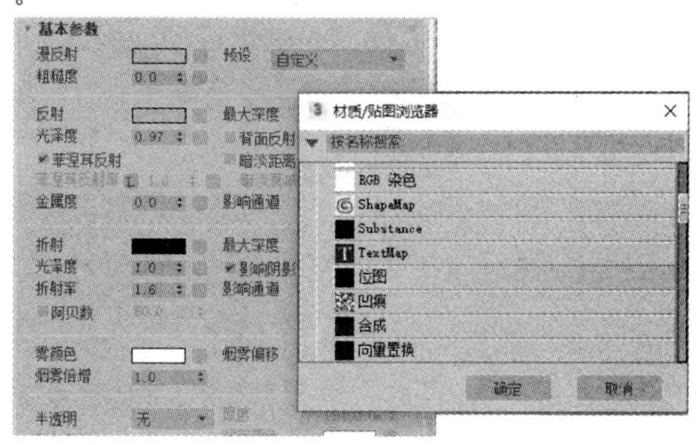

图 8-91　设置基本参数

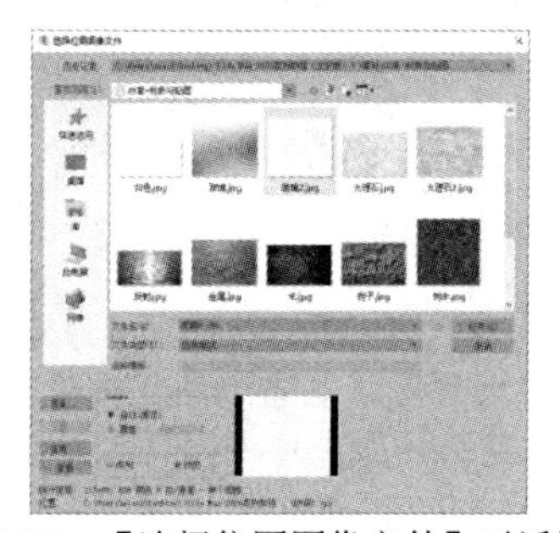

图 8-92　【选择位图图像文件】对话框

(5) 单击【转到父对象】按钮，返回到【基本参数】卷展栏，将【折射】颜色设置为白色，在【折射率】微调框中输入 15，将【雾颜色】设置为深灰色，将【烟雾倍增】设置为 0.25，如图 8-93 左图所示。

(6) 展开【贴图】卷展栏，将【不透明度】设置为 35，如图 8-93 右图所示。

(7) 在将制作完成的材质赋予场景中的杯子模型后，按下 F9 功能键渲染场景，效果如图 8-94 所示。

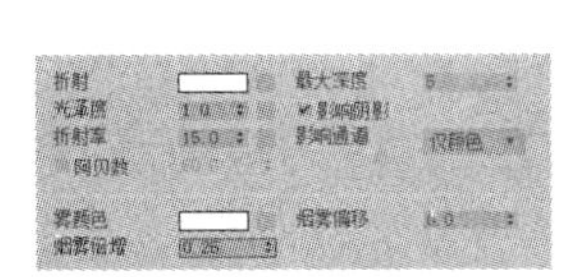
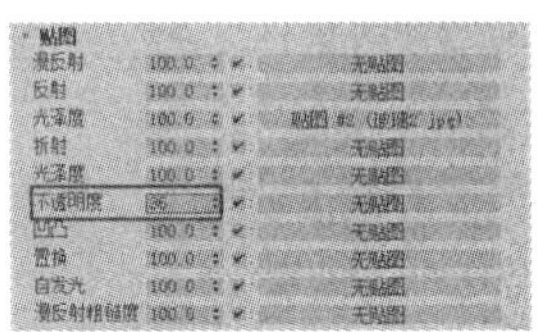

图 8-93　设置参数

图 8-94　渲染效果

8.5.2　3D 贴图

3D 贴图是能够产生三维空间图案的程序贴图。例如，将指定了“大理石”贴图的几何体切开后，用户会发现几何体的内部同样显示着与外表面匹配的纹理。在 3ds Max 中，属于 3D 贴图的有“细胞”贴图、“凹痕”贴图、“衰减”贴图、“大理石”贴图、“噪波”贴图、“粒子年龄”贴图、“粒子运动模糊”贴图、“Perlin 大理石”贴图、“烟雾”贴图、“斑点”贴图、“泼溅”贴图、“灰泥”贴图、“波浪”贴图和“木材”贴图等。

- “细胞”贴图：“细胞”贴图能够生成用于实现各种视觉效果的细胞图案，如图 8-95 所示，包括马赛克瓷砖、鹅卵石表面和海洋表面。
- “凹痕”贴图：“凹痕”贴图可以根据分形噪波产生随机图案(图案的效果取决于贴图类型)，如图 8-96 所示。

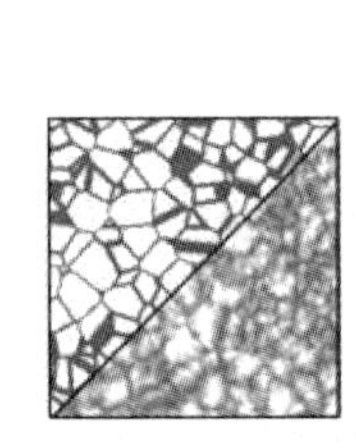

图 8-95　“细胞”贴图

图 8-96　“凹痕”贴图

- “大理石”贴图：“大理石”贴图可以生成大理石图案，如图 8-97 所示。
- “噪波”贴图：“噪波”贴图可以基于两种颜色或材质的交互模拟曲面的随机扰动效果，如图 8-98 所示。

图 8-97　“大理石”贴图

图 8-98　“噪波”贴图

- “粒子年龄”贴图：“粒子年龄”贴图主要用于粒子系统，这种贴图能够基于粒子的寿命更改粒子的颜色(或贴图)，如图 8-99 所示。
- “粒子运动模糊”贴图：“粒子运动模糊”贴图也主要用于粒子系统，这种贴图能够基于粒子的运动速率更改粒子前端和尾部的不透明度，如图 8-100 所示。

图 8-99　“粒子年龄”贴图

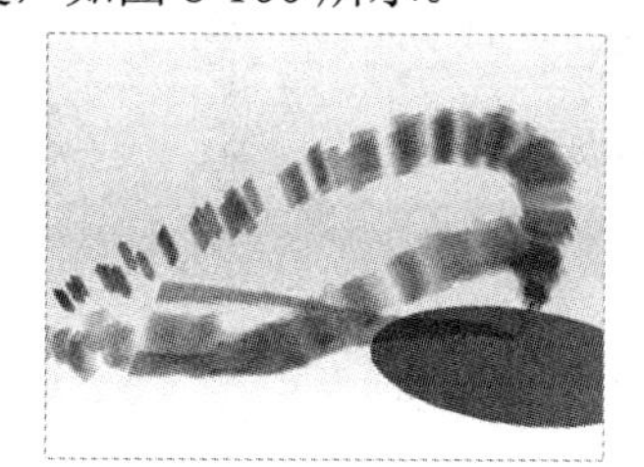

图 8-100　“粒子运动模糊”贴图

- “Perlin 大理石”贴图：“Perlin 大理石”贴图能够使用“Perlin 湍流”算法生成大理石图案(这种贴图是“大理石”贴图的替代方案)，如图 8-101 所示。
- “烟雾”贴图：“烟雾”贴图能够生成无序的、基于分形的湍流图案的 3D 贴图。这种贴图主要用于设置动画的不透明度，以模拟一束光线中的烟雾效果或其他云状流动效果，如图 8-102 所示。

图 8-101　“Perlin 大理石”贴图

图 8-102　“烟雾”贴图

- “斑点”贴图：“斑点”贴图能够生成斑点的表面图案，在与“漫反射颜色”贴图或“凹凸”贴图结合后，便可以创建类似于花岗岩的表面，如图 8-103 所示。
- “泼溅”贴图：“泼溅”贴图能够生成分形表面图案(如图 8-104 所示)，这对于通过结合“漫反射颜色”贴图创建类似于泼溅的图案非常有用。

图 8-103　“斑点”贴图

图 8-104　“泼溅”贴图

- “灰泥”贴图：“灰泥”贴图能够生成曲面图案，在与“凹凸”贴图结合后，便可以创建灰泥曲面的效果，如图 8-105 所示。
- “波浪”贴图：“波浪”贴图能够生成水面规则的波浪效果，如图 8-106 所示。
- “木材”贴图：“木材”贴图能够生成木纹效果(这种贴图一般需要结合其他贴图一起使用)，如图 8-107 所示。

图 8-105 “灰泥”贴图

图 8-106 “波浪”贴图

图 8-107 “木材”贴图

8.5.3 合成器贴图

合成器贴图能够将不同的颜色或贴图合成在一起。在进行图像处理时，利用合成器贴图，用户可以将两个或多个图像按指定的方式结合在一起。在 3ds Max 中，合成器贴图包括“合成”贴图、“遮罩”贴图、“混合”贴图和“RGB 倍增”贴图等。

- “合成”贴图：顾名思义，“合成”贴图是由其他贴图组成的，并且允许使用 Alpha 通道和其他方法将某层置于其他层之上，如图 8-108 所示。
- “遮罩”贴图：“遮罩”贴图实现了在曲面上通过一种材质查看另一种材质(遮罩负责控制应用到曲面的第二个贴图的位置)，如图 8-109 所示。

图 8-108 “合成”贴图

图 8-109 “遮罩”贴图

- “混合”贴图：“混合”贴图能够将两种颜色或材质合成到曲面的一侧。用户也可以将“混合数量”参数设为动画，然后画出使用变形功能曲线的贴图，从而控制两个贴图随时间混合的方式，如图 8-110 所示。
- “RGB 倍增”贴图：“RGB 倍增”贴图通常用作凹凸贴图，用户可能需要组合两个贴图才能获得正确的效果，如图 8-111 所示。

图 8-110 “混合”贴图

图 8-111 “RGB 倍增”贴图

8.5.4 反射和折射贴图

反射和折射贴图用于创建反射和折射效果。在 3ds Max 中，反射和折射贴图包括“平面镜”贴图、“光线跟踪”贴图、“反射/折射”贴图和“薄壁折射”贴图等。

- "平面镜"贴图："平面镜"贴图在被应用到共面集合时能够生成反射环境对象的材质，用户可以将其指定为材质的反射贴图，如图 8-112 所示。
- "反射/折射"贴图："反射/折射"贴图能够生成反射或折射表面，图 8-113 左图显示了将"反射/折射"贴图应用于气球模型的效果。
- "光线跟踪"贴图："光线跟踪"贴图可以提供全部光线的跟踪反射和折射。这种贴图生成的反射和折射比"反射/折射"贴图生成的反射和折射更精确，图 8-113 右图显示了将"光线跟踪"贴图应用于酒瓶模型的效果。

图 8-112　"平面镜"贴图

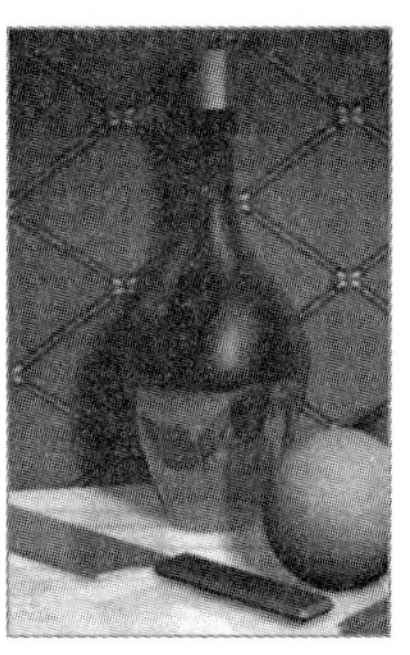

图 8-113　"反射/折射"贴图和"光线跟踪"贴图

- "薄壁反射"贴图："薄壁折射"贴图能够模拟"缓进"或"偏移"效果。对于涉及玻璃建模的对象(如窗口、窗格形状的"框"等)来说，这种贴图的速度更快，所用内存更少，并且提供的视觉效果优于"反射/折射"贴图，如图 8-114 所示。

图 8-114　"薄壁反射"贴图

8.5.5　颜色修改器贴图

颜色修改器贴图能够改变材质表面像素的颜色，包括"输出"贴图、"RGB 染色"贴图、"顶点颜色"贴图和"颜色贴图"等。

- "输出"贴图：利用"输出"贴图，用户可以将输出设置应用于不提供这些设置的程序贴图，如"棋盘格"贴图或"大理石"贴图。
- "RGB 染色"贴图："RGB 染色"贴图能够调整图像中 3 种颜色通道的值。3 种色样代表了 3 种通道。通过更改色样，用户可以调整相关颜色通道的值，如图 8-115 所示。
- "顶点颜色"贴图："顶点颜色"贴图能够改变可渲染对象的顶点颜色。用户既可以使用顶点绘制修改器或顶点颜色指定工具来指定顶点颜色，也可以使用可编辑网格顶点控件或可编辑多边形顶点控件来指定顶点颜色，如图 8-116 所示。

图 8-115　"RGB 染色"贴图

图 8-116　"顶点颜色"贴图

- "颜色贴图"：通过使用"颜色贴图"，用户可以轻松地创建和实例化纯色色样，这有助于实现颜色选择的一致性和准确性。

8.6 贴图通道

在“材质编辑器”对话框的【贴图】卷展栏中，可以为材质设置贴图。用户可以设置多种贴图通道，对于不同的明暗器类型，【贴图】卷展栏中的通道数量也不相同，如图 8-117 所示。

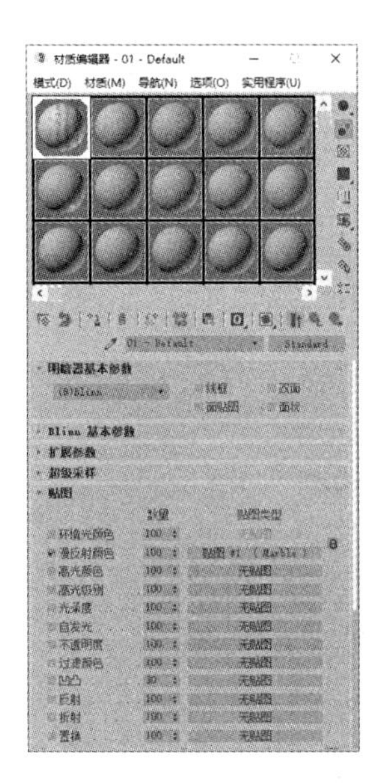
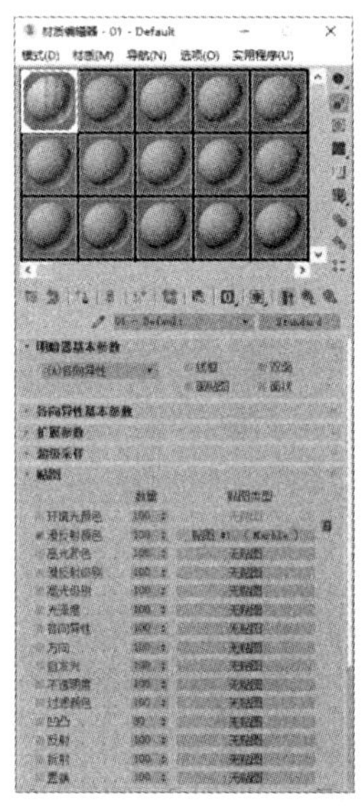
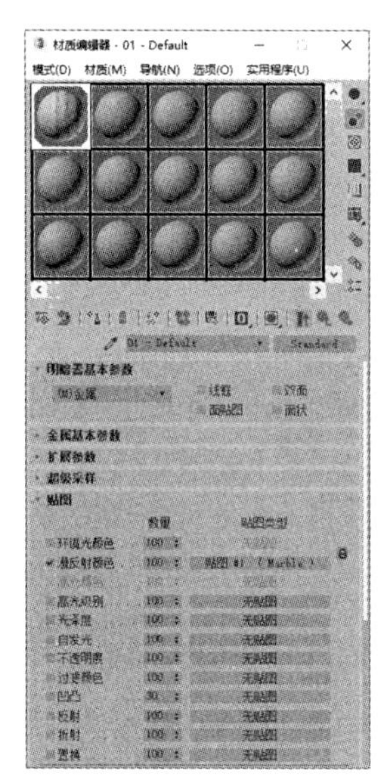
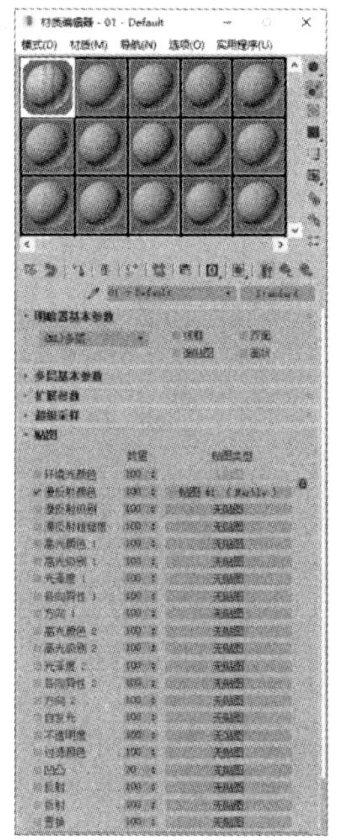

图 8-117　不同明暗器的贴图通道

通过为不同的贴图通道设置各种贴图，便可以在物体的不同区域产生不同的贴图效果。下面重点介绍几种常用的贴图通道。

1. “环境光颜色”贴图通道

“环境光颜色”贴图通道用于为物体的阴影区域指定贴图。用户可以通过使用位图文件或程序贴图，将图像贴图到材质的环境光颜色，图像此时将绘制在对象的明暗处理部分，如图 8-118 左图所示。

2. “漫反射颜色”贴图通道

“漫反射颜色”贴图通道主要用于表现材质的纹理效果，就像在物体的表面使用油漆绘图一样，如图 8-118 中图所示。

3. “凹凸”贴图通道

“凹凸”贴图通道能够通过贴图的明暗强度来影响材质表面的光滑程度，从而产生凹凸的表面效果，图像中的白色区域产生凸起，黑色区域产生凹陷。“凹凸”贴图通道的优点是：渲染速度快，在创建一些浮雕、砖墙或石板路时，这种贴图通道可以产生比较真实的效果。不过“凹凸”贴图通道也有缺陷：凹凸材质的凹凸部分不会产生投影效果，因而在物体的边界上看不到真正的凹凸。如果凹凸物体离镜头很近，并且需要表现出明显的投影效果，那么应当使用建模技术来实现。图 8-118 右图显示了“凹凸”贴图通道产生的效果。

图 8-118　“环境光颜色”贴图通道(左图)、“漫反射颜色”贴图通道(中图)和“凹凸”贴图通道(右图)

【例 8-8】 制作“木地板”材质效果。 视频

(1) 打开素材文件后，按下 M 键打开【材质编辑器】对话框，选择一个空白材质球，然后单击 Standard 按钮，打开【材质/贴图浏览器】对话框，选择 VRayMtl 材质，单击【确定】按钮，如图 8-119 所示。

(2) 将材质命名为“木地板”，在【基本参数】卷展栏中单击【漫反射】选项右侧的按钮，再次打开【材质/贴图浏览器】对话框，选择【位图】选项，单击【确定】按钮，在打开的对话框中加载“木地板.jpg”贴图文件，如图 8-120 所示。

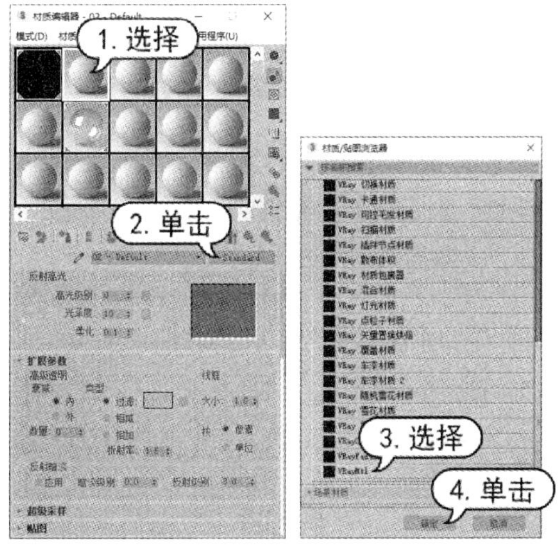

图 8-119　创建材质

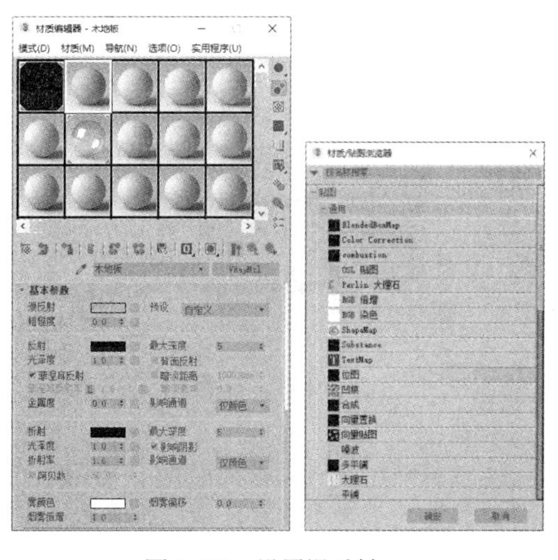

图 8-120　设置漫反射

(3) 在【坐标】卷展栏中设置【瓷砖】的 U 向为 1.0、V 向为 1.0、【模糊】为 0.7，如图 8-121 左图所示。

(4) 单击工具栏中的【转到父对象】按钮，在【基本参数】卷展栏中取消【菲涅耳反射】复选框的选中状态。

(5) 展开【贴图】卷展栏，将【漫反射】贴图通道后面的贴图拖至【凹凸】贴图通道上，在打开的对话框中选中【复制】单选按钮，然后单击【确定】按钮，如图 8-121 右图所示。

(6) 将创建的“木地板”材质赋予场景中的地板模型，然后按下 F9 功能键渲染场景，效果如图 8-122 所示。

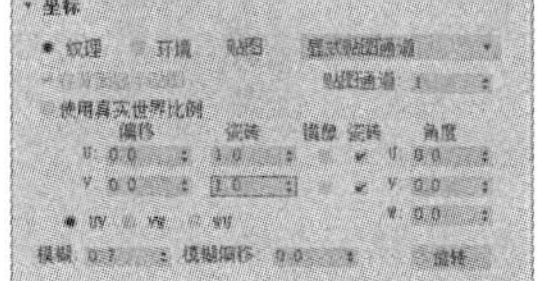
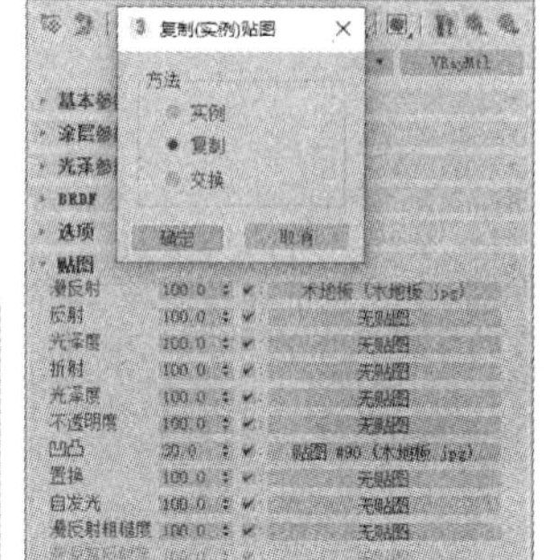

图 8-121 【坐标】卷展栏

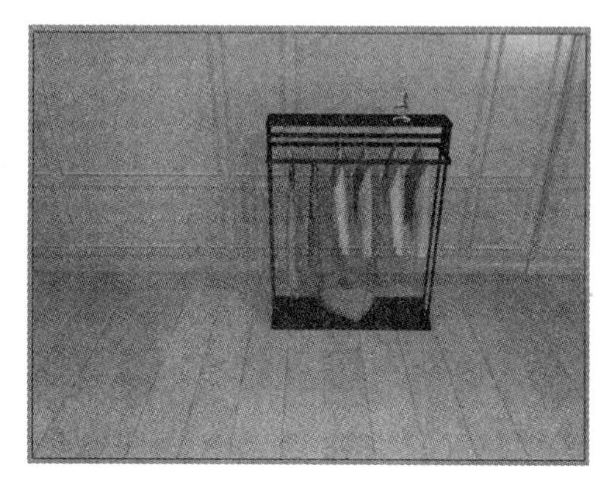

图 8-122 场景的渲染效果

4. “反射”贴图通道

“反射”贴图通道用于为材质定义反射效果，反射贴图是一种很重要的贴图方式。要想制作出光洁亮丽的反射质感，就必须熟练掌握反射贴图的使用方法。

在 3ds Max 中，一般使用以下两种方法来表现物体的反射效果。

- 使用“假反射”的方式，在“反射”贴图通道上指定一张位图或程序贴图作为反射贴图，这种方式的最大优点是渲染速度非常快，缺点是真实感较差，因为这种贴图方式不会真实地反射周围的环境，但只要贴图图案设置合理，实际上也能够很好地模拟玻璃、金属等材质效果，如图 8-123 所示。

图 8-123 使用“假反射”的方式模拟金属材质效果

- 使用真实的反射，最常用的方法是在“反射”贴图通道上指定“光线跟踪”贴图。“光线跟踪”贴图的工作原理是从物体的中央向周围观察，并将看到的部分贴到物体的表面。这种贴图方式可以模拟真实的反射，并且计算的结果最接近真实效果，但也最花费时间。贴图的强度决定了反射图像的清晰程度，强度越高，反射越强烈。

5. “自发光”贴图通道

“自发光”贴图通道能够将贴图图案以一种自发光的形式贴到物体的表面，图像中纯黑色的区域不会对材质产生任何影响，其他颜色区域则会根据自身的灰度值产生不同的发光效果，完全自发光的区域则不受场景中灯光和投影的影响，如图 8-124 所示。

6. “不透明度”贴图通道

“不透明度”贴图通道能够利用图像的敏感度在物体的表面产生透明效果，纯黑色的区域完全透明，纯白色的区域完全不透明，这是一种非常重要的贴图方式，常用来制作一些遮挡物体，如图 8-125 所示。

图 8-124　“自发光”贴图通道

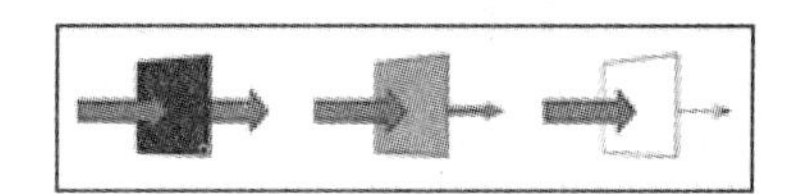

图 8-125　“不透明度”贴图通道

7. “折射”贴图通道

“折射”贴图通道常用于模拟空气、玻璃和水等介质的折射效果。为达到真实的折射效果，我们通常在“折射”贴图通道中也指定“光线跟踪”贴图方式，如图 8-126 所示。

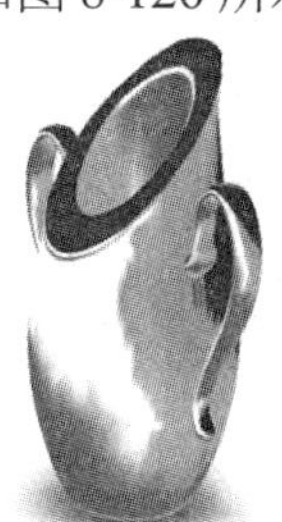

图 8-126　“折射”贴图通道

8. “置换”贴图通道

在“置换”贴图通道中设置贴图后，模型就会根据贴图图案的灰度分布情况对几何体的表面进行置换，较浅的颜色会比较深的颜色显得突出。与“凹凸”贴图通道不同的是，“置换”贴图通道是真正地改变模型的物理结构，从而实现真正的“凹凸”效果(也正因为如此，“置换”贴图的计算量很大)，如图 8-127 所示。

图 8-127　“置换”贴图通道

8.7　实例演练

本章主要介绍了 3ds Max 材质编辑器的一些基本用法、常见的材质编辑方法以及 3ds Max 提供的各种贴图。3ds Max 的材质编辑器非常强大，贴图也是千变万化。利用贴图，有时候不用增加模型的复杂程度即可表现对象的细节。通过材质编辑器，用户几乎可以制作出世界上任何物体的材质效果。下面将通过实例操作，帮助用户巩固所学的知识。

【例 8-9】 制作“挂画”材质效果。 视频

(1) 打开素材文件后，按下 M 键打开【材质编辑器】窗口，选择一个空白材质球，单击 Standard 按钮，在打开的【材质/贴图浏览器】对话框中选择 VRayMtl 材质。

(2) 将材质命名为“挂画”，然后在【基本参数】卷展栏中单击【漫反射】选项右侧的■按钮，再次打开【材质/贴图浏览器】对话框，选择【位图】选项，单击【确定】按钮，如图 8-128 所示。

(3) 打开【选择位图图像文件】对话框，选择“挂画.jpg”贴图文件，单击【打开】按钮。

(4) 返回到【材质编辑器】对话框，单击【转到父对象】按钮，返回到【基本参数】卷展栏，取消【菲涅耳反射】复选框的选中状态，然后将创建的“挂画”材质赋予场景中的挂画模型，如图 8-129 左图所示。

(5) 场景渲染后的效果如图 8-129 右图所示。

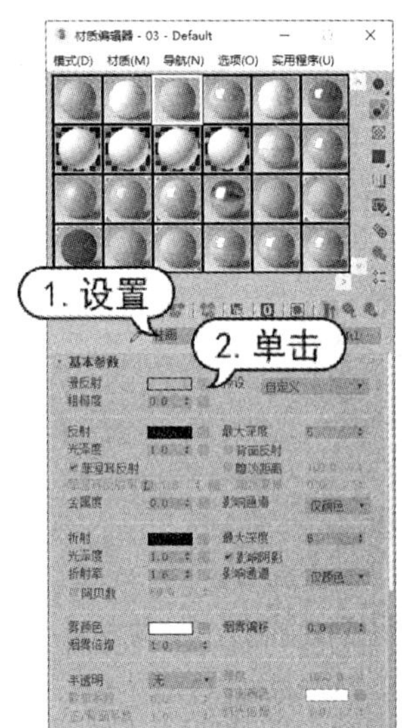

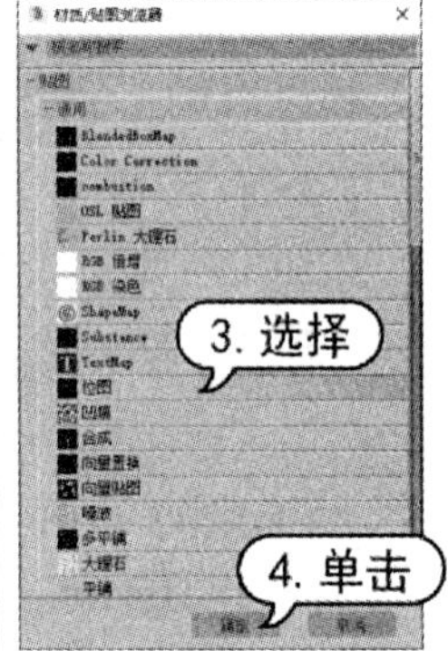

图 8-128　设置材质

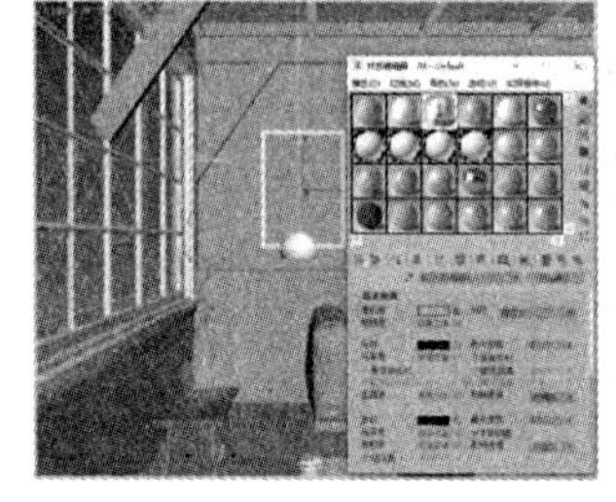

图 8-129　应用材质并渲染场景

8.8　习题

1. 什么是材质？什么是贴图？简述材质与贴图的关系。
2. 简述 3ds Max 中常用材质的类型和作用。
3. 运用本章所学的知识，尝试制作魔方材质。
4. 运用本章所学的知识，尝试制作黄金质感材质。
5. 运用本章所学的知识，尝试制作不锈钢和皮革材质。

第 9 章

渲染参数设置

渲染(也称为着色)是指用软件将模型生成为图像的过程，它是设计模型时常用的表达手段之一。渲染技术能让模型产品的效果图更具吸引力，看起来更真实、饱满、丰富。本章将重点介绍如何在 3ds Max 中通过调整【渲染设置】面板的参数来控制最终图像的照明程度、计算时间、图像质量等。

本章重点

- 扫描线渲染器
- Quicksilver 硬件渲染器
- VRay 渲染器

二维码教学视频

【例 9-1】 使用扫描线渲染器
【例 9-2】 使用 Quicksilver 硬件渲染器
【例 9-3】 渲染明亮客厅
【例 9-4】 渲染小型办公室
【例 9-5】 渲染阳台花园
【例 9-6】 渲染观光车

9.1　认识渲染

通常，我们所说的“渲染”指的是在 3ds Max 的【渲染设置】面板中，通过调整参数来控制最终图像的照明程度、计算时间、图像质量等，从而使计算机在合理的时间内渲染出令人满意的图像效果。图 9-1 展示了一些常见的 3ds Max 作品的渲染效果。

图 9-1　3ds Max 作品的渲染效果

1. 为什么要渲染模型

使用 3ds Max 制作的产品模型，最终都要展示给人们。但是，要将 3ds Max 作品打印出来，并不能直接对 3ds Max 文件进行打印，而是必须通过一个步骤将制作好的作品表现出来，这个步骤就是渲染。一件作品的最终效果，在很大程度上取决于渲染。

2. 渲染在建模流程中的位置

在 3ds Max 中制作三维模型时，通常的工作流程是：建模→灯光→材质→摄影机→渲染。渲染位于工作流程的最后，这说明此项操作是 3ds Max 建模流程的最终步骤，其计算过程相当复杂，我们必须认真学习并掌握其关键技术。

3. 常见的渲染器有哪些类型

3ds Max 默认支持的渲染器有 Iray 渲染器、mental ray 渲染器、Quicksilver 硬件渲染器、扫描线渲染器和 VUE 文件渲染器；而在安装好 VRay 渲染器之后，也可以使用 VRay 渲染器来渲染场景。此外，用户还可以安装一些其他的渲染插件，如 Renderman、Brazil、FinalRender、Maxwell 和 Lightscape 等。

4. 渲染工具有哪些

在 3ds Max 中，主工具栏的右侧提供了多个渲染工具，如图 9-2 所示。

- 【渲染设置】按钮：单击该按钮可以打开【渲染设置】对话框，3ds Max 的大部分渲染参数都在该对话框中。
- 【渲染帧窗口】按钮：单击该按钮可以打开【渲染帧窗口】对话框，从中可以选择渲染区域、切换通道和存储渲染图像等。

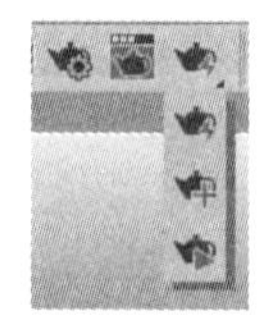

图 9-2　3ds Max 渲染工具

- 【渲染产品】按钮：单击该按钮可以使用当前的产品级渲染设置来渲染场景。
- 【渲染迭代】按钮：单击该按钮可以在迭代模式下渲染场景。
- 【动态着色】按钮：单击该按钮可以在浮动窗口中执行动态着色渲染。

9.2　扫描线渲染器

按下 F10 功能键可以打开图 9-3 左图所示的【渲染设置】对话框，从该对话框的标题栏中可以看到当前场景使用的渲染器的名称。【渲染设置】对话框包含【公用】【渲染器】、Render Elements、【光线跟踪器】和【高级照明】5 个选项卡。

扫描线渲染器是 3ds Max 渲染图像时默认使用的渲染引擎。顾名思义，这种渲染器在渲染图像时，将从上至下像扫描图像一样将最终的渲染效果显示出来(如图 9-3 右图所示)。

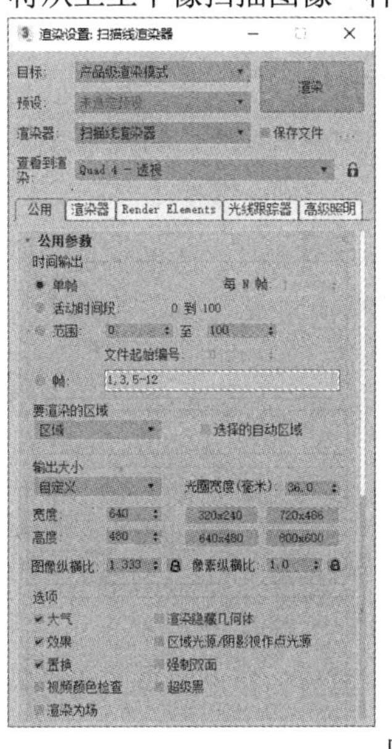

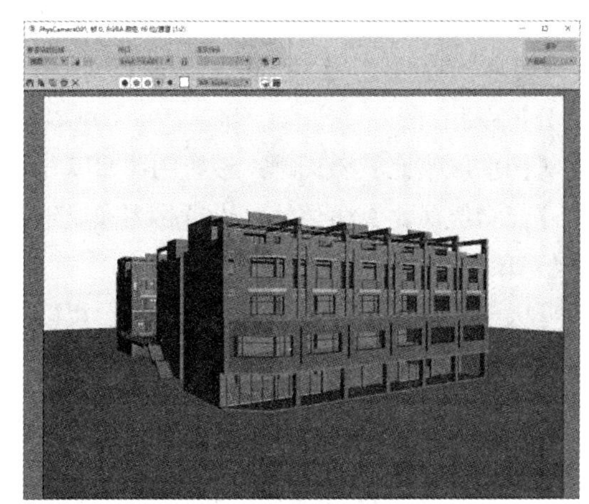

图 9-3　使用默认的扫描线渲染器

9.2.1　【公用】选项卡

【公用】选项卡包含【公用参数】【电子邮件通知】【脚本】和【指定渲染器】4 个卷展栏。下面介绍【公用参数】和【指定渲染器】两个卷展栏内主要选项的功能。

1. 【公用参数】卷展栏

1)【时间输出】选项组(如图 9-4 所示)。

- 【单帧】单选按钮：选中该单选按钮后，将渲染当前选中的帧。
- 【活动时间段】单选按钮：选中该单选按钮后，将渲染轨迹栏中帧的当前范围。
- 【范围】单选按钮：选中该单选按钮后，便可渲染用户在右侧的微调框中指定的两个帧(包括这两个帧)之间的所有帧。

- 【文件起始编号】微调框：用于指定起始文件编号，系统将从这个编号开始递增文件名(只适用于【活动时间段】和【范围】输出方式)。
- 【帧】单选按钮：选中该单选按钮后，便可渲染用逗号隔开的非顺序帧。

2)【输出大小】选项组(如图 9-5 所示)。

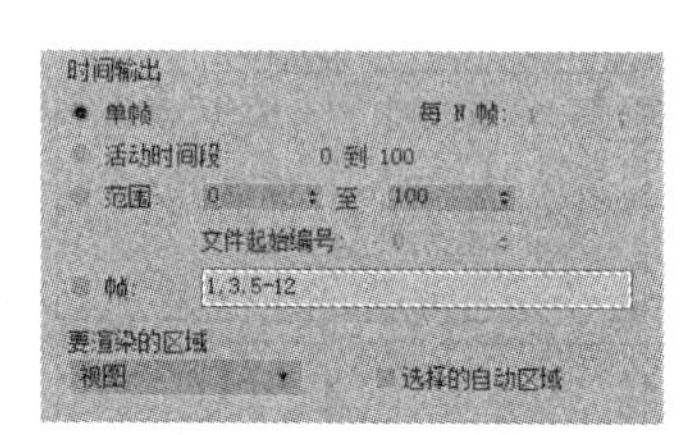

图 9-4　【时间输出】选项组

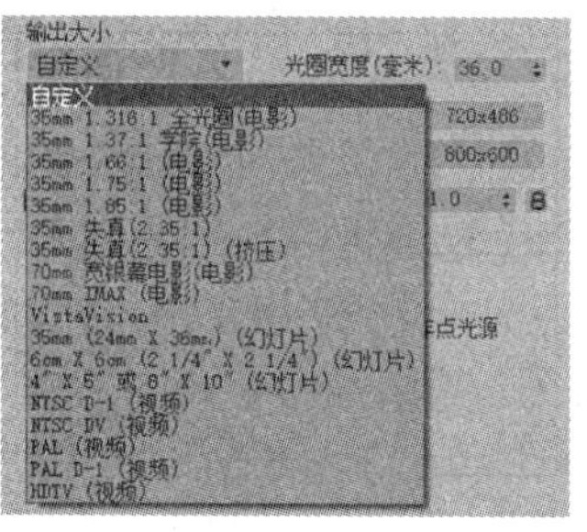

图 9-5　【输出大小】选项组

- 【输出大小】下拉按钮：单击该下拉按钮，在弹出的下拉列表中，用户可以从多个符合行业标准的电影和视频纵横比中进行选择。选择其中一种格式，然后可以使用其余控件设置输出分辨率。此外，要想设置自定义纵横比和分辨率，可以选择【自定义】选项。
- 【光圈宽度(毫米)】微调框：以像素为单位指定图像的宽度和高度，从而设置图像的输出分辨率。
- 【图像纵横比】微调框：设置图像宽度与高度的比例。
- 【像素纵横比】微调框：设置将图像显示在其他设备上时的像素纵横比。

3)【选项】选项组(如图 9-6 所示)。

- 【大气】复选框：选中该复选框后，可以渲染任何应用的大气效果，如体积雾效果。
- 【效果】复选框：选中该复选框后，可以渲染任何应用的渲染效果，如模糊效果。
- 【置换】复选框：渲染任何应用的置换贴图。
- 【视频颜色检查】复选框：检查超出 NTSC 或 PAL 安全阈值的像素颜色，然后标记这些像素颜色并将其改为可接受的值。
- 【渲染为场】复选框：渲染为视频场而不是帧。
- 【渲染隐藏几何体】复选框：渲染场景中所有的几何体对象，包括隐藏的对象。
- 【区域光源/阴影视作点光源】复选框：将所有的区域光源或阴影当作从点对象发出的进行渲染，这样可以加快渲染速度。
- 【强制双面】复选框：渲染所有曲面的两个面。
- 【超级黑】复选框：限制用于视频组合的渲染几何体的黑暗度(除非确实需要，否则禁用)。

4)【高级照明】选项组(如图 9-7 所示)。

- 【使用高级照明】复选框：选中该复选框后，3ds Max 将会在渲染过程中提供光能传递解决方案或光跟踪。
- 【需要时计算高级照明】复选框：选中该复选框后，当需要逐帧处理时，3ds Max 将会计算光能传递。

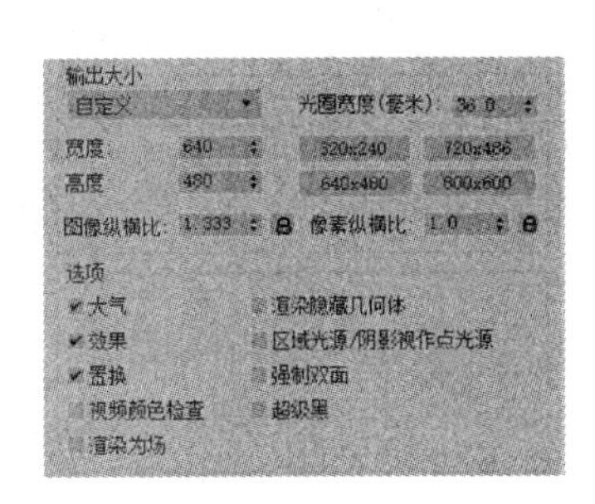

图 9-6　【选项】选项组

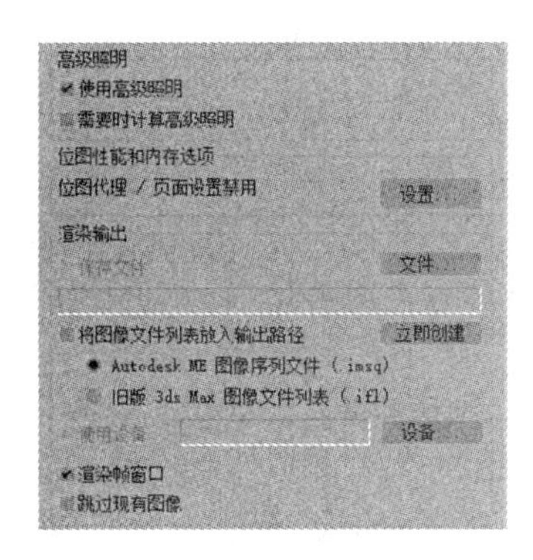

图 9-7　【高级照明】选项组

5)【渲染输出】选项组(如图 9-7 所示)。

- 【保存文件】复选框：选中该复选框后，3ds Max 在进行渲染时，就会将渲染后的图像或动画保存到磁盘上。仅当用户单击【文件】按钮并指定输出文件之后，【保存文件】复选框才可用。
- 【文件】按钮：单击该按钮将打开【渲染输出文件】对话框，该对话框提供了多种文件保存类型，如图 9-8 所示。

2. 【指定渲染器】卷展栏

【公用】选项卡中的【指定渲染器】卷展栏如图 9-9 所示，其中各选项的功能说明如下。

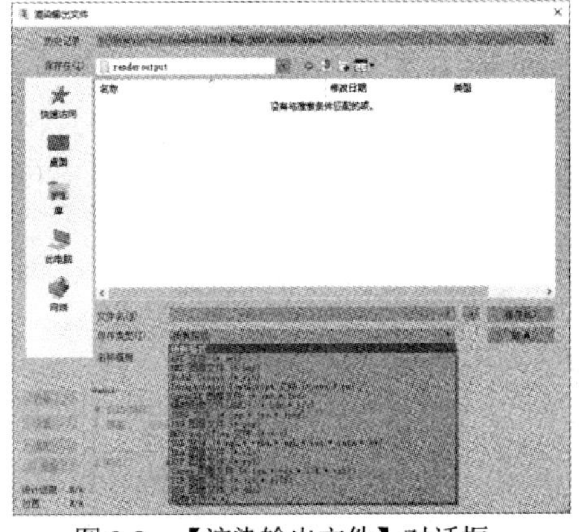

图 9-8　【渲染输出文件】对话框

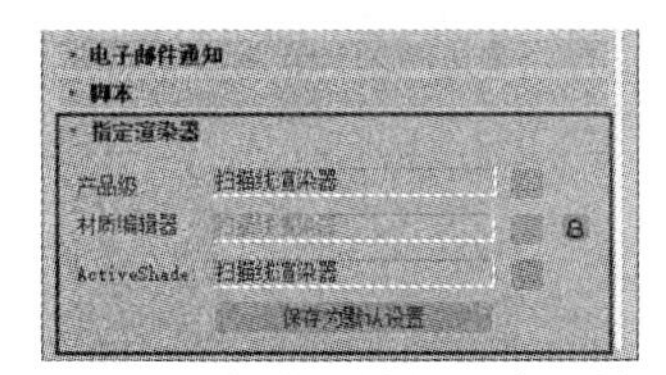

图 9-9 【指定渲染器】卷展栏

- 【产品级】选项：选择用于渲染图形输出的渲染器。
- 【材质编辑器】选项：选择用于渲染【材质编辑器】中示例材质的渲染器。
- ActiveShade 选项：选择用于预览场景中照明和材质更改效果的 ActiveShade 渲染器。
- 【保存为默认设置】按钮：单击该按钮可以将当前渲染器保存为默认设置，以便下次重启 3ds Max 时它们处于活动状态。

9.2.2 【渲染器】选项卡

【渲染设置】对话框中的【渲染器】选项卡如图 9-10 所示，其中各选项组中主要选项的功能说明如下。

1)【选项】选项组。

- 【贴图】复选框：禁用后，可忽略所有贴图信息，从而加速渲染。选中后，将自动影响反射和环境贴图，同时影响材质贴图(该复选框默认为选中状态)。
- 【自动反射/折射和镜像】复选框：选中后，将忽略自动反射/折射贴图以加速测试渲染。
- 【阴影】复选框：禁用后，将不再渲染投射阴影，从而加速测试渲染(该复选框默认为选中状态)。
- 【强制线框】复选框：选中后，即可将场景中的所有物体渲染为线框，用户可以通过【连线粗细】微调框来设置线框的粗细。
- 【启用 SSE】复选框：选中后，渲染时将启用“流 SIMD 扩展”(SSE)功能，SIMD 代表“单指令、多数据”，SSE 可以缩短渲染时间。

2)【抗锯齿】选项组。

- 【抗锯齿】复选框：选中后，可以平滑渲染时产生的对角线或弯曲线条的锯齿状边缘，只有在渲染测试图像并且渲染速度比图像质量更重要时才禁用抗锯齿功能。
- 【过滤器】下拉按钮：单击该下拉按钮，在弹出的下拉列表中可选择高质量的过滤器并应用于渲染过程(如图 9-11 所示)。

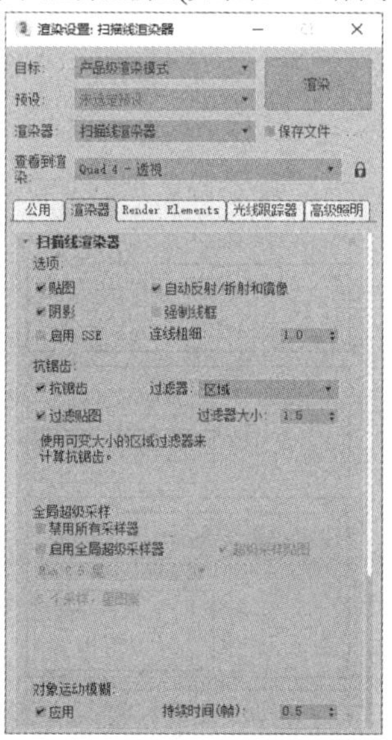

图 9-10 【渲染器】选项卡

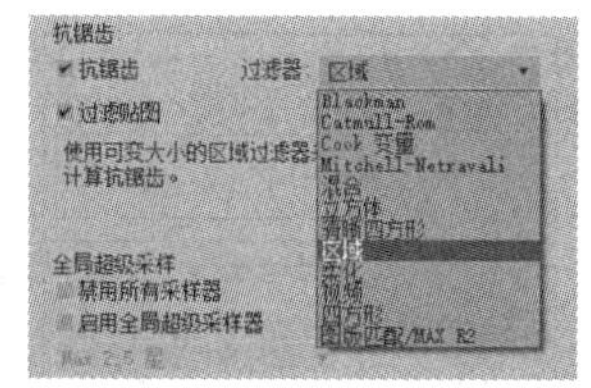

图 9-11 【过滤器】下拉列表

- 【过滤贴图】复选框：启用或禁用对材质贴图的过滤。
- 【过滤器大小】微调框：增大或减小应用到图像中的模糊量。

3)【全局超级采样】选项组。

- 【禁用所有采样器】复选框：禁用所有超级采样。
- 【启用全局超级采样器】复选框：用于对所有的材质应用相同的超级采样器。

4)【对象运动模糊】选项组。

- 【应用】复选框：为整个场景全局启用或禁用对象运动模糊。
- 【持续时间(帧)】微调框：其中的值越大，模糊程度就越明显。
- 【持续时间细分】微调框：用于指定在持续时间内渲染的每个对象的副本数量。

- 【采样】微调框：用于设置采样值。

5)【图像运动模糊】选项组。

- 【应用】复选框：为整个场景全局启用或禁用图像运动模糊。
- 【持续时间(帧)】微调框：其中的值越大，模糊程度就越明显。
- 【应用于环境贴图】复选框：选中后，图像运动模糊既可应用于环境贴图，也可应用于场景中的对象。
- 【透明度】复选框：选中后，图像运动模糊将对重叠的透明对象起作用。注意，在透明对象上应用图像运动模糊会增加渲染时间。

6)【自动反射/折射贴图】选项组。

- 【渲染迭代次数】微调框：用于设置对象之间在非平面的自动反射贴图上的反射次数，虽然增大其中的值有时可以改善图像质量，但这样做也会增加反射的渲染时间。

7)【颜色范围限制】选项组。

- 【钳制】单选按钮：选中该单选按钮后，因为在处理过程中色调信息会丢失，所以非常亮的颜色会被渲染为白色。
- 【缩放】单选按钮：选中该单选按钮后，为了保持所有颜色分量均在“缩放”范围内，我们需要通过缩放所有三个颜色分量来保留非常亮的那些颜色的色调，这样最大颜色分量的值就会为 1。

8)【内存管理】选项组。

- 【节省内存】复选框：选中后，渲染时将使用更少的内存。这虽然可以节约 15%~25%的内存，但渲染时间也会增加。

【例 9-1】 使用扫描线渲染器渲染模型。 视频

(1) 打开素材文件后，按下 F10 功能键，打开【渲染设置】对话框，单击【渲染器】下拉按钮，从弹出的下拉列表中选择【扫描线渲染器】选项，如图 9-12 所示。

(2) 在【公用】选项卡的【输出大小】选项组中设置【宽度】为 800、【高度】为 600，如图 9-13 所示。

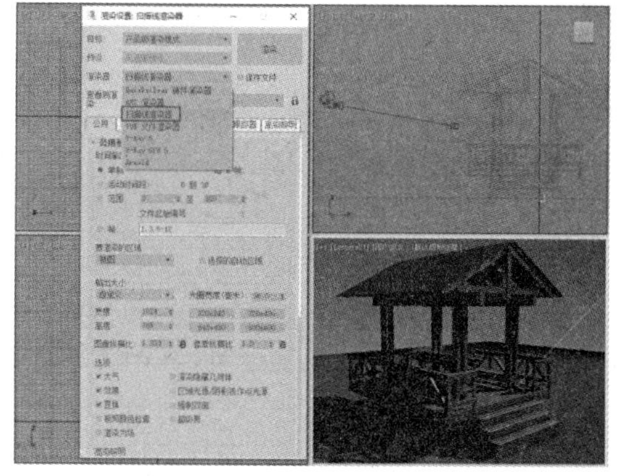

图 9-12　使用扫描线渲染器

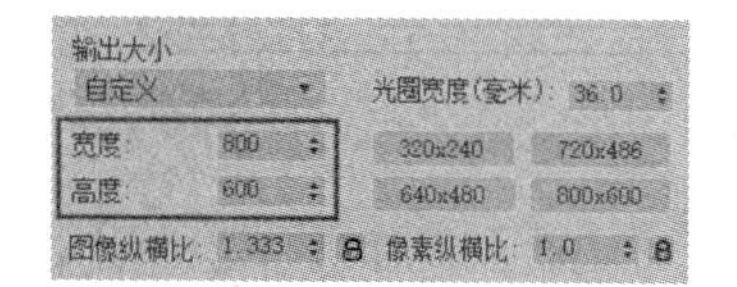

图 9-13　设置【宽度】和【高度】参数

(3) 选择【渲染器】选项卡，单击【抗锯齿】选项组中的【过滤器】下拉按钮，从弹出的下拉列表中选择【清晰四方形】选项，如图 9-14 所示。

(4) 单击【渲染】按钮，场景中模型的渲染效果如图 9-15 所示。

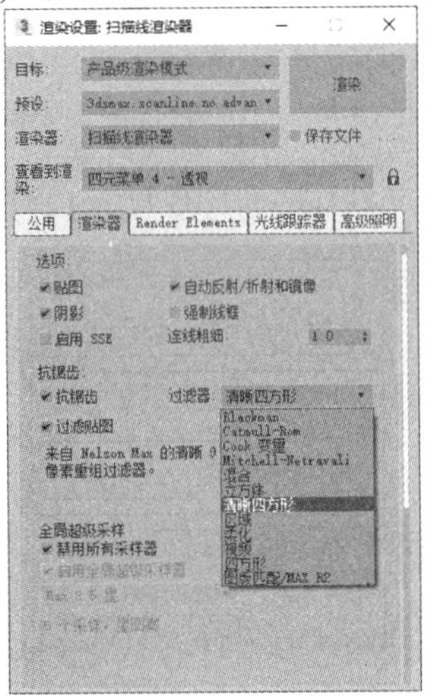

图 9-14　设置过滤器

图 9-15　场景中模型的渲染效果

9.3　Quicksilver 硬件渲染器

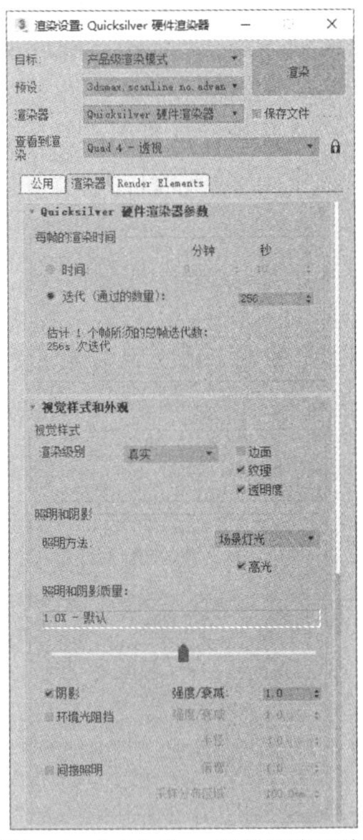

图 9-16　Quicksilver 硬件渲染器选项

Quicksilver 硬件渲染器同时使用 CPU(中央处理器)和图形处理器(GPU)加速渲染，它类似于 3ds Max 中的游戏引擎渲染器。CPU 的主要作用是转换场景数据以进行渲染，包括为使用中的特定图形卡编译明暗器。因此，渲染第一帧要花费一段时间，直到明暗器编译完成。这在每个明暗器上只发生一次；Quicksilver 渲染器使用越频繁，渲染速度就越快。

Quicksilver 硬件渲染器的【Quicksilver 硬件渲染器参数】和【视觉样式和外观】卷展栏如图 9-16 所示，其中主要选项的功能说明如下。

1. 【Quicksilver 硬件渲染器参数】卷展栏

- 【时间】单选按钮：以分钟或秒为单位设置渲染的持续时间(默认为 10 秒)。
- 【迭代(通过的数量)】单选按钮：设置要运行的迭代次数(默认为 256 次)。

2. 【视觉样式和外观】卷展栏

- 【边面】复选框：选中该复选框后，渲染时会显示边。
- 【纹理】复选框：选中该复选框后，渲染时会显示纹理贴图。
- 【透明度】复选框：选中该复选框后，具有透明材质的对象会被渲染为透明。
- 【渲染级别】下拉按钮：单击该下拉按钮，从弹出的下拉列表中可以选择渲染的样式，包括【真实】【明暗处理】【一致的色彩】【隐藏线】【线框】【粘土】【墨水】【彩色墨水】

【亚克力】、Tech、【石墨】【彩色铅笔】【彩色蜡笔】，如图 9-17 所示。

- 【照明方法】下拉按钮：单击该下拉按钮，从弹出的下拉列表中可以选择照亮渲染的方式——【场景灯光】或【默认灯光】，如图 9-18 所示。

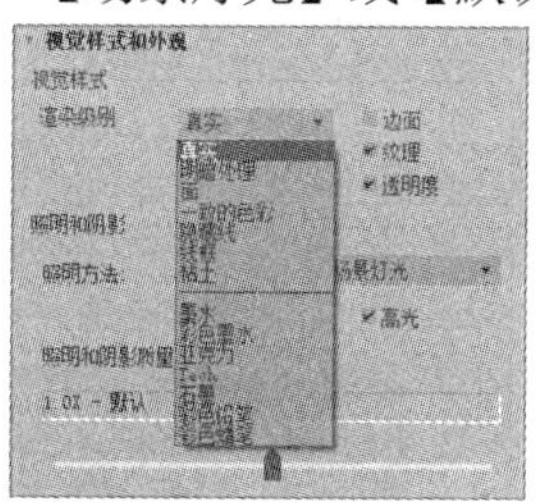

图 9-17　选择渲染级别

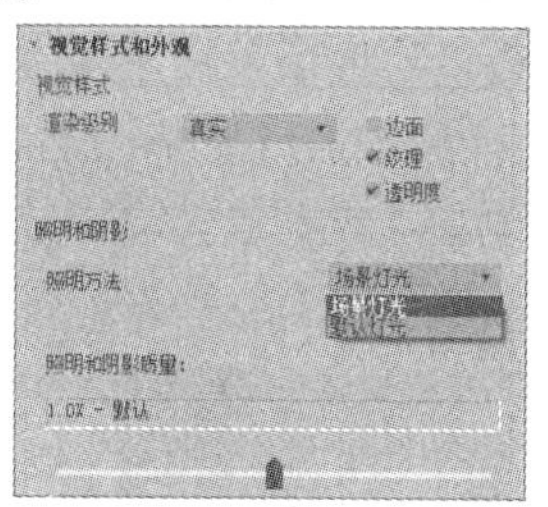

图 9-18　选择照明方法

- 【高光】复选框：选中该复选框后，渲染将包含来自照明的高光。
- 【阴影】复选框：选中该复选框后，将使用阴影渲染场景，其后的【强度/衰减】微调框用于控制阴影的强度，其中的值越大，阴影越暗。
- 【环境光阻挡】复选框：选中该复选框后，系统就会将对象的接近度计算在内，从而提高阴影的质量，其后的【强度/衰减】微调框用于控制效果的强度，其中的值越大，阴影越暗；【半径】微调框用于以 3ds Max 单位定义半径，Quicksilver 硬件渲染器将在此半径内查找阻挡对象，其中的值越大，覆盖的区域越大。
- 【间接照明】复选框：选中该复选框后，即可启用间接照明。间接照明能通过将反射光线计算在内来提高照明的质量。

【例 9-2】 使用 Quicksilver 硬件渲染器渲染风格化效果。 视频

(1) 打开素材文件后，按下 F10 功能键打开【渲染设置】对话框，单击【渲染器】下拉按钮，从弹出的下拉列表中选择【Quicksilver 硬件渲染器】选项，然后选择【公用】选项卡，参考图 9-19 设置 Quicksilver 硬件渲染器的公用参数。

(2) 选择【渲染器】选项卡，单击【视觉样式和外观】卷展栏中的【渲染级别】下拉按钮，从弹出的下拉列表中选择【真实】按钮，然后单击【渲染】按钮，场景的效果如图 9-20 所示。

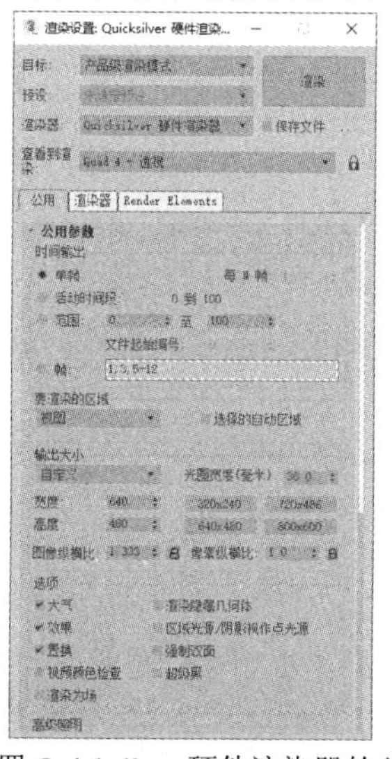

图 9-19　设置 Quicksilver 硬件渲染器的公用参数

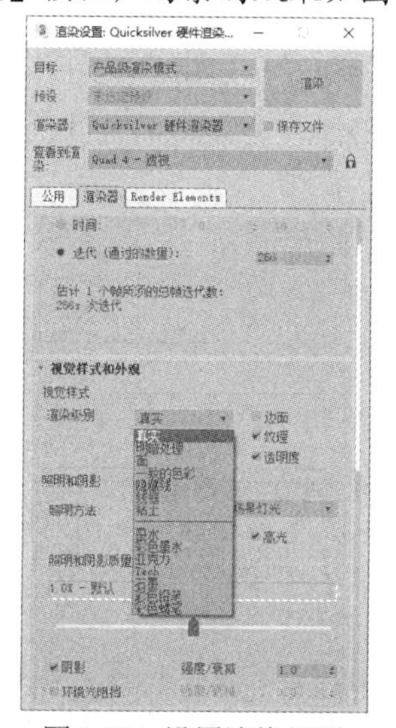

图 9-20　设置渲染级别

(3) 此时，渲染效果如图 9-21(a)所示。

(4) 再次单击【视觉样式和外观】卷展栏中的【渲染级别】下拉按钮，从弹出的下拉列表中选择【墨水】选项，然后单击【渲染】按钮，场景的渲染效果如图 9-21(b)所示。

(5) 使用同样的方法，设置【渲染级别】为【彩色墨水】，场景的渲染效果如图 9-21(c)所示；设置【渲染级别】为 Tech，场景的渲染效果如图 9-21(d)所示。

(6) 设置【渲染级别】为【石墨】，场景的渲染效果如图 9-21(e)所示；设置【渲染级别】为【彩色铅笔】，场景的渲染效果如图 9-21(f)所示。

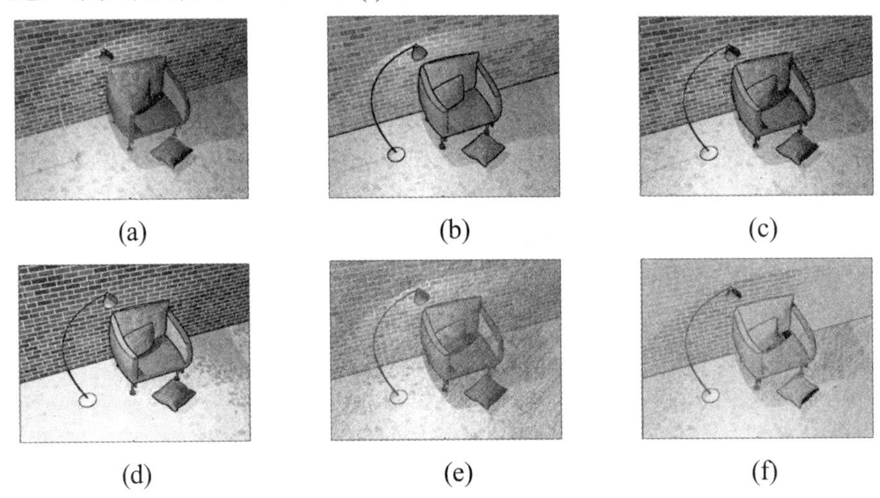

图 9-21　不同渲染级别下的渲染效果

9.4　VRay 渲染器

VRay 渲染器是由保加利亚的 Chaos Group 公司开发的一款高质量的渲染引擎，支持以插件的方式安装于 3ds Max、Maya、SketchUP 等软件中。VRay 渲染器能为不同领域的优秀三维软件提供高质量的图片和动画渲染效果。

成功安装 VRay 渲染器后，按下 F10 功能键打开【渲染设置】对话框，单击【渲染器】下拉按钮，从弹出的下拉列表中可以选择使用 VRay 渲染器来渲染场景，如图 9-22 所示。

9.4.1　GI 选项卡

GI 选项卡中的选项主要用于控制场景在整个全局照明计算中采用的计算引擎以及计算精度的设置。

1. 【全局照明】卷展栏

【全局照明】卷展栏用于控制 VRay 渲染器采用何种计算引擎来渲染场景(如图 9-23 左图所示)，其中主要选项的功能说明如下。

- 【启用 GI】复选框：选中该复选框后，即可开启 VRay 渲染器的全局照明计算功能。
- 【首次引擎】下拉按钮：设置 VRay 渲染器在进行全局照明计算时使用的首次引擎，包括【发光贴图】【BF 算法】和【灯光缓存】，如图 9-23 右图所示；其后的【倍增】微调框用于设置“首次引擎”计算的光线倍增因子，值越大，场景越亮。

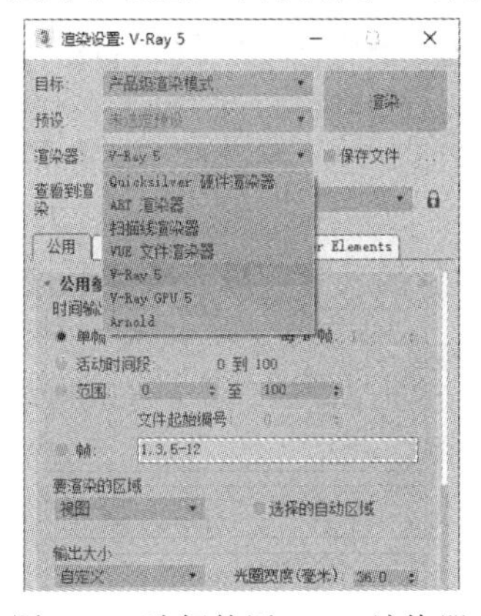

图 9-22　选择使用 VRay 渲染器

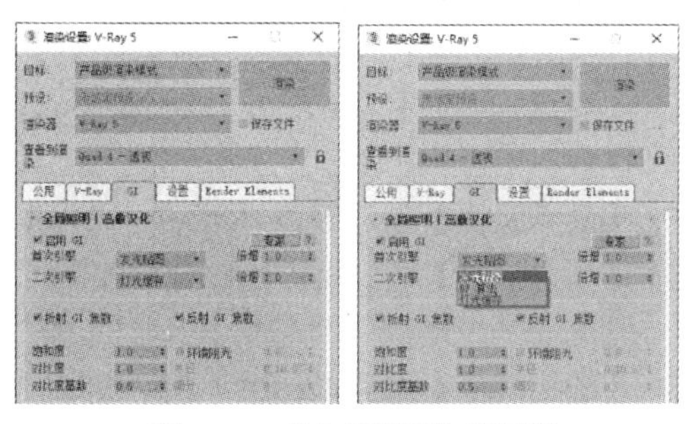

图 9-23　【全局照明】卷展栏

- 【二次引擎】下拉按钮：设置 VRay 渲染器在进行全局照明计算时使用的二次引擎，包括【灯光缓存】【无】【BF 算法】等；其后的【倍增】微调框用于设置“二次引擎”计算的光线倍增因子。
- 【折射 GI 焦散】复选框：控制是否开启折射焦散计算。
- 【反射 GI 焦散】复选框：控制是否开启反射焦散计算。
- 【饱和度】微调框：控制色彩溢出，只需要适当降低饱和度，就可以控制场景中相邻物体之间色彩的影响情况。
- 【对比度】微调框：控制色彩的对比度。
- 【对比度基数】微调框：控制饱和度和对比度的基数，其中的值越大，饱和度和对比度越明显。
- 【环境阻光】复选框：控制是否开启环境阻光计算。
- 【半径】微调框：设置环境阻光的半径。
- 【细分】微调框：设置环境阻光的细分值。

2. 【发光贴图】卷展栏

“发光贴图”中的“发光”是指三维空间中的任意一点以及全部可能照射到这一点的光线，“发光贴图”是“首次引擎”在默认状态下的全局光引擎，只存在于“首次引擎”中。

【发光贴图】卷展栏(如图 9-24 所示)中主要选项的功能说明如下。

- 【当前预设】下拉按钮：设置“发光贴图”的预设类型，包括自定义、非常低、低、中、高、高-动画、非常高等几个选项。
- 【最小比率】微调框：控制场景中平坦区域的采样数量。
- 【最大比率】微调框：控制场景中物体边线、角落、阴影等细节的采样数量。

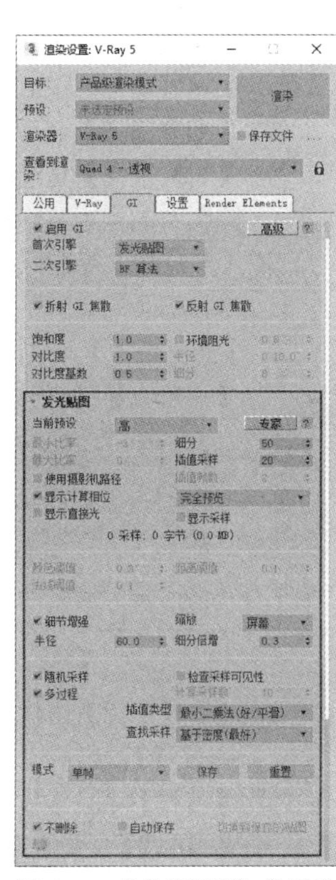

图 9-24　【发光贴图】卷展栏

- 【细分】微调框：因为 VRay 渲染器采用的是几何光学，所以细分值用来模拟光线的数量。细分值越大，样本精度越高，渲染品质越好。
- 【插值采样】微调框：用来对样本进行模糊处理，较大的值可以得到比较模糊的渲染效果。
- 【显示计算相位】复选框：在进行“发光贴图”渲染计算时，可以观察渲染图像的预览过程。
- 【显示直接光】复选框：在进行预览计算的时候显示直接光照，以方便观察直接光照的位置。
- 【显示采样】复选框：显示采样的分布及分布密度，进而帮助用户分析 GI 的光照密度。
- 【颜色阈值】微调框：用于帮助 VRay 渲染器分辨哪些是平坦区域，哪些不是平坦区域，这主要是根据颜色的灰度来区分的(颜色阈值越小，对灰度的敏感度越高，区分能力越强)。
- 【法线阈值】微调框：用于帮助 VRay 渲染器分辨哪些是交叉区域，哪些不是交叉区域，这主要是根据法线的方向来区分的(法线阈值越小，对法线方向的敏感度越高，区分能力越强)。
- 【距离阈值】微调框：用于帮助 VRay 渲染器分辨哪些是弯曲表面区域，哪些不是弯曲表面区域，这主要是根据表面区域和表面弧度来区分的(距离阈值越大，表示弯曲表面的样本越多)。
- 【细节增强】复选框：选中后即可启用细节增强功能。
- 【缩放】下拉按钮：用于控制细节增强的比例，包括【屏幕】和【世界】两个选项，如图 9-25 所示。
- 【半径】微调框：用于设置细节部分有多大区域使用细节增强功能，其中的值越大，效果越好，但渲染时间越长。
- 【细分倍增】微调框：控制细分的质量。
- 【随机采样】复选框：控制“发光贴图”的样本是否随机分配，选中该复选框后，“发光贴图”的样本将随机分配。
- 【多过程】复选框：选中该复选框后，VRay 渲染器将会根据最小速率和最大速率进行多次计算。
- 【插值类型】下拉按钮：VRay 渲染器提供了【加权平均法(好/强)】【最小二乘法(好/平滑)】【三角测量法(好/精确)】和【Voronoi 加权最小二乘法】4 种插值类型，如图 9-26 所示。

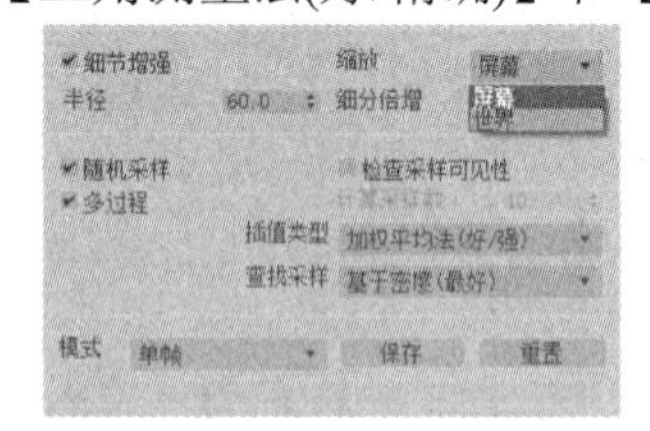

图 9-25 【缩放】下拉列表

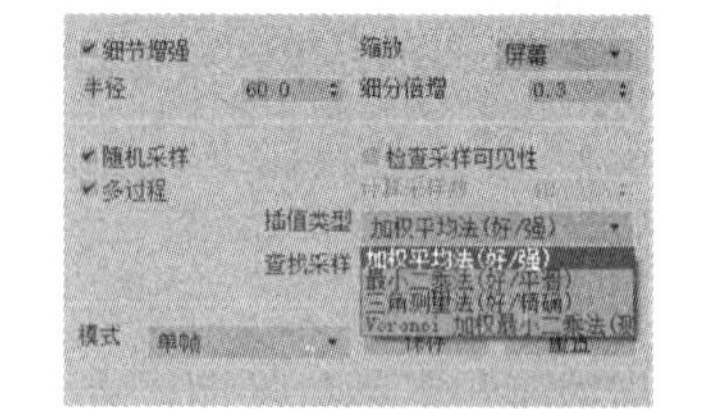

图 9-26 【插值类型】下拉列表

- 【查找采样】下拉按钮：控制哪些位置的采样点适合作为基础插补的采样点，包括【四分平衡(好)】【最近的(草稿)】【重叠(很好/快速)】和【基于密度(很好)】4 个选项，如图 9-27 所示。
- 【模式】下拉按钮：单击该下拉按钮，弹出的下拉列表中提供了 8 种计算模式，分别是【单帧】【多帧增量】【从文件】【添加到当前贴图】【增量添加到当前贴图】【块模式】【动画(预通过)】和【动画(渲染)】，如图 9-28 所示。

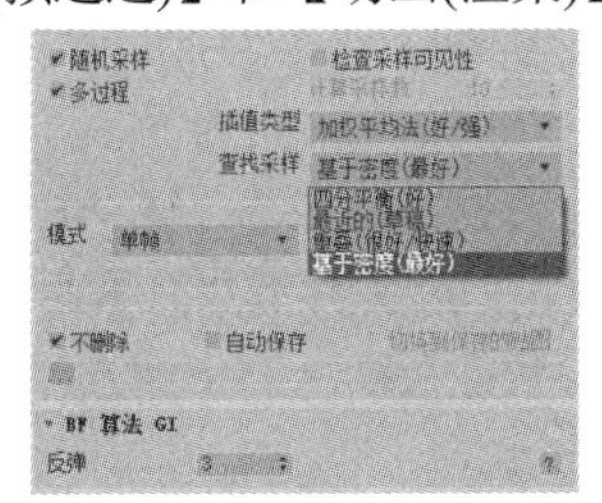

图 9-27　【查找采样】下拉列表

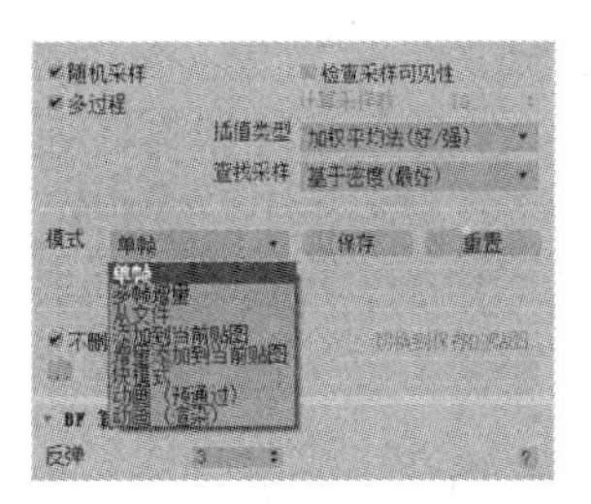

图 9-28　【模式】下拉列表

- 【不删除】复选框：当光子渲染完成后，不将光子从内存中删除。
- 【自动保存】复选框：当光子渲染完成后，将光子自动保存在预先设置好的路径中。
- 【切换到保存的贴图】复选框：在选中【自动保存】复选框后，当渲染结束时，将自动进入“从文件”计算模式并调用光子图。

3. 【BF 算法 GI】卷展栏

在【全局照明】卷展栏中将【首次引擎】设置为【BF 算法】后，3ds Max 将显示图 9-29 所示的【BF 算法 GI】卷展栏。其中，当【二次引擎】被设置为【BF 算法】时，【反弹】微调框中的值将参与计算(值的大小控制着渲染场景的明暗，值越大，光线反弹越充分，场景越亮)。

4. 【灯光缓存】卷展栏

在【全局照明】卷展栏中将【首次引擎】设置为【灯光缓存】后，3ds Max 将显示图 9-30 所示的【灯光缓存】卷展栏。

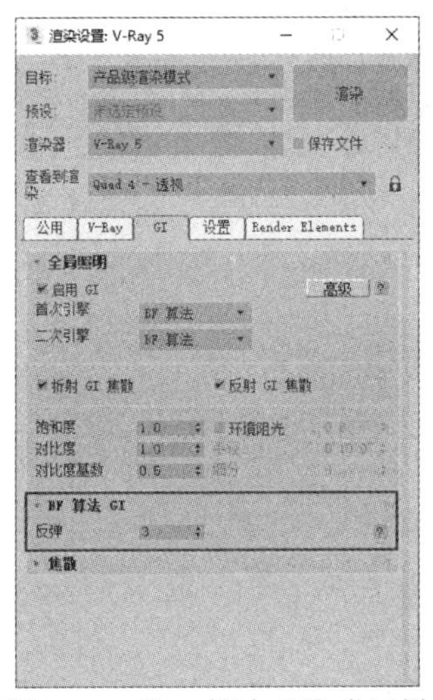

图 9-29　【BF 算法 GI】卷展栏

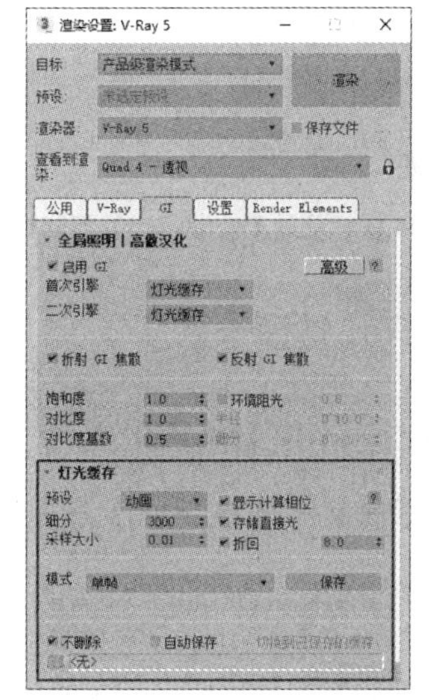

图 9-30　【灯光缓存】卷展栏

灯光缓存是一种近似模拟全局照明的技术，这种技术能够根据场景中摄影机建立的光线追踪路径。【灯光缓存】卷展栏中主要选项的功能说明如下。

- 【预设】下拉按钮：单击后，弹出的下拉列表中提供了【动画】和【静帧】两种预设方案。
- 【细分】微调框：用于指定灯光缓存的样本数量(值越大，样本总量越多，渲染时间越长)。

- 【采样大小】微调框：用于控制灯光缓存的样本大小，比较小的样本可以得到更多的细节。
- 【存储直接光】复选框：选中该复选框后，灯光缓存将保存直接光照信息。当场景中有很多灯光时，这样做可以提高渲染速度。
- 【显示计算相位】复选框：选中该复选框后，可以显示灯光缓存的计算过程。
- 【模式】下拉按钮：单击后，弹出的下拉列表中提供了【单帧】【从文件】两种计算模式。
- 【不删除】复选框：选中该复选框后，当光子渲染计算完成时，将不再从内存中删除。

【例 9-3】 使用 VRay 渲染器渲染明亮客厅。 视频

(1) 打开素材文件后，按下 F10 功能键打开【渲染设置】对话框，将【渲染器】设置为 VRay 渲染器，然后选择 GI 选项卡，在【全局照明】卷展栏中选中【启用 GI】复选框，将【首次引擎】设置为【发光贴图】，将【二次引擎】设置为【灯光缓存】，如图 9-31 所示。

(2) 在【发光贴图】卷展栏中设置【当前预设】为【自定义】，然后在【最小比率】和【最大比率】微调框中输入-2。

(3) 在【灯光缓存】卷展栏中设置【细分】为 1200。

(4) 最后，单击【渲染】按钮，场景的渲染效果如图 9-32 所示。

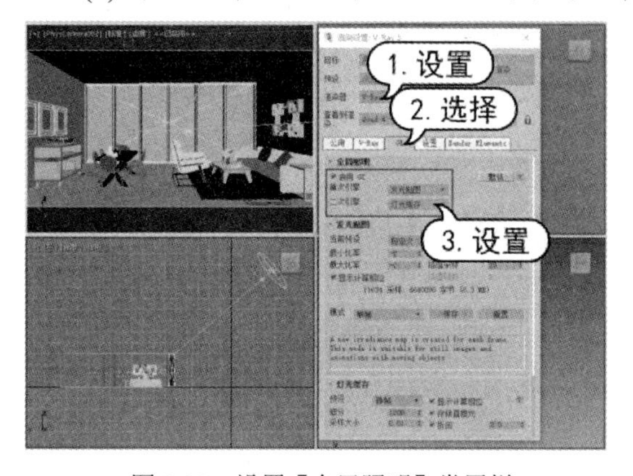

图 9-31　设置【全局照明】卷展栏

图 9-32　客厅的渲染效果

9.4.2 V-Ray 选项卡

V-Ray 选项卡用于设置图像渲染的亮度、计算精度、抗锯齿以及曝光控制。

1. 【图像采样器(抗锯齿)】卷展栏

抗锯齿在渲染设置中是一个必须调整的参数。图 9-33 所示为 V-Ray 选项卡中的【图像采样器(抗锯齿)】卷展栏，其中主要选项的功能说明如下。

- 【类型】下拉按钮：用于设置“图像采样器”的类型，包含【渐进式】和【渲染式】两种类型，如图 9-34 所示。
- 【渲染遮罩】下拉按钮：用于设置想要的或想呈现的图像的某一部分，包括【纹理】(使用黑白图像以控制呈现区域)、【选定】(仅渲染当前选定的对象)、【包含/排除列表】(呈现列表中的对象)、【层】(只呈现选定图层中的对象)、【对象 ID】(呈现指定 ID 的对象)等，如图 9-35 所示。

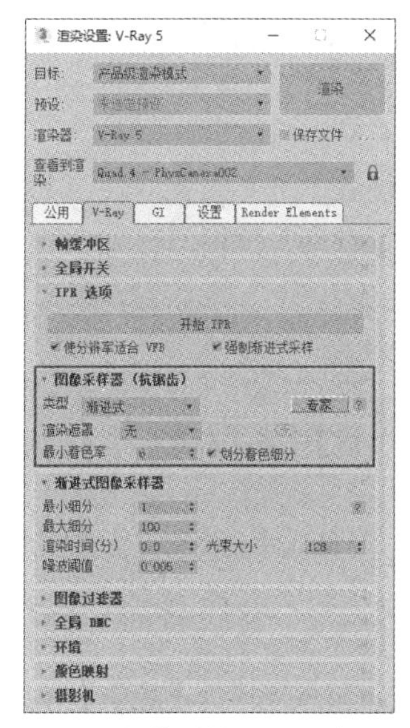

图 9-33　【图像采样器(抗锯齿)】卷展栏

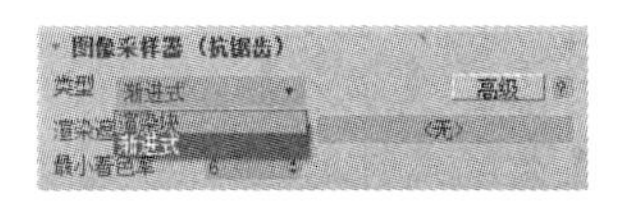

图 9-34　【类型】下拉列表

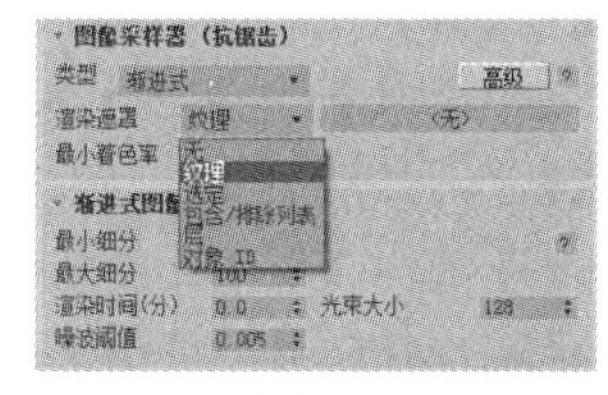

图 9-35　【渲染遮罩】下拉列表

▽ 【最小着色率】微调框：用于设置每一个像素的多个采样点中每一个采样点所能接收或发射的最小射线数量。

2. 【渐进式图像采样器】卷展栏

在【图像采样器(抗锯齿)】卷展栏中将【类型】设置为【渐进式】后，3ds Max 将显示图 9-36 所示的【渐进式图像采样器】卷展栏，其中主要选项的功能说明如下。

▽ 【最小细分】微调框：定义每个像素所使用样本的最小数量。

▽ 【最大细分】微调框：定义每个像素所使用样本的最大数量。

▽ 【噪波阈值】微调框：较小的噪波阈值意味着较少的噪波、更多的采样和更高的渲染质量。

3. 【颜色映射】卷展栏

【颜色映射】卷展栏可以控制整个场景的明暗程度。在【颜色映射】卷展栏中单击【类型】下拉按钮，弹出的下拉列表中提供了不同的色彩变换模式，包括【线性倍增】【指数】【HSV 指数】【强度指数】【伽玛校正】【强度伽玛】和【莱茵哈德】等，如图 9-37 所示。

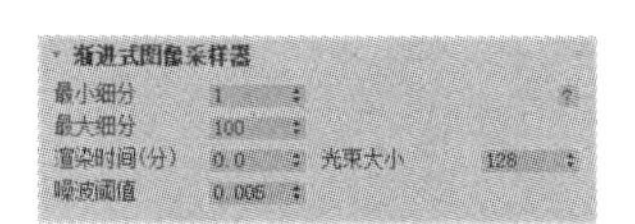

图 9-36　【渐进式图像采样器】卷展栏

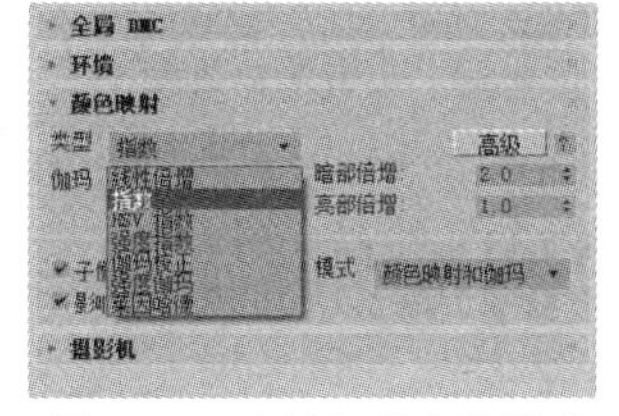

图 9-37　选择色彩变换模式

▽ 【线性倍增】：该模式基于最终色彩亮度来进行线性倍增(可能会导致靠近光源的点过分曝光)。

▽ 【指数】：该模式可以有效控制渲染最终画面的曝光部分(但图像可能会显得整体偏灰色)。

▽ 【HSV 指数】：该模式与【指数】模式接近，所不同的是，使用【HSV 指数】模式渲染出的画面色彩饱和度相比【指数】模式会有所提高。

- 【强度指数】：该模式是对【线性倍增】和【指数】模式的融合，既抑制了光源附近的曝光效果，又保持了场景中物体的色彩饱和度。
- 【伽玛校正】：该模式采用伽玛值来修正场景中的灯光衰减和贴图颜色。
- 【强度伽玛】：该模式在【伽玛校正】模式的基础上修正了场景中灯光的亮度。
- 【莱茵哈德】：该模式可以将【线性倍增】和【指数】模式混合起来使用。

【例 9-4】 使用 VRay 渲染器渲染小型办公室。 视频

(1) 打开素材文件后，按下 F10 功能键打开【渲染设置】对话框，在 GI 选项卡中展开【全局照明】卷展栏，选中【启用 GI】复选框，将【首次引擎】设置为【发光贴图】，将【二次引擎】设置为【灯光缓存】。

(2) 展开【发光贴图】卷展栏，设置【当前预设】为【自定义】，同时设置【最小比率】和【最大比率】为 - 2。

(3) 展开【灯光缓存】卷展栏，设置【细分】为 1000，如图 9-38 左图所示。

(4) 选择 V-Ray 选项卡，展开【图像采样器(抗锯齿)】卷展栏，设置采样器的【类型】为【渐进式】；展开【渐进式图像采样器】卷展栏，将【最小细分】设置为 1，将【最大细分】设置为 100；展开【彩色映射】卷展栏，将【类型】设置为【指数】，如图 9-38 右图所示。

(5) 单击【渲染】按钮渲染场景，效果如图 9-39 所示。

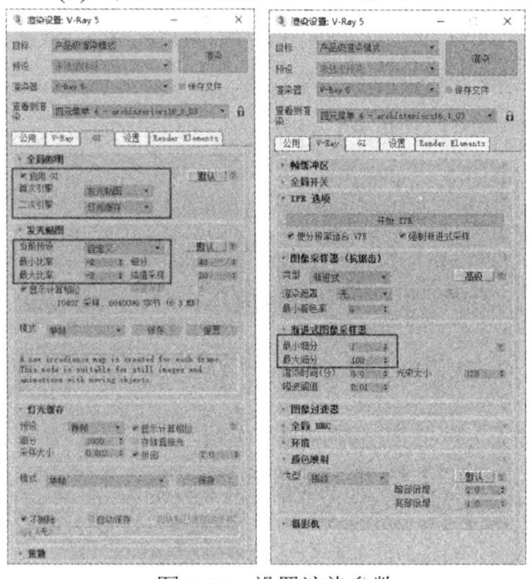

图 9-38 设置渲染参数

图 9-39 场景的渲染效果

9.5 实例演练

本章主要介绍了 3ds Max 渲染器的相关知识。下面将通过实例操作，帮助用户巩固所学的知识。

【例 9-5】 练习使用 VRay 渲染器渲染阳台花园。 视频

(1) 打开素材文件后，按下 F10 功能键打开【渲染设置】对话框，将【渲染器】设置为 VRay

渲染器，选择【公用】选项卡，在【输出大小】选项组中设置【宽度】为660、【高度】为576，如图9-40所示。

(2) 选择V-Ray选项卡，展开【图像采样器(抗锯齿)】卷展栏，将【类型】设置为【渲染块】；展开【渲染块图像采样器】卷展栏，将【最小细分】设置为1，将【最大细分】设置为4，如图9-41所示。

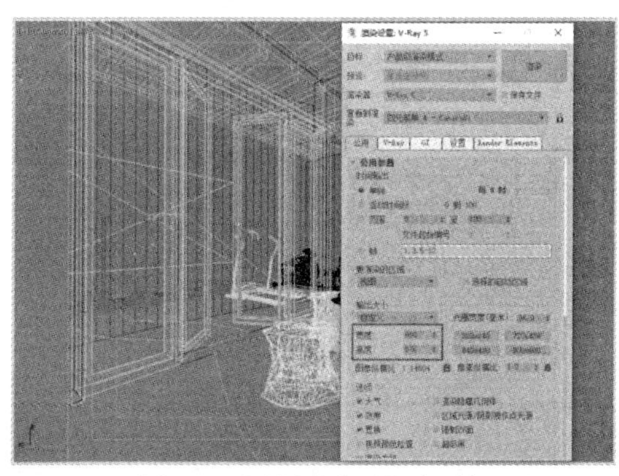

图9-40　设置【公用】选项卡

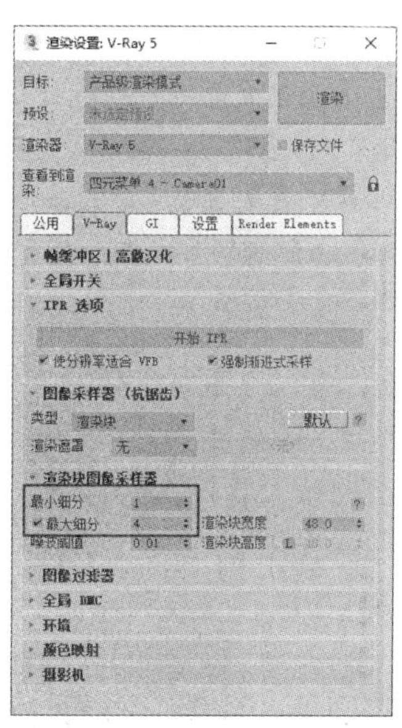

图9-41　设置V-Ray选项卡

(3) 选择GI选项卡，展开【全局照明】卷展栏，设置【首次引擎】为【发光贴图】，设置【二次引擎】为【灯光缓存】。

(4) 展开【发光贴图】卷展栏，将【当前预设】设置为【低】，将【细分】设置为50，将【插值采样】设置为20，如图9-42所示。

(5) 展开【灯光缓存】卷展栏，将【细分】设置为1200，然后单击【渲染】按钮渲染场景，效果如图9-43所示。

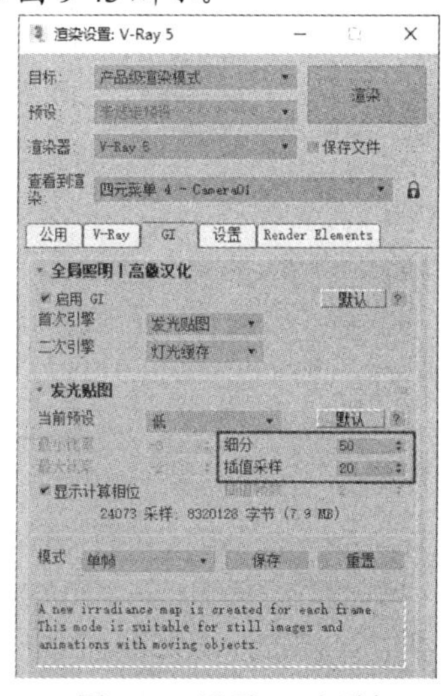

图9-42　设置GI选项卡

图9-43　阳台花园的渲染效果

【例 9-6】 练习使用 VRay 渲染器渲染观光车模型。 视频

(1) 打开素材文件后，按下 F10 功能键打开【渲染设置】对话框，将【渲染器】设置为 VRay 渲染器，选择【公用】选项卡，在【输出大小】选项组中设置【宽度】为 600、【高度】为 450，如图 9-44 所示。

(2) 选择 V-Ray 选项卡，展开【图像采样器(抗锯齿)】卷展栏，将【类型】设置为【渐进式】；展开【渐进式图像采样器】卷展栏，将【最小细分】设置为 1，将【最大细分】设置为 100。

(3) 选择 GI 选项卡，展开【全局照明】卷展栏，设置【首次引擎】为【BF 算法】，设置【二次引擎】为【灯光缓存】。

(4) 展开【灯光缓存】卷展栏，将【细分】设置为 1300。

(5) 最后，单击【渲染】按钮渲染场景，效果如图 9-45 所示。

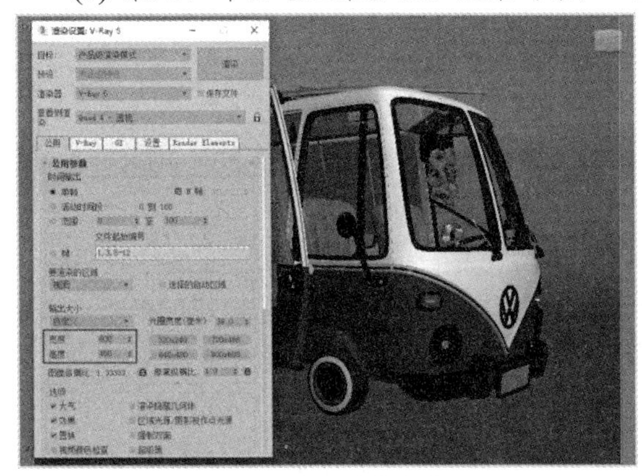

图 9-44 设置渲染参数

图 9-45 观光车模型的渲染效果

9.6 习题

1. 在 3ds Max 中为什么要渲染模型？
2. 常见的渲染器有哪些？
3. 运用本章所学的知识，尝试使用 V-Ray 渲染器渲染例 9-1 中打开的模型。

第 10 章

灯光与摄影机

一幅被渲染的图像其实就是一幅画面，在模型定位后，光源和材质决定了画面的色调，摄影机则决定了画面的构图。利用 3ds Max 提供的灯光工具，设计师可以轻松地为场景添加照明效果。此外，设计师使用目标摄影机可以设置观察指定方向的场景内容，并应用于轨迹动画效果，例如建筑物中的巡游、车辆移动中的跟踪拍摄效果等；而使用自由摄影机则能够使视野随着路径的变化而自由变化，实现无约束的移动和定向。

本章重点

- 灯光的类型与功能
- 光度学灯光与标准灯光
- 使用摄影机
- 摄影机安全框

二维码教学视频

【例 10-1】 使用目标灯光
【例 10-2】 使用自由灯光
【例 10-3】 创建天光
【例 10-4】 使用目标聚光灯
【例 10-5】 创建泛光
【例 10-6】 使用目标平行光
【例 10-7】 创建目标摄影机
本章其他视频参见视频二维码列表

10.1 灯光

灯光是在 3ds Max 中创建真实世界视觉感受的最有效手段。合适的灯光不仅可以增强场景气氛，而且可以表现对象的立体感以及材质的质感，如图 10-1 所示。

(a) 灯光是三维场景中的点睛之笔，它不仅可以照亮物体，而且可以增强场景气氛

(b) 场景中的灯光如果过于明亮，渲染结果将会处于过度曝光状态，反之则会有很多细节无法体现

图 10-1　场景中的灯光效果

1. 什么是灯光

光是人们能够看清世界的前提条件，如果没有光的存在，一切将不再美好。在产品设计中，灯光的运用往往贯穿其中，通过光与影的交集，可创造出各种不同的气氛和多重意境。可以说灯光是一个既灵活又富有趣味的设计元素。灯光可以成为气氛的催化剂，同时也能增强现有画面的层次感。

2. 灯光的类型

灯光主要分为“直接灯光”和“间接灯光”两种。

- “直接灯光”泛指那些直接式的光线，如太阳光等。直接灯光的光线直接散落在指定的位置，并产生投射(此类灯光直接而简单)。
- “间接灯光”在气氛营造上具备独特的功能，可以营造出不同的意境。间接灯光的光线不会直射到物体，而是被置于灯罩、天花板背后，比如先将光线投射到墙上，之后再反射至沙发和地面上(此类灯光比较柔和)。

只有将上述两种灯光合理地结合起来，我们才能创造出完美的空间意境。

3. 灯光的特点

所有的光，无论是自然光还是人造室内光，都有以下几个共同的特点。

- 强度：表示光的强弱，它会随着光源能量和距离的变化而变化。
- 方向：光的方向决定物体的受光、背光以及阴影效果。
- 色彩：灯光由不同的颜色组成，将多种灯光搭配在一起即可呈现多种变化和氛围。

4. 灯光的功能

在 3ds Max 中，灯光是画面的重要构成元素，其主要功能如下。

- 为画面提供足够的照明。
- 通过光与影的关系来表达画面的空间感，刻画主体的形象(将灯光锁定在某个物体上，便可起到凸显该物体的作用)。
- 为场景添加环境气氛，体现画面所要表达的意境(传达作品的情感)。

5. 3ds Max 中的灯光

3ds Max 提供了“光度学”灯光、“标准”灯光和 Arnold 灯光共三种类型的灯光(本章主要介绍前两种类型的灯光)。在命令面板中选择【灯光】选项卡后，单击【光度学】下拉按钮，在弹出的下拉列表中可以选择灯光的类型，如图 10-2 所示。

本节将通过一些案例，详细介绍 3ds Max 中各种灯光的使用方法。

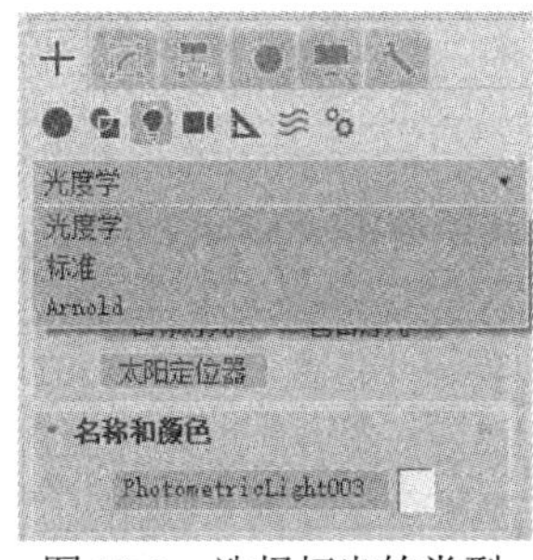

图 10-2　选择灯光的类型

10.1.1　“光度学”灯光

在 3ds Max 的命令面板中选择【灯光】选项卡后，默认显示的是“光度学”灯光选项，【对象类型】卷展栏中包括【目标灯光】【自由灯光】和【太阳定位器】共三个按钮。

1. 目标灯光

目标灯光带有目标点，用于指明灯光的照射方向。通常，我们可以使用目标灯光来模拟灯泡、射灯、壁灯及台灯等灯具的照明效果。

【例 10-1】 使用目标灯光制作照明效果。 视频

(1) 打开素材文件后，按下 L 键进入左视图，在【创建】面板中选择【灯光】选项卡，单击【目标灯光】按钮，在左视图中拖动鼠标创建一个目标灯光，如图 10-3 所示。

(2) 按下 W 键执行【选择并移动】命令，在视图中调整目标灯光的位置。

(3) 选择【修改】面板，在【常规参数】卷展栏中设置【灯光分布(类型)】为【光度学 Web】；展开【分布(光度学 Web)】卷展栏，单击【<选择光度学文件>】按钮，如图 10-4 所示。

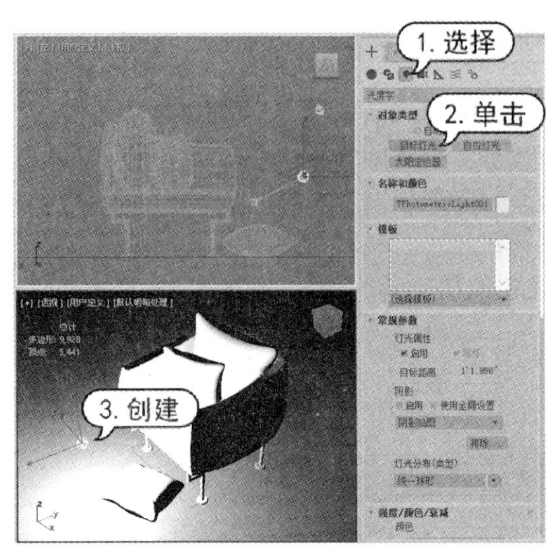

图 10-3　创建目标灯光

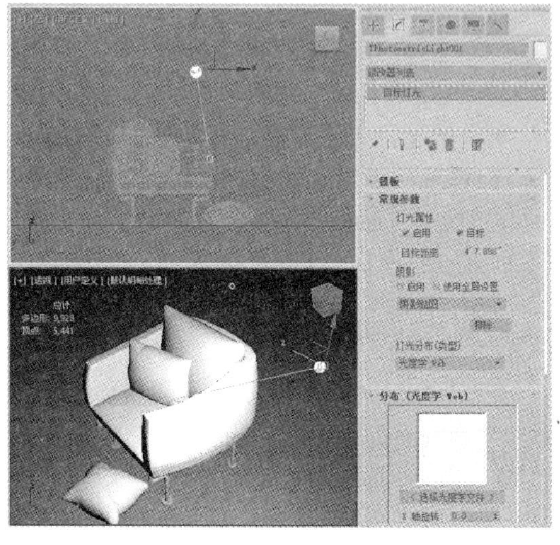

图 10-4　设置常规参数

(4) 在弹出的【打开光域 Web 文件】对话框中，选择素材中提供的灯光文件后，单击【打开】按钮，如图 10-5 所示。

(5) 展开【强度/颜色/衰减】卷展栏，调整灯光的【强度】为 2000 cd。

(6) 按下 Shift+Q 快捷键渲染场景，效果如图 10-6 所示。

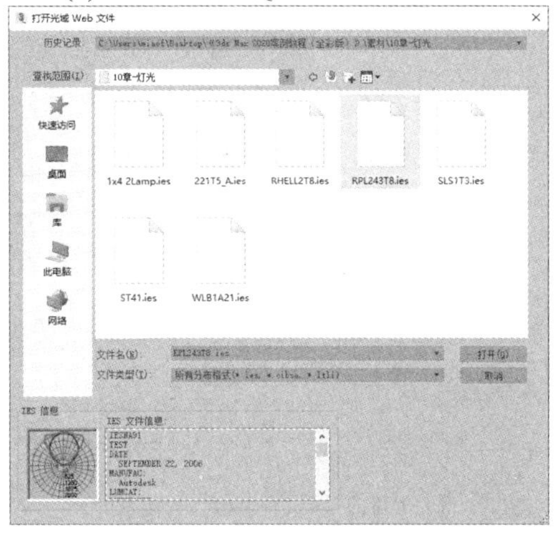

图 10-5　【打开光域 Web 文件】对话框

图 10-6　场景的渲染效果

创建目标灯光时，【修改】面板的各卷展栏中主要选项的功能说明如下。

1)【模板】卷展栏。3ds Max 提供了多种"模板"供用户选择使用。展开【模板】卷展栏后，单击【选择模板】下拉按钮，弹出的下拉列表中将显示"模板"库，如图 10-7 所示。

当用户在图 10-7 所示的"模板"库中选择不同的模板时，场景中的灯光图标以及【修改】面板中显示的模板选项也会发生相应的变化，如图 10-8 所示。

2)【常规参数】卷展栏。如图 10-9 所示，其中主要选项的功能说明如下。

- 【灯光属性】选项组中的【启用】复选框：用于设置是否为选择的灯光开启照明功能。

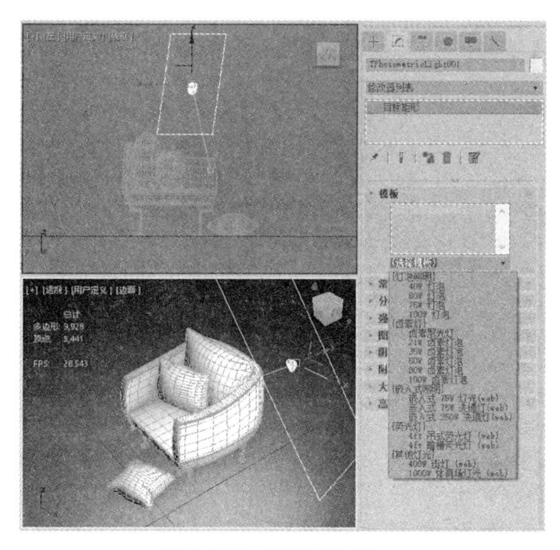

图 10-7　“模板”库

图 10-8　模板选项

- 【目标】复选框：用于设置选择的灯光是否具有可控的目标点。
- 【目标距离】微调框：用于显示灯光与目标点之间的距离。
- 【阴影】选项组中的【启用】复选框：用于设置当前灯光是否投射阴影。
- 【使用全局设置】复选框：用于设置是否使用灯光投射阴影的全局设置。取消选中该复选框后，可以启用阴影的单个控件。但如果用户未选择使用全局设置，则必须设置渲染器使用何种方法来生成特定灯光的阴影。
- 【阴影方法】下拉按钮：用于设置渲染器使用何种阴影方法，默认使用【阴影贴图】方法，如图 10-10 所示。

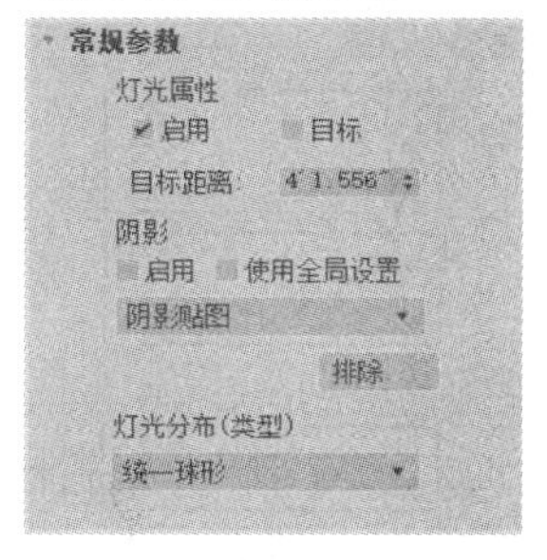

图 10-9　【常规参数】卷展栏

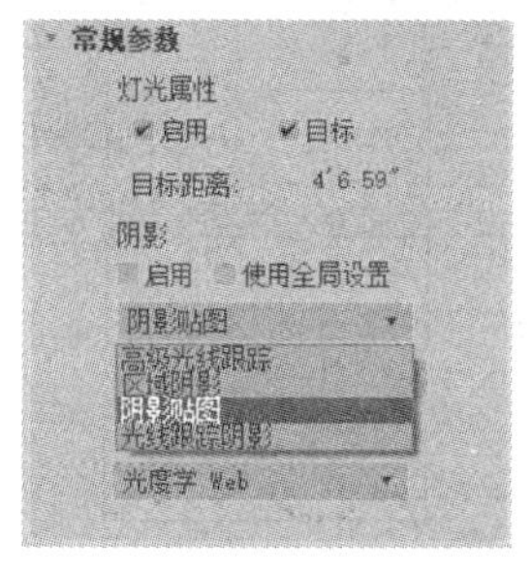

图 10-10　【阴影方法】下拉列表

- 【排除】按钮：将选定对象排除于灯光效果之外(单击该按钮可以打开【排除/包含】对话框)。
- 【灯光分布(类型)】下拉按钮：单击该下拉按钮，在弹出的下拉列表中可以设置灯光的分布类型，包含【光度学 Web】【聚光灯】【统一漫反射】和【统一球形】几个选项。

3)【强度/颜色/衰减】卷展栏。如图 10-11 所示，其中主要选项的功能说明如下。

- 【灯光】下拉按钮：单击该下拉按钮，在弹出的下拉列表中，3ds Max 提供了多种预设的灯光选项供用户选择，如图 10-12 所示。

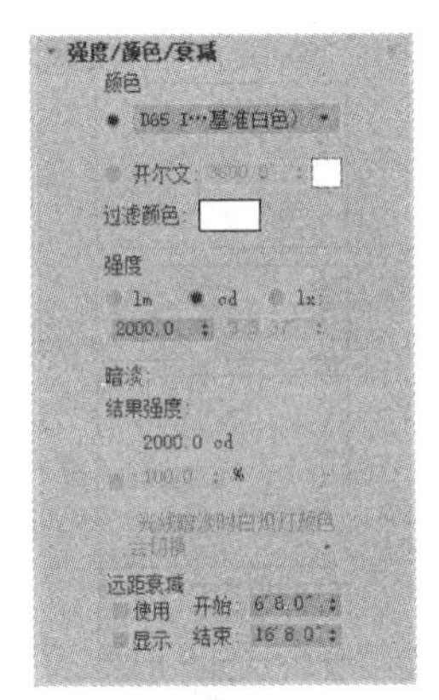

图 10-11　【强度/颜色/衰减】卷展栏

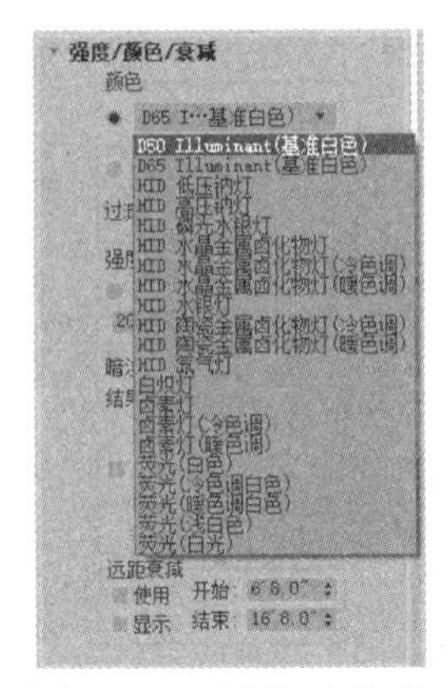

图 10-12　选择灯光选项

▽ 【开尔文】单选按钮：选中后，即可通过调整色温来设置灯光的颜色，色温以开尔文度数显示，相应的颜色在色温微调框旁边的色样中可见。当设置开尔文度数为 1800 时，灯光的颜色为橙色；当设置开尔文度数为 20 000 时，灯光的颜色为淡蓝色，如图 10-13 所示。

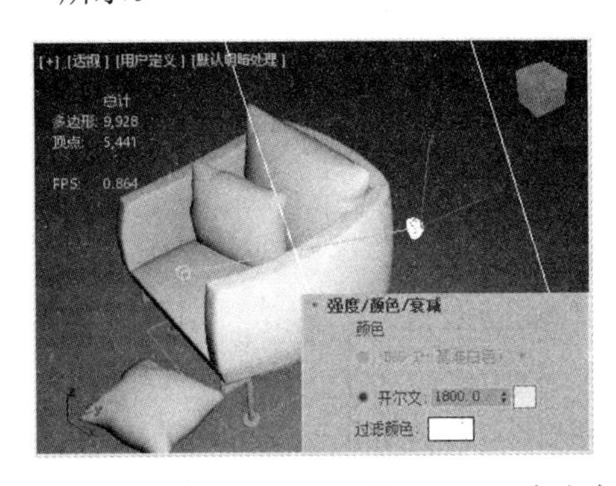

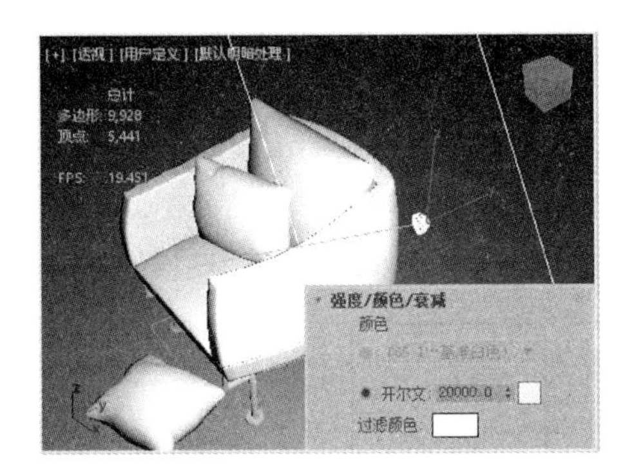

图 10-13　开尔文度数对灯光颜色的影响

▽ 【过滤颜色】选项：单击该选项右侧的色块，可在打开的【颜色过滤器：过滤颜色】对话框中模拟置于光源之上的滤色片的效果。

▽ 【强度】选项组：其中包括 lm 单选按钮(测量灯光的总体输出功率)、cd 单选按钮(测量灯光的最大发光强度)和 lx 单选按钮(测量以一定距离并面向光源方向投射到物体表面的灯光所带来的照射强度)共三个单选按钮。

▽ 【结果强度】区域：用于显示暗淡效果产生的强度，并使用与【强度】选项组相同的单位。

▽ 【暗淡百分比】微调框：指定用于降低灯光强度的倍增因子。

▽ 【光线暗淡时白炽灯颜色会切换】复选框：选中该复选框后，可在灯光暗淡时通过产生更多黄色来模拟白炽灯。

▽ 【使用】复选框：启用灯光的远距衰减功能。

▽ 【显示】复选框：在视图中显示远距衰减范围的设置，对于聚光灯，衰减范围看起来类似圆锥体。

▽ 【开始】微调框：设置灯光开始淡出的距离。

▽ 【结束】微调框：设置灯光减为零的距离。

4)【图形/区域阴影】卷展栏。如图 10-14 所示，其中主要选项的功能说明如下。

- 【从(图形)发射光线】下拉列表：用于选择阴影生成的图像类型(共有 6 个选项，如图 10-15 所示)。
- 【灯光图形在渲染中可见】复选框：选中该复选框后，如果灯光对象位于视野内，那么灯光对象在渲染时会显示为自供照明(发光)的图形；取消选中该复选框后，用户将无法渲染灯光对象，而只能渲染灯光对象投影的灯光。

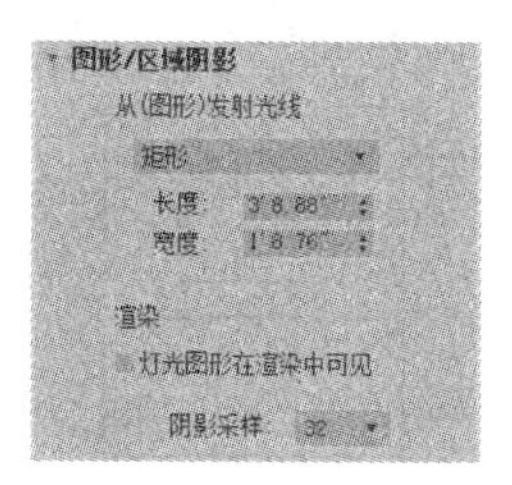

图 10-14　【图形/区域阴影】卷展栏

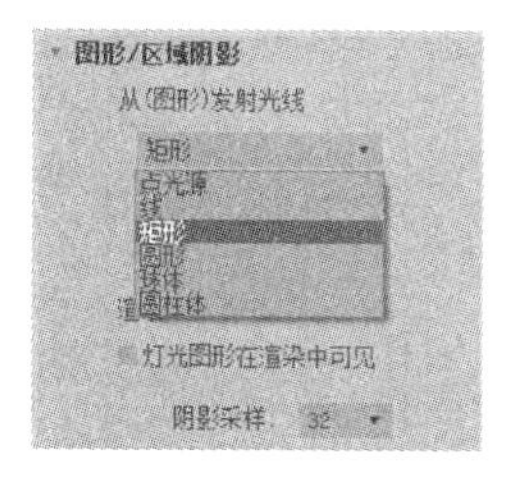

图 10-15　选择阴影生成的图像类型

5)【阴影参数】卷展栏。如图 10-16 所示，其中主要选项的功能说明如下。

- 【颜色】选项：设置灯光阴影的颜色。
- 【密度】微调框：设置灯光阴影的密度。
- 【贴图】复选框：设置通过贴图模拟阴影。
- 【灯光影响阴影颜色】复选框：设置将灯光颜色与阴影颜色混合在一起。
- 【启用】复选框：选中该复选框后，大气效果将如灯光穿过它们一样投射阴影。
- 【不透明度】微调框：调整阴影的不透明度。
- 【颜色量】微调框：调整大气颜色与阴影颜色的混合程度。

6)【阴影贴图参数】卷展栏。如图 10-17 所示，其中主要选项的功能说明如下。

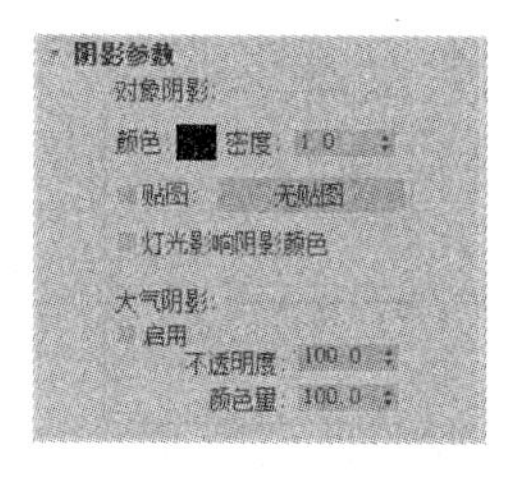

图 10-16　【阴影参数】卷展栏

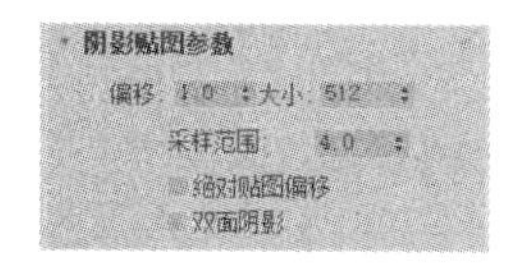

图 10-17　【阴影贴图参数】卷展栏

- 【偏移】微调框：设置阴影移向或偏离投射阴影的对象的值。
- 【大小】微调框：设置用于计算灯光的阴影贴图的大小，其中的值越大，阴影越清晰。
- 【采样范围】微调框：用户可通过增大“采样范围”来混合阴影边缘并创建平滑效果。
- 【绝对贴图偏移】复选框：选中该复选框后，阴影贴图的偏移将不再是标准的，而是在固定比例的基础上以 3ds Max 单位来表示。
- 【双面阴影】复选框：选中该复选框后，计算阴影时，物体的背面也将产生投影。

7)【大气和效果】卷展栏。如图 10-18 所示，其中主要选项的功能说明如下。

- 【添加】按钮：单击该按钮可以打开【添加大气或效果】对话框，从中可以将大气或渲染效果添加到灯光上。

- 【删除】按钮：添加大气或效果之后，在大气和效果列表中选择大气或效果，然后单击该按钮可以执行删除操作。
- 【设置】按钮：在大气和效果列表中选中大气或效果后，单击该按钮可以打开【环境和效果】对话框，如图 10-19 所示。

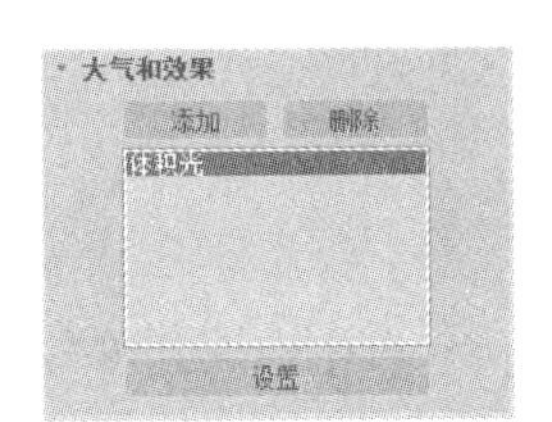

图 10-18 【大气和效果】卷展栏

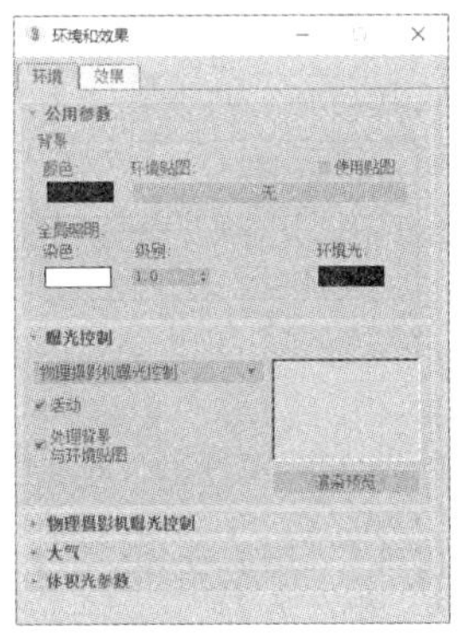

图 10-19 【环境和效果】对话框

2. 自由灯光

自由灯光无目标点，在 3ds Max 的【创建】面板的【灯光】选项卡中单击【自由灯光】按钮，即可在场景中创建自由灯光。

【例 10-2】 使用自由灯光制作落地灯照明效果。 视频

(1) 打开素材文件后，在【创建】面板中选择【灯光】选项卡，单击【自由灯光】按钮，在视图中单击鼠标创建一个自由灯光，如图 10-20 所示。

(2) 按下 W 键执行【选择并移动】命令，在视图中调整灯光的位置，然后选择【修改】面板，展开【常规参数】卷展栏，在【阴影】选项组中选中【启用】和【使用全局设置】复选框，设置阴影的计算方式为【区域阴影】，如图 10-21 所示。

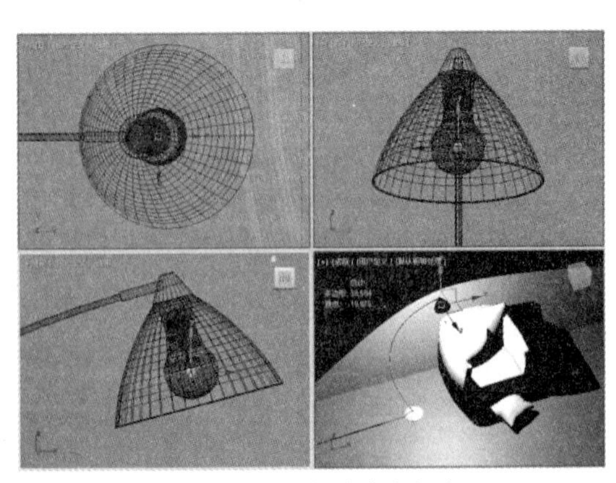

图 10-20 创建自由灯光

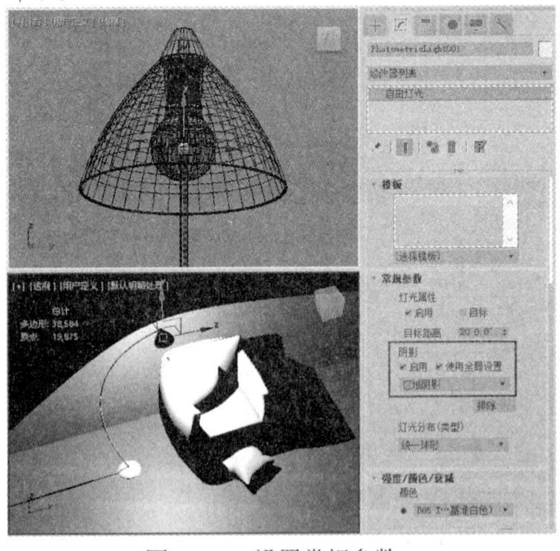

图 10-21 设置常规参数

(3) 展开【强度/颜色/衰减】卷展栏，设置【颜色】为【卤素灯(暖色调)】，并设置灯光的【强度】为 300 cd，如图 10-22 所示。

(4) 按下 Shift+Q 快捷键渲染场景，效果如图 10-23 所示。

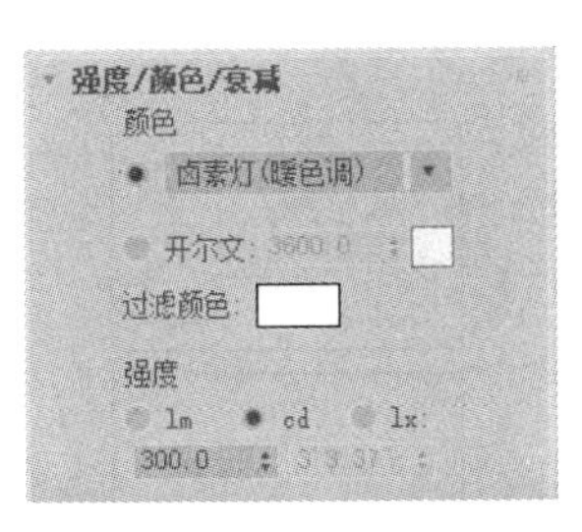

图 10-22　设置【强度/颜色/衰减】卷展栏参数

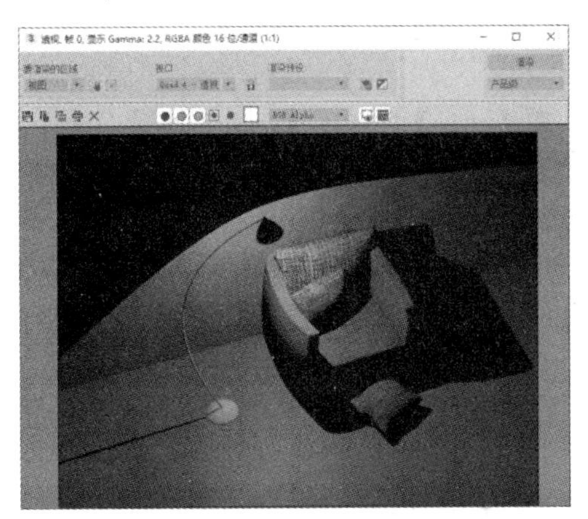

图 10-23　场景的渲染效果

自由灯光的参数与前面介绍的目标灯光的参数基本一致(这里不再重复介绍)，它们的区别仅仅在于是否具有目标点。自由灯光在创建完成后，目标点可以通过【修改】面板的【常规参数】卷展栏中的【目标】复选框来进行切换。

3. 太阳定位器

在【创建】面板的【灯光】选项卡中单击【太阳定位器】按钮，即可自定义太阳光系统的设置。太阳定位器使用的灯光遵循太阳在地球上任意给定位置的符合地理学的角度和运动规律，如图 10-24 所示。

在【修改】面板中，用户可以为太阳定位器选择位置、日期、时间和指南针方向，如图 10-25 所示。太阳定位器适用于计划中的以及现有结构的阴影设置。

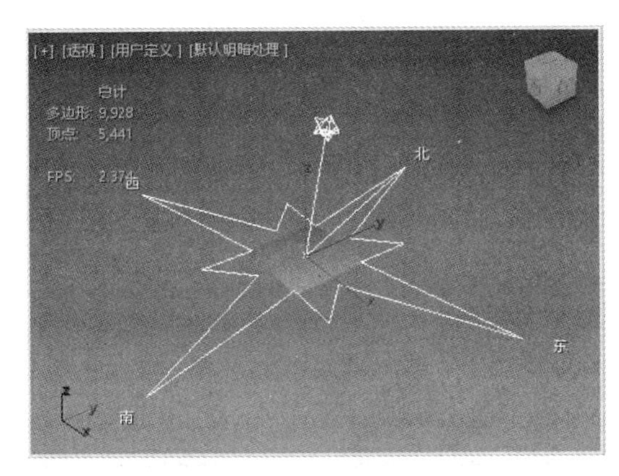

图 10-24　自定义太阳光系统

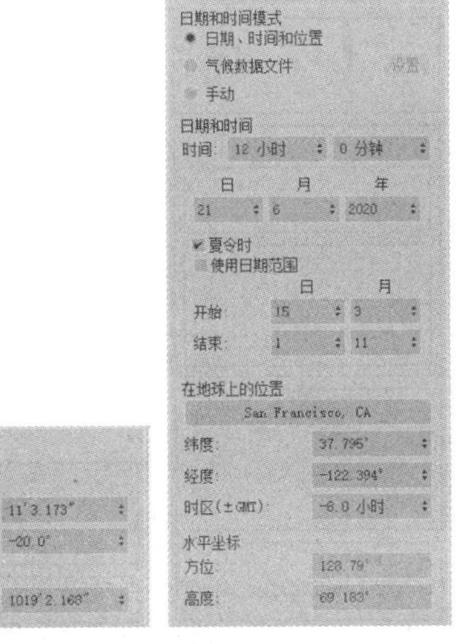

图 10-25　设置太阳定位器

太阳控制器是日光系统的简化替代方案。与传统的太阳光和日光系统相比，太阳定位器更加高效、直观。

10.1.2 “标准”灯光

在【创建】面板的【灯光】选项卡中单击【光度学】下拉按钮，在弹出的下拉列表中选择【标准】选项，系统将显示【标准灯光】面板，其中包括【目标聚光灯】【自由聚光灯】【目标平行光】【自由平行光】【泛光】和【天光】，如图 10-26 所示。

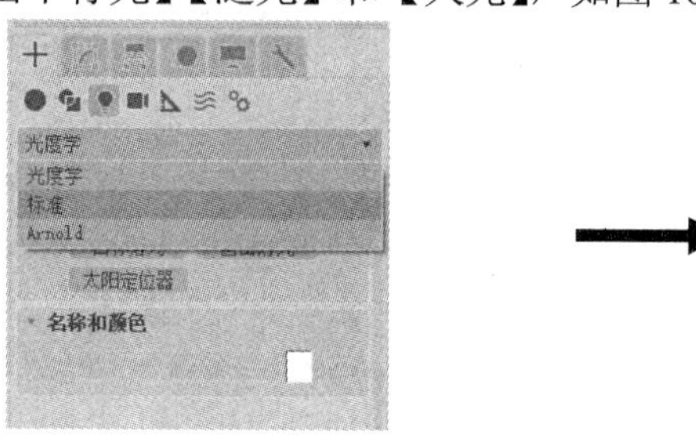

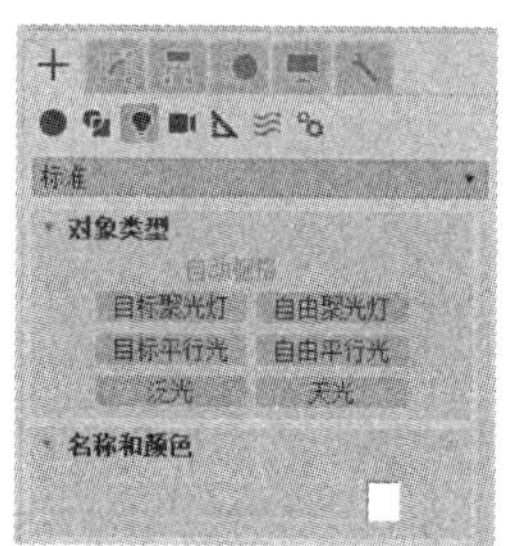

图 10-26　显示【标准灯光】面板

1. 天光

天光主要用于模拟天空光，常用来作为环境中的补光。天光也可以作为场景中的唯一光源，这样就可以模拟阴天环境下无直射的光照场景。

【例 10-3】 在场景中创建天光。 视频

(1) 打开素材文件后，在【创建】面板中选择【灯光】选项卡，单击【光度学】下拉按钮，从弹出的下拉列表中选择【标准】选项。

(2) 在显示的【标准灯光】面板中单击【天光】按钮，在前视图中创建天光，如图 10-27 所示。

(3) 按下 W 键执行【选择并移动】命令，调整场景中灯光的位置，然后按下 F9 功能键渲染场景，效果如图 10-28 所示。

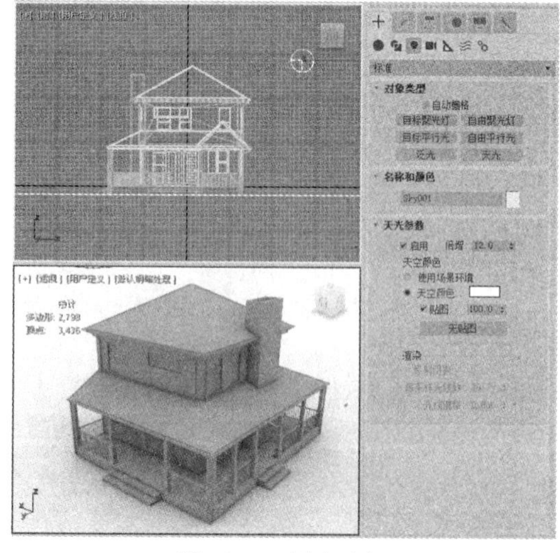

图 10-27　创建天光

图 10-28　场景的渲染效果

创建天光时，【修改】面板中只有【天光参数】卷展栏，其中主要选项的功能说明如下。

- 【启用】复选框：设置是否开启天光。
- 【倍增】微调框：设置天光的强度。
- 【使用场景环境】单选按钮：选中该单选按钮后，即可使用【环境与特效】对话框中设置的环境光颜色作为天光颜色。
- 【天空颜色】单选按钮：选中该单选按钮后，即可通过右侧的色块设置天光的颜色。
- 【贴图】复选框：选中该复选框后，指定的贴图将影响天光的颜色。
- 【投射阴影】复选框：设置天光是否投射阴影。
- 【每采样光线数】微调框：计算落在场景中每个点上的光子数目。
- 【光线偏移】微调框：设置光线产生的偏移距离。

2. 目标聚光灯

目标聚光灯的光线照射方式和手电筒、舞台光束的照射方式类似，都是从一个点光源向某个方向发射光线。目标聚光灯有可控的目标点，无论用户怎样移动聚光灯的位置，光线始终照射目标所在的位置。

【例 10-4】 使用目标聚光灯制作台灯照明效果。 视频

(1) 打开素材文件后，在【创建】面板中选择【灯光】选项卡，单击【光度学】下拉按钮，从弹出的下拉列表中选择【标准】选项。

(2) 在显示的【标准灯光】面板中单击【目标聚光灯】按钮，在视图中创建目标聚光灯，如图 10-29 所示。

(3) 按下 W 键执行【选择并移动】命令，调整场景中灯光的位置。选择【修改】面板，展开【常规参数】卷展栏，在【阴影】选项组中选中【启用】复选框，然后单击该复选框下方的下拉按钮，在弹出的下拉列表中选择【光线跟踪阴影】选项，如图 10-30 所示。

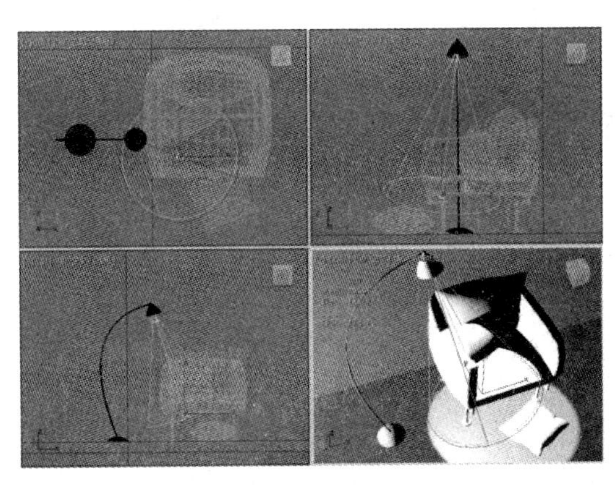

图 10-29　创建目标聚光灯

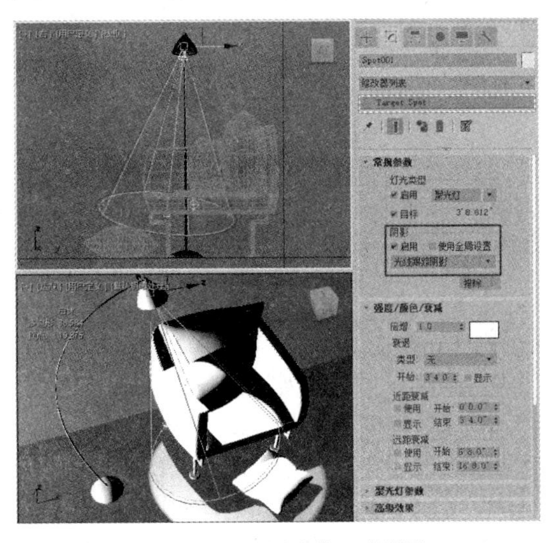

图 10-30　设置光线跟踪阴影

(4) 展开【强度/颜色/衰减】卷展栏，在【倍增】微调框中输入 5，然后单击该微调框右侧的色块，打开【颜色选择器：灯光颜色】对话框，将聚光灯的灯光颜色设置为暖色，然后单击【确

定】按钮，如图 10-31 所示。

(5) 在【强度/颜色/衰减】卷展栏的【远距衰减】选项组中选中【使用】复选框，然后设置右侧的【开始】参数为 0、【结束】参数为 100，如图 10-32 所示。

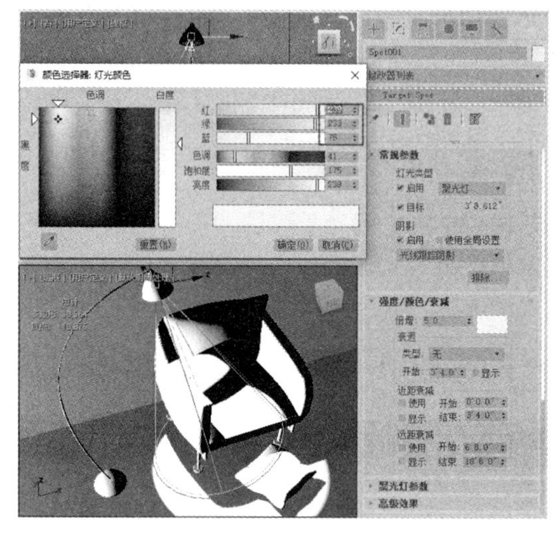

图 10-31　设置灯光的强度和颜色

图 10-32　设置远距衰减

(6) 展开【聚光灯参数】卷展栏，在【聚光区/光束】微调框中输入 49，在【衰减区/区域】微调框中输入 51，如图 10-33 所示。

(7) 按下 F9 功能键渲染场景，效果如图 10-34 所示。

图 10-33　【聚光灯参数】卷展栏

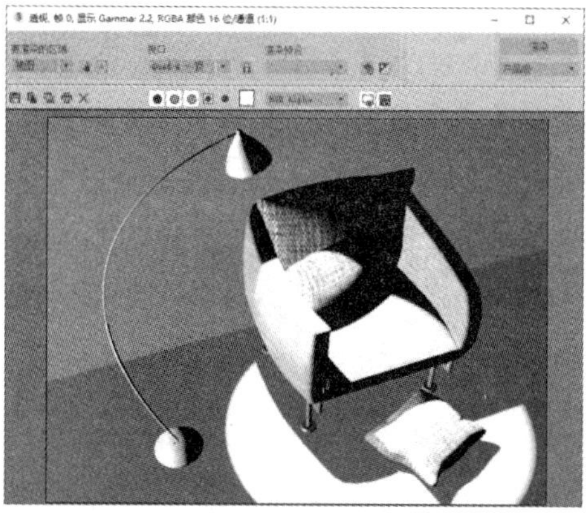

图 10-34　场景的渲染效果

创建目标聚光灯时，【修改】面板的各卷展栏中主要选项的功能说明如下。

1)【常用参数】卷展栏。

- 【灯光类型】选项组中包含【启用】复选框和【目标】复选框。其中，【启用】复选框用于设置选择的灯光是否开启照明，单击该复选框右侧的下拉按钮，在弹出的下拉列表中可以选择灯光的类型，如图 10-35 所示；【目标】复选框用于设置所选灯光是否具有可控的目标点，同时显示灯光与目标点之间的距离。
- 【阴影】选项组中包含【启用】复选框、【使用全局设置】复选框、【阴影方法】下拉列表和【排除】按钮。其中，【启用】复选框用于设置当前灯光是否投射阴影；选中【使用全局设置】复选框表示使用灯光投射阴影的全局设置，取消选中该复选框表示允许启用阴影的单个控件(此时需要设置渲染器使用何种方式来生成特定灯光的阴影)；【阴影方法】下拉列表用于设置渲染器使用何种方式生成灯光的阴影，如图 10-36 所示；单击【排除】按钮则会将选定对象排除于灯光效果之外(单击该按钮将打开【排除/包含】对话框)。

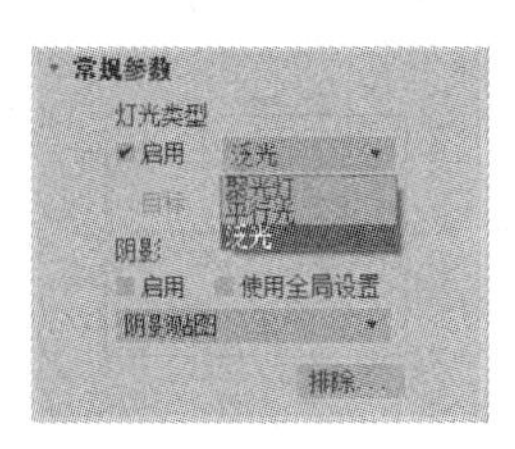

图 10-35　选择灯光类型

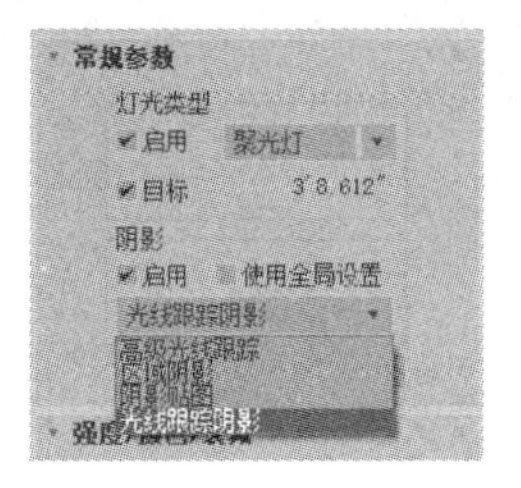

图 10-36　设置渲染器使用何种方式来生成特定灯光的阴影

2)【强度/颜色/衰减】卷展栏。如图 10-37 所示，其中主要选项的功能说明如下。

- 【倍增】微调框：设置灯光的功率放大因子。例如，如果将倍增因子设置为 2，那么灯光的亮度将是原来的两倍。负值表示减去灯光，这对于在场景中有选择地防止黑暗区域非常有效。
- 【衰退】选项组中包含【类型】下拉按钮、【开始】微调框和【显示】复选框。单击其中的【类型】下拉按钮后，在弹出的下拉列表中，用户可以设置【无】【倒数】和【平方反比】三种衰退类型(如图 10-38 所示)；【开始】微调框用于在不应用衰退时设置灯光开始衰退的距离；选中【显示】复选框后，视图中将显示衰退范围。

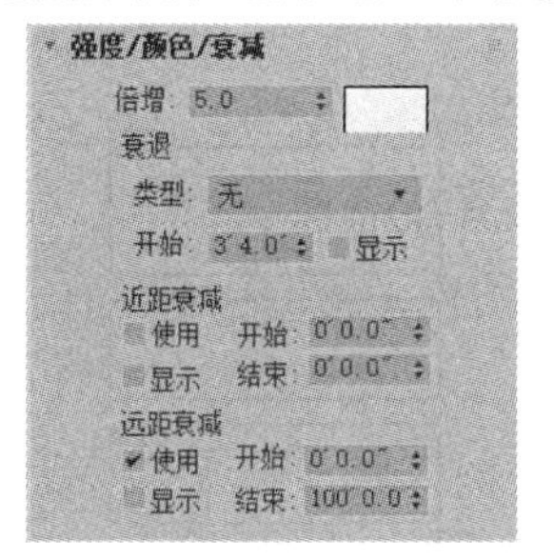

图 10-37　【强度/颜色/衰减】卷展栏

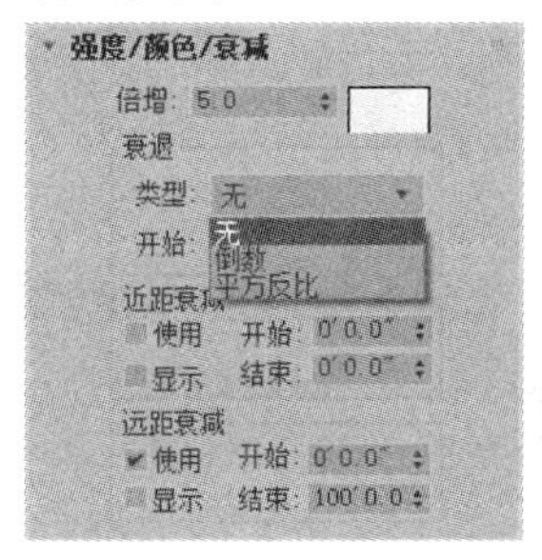

图 10-38　设置衰退类型

- 【近距衰减】选项组中包含【开始】微调框、【结束】微调框、【使用】复选框和【显示】复选框。其中，【开始】微调框用于设置灯光开始淡入的距离；【结束】微调框用于设置灯光到达全值的距离；选中【使用】复选框后，系统将启用灯光的近距衰减；选中【显示】复选框后，视图中将显示近距衰减范围的设置，如图 10-39 所示。
- 【远距衰减】选项组中包含【开始】微调框、【结束】微调框、【使用】复选框和【显示】复选框。其中，【开始】微调框用于设置灯光开始淡出的距离；【结束】微调框用于设置灯光减为零的距离；选中【使用】复选框后，系统将启用灯光的远距衰减；选中【显示】复选框后，视图中将显示远距衰减范围的设置，如图 10-40 所示。

3)【聚光灯参数】卷展栏。其中主要选项的功能说明如下。

- 【显示光锥】复选框：启用或禁用圆锥体的显示。当选中该复选框时，即使不选择灯光，也仍然可以在视图中看到其光锥效果，如图 10-41 所示。

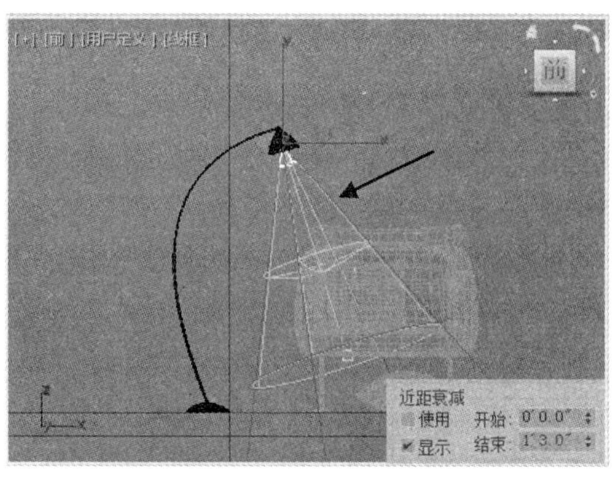

图 10-39　显示近距衰减范围的设置

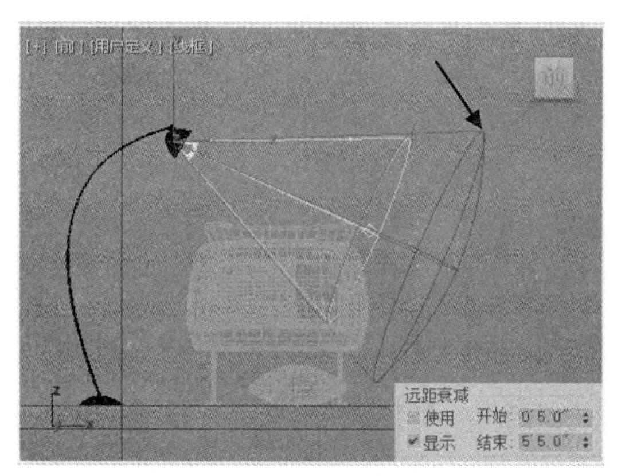

图 10-40　显示远距衰减范围的设置

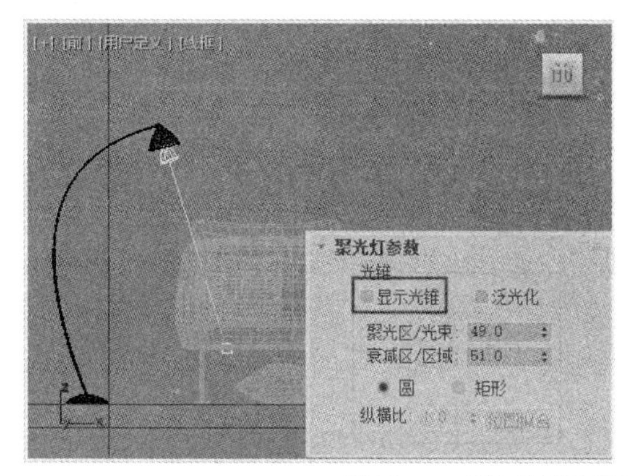

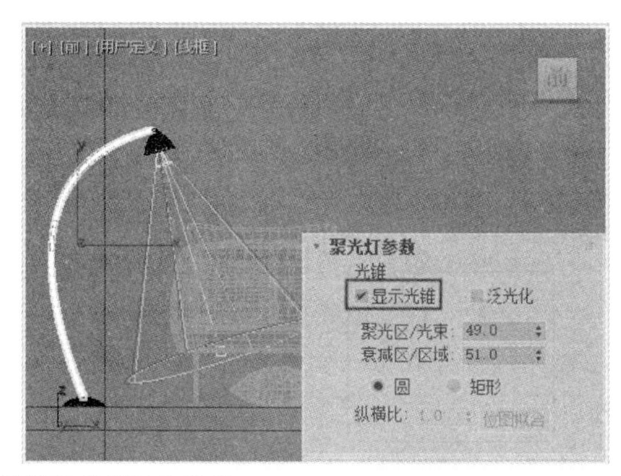

图 10-41　对比显示光锥与不显示光锥时的效果

- 【泛光化】复选框：选中该复选框后，系统将在所有方向上投影灯光，但是投影和阴影只发生在其衰减圆锥体内，如图 10-42 所示。
- 【聚光区/光束】微调框：调整灯光圆锥体的角度，聚光区值以度为单位进行测量。
- 【衰减区/区域】微调框：调整灯光衰减区的角度，衰减区值以度为单位进行测量，如图 10-43 所示。

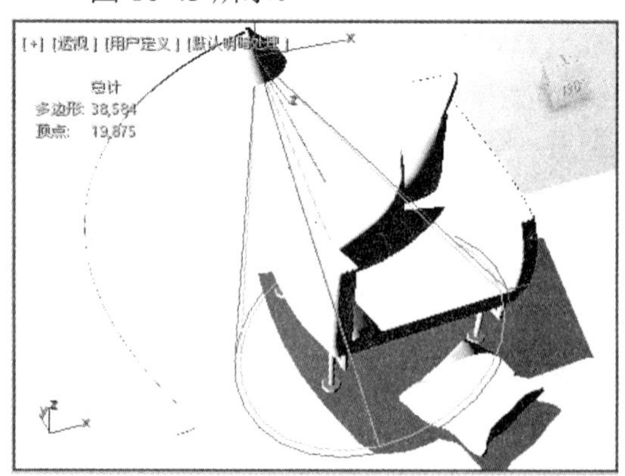

图 10-42　启用泛光化

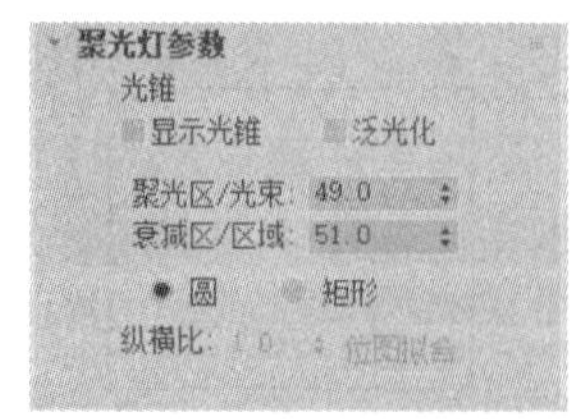

图 10-43　【聚光区/光束】和【衰减区/区域】微调框

▽ 【圆】和【矩形】单选按钮：用于确定聚光区和衰减区的形状。如果想要标准的圆形灯光，那么应设置灯光形状为“圆形”；如果想要矩形的光束(如灯光在穿过窗户或门之后产生的投影)，那么应设置灯光形状为“矩形”，如图 10-44 所示。

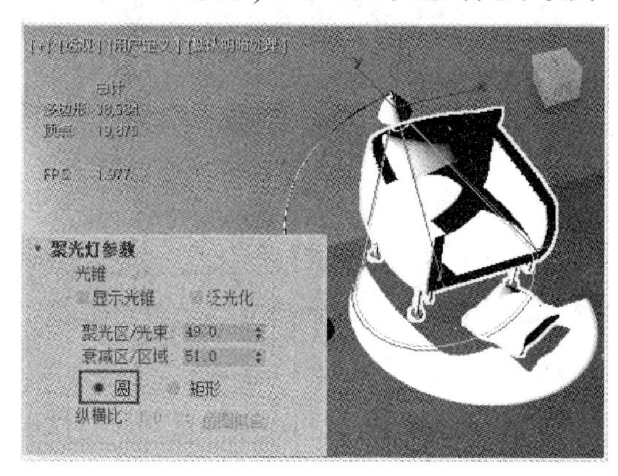

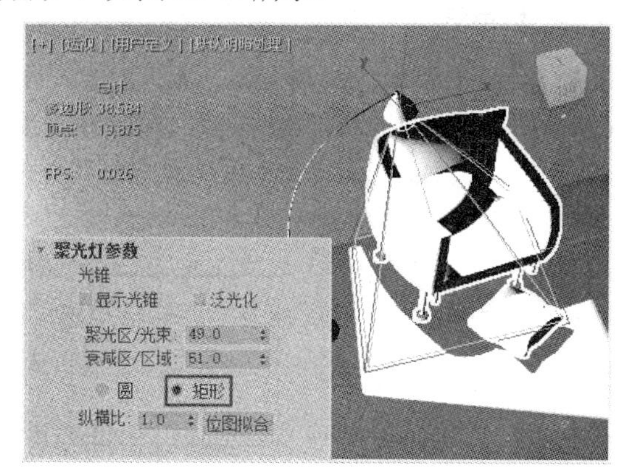

图 10-44　设置灯光形状

▽ 【纵横比】微调框：设置矩形光束的纵横比，单击【位图拟合】按钮可以使纵横比匹配特定的位图。

▽ 【位图拟合】按钮：如果灯光的投影纵横比为矩形，那么可以设置纵横比以匹配特定的位图(当灯光被用作投影时，该按钮非常有用)。

4)【高级效果】卷展栏。如图 10-45 所示，其中主要选项的功能说明如下。

▽ 【对比度】微调框：调整曲面的漫反射区域和环境光区域之间的对比度。

▽ 【柔化漫反射边】微调框：通过增大其中的值，用户可以柔化曲面的漫反射部分与环境光部分之间的边缘，这有助于消除在某些情况下曲面上显示的边缘。

▽ 【漫反射】复选框：选中该复选框后，灯光将影响对象曲面的漫反射属性；取消选中该复选框后，灯光在漫反射曲面上将没有任何效果，如图 10-45 所示。

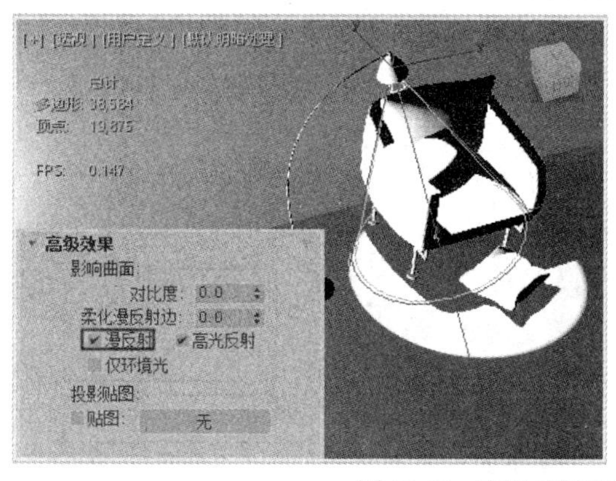

图 10-45　有漫反射和无漫反射灯光的对比

▽ 【高光反射】复选框：选中该复选框后，灯光将影响对象曲面的高光属性；取消选中该复选框后，灯光在高光曲面上将没有任何效果。

▽ 【仅环境光】复选框：选中该复选框后，灯光将仅影响照明的环境光组件。

- 【贴图】复选框：选中该复选框后，便可通过单击其右侧的【拾取】按钮 无 为投影设置贴图。

3. 自由聚光灯

自由聚光灯和目标聚光灯类似，只是前者无法对发射点和目标点分别进行调节，因而特别适合模仿一些动画灯光，如图 10-46 所示。

自由聚光灯的参数和目标聚光灯的参数类似(这里不再重复介绍)，只是自由聚光灯没有目标点。用户可以通过执行【选择并移动】命令和【选择并旋转】命令对自由聚光灯执行移动和旋转操作。

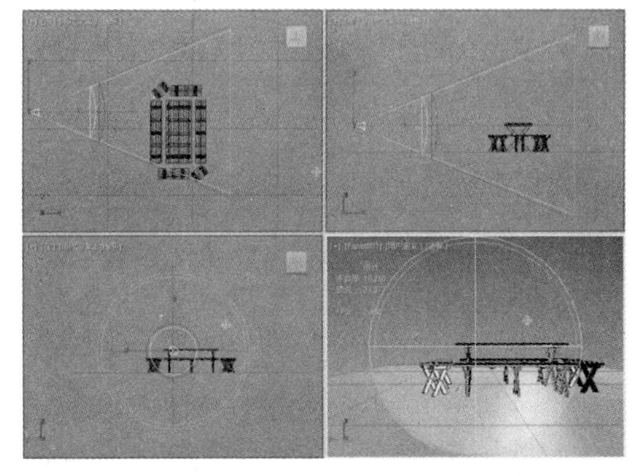

图 10-46　场景中的自由聚光灯

4. 泛光

泛光能够模拟单个光源向各个方向投影光线，优点是创建方便且不必考虑照射范围。泛光灯用于将“辅助照明”添加到场景中或模拟点光源(如灯泡、烛光等)。

【例 10-5】 在场景中创建泛光。 视频

(1) 打开模型文件，在【创建】面板中选择【灯光】选项卡，单击【光度学】下拉按钮，从弹出的下拉列表中选择【标准】选项。

(2) 在显示的【标准灯光】面板中单击【泛光】按钮，在右视图中创建泛光，如图 10-47 所示。

(3) 调整场景中灯光的位置，然后按下 F9 功能键渲染场景，效果如图 10-48 所示。

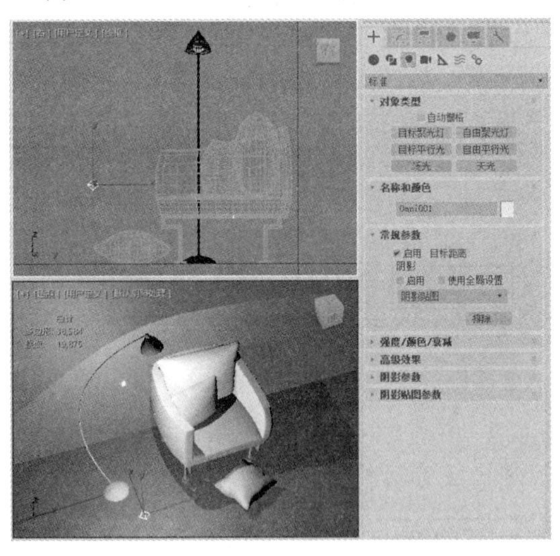

图 10-47　创建泛光

图 10-48　场景的渲染效果

泛光的参数及使用方法与目标聚光灯基本一致(这里不再重复介绍)。泛光灯没有目标点，在其【修改】面板中，【目标】选项为不可用状态。仅当在【修改】面板的【常规参数】卷展栏中将灯光类型更改为聚光灯或平行光之后，【目标】选项才可用。

5. 目标平行光

目标平行光的参数及使用方法与目标聚光灯基本一致，区别仅在于照射的区域不同。目标聚光灯的灯光是从一个点照射到某个区域范围，而目标平行光的灯光是从一个区域平行照射到另一个区域。

【例 10-6】 使用目标平行光制作阳光照明效果。 视频

(1) 打开素材文件后，按下 F 键切换至前视图，然后在【创建】面板的【灯光】选项卡中单击【目标平行光】按钮，在前视图中创建目标平行光，如图 10-49 所示。

(2) 按下 T 键将视图切换至顶视图，然后按下 W 键执行【选择并移动】命令，调整目标平行光的位置。

(3) 选择【修改】面板，展开【平行光参数】卷展栏，选中【矩形】单选按钮。

(4) 展开【常规参数】卷展栏，选中【阴影】选项组中的【启用】复选框，如图 10-50 所示。

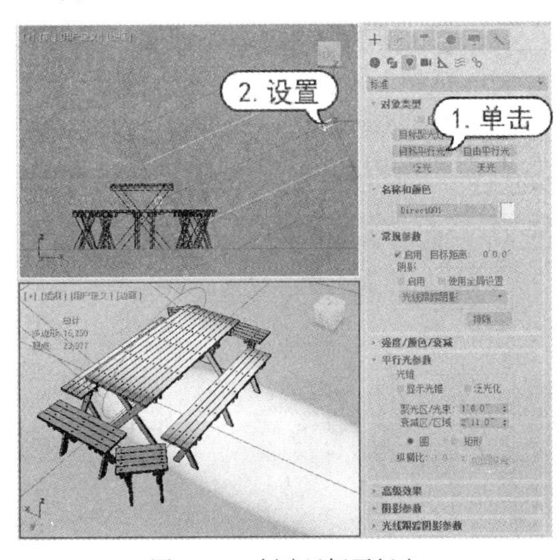

图 10-49 创建目标平行光

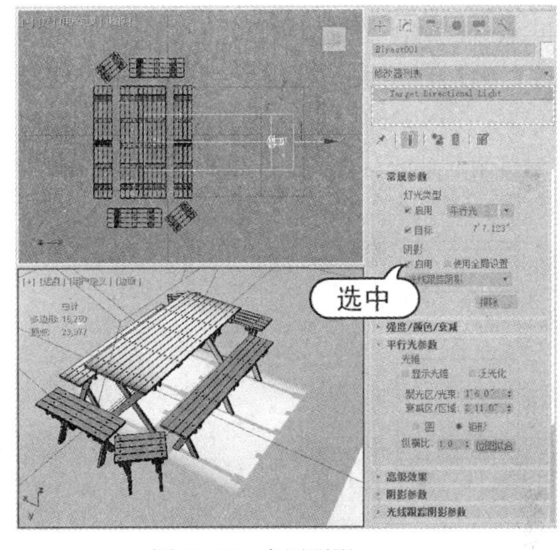

图 10-50 启用阴影

(5) 展开【强度/颜色/衰减】卷展栏，设置灯光的【倍增】为 3，单击右侧的色块，打开【颜色选择器：灯光颜色】对话框，设置灯光颜色为橙色(RGB 值为 248、186、136)，然后单击【确定】按钮。

(6) 展开【阴影参数】卷展栏，在【密度】微调框中输入 3，然后按下 Shift+Q 快捷键，渲染透视图，场景的渲染效果如图 10-51 所示。

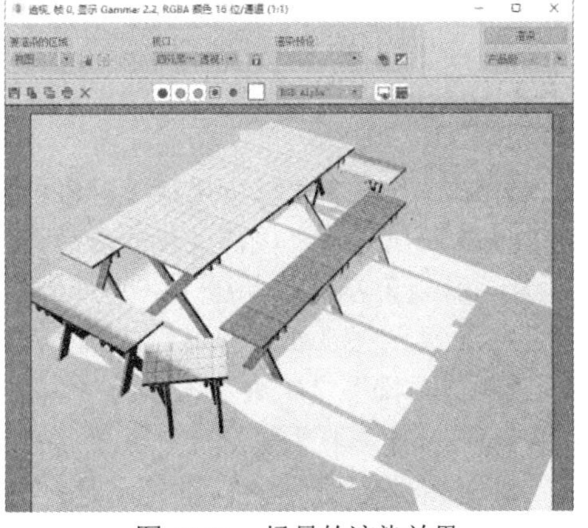

图 10-51 场景的渲染效果

6. 自由平行光

自由平行光没有目标点，其参数与目标平行光的参数基本一致。当用户在【常规参数】卷展栏中选中【目标】复选框后，自由平行光就会自动切换为目标平行光，因此这两种灯光之间是相互关联的。

10.2 摄影机

3ds Max 中的摄影机具有远超现实摄影机的功能——镜头更换动作可以瞬间完成，其无级变焦更是现实摄影机无法比拟。对于景深设置，可以直观地用范围线表示，不通过光圈计算；对于摄影机动画，除位置变动外，还可以表现焦距、视角、景深等动画效果。自由摄影机可以很好地绑定到运动目标上，随目标在运动轨迹上一起运动，同时进行跟随和倾斜；而目标摄影机的目标点则可以连接到运动的对象上，从而实现目光跟随的动画效果。此外，对于室外建筑装潢的环境动画而言，摄影机也是必不可少的。用户可以直接为 3ds Max 摄影机绘制运动路径，进而实现沿路径摄影的效果。

10.2.1 目标摄影机

在 3ds Max 的【创建】面板中选择【摄影机】选项卡，设置【摄影机类型】为【标准】，单击【目标】按钮，然后在场景中按住鼠标左键并拖动，即可创建一台目标摄影机，如图 10-52 所示。

从图 10-52 中可以观察到，目标摄影机包含目标点和摄影机两部分。目标摄影机可以通过调节目标点和摄影机来控制角度，如图 10-53 所示。

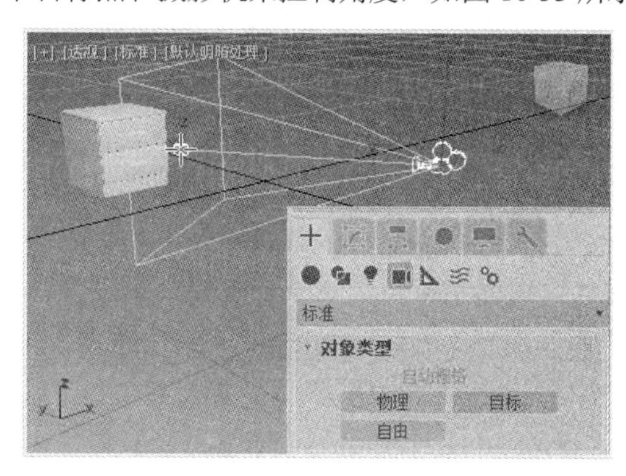

图 10-52　创建目标摄影机

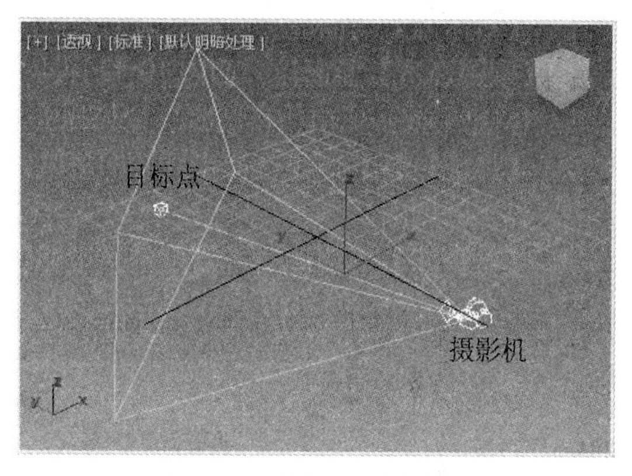

图 10-53　目标点和摄影机

【例 10-7】在场景中创建目标摄影机。视频

(1) 在【创建】面板中选择【摄影机】选项卡，设置【摄影机类型】为【标准】，单击【目标】按钮，在顶视图中按住鼠标并拖动，创建一台目标摄影机，然后在【参数】卷展栏中设置【镜头】和【视野】参数，如图 10-54 所示。

(2) 选择上一步创建的目标摄影机，选择【修改】面板，展开【景深参数】卷展栏，在【采样】选项组中设置【采样半径】为 25.4，如图 10-55 左图所示。

(3) 展开【参数】卷展栏，设置【目标距离】为 136.464，如图 10-55 右图所示。

(4) 选择透视图并按下 C 键，将视图切换至摄影机视图，按下 W 键执行【选择并移动】命令，在视图中调整目标摄影机的位置，如图 10-56 所示。

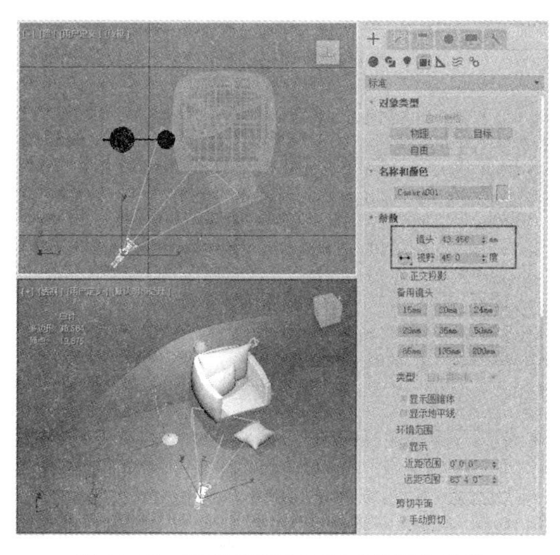

图 10-54　设置【镜头】和【视野】参数

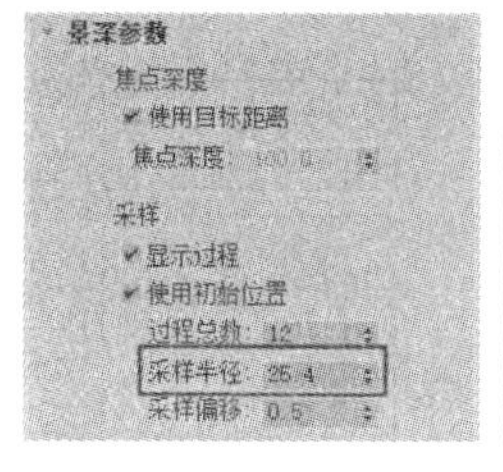

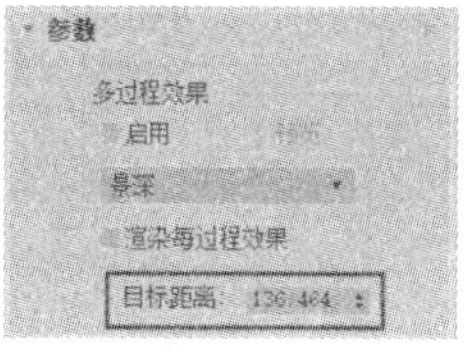

图 10-55　设置采样半径和目标距离

(5) 按下 F9 功能键渲染场景，效果如图 10-57 所示。

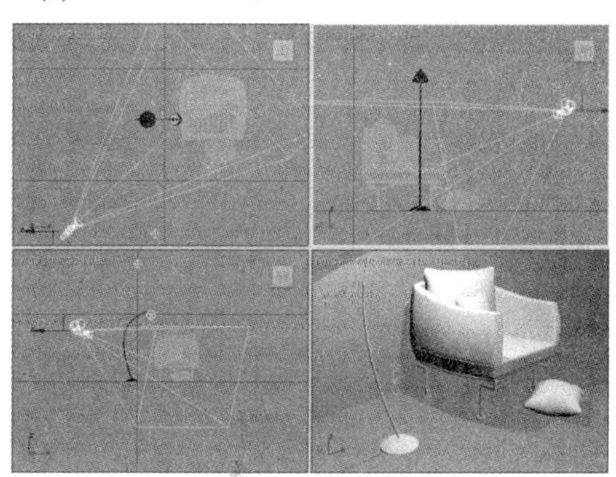

图 10-56　调整目标摄影机的位置

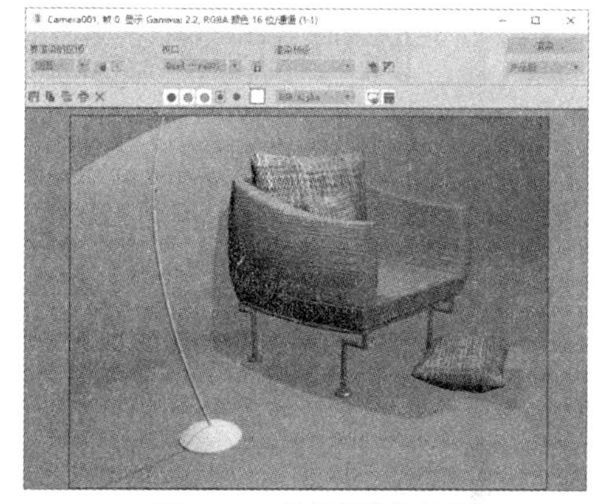

图 10-57　场景的渲染效果

创建目标摄影机时，【创建】面板和【修改】面板的各卷展栏中主要选项的功能说明如下。

1)【参数】卷展栏。如图 10-58 所示，其中主要选项的功能说明如下。

- 【镜头】微调框：以毫米为单位设置摄影机的焦距。
- 【视野】微调框：设置摄影机查看区域的宽度。
- 【正交投影】复选框：选中该复选框后，便可以类似于任何正交视口(如顶视口、左视口或前视口)的方式显示摄影机视图。
- 【备用镜头】选项组：用于选择 3ds Max 提供的 9 个备用镜头。
- 【类型】下拉按钮：作用是方便用户在目标摄影机和自由摄影机之间来回切换。
- 【显示圆锥体】复选框：设置是否显示摄影机的圆锥体。
- 【显示地平线】复选框：设置是否在摄影机视图中显示深灰色的地平线。
- 【显示】复选框：选中该复选框后，系统将显示摄影机圆锥体内的矩形，从而显示【近距范围】和【远距范围】微调框中的设置。

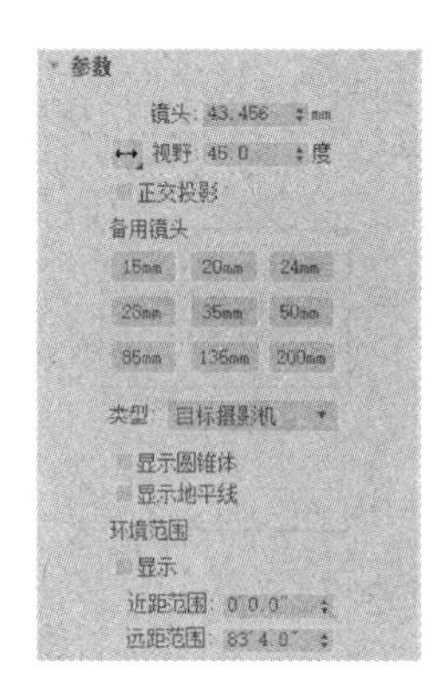

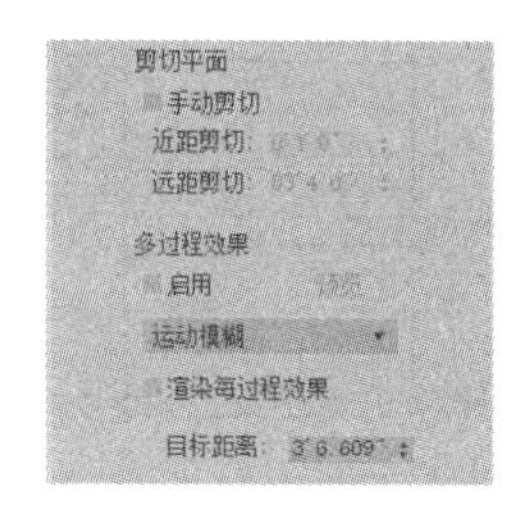

图 10-58 【参数】卷展栏

- 【近距范围】和【远距范围】微调框：作用是为用户在【环境】面板中设置的大气效果设置近距范围和远距范围。
- 【手动剪切】复选框：选中该复选框后，便可以手动方式设置摄影机剪切平面的范围。
- 【近距剪切】和【远距剪切】微调框：用于设置手动剪切平面时的最近距离和最远距离。
- 【启用】复选框：选中该复选框后，便可进行效果预览或渲染。
- 【预览】按钮：单击该按钮后，可以在活动的摄影机视图中预览效果。如果活动视图不是摄影机视图，该按钮将无效。
- 【效果】下拉按钮：单击该下拉按钮，在弹出的下拉列表中可以选择特效类型(景深或运动模糊)。
- 【渲染每过程效果】复选框：选中该复选框后，即可将渲染效果应用于多过程效果的每个过程。
- 【目标距离】微调框：用于设置摄影机与目标对象之间的距离。

2)【景深参数】卷展栏。选择“景深”效果是摄影师常用的一种拍摄手法，在渲染过程中利用“景深”效果常常可以虚化背景，从而达到突出画面主体的目的，图 10-59 对焦点在不同位置时的“景深”效果做了对比。

图 10-59 焦点在不同位置时“景深”效果的对比

【例 10-8】 使用目标摄影机渲染“景深”效果。 视频

(1) 打开素材文件后，场景中已经设置好了摄影机、灯光及全局渲染参数，按下 F9 功能键渲染摄影机视图，效果如图 10-60 所示。当前的渲染结果在默认状态下无“景深”效果。

(2) 选中场景中的摄影机，在【修改】面板的【参数】卷展栏中选中【多过程效果】选项组中的【启用】复选框，然后单击下方的下拉按钮，从弹出的下拉列表中选择【景深】选项，如图 10-61 所示。

图 10-60　渲染摄影机视图

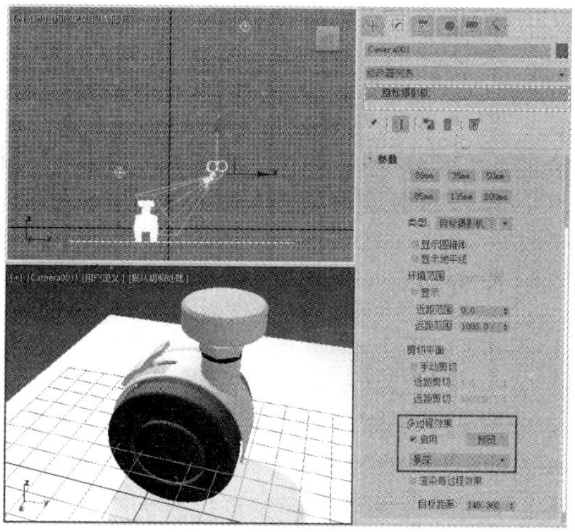

图 10-61　启用景深

(3) 展开【景深参数】卷展栏，设置景深参数，如图 10-62 所示。

(4) 按下 F9 功能键再次渲染场景，即可得到一幅具有“景深”效果的三维作品，效果如图 10-63 所示。

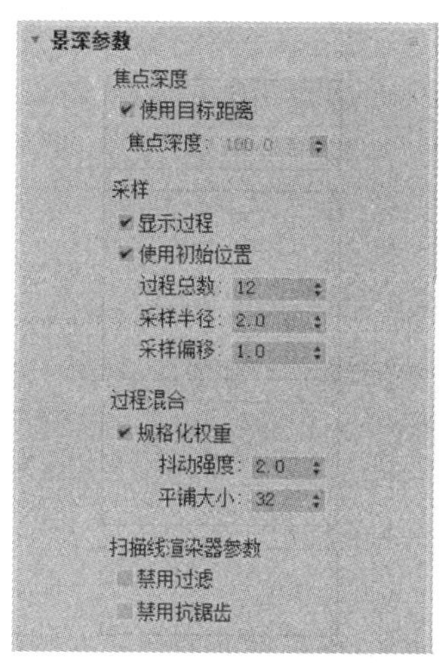

图 10-62　设置景深参数

图 10-63　具有“景深”效果的三维作品

【景深参数】卷展栏中主要选项的功能说明如下。

- 【使用目标距离】复选框：用于设置是否使用摄影机的目标点作为焦点，选中该复选框后，3ds Max 将激活并使用摄影机的目标点。
- 【焦点深度】微调框：当【使用目标距离】复选框处于未选中状态时，用于设置摄影机的焦点深度。
- 【显示过程】复选框：选中该复选框后，渲染帧窗口中将显示多条渲染通道。
- 【使用初始位置】复选框：选中该复选框后，第一个渲染过程将位于摄影机的初始位置。
- 【过程总数】微调框：用于设置“景深”效果的渲染次数，这决定了景深的层次，渲染次数越多，“景深”效果越精确，但渲染时间也会越长。

- 【采样半径】微调框：可通过移动场景生成模糊的半径。通过增大采样半径可以增强整体模糊效果，通过减小采样半径可以减弱整体模糊效果。
- 【采样偏移】微调框：设置模糊靠近或远离采样半径的权重。
- 【规格化权重】复选框：选中该复选框后，权重将被规格化，获得的渲染效果较为平滑；如果取消选中该复选框，渲染效果会变得模糊一些，但通常颗粒状效果更明显。
- 【抖动强度】微调框：设置应用于渲染通道的抖动程度。
- 【平铺大小】微调框：设置抖动时图案的大小。
- 【禁用过滤】复选框：选中该复选框后，将禁用过滤效果。
- 【禁用抗锯齿】复选框：选中该复选框后，将禁用抗锯齿效果。

3)【运动模糊参数】卷展栏。运动模糊效果一般用于表现画面中强烈的运动感，在动画的制作上应用较多。图 10-64 显示了两张带有运动模糊效果的图片。【运动模糊参数】卷展栏如图 10-65 所示，其中主要选项的功能说明如下。

图 10-64　运动模糊效果

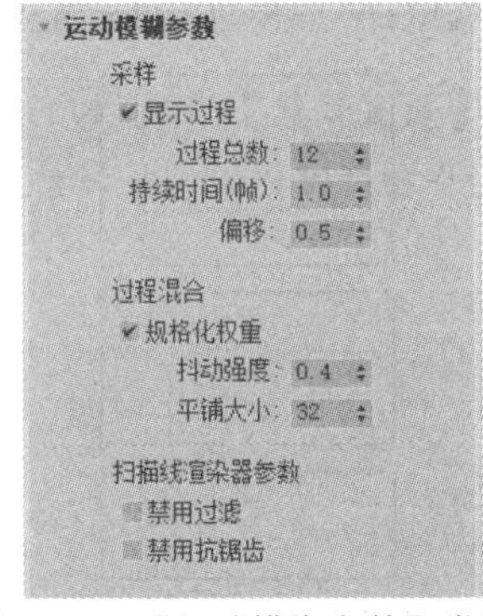

图 10-65　【运动模糊参数】卷展栏

- 【显示过程】复选框：选中该复选框后，渲染帧窗口中将显示多条渲染通道。
- 【过程总数】微调框：用于设置运动模糊效果的渲染次数，渲染次数越多，运动模糊效果越精确，但渲染时间也会越长。
- 【持续时间(帧)】微调框：定义动画中应用运动模糊效果的帧数。
- 【偏移】微调框：更改运动模糊效果，以便在当前帧的前后导出更多内容。
- 【规格化权重】复选框：选中【规格化权重】复选框后，权重将被规格化，获得的渲染效果较为平滑；如果取消选中【规格化权重】复选框，渲染效果会变得更清晰，但通常颗粒状效果更明显。
- 【抖动强度】微调框：设置应用于渲染通道的抖动程度。
- 【平铺大小】微调框：设置抖动时图案的大小。
- 【禁用过滤】复选框：选中该复选框后，将禁用过滤效果。
- 【禁用抗锯齿】复选框：选中该复选框后，将禁用抗锯齿效果。

10.2.2　物理摄影机

物理摄影机是 3ds Max 提供的基于真实世界里摄影机功能的摄影机。如果用户对真实世界中摄影机的使用非常熟悉，那么在 3ds Max 中使用物理摄影机就可以方便地创建所需的效果。

【例 10-9】使用物理摄影机渲染运动模糊效果。视频

(1) 打开素材文件后，场景中将包含一个直升机模型，并且已设置使用 VRay 渲染器。在场景中拖动【时间滑块】按钮，观察场景，可以看到直升机的螺旋桨已经设置了旋转动画，如图 10-66 所示。

(2) 在透视图中按下 Ctrl+C 快捷键，在场景中快速创建一台物理摄影机，同时透视图会自动切换为摄影机视图。按下 Shift+Q 快捷键渲染场景，效果如图 10-67 所示。

图 10-66　直升机的螺旋桨已经设置了旋转动画

图 10-67　未启用运动模糊时的渲染效果

(3) 选中场景中的物理摄影机，在【修改】面板中展开【物理摄影机】卷展栏，在【快门】选项组中选中【启用运动模糊】复选框，如图 10-68 所示。

(4) 按下 Shift+Q 快捷键渲染场景，此时可以看到一点运动模糊效果，如图 10-69 左图所示。在【修改】面板中调整【物理摄影机】卷展栏中的【持续时间】参数为 1 f 后，再次渲染场景，可以看到运动模糊效果明显加强了，如图 10-69 右图所示。

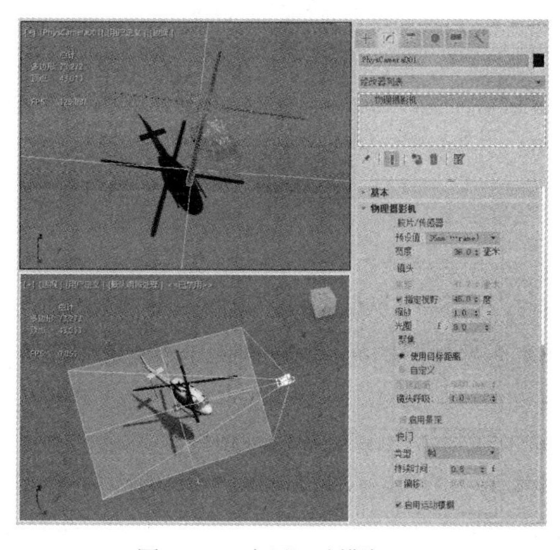

图 10-68　启用运动模糊

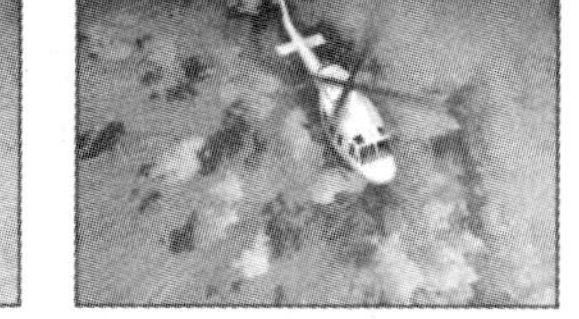

图 10-69　启用运动模糊后的渲染效果

在创建物理摄影机时，【创建】面板和【修改】面板的各卷展栏中主要选项的功能说明如下。

1)【基本】卷展栏。

- 【目标】复选框：选中该复选框后，即可为摄影机启用目标点功能，并且行为与目标摄影机相似。

- 【目标距离】微调框：设置目标与焦平面之间的距离。
- 【显示圆锥体】下拉按钮：单击该下拉按钮，弹出的下拉列表中提供了【选定时】【始终】和【从不】三个选项供用户选择。
- 【显示地平线】复选框：选中该复选框后，地平线在摄影机视图中将显示为水平线。

2)【物理摄影机】卷展栏。如图 10-70 所示，其中主要选项的功能说明如下。

- 【预设值】下拉按钮：单击该下拉按钮，弹出的下拉列表中提供了多个预设值供用户选择，如图 10-71 所示。
- 【宽度】微调框：用于手动调整帧的宽度。
- 【焦距】微调框：设置镜头的焦距。
- 【指定视野】复选框：选中该复选框后，便可以设置新的视野(FOV)值(以度为单位)。
- 【缩放】微调框：在不更改摄影机位置的情况下缩放镜头。
- 【光圈】微调框：可将光圈设置为光圈数。光圈数将影响曝光和景深。光圈数越低，光圈越大且景深越窄。
- 【启用景深】复选框：选中该复选框后，摄影机将在不等于焦距的距离生成“景深”效果。“景深”效果的强度基于光圈设置。
- 【类型】下拉按钮：单击该下拉按钮，在弹出的下拉列表中可以选择测量快门速度时使用的单位。

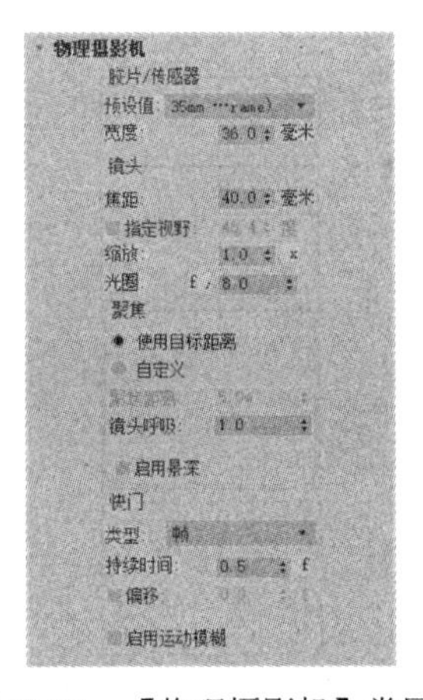

图 10-70　【物理摄影机】卷展栏

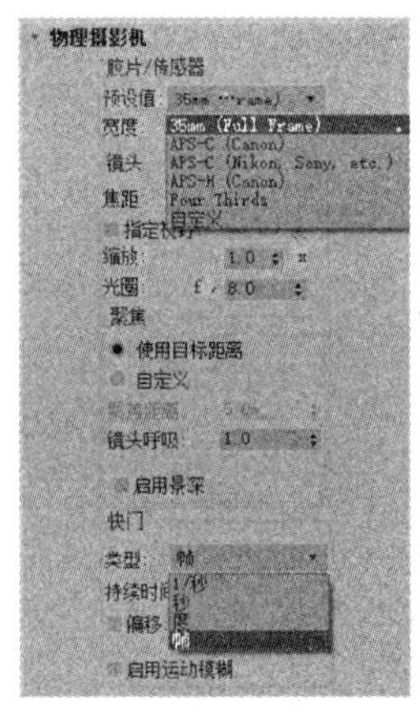

图 10-71　【预设值】下拉列表和【类型】下拉列表

- 【持续时间】微调框：根据所选的单位类型设置快门速度。持续时间可能会影响曝光、景深和运动模糊效果。
- 【启用运动模糊】复选框：选中该复选框后，摄影机可以生成运动模糊效果。

3)【曝光】卷展栏。如图 10-72 所示，其中主要选项的功能说明如下。

- 【手动】单选按钮：通过 ISO 值(感光度)设置曝光增益。当该单选按钮处于选中状态时，可通过 ISO 值、快门速度和光圈设置计算曝光。数值越大，曝光时间越长。
- 【目标】单选按钮：选中该单选按钮后，便可设置与三个摄影曝光值的组合相对应的单个曝光值。
- 【光源】单选按钮：选中该单选按钮后，单击下方的下拉按钮，在弹出的下拉列表中可以按照标准光源设置色彩平衡，如图 10-73 所示。

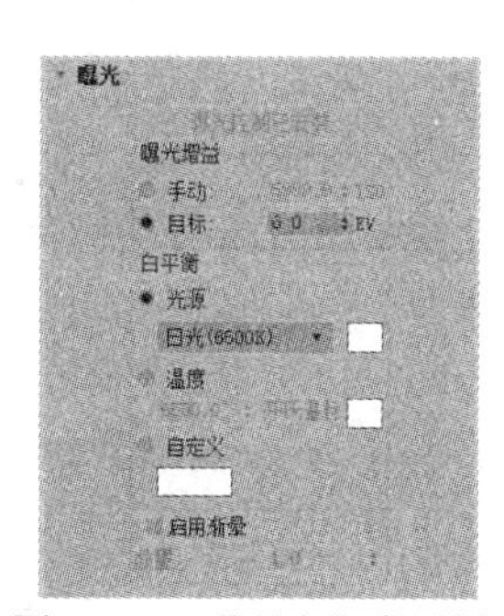

图 10-72 【曝光】卷展栏

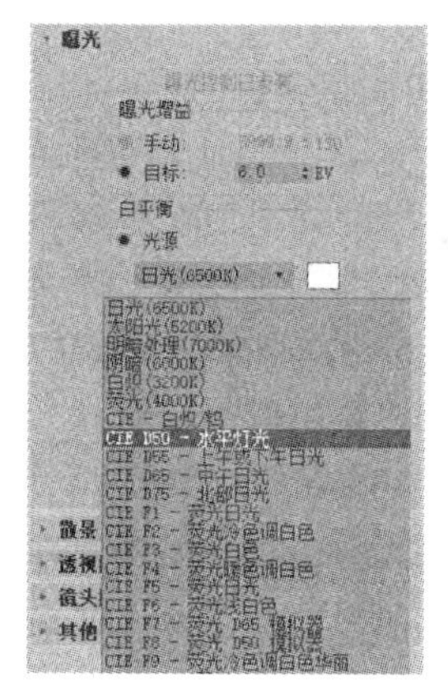

图 10-73 【光源】下拉列表

- 【温度】单选按钮：以色温的形式设置色彩平衡。
- 【自定义】单选按钮：用于设置任意色彩平衡。单击该单选按钮下方的色块，可在打开的【颜色选择器】对话框中设置需要使用的颜色。
- 【数量】微调框：用于调节渐晕效果。

4) 【散景(景深)】卷展栏。如图 10-74 所示，其中主要选项的功能说明如下。

- 【圆形】单选按钮：散景效果基于圆形光圈。
- 【叶片式】单选按钮：散景效果基于带有边的光圈。
- 【叶片】微调框：设置每个模糊圈的边数。
- 【旋转】微调框：设置每个模糊圈的旋转角度。
- 【自定义纹理】单选按钮：使用贴图替换每个模糊圈。
- 【中心偏移(光环效果)】滑块：通过调节该滑块，可以使光圈透明度向中心(负值)或边(正值)偏移。正值会增加焦外区域的模糊量，而负值会减小焦外区域的模糊量。
- 【光学渐晕(CAT 眼睛)】滑块：通过模拟“猫眼”效果使帧呈现渐晕效果。
- 【各向异性(失真镜头)】滑块：通过“垂直”或“水平”拉伸光圈来模拟失真镜头。

5) 【透视控制】卷展栏。如图 10-75 所示，其中主要选项的功能说明如下。

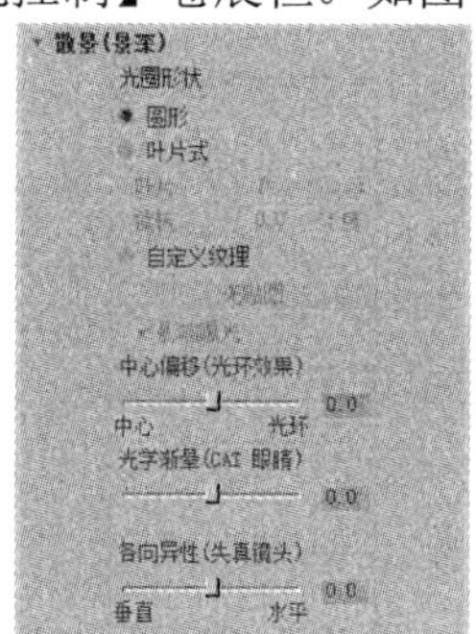

图 10-74 【散景(景深)】卷展栏

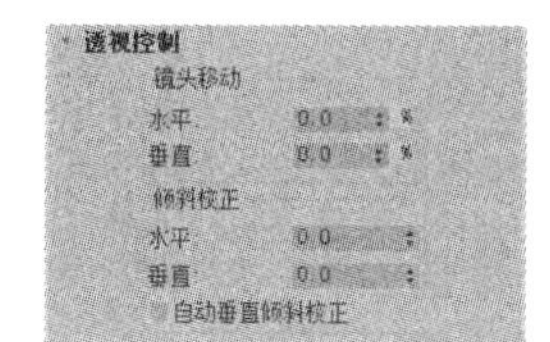

图 10-75 【透视控制】卷展栏

- 【镜头移动】选项组包含【水平】和【垂直】微调框，其中【水平】微调框可以设置沿水平方向移动摄影机视图，【垂直】微调框可以设置沿垂直方向移动摄影机视图。
- 【倾斜校正】选项组包含【水平】和【垂直】微调框，其中【水平】微调框可以设置沿水平方向倾斜摄影机视图，【垂直】微调框可以设置沿垂直方向倾斜摄影机视图。

10.2.3　自由摄影机

自由摄影机能使用户在摄影机指向的方向查看区域，如图 10-76 所示。当需要基于摄影机的位置沿着轨迹设置动画时，可以使用自由摄影机，实现的效果类似于穿过建筑物或将摄影机连接到行驶中的汽车。

因为自由摄影机没有目标点，所以只能通过执行【选择并移动】命令或【选择并旋转】命令来对摄影机本身进行调整，不如目标摄影机方便。

自由摄影机的参数与目标摄影机基本一致，这里不再重复介绍。

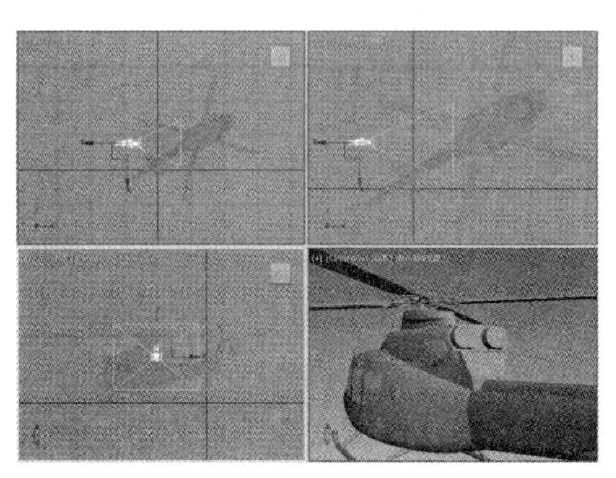

图 10-76　场景中的自由摄影机

10.3　安全框

3ds Max 提供的安全框用于帮助用户在渲染时查看输出图像的纵横比以及渲染场景的边界设置。另外，用户还可以利用安全框方便地在视图中调整摄影机的机位以控制场景中的模型是否超出渲染范围。

1. 打开安全框

3ds Max 提供了两种方法来打开安全框。

- 在摄影机视图中单击或右击视图上方的摄影机名称，从弹出的菜单中选择【显示安全框】命令，如图 10-77 所示。
- 按下 Shift+F 快捷键。

2. 配置安全框

默认状态下，3ds Max 的安全框显示为一块矩形区域。安全框主要在渲染静态的帧图像时应用，并且默认显示“活动区域”和“区域(当渲染区域时)”，如图 10-78 所示。

- 【活动区域】：活动区域将被渲染，而不考虑视图的纵横比或尺寸。
- 【区域(当渲染区域时)】：当渲染区域及编辑区域处于禁用状态时，区域轮廓将始终在视图中可见。

通过对安全框进行设置，用户还可以在视图中显示“动作安全区”“标题安全区”“用户安全区”和“12 区栅格”。

在 3ds Max 中，用户可以在菜单栏中选择【视图】|【视口配置】命令，然后在打开的【视口配置】对话框中选择【安全框】选项卡，即可设置安全框的打开方式，如图 10-78 所示。

图 10-77　打开安全框

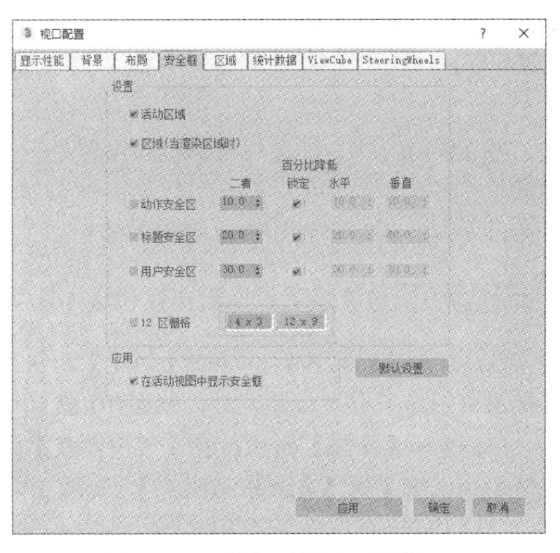

图 10-78　【视口配置】对话框

- 动作安全区：这一区域的渲染动作是安全的，如图 10-79 所示。
- 标题安全区：这一区域的标题和其他信息是安全的，如图 10-80 所示。

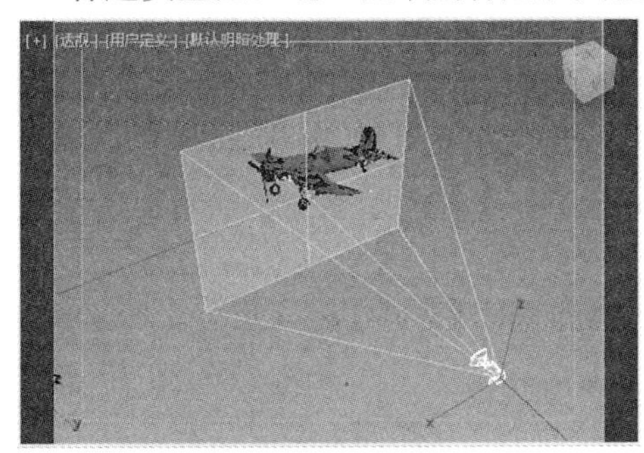

图 10-79　动作安全区

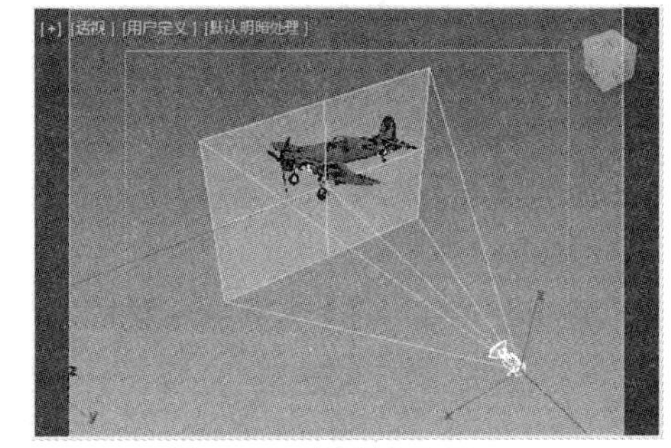

图 10-80　标题安全区

- 用户安全区：可在这一区域显示想要用于任何自定义要求的附加安全框，如图 10-81 所示。
- 12 区栅格：在视图中显示单元(或区)的栅格，这里的“区”是指栅格中的单元而不是扫描线区，如图 10-82 所示。

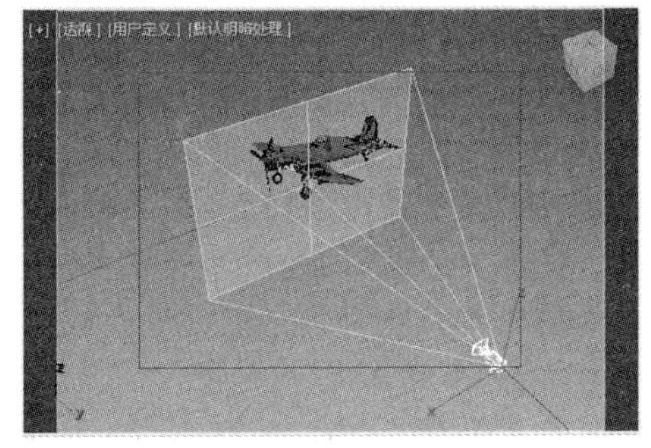

图 10-81　用户安全区

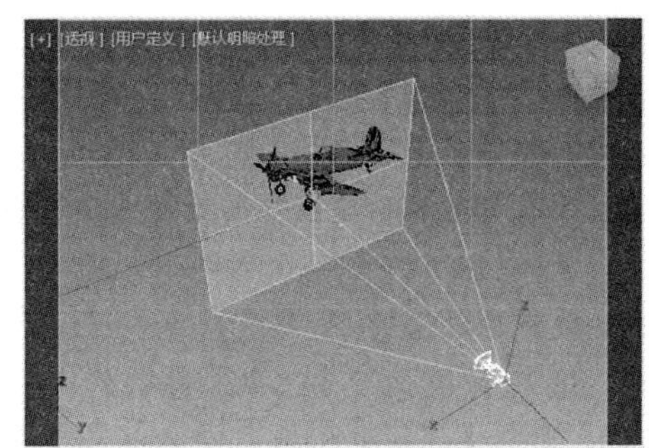

图 10-82　12 区栅格

10.4 实例演练

在 3ds Max 中，灯光与摄影机的设置是三维制作过程中十分重要的环节，灯光和摄影机不仅可以照亮场景中的物体，而且可以在表现场景气氛、天气效果等方面起到至关重要的作用。下面将通过实例操作，帮助用户巩固所学的知识。

【例 10-10】使用目标聚光灯和泛光灯创建灯光效果。视频

(1) 打开素材文件后，单击【创建】面板的【灯光】选项卡中的【目标聚光灯】按钮，在顶视图中创建一个目标聚光灯，如图 10-83 所示。

(2) 选择【修改】面板，在【常规参数】卷展栏的【阴影】选项组中选中【启用】复选框，将阴影模式设置为【光线跟踪阴影】，如图 10-84 所示。

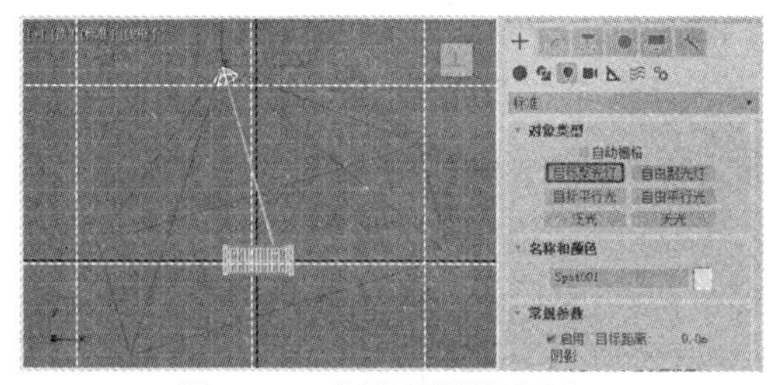

图 10-83 创建目标聚光灯

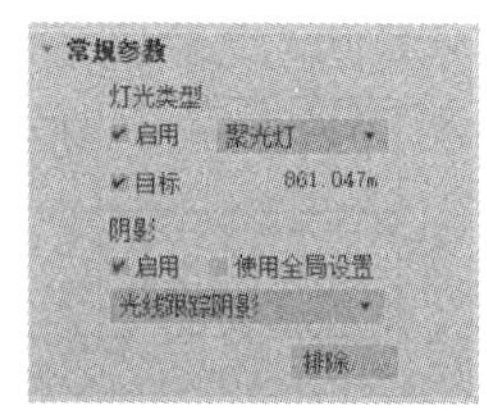

图 10-84 设置阴影模式

(3) 展开【聚光灯参数】卷展栏，将【聚光区/光束】和【衰减区/区域】分别设置为 0.5 和 80，如图 10-85 所示。

(4) 展开【阴影参数】卷展栏，将【对象阴影】选项组中的【密度】值设置为 0.8，如图 10-86 所示。

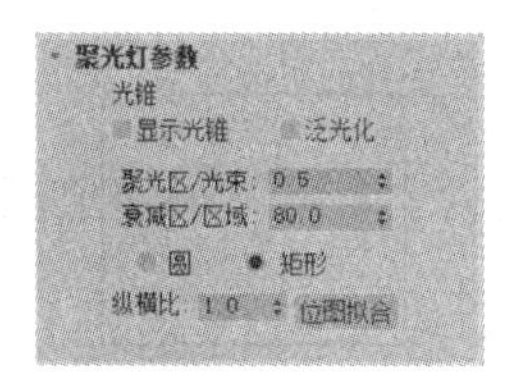

图 10-85 【聚光灯参数】卷展栏

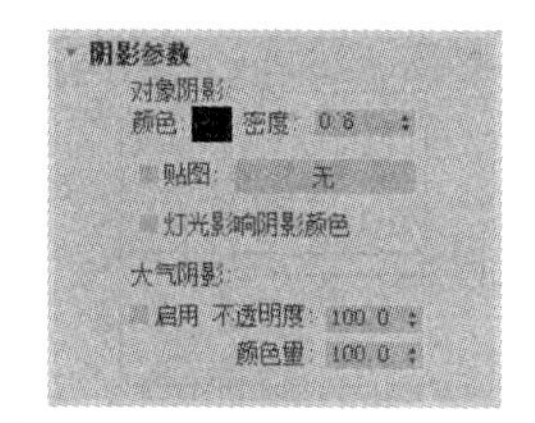

图 10-86 【阴影参数】卷展栏

(5) 按下 W 键执行【选择并移动】命令，调整场景中灯光的位置。

(6) 选择【创建】面板，单击【创建】面板的【灯光】选项卡中的【泛光】按钮，在视图中创建一个泛光灯，如图 10-87 所示。

(7) 选择【修改】面板，展开【常规参数】卷展栏，取消选中【阴影】选项组中的【启用】复选框，如图 10-88 所示。

(8) 展开【强度/颜色/衰减】卷展栏，将【倍增】设置为 0.5，如图 10-89 所示。

(9) 按下 W 键执行【选择并移动】命令，调整场景中灯光的位置。

(10) 选择【创建】面板，再次单击【泛光】按钮，在前视图中创建一个泛光灯。在【常规参数】卷展栏中取消【阴影】选项组中【启用】复选框的选中状态，在【强度/颜色/衰减】卷展栏中将【倍增】设置为 0.3，如图 10-90 所示。

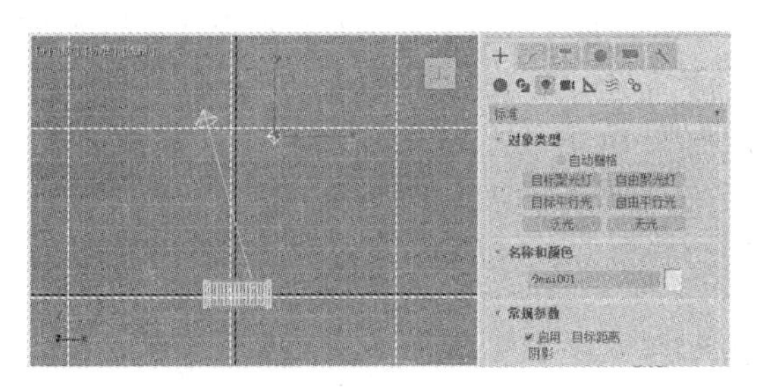

图 10-87　创建泛光灯

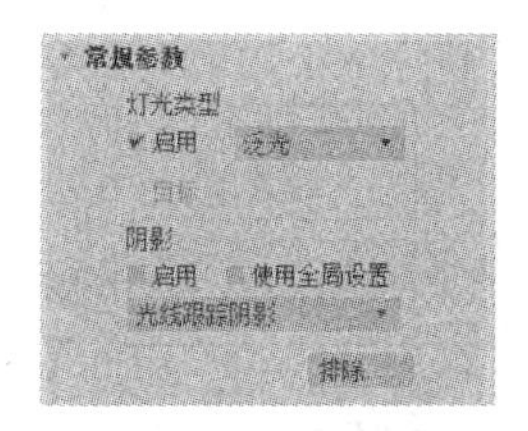

图 10-88　【常规参数】卷展栏

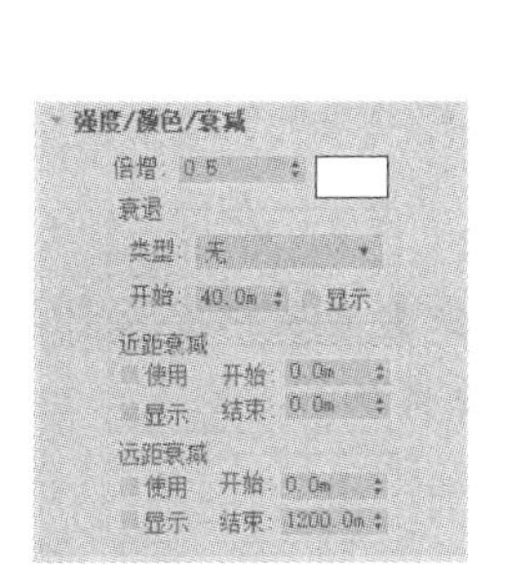

图 10-89　【强度/颜色/衰减】卷展栏

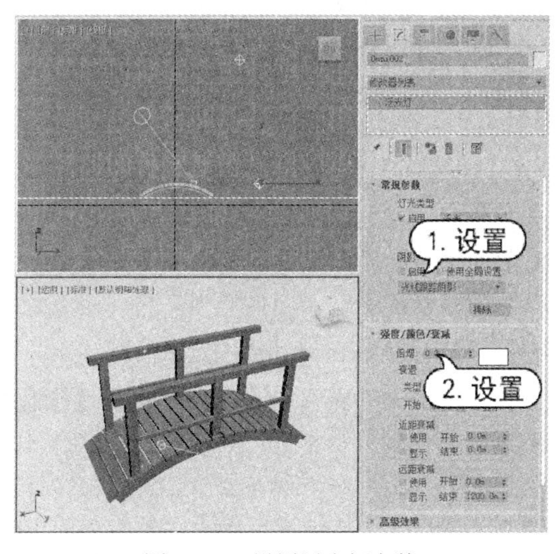

图 10-90　设置泛光灯参数

(11) 按下 W 键执行【选择并移动】命令，调整场景中灯光的位置，如图 10-91 所示。

(12) 选中透视图，按下 F9 功能键渲染场景，效果如图 10-92 所示。

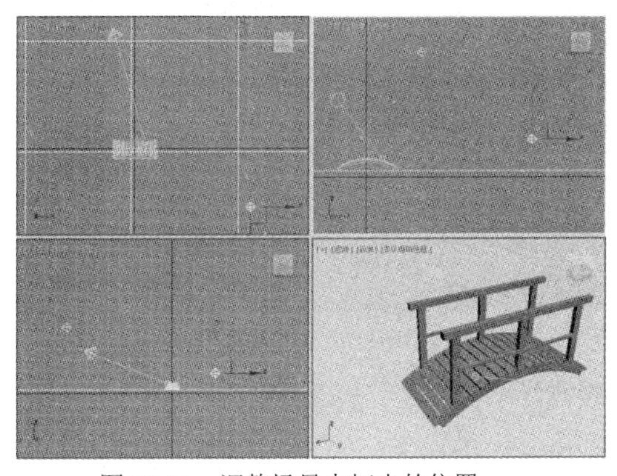

图 10-91　调整场景中灯光的位置

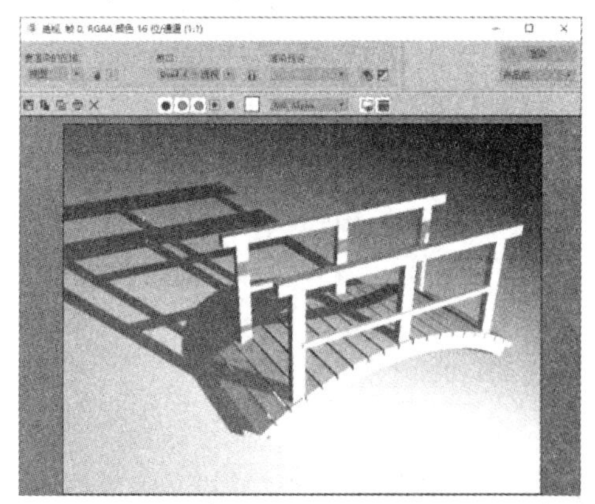

图 10-92　场景的渲染效果

【例 10-11】 使用剪切设置渲染场景中的特殊视角。 视频

(1) 打开素材文件后，在【创建】面板中选择【摄影机】选项卡，然后单击【目标】按钮，在视图中拖动鼠标，创建图 10-93 所示的目标摄影机。

(2) 选中场景中的目标摄影机，选择【修改】面板，在【参数】卷展栏中选中【剪切平面】选项组中的【手动剪切】复选框，设置【近距剪切】为 4500、【远距剪切】为 5500，如图 10-94 所示。

图 10-93　创建目标摄影机

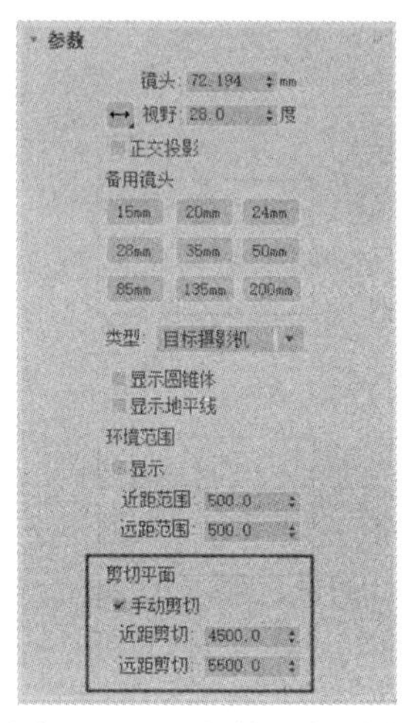

图 10-94　【参数】卷展栏

(3) 选择透视图，按下 C 键切换至摄影机视图。

(4) 再次选中场景中的目标摄影机，选择【修改】面板，在【参数】卷展栏中选中【剪切平面】选项组中的【手动剪切】复选框，设置【近距剪切】为 2500、【远距剪切】为 8500，如图 10-95 所示。

(5) 按下 Shift+Q 快捷键渲染场景，效果如图 10-96 所示。

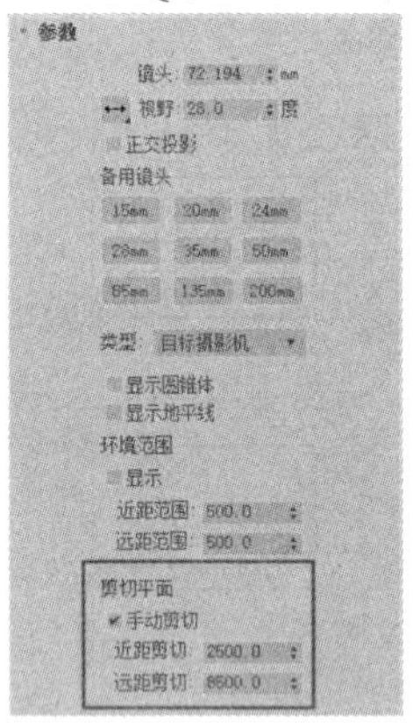

图 10-95　调整剪切平面参数

图 10-96　场景的渲染效果

10.5　习题

1. 简述灯光的类型与功能。
2. 运用本章所学的知识，尝试在第 7 章制作的柜子模型场景中创建灯光与摄影机。

第 11 章

环境与特效

在现实世界中，所有物体都不是孤立存在的，环境对场景的氛围起到至关重要的作用。环境可以将物体相互之间很好地连接起来，人们身边常见的环境有很多种。在 3ds Max 中，可以为场景添加雾、火和体积光等环境特效。

本章重点

- 背景贴图
- 全局照明
- 大气效果
- 曝光控制

二维码教学视频

【例 11-1】 添加背景贴图
【例 11-2】 测试全局照明效果
【例 11-3】 测试自动包括控制效果
【例 11-4】 测试对数曝光控制效果
【例 11-5】 测试伪色彩曝光控制效果
【例 11-6】 测试线性曝光控制效果
【例 11-7】 制作航天器尾焰
本章其他视频参见视频二维码列表

11.1 环境设置

环境对场景的氛围起着至关重要的作用。优秀的 3ds Max 作品往往不仅具有精细的模型、真实的材质和合理的渲染设置，而且配有符合物体当前场景的背景和大气环境效果。利用 3ds Max 中的环境设置，用户除了能够任意改变背景的颜色和图案之外，还能够为场景添加云、雾、火、体积光等环境效果，从而通过配合使用各种效果，创建出内容丰富的视觉特效，如图 11-1 所示。

图 11-1 环境特效

在 3ds Max 的菜单栏中选择【渲染】|【效果】命令(或按下数字键 8)，可以打开图 11-2 所示的【环境和效果】对话框。

11.1.1 公用参数

在【环境和效果】对话框中选择【环境】选项卡，其中包括【公用参数】【曝光控制】和【大气】三个卷展栏。在【公用参数】卷展栏中，用户可以为场景中的物体设置背景和全局照明。

1. 背景

在【环境】选项卡的【背景】选项组中，各选项的功能说明如下。

- 【颜色】色块：设置环境的背景颜色。
- 【环境贴图】按钮：用于在贴图通道中加载一幅环境贴图作为背景。
- 【使用贴图】复选框：设置是否使用一幅贴图作为背景。

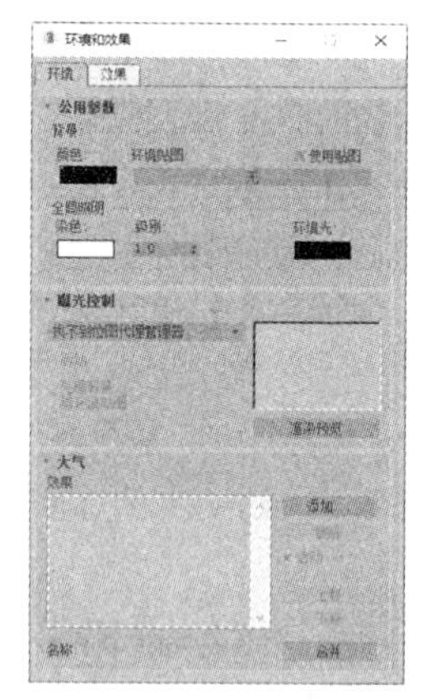

图 11-2 【环境和效果】对话框

【例 11-1】 在场景中添加背景贴图。 视频

(1) 打开素材文件后渲染场景，效果如图 11-3 所示。

(2) 按下数字键 8 打开【环境和效果】对话框，在【环境】选项卡的【公用参数】卷展栏中单击【环境贴图】选项下的【无】按钮，打开【材质/贴图浏览器】对话框，选择【位图】选项后单击【确定】按钮，如图 11-4 所示。

图 11-3　场景的渲染效果

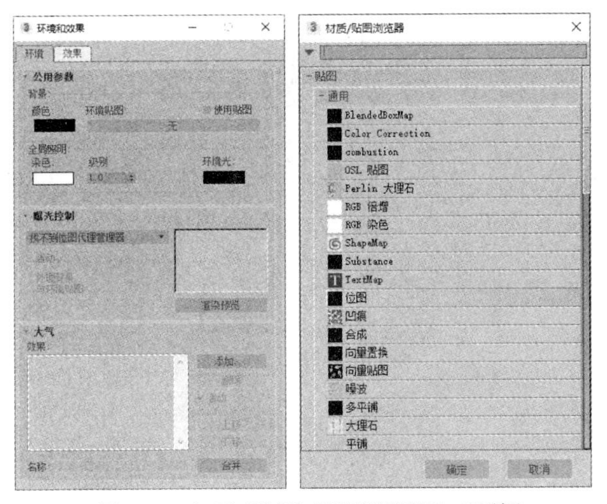

图 11-4　打开【材质/贴图浏览器】对话框

(3) 打开【选择位图图像文件】对话框，选择好背景贴图文件后单击【打开】按钮。

(4) 按下 Shift+Q 快捷键再次渲染场景，效果如图 11-5 所示。

2. 全局照明

默认状态下，3ds Max 在场景中已经设置了灯光照明效果，以便用户对场景内的物体进行查看和渲染，而在建立灯光对象后，场景内的默认灯光将会自动关闭。通过【公共参数】卷展栏中的【全局照明】选项组，用户可以对场景中的默认灯光进行设置，如更改灯光的颜色和亮度等。

- 【染色】色块：如果【染色】色块不是白色，那么场景中的所有灯光(环境光除外)都将被染色。
- 【级别】微调框：用于增强或减弱场景中所有灯光的亮度。值为 1 时，所有灯光保持原始设置；增大该值后，可以增强场景的整体照明效果；减小该值后，可以减弱场景的整体照明效果。
- 【环境光】色块：设置环境光的颜色。

图 11-5　添加背景贴图后的渲染效果

【例 11-2】 在场景中测试全局照明效果。视频

(1) 继续例 11-1 中的操作，在【环境和效果】对话框的【全局照明】选项组中单击【染色】色块，打开【颜色选择器：全局光色彩】对话框，将【染色】色块设置为黄色，然后单击【确定】按钮，如图 11-6 所示。

(2) 按下 Shift+Q 快捷键渲染场景，效果如图 11-7 所示。

(3) 在【环境和效果】对话框的【全局照明】选项组中将【级别】设置为 4，然后渲染场景，效果如图 11-8 左图所示。

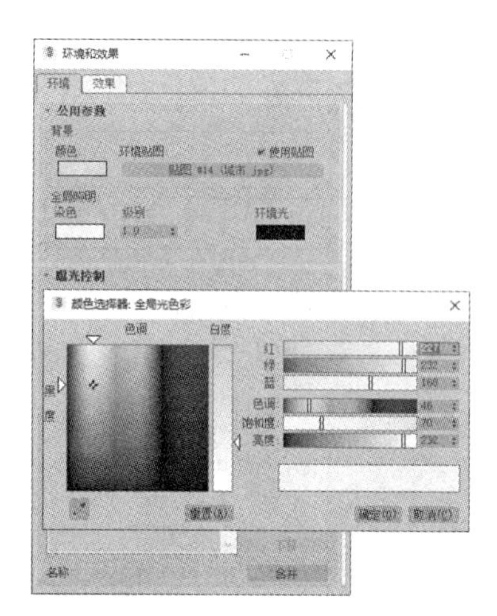

图 11-6　设置全局照明

图 11-7　场景的渲染效果

(4) 在【环境和效果】对话框的【全局照明】选项组中将【染色】色块设置为橙色，并将【级别】设置为 3，然后渲染场景，效果如图 11-8 右图所示。

图 11-8　不同亮度级别下渲染效果的对比

从例 11-2 的渲染效果中可以观察到，当改变【染色】色块的颜色时，场景中的物体会因为受到颜色的影响而发生变化；当增大【级别】微调框中的参数时，物体会变明；而当减小【级别】微调框中的参数时，物体会变暗。

11.1.2　曝光控制

在【环境和效果】对话框的【环境】选项卡中展开【曝光控制】卷展栏，可以观察到 3ds Max 的曝光控制类型共有 6 种，如图 11-9 所示。下面介绍其中比较重要的几种。

1. 自动曝光控制

在图 11-9 所示的【曝光控制】卷展栏的下拉列表中选择【自动曝光控制】选项后，将显示【自动曝光控制参数】卷展栏，如图 11-10 所示。

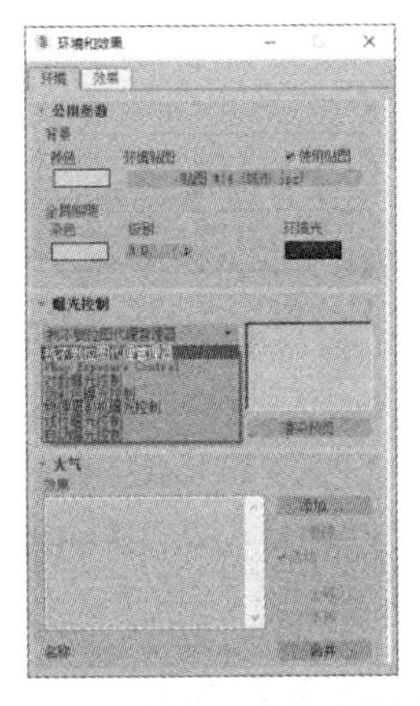
图 11-9　选择曝光控制类型

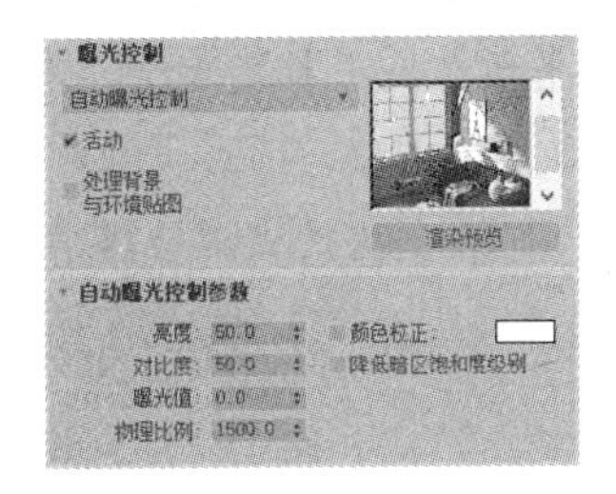
图 11-10　【自动曝光控制参数】卷展栏

图 11-10 中各选项的功能说明如下。

- 【活动】复选框：控制是否在渲染中开启曝光控制。
- 【处理背景与环境贴图】复选框：选中该复选框后，背景贴图和环境贴图将受曝光控制的影响。
- 【渲染预览】按钮：单击后可以预览场景渲染后的缩略图。
- 【亮度】微调框：调整转换颜色的亮度，范围为 0~200。
- 【对比度】微调框：调整转换颜色的对比度，范围为 0~100。
- 【曝光值】微调框：调整渲染的总体亮度，范围为-5~5。负值可以使图像变暗，正值可以使图像变亮。
- 【物理比例】微调框：设置曝光控制的物理比例，主要用于非物理灯光。
- 【颜色校正】复选框：选中该复选框后，可以调整右侧色块中显示的颜色(默认为白色)。
- 【降低暗区饱和度级别】复选框：选中该复选框后，渲染出来的颜色将变暗。

【例 11-3】 测试自动曝光控制效果。 视频

(1) 打开【环境和效果】对话框，设置【曝光控制】类型为【自动曝光控制】，然后在【自动曝光控制参数】卷展栏中设置【亮度】为 60、【对比度】为 66。

(2) 按下 Shift+Q 快捷键渲染场景，效果如图 11-11 所示。

图 11-11　自动曝光渲染效果

2. 对数曝光控制

在【曝光控制】卷展栏的下拉列表中选择【对数曝光控制】选项后，将显示【对数曝光控制参数】卷展栏(【对数曝光控制参数】卷展栏中参数的功能与【自动曝光控制参数】卷展栏中参数的功能基本一致)，如图 11-12 所示。

【例 11-4】 测试对数曝光控制效果。 视频

(1) 打开【环境和效果】对话框，设置【曝光控制】类型为【对数曝光控制】，然后在【对数曝光控制参数】微调框中设置【亮度】为 35、【对比度】为 60。

(2) 选中【颜色校正】复选框，单击该复选框右侧的色块，打开【颜色选择器：白色】对话框，设置 RGB 值为 122、133、191，然后单击【确定】按钮。

(3) 按下 Shift+Q 快捷键渲染场景，效果如图 11-13 所示。

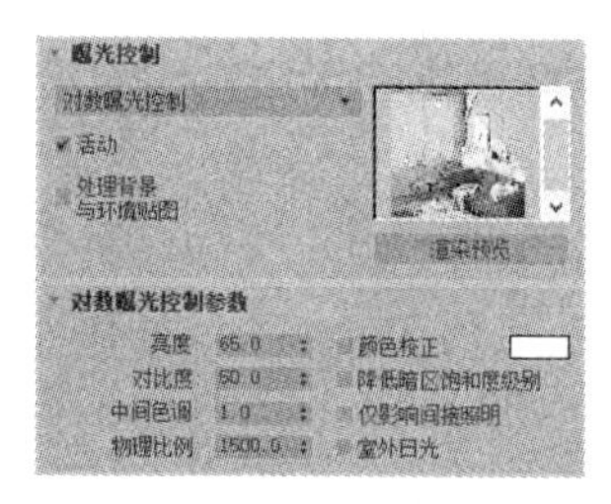

图 11-12 【对数曝光控制参数】卷展栏

图 11-13 对数曝光渲染效果

3. 伪彩色曝光控制

在【曝光控制】卷展栏的下拉列表中选择【伪彩色曝光控制】选项后，将显示【伪彩色曝光控制】卷展栏，如图 11-14 所示，其中各选项的功能说明如下。

- 【数量】下拉按钮：设置想要测量的值。
- 【样式】下拉按钮：选择值的显示方式。
- 【比例】下拉按钮：选择用于映射值的方法。
- 【最小值】微调框：设置在渲染中想要测量和表示的最小值。
- 【最大值】微调框：设置在渲染中想要测量和表示的最大值。
- 【物理比例】微调框：设置曝光控制的物理比例，主要用于非物理灯光。
- 光谱条：用于显示光谱与强度的映射关系。

【例 11-5】 测试伪彩色曝光控制效果。 视频

(1) 打开【环境和效果】对话框，设置【曝光控制】类型为【伪彩色曝光控制】，然后在【伪彩色曝光控制】卷展栏中设置【数量】为【亮度】、【样式】为【灰度】、【比例】为【线性】、【最大值】为 50、【最小值】为 45。

(2) 按下 Shift+Q 快捷键渲染场景，效果如图 11-15 所示。

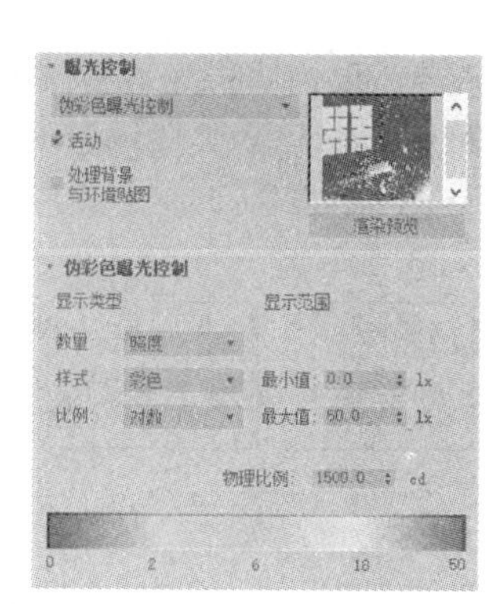

图 11-14　【伪彩色曝光控制】卷展栏

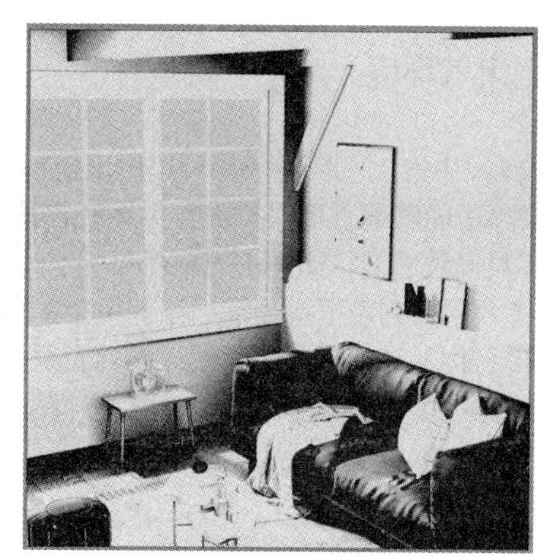

图 11-15　伪色彩曝光渲染效果

4. 线性曝光控制

线性曝光控制能够从渲染图像中采样，并使用场景的平均亮度将物理值映射为 RGB 值。在【曝光控制】卷展栏的下拉列表中选择【线性曝光控制】选项后，将显示【线性曝光控制参数】卷展栏，如图 11-16 所示，其中各选项的功能说明如下。

- 【亮度】微调框：调整转换的颜色的亮度，范围为 0~100。
- 【对比度】微调框：调整转换的颜色的对比度，范围为 0~100。
- 【曝光值】微调框：调整渲染的总体亮度，范围为-5~5。负值可以使图像变暗，正值可以使图像变亮。
- 【物理比例】微调框：设置曝光控制的物理比例，主要用于非物理灯光。
- 【颜色校正】复选框：选中该复选框后，可以调整右侧色块中显示的颜色(默认为白色)。
- 【降低暗区饱和度级别】复选框：选中该复选框后，即可模拟眼睛对暗淡照明的反应，在暗淡照明下，眼睛感知不到颜色，而只能看到灰色。

【例 11-6】 测试线性曝光控制效果。 视频

(1) 在【线性曝光控制参数】卷展栏中设置【亮度】【对比度】等参数。

(2) 按下 Shift+Q 快捷键渲染场景，效果如图 11-17 所示。

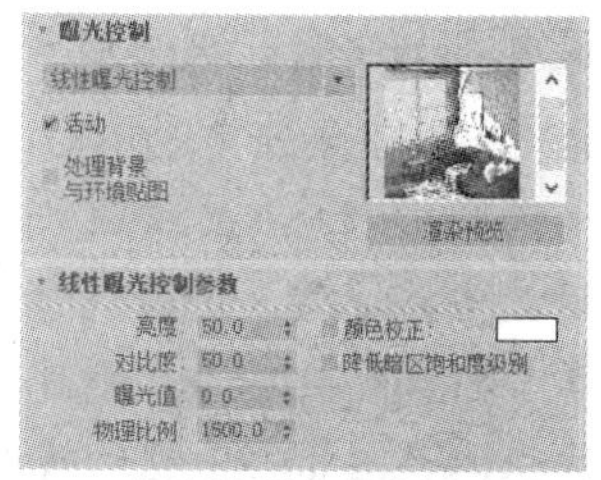

图 11-16　【线性曝光控制参数】卷展栏

图 11-17　线性曝光渲染效果

11.1.3 大气环境

3ds Max 中的大气环境效果可以用来模拟自然界中的云、雾、火和体积光等特殊效果。这些特殊效果除了能够逼真地模拟出自然界的各种气候之外，同时还能够起到烘托场景气氛的作用，相应的参数设置卷展栏如图 11-18 所示。

- 【效果】列表框：显示已添加效果的名称。
- 【名称】文本框：为【效果】列表框中的效果自定义名称。
- 【添加】按钮：单击该按钮将打开图 11-19 所示的【添加大气效果】对话框，用户从中可以添加大气效果。

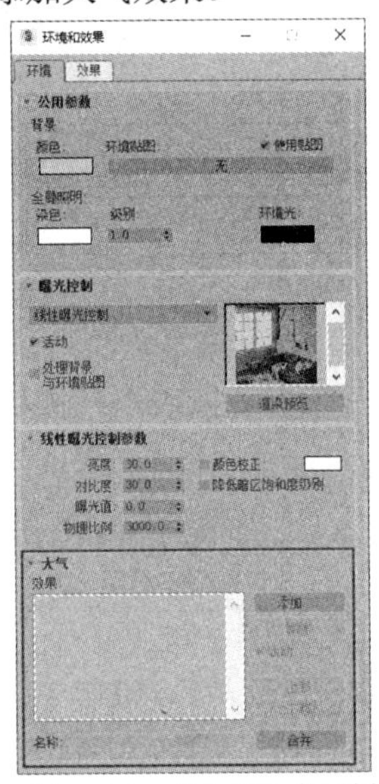

图 11-18 【大气】卷展栏

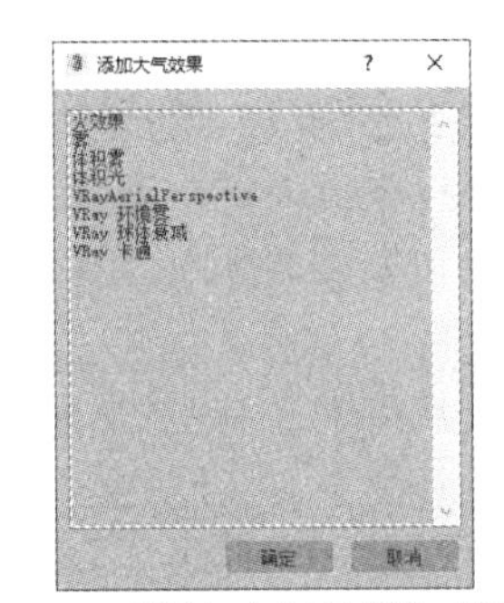

图 11-19 【添加大气效果】对话框

- 【删除】按钮：删除用户在【效果】列表框中选中的大气效果。
- 【上移】和【下移】按钮：更改大气效果的应用顺序。
- 【合并】按钮：合并其他 3ds Max 场景中的大气效果。

1. 火效果

使用火效果可以制作出火焰、烟雾和爆炸等特效。

【例 11-7】 利用火效果制作航天器尾焰。 视频

(1) 打开素材文件后，在【创建】面板中选择【辅助对象】选项卡，然后单击【标准】下拉按钮，从弹出的下拉列表中选择【大气装置】选项，在显示的面板中单击【球体 Gizmo】按钮，如图 11-20 所示。

(2) 在视图中按住鼠标左键并拖动，创建一个球体，然后选中该球体，选择【修改】面板，在【球体 Gizmo 参数】卷展栏中设置【半径】为 7 mm，选中【半球】复选框，如图 11-21 所示。

(3) 单击主工具栏中的【选择并均匀缩放】按钮，缩放球体至图 11-22 所示效果。

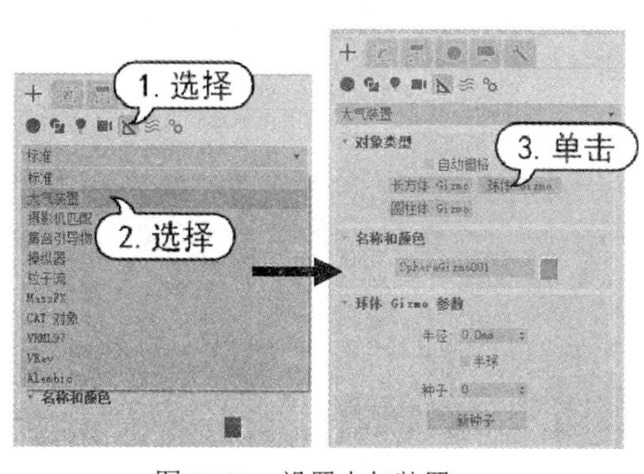

图 11-20　设置大气装置

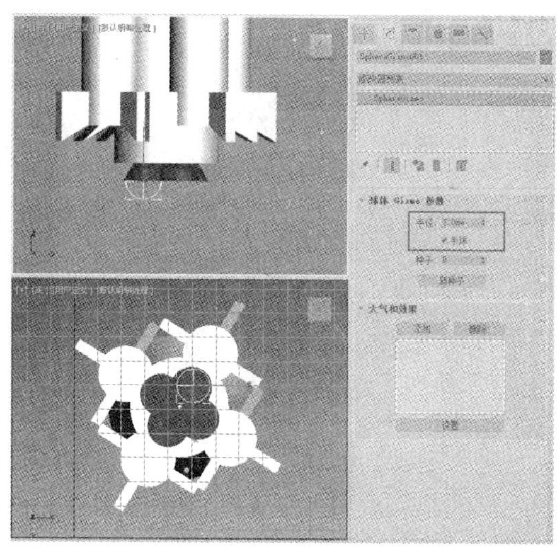
图 11-21　设置球体

(4) 使用同样的方法在场景中创建三个与之前类似的球体并调整它们的位置，如图 11-23 所示。

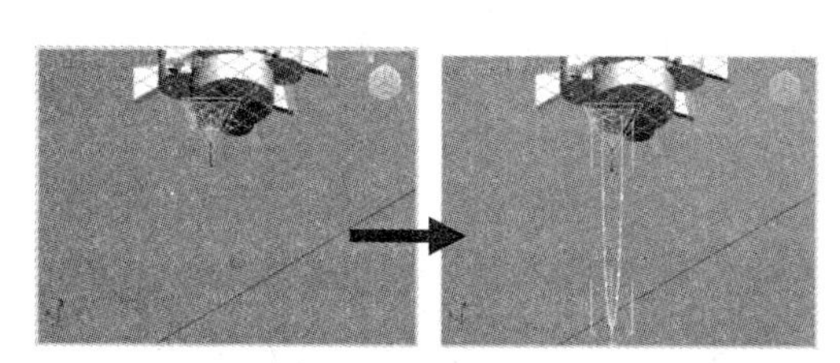
图 11-22　缩放球体

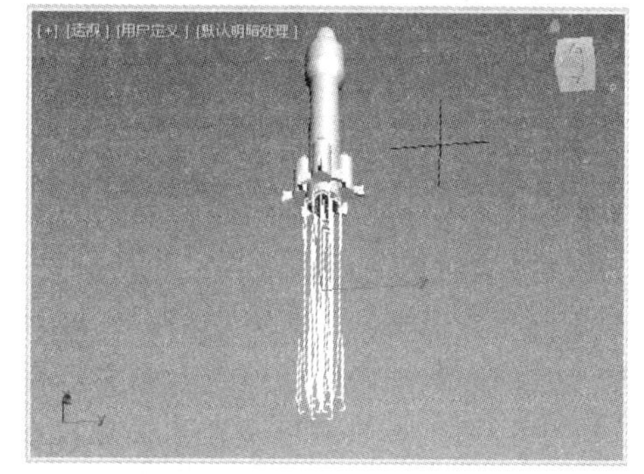
图 11-23　创建其余三个球体

(5) 按下数字键 8，打开【环境和效果】对话框，展开【大气】卷展栏，单击【添加】按钮，添加【火效果】。

(6) 在【效果】列表框中选中【火效果】，在显示的【火效果参数】卷展栏中单击【拾取 Gizmo】按钮，拾取场景中的 4 个球体，在【图形】选项组中选中【火舌】单选按钮。

(7) 在【特性】选项组中设置【火焰大小】和【密度】为 100、【火焰细节】为 5、【采样】为 20，如图 11-24 所示。

(8) 按下 Shift+Q 快捷键渲染场景，效果如图 11-25 所示。

【火效果参数】卷展栏中各选项的功能说明如下。

- 【拾取 Gizmo】按钮：单击该按钮可以拾取场景中想要产生火效果的 Gizmo 对象。
- 【移除 Gizmo】按钮：单击该按钮可以移除用户在场景中选中的 Gizmo 对象。
- 【内部颜色】色块：设置火焰中最密集部分的颜色。
- 【外部颜色】色块：设置火焰中最稀薄部分的颜色。
- 【烟雾颜色】色块：仅当选中【爆炸】复选框后，该色块才被激活，主要用来设置爆炸的烟雾颜色。

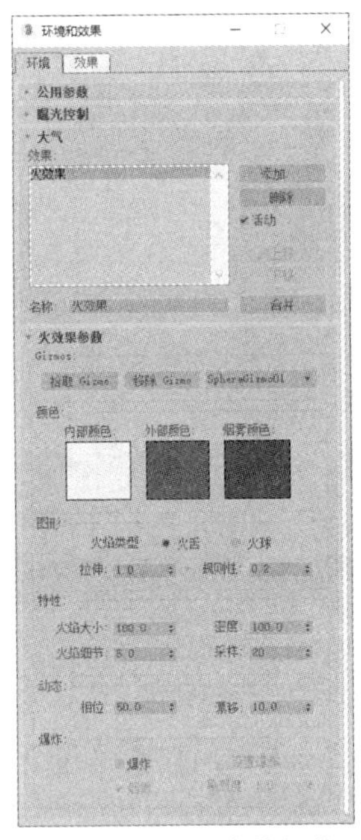

图 11-24　设置火焰细节

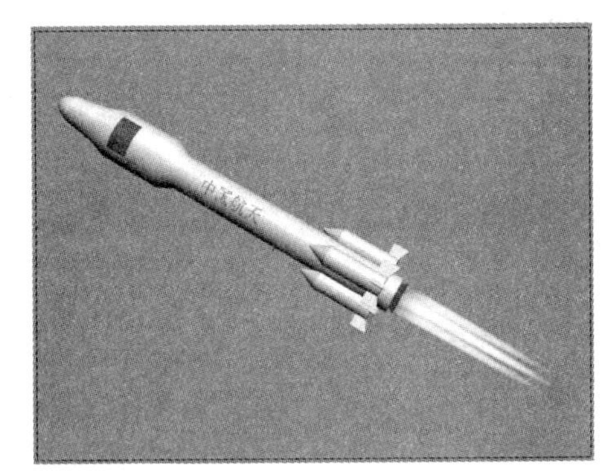

图 11-25　场景的渲染效果

- 【火焰类型】区域：包括【火舌】和【火球】两个单选按钮，其中【火舌】单选按钮用于沿着中心使用纹理创建带方向的火焰，此类火焰类似于篝火；【火球】单选按钮则用于创建圆形的爆炸火焰。
- 【拉伸】微调框：对火焰沿着装置的 Z 轴进行缩放，这最适合创建火舌类型的火焰。
- 【规则性】微调框：修改火焰填充装置的方式，范围为 0~1。
- 【火焰大小】微调框：设置填充装置中各个火焰的大小。填充装置越大，需要的火焰也越大，使用 15~30 范围内的值可以获得最佳的火焰效果。
- 【火焰细节】微调框：控制火焰中显示的颜色更改量和边缘的尖锐程度，范围为 0~100。
- 【密度】微调框：设置火焰效果的不透明度和亮度。
- 【采样】微调框：设置火焰效果的采样率，值越高，生成的火焰效果越细腻，但这也会增加渲染时间。
- 【相位】微调框：设置火焰效果的速率。
- 【漂移】微调框：设置火焰沿着火焰装置的 Z 轴如何渲染。
- 【爆炸】复选框：选中该复选框后，火焰将产生爆炸效果。
- 【烟雾】复选框：设置爆炸时是否产生烟雾。
- 【剧烈度】微调框：用于调节涡流效果。

2. 雾

使用 3ds Max 的雾效果可以创建雾、烟雾和水蒸气等特殊天气效果。

【例 11-8】 在场景中设置雾效果。 视频

(1) 打开素材文件后，按下 Shift+Q 快捷键渲染场景，效果如图 11-26 所示。

(2) 打开【环境和效果】对话框，在【大气】卷展栏中单击【添加】按钮，添加【雾】效果；

然后在显示的【雾参数】卷展栏中选中【分层】单选按钮，然后在【分层】选项组中设置雾效果的参数(如图 11-27 左图所示)，场景渲染后的效果如图 11-27 右图所示。

图 11-26　渲染场景

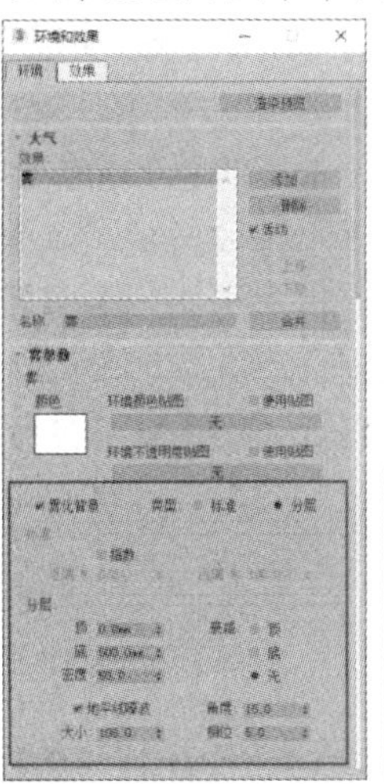

图 11-27　设置并应用雾效果

(3) 在【雾参数】卷展栏中选中【标准】单选按钮，然后在【标准】选项组中设置雾效果的参数(如图 11-28 左图所示)，场景渲染后的效果如图 11-28 右图所示。

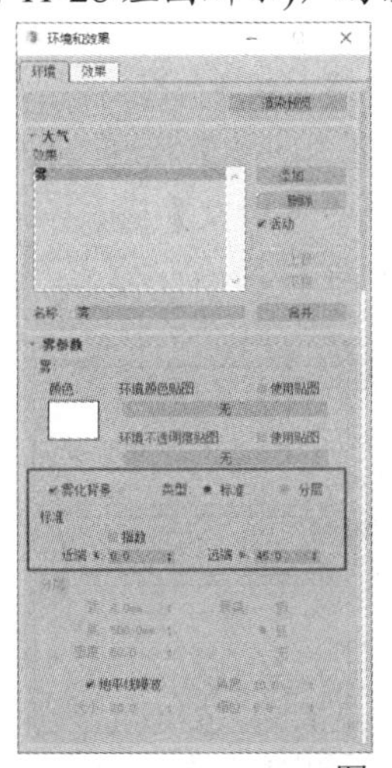

图 11-28　设置雾参数后的场景渲染效果

【雾参数】卷展栏中主要选项的功能说明如下。

- 【颜色】色块：设置雾的颜色。
- 【环境颜色贴图】按钮：从贴图导出雾的颜色。
- 【使用贴图】复选框：设置是否使用贴图来产生雾效果。
- 【环境不透明度贴图】按钮：使用贴图来更改雾的密度。
- 【雾化背景】复选框：设置是否将雾效果应用于场景的背景。
- 【标准】单选按钮：使用标准雾。
- 【分层】单选按钮：使用分层雾。
- 【指数】复选框：选中该复选框后，便可随距离按指数增大密度。

- 【近端%】微调框：设置雾在近距范围的密度。
- 【远端%】微调框：设置雾在远距范围的密度。
- 【顶】微调框：设置雾层的上限(使用世界单位)。
- 【底】微调框：设置雾层的下限(使用世界单位)。
- 【密度】微调框：设置雾的总体密度。
- 【衰减】选项组：用于添加指数衰减效果，包括【顶】【底】和【无】三个单选按钮。
- 【地平线噪波】复选框：选中该复选框后，即可启用“地平线噪波”系统，该系统仅影响雾与地平线的角度。
- 【大小】微调框：设置应用于噪波的缩放系数。
- 【角度】微调框：设置受影响的雾与地平线的角度。
- 【相位】微调框：设置噪波动画。

3. 体积雾

“体积雾”效果允许在限定的范围内设置和编辑雾效果。“体积雾”和“雾”最大的区别在于“体积雾”是三维状态的雾，这种雾是有体积的，多用于模拟烟云等有体积的气体。

【例 11-9】 在场景中设置“体积雾”效果。 视频

(1) 打开素材文件后，按下 Shift+Q 键渲染场景，效果如图 11-29 所示。

(2) 在【创建】面板中选择【辅助对象】选项卡，然后单击【标准】下拉按钮，从弹出的下拉列表中选择【大气装置】选项，在显示的面板中单击【长方体 Gizmo】按钮。

(3) 在场景中按住鼠标左键并拖动，创建一个长方体；然后选择【修改】面板，在【长方体 Gizmo 参数】卷展栏中设置【长度】【宽度】和【高度】参数，如图 11-30 所示。

图 11-29 渲染场景

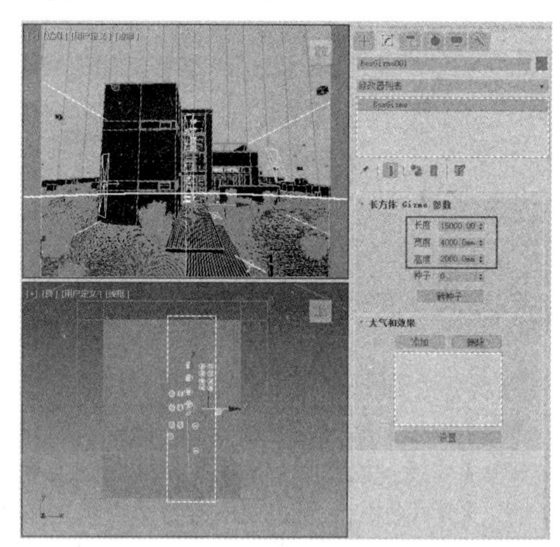

图 11-30 创建一个长方体

(4) 在【大气和效果】卷展栏中单击【添加】按钮，打开【添加大气】对话框，选中【体积雾】选项后单击【确定】按钮，返回到【大气和效果】卷展栏，在列表框中选中添加的【体积雾】选项，单击【设置】按钮，如图 11-31 所示。

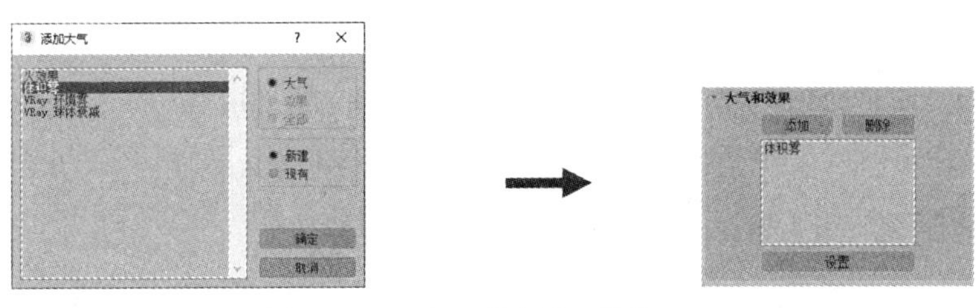

图 11-31　添加“体积雾”效果

(5) 打开【环境和效果】对话框，在【体积雾参数】卷展栏中单击【拾取 Gizmo】按钮，拾取场景中的长方体，然后设置体积雾的参数，如图 11-32 所示。

(6) 按下 Shift+Q 快捷键渲染场景，效果如图 11-33 所示。

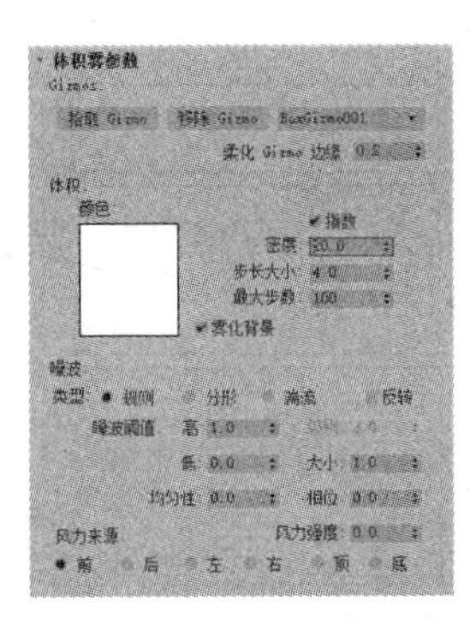

图 11-32　【体积雾参数】卷展栏

图 11-33　场景中的“体积雾”效果

【体积雾参数】卷展栏中主要选项的功能说明如下。

- 【拾取 Gizmo】按钮：单击该按钮可以拾取场景中想要产生“体积雾”效果的 Gizmo 对象。
- 【移除 Gizmo】按钮：单击该按钮可以移除用户在场景中选中的 Gizmo 对象。
- 【柔化 Gizmo 边缘】微调框：羽化“体积雾”效果的边缘，其中的值越大，边缘越柔滑。
- 【颜色】色块：设置雾的颜色。
- 【指数】复选框：选中该复选框后，便可随距离按指数增大密度。
- 【密度】微调框：设置雾的密度，范围为 0~20。
- 【步长大小】微调框：设置雾采样的粒度。
- 【最大步数】微调框：设置采样量，使雾的计算不会永远执行(适用于雾密度较小的场景)。
- 【雾化背景】复选框：设置是否将体积雾应用于场景的背景。
- 【类型】选项组：包括【规则】【分形】【湍流】和【反转】4 种类型可供选择。
- 【噪波阈值】选项组：设置噪波的效果。
- 【级别】微调框：设置噪波迭代应用的次数，范围为 0~6。
- 【风力强度】微调框：设置烟雾远离风向(相对于相位)的速度。
- 【风力来源】选项组：设置风来自哪个方向。

4. 体积光

“体积光”效果可以用来制作带有光束的光线，用户可以将其指定给灯光。“体积光”可以被物体遮挡，从而形成光芒穿过缝隙的效果，常用来模拟光从树、建筑物之间穿过的光束。

【例 11-10】在场景中设置“体积光”效果。视频

(1) 打开素材文件后，使用【目标平行光】工具在前视图中创建目标平行光，然后在【修改】面板中选中【常规参数】卷展栏中的【启用】复选框，设置阴影方式为【区域阴影】，如图 11-34 所示。

(2) 按下 Shift+Q 快捷键渲染场景，效果如图 11-35 所示。

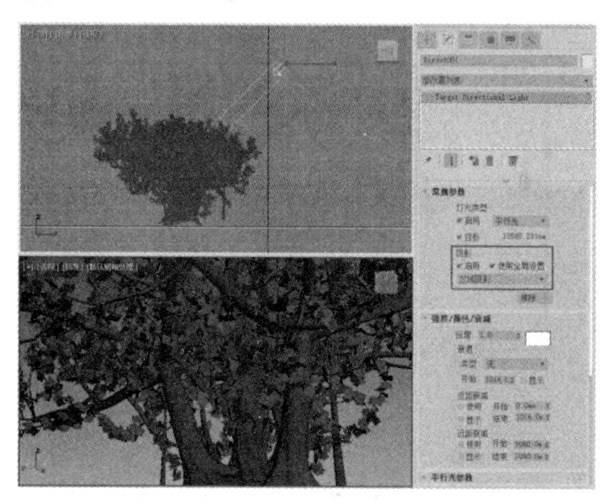
图 11-34　设置阴影方式

图 11-35　场景的渲染效果

(3) 打开【环境和效果】对话框，展开【大气】卷展栏，单击【添加】按钮，打开【添加大气效果】对话框，选择【体积光】选项，单击【确定】按钮，如图 11-36 左图所示。

(4) 展开【体积光参数】卷展栏，单击【拾取灯光】按钮，拾取场景中的目标平行光，然后设置体积光参数，如图 11-36 右图所示。

(5) 按下 Shift+Q 快捷键渲染场景，效果如图 11-37 所示。

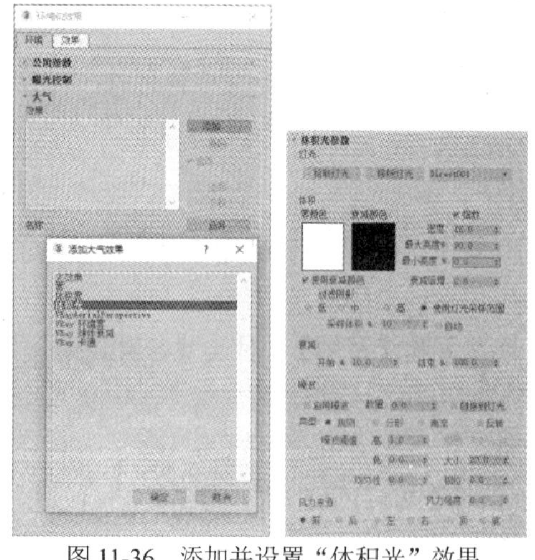
图 11-36　添加并设置“体积光”效果

图 11-37　场景中的“体积光”效果

【体积光参数】卷展栏中主要选项的功能说明如下。

- 【拾取灯光】按钮：拾取想要产生体积光的光源。
- 【移除灯光】按钮：将灯光从场景中移除。
- 【雾颜色】色块：设置体积光产生的雾的颜色。
- 【使用衰减颜色】复选框：设置是否开启“衰减颜色”功能。
- 【指数】复选框：选中该复选框后，便可随距离按指数增大密度。
- 【密度】微调框：设置体积光的密度。
- 【最大亮度%】和【最小亮度%】微调框：设置可以达到的最大和最小光晕效果。
- 【衰减倍增】微调框：设置“衰减颜色”的强度。
- 【过滤阴影】选项组：包括低、中、高三个级别，用户可以通过提高采样率来获得更高质量的“体积光”效果。
- 【使用灯光采样范围】单选按钮：根据灯光阴影参数中的采样范围来使体积光中投射的阴影变模糊。
- 【采样体积%】微调框：设置体积光的采样率。
- 【自动】复选框：选中该复选框后，3ds Max 将自动设置【采样体积%】微调框中的参数。
- 【开始%】和【结束%】微调框：设置灯光效果开始衰减和结束衰减的百分比。
- 【启用噪波】复选框：设置是否启用噪波效果。
- 【数量】微调框：设置应用于体积光的噪波的百分比。
- 【链接到灯光】复选框：选中该复选框后，便可将噪波效果链接到灯光对象。

11.2　效果设置

在【环境和效果】对话框的【效果】选项卡中，用户可以为场景添加【Hair和Fur】【镜头效果】【模糊】【亮度和对比度】【色彩平衡】【景深】【文件输出】【胶片颗粒】【运动模糊】等效果，如图 11-38 所示。本节将重点介绍其中几种比较常用的效果。

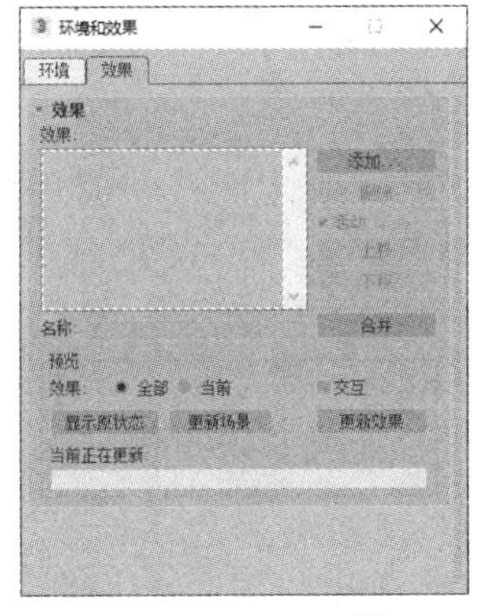

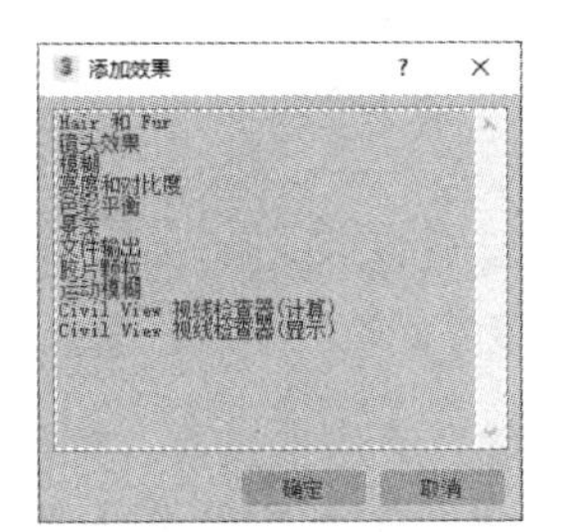

图 11-38　添加效果

11.2.1　“镜头效果”

“镜头效果”可以模拟使用照相机拍照时镜头产生的光晕效果。

【例 11-11】在场景中制作镜头特效。视频

(1) 打开素材文件后，按下 F9 功能键渲染场景，效果如图 11-39 所示。

(2) 打开【环境和效果】对话框，选择【效果】选项卡，单击【添加】按钮，打开【添加效果】对话框，选择【镜头效果】选项，单击【确定】按钮，如图 11-40 所示。

图 11-39　场景的渲染效果

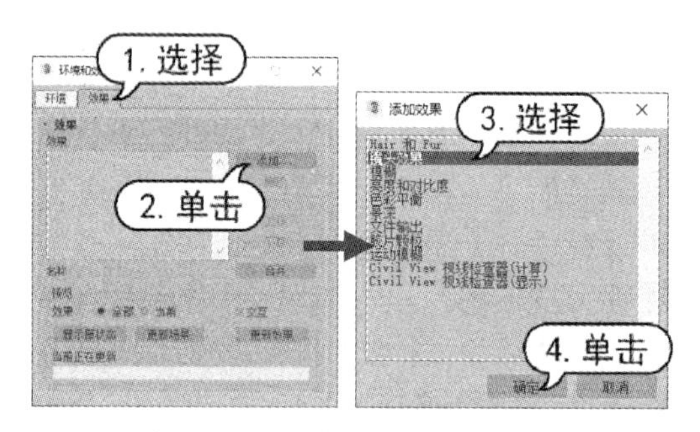

图 11-40　添加“镜头效果”

(3) 返回到【环境和效果】对话框，在【镜头效果参数】卷展栏中选择【光晕】选项，然后单击 按钮，如图 11-41 左图所示。

(4) 在【镜头效果全局】卷展栏中设置【强度】为 150。

(5) 在【光晕元素】卷展栏中设置【强度】为 30，然后将【径向颜色】设置为橙色(RGB 值为 255、144、0)，如图 11-41 右图所示。

(6) 单击【镜头效果全局】卷展栏中的【拾取灯光】按钮，在场景中拾取 6 盏泛光灯，如图 11-42 所示。

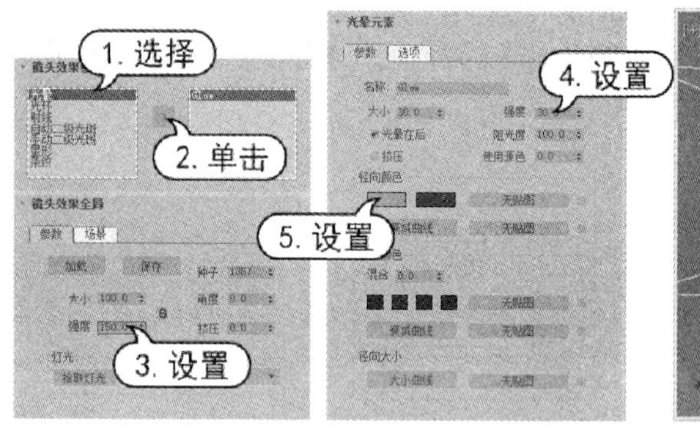

图 11-41　设置光晕效果

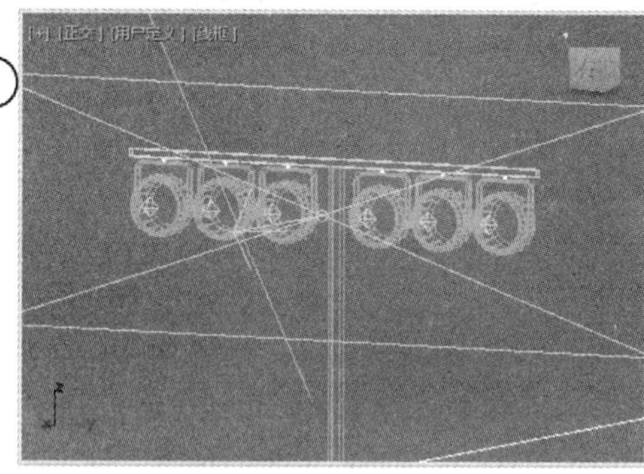

图 11-42　拾取 6 盏泛光灯

(7) 按下 F9 功能键再次渲染场景，效果如图 11-43 所示。

(8) 在【镜头效果参数】卷展栏中选择【条纹】选项，然后单击 按钮，如图 11-44 左图所示。

(9) 在【镜头效果全局】卷展栏中设置【大小】为 30。

(10) 在【条纹元素】卷展栏中设置【强度】为 30，如图 11-44 右图所示。

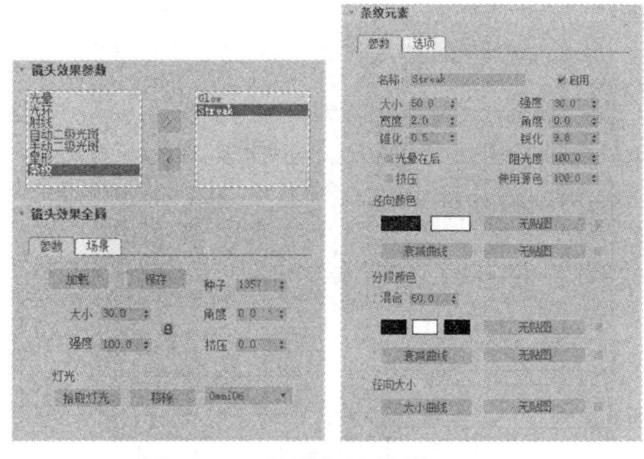

图 11-43　光晕效果　　　　图 11-44　设置条纹效果

(11) 按下 Shift+Q 快捷键渲染场景，效果如图 11-45 所示。

(12) 在【镜头效果参数】卷展栏中选择【射线】选项，单击 按钮，然后在【效果】选项卡中设置【镜头效果全局】和【射线元素】卷展栏中的参数，如图 11-46 所示。

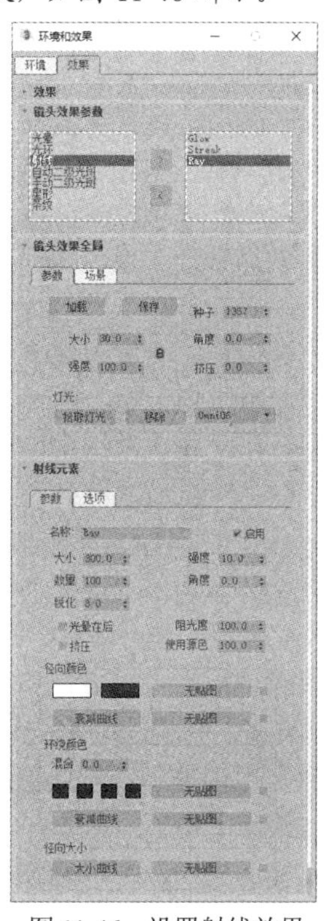

图 11-45　条纹效果　　　　图 11-46　设置射线效果

(13) 按下 F9 功能键再次渲染场景，效果如图 11-47 所示。

图 11-46 中主要选项的功能说明如下。

1)【镜头效果参数】卷展栏，其中包括光晕、光环、射线、自动二级光斑、手动二级光斑、星形和条纹等效果选项。

2)【镜头效果全局】卷展栏，其中包括【参数】和【场景】两个选项卡，如图 11-48 所示，其中主要选项的功能说明如下。

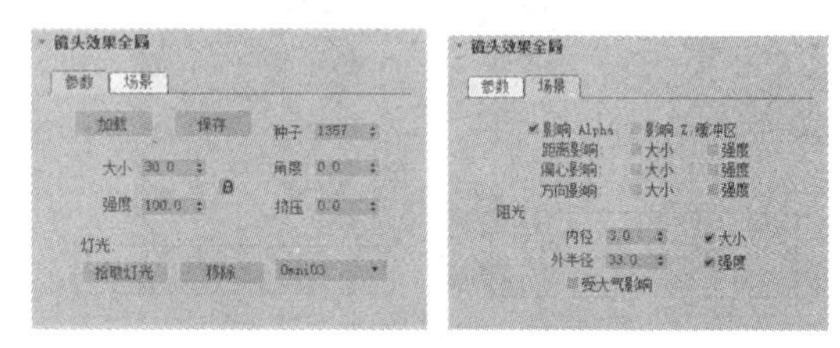

图 11-47　射线效果

图 11-48　【参数】和【场景】选项卡

- 【加载】按钮：单击该按钮可以打开【加载镜头效果文件】对话框，用户从中可以选择想要加载的 LZV 文件。
- 【保存】按钮：单击该按钮可以打开【保存镜头效果文件】对话框，用户从中可以保存 LZV 文件。
- 【大小】微调框：设置镜头效果的总体大小。
- 【强度】微调框：设置镜头效果的总体亮度和不透明度。强度越大，效果越亮，越不透明；强度越小，效果越暗，越透明。
- 【角度】微调框：当效果与摄影机的相对位置发生改变时，用于设置镜头效果从默认位置开始的旋转量。
- 【挤压】微调框：设置在水平或垂直方向挤压镜头效果时的总体大小。
- 【拾取灯光】按钮：单击该按钮可以在场景中拾取灯光。
- 【移除】按钮：单击该按钮可以移除选择的灯光。
- 【影响 Alpha】复选框：如果图像是以 32 位文件格式进行渲染的，那么该复选框可以控制镜头效果是否影响图像的 Alpha 通道。
- 【影响 Z 缓冲区】复选框：选中该复选框后，Z 缓冲区会存储对象与摄影机之间的距离。Z 缓冲区主要用于光学效果。
- 【内径】微调框：设置效果周围的内径，另一个场景对象必须与内径相交才能完全阻挡效果。
- 【外半径】微调框：设置效果周围的外半径，另一个场景对象必须与外半径相交才能开始阻挡效果。
- 【大小】复选框：选中该复选框后，便可控制阻挡效果的大小。
- 【强度】复选框：选中该复选框后，便可控制阻挡效果的强度。
- 【受大气影响】复选框：控制是否允许大气效果阻挡镜头效果。

11.2.2　“模糊”效果

利用“模糊”效果，用户可以通过三种不同的方式(均匀型、方向型、径向型)使图像变得模糊。

【例 11-12】 在场景中制作模糊特效。 视频

(1) 打开素材文件后，按下 F9 功能键渲染场景，效果如图 11-49 所示。

(2) 打开【环境和效果】对话框，选择【效果】选项卡，单击【添加】按钮，打开【添加效果】对话框，然后双击其中的【模糊】选项，添加“模糊”效果。

(3) 返回到【环境和效果】对话框，在【模糊参数】卷展栏的【均匀型】单选按钮下方的微调框中输入 20，如图 11-50 所示。

图 11-49　渲染场景

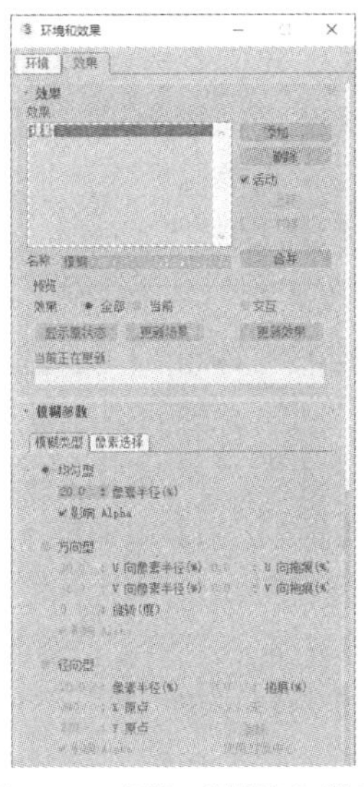

图 11-50　添加“模糊”效果

(4) 在【模糊参数】卷展栏中选择【像素选择】选项卡，然后取消【整个图像】复选框的选中状态，选中【非背景】复选框，设置【混合(%)】为 60，如图 11-51 所示。

(5) 再次按下 F9 功能键渲染场景，效果如图 11-52 所示。

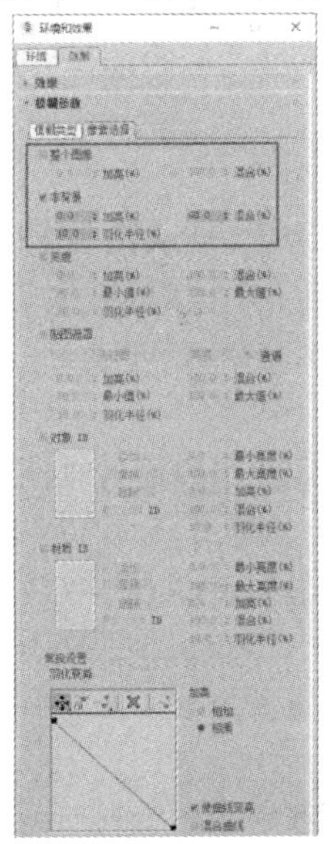

图 11-51　【像素选择】选项卡

图 11-52　模糊效果

【模糊参数】卷展栏中包括【模糊类型】和【像素选择】两个选项卡，其中主要选项的功能说明如下。

1.【模糊类型】选项卡

1) 均匀型。均匀型能将模糊效果均匀应用到整个渲染图像中。

- 【像素半径】微调框：设置模糊效果的半径。
- 【影响 Alpha】复选框：选中该复选框后，便可将均匀型模糊效果应用于 Alpha 通道。

2) 方向型。方向型能按照方向型参数指定的任意方向应用模糊效果。

- 【U 向像素半径(%)】和【V 向像素半径(%)】微调框：设置模糊效果的水平和垂直强度。
- 【U 向拖痕(%)】和【V 向拖痕(%)】微调框：通过为 *U*/*V* 轴的某一侧分配更大的模糊权重来为模糊效果添加方向。
- 【旋转(度)】微调框：受【U 向像素半径(%)】和【V 向像素半径(%)】微调框中参数的影响(影响 U 向像素和 V 向像素的轴)，可通过设置旋转参数来实现模糊效果。
- 【影响 Alpha】复选框：选中该复选框后，便可将方向型模糊效果应用于 Alpha 通道。

3) 径向型。径向型能以径向的方式应用模糊效果。

- 【像素半径(%)】微调框：设置模糊效果的半径。
- 【拖痕(%)】微调框：通过为模糊效果的中心分配更大或更小的模糊权重来为模糊效果添加方向。
- 【X 原点】和【Y 原点】微调框：以像素为单位，为渲染输出的尺寸指定模糊效果的中心。
- 【无】按钮：单击该按钮可以指定以自身中心作为模糊效果中心的对象。
- 【清除】按钮：移除对象。
- 【使用对象中心】复选框：选中该复选框后，便可以指定对象自身的中心作为模糊效果的中心。

2.【像素选择】选项卡

在【模糊参数】卷展栏中选择【像素选择】选项卡后，其中主要选项的功能如下。

- 【整个图像】复选框：选中该复选框后，模糊效果将影响整个渲染图像。
- 【加亮(%)】微调框：加亮整个图像。
- 【混合(%)】微调框：对模糊效果与原始的渲染图像进行混合。
- 【非背景】复选框：选中该复选框后，模糊效果将影响除背景图像或动画外的所有元素。
- 【羽化半径(%)】微调框：设置应用于场景的非背景元素的羽化模糊效果的百分比。
- 【亮度】复选框：选中该复选框后，用户所做的亮度设置将影响亮度值介于【最小值(%)】和【最大值(%)】微调框中参数值之间的所有像素。
- 【最小值(%)】和【最大值(%)】微调框：设置为每个像素应用模糊效果所需的最小和最大亮度值。
- 【贴图遮罩】选项组：用户可以通过在【材质/贴图浏览器】对话框中选择通道和遮罩来应用模糊效果。
- 【对象 ID】选项组：如果对象匹配过滤设置，就将模糊效果应用于对象或对象中具有特定对象 ID 的部分(在 G 缓冲区中)。
- 【材质 ID】选项组：如果材质匹配过滤设置，就将模糊效果应用于材质或材质中具有特定材质效果通道的部分。

▽ 【常规设置】选项区域：用户可以使用“羽化衰减”曲线来确定基于图形的模糊效果的羽化衰减区域。

11.2.3　“亮度和对比度”效果

在 3ds Max 中，“亮度和对比度”效果用于调整图像的亮度和对比度。

【例 11-13】 利用“亮度和对比度”效果调整场景。 视频

(1) 打开素材文件后，按下 F9 功能键渲染场景，效果如图 11-53 所示。

(2) 打开【环境和效果】对话框，选择【效果】选项卡，然后单击【效果】卷展栏中的【添加】按钮，打开【添加效果】对话框，选择【亮度和对比度】选项，单击【确定】按钮，如图 11-54 所示。

图 11-53　渲染场景

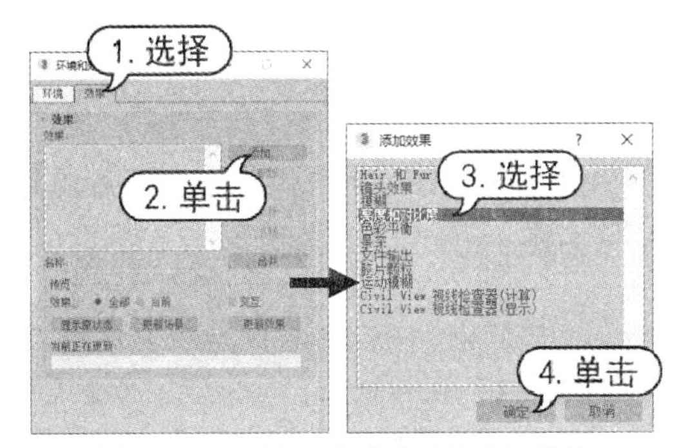

图 11-54　添加“亮度和对比度”效果

(3) 返回到【环境和效果】对话框，展开【亮度和对比度参数】卷展栏，设置【亮度】为 0.5、【对比度】为 1.0，如图 11-55 所示。

(4) 按下 F9 功能键渲染场景，效果如图 11-56 所示。

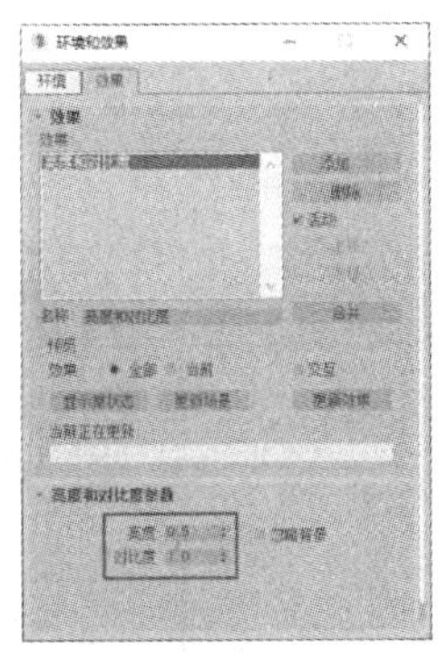

图 11-55　【亮度和对比度参数】卷展栏

图 11-56　应用“亮度和对比度”效果

(5) 在【亮度和对比度参数】卷展栏中设置【亮度】为 1.0、【对比度】为 0.5，如图 11-57 左图所示，然后渲染场景，效果如图 11-57 右图所示。

【亮度和对比度参数】卷展栏中各选项的功能说明如下。

▽ 【亮度】微调框：增强或减弱所有颜色(红色、绿色和蓝色)的亮度，取值范围为 0~1。

▽ 【对比度】微调框：压缩或扩展最大黑色和最大白色之间的范围，取值范围为0~1。

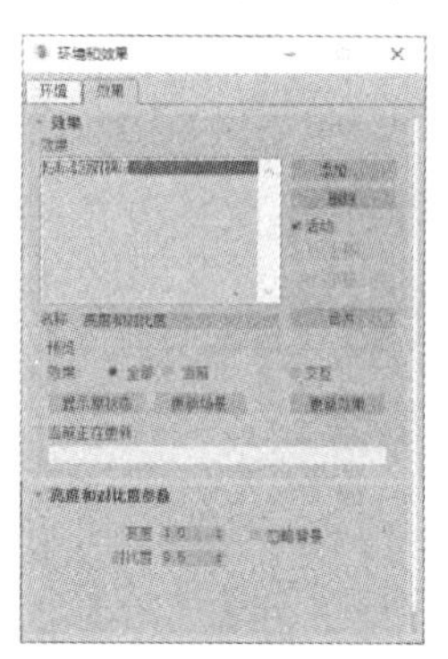

图 11-57 调整亮度和对比度参数后的场景渲染效果

▽ 【忽略背景】复选框：设置是否将效果应用于除背景外的所有元素。

11.2.4 “色彩平衡”效果

利用“色彩平衡”效果，用户可以通过调节红、绿、蓝三个通道来改变场景或图像中的色调。

【例 11-14】 利用“色彩平衡”效果调节场景中的色调。 视频

(1) 打开素材文件后，按下 F9 功能键渲染场景，效果如图 11-58 所示。

(2) 打开【环境和效果】对话框，选择【效果】选项卡，然后单击【效果】卷展栏中的【添加】按钮，打开【添加效果】对话框，选择【色彩平衡】选项，单击【确定】按钮。

(3) 返回到【环境和效果】对话框，在【色彩平衡参数】卷展栏中设置【青】为-30，如图 11-59 左图所示。

(4) 按下 F9 功能键渲染场景，效果如图 11-59 右图所示。

图 11-58 场景的渲染效果

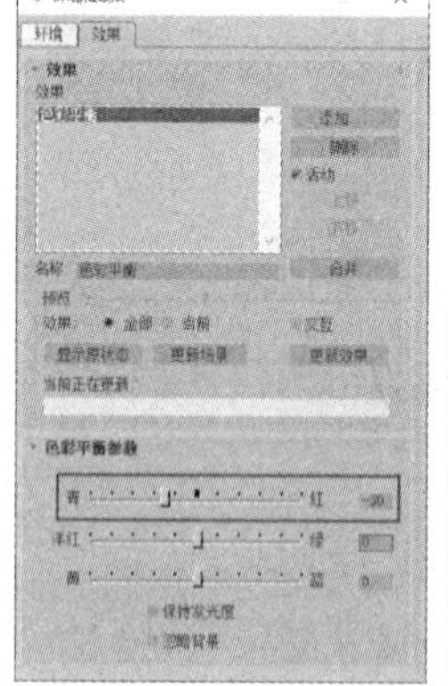

图 11-59 设置色彩平衡参数并渲染场景

(5) 在【色彩平衡参数】卷展栏中设置【洋红】为-10、【蓝】为 30，然后渲染场景，效果如图 11-60 所示。

【色彩平衡参数】卷展栏中各选项的功能说明如下。

▽ 【青】和【红】滑块：用于调整红色通道。

▽ 【洋红】和【绿】滑块：用于调整绿色通道。

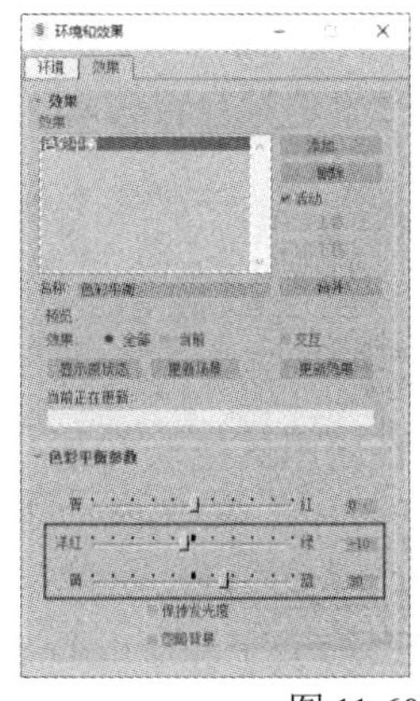

图 11-60　调整色彩平衡参数后的场景渲染效果

▽ 【黄】和【蓝】滑块：用于调整蓝色通道。

▽ 【忽略背景】复选框：选中该复选框后，便可以将效果应用于除背景外的所有元素。

▽ 【保持发光度】复选框：选中该复选框后，在修正颜色的同时将保留图像的发光度。

11.2.5 “胶片颗粒”效果

“胶片颗粒”效果主要用于在渲染场景时重新创建颗粒特效，此外还可作为背景的源材质以与软件中创建的渲染场景相匹配。

【例 11-15】 利用“胶片颗粒”效果制作颗粒特效。 视频

(1) 打开素材文件后，按下 F9 功能键渲染场景，效果如图 11-61 所示。

(2) 打开【环境和效果】对话框，选择【效果】选项卡，然后单击【效果】卷展栏中的【添加】按钮，打开【添加效果】对话框，选择【胶片颗粒】选项，单击【确定】按钮。

(3) 返回到【环境和效果】对话框，在【胶片颗粒参数】卷展栏中设置【颗粒】为 1.3，如图 11-62 左图所示。

(4) 按下 F9 功能键渲染场景，效果如图 11-62 右图所示。

图 11-61　场景渲染效果

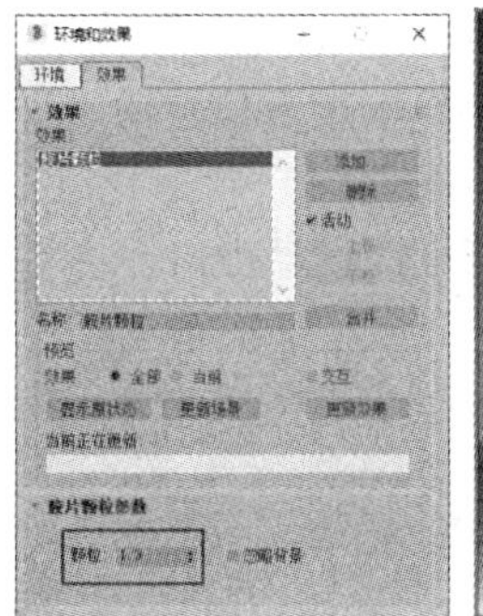

图 11-62　设置胶片颗粒参数并渲染场景

【胶片颗粒参数】卷展栏中各选项的功能说明如下。

- 【颗粒】微调框：设置添加到图像中的颗粒数，取值范围为 0~10。
- 【忽略背景】复选框：选中该复选框后，便可通过屏蔽背景将颗粒特效应用于场景中的几何体对象。

11.2.6　“文件输出”效果

利用“文件输出”效果，用户可以输出所选格式的图像，并在应用其他效果前将当前的渲染效果以指定的文件格式输出，这类似于渲染过程中的快照。“文件输出”效果的功能与直接渲染时的文件输出功能是一样的，并且支持相同类型的文件格式，相关的参数设置卷展栏如图 11-63 所示。

- 【文件】按钮：单击该按钮可以打开【保存图像】对话框，用户从中可以将渲染出来的图像保存为 AVI、BMP、JPEG、MOV、PNG、RLA、RPF 等格式。
- 【设备】按钮：单击该按钮可以打开【选择图像输出设备】对话框，如图 11-64 所示。

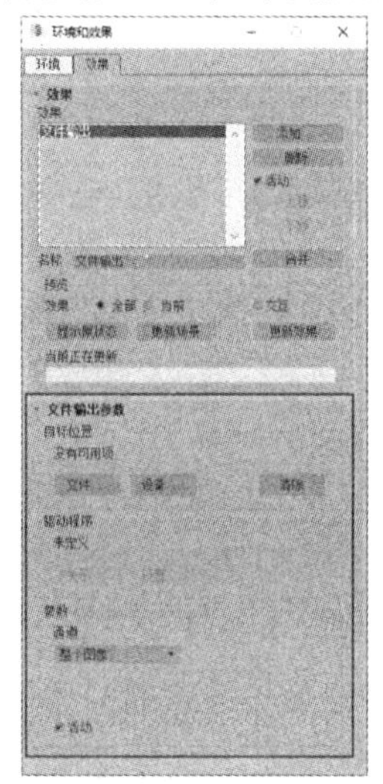

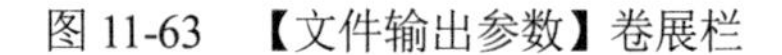

图 11-63　【文件输出参数】卷展栏

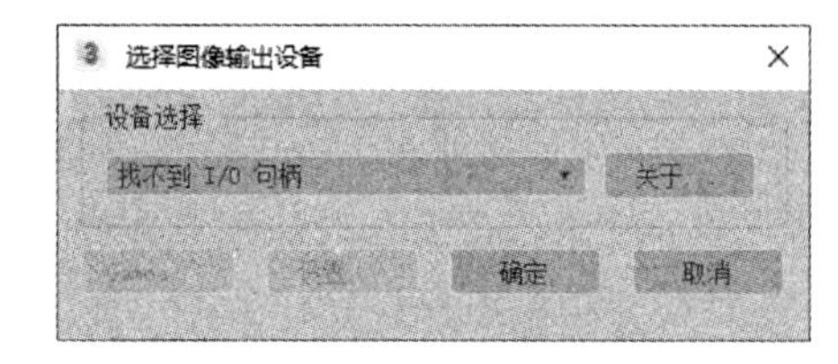

图 11-64　【选择图像输出设备】对话框

- 【清除】按钮：单击该按钮可以清除所选的文件或设备。
- 【关于】按钮：单击该按钮可以显示图像的相关信息。
- 【通道】下拉按钮：单击该下拉按钮，从弹出的下拉列表中可以选择想要保存或发送回“渲染效果”堆栈的通道。
- 【活动】复选框：用于控制是否启用“文件输出”效果。

11.3　实例演练

本章主要介绍了环境、大气和效果方面的相关知识。通过对场景的环境和特效进行巧妙的设置，用户可以为自己的作品增添光彩。下面将通过实例操作，帮助读者巩固所学的知识。

【例 11-16】 为场景设置窗外环境背景。视频

(1) 打开素材文件后，按下数字键 8，打开【环境和效果】对话框，在【公用参数】卷展栏中单击【环境贴图】通道按钮。

(2) 打开【材质/浏览器贴图】对话框，选择【位图】选项后，单击【确定】按钮，如图 11-65 所示。

(3) 打开【选择位图图像文件】对话框，选好想要用作环境背景的图像文件后，单击【打开】按钮，如图 11-66 所示。

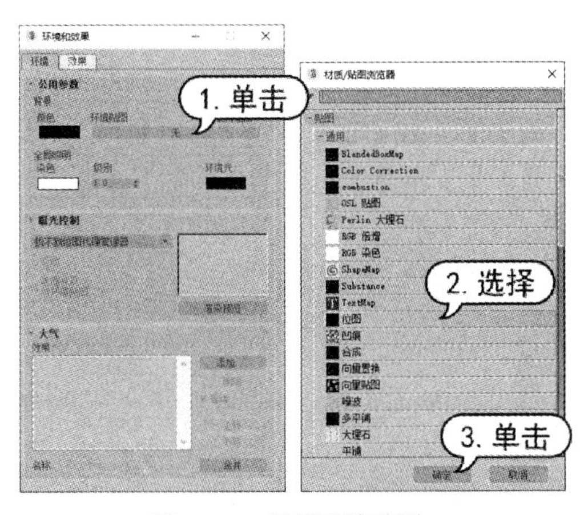

图 11-65　设置环境贴图

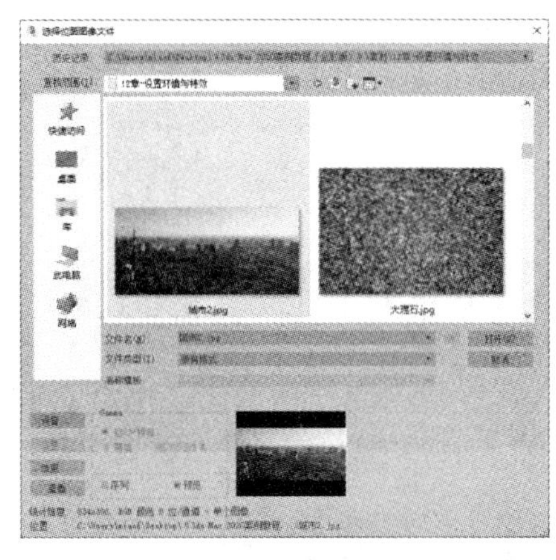

图 11-66　【选择位图图像文件】对话框

(4) 返回到【环境和效果】对话框，按下 M 键打开【材质编辑器】对话框，将设置好的环境贴图拖至材质编辑器中的某个材质球上，如图 11-67 所示。

(5) 打开【实例(副本)贴图】对话框，选中【实例】单选按钮，单击【确定】按钮。

(6) 在【材质编辑器】对话框的【坐标】卷展栏中设置【瓷砖】的 U 参数和 V 参数为 2.0。

(7) 展开【输出】卷展栏，将【输出量】设置为 2。

(8) 按下 F9 功能键渲染场景，效果如图 11-68 所示。

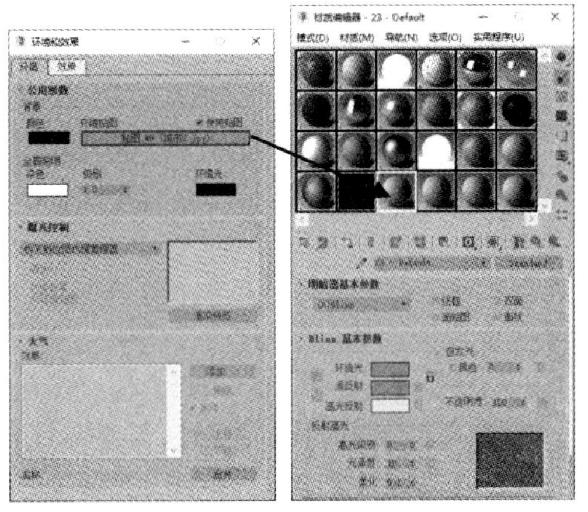

图 11-67　将环境贴图拖至材质球上

图 11-68　场景的渲染效果

11.4 习题

1. 简述环境与特效在 3ds Max 作品中的作用。
2. 简述如何在场景中设置镜头效果和模糊效果。
3. 简述什么是曝光控制以及如何在 3ds Max 中设置曝光控制。
4. 在云彩飘动动画中应用环境与特效，制作图 11-69 所示的云彩飘动效果。

图 11-69　云彩飘动效果

5. 在灯光闪烁动画中应用镜头效果，制作图 11-70 所示的灯光闪烁效果。

图 11-70　灯光闪烁效果

第 12 章

三维动画制作

3ds Max 是一款三维模型制作软件，利用 3ds Max，用户不仅可以制作三维模型，而且可以制作三维动画。本章将通过案例操作，介绍在 3ds Max 2020 中制作三维动画的基础知识，具体包括设置动画方式、控制动画、设置关键点过滤器、设置关键点切线以及使用曲线编辑器设置循环动画等。

本章重点

- 动画帧和时间的概念
- 设置关键帧动画
- 制作预览动画
- 控制三维动画

二维码教学视频

【例 12-1】 制作关键帧动画
【例 12-2】 使用“自动关键点”模式
【例 12-3】 使用“设置关键点”模式
【例 12-4】 查看物体上的动画轨迹
【例 12-5】 控制动画播放
【例 12-6】 设置关键点过滤器
【例 12-7】 设置关键点切线
本章其他视频参见视频二维码列表

12.1 动画简介

3ds Max 作为一款优秀的三维动画软件，提供了一套非常强大的动画系统，包括基本动画系统和骨骼动画系统。但无论采用何种方法制作动画，都需要用户对角色或物体的运动进行细致的观察和深刻的理解，因为只有抓住运动的“灵魂”才能制作出生动、逼真的动画作品。

在 3ds Max 中，设置动画的基本方式非常简单，用户可以为对象的位置、角度、尺寸以及几乎所有能够影响对象形状与外观的参数设置动画。

1. 动画的概念

广义上的动画是指把一些原先不具备生命的不活动的对象，经过艺术加工和技术处理后，使其成为有生命的会动的影像。

作为一种空间和时间的艺术，动画的表现形式多种多样，但“万变不离其宗”，以下两点是共通的：

- 逐格(帧)拍摄(记录)。
- 创造运动幻觉(这需要利用人的心理偏好作用和生理上的视觉残留现象)。

动画是通过连续播放静态图像而形成的动态幻觉，这种幻觉源于两方面：一是人类生理上的“视觉残留”；二是心理上的“感官经验”。人类倾向于将连续类似的图像在大脑中组织起来，然后能动地识别为动态图像，这样两个孤立的画面便顺畅地衔接了起来，从而产生视觉动感，如图 12-1 所示。

因此，狭义上的动画可定义为：融合了电影、绘画、木偶等语言要素，利用人的视觉残留原理和心理偏好作用，以逐格(帧)拍摄的方式，创造出来的一系列运动的富有生命感的幻觉画面(“逐帧动画”)，如图 12-2 所示。

图 12-1　转动圆盘，透过缝隙就能看到运动的图像

图 12-2　逐帧的手翻书动画

动画具有悠久的历史，西方早期的“幻影转盘”(西洋镜)以及我国民间的走马灯和皮影戏等都是动画的一些古老形式。然而真正意义上的动画，是电影摄影机被发明之后的产物，随着现代科学技术的不断发展，动画展现出蓬勃的生命力和创造力。

制作一分钟的动画大概需要 720~1800 幅图像，如果通过手绘的方式来完成这些图像，这将是一项艰巨的任务，因此出现了一种称为“关键帧”的技术。动画中的大多数帧都是两个关键帧的变化过程——从上一个关键帧到下一个关键帧不断发生变化。传统的动画工作室为了提高工作效率，会让艺术家只绘制重要的关键帧，而由其助手计算出关键帧之间需要的帧，填充在关键帧之间的帧称为“中间帧”。

下面我们通过设置关键帧的方式制作一段简单的动画，以帮助读者理解“关键帧”和“中间帧”的概念。

【例 12-1】 使用 3ds Max 2020 制作关键帧动画。 视频

(1) 打开素材文件后，选中视图中的汽车模型，在动画控制区中单击【设置关键点】按钮，进入“手动设置关键帧”模式，单击【设置关键帧】按钮，如图 12-3 左图所示。

(2) 此时，系统将在时间滑块所在的第 0 帧位置自动创建一个关键帧，如图 12-3 右图所示。

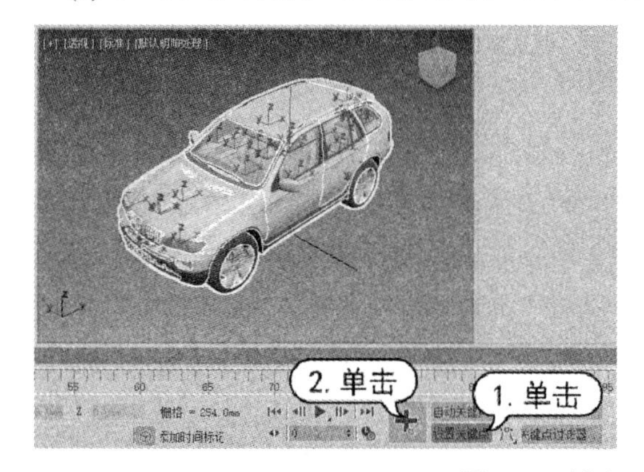

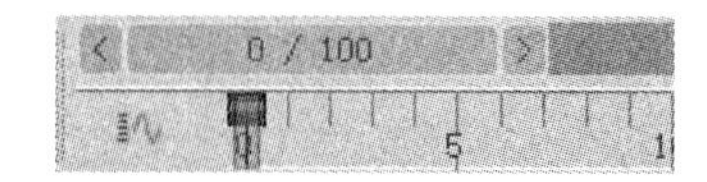

图 12-3　创建一个关键帧

(3) 拖动时间滑块至第 50 帧的位置，然后按下 W 键执行【选择并移动】命令，将场景中的汽车模型沿 X 轴调整位置，之后再次单击动画控制区中的【设置关键帧】按钮，在第 50 帧的位置创建另一个关键帧，如图 12-4 所示。

(4) 再次单击【设置关键点】按钮，退出“手动设置关键帧”模式，然后在第 0 和 50 帧之间拖动时间滑块，此时可以观察到汽车对象的运动状态。这两个关键帧之间的动画就是系统自动生成的“中间帧”，如图 12-5 所示。

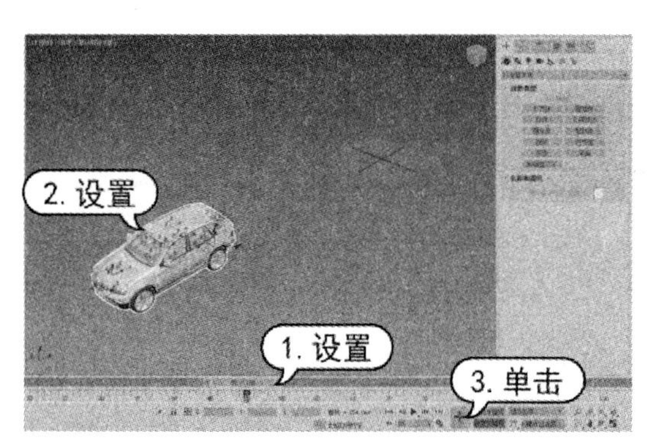

图 12-4　在第 50 帧的位置创建另一个关键帧

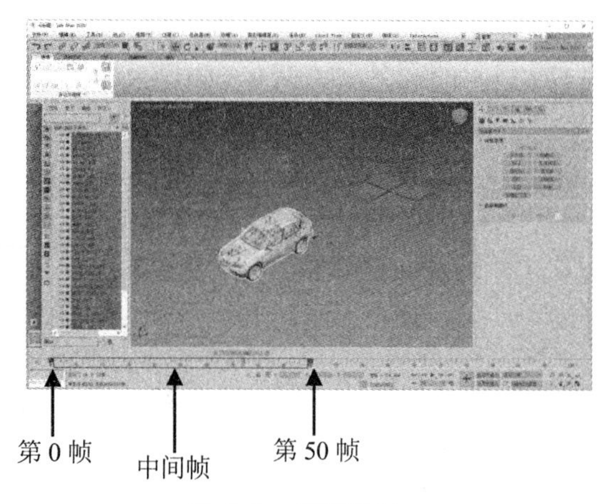

图 12-5　观察动画

2. 设置动画的帧速率

不同格式的动画具有不同的帧速率，单位时间中的帧数越多，动画越细腻、流畅；反之，动画就会出现抖动和卡顿的现象。动画每秒至少要播放 15 帧才可以形成流畅的动画效果(传统的电影通常每秒播放 24 帧)。

在 3ds Max 2020 中，如果要更改动画的帧速率，那么可以单击动画控制区中的【时间配置】按钮，并在打开的【时间配置】对话框中进行设置，如图 12-6 左图所示。

在【时间配置】对话框的【帧速率】选项组中选中【电影】单选按钮，此时下方的 FPS 数值将变为 24，这表示帧速率为每秒播放 24 帧画面。

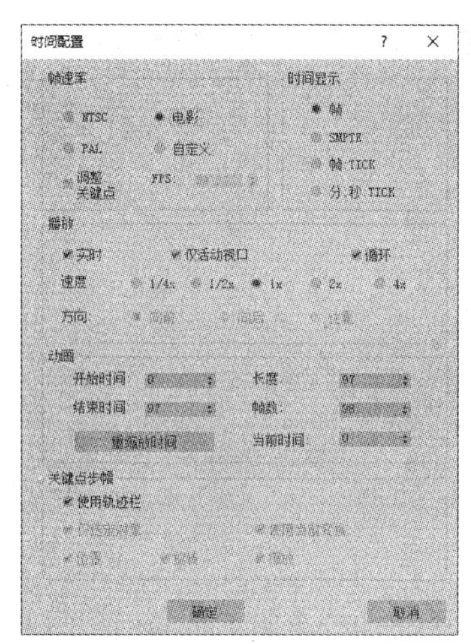

图 12-6 打开【时间配置】对话框并设置帧速率

12.2 设置和控制动画

在 3ds Max 2020 的工作界面中，用于生成、观察、播放动画的工具位于视图的右下方。这块区域被称为“动画控制区”，其中包括一个大图标和两排小图标。

动画控制区中的按钮主要用于对动画的关键帧及播放时间等进行控制，它们是制作三维动画时最为基础的工具。本节将通过实例操作，演示如何利用这些按钮来创建和播放动画。

12.2.1 设置动画的记录模式

3ds Max 提供了两种记录动画的模式，分别为“自动关键点”模式和“设置关键点”模式，这两种动画记录模式各有不同的特点。

1. “自动关键点”模式

“自动关键点”模式是最常用的动画记录模式，当通过“自动关键点”模式设置动画时，系统会根据不同的时间调整对象的状态，自动创建出关键帧，从而产生动画效果。

【例 12-2】 在 3ds Max 中使用“自动关键点”模式创建动画。视频

(1) 打开素材文件后，选中视图中的飞艇模型，在动画设置区中单击【自动关键点】按钮自动关键点，进入“自动关键点”模式，然后在【当前帧】微调框中输入 50 并按下 Enter 键，将当前帧切换到第 50 帧，如图 12-7 所示。

(2) 按下 W 键执行【选择并移动】命令，将场景中的飞艇模型沿 X 轴移动，如图 12-8 所示。

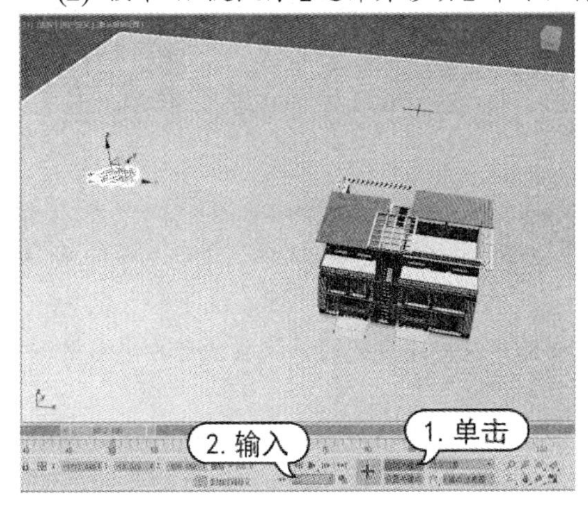

图 12-7　切换到第 50 帧

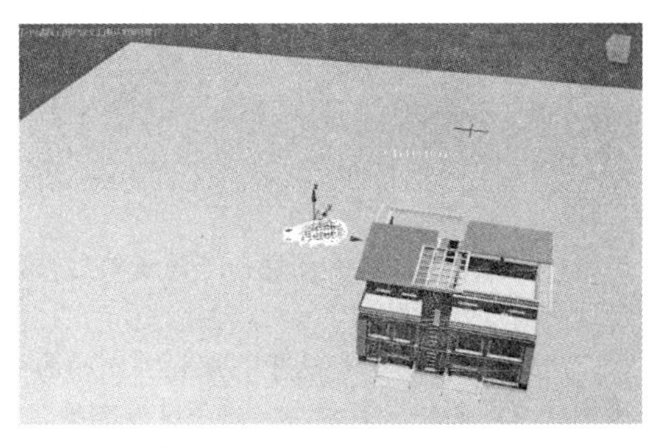

图 12-8　移动飞艇模型

(3) 此时，系统会在第 0 帧和第 50 帧的位置自动创建两个关键帧。单击动画控制区中的【自动关键点】按钮自动关键点，退出“自动关键点”模式。将时间滑块拖动到第 0 帧的位置，单击动画控制区中的【播放动画】按钮▶，如图 12-9 所示。

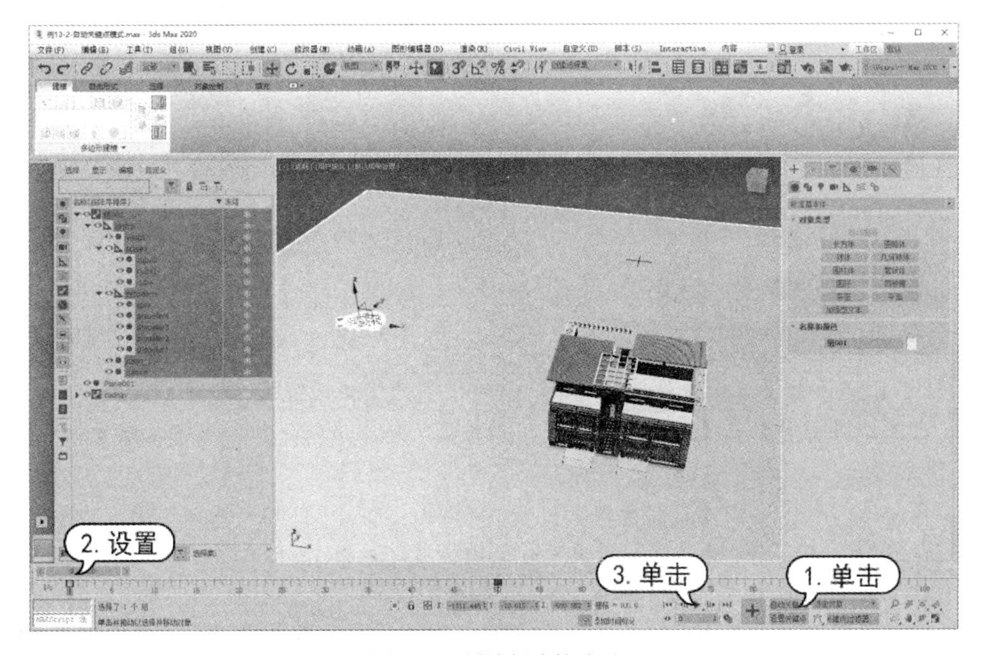

图 12-9　播放创建的动画

(4) 播放动画时，工作视图中的飞艇模型将沿直线运动，如图 12-10 所示。

(5) 在 3ds Max 工作界面的轨迹栏中，我们不仅可以改变这段动画播放的起始时间，而且可以延长或缩短动画的时间。选中场景中的飞艇模型，在轨迹栏中框选创建的两个关键帧(第 0 帧和第 50 帧)，如图 12-11 所示。

图 12-10　飞艇模型沿直线运动

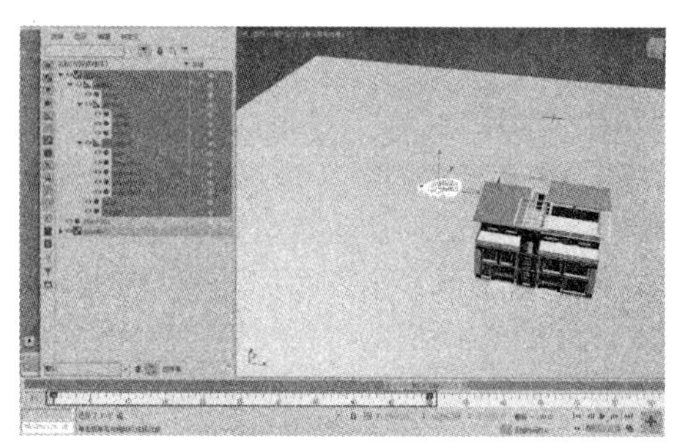

图 12-11　框选创建的两个关键帧

(6) 将光标移至其中任意一个关键帧上，当光标的形状发生变化时，按住鼠标左键拖动即可移动这个关键帧的位置，如图 12-12 所示。

(7) 在轨迹栏中分别选中飞艇模型上的两个关键帧，然后右击鼠标，从弹出的快捷菜单中选择【删除选定关键点】命令，将关键帧删除。

(8) 将时间滑块拖动至第 0 帧，按下 W 键执行【选择并移动】命令，调整场景中飞艇模型的位置，如图 12-13 所示。

图 12-12　移动关键帧的位置

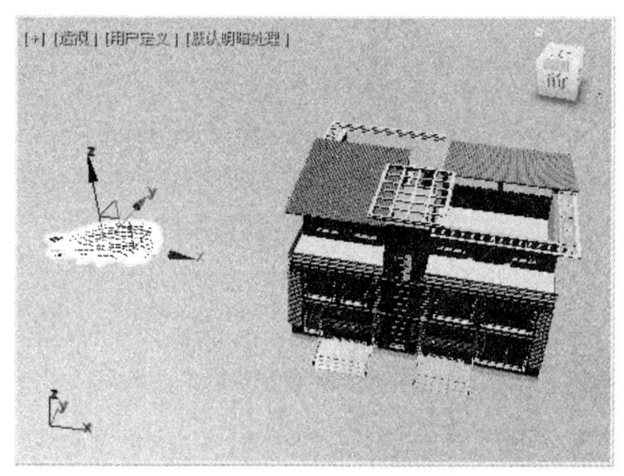

图 12-13　调整场景中飞艇模型的位置

(9) 按下 E 键执行【选择并旋转】命令，将场景中的飞艇模型旋转一定的角度。

(10) 在主工具栏中单击【参考坐标系】下拉按钮，从弹出的下拉列表中选择【局部】选项，如图 12-14 所示。

(11) 在动画控制区单击【自动关键点】按钮，进入“自动关键点”模式，然后拖动时间滑块至第 50 帧，按下 W 键，将飞艇模型沿 Y 轴移动，如图 12-15 所示。

(12) 按下 E 键，将场景中的飞艇模型沿 Y 轴旋转。

(13) 拖动时间滑块至第 100 帧，按下 W 键和 E 键，调整飞艇模型在场景中的位置和旋转角度，如图 12-16 所示。

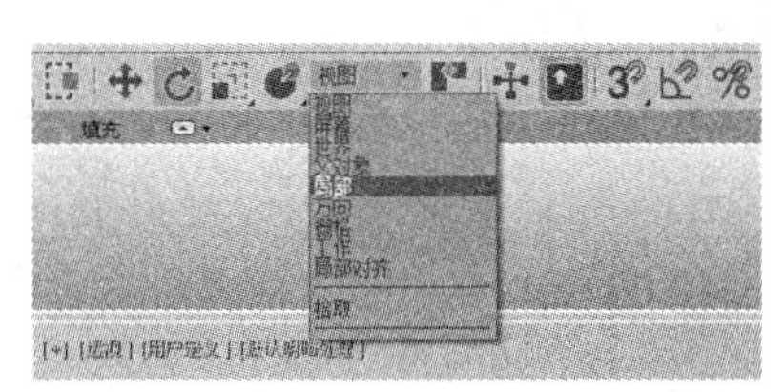

图 12-14　【参考坐标系】下拉列表

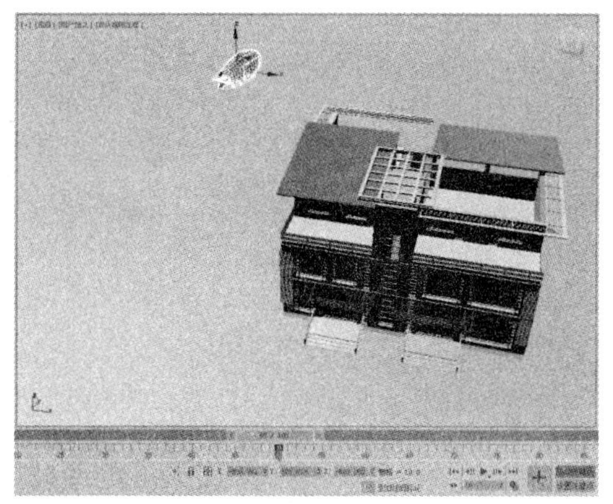

图 12-15　将飞艇模型沿 Y 轴移动

(14) 单击动画控制区中的【自动关键点】按钮，退出“自动关键点”模式。单击动画控制区的【播放动画】按钮，从视图中可以看到，飞艇模型将绕着房屋模型移动，如图 12-17 所示。

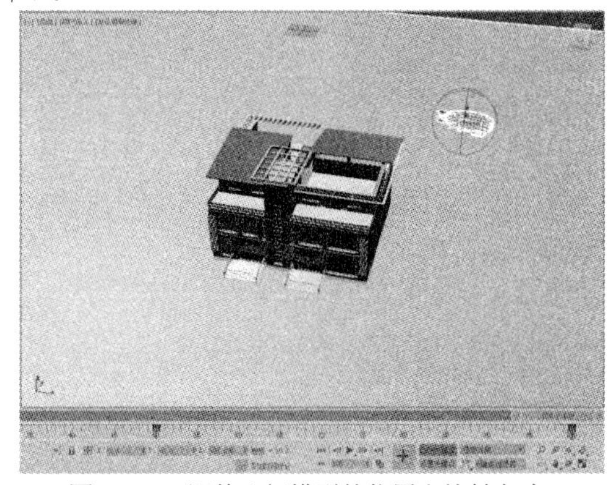

图 12-16　调整飞艇模型的位置和旋转角度

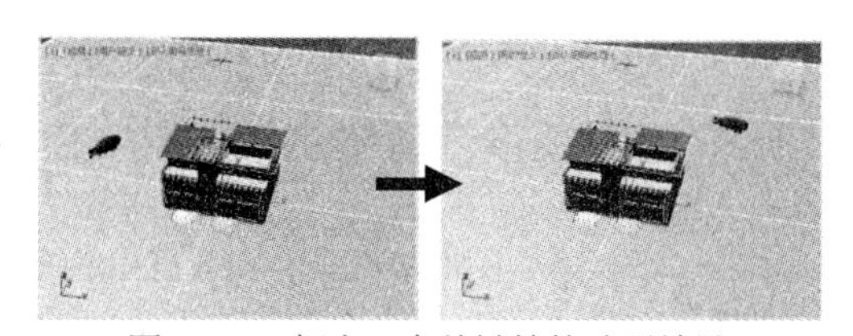

图 12-17　拥有三个关键帧的动画效果

2. “设置关键点”模式

在“设置关键点”模式下，需要用户在轨迹栏中的每一个关键帧处通过手动设置(3ds Max 不会自动记录用户的操作)的方式来完成动画的创建。

【例 12-3】 在 3ds Max 中使用“设置关键点”模式创建动画。 视频

(1) 打开素材文件后，在动画控制区单击【设置关键点】按钮，然后按下 E 键执行【选择并旋转】命令，将场景中的飞机模型旋转一定角度，如图 12-18 所示。

(2) 单击动画控制区的【设置关键帧】按钮，在第 0 帧设置一个关键帧，然后在主工具栏中单击【参考坐标系】下拉按钮，从弹出的下拉列表中选择【局部】选项。

(3) 拖动时间滑块到第 50 帧，按下 W 键执行【选择并移动】命令，将飞机模型沿 X 轴移动一定距离，然后按下 E 键，将飞机模型旋转一定角度，接下来再次单击【设置关键帧】按钮，在第 50 帧设置另一个关键帧，如图 12-19 所示。

(4) 拖动时间滑块到第 100 帧，按下 W 键，将飞机模型沿 X 轴移动一定距离，然后按下 E 键，将飞机模型旋转一定角度，接下来单击【设置关键帧】按钮，在第 100 帧设置第三个关键帧。

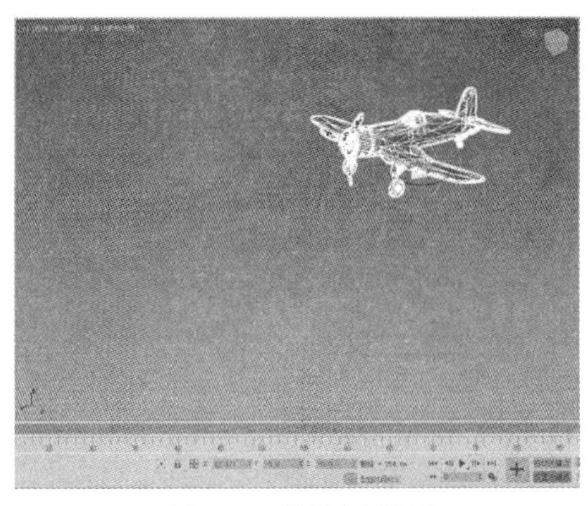

图 12-18　旋转飞机模型

图 12-19　在第 50 帧设置关键帧

(5) 单击动画控制区的【设置关键点】按钮，退出“设置关键点”模式，然后单击动画控制区的【播放动画】按钮，观看飞机模型的飞行动画效果，如图 12-20 所示。

图 12-20　飞机模型的飞行动画效果

12.2.2　查看及编辑物体上的动画轨迹

当物体有空间上的位移动画时，可以查看物体动画的运动轨迹，通过查看及编辑物体上的动画轨迹，可以辅助我们检查制作完成的动画是否合理。

【例 12-4】 在 3ds Max 中查看物体上的动画轨迹。 视频

(1) 继续例 12-3 中的操作，在场景中选中飞机模型，在视图中的任意位置右击鼠标，从弹出的快捷菜单中选择【对象属性】命令，如图 12-21 左图所示。

(2) 打开【对象属性】对话框，在【常规】选项卡的【显示属性】选项组中选中【运动路径】复选框，然后单击【确定】按钮，如图 12-21 右图所示。

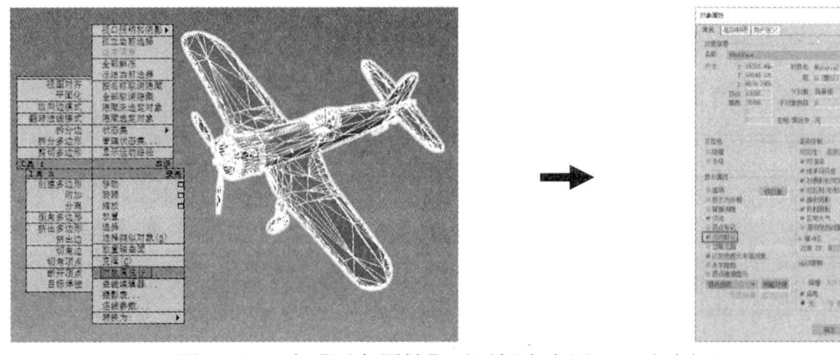

图 12-21　在【对象属性】对话框中启用“运动路径”

(3) 此时，视图中的飞机模型上将显示图 12-22 所示的红色曲线，这条曲线就是飞机模型当前动画的运动轨迹。

(4) 在动画控制区单击【设置关键点】按钮，然后拖动时间滑块，按下 E 键和 W 键，调整飞机模型的位置。此时，飞机模型的动画轨迹也将发生变化。同时，时间滑块所在帧的位置也将自动出现一个关键帧，如图 12-23 所示。

图 12-22　显示动画的运动轨迹

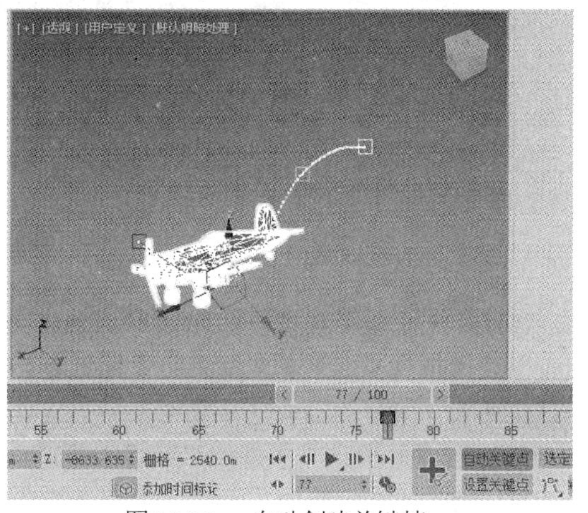

图 12-23　自动创建关键帧

(5) 再次单击【设置关键点】按钮，退出“设置关键点”模式，将光标移至视图中红色的动画轨迹上。此时可以按下 W 键，通过拖动鼠标调整动画轨迹，如图 12-24 所示。

(6) 有时，为了使视图中的操作更加直观，用户还可以在视图中对动画轨迹上关键点的位置进行实时调整。在命令面板中选择【运动】面板，然后单击【子对象】按钮，如图 12-25 所示。

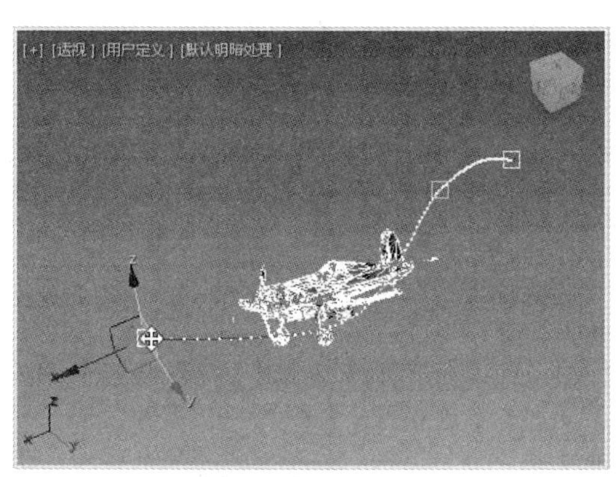

图 12-24　调整动画轨迹

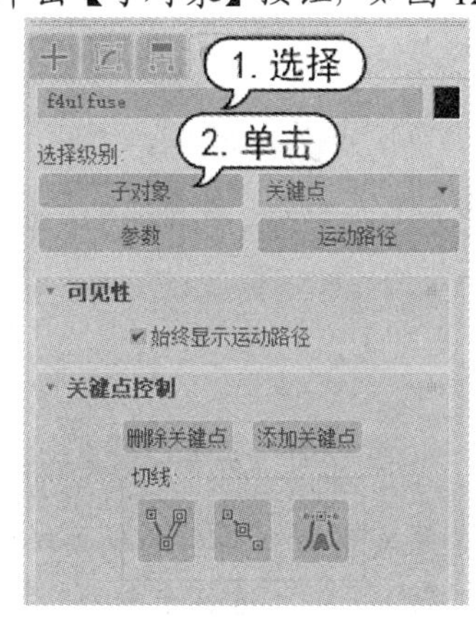

图 12-25　选择【运动】面板并单击【子对象】按钮

(7) 选择动画轨迹上的关键点并执行位移操作，如图 12-26 所示。

(8) 选择动画轨迹上的关键点，单击【关键点控制】卷展栏中的【删除关键点】按钮，可以将选中的关键点删除；单击【添加关键点】按钮，然后在动画轨迹上单击，可以添加关键点，如图 12-27 所示。

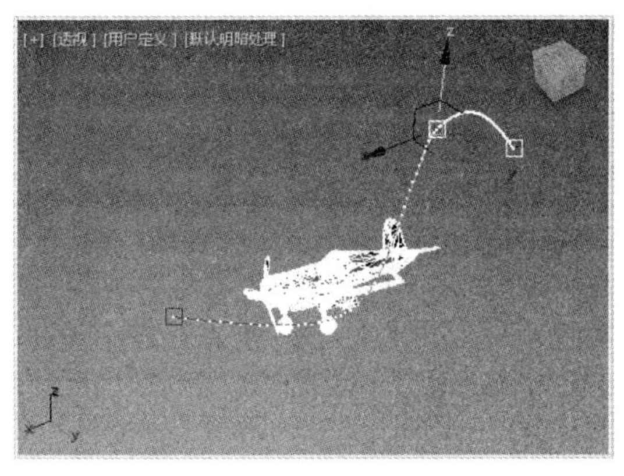

图 12-26　选择动画轨迹上的关键点并执行位移操作

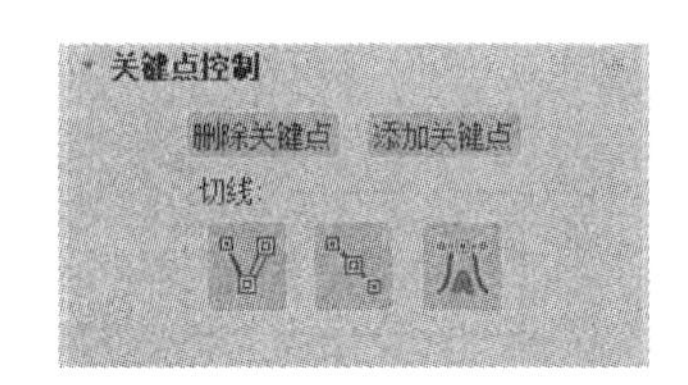

图 12-27　【关键点控制】卷展栏

(9) 用户可以将视图中的动画轨迹转换为一条二维的样条线，以方便场景中的其他物体使用。单击【转换工具】卷展栏中的【转化为】按钮，在视图中即可依据当前动画轨迹创建一条样条线，如图 12-28 所示。

(10) 在【转换工具】卷展栏的【采样范围】选项组中设置【开始时间】和【结束时间】为 0 和 100，这是当前的活动时间段，这会将整个动画轨迹转换为样条线。当然，也可以指定一个时间段，如此便可以将动画轨迹的一部分转换为样条线。【采样】微调框中的参数值越高，生成的样条线与原始动画轨迹的形态越接近。

(11) 在视图中创建一条样条线，然后选中飞机模型，拖动时间滑块至第 0 帧，在轨迹栏中框选所有的关键帧，然后按下 Delete 键，将飞机模型的所有关键帧删除，单击【转换工具】卷展栏中的【转化自】按钮，然后在视图中选择创建的样条线。

(12) 此时，飞机模型将沿着绘制的样条线生成动画轨迹，如图 12-29 所示。

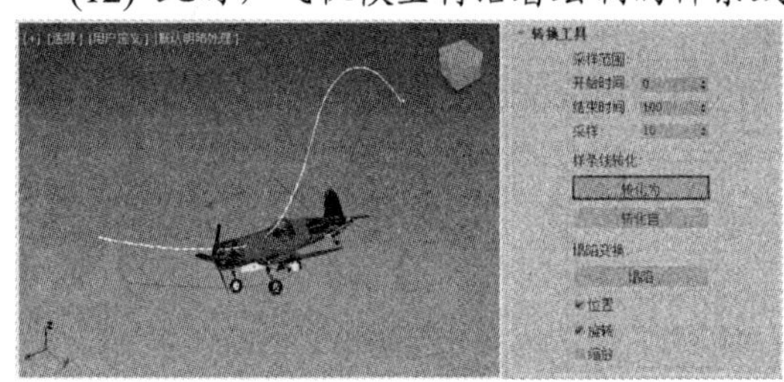

图 12-28　创建样条线

图 12-29　飞机模型沿着样条线生成动画轨迹

(13) 如果发现飞机模型的动画轨迹和样条线不太匹配，这很可能是由于“采样范围”过小造成的，按下 Ctrl+Z 快捷键返回上一步操作，在【转换工具】卷展栏的【采样】微调框中输入 100，然后再次单击【转化自】按钮，并在视图中拾取样条线，即可解决上述问题。

(14) 单击【转换工具】卷展栏(如图 12-30 所示)中的【塌陷】按钮，可以依据设定的采样参数，对已经制作完成的动画执行塌陷操作。【塌陷】按钮下方的【位置】【旋转】和【缩放】复选框用于设置塌陷后的关键帧包含哪些信息。塌陷操作主要针对的是指定了“路径约束”的动画对象。

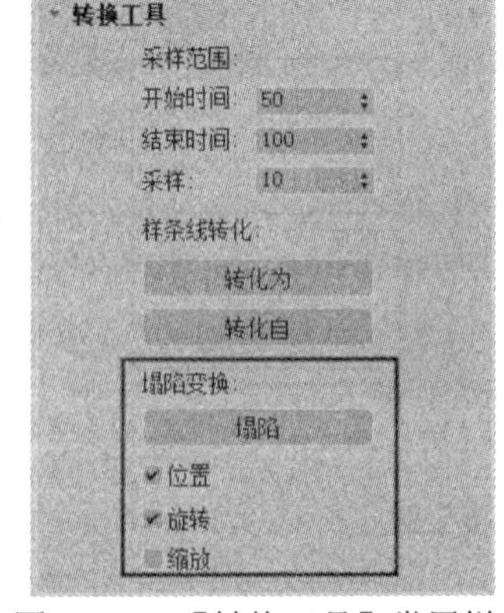

图 12-30　【转换工具】卷展栏

12.2.3　控制动画

在 3ds Max 中创建动画之后，用户还可以通过动画控制区右侧的命令按钮，对设置好的动画进行一些基本的控制，例如播放动画、停止动画、逐帧查看动画等。

【例 12-5】 使用 3ds Max 2020 动画控制区的按钮控制动画的播放。 视频

(1) 打开我们之前在例 12-3 中创建的动画文件，在场景中选中飞机模型后，即可在轨迹栏中观察到之前已经为其设置的关键帧，如图 12-31 所示。

(2) 单击动画控制区的【上一帧】按钮或【下一帧】按钮，可以逐帧观察动画，这样可以帮助用户观察设置好的动画效果，从而方便找出动画中的问题所在，以便修改动画，如图 12-32 所示。

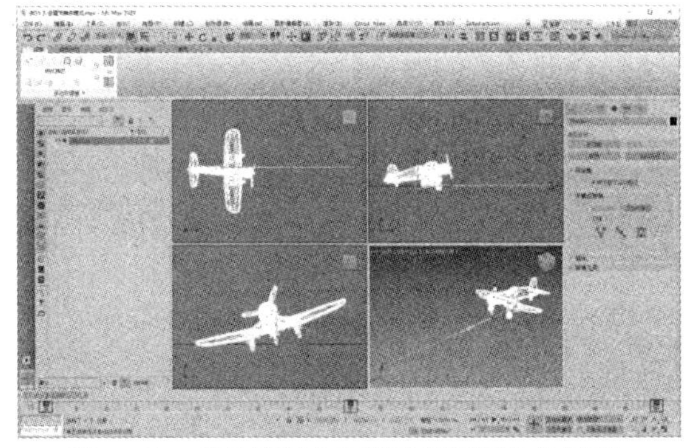

图 12-31　在轨迹栏中观察飞机模型的关键帧

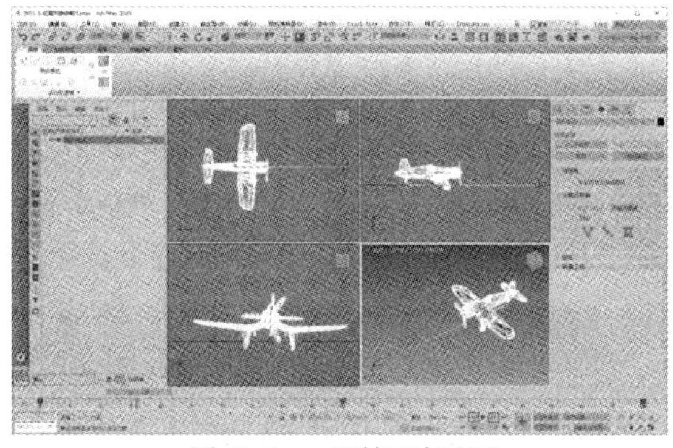

图 12-32　逐帧观察动画

(3) 单击动画控制区的【关键点模式切换】按钮，【上一帧】按钮和【下一帧】按钮将变为【上一关键帧】按钮和【下一关键帧】按钮，如图 12-33 所示。通过单击这两个按钮，可以将时间滑块的位置在关键帧之间来回切换。

(4) 单击动画控制区的【转至开头】按钮，可将时间滑块移至活动时间段的第一帧。

(5) 单击动画控制区的【转至结尾】按钮，可将时间滑块移至活动时间段的最后一帧。

(6) 单击动画控制区的【播放动画】按钮，可在当前激活的视图中循环播放动画；单击【停止播放】按钮，动画将会在当前帧停止播放，如图 12-34 所示。

图 12-33　动画控制区

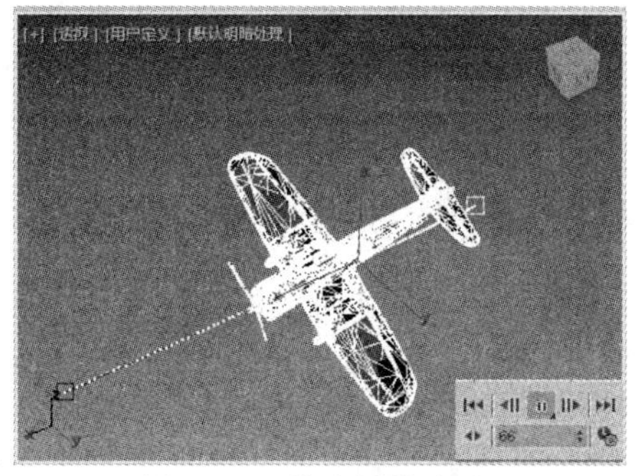

图 12-34　停止播放动画

(7) 在视图中将飞机模型复制一个，然后分别调整这两个飞机模型的位置，如图 12-35 所示。

(8) 在视图中选中两个飞机模型中的一个，然后在动画控制区的【播放动画】按钮上按住鼠标左键不放，从弹出的列表中选择【播放选定对象】选项按钮，如图 12-36 所示。

图 12-35　复制飞机模型并调整它们的位置

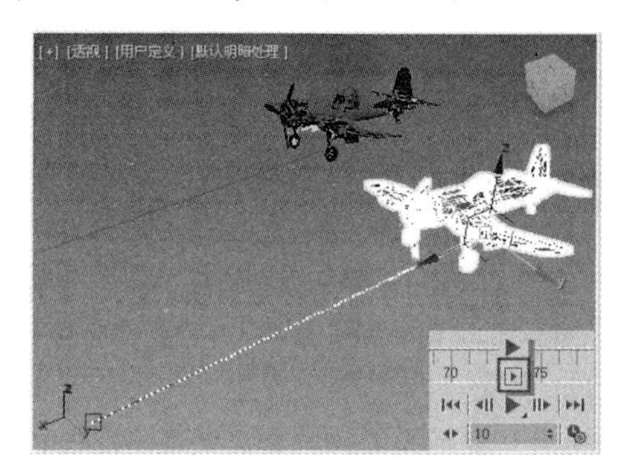

图 12-36　选择【播放选定对象】选项按钮

(9) 此时，系统在当前视图中将只播放当前选定对象的动画，其他物体将被暂时隐藏。

(10) 单击【停止播放】按钮，可以停止动画的播放，同时隐藏的物体也会在场景中显示出来，如图 12-37 所示。

(11) 动画控制区的【当前帧】微调框中显示了当前帧的编号，用户也可以输入指定的编号(如 50)，按下 Enter 键后，即可将时间滑块快速移到相应帧的位置，如图 12-38 所示。

图 12-37　停止播放动画

图 12-38　输入帧的编号

12.2.4　设置关键点过滤器

在 3ds Max 中创建动画时，无论使用“自动关键点”模式还是“设置关键点”模式，都可以通过关键点过滤器来选择关键点中包含的信息。

【例 12-6】 使用关键点过滤器选择关键点中包含的信息。 视频

(1) 在场景中创建一个长方体，在动画控制区单击【设置关键点】按钮，然后单击【设置关键帧】按钮，在第 0 帧设置一个关键帧。

(2) 按下 Ctrl+Z 快捷键返回上一步操作，单击动画控制区的【关键点过滤器】按钮，如图 12-39 所示。

(3) 此时，系统将打开【设置关键点过滤器】对话框，用户从中可以设置当单击【设置关键

帧】按钮+时创建的关键帧中都将包含哪些信息(如图 12-40 左图所示)。

(4) 如果要为长方体的“高度”参数设置动画，可在【设置关键点过滤器】对话框中取消其他复选框的选中状态，而只选中【对象参数】复选框(如图 12-40 右图所示)。

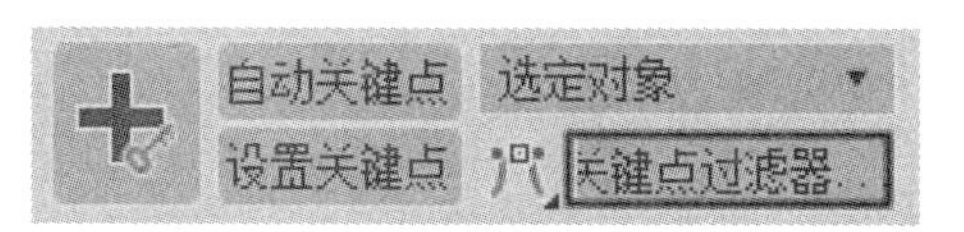

图 12-39　单击【关键点过滤器】按钮

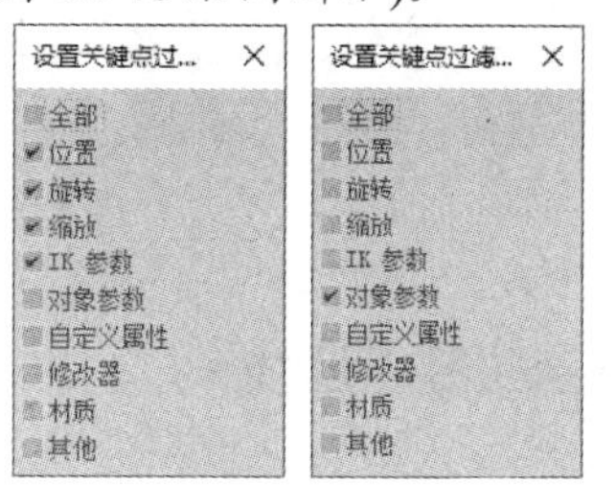

图 12-40　【设置关键点过滤器】对话框

(5) 设置完成后，关闭【设置关键点过滤器】对话框。单击【设置关键帧】按钮+，轨迹栏中将出现一个灰色的关键帧。

(6) 选择【修改】面板，【参数】卷展栏中一些基础参数右侧的微调框将被红框包围，这说明这些参数值在当前时间被创建了关键帧，如图 12-41 所示。

(7) 单击【修改】面板中的【修改器列表】下拉按钮，在弹出的下拉列表中选择【Twist(扭曲)】选项，添加“扭曲”修改器。如果想要为“扭曲”修改器的一些参数设置关键帧，可以单击【关键点过滤器】按钮，打开【设置关键点过滤器】对话框，选中【修改器】复选框。

(8) 将时间滑块移至第 70 帧，在【修改】面板的【参数】卷展栏的【角度】微调框中输入 65，然后单击动画控制区中的【设置关键帧】按钮+，如图 12-42 所示。

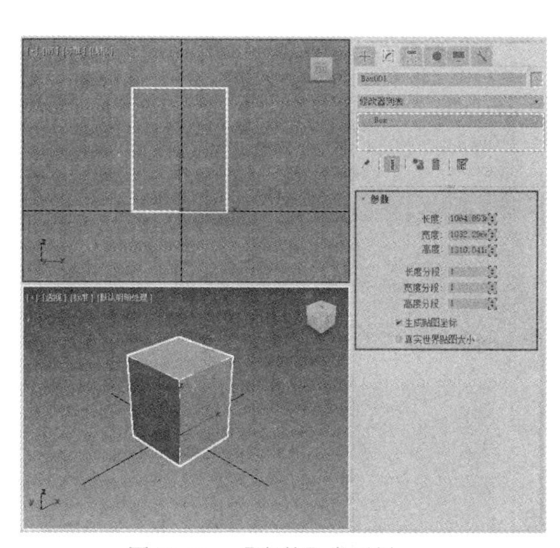

图 12-41　【参数】卷展栏

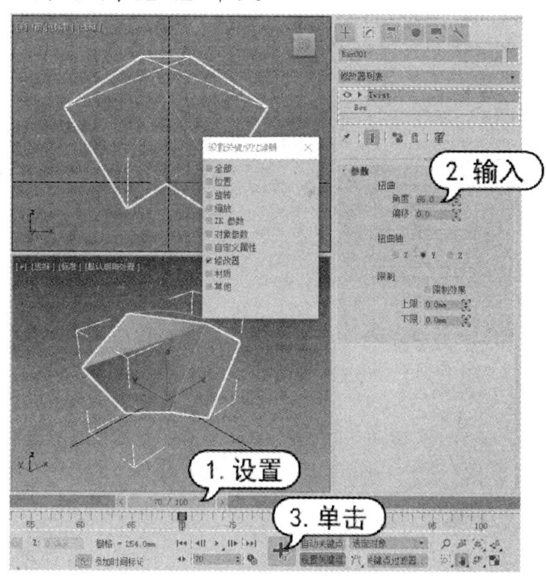

图 12-42　在第 70 帧设置关键帧

(9) 最后，单击动画控制区的【播放动画】按钮，在场景中播放动画，场景中的长方体将逐渐发生扭曲变化，效果如图 12-43 所示。

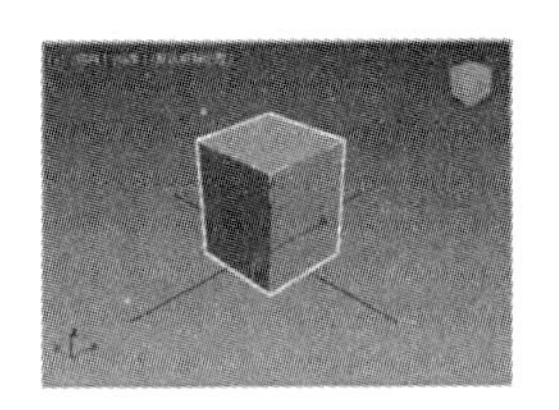

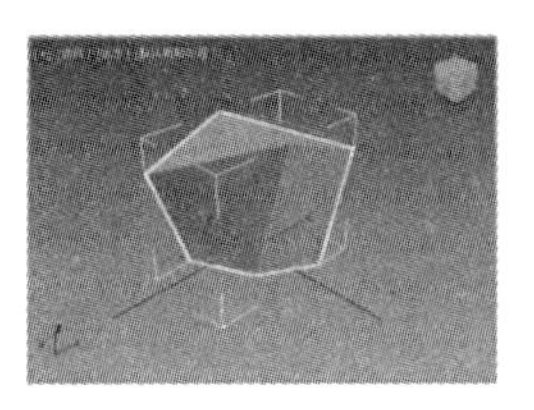

图 12-43　长方体的扭曲动画效果

12.2.5　设置关键点切线

在创建新的关键点之前，用户可以先对关键点切线的类型进行设置。通过对关键点切线进行设置，可以使物体的运动呈现“匀速”“减速”“加速”等状态。

【例 12-7】 在动画中设置关键点切线。 视频

(1) 打开素材文件后，场景中有两个“汽车”模型——“汽车 01”模型和“汽车 02”模型。

(2) 选中“汽车 02”模型，在动画控制区单击【自动关键点】按钮，将时间滑块拖至第 100 帧，然后按下 W 键，执行【选择并移动】命令，将“汽车 02”模型沿 X 轴调整位置，如图 12-44 所示。

(3) 再次单击【自动关键点】按钮，退出“自动关键点”模式，然后单击动画控制区的【播放动画】按钮以播放动画，我们发现“汽车 02”模型在场景中会缓缓移动，然后缓慢停止，这是因为关键点切线默认使用了“平滑”切线类型，如图 12-45 所示。

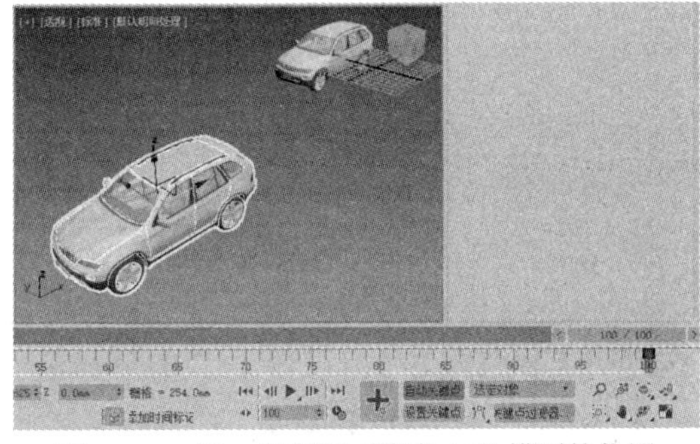

图 12-44　沿 X 轴调整“汽车 02”模型的位置

图 12-45　动画的播放效果

(4) 在动画控制区按住【新建关键点的入/出切线】按钮，在弹出的列表中选择“线性”切线类型，如图 12-46 所示。

(5) 在视图中选中“汽车 01”模型，然后单击【自动关键点】按钮，将时间滑块拖至第 100 帧，然后将“汽车 01”模型沿 X 轴调整位置。

(6) 单击【自动关键点】按钮，退出“自动关键点”模式，单击动画控制区的【播放动画】按钮以播放动画，便可以看到“平滑”切线类型和“线性”切线类型的不同动画效果。

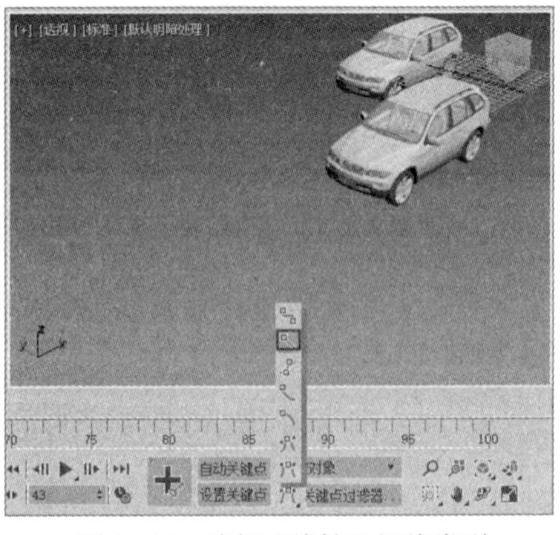

图 12-46　选择“线性”切线类型

计算机基础与实训教材系列

12.2.6　使用【时间配置】对话框

单击动画控制区的【时间配置】按钮，系统将打开【时间配置】对话框。通过该对话框，用户可以对动画的帧速率、动画播放的速度、时间显示方式等进行设置。

1. 【帧速率】选项组

在【时间配置】对话框的【帧速率】选项组中，用户可以设置动画每秒播放的帧数，如图 12-47 所示。在默认设置下，系统使用的是 NTSC 帧速率，表示动画每秒包含 30 帧画面；选中 PAL 单选按钮后，动画每秒播放 25 帧；选中【电影】单选按钮后，动画每秒播放 24 帧；而如果选中【自定义】单选按钮，并且在 FPS 微调框中输入数值，则可以自定义动画播放的帧数。

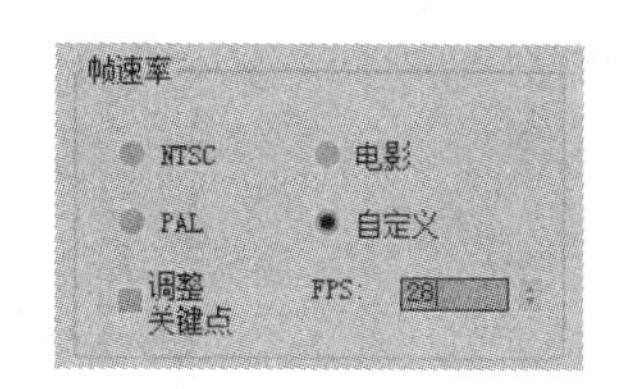

图 12-47　【帧速率】选项组

2. 【时间显示】选项组

通过【时间显示】选项组中的各个选项，用户可以对时间滑块和轨迹栏中的时间显示方式进行更改，显示方式共有 4 种，分别是“帧”“SMPTE”“帧:TICK”和“分:秒:TICK”。

3. 【播放】和【动画】选项组

在【播放】和【动画】选项组中，用户可以控制动画的播放。

【例 12-8】 使用【时间配置】对话框控制动画的播放。 视频

(1) 打开我们之前在例 12-3 中创建的动画文件，单击动画控制区的【时间配置】按钮，打开【时间配置】对话框。【播放】选项组中的【实时】复选框默认为选中状态，这表示 3ds Max 将在视图中实时播放动画，同时与当前设置的帧速率保持一致。当【实时】复选框被选中时，用户可以通过【速度】选项右侧的单选按钮来设置动画在视图中的播放速度，如图 12-48 所示。

(2) 若取消【实时】复选框的选中状态，3ds Max 将尽可能地播放动画并且显示所有帧。此时，【速度】选项右侧的单选按钮被禁用，而【方向】选项右侧的单选按钮则处于可选状态，如图 12-49 所示。

图 12-48　设置动画的播放速度

图 12-49　设置【方向】

(3) 通过【方向】选项右侧的【向前】【向后】【往复】单选按钮，可分别将动画设置为向前播放、向后播放和往复播放。

(4) 在【时间配置】对话框的【播放】选项组中，【仅活动视口】复选框默认为选中状态，这表示动画只在当前激活的视口中进行播放，其他视口中的画面将保持静止，如图 12-50 所示。

(5) 如果取消【仅活动视口】复选框的选中状态，那么在播放动画时，所有视口都将播放动画。

(6) 默认状态下，在播放动画时，动画会在视图中循环播放。取消【播放】选项组中【循环】复选框的选中状态，然后单击动画控制区的【播放动画】按钮▶，此时动画只播放一遍就会停止。

(7) 在【时间配置】对话框的【动画】选项组中，可以控制动画的帧数、开始时间和结束时间等相关参数。将【开始时间】设置为-10，将【结束时间】设置为 100，将【当前时间】设置为 50，然后单击【确定】按钮，如图 12-51 所示。

图 12-50　动画只在激活的视口中播放

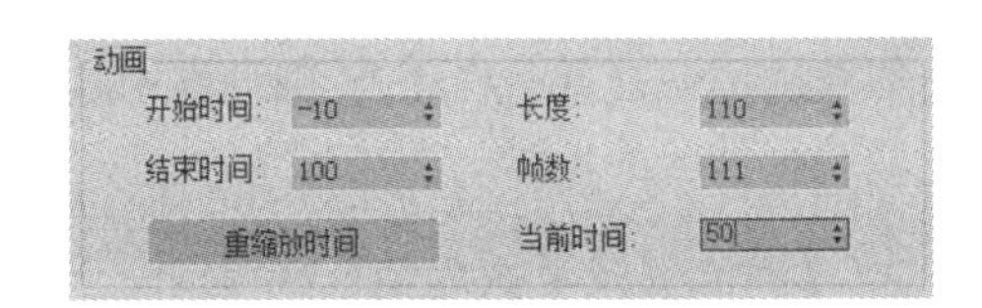

图 12-51　【动画】选项组

(8) 此时，时间滑块将变为 50 / 110 ，前面的数字 50 表示当前位于第 50 帧，后面的数字 110 表示当前活动时间段的总帧数。

(9) 按住 Ctrl+Alt 快捷键，在轨迹栏中按住鼠标左键并拖动，可以快速设置动画的起始时间，右击鼠标并拖动则可以快速设置动画的结束时间。

(10) 单击【时间配置】对话框的【动画】选项组中的【重缩放时间】按钮，可以打开【重缩放时间】对话框，用户从中可以设置拉伸或收缩所有对象时活动时间段内的动画，同时轨迹栏中所有关键点的位置也将会重新排列，如图 12-52 所示。

(11) 在【重缩放时间】对话框中设置【结束时间】为 300，连续单击【确定】按钮，关闭【重缩放时间】对话框和【时间配置】对话框。观察轨迹栏中关键帧的变化，就会发现原来 100 帧的动画变成了 300 帧，动画的节奏相对变慢了，如图 12-53 所示。

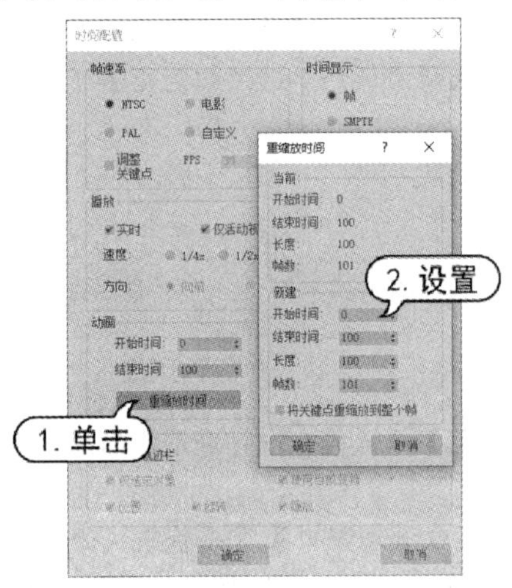

图 12-52　打开【重缩放时间】对话框

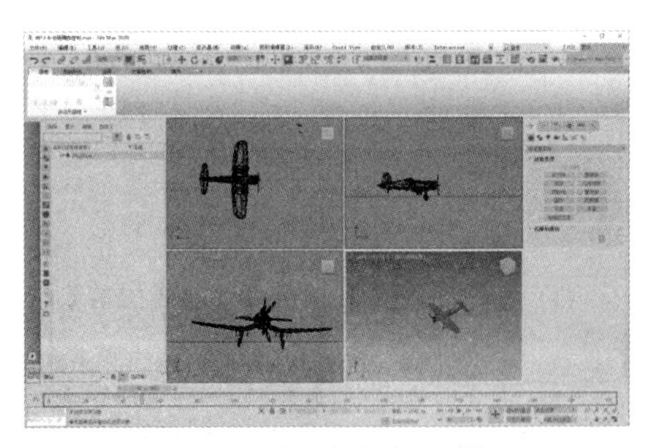

图 12-53　动画变成了 300 帧

4. 【关键点步幅】选项组

在【时间配置】对话框的【关键点步幅】选项组(如图 12-54 所示)中，用户可以设置在激活【关键点模式切换】按钮后，当单击【上一个关键点】按钮或【下一个关键点】按钮时，系统在轨迹栏中以何种方式在关键点之间进行切换。

例如，假设当前正在执行【选择并移动】命令，如果选中【关键点步幅】选项组中的【使用轨迹栏】复选框，那么当单击动画控制区的【上一个关键点】按钮或【下一个关键点】按钮时，系统将只能在包含“移动”信息的关键帧之间进行切换。

如果选中【关键点步幅】选项组中的【仅选定对象】复选框，那么当单击【上一个关键点】按钮或【下一个关键点】按钮时，系统将只能在选定对象的关键点之间进行切换；但如果取消【仅选定对象】复选框的选中状态，系统将能够在场景中所有对象的关键点之间进行切换。

如果选中【关键点步幅】选项组中的【使用当前变换】复选框，那么系统将自动识别当前正在使用的变换工具，但此时系统只能在包含当前变换信息的关键帧之间进行切换。用户也可以取消【使用当前变换】复选框的选中状态，然后通过【位置】【旋转】和【缩放】复选框来指定系统在“关键点模式”下使用的变换形式。

12.2.7　制作预览动画

在制作动画时，如果场景中的模型较多，那么当用户在场景中实时播放动画时，就会出现“卡顿”现象，这会导致用户无法准确地判断动画的速度。为了更好地观察和编辑动画，可以为场景生成预览动画。在生成预览动画时，由于不用考虑模型的材质和光影效果，因而可以快速展示动画效果。

在 3ds Max 菜单栏中选择【工具】|【预览-抓取视图】|【创建预览动画】命令，可以打开【生成预览】对话框，如图 12-55 所示。

图 12-54　【关键点步幅】选项组

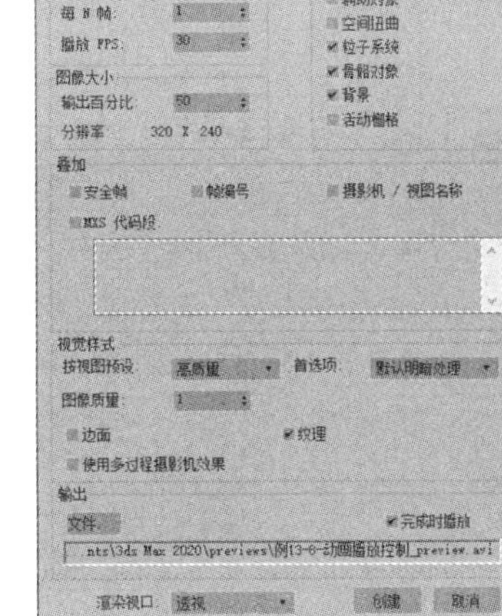
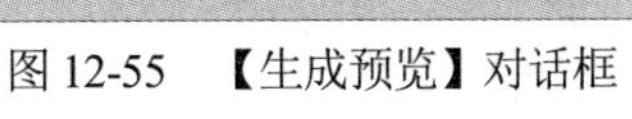

图 12-55　【生成预览】对话框

▽ 【预览范围】选项组：【预览范围】选项组中的选项用于指定预览动画中包含的帧数，默

认已选中【活动时间段】单选按钮，此时系统会根据时间滑块的长度生成预览动画。用户也可以通过选中【自定义范围】单选按钮来自定义动画的范围。

- 【帧速率】选项组：【帧速率】选项组中的选项用于指定以每秒多少帧的播放速度来生成预览动画。
- 【图像大小】选项组：在【图像大小】选项组中可以设置预览分辨率占当前输出分辨率的百分比。例如，假设用户已在【渲染设置】对话框中将渲染输出的分辨率设置为 640×480，此时如果将【输出百分比】设置为 50，那么预览分辨率将为 320×240。
- 【在预览中显示】选项组：【在预览中显示】选项组中的复选框用于指定预览中想要包含的对象类型。
- 【叠加】选项组：【叠加】选项组中的复选框用于指定想要写入预览动画的附加信息。
- 【视觉样式】选项组：在【视觉样式】选项组中可以选择预览动画的视觉样式以及渲染时是否包括边面、纹理或视图背景。
- 【输出】选项组：【输出】选项组中的选项用于指定预览动画的输出格式。

预览动画生成后，系统会自动弹出媒体播放器并播放预览动画。用户也可以执行【工具】|【预览-抓取视图】|【播放预览动画】命令，从而查看生成的预览动画。如果想要保存当前的预览动画，那么可以执行【工具】|【预览-抓取视图】|【预览动画另存为】命令。

12.3 使用曲线编辑器

在 3ds Max 中，除了直接在轨迹栏中编辑关键帧以外，用户还可以打开动画的【轨迹视图-曲线编辑器】窗口，如图 12-56 所示，对关键帧进行更复杂的编辑，例如复制或粘贴运动轨迹、添加运动控制器、改变运动状态等。

显示【轨迹视图-曲线编辑器】窗口的方法有三种：一种是选择【图形编辑器】|【轨迹视图-曲线编辑器】命令；另一种是单击主工具栏中的【曲线编辑器】按钮；还有一种是在视图中右击，从弹出的快捷菜单中选择【曲线编辑器】命令。

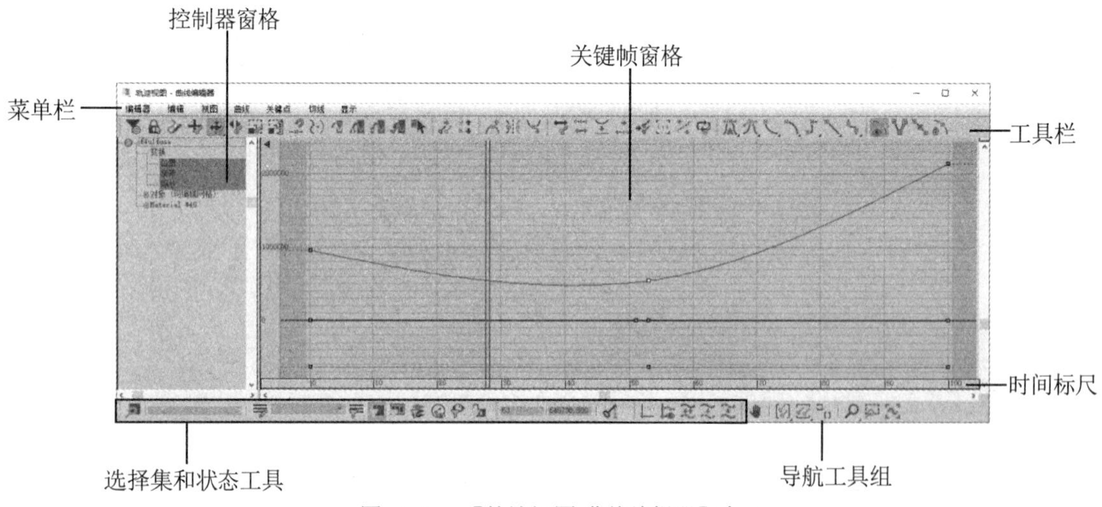

图 12-56　【轨迹视图-曲线编辑器】窗口

轨迹视图有两种显示模式：图 12-56 所示的轨迹视图-曲线编辑器模式和图 12-57 所示的轨迹视图-摄影表模式。其中，轨迹视图-曲线编辑器模式可以将动画显示为动画运动的功能曲线，轨迹视图-摄影表模式则可以将动画显示为关键点和范围的表格。

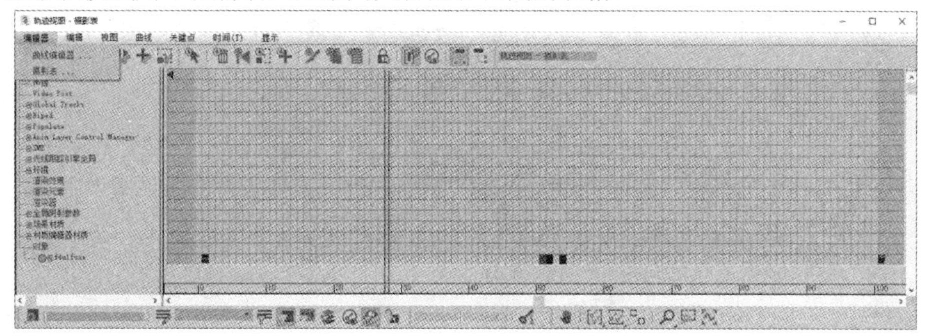

图 12-57　【轨迹视图-摄影表】窗口

轨迹视图-曲线编辑器模式为轨迹视图的默认显示模式，同时也是最为常用的一种显示模式，本节将主要以这种显示模式为例，介绍轨迹视图的使用方法。

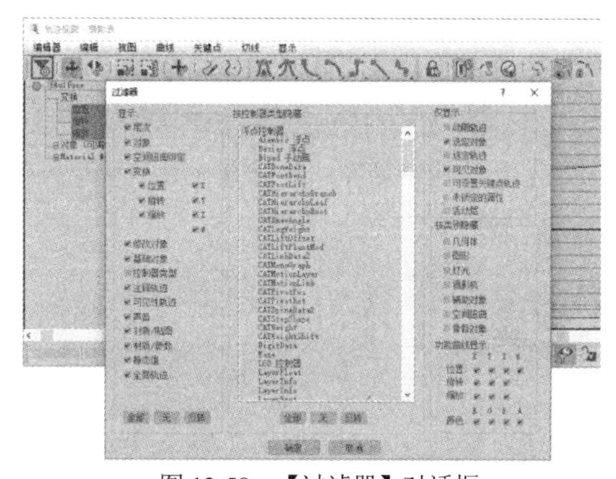

图 12-58　【过滤器】对话框

【轨迹视图-曲线编辑器】窗口由菜单栏、工具栏、控制器窗格、关键帧窗格、时间标尺、导航工具组、选择集和状态工具组成。其中，控制器窗格用来显示对象名称和控制器轨迹。单击工具栏中的【过滤器】按钮，可以打开【过滤器】对话框，在该对话框的【仅显示】选项组中，用户可以选择具体显示和编辑哪些曲线和轨迹，如图 12-58 所示。

下面通过一个简单的实例介绍【轨迹视图-曲线编辑器】窗口的基本用法。

【例 12-9】 练习使用【轨迹视图-曲线编辑器】窗口。 视频

(1) 单击【创建】面板中的【球体】按钮，在视图中创建一个球体，然后右击这个球体，从弹出的快捷菜单中选择【曲线编辑器】命令，如图 12-59 所示，打开【轨迹视图-曲线编辑器】窗口，其中的控制器窗格中显示了选择的球体对象的名称以及变换等控制器类型。

(2) 在控制器窗格中单击球体层级下的【Z 位置】选项，此时关键帧窗格中将出现一条蓝色虚线，如图 12-60 所示。

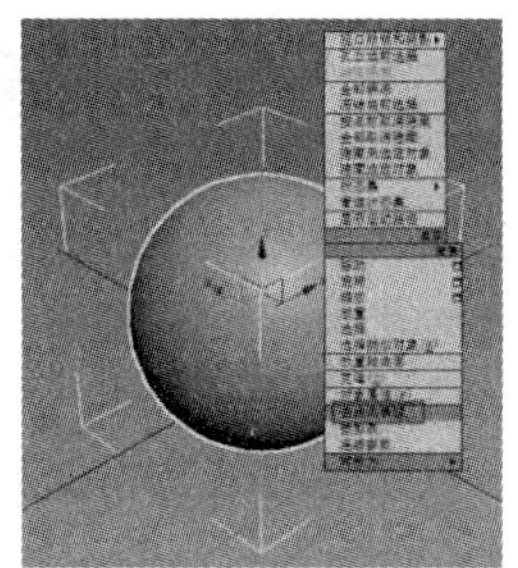

图 12-59　选择【曲线编辑器】命令

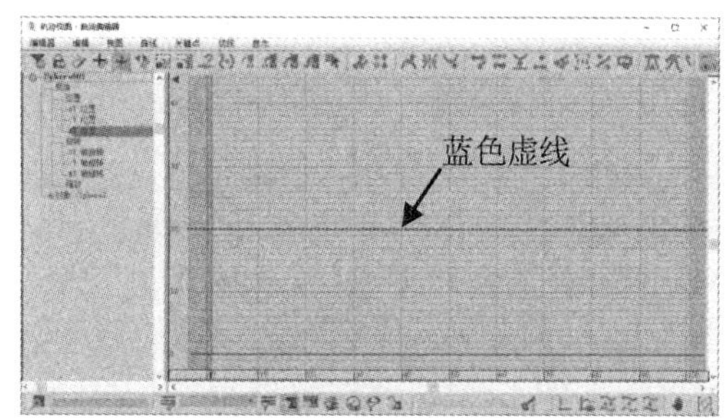

图 12-60　出现一条蓝色虚线

(3) 在工具栏中单击【添加/删除关键点】按钮，然后将光标移至关键帧窗格中的蓝色虚线上并单击，即可创建一个关键点，如图 12-61 所示。

(4) 使用同样的方法，在蓝色虚线上的其他位置再创建两个关键点，然后单击工具栏中的【移动关键点】按钮，选中创建的第 2 个关键点，按住鼠标左键拖动其位置，如图 12-62 所示。

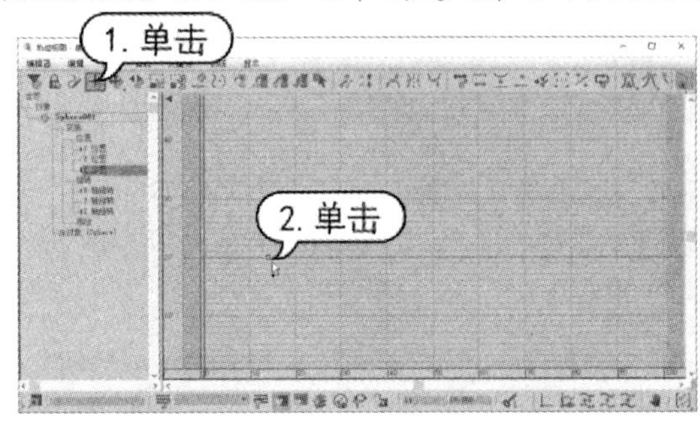

图 12-61　创建关键点

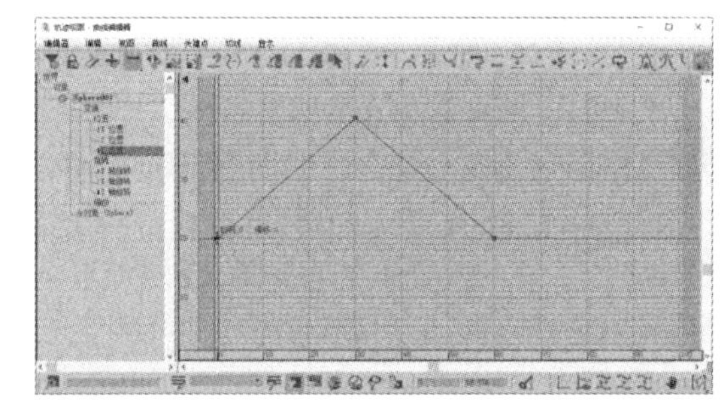

图 12-62　拖动第 2 个关键点

(5) 长按【移动关键点】按钮，从弹出的列表中选择【水平移动关键点】选项，然后选中创建的第 3 个关键点，将其移至第 60 帧的位置，如图 12-63 所示。

(6) 使用同样的方法，将创建的第 1 个关键点移至第 0 帧的位置，如图 12-64 所示。

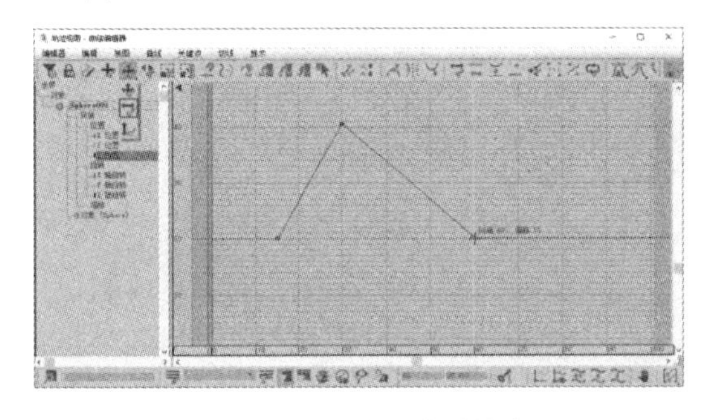

图 12-63　移动第 3 个关键点

图 12-64　移动第 1 个关键点的位置

(7) 在控制器窗格中单击球体层级下的【Y 轴旋转】选项，在工具栏中单击【绘制曲线】按钮，然后按住鼠标左键进行拖动，在关键帧窗格中绘制一条曲线，如图 12-65 所示。

(8) 单击动画控制区的【播放动画】按钮，球体对象将沿 Z 轴上下移动，同时沿 Y 轴来回转动，如图 12-66 所示。

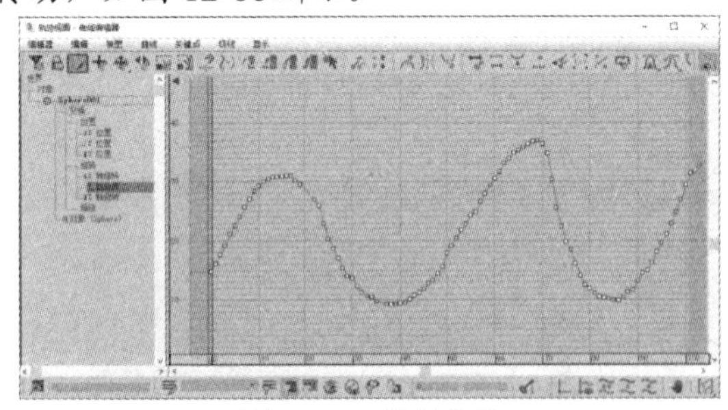

图 12-65　绘制曲线

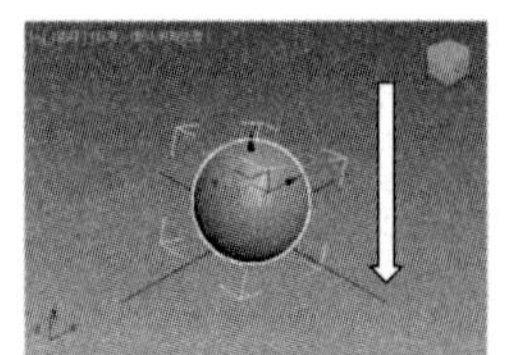

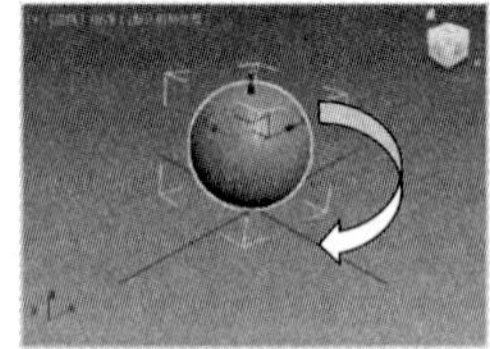

图 12-66　球体的移动和旋转动画

12.3.1　认识功能曲线

在设置动画的过程中，除了关键点的位置和参数之外，关键点切线也是一个很重要的因素。即使关键点的位置相同并且运动的程度一致，使用不同的关键点切线也会产生不同的动画效果。下面介绍关键点切线的相关知识。

在 3ds Max 中，共有 7 种不同的功能曲线，分别为“自动关键点切线”“自定义关键点切线”“快速关键点切线”“慢速关键点切线”“阶梯关键点切线”“线性关键点切线”和“平滑关键点切线”。用户在设置动画时，可以使用这 7 种功能曲线来设置不同对象的运动效果。

1. 自动关键点切线

“自动关键点切线”的形态比较平滑，在靠近关键点的位置，对象的运动速度略慢，但在关键点位置，对象的运动则趋于匀速，大多数对象在运动时都处于这种运动状态。

【例 12-10】 设置“自动关键点切线”。 视频

(1) 打开素材文件后，场景中的球体在第 0~50 帧已经设置了一个简单的位移动画。选中场景中的球体对象，右击鼠标，从弹出的快捷菜单中选择【曲线编辑器】命令，打开【轨迹视图-曲线编辑器】窗口，在控制器窗格中选中【X 位置】选项，如图 12-67 所示。

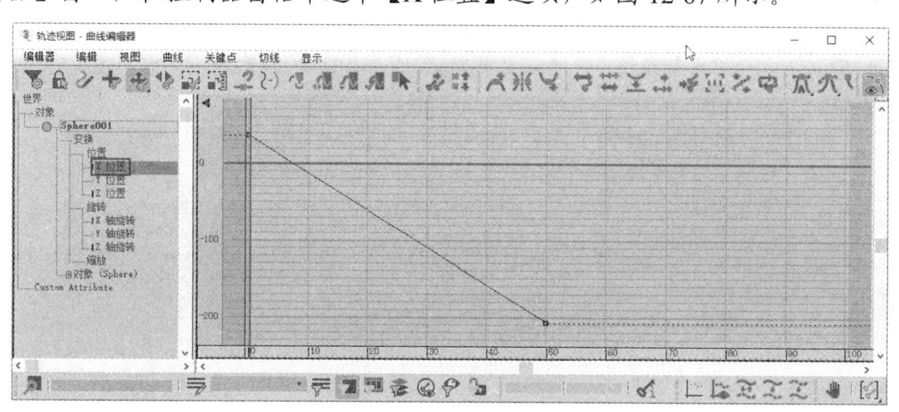

图 12-67　选中【X 位置】选项

(2) 在关键帧窗格的轨迹栏中选中第 0 帧处的关键点，按住 Shift 键单击并拖动，复制一个关键点到第 100 帧的位置，如图 12-68 所示。

(3) 在关键帧窗格中选中任意一个关键点，单击工具栏中的【将切线设置为自动】按钮。此时，选中的关键点上将出现一个蓝色的操作手柄，如图 12-69 所示。

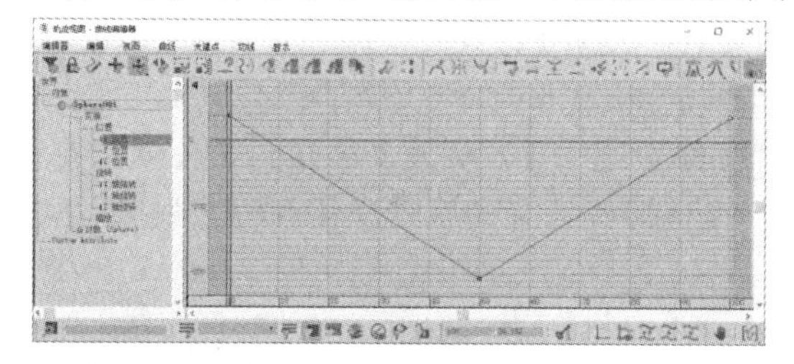

图 12-68　在第 100 帧的位置复制一个关键点

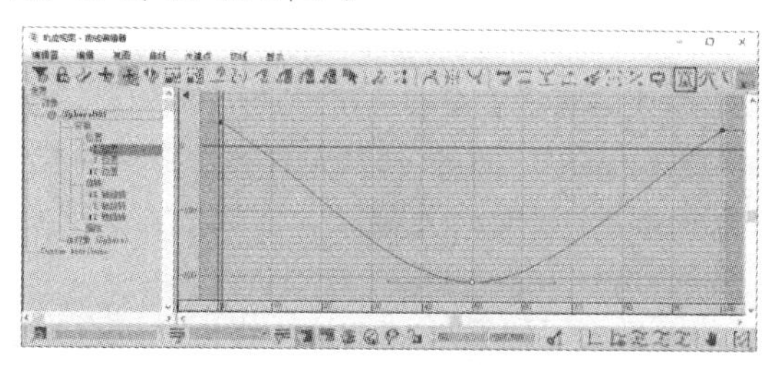

图 12-69　选中的关键点上出现一个蓝色的操作手柄

2. 自定义关键点切线

“自定义关键点切线”允许用户通过手动调整关键点控制手柄的方法，控制关键点切线的形态(在关键点的两侧可以使用不同的切线形式)。

【例 12-11】 设置“自定义关键点切线”。 视频

(1) 继续例 12-10 中的操作，按住 Ctrl 键，在关键点窗格中选择两侧的两个关键点，然后在工具栏中单击【将切线设置为样条线】按钮，此时选中的关键点上将出现黑色的控制手柄，这说明当前关键点已被转换为“自定义关键点切线”，如图 12-70 所示。

(2) 单击工具栏中的【移动关键点】按钮，可通过调整关键点的控制手柄来改变曲线的形状，如图 12-71 所示。

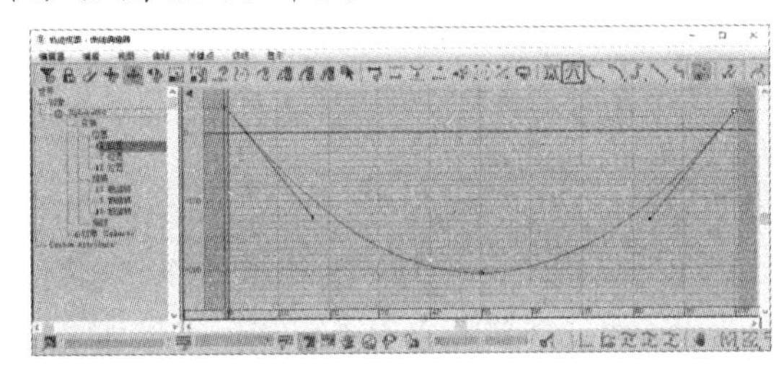

图 12-70 选中的关键点上出现黑色的控制手柄

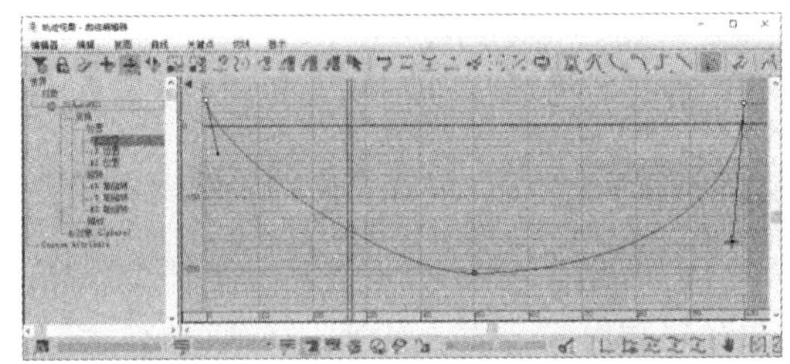

图 12-71 调整关键点的控制手柄

(3) 单击动画控制区的【播放动画】按钮，球体对象在移动时会快速启动，到第 50 帧时会缓慢停下，而在第 50~100 帧又由慢到快运动，如图 12-72 所示。

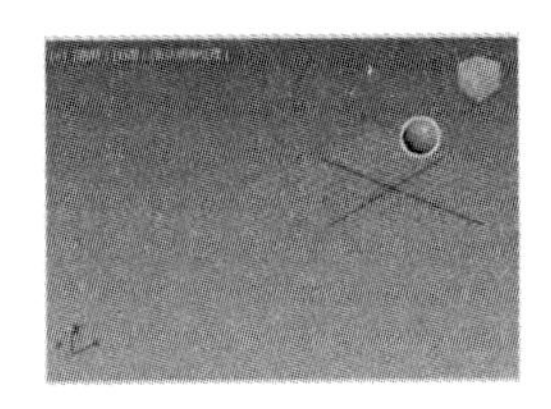

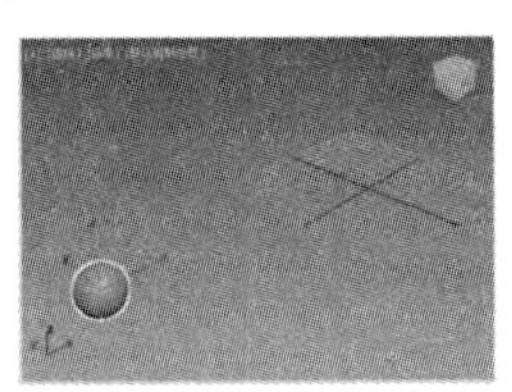

图 12-72 播放动画

3. 快速关键点切线

使用“快速关键点切线”可以设置物体由慢到快的运动过程(物体在从高处掉落时就处于一种匀加速的运动状态)。

【例 12-12】 设置“快速关键点切线”。 视频

(1) 打开素材文件后，场景中的球体在第 0~50 帧已经设置了一个从高处向低处跌落的动画。选中场景中的球体对象，右击鼠标，从弹出的快捷菜单中选择【曲线编辑器】命令。打开【轨迹视图-曲线编辑器】窗口。

(2) 在【轨迹视图-曲线编辑器】窗口的控制器窗格中选中【Z 位置】选项，在关键帧窗格中选中第 50 帧处的关键点，然后单击工具栏中的【将切线设置为快速】按钮，如图 12-73 左图所示。

(3) 此时，当前关键点被转换为“快速关键点切线”，如图 12-73 右图所示。

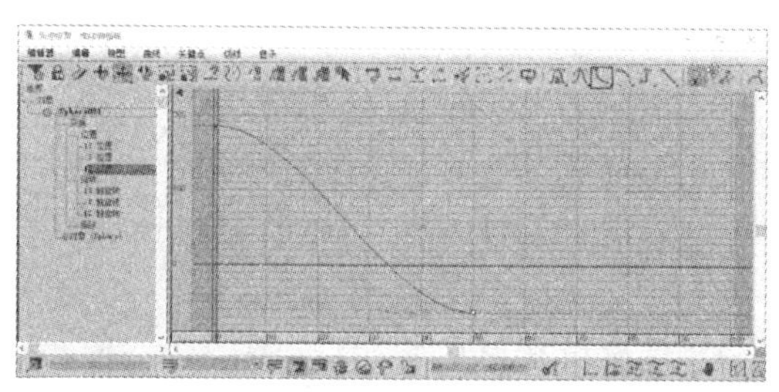
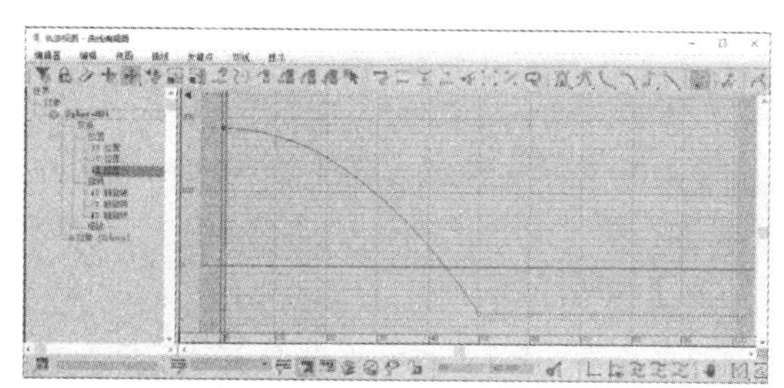

图 12-73 将当前关键点转换为“快速关键点切线”

(4) 单击动画控制区的【播放动画】按钮▶，球体对象将缓慢启动，但在接近第 50 帧时运动速度将加快，如图 12-74 所示。

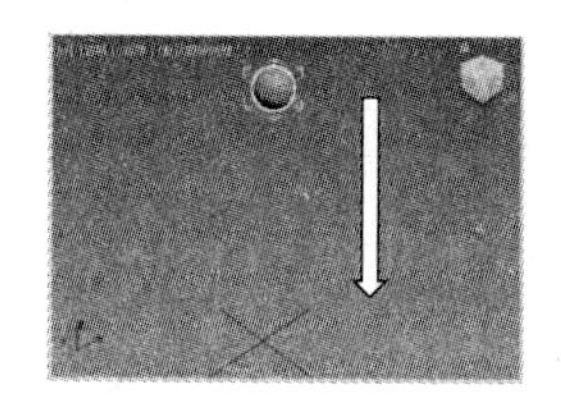
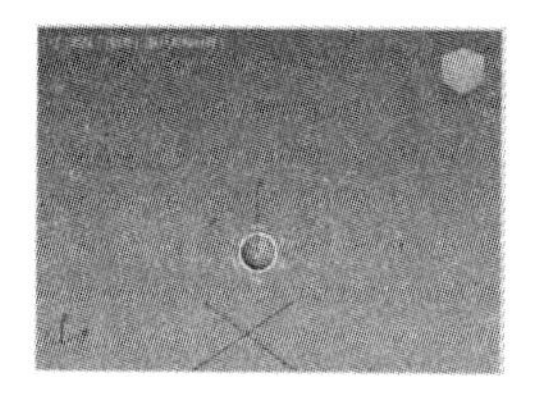

图 12-74 球体从高处跌落低处的动画效果

4. 慢速关键点切线

“慢速关键点切线”可以使对象在接近关键帧时速度变慢(例如，汽车在停车时就处于这种状态)。

【例 12-13】 设置“慢速关键点切线”。 视频

(1) 继续例 12-12 中的操作，在【轨迹视图-曲线编辑器】窗口中选中第 50 帧处的关键点，然后单击工具栏中的【将切线设置为慢速】按钮，如图 12-75 所示。

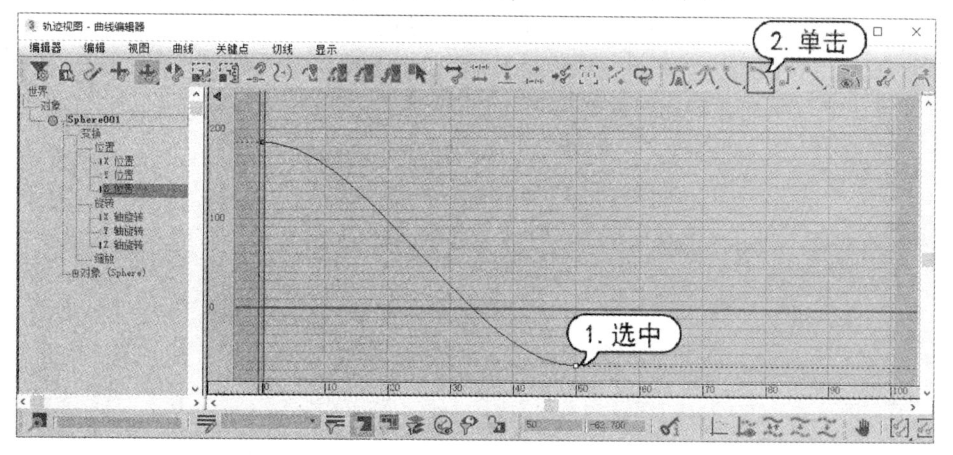

图 12-75 将当前关键点转换为“慢速关键点切线”

(2) 播放动画，球体对象刚开始时会加速运动，而等到越接近第 50 帧时，速度越慢。

5. 阶梯关键点切线

“阶梯关键点切线”能使对象在两个关键点之间不产生过渡，而是突然由一种运动状态转变为另一种运动状态，这与一些机械运动相似(例如打桩)。

【例 12-14】 设置“阶梯关键点切线”。 视频

(1) 打开素材文件后，场景中的球体在第 0~100 帧已经设置了一个具有三个关键点的动画。选中球体对象，右击鼠标，从弹出的快捷菜单中选择【曲线编辑器】命令，打开【轨迹视图-曲线编辑器】窗口。

(2) 在【轨迹视图-曲线编辑器】窗口的控制器窗格中选中第 0~100 帧的三个关键点，然后单击工具栏中的【将切线设置为阶梯式】按钮，如图 12-76 所示。

(3) 播放动画，球体对象将在第 0~49 帧保持原有的位置不变，但在第 50 帧时球体对象的位置突然发生了改变，如图 12-77 所示。

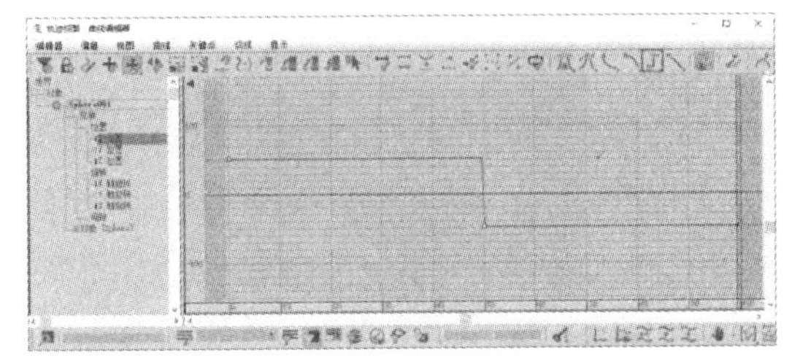

图 12-76　将当前关键点转换为“阶梯关键点切线”

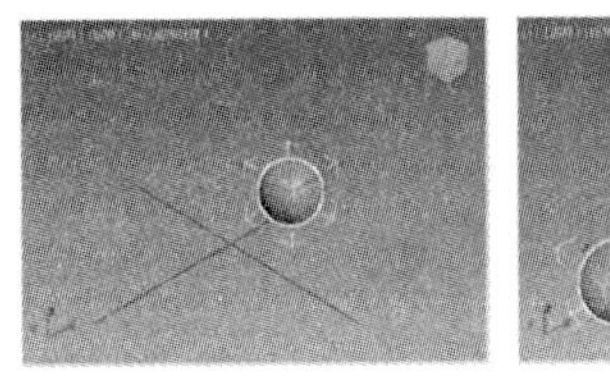

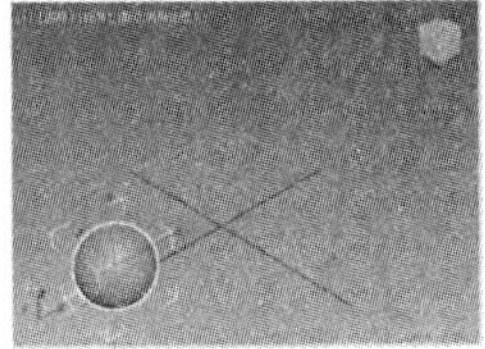

图 12-77　第 0~49 帧时的球体对象(左图)和第 50~100 帧时的球体对象(右图)

6. 线性关键点切线

“线性关键点切线”能使对象保持匀速直线运动，飞行中的飞机、移动中的汽车等就处于这种运动状态。此外，利用“线性关键点切线”还可以使对象匀速旋转(例如电风扇)。

【例 12-15】 设置“线性关键点切线”。 视频

(1) 打开素材文件后，场景中的球体在第 0~50 帧已经设置了一个位置变换动画。选中场景中的球体对象，打开【轨迹视图-曲线编辑器】窗口，在关键帧窗格中选择第 0 和 50 帧处的关键点，然后单击工具栏中的【将切线设置为线性】按钮，如图 12-78 所示。

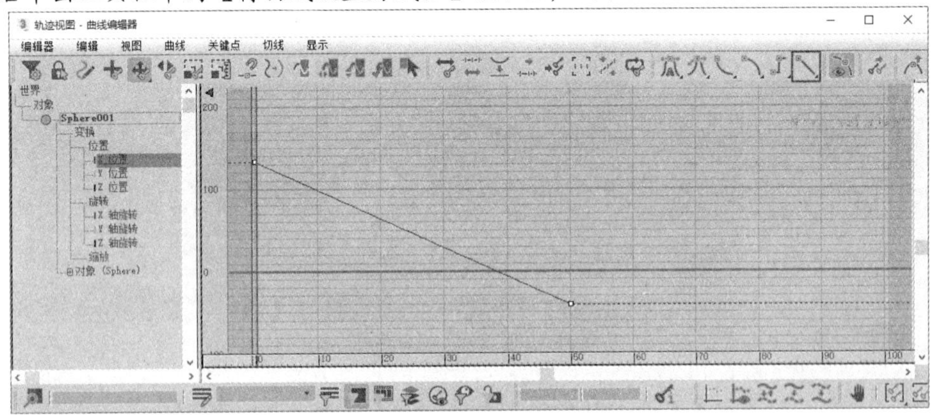

图 12-78　将当前关键点转换为“线性关键点切线”

(2) 播放动画，球体对象将始终保持匀速直线运动状态。

7. 平滑关键点切线

“平滑关键点切线”可以使物体的运动变得平缓(关键点的两端没有控制手柄)。

【例 12-16】 设置“平滑关键点切线”。 视频

(1) 打开素材文件后，选中场景中的球体对象，打开【轨迹视图-曲线编辑器】窗口。在关键帧窗格中选中中间的关键点，然后长按工具栏中的【将切线设置为阶梯式】按钮，从弹出的列表中选择【将内切线设置为阶梯式】选项按钮，如图 12-79 所示。

(2) 此时，系统将更改当前关键点的内切线。在关键帧窗格中选择一个关键点后，右击鼠标，可以打开当前关键点的属性对话框，如图 12-80 所示。

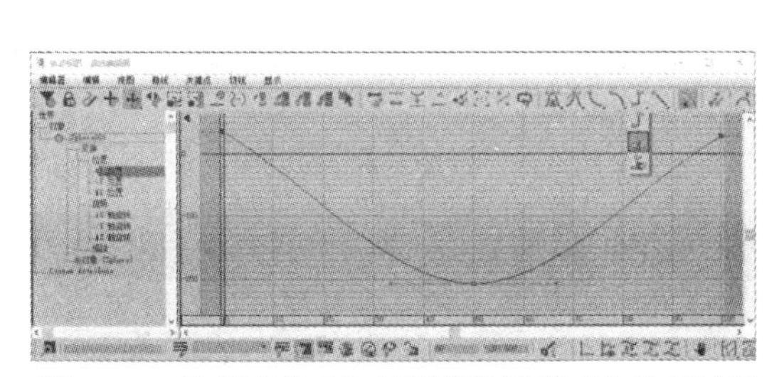

图 12-79　选择【将内切线设置为阶梯式】选项按钮

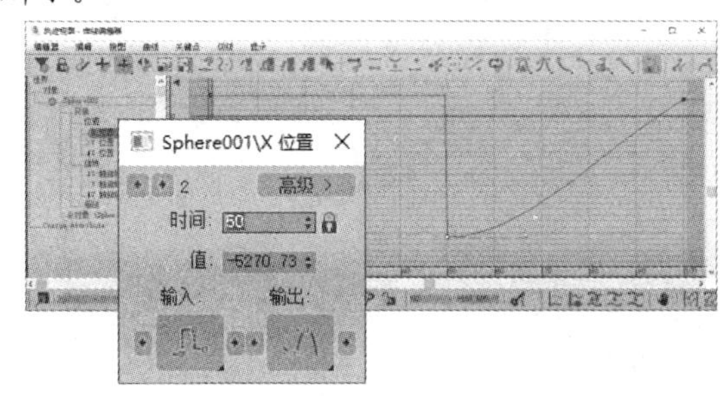

图 12-80　打开当前关键点的属性对话框

(3) 单击图 12-80 所示对话框中的 和 按钮，可以在相邻关键点之间进行切换。通过【时间】和【值】微调框，可以设置当前关键点所在帧的位置以及当前关键点的动画数值。在【输入】按钮 和【输出】按钮 上按住鼠标左键不放，从弹出的列表中可以设置“内切线”和“外切线”的类型，如图 12-81 所示。

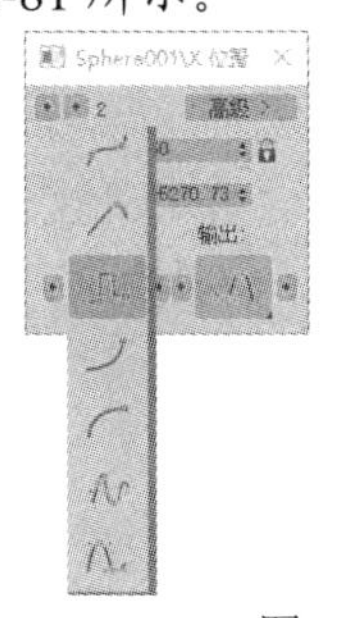

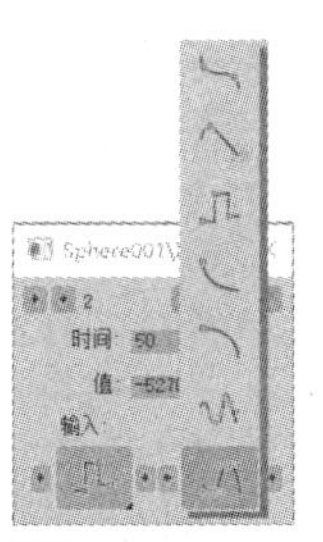

图 12-81　设置“内切线”和“外切线”的类型

(4) 播放动画，球体对象将在第 50 帧突然发生位置上的变化，并从第 51 帧开始均匀加速。

12.3.2　设置循环动画

在 3ds Max 中，使用【参数曲线超出范围类型】对话框可以设置物体在已经确定的关键点之外的运动情况。用户可以在仅设置少量关键点的情况下，使某种运动不断循环，这样不仅可以极大提高工作效率，而且能保证动画设置效果的准确性。

【例 12-17】 制作循环翻跟头的圆柱体动画。 视频

(1) 单击【创建】面板中的【圆柱体】工具按钮，在前视图中绘制一个圆柱体。然后选择【修

改】面板，单击【修改器列表】下拉按钮，从弹出的下拉列表中选择【Bend(弯曲)】选项，添加“弯曲”修改器。

(2) 在动画控制区单击【自动关键点】按钮，进入“自动关键点”模式，在第 0 帧设置【参数】卷展栏中的【角度】为-180，如图 12-82 所示。

(3) 将时间滑块拖至第 10 帧，在【参数】卷展栏中设置【角度】为 180，如图 12-83 所示。

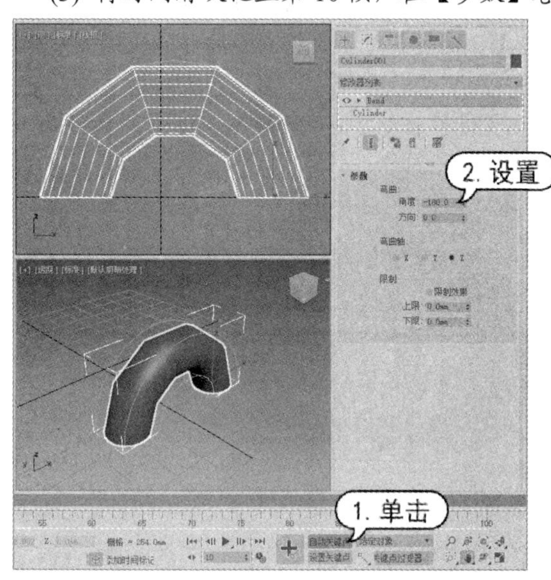

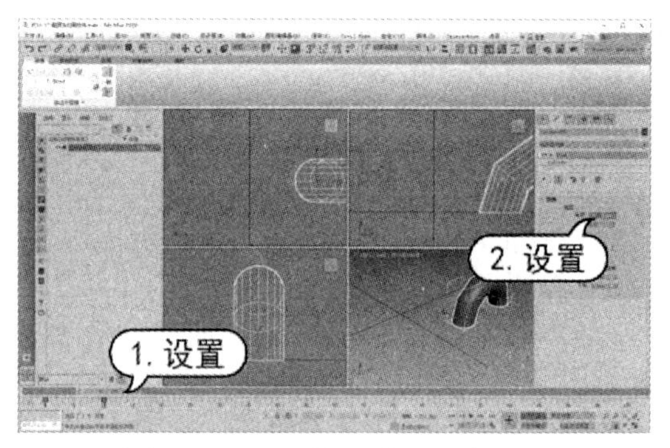

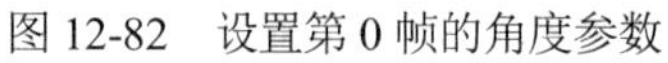

图 12-82　设置第 0 帧的角度参数　　　　图 12-83　设置第 10 帧的角度参数

(4) 拖动时间滑块至第 0 帧，选中场景中的圆柱体对象，右击鼠标，从弹出的快捷菜单中选择【曲线编辑器】命令，打开【轨迹视图-曲线编辑器】窗口，在控制器窗格中选择【角度】选项，从而显示对应的动画曲线，如图 12-84 所示。

(5) 在菜单栏中选择【编辑】|【控制器】|【超出范围类型】命令，打开【参数曲线超出范围类型】对话框，选中【往复】选项，然后单击【确定】按钮，如图 12-85 所示。

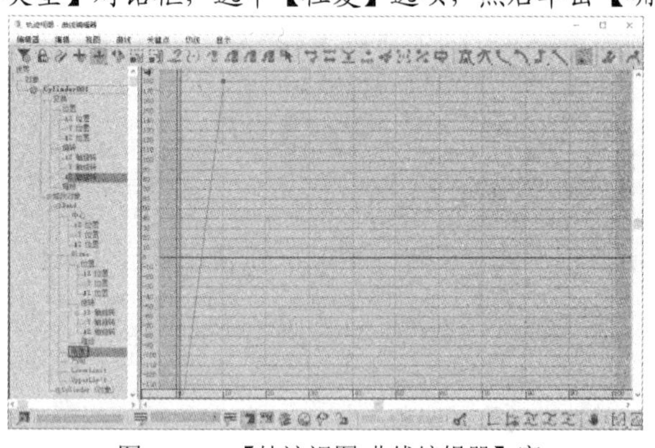

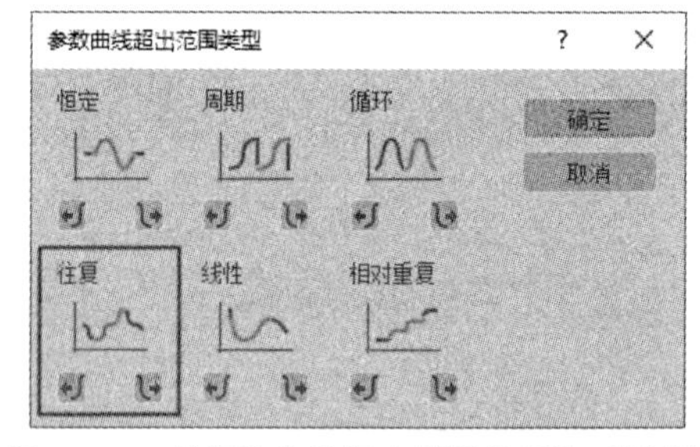

图 12-84　【轨迹视图-曲线编辑器】窗口　　　　图 12-85　【参数曲线超出范围类型】对话框

(6) 将时间滑块拖至第 10 帧，在【参数】卷展栏中设置【方向】为 180，如图 12-86 所示。

(7) 选中场景中的圆柱体对象，右击鼠标，从弹出的快捷菜单中选择【曲线编辑器】命令，再次打开【轨迹视图-曲线编辑器】窗口，在控制器窗格中选择【方向】选项，然后选择动画曲线上的两个关键点，单击工具栏中的【将切线设置为阶梯式】按钮，如图 12-87 所示。

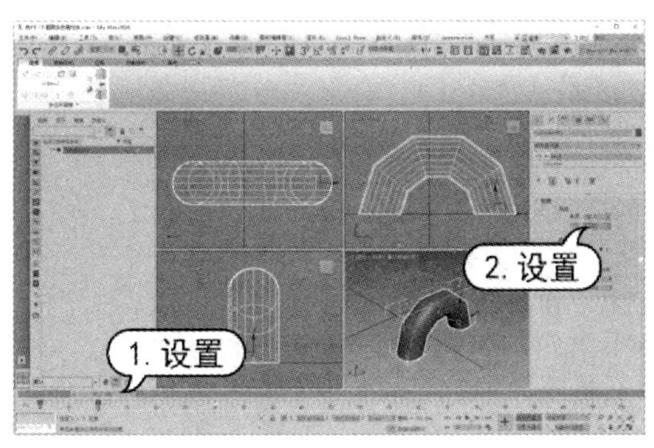

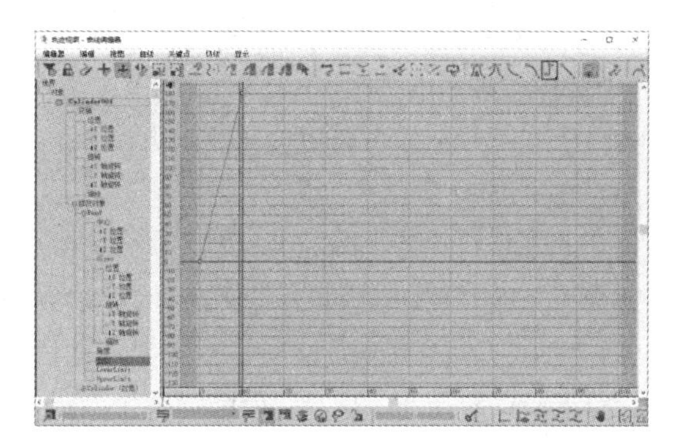

图 12-86　设置第 10 帧的方向参数　　　图 12-87　单击【将切线设置为阶梯式】按钮

(8) 选择【编辑】|【控制器】|【超出范围类型】命令，打开【参数曲线超出范围类型】对话框，选择【相对重复】选项，单击【确定】按钮，如图 12-88 所示。

(9) 单击动画控制区的【播放动画】按钮，场景中的圆柱体会在原地不停地翻跟头，如图 12-89 所示。

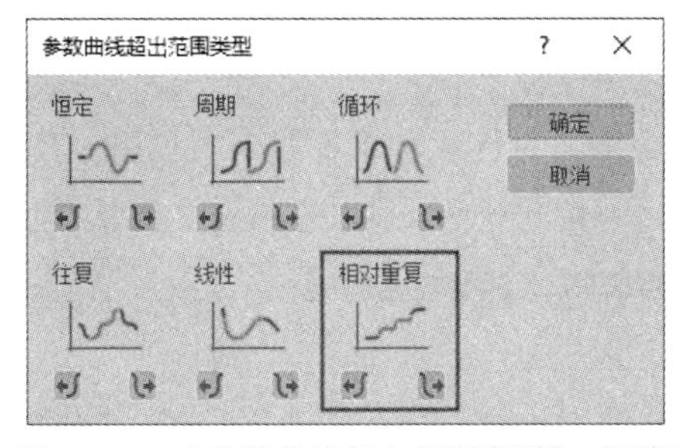

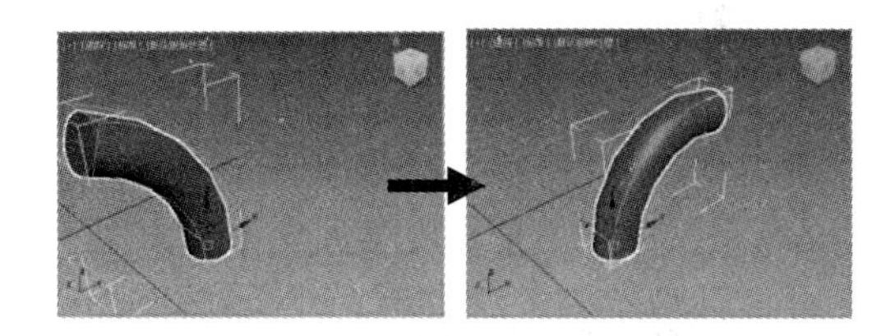

图 12-88　【参数曲线超出范围类型】对话框　　　图 12-89　圆柱体在原地不停地翻跟头

(10) 停止播放动画，拖动时间滑块至第 10 帧，进入前视图，沿 *X* 轴调整圆柱体的位置，如图 12-90 所示。

(11) 打开【轨迹视图-曲线编辑器】窗口，在控制器窗格中选中【X 位置】选项，在关键帧窗格中选择两个关键点，然后单击工具栏中的【将切线设置为阶梯式】按钮，如图 12-91 所示。

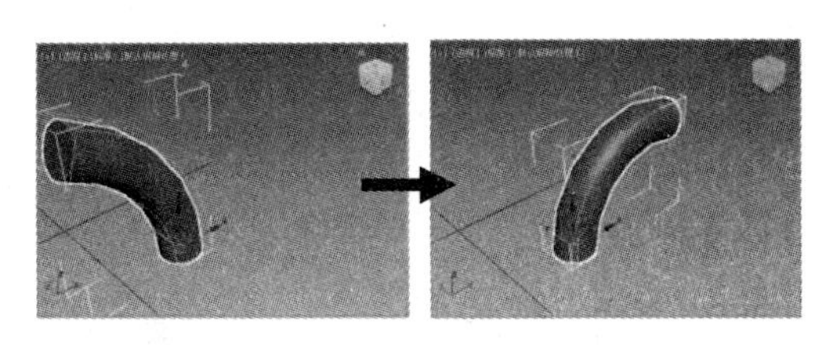

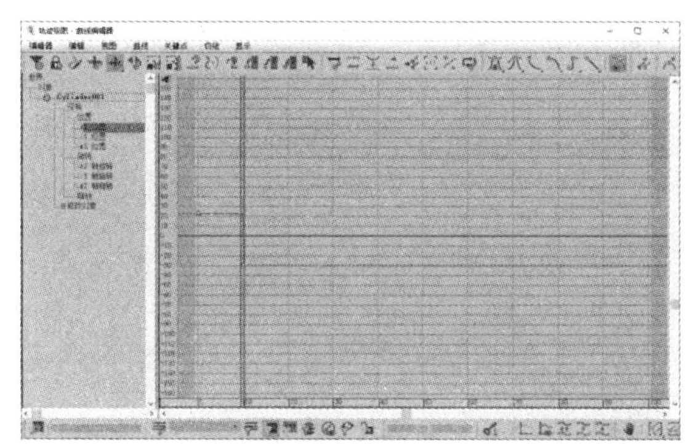

图 12-90　沿 *X* 轴调整圆柱体的位置　　　图 12-91　单击【将切线设置为阶梯式】按钮

(12) 选择【编辑】|【控制器】|【超出范围类型】命令，打开【参数曲线超出范围类型】对话框，选中【相对重复】选项，然后单击【确定】按钮。

(13) 播放动画，此时场景中的圆柱体会沿着 X 轴一直不停地翻跟头。

【参数曲线超出范围类型】对话框中各选项的功能说明如下。

- 【恒定】选项：在所有帧范围内保留末端关键点的值，也就是在所有帧范围内不再使用动画效果。
- 【周期】选项：在指定范围内重复相同的动画。
- 【循环】选项：在指定范围内重复相同的动画。但是，如果范围扩展了，那么可以通过在扩展范围内的最后一个关键点和第一个关键点之间进行插值来创建平滑的循环。
- 【往复】选项：将已确定的动画正向播放后再反向播放，如此不断反复。
- 【线性】选项：在已确定的动画两端插入线性的动画曲线，从而使动画在进入和离开设定的区段时保持平稳。
- 【相对重复】选项：在指定范围内重复相同的动画，但每次重复时都会根据范围末端的值产生偏移。

12.3.3 设置可见性轨迹

在轨迹视图-曲线编辑器模式下，可以通过编辑对象的可见性轨迹来控制对象何时出现以及何时消失，这对动画制作来说非常有意义。为对象添加可见性轨迹后，可以在轨迹上添加关键点。当关键点的值为 1 时，对象完全可见；当关键点的值为 0 时，对象完全不可见。通过编辑关键点的值，可以为对象设置渐显和渐隐动画。

【例 12-18】 制作逐渐显示的“火箭”飞行动画。 视频

(1) 打开素材文件后，在场景中选中“火箭”模型，打开【轨迹视图-曲线编辑器】窗口，在控制器窗格中选择“火箭”层，如图 12-92 所示。

(2) 在菜单栏中选择【编辑】|【可见性轨迹】|【添加】命令，为“火箭”添加可见性轨迹，此时，系统在“火箭”层下会显示“可见性”层。选中“可见性”层，单击工具栏中的【添加/移除关键点】按钮，在第 20 帧和第 40 帧的位置分别创建两个关键点，如图 12-93 所示。

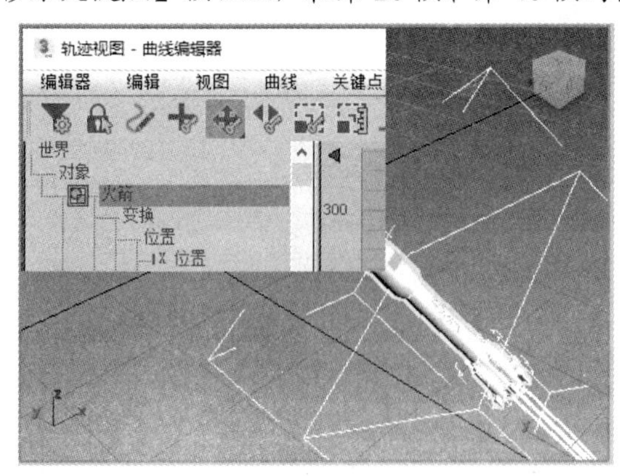

图 12-92 选择“火箭”层

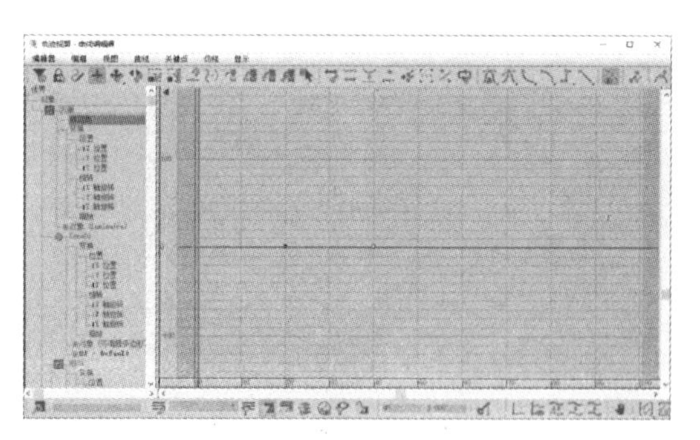

图 12-93 创建两个关键点

(3) 选中位于第 20 帧的关键点，在【关键点状态】微调框中输入 0，使“火箭”在第 20 帧不可见，如图 12-94 所示。

(4) 播放动画，场景中的“火箭”在第 0~20 帧将完全不可见，如图 12-95 所示。

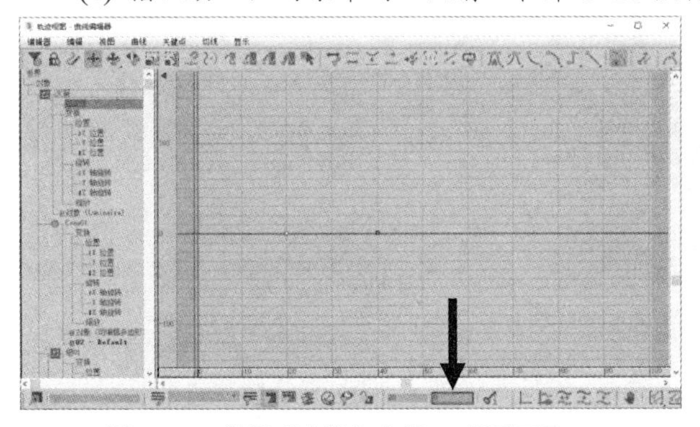

图 12-94　设置“火箭”在第 20 帧不可见

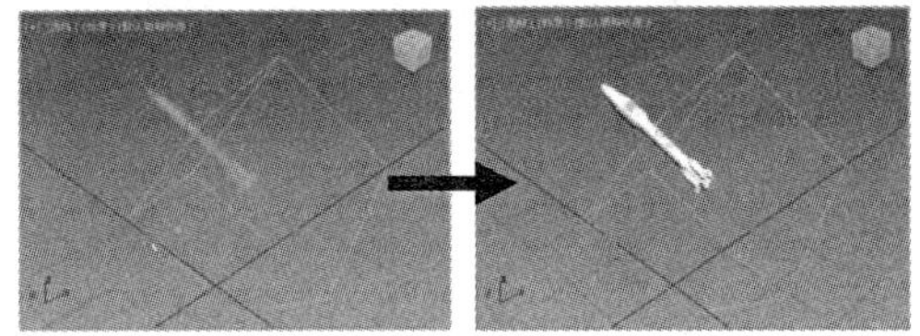

图 12-95　播放动画

(5) 在【轨迹视图-曲线编辑器】窗口中，选择可见性轨迹上的两个关键点，单击工具栏中的【将切线设置为阶梯式】按钮。

(6) 再次播放动画，“火箭”将在第 40 帧突然出现。

12.3.4　复制与粘贴运动轨迹

当我们在 3ds Max 中为一个对象制作动画后，其他的对象便可以通过复制与粘贴动画轨迹的方式，得到与这个对象相同的动画效果。

【例 12-19】 练习复制与粘贴运动轨迹。 视频

(1) 打开我们之前在例 12-3 中创建的动画文件，单击【创建】面板中的【长方体】工具按钮，在场景中创建一个长方体，如图 12-96 所示。

(2) 选中场景中的飞机模型，打开【轨迹视图-曲线编辑器】窗口，在控制器窗格中选中并右击“变换”层，从弹出的快捷菜单中选择【复制】命令，如图 12-97 所示。

图 12-96　创建长方体

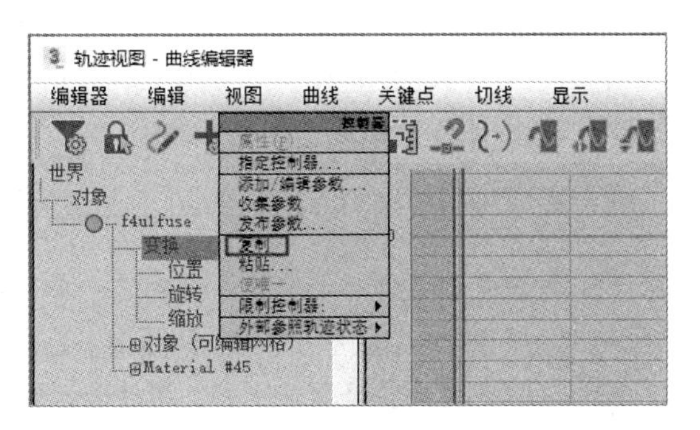

图 12-97　复制“变换”层

(3) 在场景中选中刚才创建的长方体，打开【轨迹视图-曲线编辑器】窗口，在控制器窗格中选中并右击“变换”层，从弹出的快捷菜单中选择【粘贴】命令，如图 12-98 所示。

(4) 打开【粘贴】对话框，选中【复制】单选按钮，单击【确定】按钮，如图 12-99 所示，

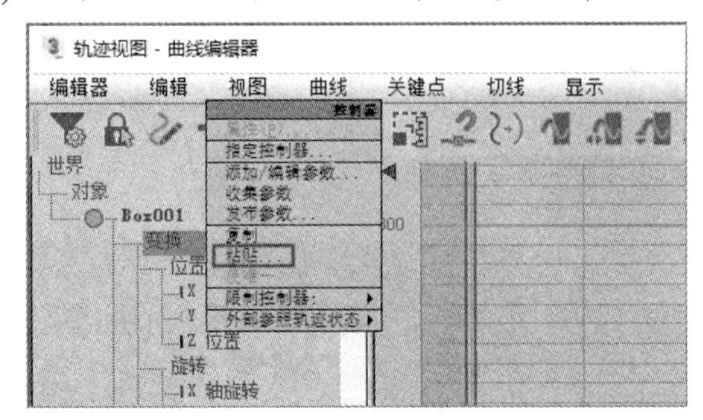

图 12-98 选择【粘贴】命令

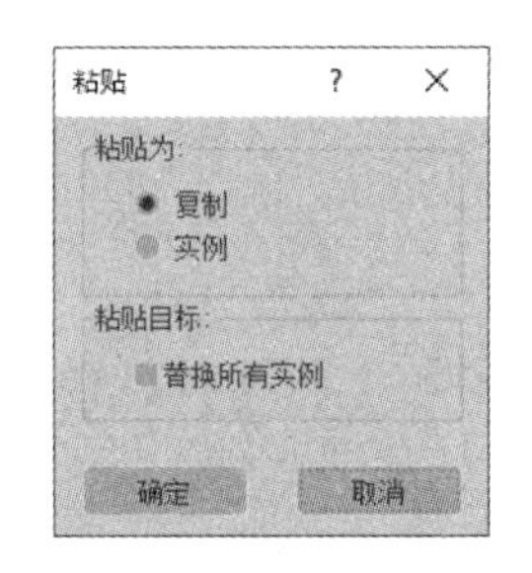

图 12-99 【粘贴】对话框

(5) 此时，场景中的长方体将被移至飞机模型的底部，如图 12-100 所示。

(6) 播放动画，长方体的运动轨迹将与飞机模型一致，如图 12-101 所示。

图 12-100 长方体被移至飞机模型的底部

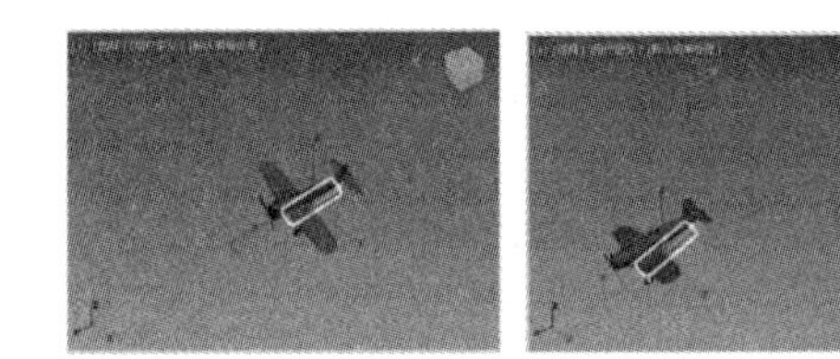

图 12-101 运动轨迹一致的两个对象

12.4 实例演练

本章主要介绍了在 3ds Max 中创建简单动画的方法，只有掌握了动画制作的基础知识，并且灵活运用它们，我们才能在后面的学习中制作出更复杂、更精致的动画效果。下面将通过实例，帮助用户巩固所学的知识。

【例 12-20】 在 3ds Max 2020 中使用目标摄影机制作场景展示动画。 视频

(1) 打开素材文件后，在视图中创建一个目标摄影机，然后选择透视图，按下 C 键切换至摄影机视图，如图 12-102 所示。

(2) 将时间滑块拖至第 30 帧，单击动画控制区的【自动关键点】按钮，在视图中调整摄影机的位置，如图 12-103 所示。

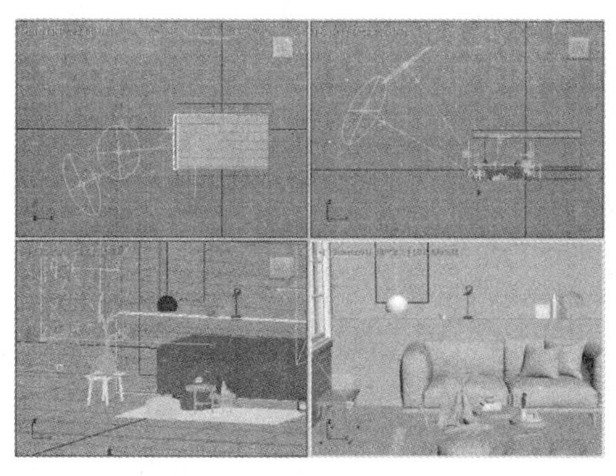

图 12-102　切换至摄影机视图

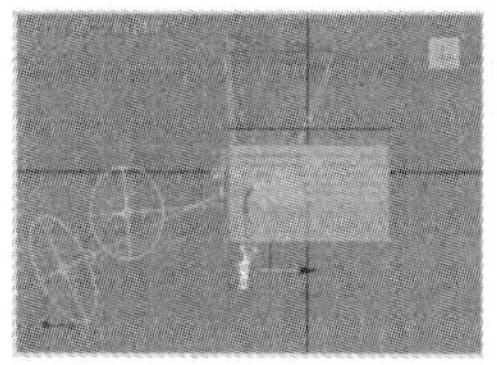
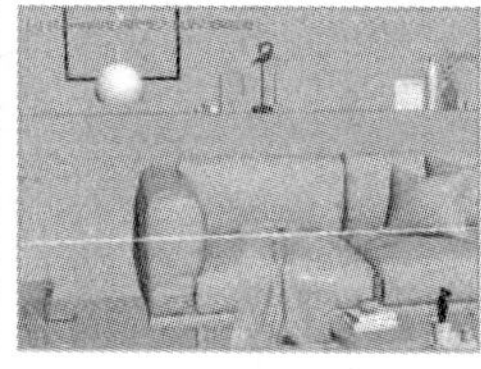

图 12-103　调整第 30 帧处摄影机的位置

(3) 将时间滑块拖至第 40 帧，在视图中调整摄影机的位置，如图 12-104 所示。

(4) 将时间滑块拖至第 50 帧，在视图中调整摄影机的位置，如图 12-105 所示。

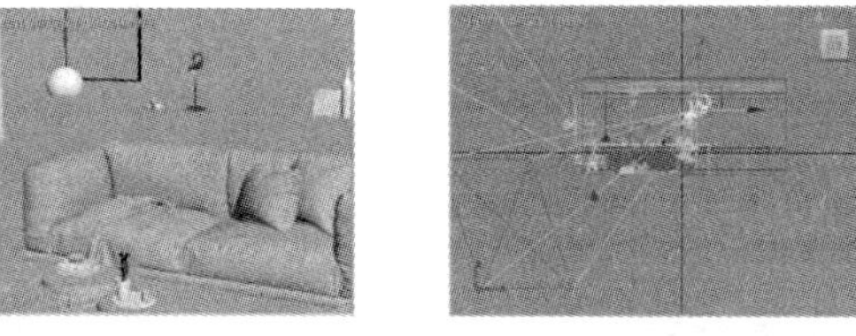
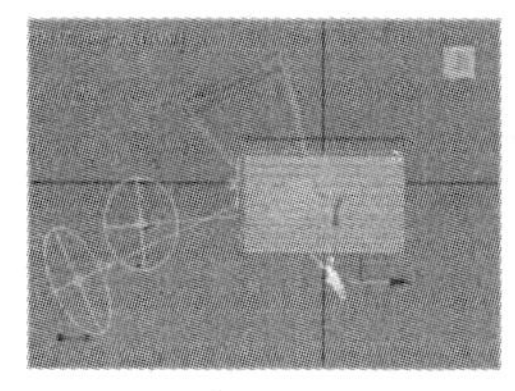

图 12-104　调整第 40 帧处摄影机的位置

图 12-105　调整第 50 帧处摄影机的位置

(5) 将时间滑块拖至第 60 帧，在视图中调整摄影机的位置，如图 12-106 所示。

(6) 将时间滑块拖至第 70 帧，在视图中调整摄影机的位置，如图 12-107 所示。

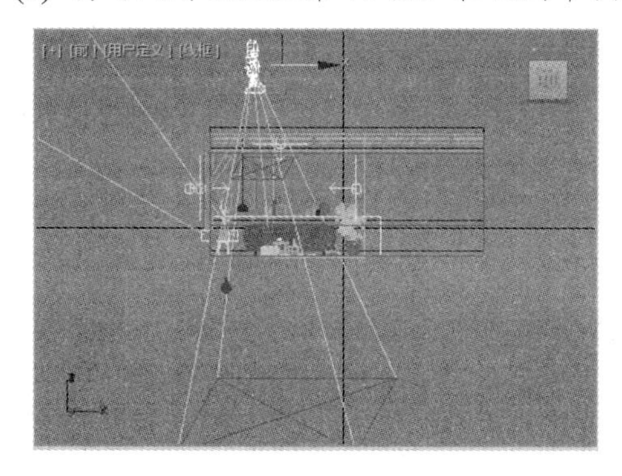

图 12-106　调整第 60 帧处摄影机的位置

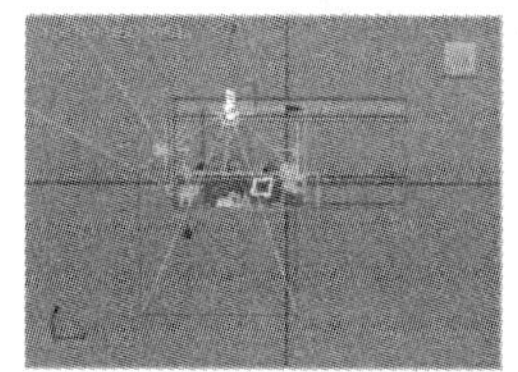
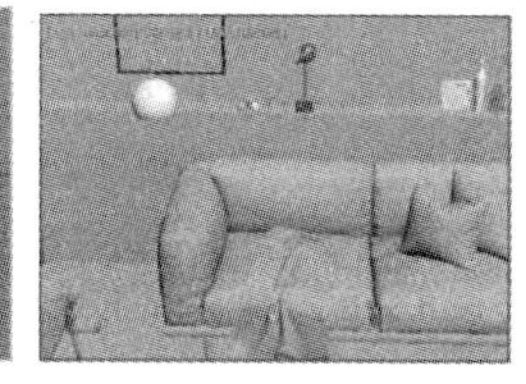

图 12-107　调整第 70 帧处摄影机的位置

(7) 将时间滑块拖至第 100 帧，在视图中调整摄影机的位置，如图 12-108 所示。

(8) 按下 F10 功能键打开【渲染设置】对话框，在【公用】选项卡的【时间输出】选项组中选中【范围】单选按钮，设置渲染范围为第 1~100 帧，如图 12-109 左图所示。

(9) 在【渲染输出】选项组中选中【保存文件】复选框，然后单击【文件】按钮，如图 12-109 右图所示。

(10) 打开【渲染输出文件】对话框，将【保存类型】设置为.avi，单击【保存】按钮。

(11) 返回到【渲染设置】对话框，单击【渲染】按钮渲染动画，效果如图 12-110 所示。

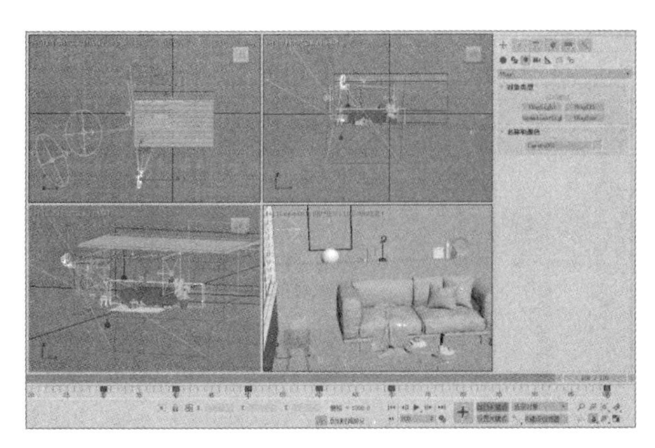

图 12-108　调整第 100 帧处摄影机的位置

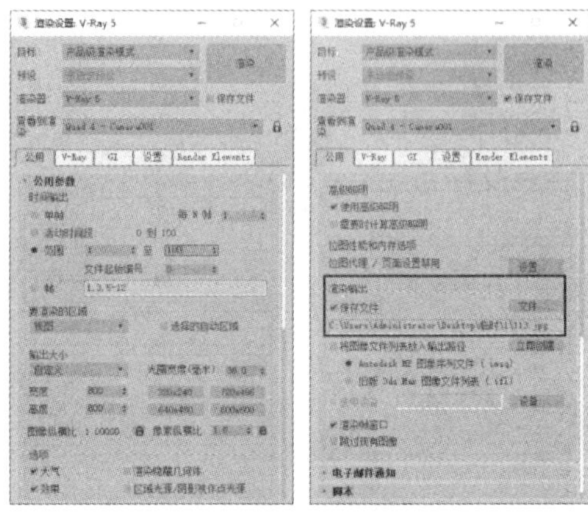

图 12-109　【渲染设置】对话框

图 12-110　场景展示动画的效果

12.5　习题

1. 简述动画中的帧和时间的概念。
2. 简述如何使用“自动关键点”模式创建动画。
3. 运用本章所学的知识，尝试使用 3ds Max 制作激光文字动画。

本套教材涵盖了计算机各个应用领域，包括计算机硬件知识、操作系统、数据库、编程语言、文字录入和排版、办公软件、计算机网络、图形图像、三维动画、网页制作以及多媒体制作等。众多的图书品种可以满足各类院校相关课程设置的需要。已出版的图书书目如下表所示。

图 书 书 名	图 书 书 名
《中文版 Photoshop CC 2018 图像处理实用教程》	《中文版 Office 2016 实用教程》
《中文版 Animate CC 2018 动画制作实用教程》	《中文版 Word 2016 文档处理实用教程》
《中文版 Dreamweaver CC 2018 网页制作实用教程》	《中文版 Excel 2016 电子表格实用教程》
《中文版 Illustrator CC 2018 平面设计实用教程》	《中文版 PowerPoint 2016 幻灯片制作实用教程》
《中文版 InDesign CC 2018 实用教程》	《中文版 Access 2016 数据库应用实用教程》
《中文版 CorelDRAW X8 平面设计实用教程》	《中文版 Project 2016 项目管理实用教程》
《中文版 AutoCAD 2019 实用教程》	《中文版 AutoCAD 2018 实用教程》
《中文版 AutoCAD 2017 实用教程》	《中文版 AutoCAD 2016 实用教程》
《电脑入门实用教程(第三版)》	《电脑办公自动化实用教程(第三版)》
《计算机基础实用教程(第三版)》	《计算机组装与维护实用教程(第三版)》
《新编计算机基础教程(Windows 7+Office 2010 版)》	《中文版 After Effects CC 2017 影视特效实用教程》
《Excel 财务会计实战应用(第五版)》	《Excel 财务会计实战应用(第四版)》
《Photoshop CC 2018 基础教程》	《Access 2016 数据库应用基础教程》
《AutoCAD 2018 中文版基础教程》	《AutoCAD 2017 中文版基础教程》
《AutoCAD 2016 中文版基础教程》	《Excel 财务会计实战应用(第三版)》
《Photoshop CC 2015 基础教程》	《Office 2010 办公软件实用教程》
《Word+Excel+PowerPoint 2010 实用教程》	《AutoCAD 2015 中文版基础教程》
《Access 2013 数据库应用基础教程》	《Office 2013 办公软件实用教程》
《中文版 Photoshop CC 2015 图像处理实用教程》	《中文版 Office 2013 实用教程》
《中文版 Flash CC 2015 动画制作实用教程》	《中文版 Word 2013 文档处理实用教程》
《中文版 Dreamweaver CC 2015 网页制作实用教程》	《中文版 Excel 2013 电子表格实用教程》
《中文版 Illustrator CC 2015 平面设计实用教程》	《中文版 PowerPoint 2013 幻灯片制作实用教程》
《中文版 InDesign CC 2015 实用教程》	《中文版 Access 2013 数据库应用实用教程》
《中文版 CorelDRAW X7 平面设计实用教程》	《中文版 Project 2013 实用教程》
《电脑入门实用教程(第二版)》	《电脑办公自动化实用教程(第二版)》
《计算机基础实用教程(第二版)》	《计算机组装与维护实用教程(第二版)》
《中文版 Photoshop CC 图像处理实用教程》	《中文版 Office 2010 实用教程》
《中文版 Flash CC 动画制作实用教程》	《中文版 Word 2010 文档处理实用教程》
《中文版 Dreamweaver CC 网页制作实用教程》	《中文版 Excel 2010 电子表格实用教程》
《中文版 Illustrator CC 平面设计实用教程》	《中文版 PowerPoint 2010 幻灯片制作实用教程》
《中文版 InDesign CC 实用教程》	《中文版 Access 2010 数据库应用实用教程》

(续表)

图 书 书 名	图 书 书 名
《中文版 CorelDRAW X6 平面设计实用教程》	《中文版 Project 2010 实用教程》
《中文版 AutoCAD 2015 实用教程》	《中文版 AutoCAD 2014 实用教程》
《中文版 Premiere Pro CC 视频编辑实例教程》	《电脑入门实用教程(Windows 7+Office 2010)》
《Oracle Database 12*c* 实用教程》	《ASP.NET 4.5 动态网站开发实用教程》
《AutoCAD 2014 中文版基础教程》	《Windows 8 实用教程》
《Mastercam X6 实用教程》	《C#程序设计实用教程》
《中文版 Photoshop CS6 图像处理实用教程》	《中文版 Office 2007 实用教程》
《中文版 Flash CS6 动画制作实用教程》	《中文版 Word 2007 文档处理实用教程》
《中文版 Dreamweaver CS6 网页制作实用教程》	《中文版 Excel 2007 电子表格实用教程》
《中文版 Illustrator CS6 平面设计实用教程》	《中文版 PowerPoint 2007 幻灯片制作实用教程》
《中文版 InDesign CS6 实用教程》	《中文版 Access 2007 数据库应用实用教程》
《中文版 Premiere Pro CS6 多媒体制作实用教程》	《中文版 Project 2007 实用教程》
《网页设计与制作(Dreamweaver+Flash+Photoshop)》	《AutoCAD 机械制图实用教程(2018 版)》
《Access 2010 数据库应用基础教程》	《计算机基础实用教程(Windows 7+Office 2010 版)》
《ASP.NET 4.0 动态网站开发实用教程》	《中文版 3ds Max 2012 三维动画创作实用教程》
《AutoCAD 机械制图实用教程(2012 版)》	《Windows 7 实用教程》
《多媒体技术及应用》	《Visual C# 2010 程序设计实用教程》
《AutoCAD 机械制图实用教程(2011 版)》	《AutoCAD 机械制图实用教程(2010 版)》